河南省“十四五”普通高等教育规划教材

数控加工工艺

主　编　葛新锋
副主编　李瑞华　卢　帅
参　编　秦　涛　梁满营　张贝贝
　　　　臧立新　李凌乐
主　审　刘存祥

机械工业出版社

本书重点叙述了金属切削加工基本知识、零件的工艺分析、工艺规程文件、典型零件（轴类、壳体类、盘盖类和叉架类）的数控加工工艺及 CAM 加工。金属切削加工基本知识，重点讲述切削运动、切削刀具、切削用量、切削层参数等；零件的工艺分析，重点讲述分析图样、选择毛坯、选择加工机床和加工方法、划分加工阶段和加工工序、定位与装夹、确定加工余量和加工路线等；工艺规程文件，重点介绍机械加工工艺规程和各种工艺规程文件、相关案例以及应用 CAXA CAPP 规划工艺规程文件等；典型零件的数控加工工艺及 CAM 加工，重点分析轴类、壳体类、盘盖类和叉架类零件的数控加工工艺及 CAM 加工（应用 SIEMENS UG）。

本书遵循“理论联系实际，体现应用性、实用性、实践性和综合性，激发创新”的原则编写，可作为高等学校机械工程相关专业的教材，也可供相关企事业单位从事机械制造的工程技术人员参考。

图书在版编目（CIP）数据

数控加工工艺 / 葛新锋主编 . —北京：机械工业出版社，2023.10
河南省“十四五”普通高等教育规划教材
ISBN 978-7-111-73671-4

Ⅰ . ①数⋯　Ⅱ . ①葛⋯　Ⅲ . ①数控机床 – 加工 – 高等学校 – 教材
Ⅳ . ① TG659

中国国家版本馆 CIP 数据核字（2023）第 152480 号

机械工业出版社（北京市百万庄大街 22 号　邮政编码 100037）
策划编辑：赵亚敏　　　　责任编辑：赵亚敏　章承林
责任校对：潘　蕊　梁　静　　封面设计：张　静
责任印制：李　昂
河北宝昌佳彩印刷有限公司印刷
2023 年 11 月第 1 版第 1 次印刷
184mm×260mm・21.5 印张・520 千字
标准书号：ISBN 978-7-111-73671-4
定价：69.00 元

电话服务　　　　　　　　　网络服务
客服电话：010-88361066　机　工　官　网：www.cmpbook.com
　　　　　010-88379833　机　工　官　博：weibo.com/cmp1952
　　　　　010-68326294　金　　书　　网：www.golden-book.com
封底无防伪标均为盗版　　机工教育服务网：www.cmpedu.com

前　言

制造业是立国之本、强国之基、兴国之器。机床尤其是数控机床及其装备是制造业的工作母机，是衡量一个国家制造水平先进程度的主要标志之一。

当前，以物联网、大数据、人工智能、工业互联网为代表的新一代信息技术与制造业加速融合，促进了智能制造的发展。数控加工是智能制造的重要环节，数控加工工艺规划既是数控加工的前提和基础，又是机械工程相关专业核心课程的内容。数控加工工艺课程的主要教学目标是培养学生在使用数控机床加工零件过程中规划各种加工方案和工艺手段的能力。而传统教学模式单一、内容单调，导致学生数控加工工艺规划的能力不足以满足当前工业现场的需求。很多教师提出了相关的改进意见，并且付诸教学实践，但教学效果并不理想。

为了满足新经济发展对岗位的需求，培养学生的数控加工工艺规划能力，本书重构了“数控加工工艺学”的知识体系，在内容与风格上力求贴近专业，贴近实践，案例驱动，应用为主，同时体现现代信息技术的作用，体现现代教学改革的成果和先进的教育教学理念。

党的二十大报告指出：建设现代化产业体系。坚持把发展经济的着力点放在实体经济上，推进新型工业化，加快建设制造强国、质量强国、航天强国、交通强国、网络强国、数字中国。工业和信息化部“十四五”规划把智能制造作为优先发展的战略方向，数控机床是制造过程的关键装备，工艺是制造的基础。本书融入了典型零件工艺规划的相关视频，重点突出典型零件工艺规划能力的掌握和提升，详细叙述数控加工工艺的基础和过程，根据工业现场常见零件的特征将零件的数控加工工艺分成四类，每一类选取一个案例（真实的工业零件），将“对象”教学理念贯穿始终，做到有“机”可谈，有用“武”之地，以期达到培养学生的工程实践能力、工程应用能力和工程创新能力的目的。本书文字简练，图文并茂，操作步骤明确，指示清楚，便于学生进行现场操作，有利于学生对实操技能的掌握和提升。

本书的主要特色为：

1）在阐述数控加工工艺基本概念的基础上，详细阐述轴类、壳体类、盘盖类和叉架类四种典型零件的数控加工工艺，具有鲜明的实用性特色。

2）重构了知识体系，加入了企业特色。在知识的安排顺序上，打破了大部分同类教材的知识结构，以突出工业实际应用及工程背景，淡化理论过程为原则。

3）介绍先进的信息技术手段。把工业软件的使用过程纳入到教材内容中，让学生学会利用现有的信息技术规划零件的工艺规程。例如，利用 CAXA CAPP 软件编制零件工艺规程文件；利用 CAM 软件（SIEMENS UG）规划零件的数控加工工艺，包括典型零件的数控刀轨动画、视频以及数控程序。

4）加大实践内容的篇幅，培养工程实践能力。采用企业真实案例，如轴类零件选取的是某型号电机轴，叉架类零件选取的是某密码锁的叉架轴，加大实践力度，并采用现代信息技术手段进行虚拟仿真实践。

本书由葛新锋任主编，负责统筹全书。本书由葛新锋编写第 1 ～ 3 章，秦涛编写第 4、5 章，张贝贝编写第 6、7 章，梁满营编写第 8 章。李瑞华编写第 1 ～ 4 章的拓展阅读，卢帅编写第 5、6 章的拓展阅读，李凌乐编写第 7、8 章的拓展阅读，臧立新编写了书中案例的数控加工程序。全书由河南农业大学刘存祥教授担任主审，刘教授在本书的编写过程中提出了许多宝贵的意见和建议，在此表示衷心的感谢。在编写本书的过程中参考了许多兄弟院校的教案、教材，书中软件采用 SIEMENS UG，在此表示感谢。

由于编者水平有限，书中疏漏和谬误在所难免，恳请读者不吝指教，以便进一步修改。

最后，希望学习者学习本书之后都能有所收获，能规划各种零件的数控加工工艺。

编　者

目　录

第 1 章

1

数控加工概述

【工作任务】

到数控实训加工车间认识各种数控机床，观察数控机床的组成、数控机床加工零件的形状和加工过程，了解数控机床的加工对象、数控加工工艺过程以及数控加工内容；加深对数控、数控设备、数控加工原理、数控加工特点、数控加工工艺以及数控加工工艺规程等基本概念的理解。

【能力要求】

1）认识数控机床、掌握数控机床的加工原理和工作过程。

2）了解智能制造对数控机床的要求。

3）了解加工工艺相关概念、数控加工工艺过程特点和数控加工内容。

1.1 数控机床的概念及组成

1.1.1 数控设备和数控机床

数控，即数字控制（Numerical Control，NC），是 20 世纪中期发展起来的一种自动控制技术，是用数字化信号进行控制的一种方法。在机床领域是指用数字化信号对机床运动及其加工过程进行控制的一种方法。定义中的“机床”不仅指金属切削机床，还包括其他各类机床，如线切割机床、三坐标测量机等。

采用数控技术的控制系统称为数控系统，数控系统是一种控制系统，它能自动输入载体上事先给定的数值和指令，并将其译码、处理。装备了数控系统的受控设备称为数控设备。数控设备包括机床行业的各种数控机床和其他行业的许多数控设备，如数控火焰切割机、电火花加工机、数控冲剪机、数控测量机等。装备了数控系统的机床叫数控机床

(Numerical Control Machine Tool)，如图 1-1 所示，数控机床包含在数控设备中。国际信息处理联盟第五技术委员会对数控机床作了如下定义：数控机床是一个装有程序控制系统的机床，该系统能够逻辑地处理具有使用号码或其他符号编码指令规定的程序，从而自动地控制机床运动和加工零件。

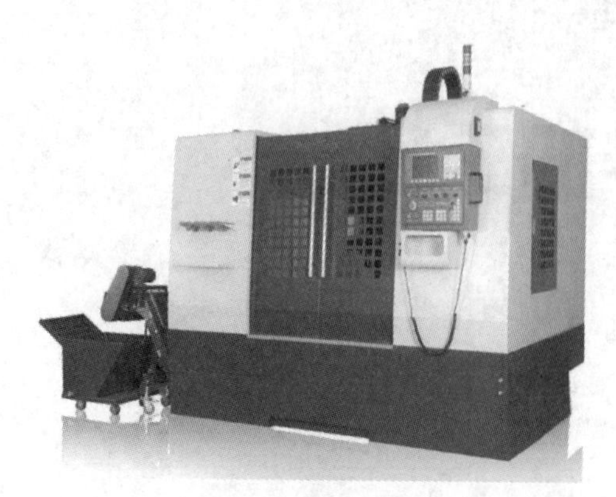

图 1-1　数控机床

数控机床是一种技术密集度、自动化程度很高的机电一体化加工设备，是数控技术与机床相结合的产物。数控机床将机床的各种动作、工件形状、尺寸以及机床的其他功能用一些数字代码表示，把这些数字代码通过信息载体输入数控系统。数控系统经过译码、运算以及处理，发出相应的动作指令，自动控制机床的刀具与工件相对运动，从而加工出所需要的工件。数控机床与其他自动机床的显著区别在于，当加工对象改变时，除了重新装夹工件和更换刀具之外，只需更换新程序即可，不需要对机床作任何调整。

数控系统是数控机床的“大脑”，通常由一台通用或专用的微型计算机构成。数控系统根据输入的指令，进行译码、处理、计算和控制，实现数控功能。早期的数控功能通过专用硬件结构来实现，称为硬件数控。现代数控系统采用微处理器或专用微型计算机，由事先存放在存储器里的系统程序（软件）来实现部分或全部数控功能，并通过接口与外围设备进行连接，这样的机床称为 CNC 机床。

1.1.2　数控机床的组成

数控机床在数控系统的控制下，自动地按给定的程序进行机械零件的加工。数控系统是由用户程序（数控程序）、输入 / 输出设备、计算机数字控制（CNC）装置、可编程序控制器（PLC）、相关驱动、检测反馈装置等组成，如图 1-2 所示。

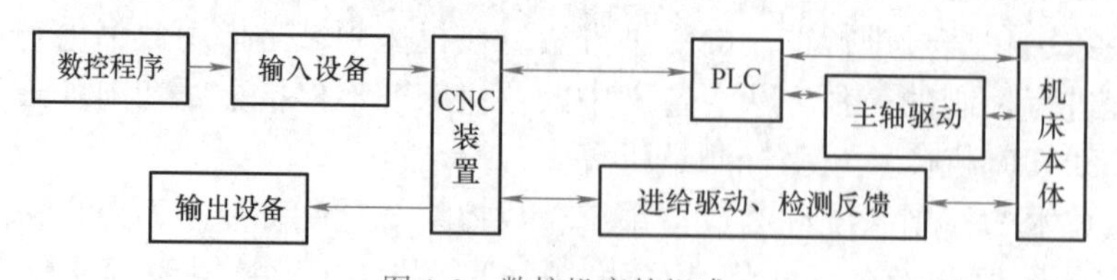

图 1-2　数控机床的组成

实际上，数控程序并非数控机床的物理组成部分，它是零件的加工程序，是根据零件图样，用手工编程或自动编程的方法编制出数控加工程序并存储在信息载体上的一种信

息。但从逻辑上讲，数控机床加工过程必须按数控程序的规定进行，数控程序是数控机床加工的一个重要环节，因此常将数控程序视为数控机床的一个组成部分。

1. 输入 / 输出设备

CNC 系统对数控设备进行自动控制所需的各种外部控制信息及加工数据，都是通过输入设备存入 CNC 装置的存储器中。输入 CNC 装置的有零件加工程序、控制参数、补偿数据等。控制面板上的键盘和按钮是典型的输入设备，但随着网络技术和 CAD/CAM 技术的发展，在计算机辅助设计与计算机辅助制造（CAD/CAM）集成系统中，通过相关工业软件（如 UG 建模后处理生成数控加工程序）生成的加工程序可不需要任何载体而直接通过网络输入到数控装置。

输出设备主要的功能为显示、打印、输出加工程序、控制参数、补偿参数等。

2. 数控装置

数控装置是数控机床的核心，由软件和硬件组成。硬件主要由微处理器、存储器、位置控制、输入 / 输出接口、可编程序控制器、图形控制、电源等模块组成。软件由管理软件和控制软件组成。管理软件是指零件加工程序的输入 / 输出、系统的显示功能和诊断功能。控制软件包括译码处理、刀具补偿、插补运算、位置控制和速度控制。

数控装置的基本任务是接收控制介质上的数字化信息，按照规定的控制算法进行插补运算，把它们转换为伺服系统能够接收的指令信号，然后将结果由输出设备送到各坐标控制的伺服系统，控制数控机床的各个部分进行规定的、有序的动作。数控装置一般由专用（或通用）计算机、输入 / 输出接口板及可编程序控制器（PLC）等组成。可编程序控制器主要用于对数控机床辅助功能、主轴转速功能和刀具功能的控制。

3. 伺服系统

伺服系统由伺服驱动电路和伺服驱动装置两大部分组成。伺服驱动电路的作用是接收数控装置的指令信息，并按指令信息的要求控制执行部件的进给速度、方向和位移。指令信息是以脉冲信息体现的，每一脉冲使机床移动部件产生的位移量叫脉冲当量（也叫最小设定单位），常用的脉冲当量为 0.001mm/ 脉冲。从某种意义上说，数控机床功能的强弱主要取决于 CNC 装置，而数控机床性能的好坏主要取决于伺服驱动电路。伺服驱动装置主要由主轴电动机、进给系统的功率步进电动机、直流伺服电动机和交流伺服电动机等组成，后两者均带有光电编码器等位置测量元件。

4. 检测反馈装置

检测反馈装置也称反馈元件，通常安装在机床的工作台上或滚珠丝杠上，作用相当于普通机床上的刻度盘或人的眼睛。检测反馈装置可以将工作台的位移量转换成电信号，并且反馈给 CNC 系统，CNC 系统可将反馈值与指令值进行比较。如果两者之间的误差超过某一个预先设定的数值，就会驱动工作台向消除误差的方向移动，在移动的同时，检测反馈装置向 CNC 系统发出新的反馈信号，CNC 系统再进行信号的比较，直到误差值小于设定值为止。

5. 机床本体

机床本体是数控机床的主体，是用于完成各种切削加工的机械部分，包括机床的主运动部件、进给运动部件、执行部件和基础部件，如刀架、主轴箱、尾座、导轨及其传动部件等。数控机床与普通机床不同，它的主运动和各个坐标轴的进给运动都是由单独的伺服电动机驱动，所以它的传动链短，结构比较简单。

为了保证数控机床的快速响应特性，在数控机床上还普遍采用精密滚珠丝杠副和直线滚动导轨副，在加工中心上还配备有刀库和自动换刀装置，同时还有一些良好的配套设施，用于冷却、自动排屑、自动润滑、防护和对刀等，以利于充分发挥数控机床的功能。此外，为了保证数控机床的高精度、高效率和高自动化加工，数控机床的其他机械结构也产生了很大的变化。

1.1.3 数控机床加工零件的过程和工艺处理

数控机床加工零件是一个复杂的过程，因机床类型、刀具、材料、零件结构不同等因素要求机床操作人员需采用不同的机床、不同的切削方式和不同的加工路线，设定不同的切削参数等。数控机床的工作原理如图 1-3 所示。

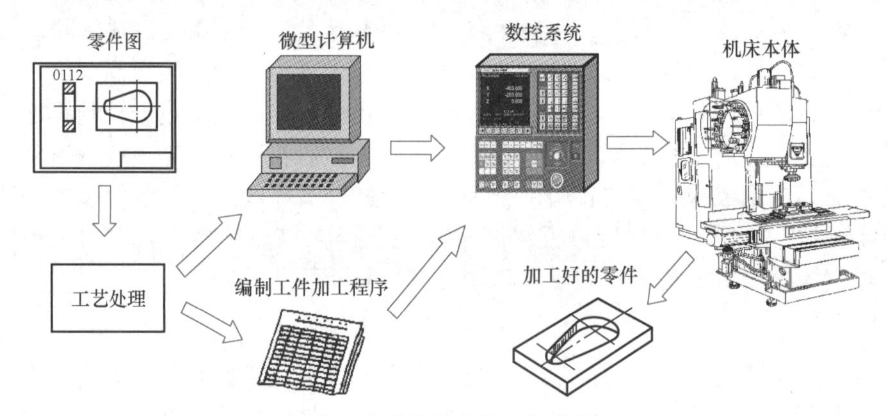

图 1-3 数控机床的工作原理

根据零件图进行工艺分析和处理，编写零件的加工程序，将加工程序输入数控系统中完成轨迹插补运算，控制机床执行机构的运动轨迹，加工出符合零件图要求的工件。

数控加工程序能否合理地编制，直接影响零件的加工效率和加工质量。程序的编写根据零件的复杂程度分别有手工编程和自动编程两种方法，对于较复杂零件，特别是带有曲面、螺旋线的零件，自动编程是目前数控加工程序编制的主流。无论使用哪种编程方法，编程前的工艺分析和工艺规划至关重要，直接影响加工可行性和质量，因此编制程序之前，首先要进行工艺处理。工艺处理的内容包括毛坯选择、装夹方式分析、夹具选用、刀具选用、走刀轨线规划、切削用量设定等。同时加工中的所有工序、工步、每道工序的切削用量、进给路线、加工余量和所用刀具类型、尺寸等都要设定好，并编入数控程序中。

数控加工程序的输入也有两种方法：一是一边读一边加工，为间歇式操作方法；二是将加工程序全部读入数控装置内部的存储器，加工时再从存储器中调用。根据数控机床输入装置的不同选择不同的输入方法。

加工程序输入到数控装置后，在控制软件的支持下，数控装置进行一系列处理和运算，以脉冲信号的形式输出到伺服系统中。脉冲信号经过信号转换、功率放大，通过伺服

电动机和机械传动机构，使机床的执行部件带动刀具进行加工，加工出满足图样要求的零件。当更换加工对象时，只需要重新编写程序代码输入数控机床，即可由数控装置代替人的大脑和双手的大部分功能，控制加工的全过程，制造出任意复杂的零件。

1.2　数控机床加工的特点及应用

1.2.1　数控机床加工的特点

数控机床与普通机床相比，具有以下特点：

（1）自动化程度高、适用范围广　可以降低操作人员的体力劳动强度。数控加工过程是按照输入程序自动完成的，操作人员只需要开始对刀、装卸工件、更换刀具，就能观察和监督机床的运行。

适应性是指数控机床随生产对象变化而变化的适应能力。改变加工对象时，除了更换刀具和解决毛坯装夹方式外，只需重新编程即可，不需要做其他任何复杂的调整，从而缩短了生产准备周期。

（2）加工精度高、质量稳定　数控机床的脉冲当量普遍可达 0.001mm，定位精度普遍可达 0.03m，重复定位精度为 0.01mm，很容易保证一批零件尺寸的一致性。只要工艺设计和程序正确合理，精心操作，零件就能获得更高的加工精度，便于加工过程的质量控制。

（3）生产效率高　数控机床可以采用较大的切削用量，而且具有自动换速、自动换刀和其他辅助操作自动化的功能，省去了划线、多次装夹定位、检测等工序及其辅助操作，有效地提高了生产效率。

（4）减轻劳动强度、改善劳动条件　除手工装夹毛坯外，其余全部加工过程都可由数控机床自动完成，若配合自动装卸手段，则是无人控制工厂的基本组成环节，数控加工减轻了操作者的劳动强度，改善了劳动条件。

（5）有利于实现生产的智能化　使用数字信息与标准代码输入，适用于计算机联网，与计算机辅助设计系统连接，形成 CAD/CAM 一体化系统，并且可以建立各机床间的联系，成为柔性制造系统（Flexible Manufacturing System，FMS）、计算机集成制造系统（Computer Integated Manufacturing System，CIMS）和智能制造（Intelligent Manufacturing）的基础。

1.2.2　数控加工的应用范围

现代科学技术和社会生产的不断发展，对机械加工行业提出了越来越高的要求。在机械加工过程中，单件与小批量生产的零件（批量在 10 ～ 100 件）占机械加工总量的 80% 以上，尤其是在造船、航空航天、机床、重型机械，以及国防等领域，机械加工具有加工批量小、改型频繁、零件的形状复杂而且精度要求高的生产特点。为有效保证产品质量、提高生产率和降低生产成本，机床不仅要有较好的通用性和灵活性，而且加工过程要实现自动化、智能化。通用机械、汽车、拖拉机、家用电器等行业的制造厂，大都采用自动机床、组合机床和专用自动生产线，而这些高度自动化和高效率的设备一次投资费用大，生产准备时间长，不适宜频繁改型和多种产品生产的需要。

要满足多品种、小批量自动化生产的要求，就迫切需要灵活的、通用的、能够适应产品频繁变化的柔性自动化机床。数控机床就是在这样的背景下产生与发展起来的，它极其有效地解决了上述一系列矛盾，为单件、小批量生产的精密复杂零件提供了自动化加工手段。

根据数控机床的特点及国内外大量的应用实践，数控加工一般适用于以下零件：

1）多品种、小批量生产的零件。

2）形状结构比较复杂的零件。

3）需要频繁改型的零件。

4）价值昂贵、不允许报废的关键零件。

5）生产周期极短的零件。

6）批量较大、精度要求高的零件。

1.2.3 常见的通用数控机床

1. 数控车床

数控车床是在原有普通车床基础上进行数控改造演变而来的。根据车床主轴的位置，数控车床分为卧式数控车床和立式数控车床。卧式数控车床的主轴水平设置，根据车床导轨的位置又分为数控水平导轨卧式车床（图 1-4）和数控倾斜导轨卧式车床（图 1-5）。倾斜导轨结构可以使车床具有更大的刚性，并易于排除切屑。

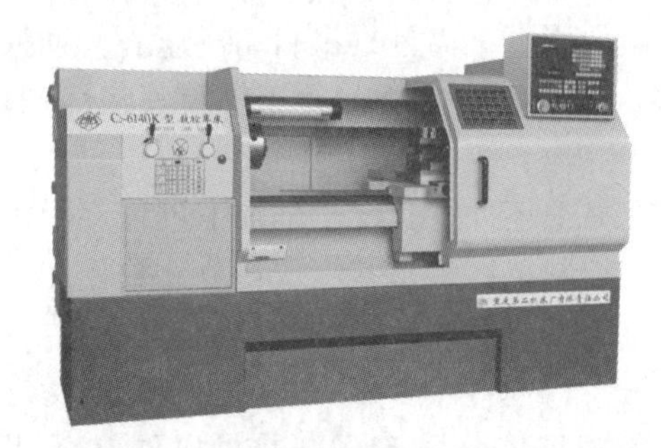

图 1-4 数控水平导轨卧式车床

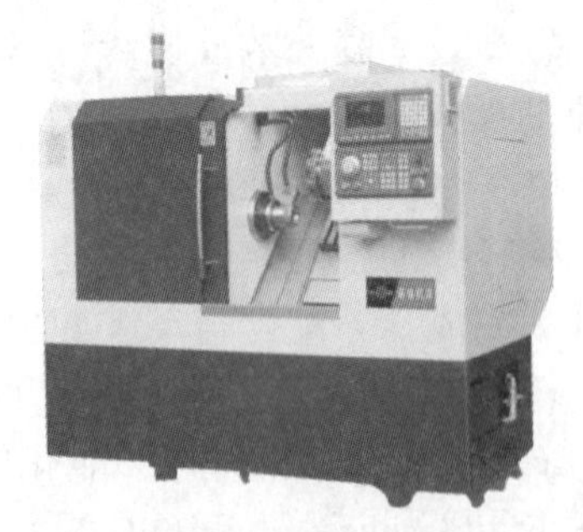

图 1-5 数控倾斜导轨卧式车床

立式数控车床（图 1-6）的主轴垂直于水平面，是一个大直径的圆形工作台，用于夹紧工件。这种机床主要用于加工径向尺寸大、轴向尺寸相对较小的大型复杂零件。

图 1-6 立式数控车床

数控车床比较适合于车削具有以下要求和特点的回转体零件：

（1）精度要求高的零件　由于数控车床的刚性好，制造和对刀精度高，以及能方便和精确地进行人工补偿甚至自动补偿，所以它能够加工尺寸精度要求高的零件，在有些场合可以以车代磨。此外，由于数控车削时刀具运动是通过高精度插补运算和伺服驱动来实现的，并且车床的刚性好、制造精度高，所以它能加工对母线直线度、圆度、圆柱度要求高的零件。

（2）表面粗糙度小的零件　数控车床能加工出表面粗糙度小的零件，不但是因为车床的刚性好、制造精度高，还由于它具有恒线速度切削功能。在材质、精车余量和刀具已定的情况下，表面粗糙度取决于进给速度和切削速度。使用数控车床的恒线速度切削功能，就可选用最佳线速度来切削端面，这样切出零件的表面粗糙度既小又一致。数控车床还适合于车削各部位表面粗糙度要求不同的零件。表面粗糙度小的部位可以用减小进给速度的方法来达到，而这在传统车床上是做不到的。

（3）轮廓形状复杂的零件　数控车床具有圆弧插补功能，所以可直接使用圆弧指令来加工圆弧轮廓。数控车床也可加工由任意平面曲线所组成的回转体零件，既能加工可用方程描述的曲线，也能加工列表曲线。如果说车削圆柱零件和圆锥零件既可选用传统车床也可选用数控车床，那么车削复杂回转体零件就只能选用数控车床。

（4）带一些特殊类型螺纹的零件　传统车床所能切削的螺纹相当有限，它只能加工等节距的直 / 锥面公、英制螺纹，而且一台车床只限定加工若干种节距。数控车床不但能加工任何等节距直 / 锥面公、英制和端面螺纹，而且能加工增节距、减节距，以及要求等节距、变节距之间平滑过渡的螺纹。数控车床加工螺纹时主轴转向不必像传统车床那样交替变换，它可以一刀一刀不停顿地循环，直至完成，所以它车削螺纹的效率很高。数控车床还具有精密螺纹切削功能，并且一般采用硬质合金成形刀片，以及可以使用较高的转速，所以车削出来的螺纹精度高、表面粗糙度小。可以说，包括丝杠在内的螺纹零件很适合在数控车床上加工。

（5）超精密、超低表面粗糙度的零件　磁盘、录像机磁头、激光打印机的多面反射体、复印机的回转鼓、照相机等光学设备的透镜及其模具，以及隐形眼镜等要求超高的轮廓精度和超低的表面粗糙度值，它们适合于在高精度、高功能的数控车床上加工。以往很难加工的塑料散光用的透镜，现在也可以用数控车床来加工。超精密加工的轮廓精度可达到 0.1μm，表面粗糙度可达 0.02μm。超精密车削零件的材质以前主要是金属，现已扩大到塑料和陶瓷。

2. 数控铣床

数控铣床是在一般铣床的基础上发展起来的一种自动加工设备，两者的加工工艺基本相同，结构也有些相似。数控铣床按主轴位置一般能够分成以下三类：

1）立式数控铣床（图 1-7）：立式数控铣床主轴轴线垂直于水平面，是数控铣床中常见的一种布局形式，应用非常广泛。

2）龙门式数控铣床（图 1-8）：龙门式数控铣床主轴能够在龙门架的横向与笔直导轨上运动，龙门架则沿床身做纵向运动。大型数控铣床，要考虑到扩大行程、缩小占地面积等技术上的问题，往往选用龙门架移动式。

图 1-7　立式数控铣床

图 1-8　龙门式数控铣床

3）卧式数控铣床（图 1-9）：卧式数控铣床与一般卧式铣床相同，其主轴轴线平行于水平面，主要用于加工箱体类零件。为了扩大加工规模和扩充功用，卧式数控铣床一般选用添加数控转盘或通过数控转盘来实现 4、5 坐标加工。这样，不但工件侧面上的连续轮廓能够加工出来，并且能够实现在一次装置中，通过转盘改动工位，进行“四面加工”。

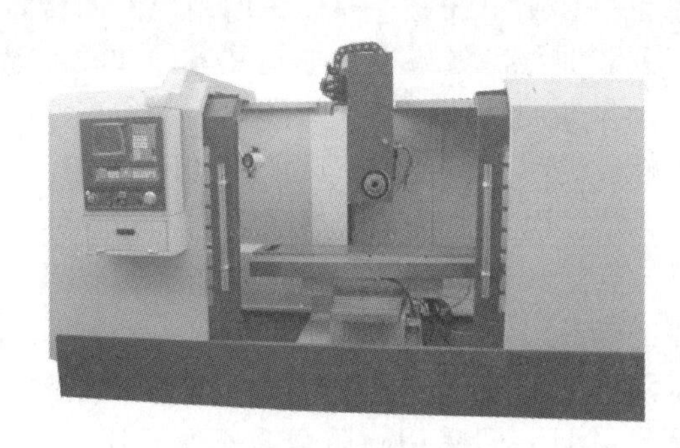

图 1-9　卧式数控铣床

数控铣床主要用于加工平面和曲面轮廓的零件，还可以加工复杂型面的零件，如凸轮、样板、模具、螺旋槽等，同时也可以对零件进行钻、扩、铰、锪和镗孔加工。

（1）平面类零件　加工面平行、垂直于水平面或其加工面与水平面的夹角为定角的零件称为平面类零件，如图 1-10a 所示。

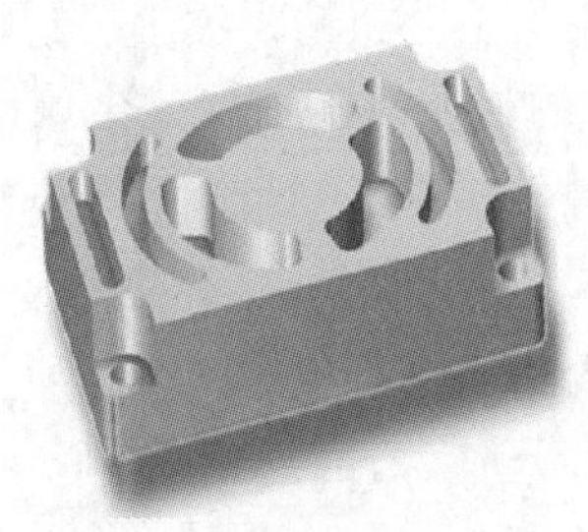

a) 平面类零件

b) 变斜角类零件

c) 曲面类零件

图 1-10　数控铣床加工对象

目前，在数控铣床上加工的绝大多数零件属于平面类零件。平面类零件的特点是，各个加工单元面是平面，或可以展开成为平面，例如图中的曲线轮廓面和正圆台面，展开后均为平面。平面类零件是数控铣削加工对象中最简单的一类，一般只需用 3 坐标数控铣床的两坐标联动就可以把它们加工出来。

（2）变斜角类零件　加工面与水平面的夹角呈连续变化的零件称为变斜角类零件，如图 1-10b 所示，这类零件多数为飞机零件，如飞机上的整体梁、框、缘条与肋等，此外还有检验夹具与装配型架等。变斜角类零件的变斜角加工面不能展开为平面，但在加工中，加工面与铣刀圆周接触的瞬间为一条直线。最好采用 4 坐标和 5 坐标数控铣床摆角加工，在没有上述机床时，也可用 3 坐标数控铣床上进行 2.5 坐标近似加工。

（3）曲面类（立体类）零件　加工面为空间曲面的零件称为曲面类零件，如图 1-10c 所示。零件的特点其一是加工面不能展开为平面；其二是加工面与铣刀始终为点接触。此类零件一般采用 3 轴及以上数控铣床。

3. 数控加工中心

数控加工中心是从数控铣床发展而来的，与数控铣床的最大区别在于它具有自动交换加工刀具的能力，通过在刀库上安装不同用途的刀具，可在一次装夹中通过自动换刀装置改变主轴上的加工刀具，实现多种加工功能。

数控加工中心是由机械设备与数控系统组成的，适用于加工复杂零件的高效率自动化机床。数控加工中心是世界上产量最高、应用最广泛的数控机床之一。它的综合加工能力较强，工件一次装夹后能完成较多的加工内容，加工精度较高。加工中等加工难度的批量工件，其效率是普通设备的 5 ～ 10 倍，特别是它能完成许多普通设备不能完成的加工，对形状较复杂，精度要求高的单件加工或中、小批量多品种生产更为适用。它把铣削、镗削、钻削、攻螺纹和切削螺纹等功能集中在一台设备上，使其具有多种加工工序的工艺手段。数控加工中心按照主轴加工时的空间位置分类有：数控立式加工中心（图 1-11）和数控卧式加工中心（图 1-12）。按工艺用途分类有：镗铣加工中心和复合加工中心。按功能特殊分类有：单工作台、双工作台和多工作台加工中心；单轴、双轴、三轴及可换主轴箱的加工中心。按照导轨分类有：线轨加工中心和硬轨加工中心等。

图 1-11　数控立式加工中心

图 1-12　数控卧式加工中心（双主轴双刀塔）

数控加工中心适用于复杂、工序多、精度要求较高、需用多种类型普通机床和刀具、工装，经过多次装夹和调整才能完成加工的零件。其主要加工对象有箱体类零件、复杂曲面、异形件、盘、套、板类零件（图 1-13）。

图 1-13　适合数控加工中心加工的零件

1.3　数控加工工艺相关概念

1.3.1　基本概念

1. 生产过程

生产过程是指把原材料转变为成品的全过程。生产过程一般包括原材料的运输、仓库保管、生产技术准备、毛坯制造、机械加工（含热处理)、装配、检验、喷涂和包装等。

2. 工艺过程

工艺过程是指改变生产对象的形状、尺寸、相对位置和性质等，使其成为成品或半成品的过程。工艺过程是生产过程中的主体。机械加工的过程称为机械加工工艺过程。在机械加工工艺过程中，针对零件的结构特点和技术要求，采用不同的装备和加工方法，按照一定的顺序依次进行，才能完成由毛坯到零件的转变过程。因此，机械加工工艺过程是由一个或若干个顺序排列的工序组成的，而工序又由安装、工位、工步和走刀组成。

（1）工序　工序是指一个或一组工人，在一个工作地点对同一个或同时对几个工件所连续完成的那一部分工艺过程，划分工序的依据是工作地点是否变化和工作是否连续。如图 1-14 所示，当加工数量较少时，其工艺过程和工序的划分见表 1-1，共有四个工序。当加工数量较多时，其工艺过程和工序的划分见表 1-2，可分为 6 个工序。

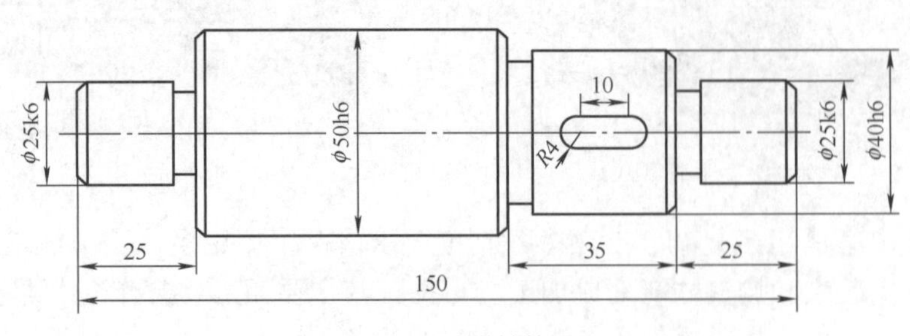

图 1-14　阶梯轴简图

表 1-1　单件小批生产的工艺过程

工序号	工序内容	设备
1	车两端面、钻两端中心孔	数控车床
2	车外圆、车槽和倒角	数控车床
3	铣键槽、去毛刺	数控铣床、钳工
4	磨外圆	数控磨床

表 1-2　大批量生产的工艺过程

工序号	工序内容	设备
1	同时车两端面、钻两端中心孔	专用机床
2	车一端外圆、车槽和倒角	数控车床
3	车另一端外圆、车槽和倒角	数控车床
4	铣键槽	数控铣床
5	去毛刺	钳工
6	磨外圆	数控磨床

在表 1-1 的工序 1 中，先车一个工件的一端，然后调头装夹，再车另一端，是在同一地点，其工艺内容是连续的，因此算作一道工序。在表 1-2 的工序 2 和工序 3 中，虽然工作地点相同，但工艺内容不连续（工序 3 是在工序 2 的内容都完成后才进行的），因此算作两道工序。

上述工序的定义和划分是常规加工工艺中采用的方法。在数控加工中，根据数控加工的特点，工序的划分会比较灵活。

（2）工步　工步是指在加工表面（或装配连接面）和加工（或装配）工具不变的情况下，连续完成的那一部分工序内容。划分工步的依据是加工表面和工具是否变化。表 1-1 中的工序 1 有四个工步，工序 4 只有一个工步。但是，为了简化工艺文件，在一次安装中连续进行若干个相同的工步，通常都看作一个工步。如图 1-15 所示，零件上 6 个 ϕ20mm 的孔，可写成一个工步，即钻 6×ϕ20mm 孔。

有时为了提高生产率，用几把不同刀具或复合刀具同时加工一个零件上的几个表面，通常将此工步称为复合工步。如图 1-16 所示，钻削和车削同时进行，就是一个复合工步。在数控加工中，有时将在一次安装下用一把刀具连续切削零件上的多个表面划分为一个工步。

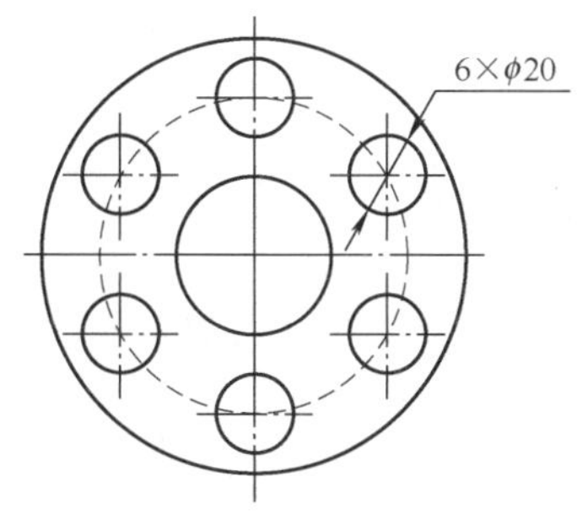

图 1-15　加工六个表面相同的工步

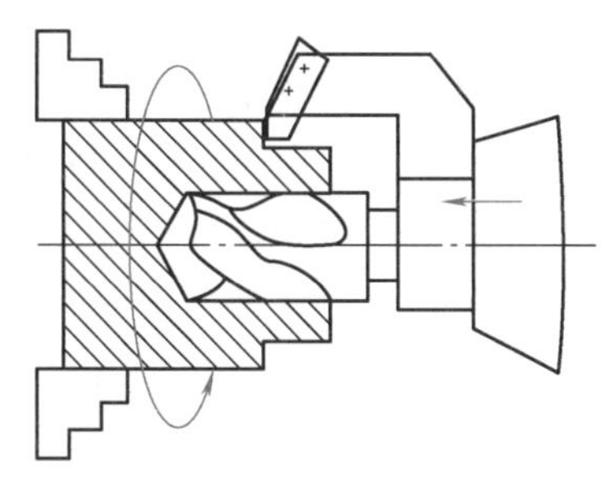

图 1-16　钻、车的复合工步

（3）走刀　在一个工步内，若被加工表面需切除的余量较大，可分几次切削，每次切削称为一次走刀，如图 1-17 所示。第一工步只需一次走刀，第二工步需分两次走刀。

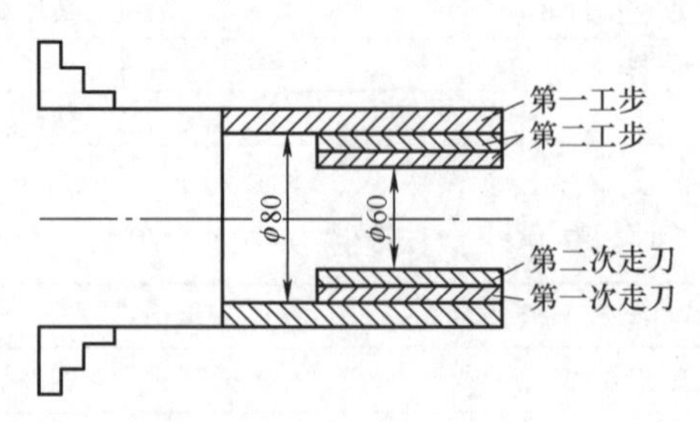

图 1-17　阶梯轴的车削进给

（4）安装　安装是指工件经一次装夹后所完成的工序。在一道工序中，工件可能只需要安装一次，也可能需要安装几次。在表 1-2 的工序 4 中，只需一次安装即可铣出键槽，而在表 1-1 的工序 2 中，至少要两次安装，才能完成全部工艺内容。

（5）工位　工位是指为了完成一定的工序内容，一次装夹工件后，工件（或装配单元）与夹具或设备的可动部分一起相对刀具或设备的固定部分所占据的每一个位置。常用各种回转工作台、移动工作台、回转夹具或移动夹具，使工件在一次安装中先后处于几个不同的位置进行加工。如图 1-18 所示，利用移动工作台或移动夹具，在一次安装中顺次完成铣端面、钻中心孔两工位加工。采用这种多工位加工方法，减少了安装次数，可以提高加工精度和生产率。

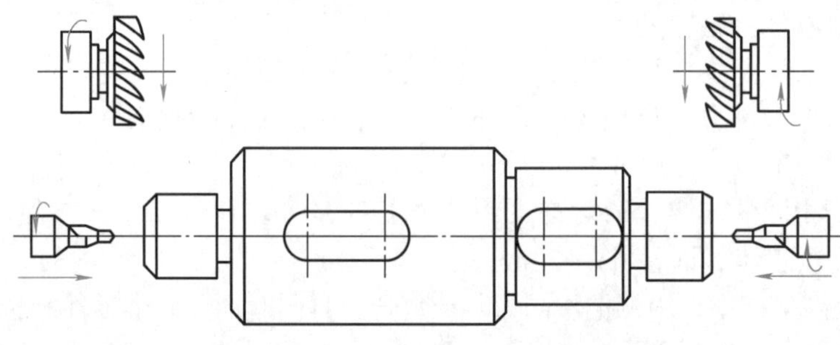

图 1-18　阶梯轴的多工位加工

1.3.2　生产纲领和生产类型

不同的生产类型，其生产过程和生产组织、车间的机床布置、毛坯的制造方法、采用的工艺装备、加工方法以及工人的熟练程度等都有很大的不同，因此在制订工艺路线时必须明确该产品的生产类型。

生产纲领指企业在计划期内应当生产产品的品种、规格及产量的进度计划，计划期通常为 1 年，所以生产纲领通常称为年生产纲领。零件的年生产纲领由下式计算：

$$N=Qn(1+a)(1+b)$$

式中　N——零件的生产纲领（件 / 年）;

Q——参与生产的机床数（台 / 年）；

n——单台机床生产该零件的数量（件 / 台）；

a——备品率（%）；

b——废品率（%）。

根据产品生产的重复程度和工作的专业化程度，可以把生产过程分为单件生产、大量生产和成批生产。

1. 单件生产

单件生产是指产品品种多，而每一种产品的结构、尺寸不同，且产量很少，各个工作地点的加工对象经常改变，且很少重复的生产类型。例如，新产品试制、重型机械、航天器以及专用设备的制造等均属于单件生产。

2. 大量生产

大量生产是指产品数量很大，大多数工作地点长期地按固定节拍进行某一个零件的某一道工序的加工。例如，汽车、摩托车、柴油机等的生产均属于大量生产。

3. 成批生产

成批生产是指一年中分批轮流地制造几种不同的产品，每种产品均有一定的数量，工作地点的加工对象周期性地重复，如机床、电动机等均属于成批生产。

按照成批生产中每批投入生产的数量（即批量）大小和产品的特征，成批生产又可分为小批生产、中批生产和大批生产三种。小批生产与单件生产相似，大批生产与大量生产相似，常合称为单件小批生产、大批大量生产，而成批生产仅指中批生产。

生产类型的划分主要由生产纲领确定，同时还与产品大小和结构复杂程度有关。表 1-3 是不同生产类型与生产纲领的关系。生产纲领有周生产纲领、月生产纲领、季生产纲领、年生产纲领，通常我们说年生产纲领，所以也把生产纲领称为年产量，零件的生产纲领应包括备品和废品在内的该产品的年产量。

表 1-3　生产类型和生产纲领的关系

生产类型		生产纲领（件 / 年）		
		重型零件（30kg 以上）	中型零件（4 ～ 30kg）	轻型零件（4kg 以下）
单件生产		≤5	≤10	≤100
成批生产	小批生产	>5 ～ 100	>10 ～ 150	>100 ～ 500
	中批生产	>100 ～ 300	>150 ～ 500	>500 ～ 5000
	大批生产	>300 ～ 1000	>500 ～ 5000	>5000 ～ 50000
大量生产		>1000	>5000	>50000

生产类型不同，产品的制造工艺、工装设备、技术措施、经济效益等也不相同。大批大量生产采用高效的工艺及设备，经济效益好；单件小批生产通常采用通用设备及工装，生产效率低，经济效益较差。各种生产类型的工艺特征见表 1-4。

表 1-4 各种生产类型的工艺特征

工艺特征	单件生产	成批生产	大量生产
毛坯的制造方法及加工余量	铸件用木模手工造型，锻件用自由锻。毛坯精度低，加工余量大	铸件用金属模造型，锻件用模锻。毛坯精度及加工余量中等	铸件广泛采用金属模造型，锻件广泛采用模锻，以及其他高效方法，毛坯精度高，加工余量小
机床设备及其布置	通用机床、数控机床。按机床类别采用机群式布置	部分通用机床及高效机床。按工件类别分工段排列	广泛采用高效专用机床及自动机床。按流水线和自动线排列
工艺装备	多采用通用夹具、刀具和量具。靠划线和试切法达到精度要求	广泛采用通用夹具，较多采用专用刀具和量具。部分靠找正装夹达到精度要求	广泛采用高效率的专用夹具、刀具和量具。用调整法达到精度要求
工人技术水平	技术熟练	比较熟练	对操作工人的技术要求较低，对调整工人的技术要求较高
工艺文件	有工艺过程卡，关键工序要工序卡。数控加工工序要详细的工序卡和程序单等文件	有工艺过程卡，关键工序要工序卡，数控加工工序要详细的工序卡和程序单等文件	有工艺过程卡和工序卡，关键工序要调整卡和检验卡
生产效率	低	中	高
成本	高	中	低

1.3.3 数控加工工艺和数控加工工艺过程

数控加工工艺是指数控机床加工零件时所运用的各种方法和技术手段的总和。在数控机床上加工零件，首先要根据零件的尺寸和结构特点进行加工内容分析，拟定加工方案，选择合适的夹具和刀具，确定每把刀具加工时的切削用量。然后将全部的工艺过程、工艺参数等编制成程序，输入数控系统，因此工艺分析与规程编制是程序编程的依据。

数控加工工艺过程是利用切削刀具在数控机床上直接加工对象的形状、尺寸、表面位置、表面状态等，使其成为成品或半成品的过程。数控加工过程是在一个由数控机床、刀具、夹具和工件构成的数控加工工艺系统中完成的。数控机床是零件加工的工作机械，刀具直接对零件进行切削，夹具用来固定零件并使之处于正确的位置，加工程序控制刀具与工件之间的相对运动轨迹。数控加工工艺规划的好坏直接影响零件的加工精度和表面质量，因此掌握数控加工工艺规划的内容十分必要。

1.3.4 数控加工工艺特点

数控加工工艺是伴随着数控机床的产生，不断发展和逐步完善的一门应用技术，研究的对象是数控设备完成数控加工全过程的相关集成化技术，最直接的研究对象是与数控设备息息相关的数控装置、控制系统、数控程序及编制方法。数控加工工艺源于传统的加工工艺，它将传统的加工工艺、计算机数控技术、计算机辅助设计和辅助制造技术有机地融合在一起，数控加工工艺的典型特征是将传统加工工艺完全融入数控加工工艺中。数控加

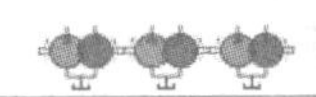

工工艺是数控编程的基础，高质量的数控加工程序源于周密、细致的技术可行性分析、总体工艺规划和数控加工工艺设计。

编程员接到一个零件或产品的数控编程任务后，主要的工作包括：根据零件或产品的设计图样及相关技术文件进行数控加工工艺可行性分析，确定完成零件数控加工的加工方法；选择数控机床的类型和规格；确定加工坐标系，选择夹具及其辅助工具，选择刀具和刀具装夹系统；规划数控加工方案和工艺路线，划分加工区域，设计数控加工工序内容；编写数控程序，进行数控程序调试和实际加工验证；对所有的数控工艺文件进行完善、固化并存档。数控编程可以简单地理解成从零件的设计图开始，直到数控加工程序编制完成的整个过程。数控加工工艺是数控编程的核心，只有将数控加工工艺合理、科学地融入数控编程中，编程员才能编制出高质量和高水平的数控程序。数控编程也是逐步完善数控加工工艺的过程。

传统加工工艺是数控加工工艺的基础和技术保障，由于数控加工采用计算机对机械加工过程进行自动化控制，使得数控加工工艺具有如下特点：

1）数控加工工艺远比传统机械加工工艺复杂。数控加工工艺要考虑加工零件的工艺性，加工零件的定位基准和装夹方式，也要选择刀具，制定工艺路线、切削方法及工艺参数等，而这些在传统加工工艺中均可以简化处理。因此，数控加工工艺比传统加工工艺要复杂得多，影响因素也多，因而有必要对数控编程的全过程进行综合分析、合理安排，然后整体完善。相同的数控加工任务，可以有多个数控工艺方案，既可以选择以加工部位作为主线安排工艺，也可以选择以加工刀具作为主线来安排工艺。数控加工工艺的多样化是数控加工工艺的一个特色，是与传统加工工艺的显著区别。

2）数控加工工艺设计有严密的条理性。由于数控加工的自动化程度较高，相对而言，数控加工的自适应能力就较差。而且数控加工的影响因素较多且复杂，需要对数控加工的全过程深思熟虑。数控加工工艺设计必须具有很好的条理性，即数控加工工艺的设计过程必须周密、严谨，没有错误。

3）数控加工工艺的继承性较好。凡经过调试、校验和试切削过程验证的，并在数控加工实践中证明是好的数控加工工艺，都可以作为模板，供后续加工类似零件调用，这样不仅节约时间，而且可以保证质量。作为模板本身在调用中也是一个不断修改完善的过程，可以达到逐步标准化、系列化的效果。因此，数控加工工艺具有较好的继承性。

4）数控加工工艺必须经过实际验证才能指导生产。由于数控加工的自动化程度高，安全和质量是至关重要的，数控加工工艺必须经过验证后才能用于指导生产。在传统机械加工中，工艺员编写的工艺文件可以直接下到生产线用于指导生产，一般不需要上述复杂过程。

1.3.5　数控加工工艺主要内容

数控加工工艺的实质就是分析被加工零件的图样，明确加工内容和技术要求，在分析零件精度和表面粗糙度的基础上，对数控加工的加工方法、装夹方式、刀具使用、切削进给路线及切削用量等工艺内容进行正确合理地选择。通常数控加工工艺包含以下内容：

1）选择适合在数控机床上加工的零件，确定工序内容。

2）分析被加工零件的图样，明确加工内容及技术要求。

3）确定零件的加工方案，制订数控加工工艺路线，如划分工序、安排加工顺序、与传统加工工序的衔接等。

4）加工工序的设计，如选取零件的定位基准、工步的划分、定位与装夹方案确定、选取刀辅具、确定切削用量、选择机床等。

5）编制数控加工工艺技术文件。

1.4 智能制造与数控加工

1.4.1 世界各国的智能制造计划

2015 年，日本发布了《机器人新战略》，该战略指出在世界快速进入物联网时代的今天，日本要继续保持“机器人大国”（以产业机器人为主）的优势地位，就必须策划实施“机器人新战略”。将机器人与 IT 技术、大数据、网络、人工智能等深度融合，在日本积极建立世界机器人技术创新高地，创建世界一流的机器人应用社会，继续引领物联网时代机器人的发展。为实施该战略，日本政府提出了三大核心目标，一：建立世界机器人创新基地，巩固机器人产业的培育能力。增加用户与厂商的对接机会，诱发创新，同时推进人才培养、下一代技术研发，开展国际标准化等工作；二：创建世界第一的机器人应用社会，使机器人随处可见。在制造业、服务业、医疗护理、基础设施、自然灾害应对、工程建设、农业等领域广泛使用机器人，同时打造机器人应用所需的环境；三：迈向领先世界的机器人新时代。

2018 年 10 月，美国国家科学技术委员会下属的先进制造技术委员会，发布了《先进制造业美国领导力战略》，提出未来 4 年的行动计划。该战略旨在捍卫美国经济，提高制造业就业率，建立牢固的制造业和国防产业基础，确保可靠的供应链。该战略明确提出，先进制造（通过创新研发的新制造技术和新产品）是美国经济实力的“引擎”和国家安全的“支柱”。通过梳理美国制造业创新和竞争力的影响因素，提出了美国先进制造发展的三大主要目标和任务，一：开发和转化新制造技术，引领智能制造系统的未来，开发世界领先的材料和加工技术，确保国内制造、生产医疗产品，保持电子设计和制造领域的领先地位，抓住粮食和农业制造业的机会；二：教育、培训和集聚制造业劳动力，吸引、培养未来制造业劳动力，更新、扩展职业和技术教育途径，提升学徒和行业认可证书的接受程度，培养与行业需求高度匹配的工人；三：扩展国内制造业供应链，提升制造商在先进制造业中的作用，鼓励制造业发展创新生态体系，增强国防制造业基础，加强农村先进制造的推广应用。

观察美国先进制造发展的三大主要任务和目标可知美国不再只关注产品设计及高端制造技术，也开始重视传统制造业在其国内的发展和作用。基于该任务，美国《2021 年战略投资计划》提出了四个投资主题，一：设计，扩展数字孪生应用的领域；二：未来工厂，通过高级实时操作、优化等预测运维提升对大型制造商的吸引力；三：供应链，在 2019 年的基础上更关注供应链上产品的数量和广度，研究如何在供应链中有效和安全地

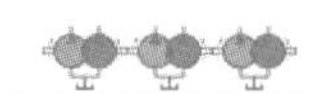

共享数字孪生的数据；四：网络安全，包括如何安全处理数字化淘汰设备，评估和降低 OT（Operational Technology）设备的安全风险，开放 OT 工厂环境以允许其与外部合作伙伴合作等。

2019 年，德国发布《德国工业战略 2030》，进一步深化和具体化《德国工业 4.0》战略，推动德国在数字化、智能化时代实现工业全方位升级。该战略提出了具体的发展目标，即提高工业在国内生产总值中的占比。到 2030 年，德国国内工业产值在国内生产总值中的占比提高到 25%，在欧盟中的占比则提高到 20%，确保德国工业重新赢回经济与技术方面的能力、竞争力与世界工业领先地位。

《德国工业战略 2030》从支持突破性创新活动、提升工业整体竞争力的措施，以及对外经济关系等方面提出战略方针。大力支持突破性创新活动，涵盖编制突破性创新技术目录；强调突破性创新活动即数字化的发展，尤其是人工智能的应用；关注“工业 4.0”技术（工业互联网）、纳米与生物技术、新材料、轻结构技术以及量子计算机的研发，组建德国和欧洲的龙头企业，增加规模优势，将龙头企业打造成为德国乃至欧洲的旗舰型企业，以应对美国、中国等大型公司的竞争。通过多种手段提升德国工业整体竞争力，一方面扩大处于领先地位的工业产业优势，持续提升其全球竞争力。明确了德国处于领先地位的十大关键工业领域：钢铁铜铝工业、化工工业、机械与装备制造业、汽车及零部件制造、光学产业、医学仪器制造、绿色环保科技、国防工业、航空航天工业、增材制造等；另一方面明确要求维护完整的价值链，增加工业附加值，减少外部冲击和威胁。同时加强对中小企业的支持，提供个性化优惠和支持，增强其应对颠覆性创新挑战的能力和竞争优势，培育“隐形冠军”。

2020 年 3 月，欧盟委员会发布了《欧洲新工业战略》，旨在推进欧洲工业气候中立和数字化转型，并提升全球竞争力和战略自主性。该战略提出了 2030 年及以后欧洲工业具备全球竞争力和世界领先地位、打造欧洲数字化未来及实现 2050 年气候中立的三大愿景，并提出欧洲工业转型的基础性策略、强化欧洲工业和战略主权、合作伙伴关系治理三方面内容。

在基础性策略中构建一个更深入、更数字化的单一市场，为行业创造确定性。通过《中小企业可持续发展》和《塑造欧洲数字未来》的数字化战略，执行《欧洲数据战略》的后续行动，以发展欧盟数据经济等；工业和战略主权指出，实施战略主权的核心是减少对其他国家的依赖，通过该项举措能够帮助欧洲在关键材料、技术、基础设施、安全等战略领域获得更大利益。欧盟将持续开发对欧洲工业未来具有战略重要性的关键扶持技术，其中包括机器人、微电子、高性能计算和数据云基础设施、区块链、量子技术、光子学、工业生物技术、生物医学、纳米技术、制药、先进材料和技术；欧盟将启动一个新的欧洲清洁氢联盟，并进行彻底的筛选和分析工业需求，确定需要采取定制化管理的生态伙伴，建立包容和开放的工业论坛，以维护合作伙伴关系。

我国同样在这一轮新技术革命中不甘落后，为实现制造强国的目标，于 2015 年推出了国家行动纲领《中国制造 2025》，旨在将智能制造作为主攻方向。虽然我国制造工业在改革开放后有了长足的进步，但基础薄弱，《中国制造 2025》也立足国情、立足实际，制订了“三步走”的战略（图 1-19）。

图 1-19　我国智能制造计划三步走

第一步，到 2025 年，我国制造业进入制造强国第二方阵，迈入制造强国行列。

第二步，到 2035 年，我国制造业将位居第二方阵前列，成为名副其实的制造强国。

第三步，到新中国成立一百年，我国制造业又大又强，从世界产业链中低端迈向中高端，我国制造业进入第一方阵，成为世界领先的制造强国。

同时提出了“五大工程”“九大任务”和“十项重点发展领域”。

1）五大工程分别是制造业创新中心建设工程、智能制造工程、工业强基工程、绿色制造工程和高端装备创新工程。通过制造业创新中心建设工程可以解决行业共性技术缺失的问题，促进更多的科研成果转换成现实的生产力；智能制造工程是制造业发展的主攻方向，《中国制造 2025》对智能制造的发展分三个阶段进行规划，首先是数字化，然后是网络化和智能化，最终实现数字化普及、网络化协调、智能化提升；工业基础能力薄弱是制约我国制造业创新发展和质量提升的症结所在，所以强化基础能力的建设至关重要。工业基础 [核心基础零部件（元器件）、关键基础材料、先进基础工艺和产业技术基础] 直接决定着产品的性能和质量，是工业整体素质和核心竞争力的根本体现，是制造强国建设的重要基础和支撑条件；实施绿色制造工程是树立五大新发展理念的重要举措之一，推行绿色制造要围绕产品全寿命周期，加快构建起科技含量高、资源能源消耗低、环境污染少的产业结构和生产方式，实现生产方式“绿色化”；我国在高端装备制造领域基础薄弱，但发展迅速，某些高端装备实现重大突破，如大型客机（C919）成功试飞，北斗导航系统成功应用，高速铁路机车成功推广。但总体而言，在高端装备创新能力、部分核心技术和关键零部件、产品可靠性、基础配套能力等方面我们仍有较大差距。

2）九大任务分别是提高国家制造业的创新能力、推进信息化与工业化深度融合、强化工业基础能力、加强质量品牌建设、全面推行绿色制造、大力推动重点领域突破发展、深入推进制造业的结构调整、积极发展服务型制造和生产性服务业、提高制造业的国际化发展水平。

3）十项重点发展领域分别是新一代信息技术产业、高档数控机床和机器人、航空航天装备、海洋工程装备及高技术船舶、先进轨道交通装备、节能与新能源汽车、电力装备、农机装备、新材料、生物医药及高性能医疗器械。

《中国制造 2025》的出台对我国制造发展具有战略推动作用，会使我们拥有雄厚的产业规模和健全的生产体系，提高基础产业和装备制造业水平、产品质量和生效效益，增强可持续发展及创新能力。

1.4.2　智能制造背景下机械制造行业的挑战

1. 个性化产品需求的增加

传统工业时代，企业以生产制造为核心，以规模降低成本，消费者只能根据企业提供的产品进行选择，消费者个性化需求很难得到满足。而今，随着社会的进步、技术的发展，消费者消费水平的提高，个性审美偏好的升级，使他们对传统制造业所提供的标准化产品的满意度逐渐降低。同时随着智能制造技术的发展，生产方式的改变，互联网时代下的智能工厂可以实现小批量、多品种的生产，很多个性化商品得以被生产出来。因此，越来越多的企业开始向市场提供个性化产品和个性化服务，并通过大数据分析来了解消费者的个性化需求，为独立个人提供定制跟踪服务。海尔智能制造管理平台（图 1-20）是基于互联网，集定制企业、协作企业、供应商和消费者为一体，根据消费者的需求和喜好定制个性化产品。

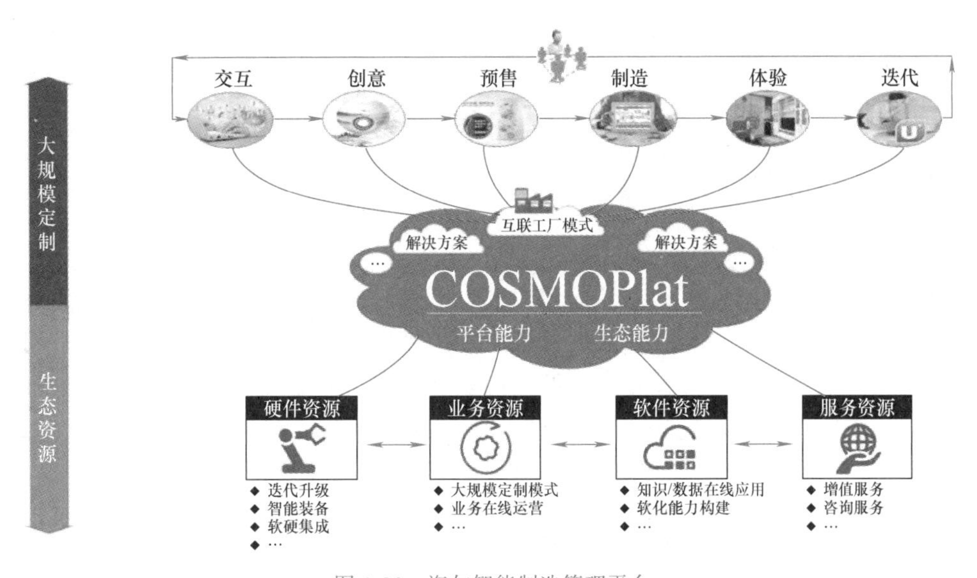

图 1-20　海尔智能制造管理平台

2. 快速的新产品上市时间

快速灵活的市场响应、高效优质的交付，是每个装备制造企业如今所面临的市场竞争问题。图 1-21 所示为丰田公司的精益生产方案。人力、资金、时间、研发、工艺、质量和装备等是影响产品上市时间的主要因素，如何使上述因素整合优化，使之处于最佳协同配合，尤其是提高研发、工艺、质量和装备各环节的水平以及促进相互之间的协同将是主要的技术路线，丰田公司的 JIT（Just In Time）提供了可供参考的解决方案。

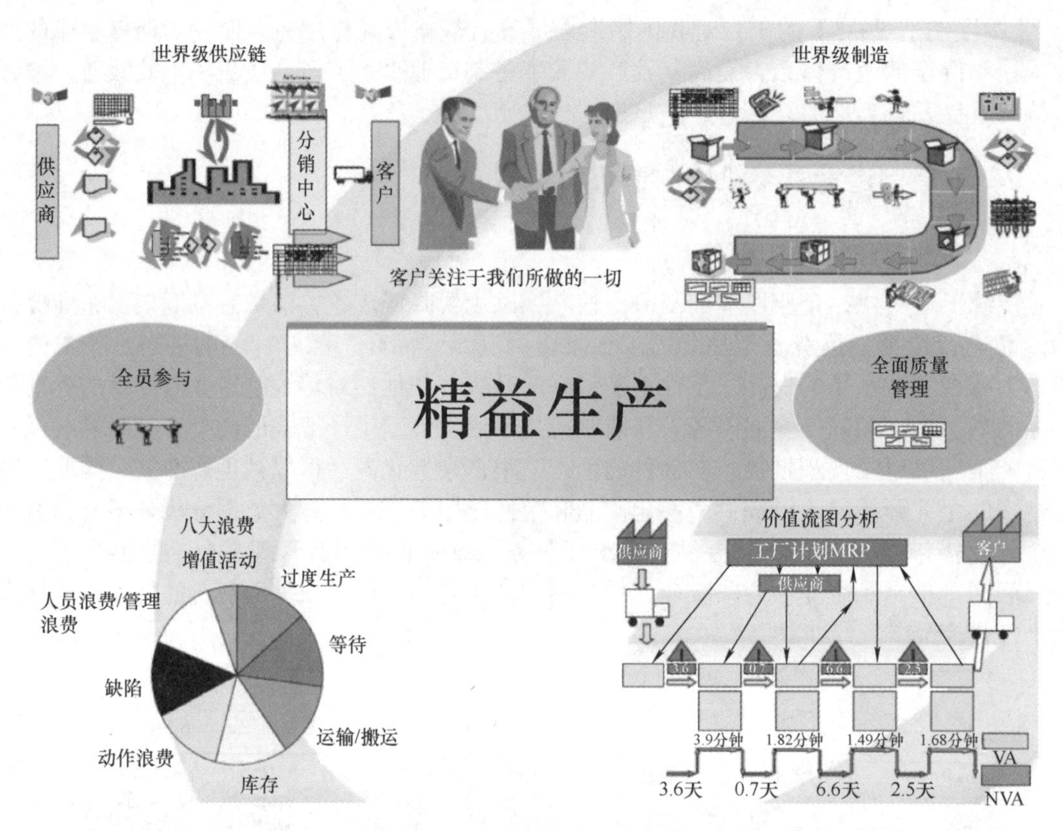

图 1-21 丰田公司的精益生产方案

3. 制造企业的角色

在智能工厂的个性定制时代，任何用户都可以直接定制产品，根据自己的需求选择产品的款式、颜色和性能，参与到产品的设计中。产品设计的流程就变成“需求→设计→销售→生产”的模式，在这样的模式下，产品的设计不再由制造企业单独完成，而是由用户提需求，设计师设计或者用户和设计师共同完成，制造企业不再是完全产品的提供者，更多充当了代工的角色。在这样的情况下，订单、产能、效率、质量、工艺如何协调、有效运行是要深思的问题。

同样在机加行业内部，工艺员和编程员是两个不同的岗位，工艺员负责编制加工工艺规程、编写工艺卡片，编程员负责编制数控加工程序。造成这种局面的原因是编程员需要熟悉数控指令和机床特性，而工艺员只需要熟悉加工过程和工序安排。图 1-22 所示为工艺和编程相对独立的情况。加工现场经常会出现工艺员完成数控工序卡片的简单填写，但涉及现场的信息都由编程员来定，如适用夹具、刀具、余量和转速等。有时即使工艺员填了这些信息，在和现场情况不符的情况下以现场编程员所选为准。这种情况的结果是在实际生产中积累的数控工艺经验、知识都存放在工艺员的头脑中，没有对可用知识进行集中管理，以便随时调用；也正是因为缺乏统一的知识管理，对于类似甚至完全一样的零件，由于编程员无法在系统中找到以前经过验证的工艺，不得不重新编制数控程序，从而造成人力浪费。

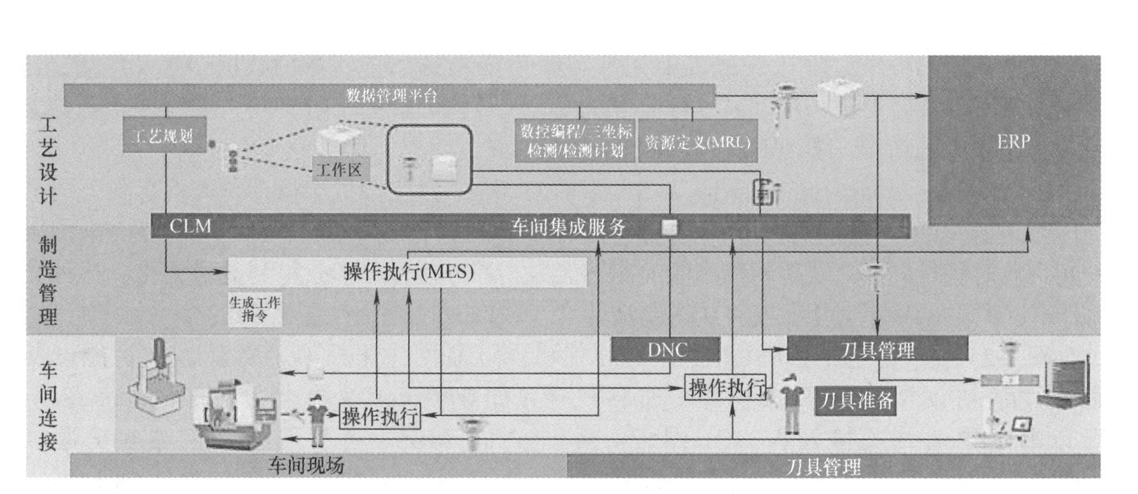

图 1-22　工艺和编程相对独立

机加零件工艺涉及的业务往往来自不同的供应商，不同供应商之间没有互通的协议，如甲供应商的 CAM 软件不兼容乙供应商的 CAD 软件，信息转化的过程需要人工操作，效率低下，甚至出现信息不一致的问题（图 1-23）。

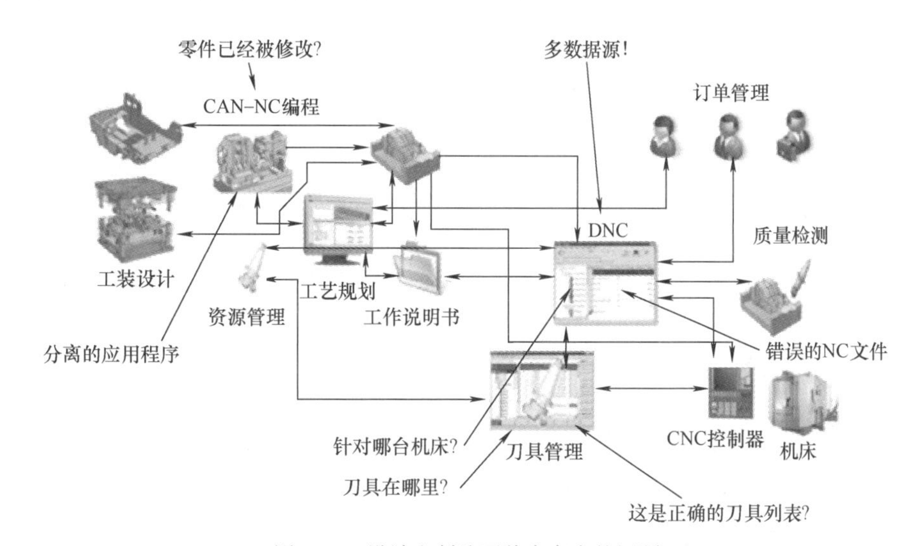

图 1-23　设计和制造不兼容存在的问题

1.4.3　智能制造背景下的数控机床发展趋势

1. 系统网络化、平台化、智能化

（1）网络化　在 5G、万物互联、工业互联网发展迅速的前提下，数控系统成为一个能够接收、分析和发送信息的智能终端，使数控系统具有双向、高速的联网通信功能，以保证信息流在车间各个部门间畅通无阻。数控系统既能实现网络资源共享，又能实现数控机床的远程监视、控制、培训、教学、管理，还能实现数控装备的数字化服务（数控机床故障的远程诊断、维护等），以及生产计划、设计、制造、供应链、人力、财务、销售、库存等一系列生产和管理环节的资源整合与信息互联。

例如：沈阳机床集团 i5 智能机床。图 1-24 所示为 i5 智能机床的数据产生及应用，i5 智能机床可以实时在线，可以通过智能手机或者计算机和机床实时交互，来指挥或者要求机床产生相应的动作，实现对应的功能。

iSESOL（i–Smart Engineering & Services Online）是沈阳机床设计研究院有限公司上海分公司研发的云制造平台，用户可以将闲置产能公示于 iSESOL 平台，有产能需求的用户可以临时租赁的形式获得闲置产能的制造能力，双方通过分享获得利益最大化。这种类似于代工行业的资产应用无疑将成为制造业“互联网 +”的一个重要形式。

图 1-25 所示为基于 iSESOL 平台的智能机床互联网应用框架。所有的 i5 智能设备通过 iPort 协议接入 iSESOL 网络，非 i5 机床（如 OPC UA 终端或者 MTConnect 终端）可以通过 iPort 网关接入 iSESOL 网络。类似 ERP、MES、远程看板等云端 APP 通过 iSESOL 聚合的实时数据和访问接口实现对远程设备的统一访问。终端用户可以通过不同的终端安装 APP，实现对机床的各类互联网应用。目前已接入此平台并建立产能协同生态系统的机床有几千台，日常联机接入 2500 台左右。

图 1-24　i5 智能机床的数据产生及应用

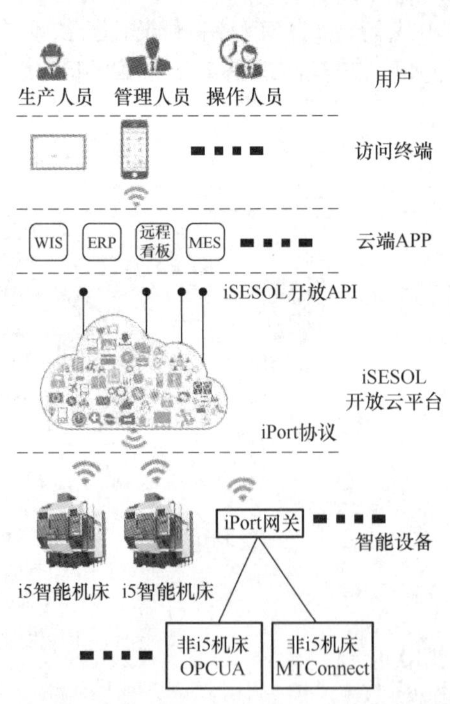

图 1-25　基于 iSESOL 平台的智能机床互联网应用框架

（2）平台化　在云计算的基础上，德国斯图加特大学提出“本地化（localized）”云端数控系统，其概念如图 1-26 所示，传统数控系统的人机界面、数控核心和 PLC 都移至云端，本地仅保留机床的伺服驱动和安全控制，在云端增加通信模块、中间件和以太网接口，通过路由器与本地数控系统通信。这样在云端有每一台机床的“数字孪生（Digital Twin）”，其运算能力强大、算法超前，基础架构开放、科学，可以和机械加工领域生产、管理软件无缝集成，在虚拟世界中执行仿真加工任务，实现虚拟仿真和现实加工的高度统一。同时在云端就可以进行机床的配置、优化和维护，极大地方便了机床的使用。

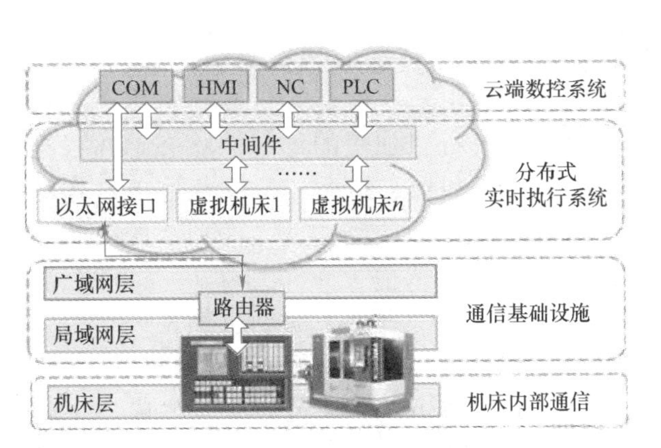

图 1-26　云端数控系统的概念

根据李培根院士的定义，数字孪生是利用物理模型、传感器更新、运行历史等数据，集成多学科的仿真过程，在虚拟数字空间中建立数学模型完成映射，从而反映相对应的实体装备的全生命周期过程。简单来说，数字孪生就是在一个设备或系统的基础上，创造一个数字版的“共生伴侣”，通过某种软件界面将真实运行的物体的实际情况在数字版“共生伴侣”上复现，包括描述物体几何、材料、组件和行为的设计规范和工程模型，以及物体特有的生产和运营数据。数字孪生是真实运行的物体的属性及状态的准确实时镜像，包括形状、位置和运动。机床的数字孪生可在多个信息域同时存在，有多个“共生伴侣”，在产品设计阶段具有方案论证、结构和功能验证以及性能参数优化的作用；在构建工厂的规划阶段参与布局规划、系统优化模拟仿真等工作；在运行阶段进行加工状态判断和预测，实现机床的智能控制和预防性维护，直到产品报废终结。

（3）智能化　智能化是数控系统的发展趋势，其主要特点：自动进行人机交互编程，可以极大地简化人工编程的复杂性并提高编程效率；具有各种加工工艺数据库，可以进行智能化管理，根据加工材料和工件结构，自动优化加工工艺，并在必要时进行人工干预；对机床加工过程进行自适应控制和调节，如热变形的监测与补偿，刀具的自动化管理与补偿等；对机床运行状态的远程监控和预防性维修，机床数据的分析和优化，最大限度地发挥现有机床的加工能力，提高综合制造能力。图 1-27 所示为法格的数控系统面板。

图 1-27　法格的数控系统面板

数控系统的智能化具体体现在：加工过程自适应。通过监测加工过程中的切削力、主轴和进给电动机的功率、电流、电压等信息，利用智能算法进行识别，以辨识刀具的受力，磨损、破损状态及机床加工的稳定性状态，并根据这些状态实时调整加工参数（主轴转速、进给速度）和加工指令，使设备处于最佳运行状态；加工参数的自优化与自学习。将工艺专家或技师的经验、零件加工的一般与特殊规律，用现代智能方法构造“工艺参数库”和“工艺模板库”。用统一的平台管理机加工艺编制的过程和可重用知识，用户在这个统一的平台下编制机加工艺结构，创建工序，通过集成进入编程环境，自动同步工件模型。然后访问可重用机加工艺库，调用工艺参数和机床、刀具、夹具，完成数控编程和仿真，通过后处理生成加工程序和刀具清单以及装夹图等文档，并同步保存在结构化的工艺结构下，从而达到提高编程效率和机加工艺水平，缩短生产准备时间的目的；智能机床故障自诊断与自修复。根据已有的故障信息，应用现代智能方法实现故障的快速准确定位，同时根据故障的原因和部位，自动排除故障或指导故障的排除技术。集机床故障自诊断、自排除、自修复、自调节于一体，贯穿于全生命周期。

2. 体系开放化

全球化使制造业越来越紧密地集合在一起。

（1）向未来技术开放　由于软硬件接口都遵循公认的标准协议，只需少量的重新设计和调整，新一代的通用软硬件产品就可能被现有系统所采纳、吸收和兼容，这就意味着系统的开发费用将大大降低，而系统性能与可靠性将不断改善并处于全生命周期。

（2）向特殊应用的要求开放　更新产品、扩充功能、提供硬软件产品的各种组合以满足特殊应用的要求。

（3）数控标准的建立　国际上正在研究和制定一种新的 CNC 系统标准 ISO 14649（STEP-NC），以提供一种不依赖于具体系统的中性机制，能够描述产品整个生命周期内的统一数据模型，从而实现整个制造过程甚至各个工业领域产品信息的标准化。标准化的编程语言既方便了用户使用，又降低了和操作效率直接有关的劳动消耗。

3. 功能复合化

复合机床的含义是指在一台机床上实现或尽可能完成从毛坯至成品的多种要素加工，根据其结构特点可分为工艺复合型和工序复合型两类。工艺复合型机床（图 1-28），如镗铣钻复合，加工中心、车铣复合，车削中心、铣镗钻车复合，复合加工中心等；工序复合型机床，如多面多轴联动加工的复合机床和双主轴车削中心等。采用复合机床进行加工，减少了工件装卸、更换和调整刀具的辅助时间以及中间过程产生的误差，提高了零件加工精度，缩短了产品制造周期，提高了生产效率和制造商的市场反应能力，相对于传统的工序分散的生产方法具有明显的优势。

加工过程的复合化也导致了机床向模块化、多轴化发展。如图 1-29 所示，德国 Index 公司最新推出的车削加工中心就是模块化结构，该加工中心能够完成车削、铣削、钻削、滚齿、磨削、激光热处理等多种工序，也能够完成复杂零件的全部加工。随着现代机械加工要求的不断提高，大量多轴联动数控机床越来越受到企业欢迎。

图 1-28　复合钻铣机

图 1-29　Index 的车削加工中心

在现代数控机床上，自动换刀装置、自动工作台交换装置等已成为基本装置。随着数控机床向柔性化方向的发展，功能集成化更多地体现在：工件自动装卸，工件自动定位，刀具自动对刀，工件自动测量与补偿，集钻、车、镗、铣、磨为一体的“万能加工”和集装卸、加工、测量为一体的“完整加工”等。

4. 加工过程高速化、高精度化

拓展视频

大国工匠：大技贵精

随着汽车、国防、航空、航天等工业的高速发展以及铝合金等新材料的应用，对数控机床加工的高速化要求越来越高。北京精雕机及其加工精度如图 1-30、图 1-31 所示。

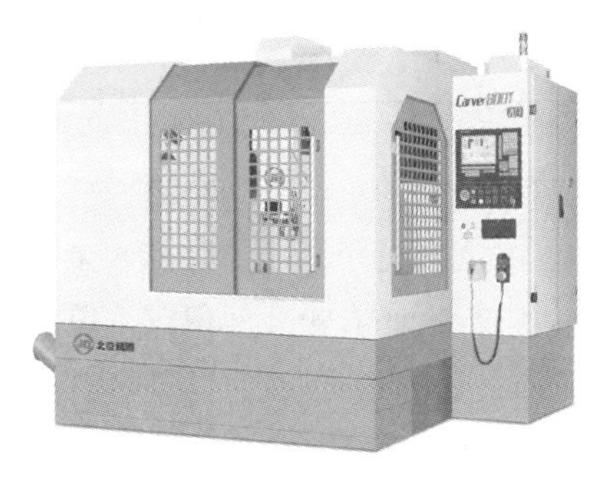

图 1-30　北京精雕机

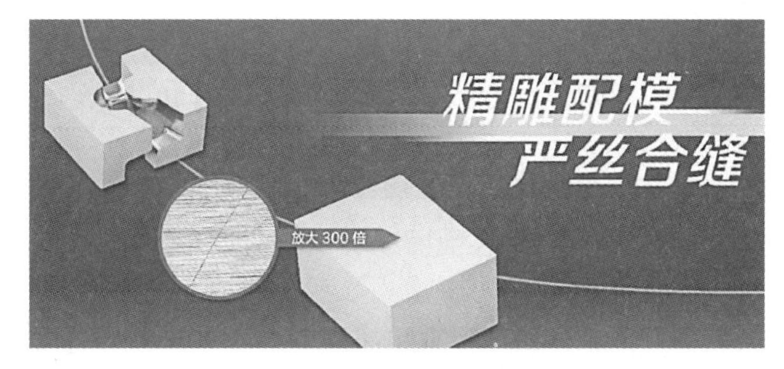

图 1-31　北京精雕机的加工精度

（1）主轴转速　机床采用电主轴（内装式主轴电动机），主轴最高转速达到 200000r/min。

（2）进给率　在分辨率为 0.01μm 时，最大进给速度达到 240m/min 且可进行复杂型面的精确加工。

（3）运算速度　微处理器的迅速发展为数控系统向高速、高精度化方向发展提供了保障，开发出 CPU 已达到 32 位以及 64 位的数控系统，频率提高到几百兆赫、上千兆赫。由于运算速度的极大提高，使得当分辨率为 0.1μm、0.01μm 时仍能获得 24 ～ 240m/min 的进给速度。

（4）换刀速度　目前国外先进加工中心的刀具交换时间普遍在 1s 左右，高的已达 0.5s。德国 Chiron 公司将刀库设计成篮子样式，以主轴为轴心，刀具布置在圆周，其换刀时间仅为 0.9s。

数控机床精度的要求现在已经不局限于静态的几何精度，机床的运动精度、热变形以及对振动的监测和补偿越来越受到重视。

近 10 年来，普通级数控机床的加工精度已由 10μm 提高到 5μm，精密级加工中心的加工精度则从 3 ～ 5μm 提高到 1 ～ 1.5μm，并且超精密级加工中心的加工精度已进入纳米级（0.001μm）。

1）提高 CNC 系统控制精度。采用高速插补技术，以微小程序段实现连续进给，使 CNC 系统控制单位精细化，并采用高分辨率的位置检测装置，提高位置检测精度（日本已开发装有 106 脉冲 / 转的内藏位置检测器的交流伺服电动机，其位置检测精度可达到 0.01 微米 / 脉冲)，位置伺服系统采用前馈控制与非线性控制等方法。

2）采用误差补偿技术。采用反向间隙补偿、丝杆螺距误差补偿和刀具误差补偿等技术，对设备的热变形误差和空间误差进行综合补偿。研究结果表明，综合误差补偿技术的应用可将加工误差减少 60% ～ 80%。

3）采用网格检查和提高加工中心的运动轨迹精度，并通过仿真预测机床的加工精度，以保证机床的定位精度和重复定位精度，使其性能长期稳定，能够在不同运行条件下完成多种加工任务，并保证零件的加工质量。

加工精度的提高不仅在于采用了滚珠丝杠副、静压导轨、直线滚动导轨、磁浮导轨等部件，提高了 CNC 系统的控制精度，应用了高分辨率的位置检测装置，而且也在于使用了各种误差补偿技术，如丝杠螺距误差补偿、刀具误差补偿、热变形误差补偿、空间误差综合补偿等。

拓展阅读

1. 我国近现代机床发展史

拓展视频

新中国最早的万吨水压机

1949—1952 年，国民经济恢复时期，我国把机床行业放在了重要位置，实现了从无到有，初步建成了我国机床行业的框架。当时各行各业迅速发展、朝气蓬勃，机床行业也不例外，但制造规模小、门类少，尤其是重型精密机床。因此，国家在“二五”计划中提出，要建立比较完整的机械工业体系和提高自行设计开发能力，要能制造满足国家建设所需要的主要设备。于是机床行业根据国家发展的重大需求，有计划地发展机床行业，这种做法切合实际发展，在今天也是可以借鉴的。在全国大办机械工业的号召下，各地建成了一大批小型机床厂，机床产量从 1957 年的 2.8 万台剧增到 1960 年的 15.35 万台，其中大量劣质简易机床由于没有工艺积累，无法使用，只能报废。

经过“调整、巩固、充实、提高”，机床行业调研了制造工业的产品、工业和装备以及后续的发展需要，制订了机床行业的品种发展规划、型谱，机床行业逐步走上了正轨。1959 年建立了广州机床研究所，1961 年建立了济南铸锻机械研究所，1962 年建立了郑州磨料磨具磨削研究所，如车床、自动车床、钻镗床、铣床、磨床、齿轮加工机床、重型机床、仪表机床、插拉刨锯床等大量制造出来。1965 年以后又陆续建立了机床附件、精密机床、通用刀具、复杂刀具、量仪、自动量仪、组合夹具、硅碳棒、超硬材料、木工机床、机床电器、重型机械压力机、液压机和自动锻压机等专业研究所。这些专业研究所在规划、协调和组织各类专业机床的发展，促进机床生产技术水平的提高等方面起了重要作用。

1955 年大连机床厂设计制造了第一台加工 C616 车床床头箱箱体的 UT001 型双面双工位钻镗组合机床。1957 年沈阳第一机床厂试制成功 C868 型丝杠车床，1958 年上海机床厂试制成功 Y7125 型高精度插齿刀磨床、Y7131 型齿轮磨床和 Y7520W 型万能螺纹磨床，同年昆明机床厂试制成功 T4128 型单柱坐标镗床。1959 年大连组合机床研究所设计了 UX01 型加工柴油机气缸体的自动线，1960 年由大连机床厂制造完成，这是我国自行设计制造的第一条组合机床自动线。

随着技术的发展，从 1958 年我国开始研制程序控制机床和数字控制机床，1958 年北京第一机床厂和清华大学合作研制了一台使用电子管电路（第一代）的数控铣床，1964 年北京机床研究所和齐齐哈尔第二机床厂合作研制的数控铣床通过鉴定。1965 年研制的数控三坐标铣床通过鉴定。

1980 年以后我国机床行业进入了新的历史发展时期，加快了向社会主义市场经济转轨。改革开放后，在技改专项中，属于数控攻关和数控机床国产化的技改专项，“六五”期间有 75 项，“七五”期间有 58 项。通过技改，企业在关键工艺装备、开发试验手段及装配、加工条件上得到改善，数控机床应用增多，增强了市场竞争力。“八五”期间是我国数控机床具有自主知识产权的阶段，“九五”期间是我国数控机床提高市场占有率的时期，2000 年后我国机床行业实现了跨越式高速发展。进入新世纪，国家实施振兴装备制造业的重大国策，明确提出发展大型、精密、高速数控装备和数控系统及功能部件为十六项重点振兴领域之一，改变大型、高精度数控机床大部分依赖进口的现状，促进国民经济发展，满足国家重点工业领域发展的需要。在国家政策的支持、推动和市场需求的拉动下，数控机床行业实现跨越式发展，代表数控技术先进水平的五轴联动机床也打破了国外封锁。“十五”期间是我国数控机床提高产业化水平的时期，“十一五”期间是我国数控机床提高档次、扩充市场占有率的时期。

2. 世界机床发展史

1845 年，美国的菲奇发明转塔车床；1848 年，美国出现回轮车床；1873 年，美国的斯潘塞制成了一台单轴自动车床，不久又制成了一台三轴自动车床；20 世纪初出现了由单独电动机驱动的带有齿轮变速箱的车床。由于高速工具钢的发明和电动机的应用，车床不断完善，终于达到了高速度和高精度化的现代水平。第一次世界大战后，由于军火、汽车和其他机械工业的需要，各种高效自动车床和专门化车床迅速发展。为了提高小批量工件的生产效率，20 世纪 40 年代末，带液压仿形装置的车床得到推广，与此同时，多刀车床也得到发展。20 世纪 50 年代中，发展了带穿孔卡、插销板和拨码盘等的程序控制车床。

第一台钻床是英国人惠特沃斯于 1862 年发明的。到了 1850 年前后，德国人马蒂格诺尼最早制成了用于金属打孔的麻花钻；1862 年在英国伦敦召开的国际博览会上，惠特沃斯展出了由动力驱动的铸铁柜架钻床，这便成了近代钻床的雏形。此后各种钻床接连出现，有摇臂钻床、动进刀机构的钻床、能一次同时打多个孔的多孔钻床。工具材料和钻头的改进，加上采用了电动机，大型的高性能钻床终于制造出来了。

世界第一台数控机床（铣床）诞生于 1951 年。数控机床的方案是美国的约翰·帕森斯在研制检查飞机螺旋桨叶剖面轮廓的板叶加工机时向美国空军提出的，在麻省理工学院的参与和协助下，终于在 1949 年取得了成功。1951 年，他们正式制成了第一台电子管数控机床样机，成功地解决了多品种小批量的复杂零件加工的自动化问题。此后，一方面数控原理从铣床扩展到镗铣床、钻床和车床，另一方面则从电子管向晶体管、集成电路方向过渡。1958 年，美国研制出能自动更换刀具，以进行多工序加工的加工中心。

1959 年晶体管问世，数控系统中广泛采用晶体管和印制电路板，从此数控系统跨入了第二代。1965 年出现了小规模集成电路，由于其体积小、功耗低，使数控系统的可靠性得到了进一步提高，数控系统从而发展到第三代。随着计算机技术的发展，出现了以小型计算机代替专用硬接线的装置，以控制软件实现部分或全部数控功能的计算机数控系统，使数控系统进入了第四代。1970 年后前后，美国英特尔公司首先开发和使用了四位数微处理器，1974 年美、日等国家首先研制出以微处理器为核心的数控系统。由于中、大规模集成电路的集成度和可靠性高、价格低廉，所以微处理器数控系统得到了广泛的应用，从而使数控系统进入了第五代。

3. 国内十八罗汉机床厂商及变迁

国内十八罗汉机床厂商及变迁见表 1-5。

表 1-5 国内十八罗汉机床厂商及变迁

机床厂商	成立时间	主打产品	发展历程
齐齐哈尔第一机床厂	1950 年	立式车床	生产的立式机床质量过硬，被誉为“共和国的当家装备”；2000 年改组为齐重数控，2007 年被浙江天马收购；2017 年成功完成 25m 数控双柱移动立式铣车床的研制，技术参数世界领先，成功研制出我国第一台数控立铣、第一台数控龙门铣机床等，在历史上创造了共和国多项第一
齐齐哈尔第二机床厂	1950 年	铣床	成功研制出我国第一台数控立铣、第一台数控龙门铣机床等，在历史上创造了共和国多项第一；2008 年并入中国通用技术；近几年先后研发制造出用于航天领域的大型环缝焊接专机
沈阳第一机床厂	1935 年	卧式车床、专用车床	1995 年组成沈机集团，曾生产新中国第一台机床、第一台数控机床、第一台卧式铣镗床等；2003—2010 年产值翻倍，2012 年机床收入世界第一；2019 年破产后并入中国通用技术
沈阳第二机床厂	1993 年	钻床、镗床	
沈阳第三机床厂	1949 年	转塔车床、自动车床	
大连机床厂	1953 年	卧式车床、组合车床	卧式机床和组合机床制造能力曾在全国首屈一指，曾是全国最大的组合机床、柔性制造系统以及自动化装备研发制造基地；2019 年破产后并入中国通用技术
北京第一机床厂	1949 年	铣床	第一家制造数控铣床的企业；与日本大限、日本精机、法国 Fabricom 设立合资公司；全资收购意大利 SAFOP 公司等；整合北京第二机床厂，2012 年完成股份制改造

（续）

机床厂商	成立时间	主打产品	发展历程
北京第二机床厂	1953 年	牛头刨床	2010 年被北一机床厂收购，2014 年获得中国机械工业科学技术奖特等奖
上海机床厂	1959 年	外圆磨床、平面磨床	曾是我国最大精密磨床制造企业，2006 年并入上海电气集团
济南第一机床厂	1948 年	卧式车床	生产第一台五英尺马达车床，率先通过机械行业国际质量认证；改革开放后与山崎马扎克签订高速精密机床加工协议，2008 年解除合作；2013 年改制重组，并入山东威达集团
武汉重型机床厂	1953 年	工具磨床	2011 年并入中国兵器工业集团；重型机床产品全部数控化，国内生产重型、超重型机床规格最大、品种最全的大型骨干企业
无锡机床厂	1948 年	内圆磨床、无心磨床	2003 年转制为民营企业，2014 年并入新苏集团
南京机床厂	1948 年	转塔车床、自动车床	成功试制新中国第一台自动车床，到 1992 年研发生产了各种型号的车床共约 4 万台；2007 年改制为南京第一机床厂有限公司，发展一度停滞
昆明机床厂	1953 年	镗床、铣床	相继研发出 200 多种科技产品，其中 140 多个属于“中国第一台”；1993 年改为股份制，1994 年上市，2005 年沈机集团成为其第一大股东；近年来连年亏损、资不抵债，2017 年破产退市
长沙机床厂	1912 年	牛头刨床、拉床	曾在 60t 以上大吨位立式拉床占据垄断地位，技术水平达世界先进水平，市场占有率高达 99%；20 世纪 90 年代后期经营困难，负债累累；2006 年被湖南友谊阿波罗收购；2016 年宣布破产
天津第一机床厂	1951 年	插齿机	以生产锥齿轮加工机床和成套技术著称，数控插齿机、铣齿机在国内市场占有率较高，产品出口至巴基斯坦、苏丹、乌兹别克斯坦等国家；2014 年改为有限责任公司
济南第二机床厂	1937 年	龙门刨床、机械压力机	“十八罗汉”中唯一独善其身、越战越勇的企业；在国内汽车冲压市场占有率 80% 以上，国际市场占有率达到 35% 以上，成为全球压力机产能、规模最大的企业
重庆机床厂	1940 年	滚齿机	成功试制 6 轴 CNC 数控滚齿机，实现了我国高档数控齿轮机床零的突破；2005 年改制成立重庆机床集团；主要产品滚齿机、数控剃齿机国内市场占有率长期保持在 60% 以上

4. 智能制造典型案例

徐州重型机械有限公司案例简介：自主研发并应用起重机行业大型结构件焊接智能化生产线，通过优化转台拼焊工艺、结构焊接工艺和集成检测校型智能装备等手段，解决了转台结构件智能化焊接率低、占用人员多、焊后校型反复翻转等问题，实现了工件自动周转、自动对接、自动焊接、自动检测，全过程无须人工干预。利用制造信息化系统和物联网平台对生产设备运行状态进行实时监控与数据采集，生产流程从“人机对话”转向“机器对话”，实现质量标准信息化、质量记录信息化、质量信息规范化、过程管控精细化、产品档案追溯化管理。围绕智能化产品，建立远程运维平台，在服务型制造的实践方面效果突出。

青岛海尔特种制冷电器有限公司案例简介：探索智能制造互联工厂新模式，以用户为中心，由大规模制造向大规模个性化定制转型，利用 COSMOPlat 工业互联网平台赋能，围绕特种制冷电器的定制、研发、采购、制造、物流、服务全流程，建立了信息化、数字化集成系统，实现了用户定制直达工厂、订单自动匹配和准时交付、生产全流程追溯可视、产品质量的实时监控和产品性能的分析优化，有效提升了用户体验、产品品质和生产效率，智能制造综合应用效果显著。

潍柴动力股份有限公司案例简介：通过智能制造整体战略布局，构建了较为全面的研发、生产、运维体系，建立了企业级的统一数据中心，信息覆盖率达到 92%，实现了集团、分 / 子公司信息系统和第三方的数据共享。通过应用 IRDS（Intelligent and Rapid Design System）智能快速设计系统、PDM（Product Data Management）产品数据管理系统、WPM 工艺设计系统，实现了基于知识库的产品设计和工艺设计。基于自主研发的 ECU（Electronic Control Unit）模块，开发了智能测控及标定系统，实现了发动机数据采集、状态监控、寿命及故障预测等功能，为用户提供了优质的售后服务及增值服务。

第 2 章 金属切削加工基本知识

【工作任务】

1）观察零件的车削过程和铣削过程，注意不同加工阶段的切削厚度。

2）识别加工铝件、不锈钢件、铝合金件和普通碳钢所采用的是什么材料的刀具。

3）观察切削加工过程中的切削液，区分不同机床、不同加工材料所采用的切削液种类，思考如何选择切削液。

【能力要求】

1）掌握金属切削加工的运动以及形成的表面。

2）掌握刀具切削部分的角度及对加工面的影响。

3）掌握刀具材料及其选用。

4）了解金属切削过程中的各种现象及规律。

5）掌握工件的定位及夹紧。

2.1 切削过程中的运动和形成的表面

金属切削加工是利用刀具切去工件毛坯上多余的加工余量，获得具有一定尺寸、形状、位置精度和表面质量的机械加工方法。

切削时，在刀具切削刃切割和刀面推挤的作用下，使被切削的金属层产生剪切滑移，最后脱离工件变为切屑，这个过程称为切削。

2.1.1 切削过程中的运动

切削运动是指在切削过程中刀具相对于工件的运动，即在切削过程中刀具和工件应具备形成零件表面的能力的基本运动。如图 2-1 所示，按在切削运动中所起的作用，可分为

主运动 v 和进给运动 v_f，v_e 为合成切削运动。

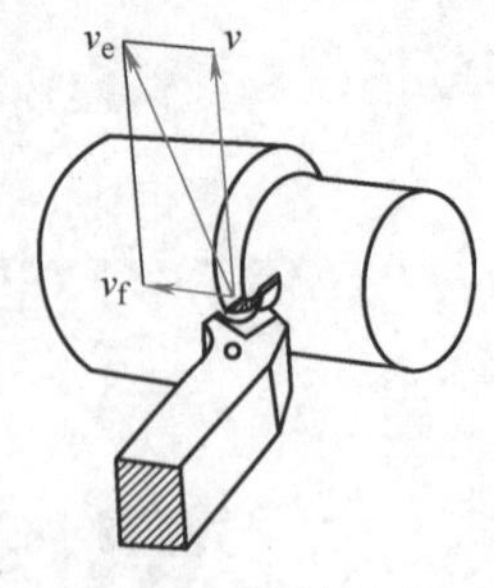

图 2-1　切削运动

1. 主运动

主运动是指“由机床或人力提供的主要运动，它促使刀具和工件之间产生相对运动，从而使刀具前面接近工件”（摘自国家标准《金属切削基本术语》GB/T 12204—2010），即主运动是直接切除工件上的金属层，使之转变为切屑，以形成工件新表面的主要运动，所以主运动在切削加工中消耗的功最多，如车削时工件的回转运动、铣削时铣刀的回转运动、钻削时钻头的旋转运动。主运动的速度即切削速度，用 v（m/s）表示。

2. 进给运动

进给运动是指“由机床或人力提供的运动，它使刀具与工件之间产生附加的相对运动，加上主运动，即可不断地或连续地切除切屑，并得出具有所需几何特性的已加工表面”（摘自 GB/T 12204—2010）。也就是说，进给运动是一种附加运动，它有两方面的作用：一是使待加工表面的金属层连续地（如车削）或间断地（如刨削）投入切削过程；二是使刀具按特定的轨迹运动，从而获得所需几何特性的已加工表面。进给运动可以是一个单独的简单运动，也可以是一个包含几个简单运动的合成运动。

进给运动又可分为横向进给运动和纵向进给运动，如车削端面时车刀的运动为横向进给运动，车削外圆时车刀的运动为纵向进给运动。

车削过程中的主运动和进给运动如图 2-2 所示。

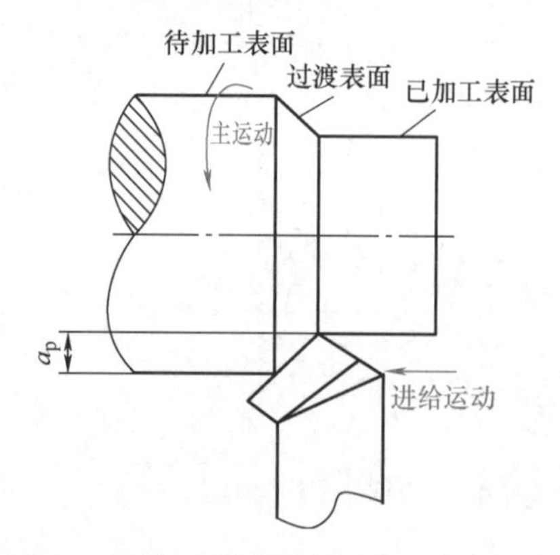

图 2-2　车削过程中的主运动和进给运动

3. 合成切削运动

当主运动与进给运动同时进行时，这两个运动的合成运动称为合成切削运动。摇臂钻床刀具切削刃上的选定点相对于工件的瞬时合成运动方向称为合成切削运动方向，加工中心的速度称为合成切削速度，该速度的方向与过渡表面相切。

2.1.2　切削过程中形成的表面

工件在切削过程中形成了三个不断变化着的表面（图 2-3）。

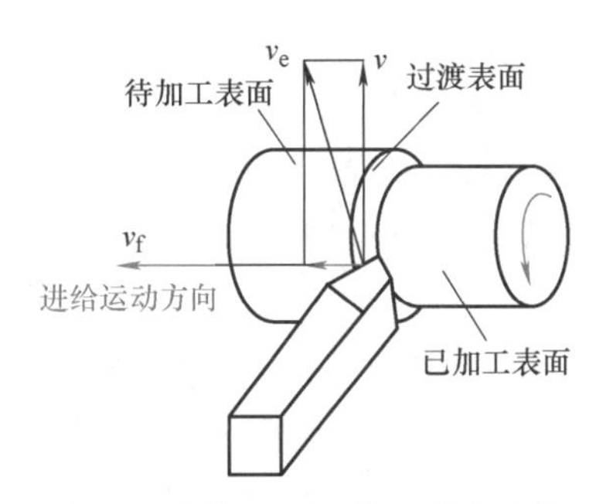

图 2-3　切削加工时工件上形成的表面

待加工表面是将要被切去金属层的表面；过渡表面是切削刃正在切削的表面；已加工表面是工件上经切削后产生的新表面。

2.2　金属切削刀具

金属切削刀具是完成切削加工的重要工具。它直接参与切削过程，从工件上切除多余的金属材料。无论是在普通机床上还是数控机床上，金属切削都必须依靠刀具才能完成，因此刀具是影响切削加工中生产率、加工质量和生产成本的重要因素。

2.2.1　常见的数控加工刀具种类

数控加工刀具必须适应数控机床高速、高效和自动化程度高的特点，才能发挥数控机床的高性能。根据数控加工的特征，数控加工刀具应具有高的切削效率、高的精度和重复定位精度、高的可靠性和耐用度，能够实现刀具尺寸的预调和快速换刀，具有完善的模块式工具系统等特点。

数控加工刀具可分为常规刀具和模块化刀具两大类。模块化刀具可以减少换刀停机时间，提高生产加工效率；加快换刀及安装速度，提高小批量生产的经济性；提高刀具的标准化和合理化程度；提高刀具管理及柔性加工水平；提升刀具利用率，充分发挥刀具性能；有效消除刀具测量工作的中断现象，可采用线外预调。

根据加工方式、刀具材料和结构形式，常规刀具有以下两种分类方式。

1. 按切削工艺分类

1）车削刀具可以分为外圆、内孔、外螺纹、内螺纹，切槽、切端面、切端面环槽、切断等刀具，如图 2-4 所示。

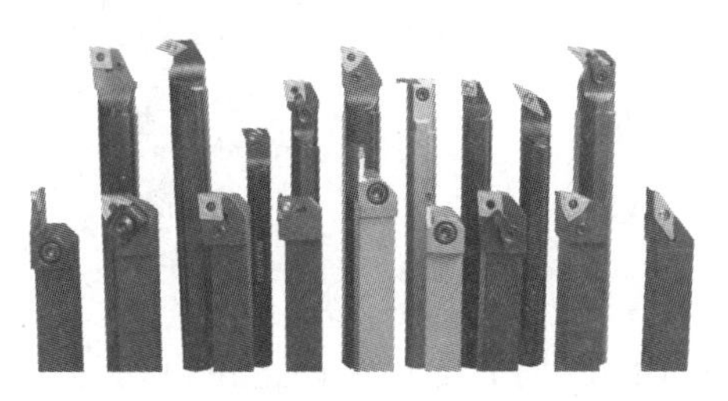
图 2-4　数控车刀

数控车床一般使用标准的机夹可转位刀具。机夹可转位刀具的刀片和刀体都有标准规定，刀片材料采用硬质合金、涂层硬质合金以及高速钢。数控车床的机夹可转位刀具类型有外圆刀具、外螺纹刀具、内孔刀具、内螺纹刀具、切断刀具、孔加工刀具（包括中心孔钻头、镗刀、丝锥等）。机夹可转位刀具夹固不重磨刀片时通常采用螺钉、螺钉压板、杠销或楔块等结构。

常规车削刀具为方形刀体、圆柱刀柄。方形刀体一般用槽形刀架螺钉紧固方式固定，圆柱刀柄用套筒螺钉紧固方式固定，它们与机床刀盘之间的连接是通过槽形刀架和套筒接杆来连接的。在模块化车削工具系统中，刀盘的连接以齿条式柄体连接为多，而刀头与刀体的连接是“插入快换式系统”。它既可以用于外圆车削又可以用于内孔镗削，也可以用于车削中心的自动换刀系统。

数控车床使用的刀具从切削方式上分为三类：圆表面切削刀具、端面切削刀具和中心孔类刀具。

2）钻削刀具可以分为小孔、短孔、深孔、攻螺纹、铰孔等刀具，如图 2-5 所示。

图 2-5　钻削刀具

钻削刀具既可以用于数控车床、车削中心，又可以用于数控镗铣床和加工中心。因此它的结构和连接形式有多种，如直柄、直柄螺钉紧定、锥柄、螺纹连接、模块式连接（圆锥或圆柱连接）等。

3）镗削刀具可以分为粗镗、精镗等刀具，如图 2-6 所示。

镗刀从结构上可以分为整体式镗刀柄、模块式镗刀柄和镗头类，从加工工艺要求上可以分为粗镗刀和精镗刀。

4）铣削刀具可以分为面铣、立铣、三面刃铣等刀具，如图 2-7 所示。

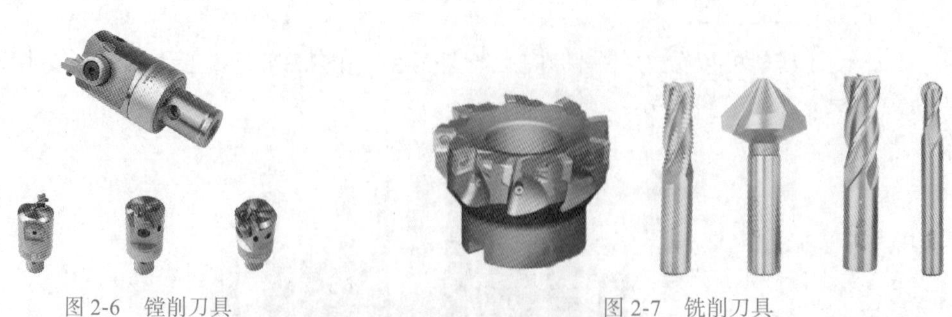

图 2-6　镗削刀具

图 2-7　铣削刀具

① 面铣刀（也叫端铣刀）的圆周表面和端面上都有切削刃，端部切削刃为副切削刃。

面铣刀多制成套式镶齿结构和刀片机夹可转位结构，刀齿材料为高速钢或硬质合金，刀体为 40Cr。

② 立铣刀是数控机床上用得最多的一种铣刀。立铣刀的圆柱表面和端面上都有切削刃，它们可同时进行切削，也可单独进行切削，结构有整体式和机夹式等。高速钢和硬质合金是铣刀工作部分的常用材料。模具铣刀由立铣刀发展而成，可分为圆锥形立铣刀、圆柱形球头立铣刀和圆锥形球头立铣刀三种，其柄部有直柄、削平型直柄和莫氏锥柄。它的结构特点是球头或端面上布满切削刃，圆周刃与球头刃圆弧连接，可以做径向和轴向进给。铣刀工作部分由高速钢或硬质合金制造。

5）特殊型刀具有带柄自紧夹头、强力弹簧夹头刀柄、可逆式（自动反向）攻螺纹夹头刀柄、增速夹头刀柄、复合刀具和接杆类等。

2. 按刀具结构分类

1）整体式。

2）镶嵌式，采用焊接或机夹式连接，机夹式又可分为不转位和可转位两种。

3）特殊型式，如复合式刀具、减振式刀具等。

2.2.2　刀具的基本结构

虽然金属切削刀具的种类繁多，但其切削部分的几何形状与参数却有共性，均可以转化为外圆车刀。外圆车刀切削部分的组成如图 2-8 所示，总体上由刀头和刀体组成。刀体的主要作用是将刀具安装到刀架上，刀头是参与切削的部分，由“三面两刃一尖”组成。

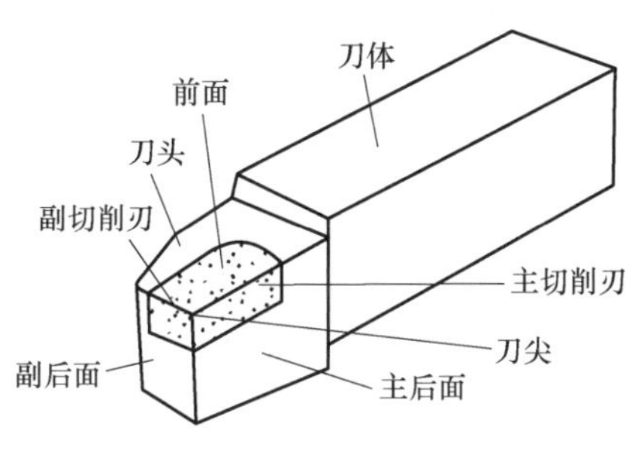

图 2-8　外圆车刀切削部分的组成

前面：前面是刀具上切屑流过的表面，又称前刀面。

主后面：主后面是刀具上与过渡表面相对的表面。

副后面：副后面是刀具上与工件已加工表面相对的表面。

主切削刃：主切削刃是前刀面与主后面的交线。

副切削刃：副切削刃是前刀面与副后面的交线。

刀尖：刀尖是主切削刃与副切削刃连接处的那一小部分切削刃。

2.2.3　刀具的基本角度

刀具要从工件上切除材料，就必须具有一定的切削角度。切削角度决定了刀具切削部分各表面之间的相对位置。为了确定和测量刀具的角度，常采用正交平面参考系。正交平面参考系由基面、切削平面和正交平面组成，各平面定义如下（图 2-9）。

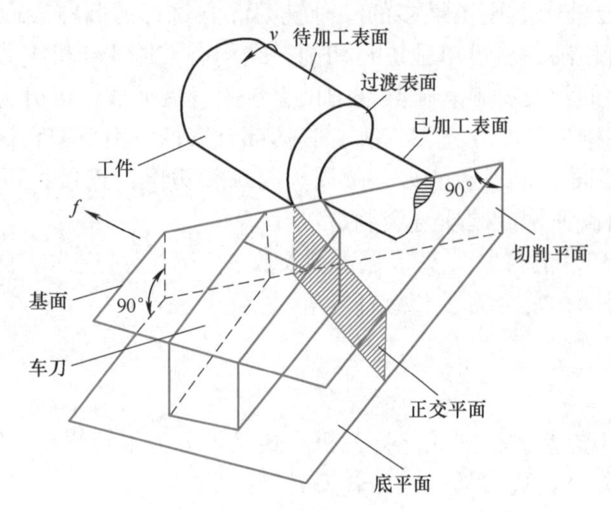

图 2-9　确定车刀角度的正交平面参考系

基面 p_r：通过切削刃选定点的平面，它平行或垂直于刀具在制造、刃磨及测量时适合于安装或定位的一个平面或轴线。一般其方位垂直于假定的主运动方向。

切削平面 p_s：通过切削刃选定点与切削刃相切，并垂直于基面的平面。

正交平面 p_o：通过切削刃选定点，并同时垂直于基面和切削平面的平面。

在刀具标注角度参考系中测得的角度称为刀具的标注角度，标注角度应标注在刀具的设计图中，用于刀具制造、刃磨和测量。在正交平面参考系中，刀具的主要标注角度有五个，其定义如下（图 2-10）。

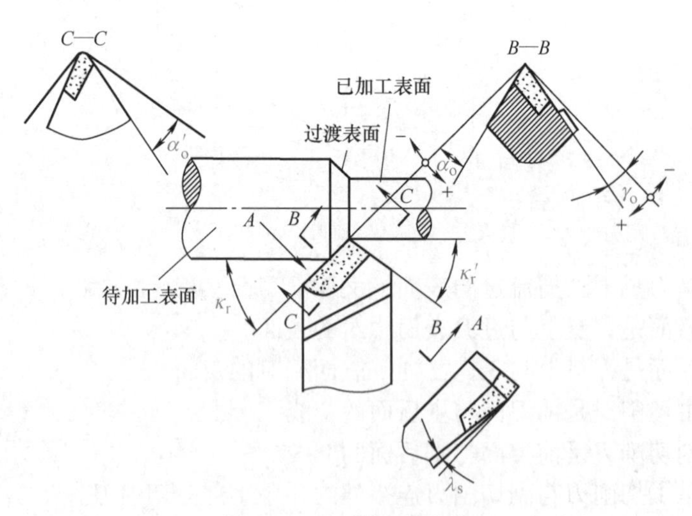

图 2-10　刀具的标注角度

前角 γ_o：在正交平面内测量的前刀面与基面之间的夹角。前刀面在基面之下时前角为正值，前刀面在基面之上时前角为负值。

后角 α_o：在正交平面内测量的主后面与切削平面之间的夹角，一般为正值。

主偏角 κ_r：在基面内测量的主切削平面与假定工作平面之间的夹角。

副偏角 κ'_r：在基面内测量的副切削平面与假定工作平面之间的夹角。

刃倾角 λ_s：在主切削平面内测量的主切削刃与基面之间的夹角。在主切削刃上，刀尖为最高点时刃倾角为正值，刀尖为最低点时刃倾角为负值。主切削刃与基面平行时，刃倾角为零。

要完全确定车刀切削部分所有表面的空间位置，还需标注副后角 α'_o，副后角确定副后面的空间位置。

2.2.4　常用刀具材料

1. 刀具材料的性能要求

数控刀具与普通机床上所用的刀具相比，有许多不同的要求，只有达到这些要求才能使数控机床真正发挥效率，主要有：

1）具有较好的刚性（尤其是粗加工刀具），精度高，抗振及热变形小；具有很高的切削效率，如车床和车削中心的主轴转速都在 8000r/min 以上，加工中心的主轴转速一般在 15000 ～ 20000r/min、40000 ～ 60000r/min 范围内，硬质合金刀具切削速度为 500 ～ 600m/min，陶瓷刀具为 800 ～ 1000m/min。

2）具有良好的互换性，便于快速换刀，若数控机床采用人工换刀，则使用快换夹头。对于有刀库的加工中心，则实现自动换刀。

3）具有很高的可靠性和寿命，切削性能稳定。在数控机床上为了保证产品质量，对刀具实行强迫换刀或由数控系统对刀具寿命进行管理，所以刀具工作的可靠性已成为选择刀具的关键指标。为满足数控加工的要求，刀具材料应具有稳定的切削性能和高的刀具寿命。同一批刀具在切削性能和刀具寿命方面不得有较大的差异，以免在无人看管的情况下，因刀具先期磨损和破损造成加工工件的大量报废甚至损坏机床；具有很高的精度和重复定位精度，一般为 3 ～ 5μm 或者更高。

4）要求刀具尺寸可以实现预调，便于尺寸调整，以减少换刀调整时间，提高加工效率。

5）要求刀具能可靠地断屑或卷屑，以利于切屑的排除。

6）要求刀具系列化、标准化，以利于编程和刀具管理。

7）具有在线监控及尺寸补偿系统。

2. 常用的刀具材料

为满足加工需要，刀具材料应具有高的硬度和耐磨性，足够的强度和韧性，高的耐热性和化学稳定性；具有锻造、焊接、热处理、磨削加工等良好的工艺性；导热性好，有利于切削热传导，降低切削区温度，延长刀具寿命，便于刀具的制造；资源丰富，价格低廉。常用的刀具材料主要有以下两种。

（1）高速钢　高速钢是一种加入较多钨、钼、铬、钒等合金元素的高合金钢。热处理后硬度为 62 ～ 66HRC，抗弯强度约为 3.3GPa，有较高的热稳定性、耐磨性、耐热性。切削温度在 500 ～ 650℃时仍能进行切削。由于热处理变形小、能锻易磨，所以特别适合于制造结构和刃形复杂的刀具，如成形车刀、铣刀、钻头、切齿刀、螺纹刀具和拉刀等。

高速钢按用途可分为通用高速钢和高性能高速钢；按制造工艺可分为熔炼高速钢、粉末冶金高速钢和表面涂层高速钢；按基本化学成分可分为钨系和钼系。

（2）硬质合金　硬质合金是由高硬度和高熔点的金属碳化物（碳化钨 WC、碳化钛 TiC、碳化钽 TaC、碳化铌 NbC 等）和金属黏结剂（Co、Mo、Ni 等）用粉末冶金工艺制成。硬质合金刀具常温硬度为 89 ～ 93HRA，化学稳定性、热稳定性、耐磨性好，耐热性为 800 ～ 1000℃。硬质合金刀具允许的切削速度比高速钢刀具高 5 ～ 10 倍。硬质合金以其优良的性能被广泛用作刀具材料。大多数车刀、端铣刀等均由硬质合金制造。常用硬质合金的牌号及其性能如下：

1）钨钴类硬质合金（WC+Co），代号为 YG，属 K 类。合金中含钴量越高，韧性越好，适用于粗加工，反之适用于精加工。YG（K）类硬质合金有较好的韧性、磨削性、导热性，适用于加工产生崩碎切屑及有冲击载荷的脆性金属材料。

2）钨钛钴类硬质合金（WC+TiC+Co），代号为 YT，属 P 类。它以 WC 为基体，添加 TiC，用 Co 作黏结剂烧结而成。合金中 TiC 含量越高，Co 含量就越低，其硬度、耐磨性和耐热性进一步提高，但抗弯强度、导热性，特别是冲击韧性明显下降，适用于精加工。

3）钨钛钽（铌）钴类硬质合金 [WC+TiC+TaC（NbC）+Co]，代号为 YW，属 M 类。YW（M）类硬质合金在 YT（P）类硬质合金中加入 TaC（NbC），这样可提高抗弯强度、疲劳强度、冲击韧性、抗氧化能力、耐磨性和高温硬度等。它既适用于加工脆性材料，又适用于加工塑性材料。

每一类硬质合金中的各个牌号分别以一个 01 ～ 50 之间的数字，表示从最高硬度到最大韧性之间的一系列合金，以供各种被加工材料的不同切削工序及加工条件时选用。根据使用需要，在两个相邻的分类代号之间插入一个中间代号，如在 P10 和 P20 之间插入 P15，在 K20 和 K30 之间插入 K25 等，但不能多于一个。在特殊情况下，P01 分类代号可再细分，即在其后再加一位数字，并以小数点隔开，如 P01.1、P01.2 等，以便在这一小组做精加工时能进一步区分不同程度的耐磨性与韧性。

硬质合金的分类代号、标记色、适用范围和牌号见表 2-1。

表 2-1　硬质合金的分类代号、标记色、适用范围和牌号

应用分类、分组代号	标记色	适用范围	合金牌号
P01	蓝色	钢、铸钢	YT30、YN10
P10		钢、铸钢	YT15
P20		钢、铸钢、长切屑可锻铸铁	YT14
P30		钢、铸钢、长切屑可锻铸铁	YT5
P40		钢、含砂眼和气孔的铸钢	
P50		钢、含砂眼和气孔的铸钢	

（续）

应用分类、分组代号	标记色	适用范围	合金牌号
K01	红色	特硬灰口铸铁、邵尔 A 硬度高于 85 的冷硬铸铁、高硅铝合金、淬硬钢、高耐磨塑料、硬纸板、陶瓷	YG3X
K10		布氏硬度高于 $220N/mm^2$ 的灰口铸铁、短切屑可锻铸铁、淬硬钢、硅铝合金、铜合金、塑料、玻璃、硬橡胶、硬纸板、陶瓷、石料	YG6X、YG6A
K20		布氏硬度低于 $220N/mm^2$ 的灰口铸铁、铜、黄铜、铝	YG6、YG8N
K30		低硬度灰口铸铁、低强度钢、压缩木料	YG8N、YG8
K40		软木或硬木、有色金属	
M10	黄色	钢、铸钢、锰钢、灰口铸铁、合金铸铁	YW1
M20		钢、铸钢、锰钢、灰口铸铁、奥氏体钢	YW2
M30		钢、铸钢、灰口铸铁、奥氏体钢、高耐温合金	
M40		低碳易切钢、低强度钢、有色金属、轻合金	

硬质合金材料的刀具耐高温、耐磨损，能加工高硬度材料（如烧焊过的模具），但是这种材料制造的刀具较钝。由于刀具材料耐高温，所以转速通常会比较高，加工效率及质量都比高速钢刀具要好，但是在低转速时容易产生崩刃现象。

3. 涂层刀具材料

在切削加工中，刀具性能对切削加工的效率、精度、表面质量有着决定性的影响。刀具性能的两个关键指标——硬度和强度（韧性），但它们之间总是存在着矛盾，硬度高的材料往往强度低，而要提高强度往往是以硬度的下降为代价。在较软的刀具基体上涂覆一层或多层硬度高、耐磨性好的金属或非金属化合物薄膜（如 TiC、TiN、Al_2O 等）组成的涂层刀具，较好地解决了刀具存在于硬度和强度之间的矛盾。涂层刀具是近 20 年来发展最快的新型刀具。目前工业发达国家的涂层刀具已占 80% 以上，CNC 机床上所用的切削刀具 90% 以上是涂层刀具。

目前常用的涂层方法是化学气相沉积法（CVD）和物理气相沉积法（PVD），其他方法如等离子喷涂、火焰喷涂、电镀、溶盐电解等还存在较大的应用局限性。

CVD 法是利用金属卤化物的蒸气、氢气和其他化学成分，在 950 ～ 1050℃的高温下，进行分解、热合等气固反应，或利用化学传输作用，在加热基体表面形成固态沉积层的一种方法。CVD 法工艺要求高，而且由于气体成分中氯的侵蚀及氢脆变形可能导致涂层碎裂，基体断面强度下降，或者发生脱碳现象而形成 η 相。近年来，中、低温 CVD 法和 PCVD（等离子体化学气相沉积）法开发成功，改善了原有 CVD 工艺。

PVD 法具有发展快、温度低（300 ～ 500℃）等优点，但涂层的均匀性不如 CVD 法，涂层与基体粘得不太牢固，涂层硬度比较低，涂层优越性未得到充分体现。PVD 法工艺要求比 CVD 法高，设备更复杂，涂层循环周期长。目前常用的 PVD 法有低压电子束蒸发法（LVEE）、阴极电子弧沉积法（CAD）、三极管高压电子束蒸发法（THVEE）、非平衡磁控溅射法（UMS）、离子束协助沉积法（IAD）和动力学离子束混合法（DIM），其主要差别在于沉积材料的气化方法以及产生等离子体的方法不同而使得成膜速度和膜层质量存在差异。

常用的涂层材料有碳化物、氮化物、碳氮化物、氧化物、硼化物、硅化物、金刚石及复合涂层八大类、数十个品种。在这些涂层材料中，用得最多的是 TiC、TiN、Al_2O_3、金刚石以及复合涂层，涂层厚度随刀具材料不同而异，见表 2-2。

表 2-2　不同涂层材料的刀具性能和适用场合

涂层材料	刀具性能	适用场合
TiC 涂层	硬度高，耐磨性、抗氧化性好，切削时能产生氧化钛膜，减小摩擦及刀具磨损	适用于低速切削及磨损严重的场合
TiN 涂层	在高温时能产生氧化膜，与铁基材料摩擦系数较小，抗黏结性好，并能有效降低切削温度	适用于产生融合和磨损的切削
TiC–TiN 复合涂层	第一层涂 TiC，与刀具基体粘牢不易脱落。第二层涂 TiN，减少表面层与工件间的摩擦	
TiC–Al_2O_3 复合涂层	第一层涂 TiC，与刀具基体粘牢不易脱落。第二层涂 Al_2O_3 可使刀具表面具有良好的化学稳定性和抗氧化性	

目前单涂层刀具已很少应用，大多采用 TiC–TiN 复合涂层或 TiC–Al_2O_3–TiN 三复合涂层。利用涂层技术做成各种刀具，刀具内部是合金材料做成的，刀具外部又有涂层。因此涂层刀具耐用，价格也便宜，加工钢料最好用这种刀具。做成可换刀片的刀具不仅可以节约大量的刀柄材料，而且易于刀具的模块化、系统化，有利于数控加工的需要。

4. 其他刀具材料

（1）陶瓷刀具材料　陶瓷刀具材料具有高硬度、高耐磨性、与金属亲和力小、化学稳定性好等特点，在国内外被广泛地应用于切削加工淬火钢、合金钢、各种难切削的铸铁、镍基高温合金等材料，其切削效率是硬质合金的 3 倍以上，特别是对于一些难切削的材料具有切削优势。早在 20 世纪初，德国与英国已经开始探索用陶瓷刀具取代传统的碳素工具钢刀具。陶瓷材料由于其高硬度与耐高温特性成为新一代的刀具材料，但陶瓷也由于脆性大受到局限，于是如何克服陶瓷刀具材料的脆性，提高它的韧性，成为近百年来陶瓷刀具研究的主要课题。到目前为止，用作陶瓷刀具的材料主要有氧化铝陶瓷，氧化铝 - 金属系陶瓷、氧化铝 - 碳化物陶瓷、氧化铝 - 碳化物金属陶瓷、氧化铝 - 氮化物金属陶瓷及最新研究成功的氮化硼陶瓷。其中氧化铝 - 碳化物陶瓷刀具具有抗弯强度高，耐热冲击性强等优越特性，因此倍受大家欢迎，其常见牌号有 M16（T8）、AT6、SG3、SG4 等。

就世界范围讲，德国陶瓷刀具已不仅用于普通机床，且已将其作为一种高效、稳定可靠的刀具用于数控机床及自动化生产线。日本陶瓷刀具在产品种类、产量及质量上均具有国际先进水平。美国在氧化物、碳化物、氮化物陶瓷刀具研制开发方面一直占世界领先地位。我国陶瓷刀具开发应用也取得许多重大成果。

（2）金刚石刀具材料　金刚石是碳的同素异形体，在高温、高压下由石墨转化而成，是目前人工制造的最坚硬的物质。由于硬度极高，耐磨性好，切削刃口锋利，刃部表面摩擦系数较小，不易产生黏结或积屑瘤，可用于加工硬质合金、陶瓷等硬度为 65 ～ 70HRC 的材料；也可用于加工高硬度的非金属材料，如石材、压缩木材、玻璃等；还可用于加工有色金属，如铝硅合金材料，以及复合难加工材料的精加工或超精加工。金刚石的缺点是热稳定性差，强度低，脆性大，对振动敏感，只宜微量切削，与铁有强烈的化学亲和力，不能用于加工钢材。

可以制成切削刀具的金刚石材料有天然单晶金刚石、人造单晶金刚石、化学气相沉积法（CVD）金刚石厚膜、人造聚晶金刚石复合片等。

（3）立方氮化硼　立方氮化硼（CBN）是由六方氮化硼在高温、高压下加入催化剂转化而成的，有单晶体和多晶烧结体两种。它具有很高的硬度及耐磨性，热稳定性好，化学惰性大，以及良好的透红外性和较宽的禁带宽度等优异性能，它的硬度仅次于金刚石，但热稳定性远高于金刚石，与铁系金属在 1300℃时不易起化学反应，导热性好，摩擦系数低。因此可用于高温合金、冷硬铸铁、淬硬钢等难加工材料的加工。

应当指出，加工一般材料时大量使用的仍是普通高速钢及硬质合金，在加工难加工材料时，考虑选用新牌号合金或高性能高速钢，只有在加工高硬度材料或精密加工时，才考虑选用超硬材料。

2.2.5　现代刀具系统介绍

1. 模块化刀具系统

由于在数控机床上要加工多种工件，并完成工件上多道工序的加工，因此使用的刀具品种、规格和数量较多。为了减少刀具的品种、规格，有必要发展柔性制造系统和加工中心使用的刀具系统。刀具系统一般为模块化组合结构，在一个通用的刀柄上可以装多种不同的刀具，使数控加工中刀具的品种、规格大大减少，同时也便于刀具的管理。模块化刀具系统可以减少换刀停机时间，提高生产加工效率；加快换刀及安装，提高小批量生产经济性；提高刀具标准化和合理化程度；提高刀具管理及柔性化水平；扩大刀具适用范围，充分发挥刀具的性能；有效消除刀具测量工作的中断现象，可采用线外预调。模块化刀具系统的发展已形成了三大系统，即车削刀具系统、钻削刀具系统和铣镗刀具系统。

（1）车削刀具系统　数控车床一般使用标准的机夹可转位刀具。机夹可转位刀具的刀片和刀体都有标准，刀片材料采用硬质合金、涂层硬质合金以及高速钢。数控车床机夹可转位刀具的类型有外圆刀具、外螺纹刀具、内孔刀具、内螺纹刀具、切断刀具、孔加工刀具（包括中心孔钻头、镗刀、丝锥等）。常规车削刀具为方形刀体、圆柱刀柄。方形刀体一般用槽形刀架螺钉紧固方式固定，圆柱刀柄用套筒螺钉紧固方式固定，它们与机床刀盘之间的连接是通过槽形刀架和套筒接杆来连接的。在模块化车削刀具系统中，刀盘的连接以齿条式柄体连接为多，而刀头与刀体的连接是“插入快换式系统”。它既可以用于外圆车削又可以用于内孔镗削，也可以用于车削中心的自动换刀系统。

（2）钻削刀具系统　钻削刀具系统主要用于数控车床、车削加工中心，也可以用于数控镗铣加工中心。它的结构和连接形式有多种，如直柄、直柄螺钉紧定、锥柄、螺纹连接、模块式连接（圆锥或圆柱连接）等。

（3）铣镗刀具系统　铣镗刀具系统有刀柄和刀体分离的模块式，以及整体式两种。

2. 可转位刀片及型号号位

在数控机床加工中，常用的刀具大多为可换刀片式，ISO 标准和国家标准规定了可转位刀片型号的含义。可转位刀片的型号共用 10 个号位的内容来表示主要参数的特征。按照规定，任何一个型号的刀片都必须使用前 7 个号位，在必要时才使用后 3 个号位。但对于车刀刀片，第 10 个号位属于标准要求标注的部分。不论有无第 8、9 两个号位，第 10 个号位都必须用短横线“–”与前面的号位隔开，并且其字母不得使用第 8、9 两个号位已使用过的字母。当只使用其中一位时，则写在第 8 号位上，中间不需空格。现对 10 个号位的具体内容作如下说明。

1）第 1 个号位表示可转位刀片的形状，用一个大写英文字母表示。刀片的形状主要有等边等角的，即 H（正六边形，刀尖角为 120°）、O（正八边形，刀尖角为 135°）、P（正五边形，刀尖角为 108°）、S（正方形，刀尖角为 90°）、T（正三角形，刀尖角为 60°）；等边不等角的，即 C（菱形，80°）、D（菱形，55°）、E（菱形，75°）、M（菱形，86°）、V（菱形，35°）、W（六边形，80°）；等角不等边的，即 L（矩形，90°）；不等边不等角的，即 F（六边形，最小角为 82°）、A（平行四边形，85°）、B（平行四边形，82°）、K（平行四边形，55°），圆形 R 等型号。具体形状如图 2-11 所示。

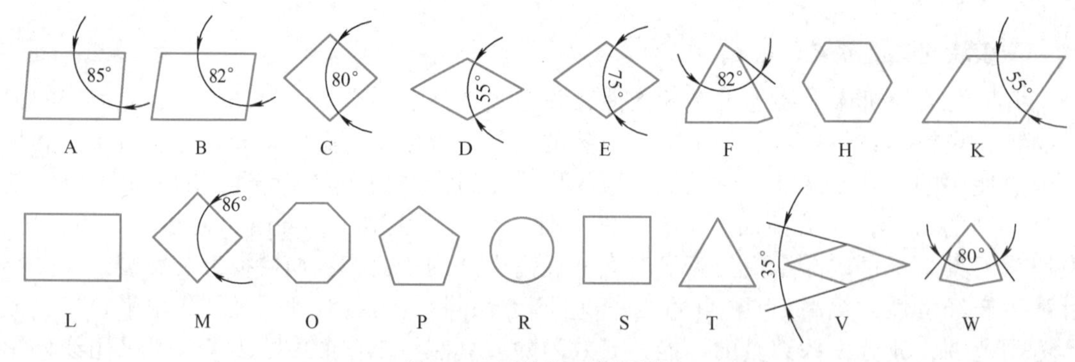

图 2-11　可转位刀片的形状

2）第 2 个号位表示可转位刀片的法后角，用一个大写英文字母表示。主要有 A、B、C、D、E、F、G、N、P 等型号，如图 2-12 所示。

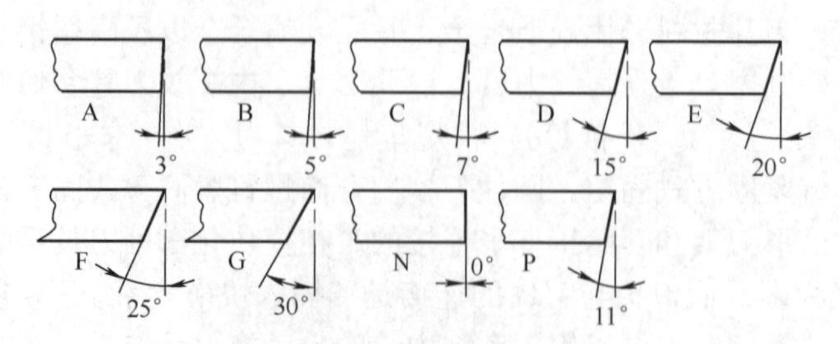

图 2-12　可转位刀片法后角的形状

3）第 3 个号位表示可转位刀片的尺寸精度，用一个大写英文字母表示。尺寸精度主要包括刀片内切圆直径、内切圆与刀尖距离、刀片厚度三个方面，共 11 种型号，如图 2-13 所示。刀具各种型号的误差等级及允许偏差范围见表 2-3。

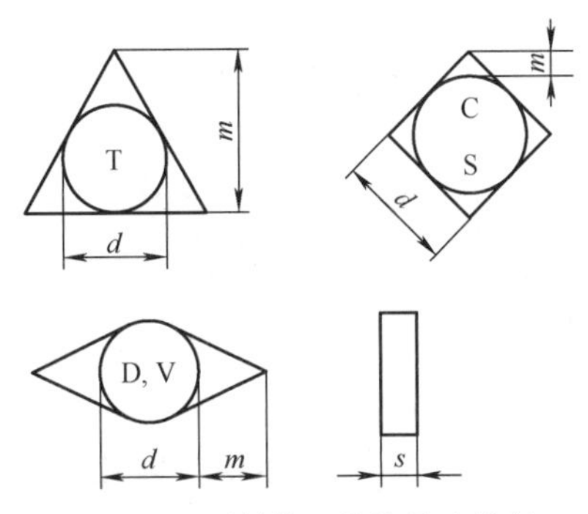

图 2-13　可转位刀片的尺寸精度

表 2-3　刀具各种型号的误差等级及允许偏差范围　（单位：mm）

	刀片内切圆直径 d	内切圆与刀尖距离 m	刀片厚度 s
A	± 0.025	± 0.005	± 0.025
C	± 0.025	± 0.013	± 0.025
E	± 0.025	± 0.025	± 0.025
G	± 0.025	± 0.025	±（0.05 ～ 0.13）
H	± 0.013	± 0.013	± 0.025
J	±（0.05 ～ 0.15^2）	± 0.005	± 0.025
K	±（0.05 ～ 0.15^2）	± 0.013	± 0.025
L	±（0.05 ～ 0.15^2）	± 0.013	± 0.025
M	±（0.05 ～ 0.15^2）	±（0.08 ～ 0.20^2）	± 0.013
N	±（0.05 ～ 0.15^2）	±（0.08 ～ 0.20^2）	± 0.025
U	±（0.05 ～ 0.15^2）	±（0.13 ～ 0.38^2）	±（0.05 ～ 0.13）

注：有上标的通常用于有修光刃的可转位刀片。

4）第 4 个号位表示可转位刀片的前刀面及中心孔型号，用一个大写英文字母表示。主要有 A（有圆形固定孔、无断屑槽）、B（单面有 70° ～ 90° 固定沉孔、无断屑槽）、C（双面有 70° ～ 90° 固定沉孔、无断屑槽）、F（无固定孔、双面有断屑槽）、G（有圆形固定孔、双面有断屑槽）、H（单面有 70° ～ 90° 固定沉孔、单面有断屑槽或断屑台）、J（双面有 70° ～ 90° 固定沉孔、双面有断屑槽）、M（有圆形固定孔、单面有断屑槽或断屑台）、N（无固定孔、无断屑槽）、Q（双面有 40° ～ 60° 固定沉孔、无断屑槽）、R（无固定孔、单面有断屑槽）、T（单面有 40° ～ 60° 固定沉孔、单面有断屑槽）、U（双面有 40° ～ 60° 固定沉孔、双面有断屑槽）、W（单面有 40° ～ 60° 固定沉孔、无断屑槽）、X（其他尺寸，需加说明）等，如图 2-14 所示。

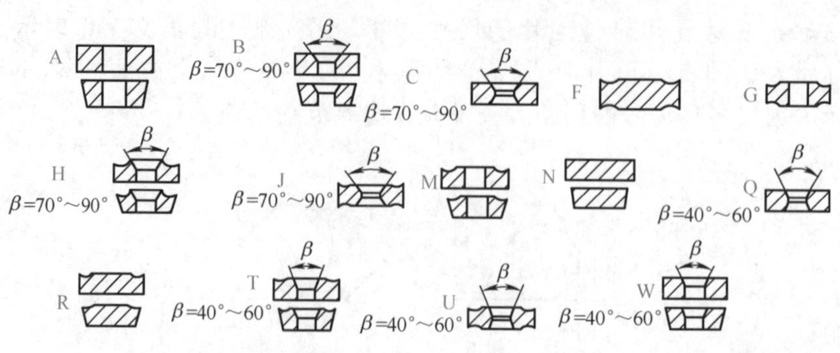

图 2-14　各种刀片的前刀面及中心孔型号

5）第 5 个号位表示可转位刀片切削刃长度的整数值，用两位数字表示。若切削刃长度为 15.875mm，则数字表示为 15，舍去小数部分；若切削刃长度为 7.94mm，则数字表示为 07，以此类推，刀片切削刃长度表示的位置如图 2-15 所示。l 表示边长，d 表示半径。

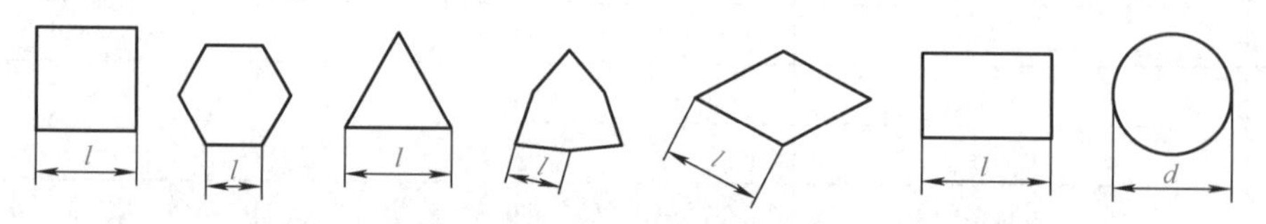

图 2-15　各种型号刀片切削刃长度表示的位置

6）第 6 个号位表示可转位刀片的厚度，用两位数字表示。其主要有 02（s=2.38）、03（s=3.18）、T3（s=3.97）、04（s=4.76）、05（s=5.56）、06（s=6.35）、07（s=7.94）、09（s=9.52）等几种类型，如图 2-16 所示。

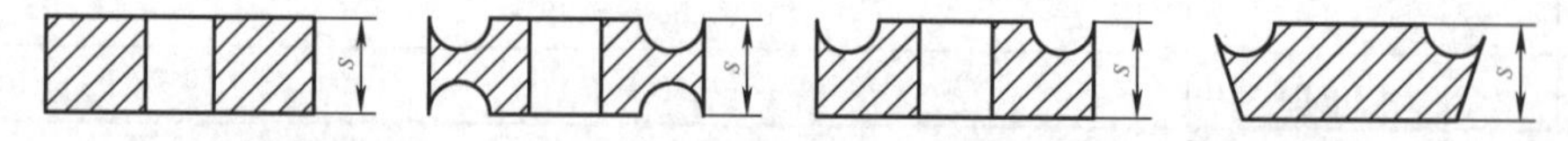

图 2-16　各种型号刀片厚度的标注

7）第 7 个号位若用两位数字表示，表示可转位刀片刀尖圆弧半径；若用两个字母表示时，前一个字母表示可转位刀片主偏角，后一个字母表示修光刃后角，如图 2-17 所示。其相关参数代号见表 2-4。

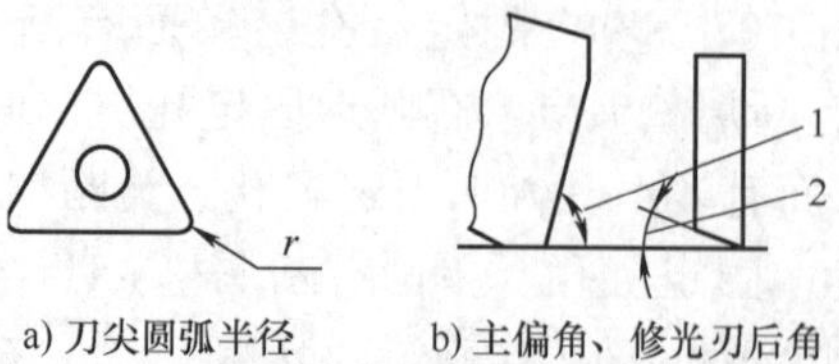

图 2-17　刀尖圆弧半径，主偏角、修光刃后角表达形式

1—主偏角 k_r　2—修光刃后角

表 2-4　刀尖圆弧半径，主偏角、修光刃后角代号

刀尖圆弧半径		主偏角 κ_r		修光刃后角	
代号	半径 /mm	代号	角度 / (°)	代号	角度 / (°)
02	0.2	A	45	A	3
04	0.4	D	60	B	5
08	0.8	E	75	C	7
12	1.2	F	85	D	15
16	1.6	P	90	E	20
24	2.4	Z	其他角度	F	25
				G	30
				N	0
				P	11
				Z	其他后角

8）第 8 个号位表示切削刃的形状，用一个大写英文字母表示。主要有 E（倒圆切削刃）、F（尖锐切削刃）、S（负倒棱、倒圆切削刃）、T（负倒棱切削刃）等四种类型，如图 2-18 所示。

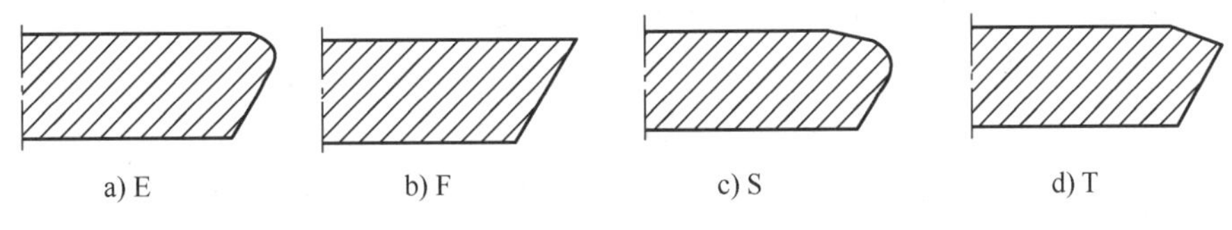

图 2-18　切削刃形状

9）第 9 个号位表示刀片切削方向，用一个大写英文字母表示。主要有 R(右切)、L(左切)、N（左右切）三种类型，如图 2-19 所示。

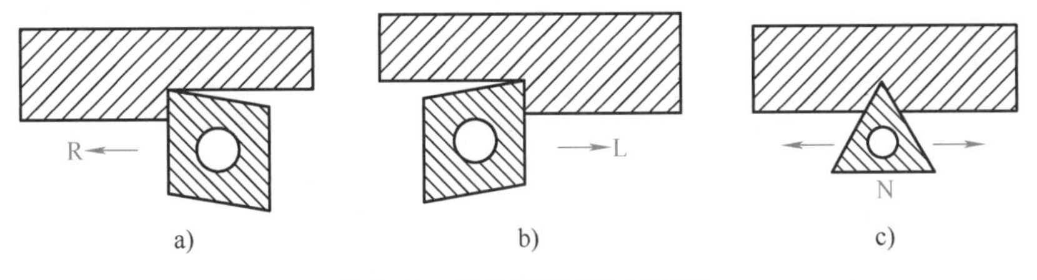

图 2-19　刀片切削方向的类型

10）第 10 个号位在 ISO 标准中为厂家备用号位，可以标注刀片断屑槽型号代码或代号。

3. 典型刀具系统种类及特征

（1）整体式刀具系统　目前我国的加工中心采用 TSG 整体式刀具系统，如图 2-20 所示。其柄部有直柄（3 种规格）和锥柄（4 种规格）两种，共包括 16 种不同用途的刀柄。

整体式刀具系统的主要特点是刀体采用整体式结构，与机床的连接，定位采用 7∶24 锥柄，所以该系统整体刚性较强，结构稳定。大规格 50、60 号锥柄适用于重型切削机床，小规格 30 号锥柄适用于高速轻切削机床。应用该刀具系统可完成钻、扩、铰、镗、铣和攻螺纹等多种切削加工，它是一套非常完善的加工刀具系统。图 2-21 所示为 TSG 整体式刀具系统的常见刀具。

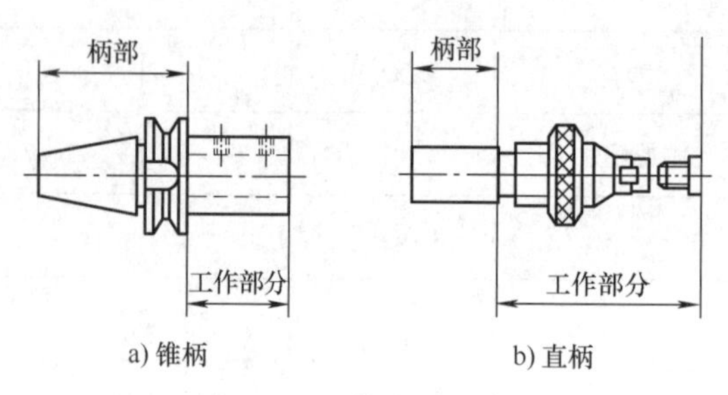

图 2-20　整体式刀具系统

图 2-21　TSG 整体式刀具系统的常见刀具

（2）模块式刀具系统　模块式刀具系统主要由刀片（刀具）、刀柄（柄体）、主轴组成，或由刀片（刀具）、工作头、连接杆、主柄、主轴组成，如图 2-22 所示。模块之间的连接采用单圆柱定心，径向销钉锁紧，端面摩擦传递转矩。连接结构一端为孔，另一端为轴，两者插入后通过销钉锁紧，形成一个刚性刀杆。这种模块式结构的定位精度高，装卸方便，连接刚性好，传递转矩大，它的最大特点就是可根据加工需要，通过中间连接模块调整刀具的长度，中间连接模块可进行多节连接。刀头模块有钻、扩、铰、镗、铣和攻螺纹等多种加工功能，该系统既适用于重型切削，又适用于轻型切削。

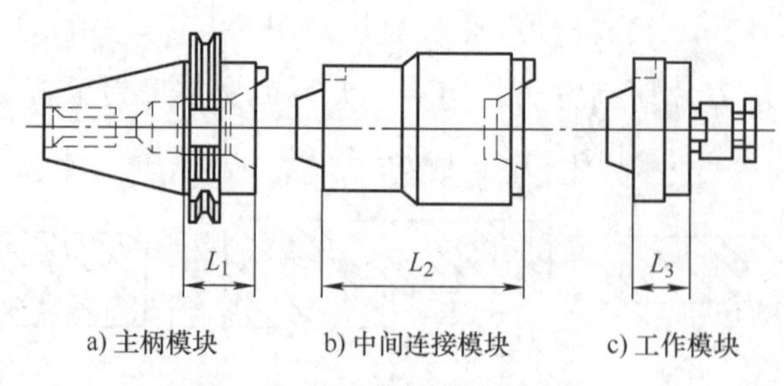

图 2-22　模块式刀具系统的组成

目前我国的加工中心采用 TMG21 工具系统，如图 2-23 所示。

铣镗类工具系统常用在加工中心上，加工中心常见的刀具库如图 2-24 所示。

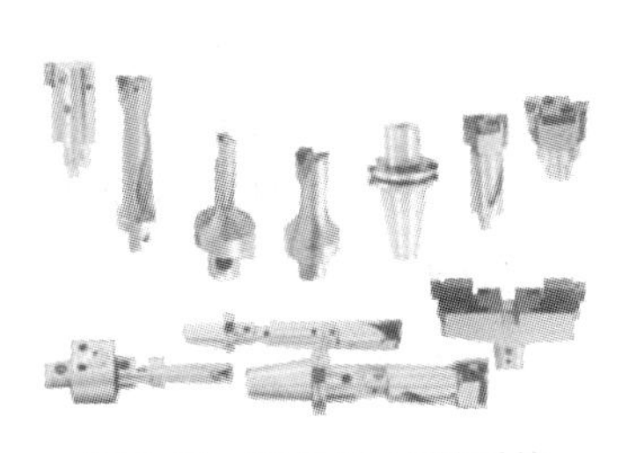

图 2-23　TMG21 工具系统

a) 无臂式刀具库

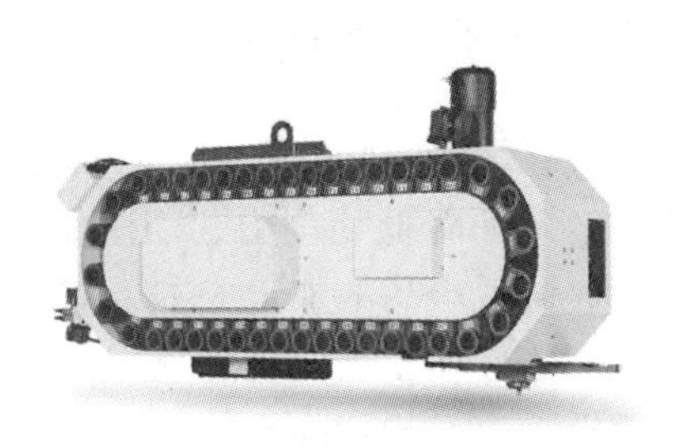

b) 有臂式刀具库

图 2-24　常见的加工中心刀库

2.2.6　数控加工刀具的选择

数控加工刀具的选择不仅影响数控机床的加工效率，而且直接影响加工质量。数控加工刀具的选择和切削用量的确定是在人机交互状态下完成的，应根据机床加工能力、工件材料性能、切削用量以及其他相关因素，同时充分考虑数控加工特点，正确选择刀具及刀柄。刀具选择的总原则：安装调整方便、刚性好、寿命长和精度高，在满足加工要求的前提下，尽量选择较短的刀柄，以提高刀具加工的刚性。

1）选择刀具时，要使刀具的尺寸与被加工工件的表面尺寸相适应。在实际加工过程中，平面零件周边轮廓的加工常选择立铣刀；在铣削平面时，应选择硬质合金刀片铣刀，加工凸台、凹槽时，应选择高速钢立铣刀；在加工毛坯表面或粗加工孔时，可选择镶硬质合金刀片的玉米铣刀；加工一些立体型面和变斜角轮廓外形时，常选择球头铣刀、环形铣刀、锥形铣刀和盘形铣刀。

2）在进行自由曲面加工时，曲面的精加工常选择球头铣刀。平头铣刀在表面加工质量和切削效率方面都优于球头铣刀，只要在保证不过切的前提下，无论是曲面的粗加工还是精加工，优先选择平头铣刀。另外，刀具寿命和精度与刀具价格的关系极大，在大多数情况下，选择好的刀具虽然增加了刀具成本，但提高了加工质量和加工效率，使整个加工成本大大降低。

3）在加工中心刀库上安装加工中需要的各种类型的刀具，根据程序规定随时选刀和换刀。因此必须采用标准刀柄，以便使钻、镗、扩、铣等工序使用的刀具迅速、准确地装到机床主轴上或刀库中。编程员应了解机床上所用刀柄的结构尺寸、调整方法以及调整范围，以便在编程时确定刀具的径向和轴向尺寸。

4）在经济型数控机床的加工过程中，由于刀具的刃磨、测量和更换多为人工手动进行，占用辅助时间较长，因此，必须合理安排刀具的排列顺序。一般应遵循以下原则：

① 尽量减少刀具数量。

② 一把刀具装夹后，应完成其所能进行的所有加工步骤。

③ 粗、精加工的刀具应分开使用，即使是相同尺寸规格的刀具。

④ 先铣后钻。

⑤ 先进行曲面精加工，后进行二维轮廓精加工。

⑥ 在可能的情况下，应尽可能利用数控机床的自动换刀功能，以提高生产效率。

2.2.7 切削液的选择

在金属切削过程中，合理选择切削液可以有效地减小切削过程中的摩擦，改善散热条件，从而降低切削力、切削温度和刀具磨损，提高刀具寿命、切削效率和已加工表面质量，降低产品的加工成本。随着材料技术和航空工业的不断发展，大量难切削材料的应用和对零件加工质量越来越高的要求，给切削加工带来了难题。为了解决这些难题，除了合理选择合适的切削条件外，合理选择切削液也尤为重要。

1. 切削液的作用

（1）冷却作用　切削液可以将切削过程中产生的热量迅速地从切削区带走，使切削温度降低。一般情况下能降低 50 ～ 150℃。切削液的流动性越好，比热容、导热系数和汽化热等参数越高，其冷却性能越好。

（2）润滑作用　切削液能在刀具的前、后刀面与工件之间形成一层润滑薄膜，可以避免刀具与工件或切屑间的直接接触，从而减轻摩擦和黏结程度，以降低切削力、切削热，并限制积屑瘤和鳞刺的产生，可以减轻刀具的磨损，提高工件表面的加工质量。润滑性能取决于切削液的渗透能力、形成润滑膜的能力和强度。一般的切削液在 200℃左右就失去润滑能力，若加入极压添加剂，就可以在高温（600 ～ 1000℃）、高压（1470 ～ 1960MPa）条件下起润滑作用，这种润滑叫作极压润滑。

（3）清洗作用　切削液可以冲走切削区和机床上的细碎切屑和脱落的磨粒，从而避免切屑黏附刀具、堵塞排屑、划伤已加工表面和导轨。这一作用对于磨削、螺纹加工和深孔加工等工序尤为重要。为此，要求切削液有良好的流动性，且在使用时应有足够大的压力和流量。

（4）防锈作用　为了减轻和避免工件、刀具和机床受周围介质（如空气、水分等）的腐蚀，切削液应具有一定的防锈作用。切削液防锈作用的好坏，取决于切削液的性能和加入的防锈剂的品种和比例。

2. 切削液的种类

常用的切削液有水溶液、乳化液和切削油三类。

（1）水溶液　主要成分是水。由于水的导热系数是油的导热系数的三倍，所以水溶液的冷却性能好。单纯使用水溶液容易使金属生锈，润滑性能也差，因此，常在水溶液中加入一定量的防锈剂和油性添加剂，能起到一定的防锈和润滑作用。

（2）乳化液　由乳化油用 80% ～ 95% 水稀释而成，呈乳白色或半透明状液体，有普通乳化液、防锈乳化液和极压乳化液三种。

普通乳化液是由防锈剂、乳化剂和矿物油配制而成，清洗和冷却性能好，兼有防锈和润滑作用。防锈乳化液是在普通乳化液中加入大量的防锈剂，其作用与普通乳化液一样，用于防锈要求严格的工序和气候潮湿的地区。极压乳化液是在乳化液中添加含硫、磷、氯的极压添加剂，能在切削时的高温、高压下形成吸附膜，起润滑作用。

（3）切削油　切削油的主要成分是矿物油（如 5#、7#、10#、20#、30# 机油、轻柴油、煤油等），少数采用动植物油（豆油、菜籽油、棉籽油、蓖麻油、猪油等）或复合油（将动物油、植物油、矿物油混合而成），复合油具有良好的边界润滑。纯矿物油不能在摩擦

表面形成坚固的润滑膜，润滑效果较差。实际使用常加入油性添加剂、极压添加剂和缓蚀剂，以提高其润滑和缓蚀作用。

3. 切削液的选择

一般来说，油基切削液的润滑性能好，而水基切削液的冷却性能好，而乳化液既有一定的润滑性和防锈性，又有一定的冷却性和清洗性，但是容易产生微生物而发生分解变质。

粗加工时，要求刀具磨损慢且加工生产率高；精加工时，要求工件有较高的精度和较小的表面粗糙度。对于难加工的材料应选择活性高，含抗磨、极压添加剂的切削液；对于容易加工的材料应选择不含极压添加剂的切削液。

切削有色金属和轻金属时，切削力和切削温度都不高，可选择矿物油和高浓度乳化液；切削合金钢时，如果切削量较低、表面粗糙度要求较小（如拉削和螺纹切削），此时需要有优异润滑性能的切削液，可选择极压切削油和高浓度乳化液；切削铸铁与青铜等脆性材料时，常形成崩碎切屑，容易随切削液到处流动，流入机床导轨之间易造成部件损坏，可使用冷却和清洗性能好的低浓度乳化液。

在较高切削速度的粗加工中（如车削、铣削、钻削），要求切削液具有良好的冷却性能，这时应选择水基切削液以及低浓度乳化液；在一些精密的高强度加工中（如拉削、攻螺纹、深孔钻削、齿轮加工），此时需要切削液具有优异的润滑性能，可选用极压切削油和高浓度乳化液。

工具钢刀具的耐热温度在 200 ～ 300℃范围内，耐热性能差，在高温下会失去硬度，因此要求采用冷却性能好的切削液，以低浓度乳化液为宜。采用高速钢刀具进行高速粗加工时，切削量大，产生大量的切削热，为避免工件烧伤而影响加工质量，应采用冷却性好的水基切削液；如果采用高速钢刀具进行中、低速的精加工，为减小刀具和工件的摩擦黏结，抑制切削瘤生成，提高加工精度，一般选择油基切削液或高浓度乳化液。

硬质合金刀具熔点和硬度较高，化学和热稳定性较好，切削和耐磨性能比高速钢刀具要好得多，在一般的加工中可使用油基切削液。如果是重切削时，切削温度很高，容易极快磨损刀具，此时应使用流量充足的冷却切削液，以 3% ～ 5% 的乳化液为宜（采用喷雾冷却，效果更好）。

陶瓷刀具、金刚石刀具、立方氮化硼刀具硬度和耐磨性较高，切削时一般不使用切削液，有时也可使用水基切削液。

2.3　切削用量与切削层参数

2.3.1　切削用量的确定

1. 切削用量的选择原则

数控编程时，编程员必须确定每道工序的切削用量，包括主轴转速、背吃刀量、进给速度等，并以数控系统规定的格式输入到程序中。对于不同的加工方法，需选择不同的切削用量，合理地选择切削用量对零件的表面质量、精度、加工效率影响很大。这在实际中也很难掌握，要有丰富的实践经验才能够确定合适的切削用量。在数控编程时只能凭借编程者的经验和刀具的切削用量推荐值来初步确定，而最终的切削用量将根据零件数控程序的调试结果和实际加工情况来确定。

切削用量的选择原则是，粗加工时以提高生产率为主，同时兼顾经济性和加工成本；半精加工和精加工时，应在兼顾切削效率和加工成本的前提下，保证零件的加工质量。值得注意的是，切削用量（主轴转速、切削深度及进给量）是一个有机的整体，只有三者相互适应，达到最合理的匹配值，才能获得最佳的切削用量。

确定切削用量时，应根据加工性质、加工要求、工件材料及刀具的尺寸和材料性能等方面的具体要求，查阅切削手册并结合经验。确定切削用量时除了遵循一般的原则和方法外，还应考虑以下因素的影响：

1）刀具差异的影响。不同的刀具厂家生产的刀具质量差异很大，所以切削用量需根据实际应用的刀具和现场经验加以修正。

2）数控机床特性的影响。切削性能受数控机床的功率和刚性限制，切削用量必须在机床说明书规定的范围内选择。避免因机床功率不够发生闷车现象，或因刚性不足产生机床振动现象，影响零件的加工质量、精度和表面粗糙度。

3）数控机床生产率的影响。数控机床的工时费用较高，其中刀具的损耗成本所占的比重较低，应尽量采用高的切削用量，通过适当降低刀具寿命来提高数控机床的生产率。

2. 切削用量的选择

（1）确定背吃刀量 a_p　刀具切削刃与工件的接触长度在同时垂直于主运动和进给运动的方向上的投影值称为背吃刀量，其单位是 mm。背吃刀量的大小主要由机床、夹具、刀具和工件组成的工艺系统的刚度来决定，在系统刚度允许的情况下，为保证以最少的进给次数去除毛坯的加工余量，根据被加工零件的余量确定分层切削深度，选择较大的背吃刀量，以提高生产效率。在数控加工中，为保证零件必要的加工精度和表面粗糙度，建议留少量的余量（0.2 ～ 0.5mm），在最后的精加工中沿轮廓走一刀。粗加工时，除了留有必要的半精加工和精加工余量外，在工艺系统刚性允许的情况下，应以最少的进给次数完成粗加工。留给精加工的余量应大于零件的变形量和确保零件表面完整性。

（2）确定主轴转速 n　主轴转速 n（r/min）主要根据刀具允许的切削速度 v_c 确定：

$$n = \frac{1000v_c}{\pi d}$$

式中，v_c 为切削速度（mm/min）；d 为零件或刀具的直径（mm）。

切削速度 v_c 与刀具寿命关系比较密切，随着 v_c 的增大，刀具寿命将急剧下降，故 v_c 的选择主要取决于刀具寿命。

主轴转速 n 确定后，必须按照数控机床控制系统所规定的格式写入数控程序中。在实际操作中，操作者可以根据实际加工情况，通过适当调整数控机床控制面板上的主轴转速倍率开关，来控制主轴转速的大小，以确定最佳的主轴转速。

（3）选择进给量或进给速度　进给速度 v_f 是切削时单位时间内零件与刀具沿进给方

向的相对位移量，单位为 mm/min。进给量 f 是刀具在切削方向上相对工件的位移量，单位为 mm/r 或 mm/ 行程。

进给量或进给速度在数控机床上是使用进给功能字母 F 表示的，F 是数控机床切削用量中的一个重要参数，主要依据零件的加工精度和表面粗糙度要求，以及所使用的刀具和工件材料来确定。零件的加工精度要求越高，表面粗糙度数值要求越低时，选择的进给量数值就越小。在实际操作中，应综合考虑机床、刀具、夹具和被加工零件精度、材料的力学性能、曲率变化、结构刚性、工艺系统的刚性及断屑情况，选择合适的进给速度。

进给率数 FRN（Feed Rate Number）是一个特殊的切削中的运动参量的表示方法，即进给率的倒数，对于直线插补的进给率数为：

$$\mathrm{FRN}=\frac{v_{\mathrm{f}}}{L}$$

式中，FRN 为进给率数（min^{-1}）；v_{f} 为进给速度（mm/min）；L 为程序段的加工长度，是刀具在进给方向相对工件所走的有效距离（mm）。

程序段中编入了进给率数 FRN，实际上就规定了执行该程序段的时间 T，它们之间的关系为：

$$T=\frac{1}{\mathrm{FRN}}$$

程序编制时选定进给速度 v_{f} 后，刀具中心的运动速度就确定了。在直线切削时，切削点（刀具与加工表面的切点）的运动速度就是程序编制时给定的进给速度。但是在做圆弧切削时，切削点实际进给速度并不等于程序编制时选定的刀具中心的进给速度。

采用 FRN 编程，在做直线切削时，由于刀具中心运动的距离与程序中直线加工的长度经常是不同的，故实际的进给量与程序编制预定的 FRN 所对应的值也不同。在做圆弧切削时，刀具的进给角速度是固定的，所以切削点的进给量与编程预定的 FRN 所对应的值是一致的。由此可知，当一种数控装置既可以用 f 编制程序，也可以用 FRN 编制程序时，做直线切削适宜采用进给量 f 编制程序，做圆弧切削时宜采用进给率数 FRN 编制程序。

在轮廓加工中选择进给量 f 时，应注意在轮廓拐角处的“超程”问题，特别是在拐角较大而且进给量也较大时，应用在接近拐角处适当降低速度，而在拐角过后再逐渐提速的方法来保证加工精度。

数控编程时，编程员必须确定每道工序的切削用量，并以指令的形式写入程序中。切削用量包括主轴转速、背吃刀量及进给速度等。对于不同的加工方法，需要选用不同的切削用量。为了获得最高的生产率和单位时间内最高切除率，在保证零件加工质量和刀具寿命的前提下，应合理地确定切削参数。

2.3.2　切削层参数

切削刃在一次走刀中从工件上切下的一层材料称为切削层，也就是相邻两个加工表面之间的一层金属。外圆车削时的切削层，就是工件转一转，主切削刃移动一个进给量 f 所切除的一层金属，如图 2-25 所示。切削层的截面尺寸参数称为切削层参数。切削层参数的大小反映了切削刃所受载荷的大小，直接影响加工质量、生产率和刀具的磨损等。

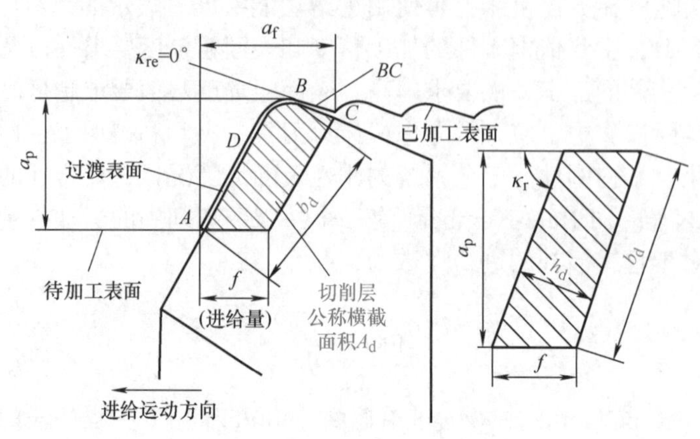

图 2-25　切削用量与切削层参数

（1）切削层公称厚度 h_d　在主切削刃选定点的基面内，垂直于过渡表面度量的切削层尺寸称为切削层公称厚度 h_d，计算公式为：

$$h_d=f\sin\kappa_r$$

式中，f 为进给量；κ_r 为刀具主偏角，即刀具主切削刃与进给方向的夹角。

（2）切削层公称宽度 b_d　在主切削刃选定点的基面内，沿过渡表面度量的切削层尺寸称为切削层公称宽度 b_d，计算公式为

$$b_d=\frac{a_p}{\sin\kappa_r}$$

式中，a_p 为背吃刀量。

（3）切削层公称横截面积 A_d　在主切削刃选定点的基面内，切削层在切削层尺寸度量平面内的横截面积称为切削层公称横截面积 A_d，计算公式为

$$A_d=h_d\,b_d$$

拓展阅读

1. 金属零部件上的精工细作——中国电子科技集团公司第十四研究所数控车高级技师胡胜

2009 年国庆阅兵仪式上，我国自行研制的大型预警机首次亮相，机身上方安装的雷达成为万众瞩目的焦点。雷达零部件对精度的要求非常“苛刻”，有的误差要求不能超过一根头发丝的 1/10（5 ～ 8μm），甚至要达到 4μm 的精度，哪怕一丝划痕也不能出现。这个雷达关键零部件的加工生产，是由胡胜带领团队完成的。

胡胜在毕业后进入一家国有工厂当车工，1999 年因为技艺精湛，作为特殊人才被引进到十四所。在车工这个岗位上，他默默坚守、孜孜以求，不断追求职业技能的完善和极

致。从初级工到国家高级技师，胡胜用了 15 年，15 年精益求精、15 年追求完美极致成就了胡胜。

作为中国电子科技集团有限公司第十四研究所高级技师、班组长，近年来，胡胜在一系列具有国际先进水平的重点项目中承担关键件、重要件加工任务 70 多项，攻克了某型装备的波纹管一次车削成形、反射面加工变形等技术难题。自 2006 年以来，胡胜的加工品种有 600 多种，提出技术革新和合理化建议 30 多项，尤其在数控车的宏程序编程模块、车铣一次性加工成形等方面有许多独特的方法，大大提高了生产效率。经他精心打造的金属件，为我国首型大型相控阵预警机雷达的稳定性和可靠性打下了坚实基础。

2. 毫厘之间　精心雕琢——2021 年大国工匠年度人物洪家光

洪家光是中国航发黎明的一名数控车工。他先后荣获全国职业技能大赛第一名、中华技能大奖、全国劳动模范、全国五一劳动奖章等 60 余项殊荣。他研制的金刚石滚轮精密磨削工具技术，获得了 2017 年度国家科技进步二等奖。

发动机是飞机的心脏，而发动机叶片是影响发动机安全性能的关键承载部件。洪家光的工作就是为发动机叶片制作所需的磨削用工装工具。为了让加工航空发动机叶片的工具再精确 1μm，20 多年来，他精益求精、努力钻研，通过技术革新为企业贡献力量。

工欲善其事必先利其器。车工的一项关键技术是磨车刀。许多高精度的零部件没有现成的刀具。洪家光经常白天工作之余练磨刀，晚上回家看书琢磨。功夫不负有心人，由他磨出的刀具表面质量好、精度高，加工出来的零部件光亮平整，而且刀具的使用寿命比一般刀具长了 1 倍。一些产品零部件要求的加工精度为 3μm，而现有数控机床的精度只能达到 5μm。为此，洪家光练就一身感知 1μm 变化的本领。反复试验操作中，洪家光发现，每次细微调整参数，切削面的颜色和亮度都有变化，产生的火花大小和颜色也有所不同。为了找出最优的加工方式，他就一次次调整，用眼睛看变化，记录下来，再调整。经过成百上千次试加工，洪家光将遇到的情况详细记录了 10 万余字并整理出加工心得，最终取得成功。

经过不断的总结、琢磨、创新迭代，洪家光先后完成技术创新和项目攻关 84 项，实现成果转化 63 项，解决生产制造难题 564 项，个人拥有 8 项国家专利，所在团队拥有 30 多项国家专利。

第 3 章

零件的工艺分析

【工作任务】

1）根据图样分析零件，选择加工方法、拟定加工路线。
2）根据工艺路线计算工序尺寸和公差。

【能力要求】

1）学会分析零件图尺寸和结构工艺性。
2）能够正确地选择毛坯并计算各工序的加工余量。
3）掌握零件表面的加工方法，根据零件表面精度要求选择加工方法。

3.1 零件图的工艺分析

拓展视频

大国工匠：大术无极

零件的数控加工工艺分析是编制数控加工程序中最重要且极其复杂的环节，也是数控加工工艺方案设计的核心工作，必须在数控加工工艺方案制订前完成。一个合格的编程员对数控机床及其控制系统的功能、特点，以及影响数控加工的每个环节都要有一个清晰、全面的了解，这样才能避免由于工艺方案考虑不周而可能出现的产品质量问题，造成无谓的人力、物力等资源的浪费。全面合理的数控加工工艺分析是提高数控编程质量的重要保证。

在数控加工中，从零件的设计图样到零件成品合格交付，不仅要考虑数控程序的编制，还要考虑诸如零件加工工艺路线的安排、加工机床的选择、切削刀具的选择、零件加工中的定位装夹等。在开始编程前，必须要对零件的设计图样和技术要求进行详细的数控加工工艺分析，以确定哪些零件是数控加工的关键，哪些是数控加工的难点，以及数控程序编制的难易程度。

零件工艺性分析是数控加工工艺分析的第一步，在此基础上方可确定零件数控加工所需的数控机床、加工刀具、工艺装备、切削用量、数控加工工艺路线，从而获得最佳的加

工工艺方案，满足零件工程图样和有关技术文件的要求。

分析和研究零件图主要是对零件图进行工艺审查，如检查设计图样的视图、尺寸标注、技术要求等是否有错误或遗漏之处，尤其对于结构工艺性较差的零件，如果可能应和设计人员进行沟通或提出修改意见，由设计人员决定是否进行必要的修改和完善。

3.1.1　零件图的分析

首先应熟悉零件在产品中的作用、位置、装配关系和工作条件，搞清楚各项技术要求对零件装配质量和使用性能的影响，找出主要的、关键的技术要求，然后对零件图进行分析。

1. 检查零件图的完整性和正确性

零件图应符合国家标准的要求，位置准确，表达清楚；几何元素（点、线、面）之间的关系（如相切、相交、平行）应准确；尺寸标注应完整、清晰、正确。

2. 零件的技术要求分析

零件的技术要求主要包括尺寸精度、形状精度、位置精度、表面粗糙度及表面热处理要求等，这些技术要求应当是能够保证零件使用性能前提下的极限值。进行零件的技术要求分析，主要是分析这些技术要求的合理性以及实现的可能性，重点分析重要表面和部位的加工精度、技术要求，为制订合理的加工方案做好准备。同时通过分析以确定技术要求是否过于严格，因为过高的加工精度和过低的表面粗糙度要求会使工艺过程变得复杂，加工难度变大，增加不必要的成本。

3. 零件的材料分析

分析毛坯材质的力学性能和热处理状态，毛坯的铸造品质和被加工部位的材料硬度，是否有白口、夹砂、疏松等。判断毛坯加工的难易程度，为选择刀具材料和切削用量提供依据。选择的零件材料应经济合理，切削性能好，满足使用性能的要求。

在满足零件功能的前提下，应选择廉价的材料。选择材料时应立足于国内，不要轻易选择贵重和紧缺的材料。

4. 尺寸标注的合理性分析

1）零件图上的重要尺寸应直接标注，而且在加工时应尽量使工艺基准与设计基准重合，并符合尺寸链最短原则。如图 3-1 中活塞环槽的尺寸为重要尺寸，其宽度应直接注出。

2）零件图上标注的尺寸应便于测量，不要从轴线、中心线、假想平面等难以测量的基准标注尺寸。如图 3-2 中轮毂键槽的深度，只有尺寸 c 的标注才便于用卡尺或样板测量。

3）零件图上的尺寸不应标注成封闭式，以免产生矛盾。如图 3-3 所示，已标注了孔距尺寸 $a \pm \delta a$ 和角度 $\alpha \pm \delta\alpha$，则 x、y 轴的坐标尺寸就不能随便标注。有时为了方便加工，可通过尺寸链计算出来，并标注在圆括号内，作为加工时的参考尺寸。

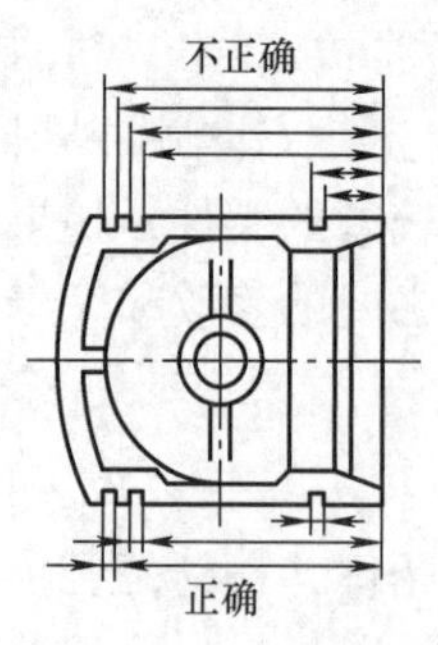

图 3-1 重要尺寸直接标注

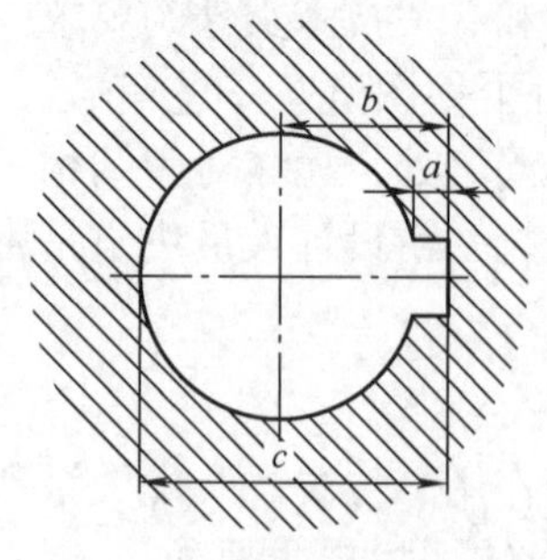

图 3-2 键槽深度标注

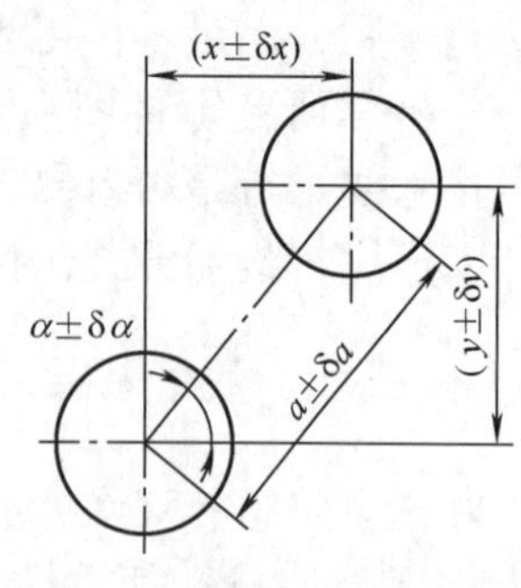

图 3-3 避免标注封闭尺寸

4）零件上非配合的自由尺寸，应按加工顺序尽量从工艺基准注出。如图 3-4 所示的齿轮轴，图 3-4a 所示的标注方式大部分尺寸要经换算，且不能直接测量，而图 3-4b 所示的标注方式与加工顺序一致，且便于加工测量。

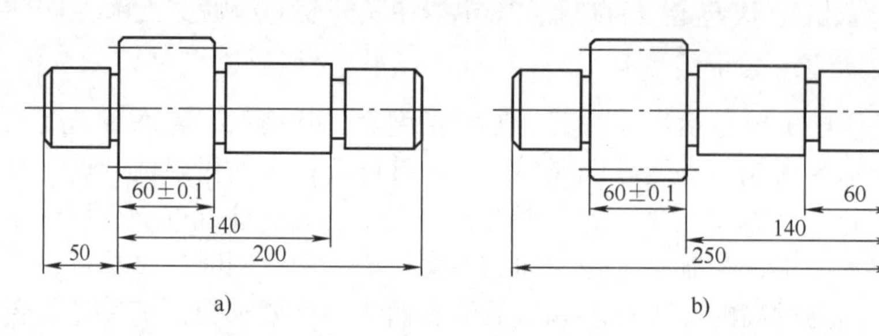

图 3-4 尺寸标注从工艺基准注出

5）零件上各非加工表面的位置尺寸应直接标注，而非加工表面与加工表面之间只能有一个联系尺寸。如图 3-5 所示，图 3-5a 所示的注法不合理，只能保证一个尺寸符合图样要求，其余尺寸可能会超差。而图 3-5b 所示的标注尺寸 A 在加工表面Ⅳ时予以保证，其他非加工表面的尺寸直接标注，在铸造时保证。

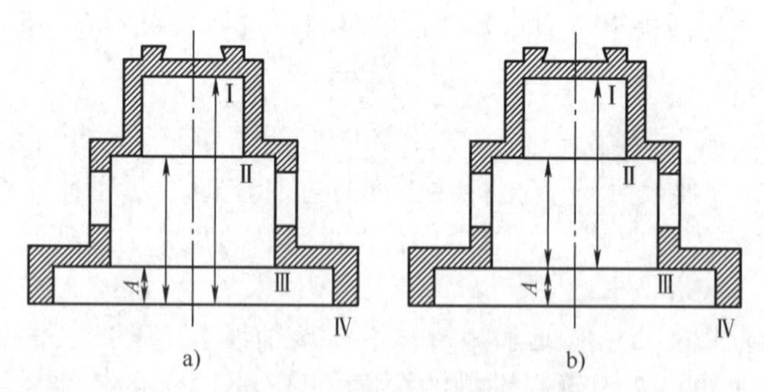

图 3-5 直接标注非加工表面的尺寸

5. 数控加工标注尺寸的注意事项

1）零件图上尺寸标注方法应适应数控加工的特点，如图 3-6a 所示，在数控加工零件图上，应以同一基准标注尺寸或直接给出坐标尺寸。这种标注方法既便于编程，又便于尺寸之间的相互协调，也有利于设计基准、工艺基准、测量基准和编程原点的统一。零件设计人员在标注尺寸时，一般较多地考虑装配等使用特性，因而常采用图 3-6b 所示的局部

分散标注的方法，这样便于工序安排、程序编制和数控加工。由于数控加工精度和重复定位精度都很高，不会因产生较大的累积误差而破坏零件的使用特性，因此，可将局部分散标注改为同基准标注或直接标注坐标尺寸。

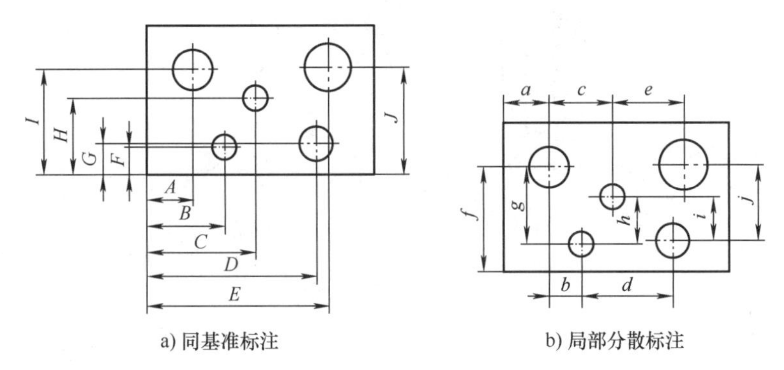

图 3-6　零件尺寸标注

2）分析被加工零件的设计图样，根据标注的尺寸公差和几何公差等信息，将加工表面区分为重要表面和次要表面，并找出设计基准。遵循基准选择的原则，确定加工零件的定位基准，分析零件的毛坯是否便于定位、装夹，夹紧方式和夹紧点的选取是否有碍刀具的运动，夹紧变形是否对加工质量有影响等，为工件定位、装夹和夹具设计提供依据。

3）零件轮廓几何元素（点、线、面）的条件（如相切、相交、垂直和平行等）是数控加工程序编制的重要依据。手工编程时，要根据这些条件计算每一个节点的坐标；自动编程时，要根据这些条件对零件的所有几何元素进行定义，无论哪一个条件不明确，都会导致编程无法进行。因此，在分析零件图时，务必要分析几何元素的条件是否充分，发现问题及时与设计人员协商解决。

3.1.2　结构工艺性分析

零件的结构工艺性分析是指对所设计的零件，在满足使用性能要求的前提下分析制造的可行性和经济性。好的结构工艺性会使零件加工容易，节约成本，节省材料；而较差的结构工艺性会使零件加工困难，增大成本，浪费材料，甚至无法加工。分析零件的结构特点、精度要求和复杂程度，可以确定零件的加工方法、数控机床的类型和规格。

结构工艺性分析主要考虑如下三个方面：

1. 有利于达到所要求的加工质量

（1）合理确定零件的加工精度与表面质量　加工精度若定得过高会增加工序，增加制造成本，若定得过低会影响机器的使用性能，故必须根据零件在整个机器中的作用和工作条件合理地确定，尽可能使零件加工方便、制造成本低。

（2）保证位置精度的可靠性　为保证零件的位置精度，最好使零件能在一次安装中加工出所有相关表面，这样就能依靠机床本身的精度来达到所要求的位置精度。如图 3-7a 所示的结构，不能保证 ϕ80mm 外圆与 ϕ60mm 内孔的同轴度。若改成图 3-7b 所示的结构，就能在一次安装中加工出外圆与内孔，保证二者的同轴度。

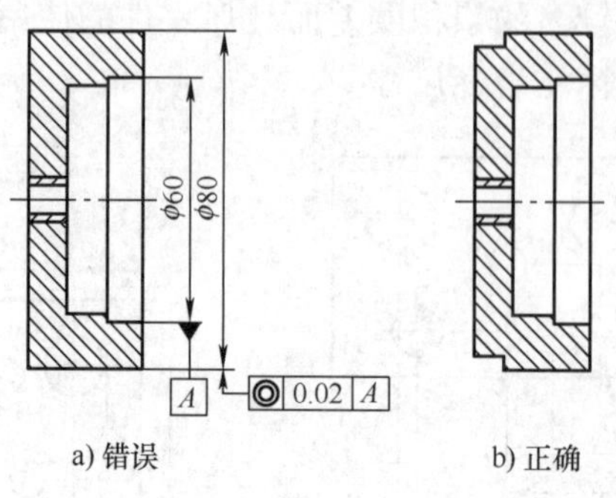

a) 错误　　b) 正确

图 3-7　保证位置精度的工艺结构

2. 有利于减少加工劳动量

（1）尽量减少不必要的加工面积　减少加工面积不仅可以减少机械加工的劳动量，而且可以减少刀具的损耗，提高装配质量。图 3-8b 中的轴承座减少了底面的加工面积，降低了修配的工作量，保证配合面的接触。图 3-9b 中既减少了精加工的面积，又避免了深孔加工。

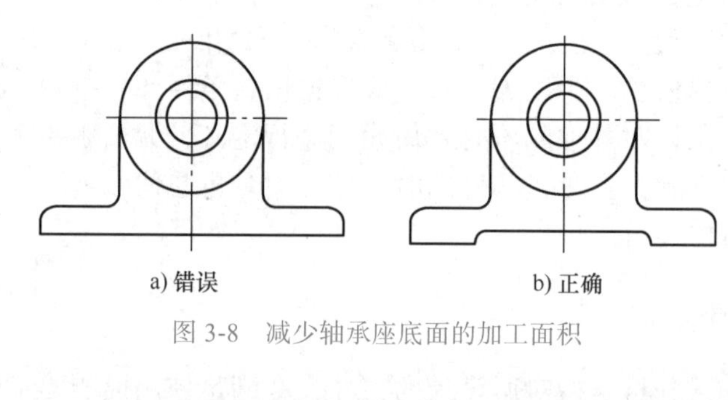
a) 错误　　b) 正确

图 3-8　减少轴承座底面的加工面积

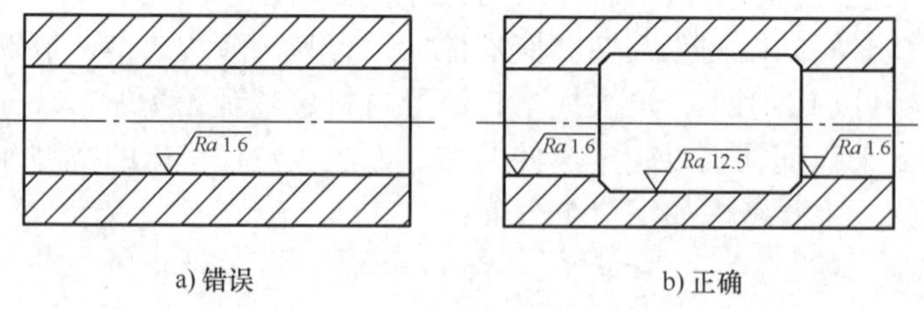

a) 错误　　b) 正确

图 3-9　避免深孔加工的方法

（2）尽量避免或简化内表面的加工　外表面的加工要比内表面的加工方便经济，且便于测量。因此，在零件设计时应尽量避免在零件内腔进行加工。如图 3-10 所示箱体，将图 3-10a 所示的结构改成图 3-10b 所示的结构，这样不仅加工方便，而且还有利于装配。再如图 3-11 所示，将图 3-11a 中件 2 上内沟槽 *A* 的加工，改成图 3-11b 中件 1 外沟槽的加工，这样加工与测量都很方便。

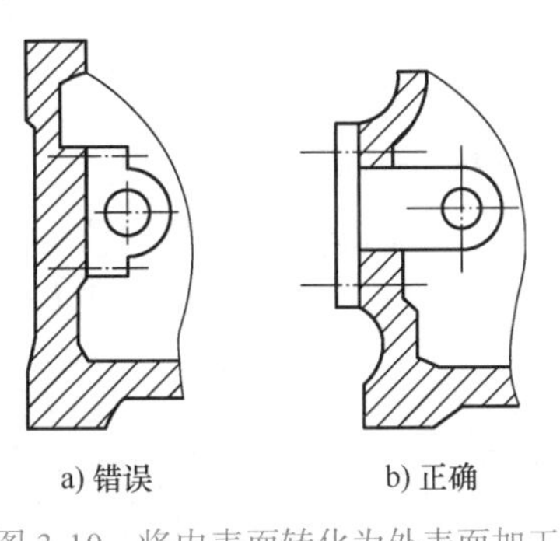

a) 错误　　b) 正确

图 3-10　将内表面转化为外表面加工

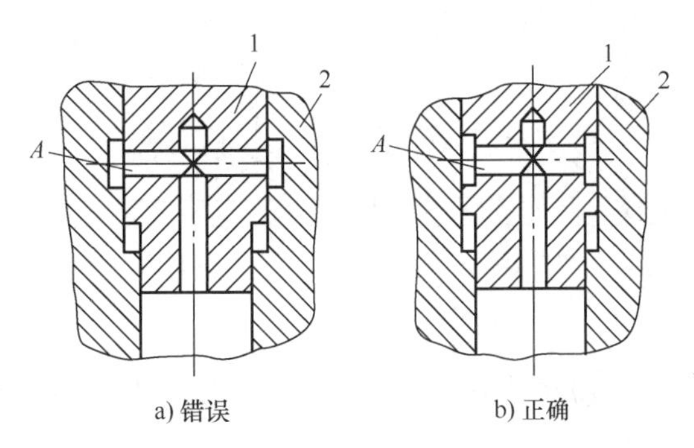

a) 错误　　b) 正确

图 3-11　将内沟槽转化为外沟槽加工

3. 有利于提高劳动生产率

（1）零件的有关尺寸应尽量一致，并能用标准刀具加工　图 3-12b 所示改为退刀槽尺寸一致，减少了刀具的种类，节省了换刀的时间。图 3-13b 所示采用凸台高度等高，减少了加工过程中刀具的调整。如图 3-14b 所示的结构，能采用标准钻头钻孔，从而方便加工。

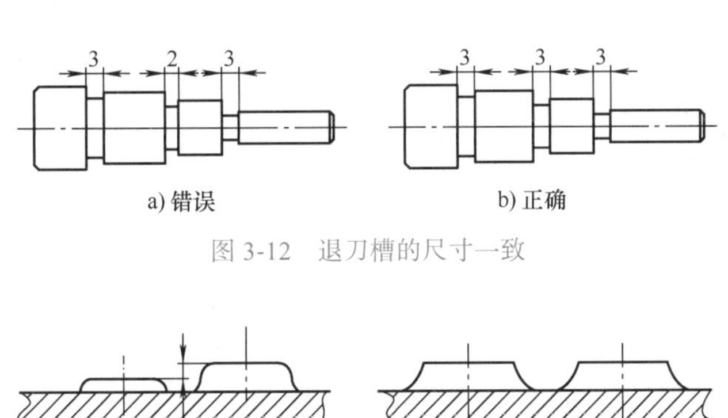

a) 错误　　b) 正确

图 3-12　退刀槽的尺寸一致

a) 错误　　b) 正确

图 3-13　凸台高度相等

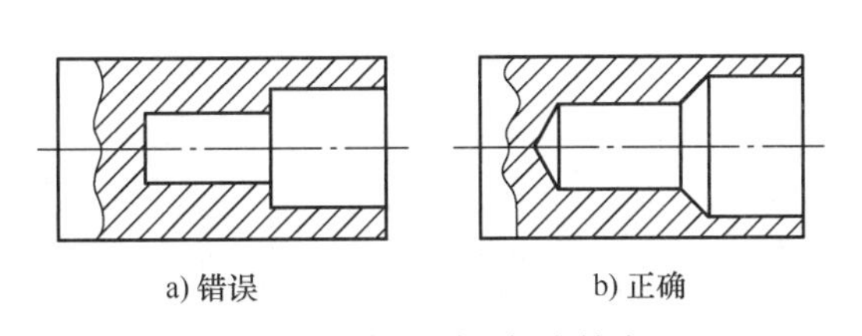

a) 错误　　b) 正确

图 3-14　便于采用标准钻头

（2）减少零件的安装次数　零件的加工表面应尽量分布在同一方向，或互相平行或互相垂直；次要表面应尽量与主要表面分布在同一方向上，以便在加工主要表面的同时，将次要表面也加工出来；孔端的加工表面应为圆形凸台或沉孔，以便在加工孔的同时将凸台或沉孔也加工出来。图 3-15b 所示的钻孔方向应一致；图 3-16b 所示的键槽方向应一致。

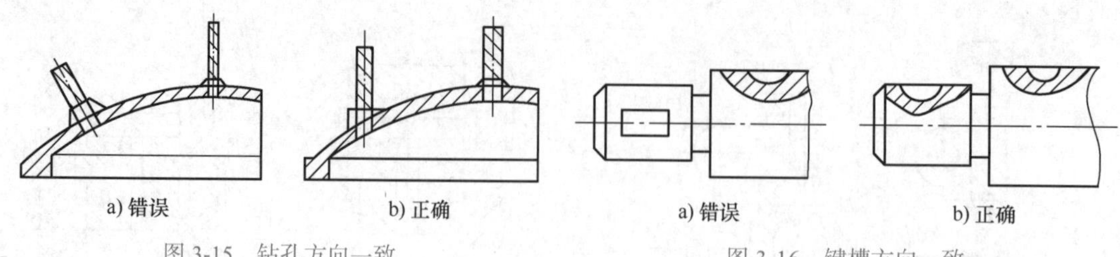

图 3-15　钻孔方向一致　　　　图 3-16　键槽方向一致

（3）零件的结构应便于加工　如图 3-17b、图 3-18b 所示，设有越程槽、退刀槽，减少了刀具（砂轮）的磨损。图 3-19b 所示的结构，便于引进刀具，从而保证了加工的可能性。

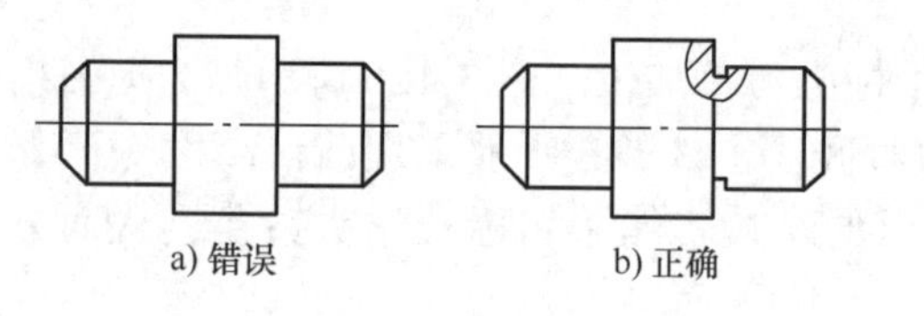

图 3-17　应留越程槽

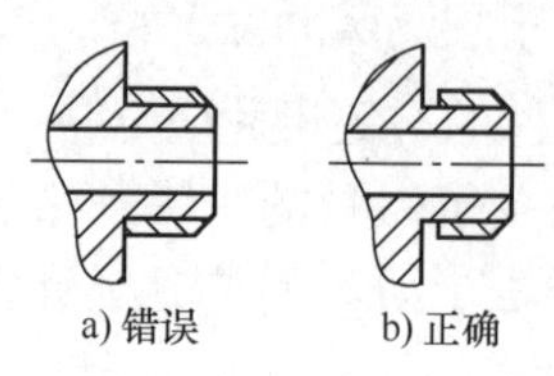

图 3-18　应留退刀槽

（4）避免在斜面上钻孔和钻头单刃切削　如图 3-20b 所示，避免了因钻头两边切削力不等使钻孔轴线倾斜或折断钻头。

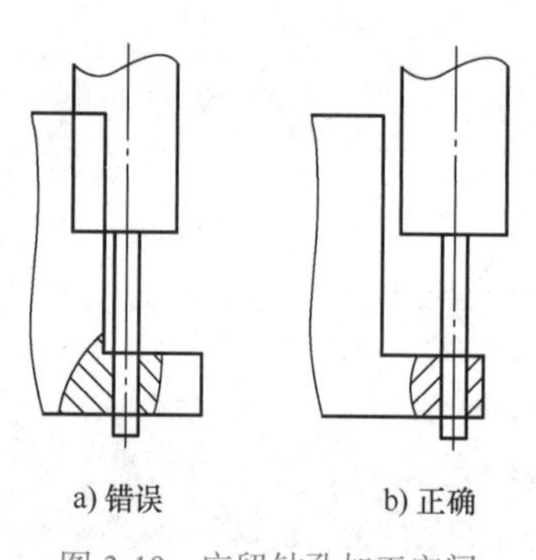

图 3-19　应留钻孔加工空间

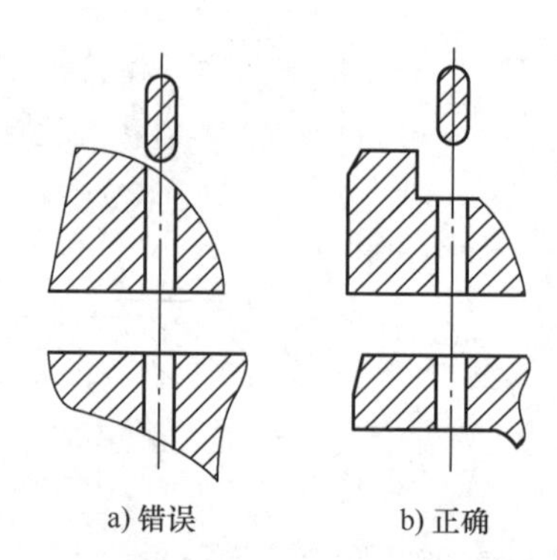

图 3-20　避免在斜面上钻孔和钻头单刃切削

（5）便于多刀或多件连续加工　如图 3-21b 所示，为便于多刀加工，阶梯轴各段长度应相似或成整数倍；直径尺寸应沿同一方向递增或递减，以便调整刀具。零件设计的结构要便于多件连续加工，如图 3-22b 所示结构可将毛坯排列成行，便于多件连续加工。

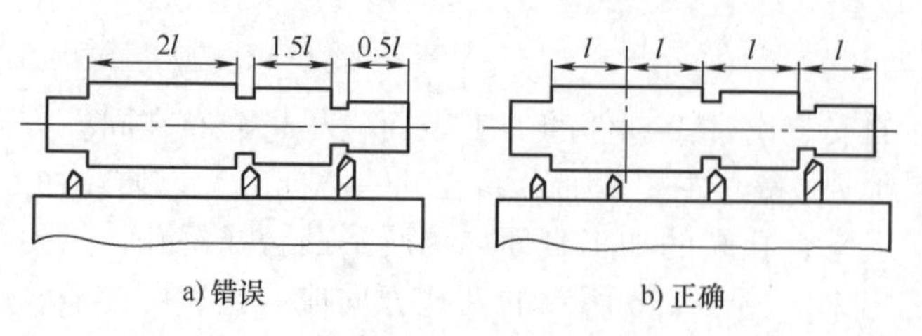

图 3-21　便于多刀加工

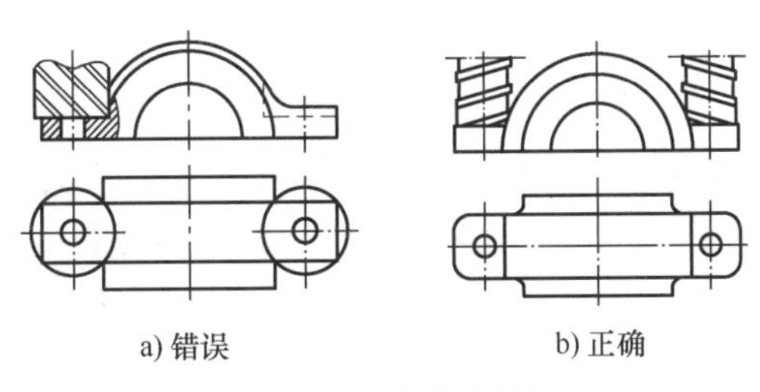

图 3-22　便于多件连续加工

3.2　选择毛坯

大多数零件设计图样只定义了零件加工后的形状和大小，而没有指定原始毛坯材料的相关数据，包括毛坯的类型、规格、形状、热处理状态以及硬度等。编程时，充分利用毛坯的原始信息，有利于数控程序的编制。

选择毛坯的基本任务是选择毛坯的制造方法和制造精度。毛坯的选择不仅影响毛坯的制造工艺和费用，而且影响零件加工工艺及其生产率与经济性。

3.2.1　常见的毛坯种类

（1）铸件　铸件适用于形状复杂的零件毛坯，其铸造方法有砂型铸造、精密铸造、金属模铸造、压力铸造等。铸件材料有铸铁、铸钢及铜等有色金属。

（2）锻件　锻件毛坯经锻造后可以得到连续、均匀的金属纤维组织，故其力学性能较好，适用于受力复杂的重要钢制零件。锻造方法有自由锻和模锻两种，其中自由锻件的精度和生产率较低，主要用于小批量生产和大型锻件的制造；模锻的精度和生产率较高，主要用于毛坯精度要求较高的中小型零件。

（3）型材　型材常用截面形状可分为圆钢、方钢、六角钢、扁钢、角钢、槽钢和其他特殊截面形状。型材有热轧和冷拉两类，热轧型材尺寸较大，精度较低，多用于一般零件的毛坯；冷拉型材尺寸较小，精度较高，多用于毛坯精度要求较高的中小型零件。

（4）焊接件　焊接件主要用于单件小批量生产和大型零件及样机试制，其优点是制造简单、生产周期短、节省材料、重量轻。但其抗振性较差，变形较大，须经时效处理后才能进行机械加工。

3.2.2　毛坯选择的原则

（1）零件材料的工艺特性及对材料组织、性能的要求　例如，铸铁和青铜不能锻造，只能选铸件；重要的钢质零件，为保证良好的力学性能，不论结构形状简单或复杂，均不宜直接选择轧制型材，而应选择锻件。

（2）零件的结构形状与外形尺寸的要求　例如，常见的各种阶梯轴，若各台阶直径相差不大，可直接选择圆棒料，若各台阶直径相差较大，为节约材料和减少装卸加工的劳动量，则宜选择锻件毛坯。至于一些非旋转体的板条形钢质零件，一般多选择锻件。

（3）生产纲领大小的要求　当零件的产量较大时，应选择精度和生产率都比较高的毛坯制造方法，这样用于制造毛坯时产生的比较高的设备及装备费用，可以由减少材料的消耗和降低机械加工费用来补偿。零件的产量较小时，应选择精度和生产率较低的毛坯制造方法，如自由锻造锻件和手工造型生产的铸件等。

（4）现有生产条件的要求　选择毛坯时，还要考虑毛坯制造的实际工艺水平、设备状况及外协的可能性和经济性。应积极组织外部协作，这样既减轻本企业产品的制造和管理工作，又促进全社会毛坯制造专业生产的发展，从整体上取得较好的经济效益。

3.2.3　毛坯形状与尺寸

选择毛坯的两种不同方向：一种是使毛坯的形状与尺寸尽量接近零件，零件制造的大部分劳动量用于毛坯，机械加工多为精加工，劳动量和费用都比较少；另一种是毛坯的形状与尺寸和零件相差很大，机械加工切除较多材料，劳动量和费用都比较大。为节约能源与金属材料，随着毛坯制造专业化生产的发展，毛坯制造应逐步沿着前一种方向发展。但是，由于现有毛坯制造工艺和技术的限制，加之产品零件的精度和表面质量的要求又越来越高，所以毛坯上某些表面仍需留有一定的加工余量，以便通过机械加工来达到零件的质量要求。毛坯尺寸和零件尺寸的差值称为毛坯加工余量，毛坯尺寸的公差称为毛坯公差。

毛坯加工余量确定后，毛坯的形状与尺寸，除了将毛坯加工余量附加在零件相应的加工表面上之外，还要考虑毛坯制造、机械加工以及热处理等许多工艺因素的影响。下面仅从机械加工工艺角度来分析，在确定毛坯形状与尺寸时应注意的问题。

1）为了加工时方便工件装夹，有些铸件毛坯需要铸出便于装夹的夹头，夹头在零件加工后予以切除。

2）装配后需要形成同一工作表面的相关零件，为保证加工质量并使加工方便，常将这些分离零件做成一个整体毛坯，加工到一定阶段再切割分离，如图 3-23 所示。

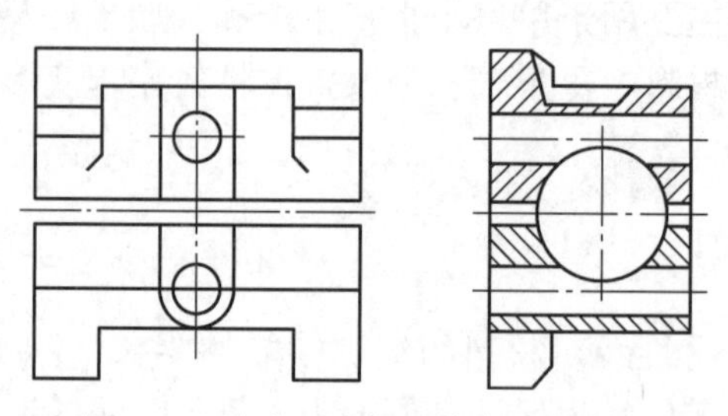

图 3-23　车床开合螺母外壳零件简图

3）对于形状比较规则的小零件，为了提高机械加工的生产效率，应将多件合成一个毛坯，当加工到一定阶段，再分离成单件，如图 3-24 所示。

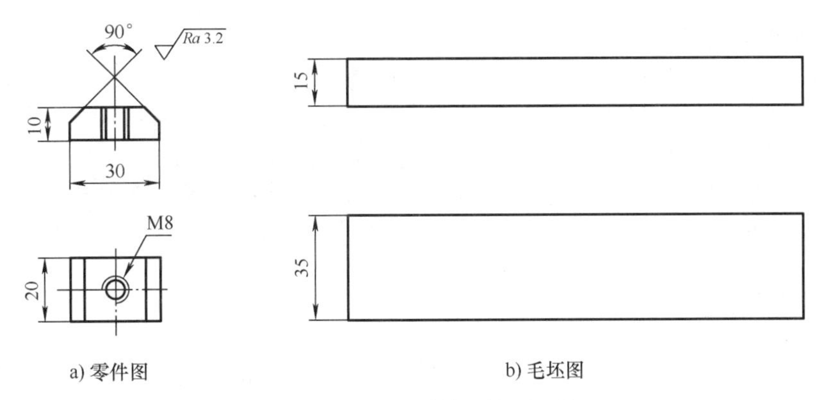

图 3-24　滑键的零件图与毛坯图

4）为了减少工件装夹变形，确保加工质量，对于一些薄壁环类零件，也应多件合成一个毛坯。

3.3　选择加工机床和加工方法

3.3.1　选择加工机床

选择合适的机床，既能满足零件的外形尺寸要求，又能满足零件的加工精度要求。选择数控机床时，一般应考虑以下五个方面：

1）数控机床主要规格的尺寸应与工件轮廓的尺寸相适应，即小的工件应选择小规格的机床加工，而大的工件应选择大规格的机床加工，做到设备的合理使用。

2）机床结构取决于机床规格尺寸、加工工件的重量等因素。

表 3-1 列出了数控设备的规格和性能指标。

表 3-1　数控设备的规格和性能指标

序号	机床性能	机床规格（例子）
1	主轴转速 /（r/min）	18000
2	工作行程 /mm	X：600；Y：450；Z：450
3	工作台尺寸 /mm	850 × 530
4	快移速度 /（m/min）	22
5	工件进给速度 /（m/min）	15
6	刀库容量 / 把	24
7	定位精度 /mm	0.008
8	重复精度 /mm	0.006
9	控制系统	SINUMERIC840D

3）机床的工作精度与工序要求的加工精度相适应。根据零件的加工精度要求选择机床，如精度要求低的粗加工工序，应选择精度低的机床；精度要求高的精加工工序，应选

择精度高的机床。

4）机床的功率、刚度以及机动范围应与工序的性质和最合适的切削用量相适应，如粗加工工序去除的毛坯余量大，切削余量选得大，就要求机床有大的功率和较好的刚度。

5）装夹方便、夹具结构简单也是选择数控装备时需要考虑的一个因素。选择卧式数控机床还是立式数控机床，将直接影响夹具的结构和加工坐标系，直接关系到数控编程的难易程度和数控加工的可靠性。

3.3.2 选择加工方法

零件的结构形状是多种多样的，但它们都由平面、外圆柱面、内圆柱面或曲面、成形面等基本表面组成。每一种表面都有多种加工方法，具体选择时应根据零件的加工精度、表面粗糙度、材料、结构形状、尺寸及生产类型等，选择相应的加工方法。

加工方法的选择原则是保证加工表面的加工精度和表面粗糙度的要求。由于获得同一级精度及表面粗糙度的加工方法有多种，因而在实际选择时，要结合零件的形状、尺寸大小和热处理要求等全面考虑。例如，对于标准公差等级 IT7 的孔采用镗削、铰削、磨削等加工方法均可达到精度要求，但箱体上的孔一般采用镗削或铰削的方式加工，而不宜采用磨削的方法。一般小尺寸的箱体孔选择铰孔的方法加工，当孔径较大时则应选择镗孔的方法加工。此外，还应考虑生产率和经济性的要求，以及工厂的生产设备等实际情况。表 3-2 列出了各类加工方法所能达到的经济加工精度。

表 3-2　各类加工方法所能达到的经济加工精度

加工方法		能达到的标准公差等级 IT	表面粗糙度 *Ra*/μm
车削	粗加工	12 ～ 13	12.5 ～ 50
	半精加工	10 ～ 11	1.6 ～ 6.3
	精加工	6 ～ 9	0.2 ～ 1.6
铣削	粗铣	11 ～ 13	3.2 ～ 12.5
	半精铣	10 ～ 11	0.8 ～ 3.2
	精铣	6 ～ 9	0.2 ～ 0.8
钻孔		11 ～ 13	3.2 ～ 50
扩孔		10 ～ 11	1.6 ～ 12.5
镗孔	粗镗	12 ～ 13	6.3 ～ 12.5
	半精镗	9 ～ 11	1.6 ～ 3.2
	精镗	6 ～ 8	0.2 ～ 0.8
铰孔	粗铰	8 ～ 9	1.6 ～ 3.2
	半精铰	7 ～ 8	0.8 ～ 1.6
	精铰	6 ～ 7	0.2 ～ 0.8
拉削	半精拉	10 ～ 11	0.4 ～ 1.6
	精拉	6 ～ 9	0.1 ～ 1.2

（续）

加工方法		能达到的标准公差等级 IT	表面粗糙度 Ra/μm
磨削	粗磨	7 ～ 9	0.8 ～ 1.6
	半精磨	6 ～ 8	0.2 ～ 0.4
	精磨	5 ～ 7	0.05 ～ 0.1
珩磨	半精珩	6 ～ 7	0.2 ～ 0.8
	精珩	4 ～ 6	0.025 ～ 0.2
研磨	半精研	5 ～ 6	0.05 ～ 0.4
	精研	3 ～ 5	0.012 ～ 0.05
超精密加工		1 ～ 5	0.012 ～ 0.1

1. 外圆表面的加工方法

外圆表面的加工主要采用车削和磨削的方法，如果表面质量要求高，还需要光整加工。车削作为最终工序，适用于除淬火钢以外的各种金属；磨削作为最终工序，适用于淬火钢、未淬火钢和铸铁，不适用于非铁金属，因其韧性大，磨削时易堵塞砂轮。最终工序为精细车或金刚车的加工方法，适用于要求较高的非铁金属的精加工。

2. 内孔表面的加工方法

内孔表面的加工方法有钻孔、扩孔、铰孔、镗孔、拉孔、磨孔等，根据孔的加工要求、尺寸、生产条件、批量和毛坯情况合理选择加工方法。

1）当孔径小于 10mm，标准公差等级为 IT9 时，可采用“钻→铰”方法；当孔径小于 30mm 且大于 10mm 时，可采用“钻→扩”方法；当孔径大于 30mm 时，可采用“钻→镗”方法。适用于工件材料除淬火钢以外的其他金属。

2）当孔径小于 20mm，标准公差等级为 IT8 时，可采用“钻→铰”方法；当孔径大于 20mm 时，可采用“钻→扩→铰”方法。适用于工件材料除淬火钢以外的其他金属，但孔径在 20 ～ 80mm 范围内时，也可采用最终工序为精镗或拉孔的方法。淬火钢可采用磨削加工。

3）当孔径小于 12mm，标准公差等级为 IT7 时，可采用“钻→粗铰→精铰”方法；当孔径在 12 ～ 60mm 范围内时，可采用“钻→扩→粗铰→精铰”方法或“钻→扩→拉”方法。若毛坯上已有铸出或锻出孔，可采用“粗镗→半精镗→精镗”方法或采用“粗镗→半精镗→磨孔”的方法。最终工序为铰孔，适用于未淬火钢或铸铁材料，对非铁金属铰出的孔表面粗糙度值较大，常用精细镗孔代替铰孔。最终工序为拉孔，适用于大批量生产，工件材料为未淬火钢、铸铁及铁等金属。最终工序为磨孔，适用于加工除硬度低、韧性大的非铁金属外的淬火钢、未淬火钢和铸铁。

4）标准公差等级为 IT6 的孔，最终工序采用手铰、精细镗、研磨或珩磨等均能达到精度要求，应视具体情况选择。韧性较大的非铁金属不宜采用珩磨，可采用研磨或精细镗。研磨对大、小直径孔加工均适用，而珩磨只适用于大直径孔的加工。

3. 平面的加工方法

平面的主要加工方法有铣削、刨削、车削、磨削及拉削等，质量要求高的平面加工方法有表面精磨或刮研加工。

1）最终工序为刮研的加工方法，多用于单件小批量生产中配合表面要求高且不淬硬平面的加工。当批量较大时，可用宽刀细刨代替刮研。宽刀细刨特别适合于加工导轨面狭长平面，能显著提高生产率。

2）磨削适用于直线度及表面粗糙度要求高的淬硬工件和薄片工件，也适用于未淬硬钢件上面积较大平面的精加工，但不宜加工塑性较大的非铁金属。

3）车削主要用于回转体零件的端面加工，以保证端面与回转轴线的垂直度要求。

4）拉削平面适用于大批量生产中加工质量要求较高且面积较小的平面。

5）最终工序为研磨的方法适用于高精度、表面粗糙度值小的小型零件的精密平面，如量规等精密量具的表面。

3.4 划分加工阶段

3.4.1 加工阶段的划分

当零件的加工质量要求较高时，应把整个加工过程划分为几个阶段，通常划分为粗加工、半精加工和精加工三个阶段。如果零件的加工质量要求很高，还需要划分出光整加工阶段。必要时，如果毛坯表面比较粗糙，余量也较大，还需要划分出预加工和初始基准加工阶段。

（1）粗加工阶段　粗加工阶段是为了去除毛坯上大部分的余量，使毛坯在形状和尺寸上基本接近零件的成品状态，这个阶段最主要的问题是如何获得较高的生产效率。

（2）半精加工阶段　半精加工阶段是使零件的主要表面达到工艺规定的加工精度，并保留一定的精加工余量，为精加工做好准备。半精加工阶段一般安排在热处理之前，在这个阶段，可以加工不影响零件使用性能和设计精度的零件次要表面。

（3）精加工阶段　精加工阶段的目标是保证加工零件达到设计图样所规定的尺寸精度、技术要求和表面质量要求。零件精加工的余量都较小，最主要的问题是如何获得最高的加工精度和表面质量。

（4）光整加工阶段　当零件的加工精度要求较高，如标准公差等级为IT6以上，以及表面粗糙度要求较高（$Ra \leqslant 0.2\mu m$）时，在精加工阶段之后就必须进行光整加工，以达到最终的设计要求。

3.4.2 划分加工阶段的原因

1. 有利于保证零件的加工质量

零件分阶段进行加工有利于消除或减小变形对加工精度的影响。在粗加工阶段中切除的余量较多，切削力大，切削温度高，所需的夹紧力也大，因而零件会产生较大的弹性变形和热变形，残留在工件中的内应力也会使工件产生变形。划分加工阶段的优点在于，粗加工阶段产生的零件变形和加工误差，可以通过后续的半精加工、精加工阶段消除和修

复，因而有利于保证零件的加工质量。

2. 有利于合理使用设备

粗加工阶段主要考虑加工效率，对零件的精度要求不高，因此可以选择功率较大、刚性较好、精度较低的数控机床。精加工阶段的目的是达到零件的最终设计要求，应当选择满足零件加工精度的数控机床，相对而言，对机床的精度要求较高。划分加工阶段后，就可以充分发挥各种数控机床的优势，做到设备的合理使用，也有利于维护高精数控设备的精度。

3. 有利于及时发现毛坯的缺陷

先进行零件的粗加工可以及时发现毛坯的各种缺陷，如气孔、砂眼和加工余量不足等，以便采取补救措施。对于无法挽救的毛坯，及时报废也可以避免直接加工所导致的无谓浪费。

4. 有利于热处理工序的安排

对于有高强度和硬度要求的零件，必须在加工工序之间进行必要的热处理工序，这就自然而然地把加工过程划分为几个阶段，每个阶段都要进行相应的热处理以满足零件的性能要求。例如，主轴类零件的强度和硬度都较高，在粗加工后需要进行去应力处理，在半精加工后需要进行淬火以提高表面硬度，在精加工后需要采取表面硬化处理和低温回火以提高表面硬度和零件的强度，最后需要进行光整加工以保证零件的配合精度要求。

5. 有利于保护加工表面

最后进行精加工、光整加工，可避免精加工、光整加工后的表面在零件周转过程中可能出现的碰伤、划伤现象。

划分零件的加工阶段并不是绝对的，并非所有的零件都要划分加工阶段。例如，加工质量要求较低、刚性好的零件可以直接加工到最终尺寸；对于毛坯精度高、加工余量小的零件，也可以不划分加工阶段；单件生产通常也不划分加工阶段；对于刚性好且较重的零件，周转次数应尽量少些，最好通过一次装夹，完成尽可能多的加工内容。

3.5　划分加工工序

划分加工工序是针对整个工艺过程而言的，不能以某一工序的性质和某一表面的加工来划分。例如，有些定位基准面，在半精加工阶段甚至在粗加工阶段中就需加工得很准确。有时为了避免尺寸链换算，在精加工阶段中，也可以进行某些次要表面的半精加工。当确定了零件表面的加工方法和加工阶段后，就可以将同一加工阶段中各表面的加工组合成若干个工步。

3.5.1　加工工序划分的方法

在数控机床上加工的零件，一般按工序集中的原则划分工序，划分的方法有以下 4 种：

（1）按所使用刀具划分　以同一把刀具完成的工艺过程作为一道工序，这种划分方法适用于工件待加工表面较多的情形。使用加工中心加工时常采用这种方法。

（2）按工件安装次数划分　以零件一次装夹能够完成的工艺过程作为一道工序。这种方法适用于加工内容不多的零件，在保证零件加工质量的前提下，一次装夹完成全部的加工内容。

（3）按粗精加工划分　将粗加工中完成的那一部分工艺过程作为一道工序，将精加工中完成的那一部分工艺过程作为另一道工序。这种划分方法适用于零件有强度和硬度要求，需要进行热处理或精度要求较高，需要有效去除内应力，以及加工后变形较大，需要按粗、精加工阶段进行划分的零件加工。

（4）按加工部位划分　将完成相同型面的那一部分工艺过程作为一道工序。对于加工表面多而且比较复杂的零件，应合理安排数控加工、热处理和辅助工序的顺序，并解决好工序间的衔接问题。

3.5.2　加工工序划分的原则

零件是由多个表面构成的，这些表面有精度要求，各表面之间也有相应的位置精度要求。为了达到零件的设计精度要求，加工顺序安排应遵循一定的原则。

1.“先粗后精”的原则

各表面的加工顺序按照“粗加工－半精加工－精加工－光整加工”的顺序进行，目的是逐步提高零件加工表面的精度和表面质量。

如果零件的全部表面均由数控机床加工，工序安排一般按“粗加工－半精加工－精加工”的顺序进行，即粗加工全部完成后再进行半精加工和精加工。粗加工时可快速去除大部分加工余量，再依次精加工各个表面，这样既可提高生产效率，又可保证零件的加工精度和表面粗糙度，该方法适用于位置精度要求较高的加工表面。但这并不是绝对的，如对于一些尺寸精度要求较高的加工表面，考虑到零件的刚度、变形及尺寸精度等要求，加工表面也可以分别按“粗加工－半精加工－精加工”的顺序完成。但在粗加工与精加工工序之间，零件最好搁置一段时间（时效处理），使粗加工后的零件表面应力得到完全释放，减小零件表面的应力变形程度，这样有利于提高零件的加工精度。

2.“基准面先加工”的原则

加工一开始总是先把用作精加工基准的表面加工出来，因为定位基准的表面精度高，装夹误差就小，所以任何零件的加工过程，总是先对定位基准面进行粗加工和半精加工，必要时还要进行精加工。例如，轴类零件总是先对定位基准面进行粗加工和半精加工，再进行精加工。再如，轴类零件总是先加工中心孔，再以中心孔面和定位孔为精基准加工孔系和其他表面。如果精基准面不止一个，则应该按照基准转换的顺序和逐步提高加工精度的原则来安排基准面的加工。

3.“先面后孔”的原则

对于箱体类、支架类、机体类等零件，平面轮廓尺寸较大，用平面定位比较稳定可靠，故应先加工平面，后加工孔。这样，不仅使后续的加工有一个稳定可靠的平面

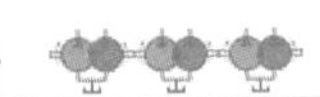

作为定位基准面，而且在平整的表面上加工孔，加工变得容易一些，也有利于提高孔的加工精度。通常，可按零件的加工部位划分工序，一般先加工简单的几何形状，后加工复杂的几何形状；先加工精度较低的部位，后加工精度较高的部位；先加工平面，后加工孔。

4.“先内后外”的原则

对于精密套筒，其外圆与内孔的同轴度要求较高，一般采用先内孔后外圆的原则，即先以外圆作为定位基准加工内孔，再以精度较高的内孔作为定位基准加工外圆，这样可以保证外圆和内孔之间满足较高的同轴度要求，而且使用的夹具结构也很简单。

5. 减少换刀次数的原则

在数控加工中，应尽可能按刀具进入加工位置的顺序安排工序，这就要求在不影响加工精度的前提下，尽量减少换刀次数，减少空行程，节省辅助时间。零件装夹后，尽可能使用同一把刀具完成较多表面的加工。当一把刀具完成可能加工的所有部位后，尽量为下道工序做些预加工，然后再换刀完成精加工或加工其他部位。对于一些不重要的部位，尽可能使用同一把刀具完成同一个工位的多道工序加工。

6. 连续加工的原则

在加工半封闭或封闭的内外轮廓时，应尽量避免数控加工中的停顿现象。由于零件、刀具、机床这一工艺系统在加工过程中暂时处于动态的平衡状态下，若设备由于数控程序出现突然进给、停顿的现象，切削力明显减少，原工艺系统会失去原有的稳定状态，刀具在停顿处就会留下划痕或凹痕。因此，轮廓加工中应避免突然进给、停顿，以保证零件的加工质量。

3.6　确定加工余量

加工余量指加工过程中达到图样要求的尺寸从毛坯实体尺寸上去除金属层的厚度，也就是毛坯尺寸与图样尺寸之差。加工余量的大小对零件的加工质量和制造的经济性有较大的影响。余量过大会浪费原材料及机械加工工时，增加机床、刀具及能源的消耗；余量过小则不能消除上道工序留下的各种误差、表面缺陷和本道工序的装夹误差，容易产生废品。因此，应根据影响余量的因素合理地确定加工余量。

加工余量分为工序余量和总加工余量，工序余量指相邻两道工序的工序尺寸之差，总加工余量指毛坯尺寸与图样尺寸之差。零件加工通常要经过粗加工、半精加工、精加工才能达到最终要求。因此，零件总加工余量等于中间工序余量之和。由于工序尺寸有公差，故实际切除的余量大小不等。

图 3-25 所示为工序余量与工序尺寸的关系。

由图 3-26 可知，工序余量的基本尺寸（简称基本余量或公称余量）Z 可按下式计算：

对于被包容面（轴）：Z= 上道工序基本尺寸 – 本道工序基本尺寸

对于包容面（孔）：Z= 本道工序基本尺寸 – 上道工序基本尺寸

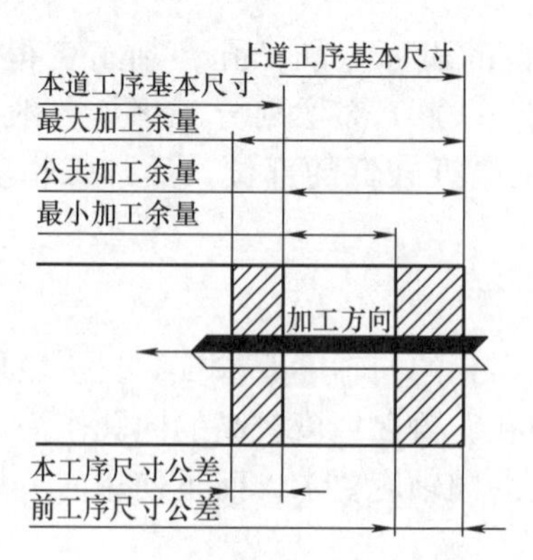

图 3-25　工序余量与工序尺寸的关系

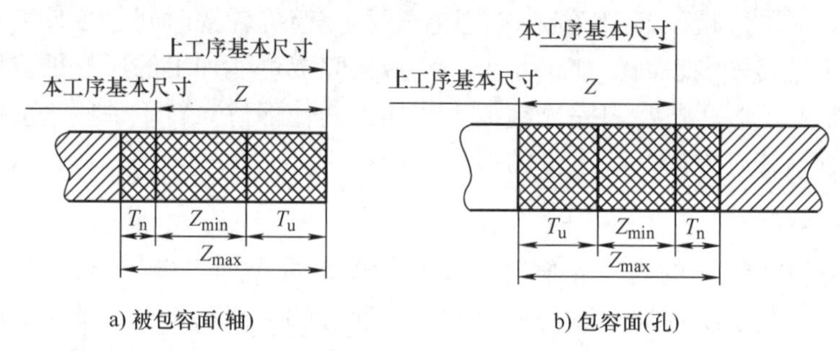

图 3-26　工序余量与工序尺寸及其公差的关系

为了便于加工，工序尺寸都按“入体原则”标注极限偏差，即被包容面的工序尺寸取上偏差为零，包容面的工序尺寸取下偏差为零。毛坯尺寸则按双向布置上下偏差。

工序余量和工序尺寸及其公差的计算公式：

$$Z=Z_{min}+T_u$$

$$Z_{max}=Z+T_n=Z_{min}+T_u+T_n$$

式中　Z_{min}——最小工序余量；

Z_{max}——最大工序余量；

T_u——上道工序基本尺寸的公差；

T_n——本道工序基本尺寸的公差。

由于毛坯尺寸、零件尺寸和工序尺寸都存在误差，所以无论是总加工余量，还是工序余量都是一个变动值。最大、最小工序余量与工序尺寸及其公差的关系可用图 3-26 说明。

由图 3-26 可以看出，公称余量为上道工序和本道工序基本尺寸之差；最小工序余量为上道工序基本尺寸的最小值和本道工序基本尺寸的最大值之差；最大工序余量为上道工序基本尺寸的最大值和本道工序基本尺寸的最小值之差。工序余量的变动范围（最大工序余量与最小工序余量之差）等于上道工序与本道工序基本尺寸的公差之和。

3.6.1　工序间加工余量的选择原则

采用最小加工余量原则，以求缩短加工时间，降低零件的加工费用。但应有充分的加工

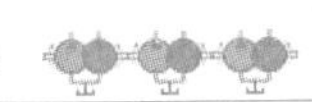

余量，特别是最后的工序。在选择加工余量时，还应考虑零件的大小不同，切削力、内应力引起的变形也有差异。零件大，变形增加，加工余量相应地应大一些。零件热处理时可能引起零件的变形，应适当增大加工余量；加工方法、装夹方式和工艺装备的刚性也可能引起零件变形，应适当增大加工余量，但过大的加工余量会由于切削力增大引起零件的变形。

3.6.2　确定加工余量的方法

（1）查表法　这种方法是将各工厂的生产实践和试验研究积累的数据，先制成各种表格，再汇集成手册。确定加工余量时查阅这些手册，再结合工厂的实际情况进行适当修改后确定。目前我国各工厂普遍采用查表法确定加工余量。

（2）经验估算法　这种方法是根据工艺编制人员的实际经验确定加工余量。一般情况下，为了防止因加工余量过小而产生废品，经验估算法的数值总是偏大。经验估算法常用于单件小批量生产。

（3）分析计算法　这种方法是根据一定试验资料数据和加工余量的计算公式，分析影响加工余量的各项因素，并计算确定加工余量。这种方法比较合理，但必须有比较全面、可靠的试验资料数据。目前，只在材料十分贵重，以及少数大量生产中采用。

3.6.3　工序尺寸及其偏差的确定

每道工序完成后应保证的尺寸称为该工序的工序尺寸。零件图上的设计尺寸及其偏差是经过各工序加工后得到的。为了保证零件的设计要求，需要计算确定各中间工序的工序尺寸及其偏差。

工序余量确定后就可计算工序尺寸及其偏差。计算顺序是：先确定各工序余量的基本尺寸，再由后往前逐个工序推算，即从零件上的设计尺寸开始，由最后一道工序向上道工序推算直到毛坯尺寸。最终工序尺寸等于零件图的标注尺寸，其余工序尺寸等于下道工序基本尺寸加上或者减去下道工序的工序余量。

根据各工序的加工方法，将能够达到的经济加工精度和表面粗糙度，查表转换成尺寸偏差。最终工序偏差等于图样设计尺寸偏差，其余工序尺寸偏差按经济加工精度确定。最终工序偏差按图样设计尺寸标注，中间工序尺寸偏差按“入体原则”标注，毛坯尺寸偏差按“对称原则”标注。

3.7　定位与装夹

在机械加工过程中为确保加工精度，在数控机床上加工零件时，必须先使工件在机床上占据一个正确的位置，即定位，然后将其夹紧。这种定位与夹紧的过程称为零件的装夹。

3.7.1　工件的定位

在机床上加工零件时，为保证加工精度和提高生产效率，必须使工件在机床上相对刀具占据正确的位置，这个过程称为定位。一般定位必须限制零件在机床上的六个自由度，即三个方向移动和三个方向转动。这样就固定了零件在机床上的位置，接下来就可以根据这个位置找出刀具的位置进行加工。

1. 零件定位的基本原理——六点定位原理

零件在空间具有六个自由度（图 3-27），即沿 x、y、z 三个直角坐标轴方向的移动自由度和绕这三个坐标轴的转动自由度。因此，要完全确定零件的位置，就必须消除这六个自由度，通常用六个支承点（即定位元件）来限制这六个自由度，每一个支承点限制一个自由度。例如，在 xOy 平面上，不在同一直线上的三个支承点限制了零件 z 方向的移动自由度，以及绕 x、y 方向的转动自由度，这个平面称为主基准面；在 yOz 平面上沿 y 方向布置的两个支承点限制了零件 x 方向的移动自由度和绕 z 方向的转动自由度，这个平面称为导向平面；在 xOz 平面上，一个支承点限制了 y 方向的移动自由度，这个平面称为止动平面。为了限制零件的自由度，在夹具中通常用一个支承点限制零件一个自由度，这样用合理布置的六个支承点限制零件的六个自由度，使零件的位置完全确定，称为“六点定位原理”，简称“六点定位”，如图 3-28 所示。

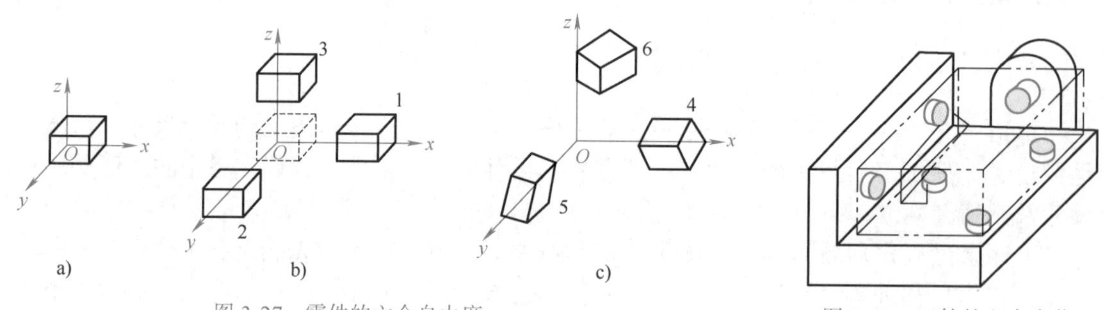

图 3-27　零件的六个自由度

图 3-28　工件的六点定位

2. 六点定位原理的应用

六点定位原理对于任何形状的零件的定位都是适用的，如果违背这个原理，零件在夹具中的位置就不能完全确定。然而，用零件六点定位原理进行定位时，必须根据具体加工要求灵活运用。零件形状不同，其定位表面不同，定位点的分布情况也会各不相同，因此，使用六点定位原理的宗旨是通过最简单的定位方法，使零件在夹具中迅速获得正确的位置。

（1）完全定位　零件的六个自由度全部被夹具中的定位元件所限制，而在夹具中占据完全确定的唯一位置，这种情况称为完全定位。

（2）不完全定位　根据零件加工表面的不同加工要求，定位支承点的数目可以少于六个。有些自由度对加工要求有影响，有些自由度对加工要求无影响，只要确定对加工要求有影响的支承点，就可以用较少的定位元件满足定位的要求，这种定位情况称为不完全定位。不完全定位是允许的。

（3）欠定位　按照加工要求应该限制的自由度没有被限制的定位称为欠定位。欠定位是不允许的，因为欠定位满足不了加工要求。

（4）过定位　工件的一个或几个自由度被不同的定位元件重复限制的定位称为过定

位。当过定位导致工件或定位元件变形，影响加工精度时应该严禁采用。但当过定位并不影响加工精度，反而对提高加工精度有利时，也可以采用，要具体情况具体分析。

3. 对定位的两种错误理解

研究工件在夹具中的定位时，容易产生两种错误的理解。一种错误的理解为：工件在夹具中被夹紧了，也就没有自由度而言，因此，工件也就定位了。这种理解把定位和夹紧混为一谈，是概念上的错误。工件的定位是指所有工件在夹紧前，在夹具中按加工要求占据一致的正确位置（不考虑定位误差的影响），而夹紧是在任何位置均可夹紧，不能保证各个工件在夹具中占据同一位置。另一种错误的理解为：工件定位后，仍具有沿定位支承相反方向移动的自由度，这种理解显然也是错误的。因为工件的定位是以工件的定位基准面与定位元件相接触为前提条件，如果工件离开了定位元件就不成为其定位，也就谈不上限制其自由度了。至于工件在外力的作用下，有可能离开定位元件，那是由夹紧来解决的问题。

3.7.2　工件的夹紧

为了使定位好的工件不至于在切削力的作用下发生移动，使其在加工过程始终保持正确的位置，还需将工件压紧夹牢，这个过程称为夹紧。定位和夹紧的整个过程合起来称为装夹。工件的装夹不仅影响加工质量，而且对生产率、加工成本及操作安全都有直接影响。

1. 工件装夹的方法

（1）直接找正装夹　此法是用百分表、划线盘或目测直接在机床上找正工件位置的装夹方法。

（2）划线找正装夹　此法是先在毛坯上按照零件图划出中心线、对称线和各待加工表面的加工线，然后将工件装上机床，按照划好的线找正工件在机床上的装夹位置。这种装夹方法生产率低、精度低，且对工人技术水平要求高，一般用于单件小批生产中加工复杂而笨重的零件，或毛坯尺寸公差大而无法直接用夹具装夹的场合。

（3）用夹具装夹　夹具是按照加工工序要求专门设计的，夹具上的定位元件能使工件相对于机床与刀具迅速占据正确位置，不需要找正就能保证工件的装夹精度。用夹具装夹生产率高、定位精度高，但需要设计制造专用夹具，广泛用于成批及大量生产。

2. 夹紧装置的组成

夹紧装置的种类有很多，但其结构均由两部分组成。

（1）动力装置——产生夹紧力　机械加工过程中，要保证工件不离开定位时占据的正确位置，就必须有足够的夹紧力来平衡切削力、惯性力、离心力及重力对工件的影响。夹紧力的来源，一是人力，二是某种动力装置。常用的动力装置有：液压装置、气压装置、电磁装置、电动装置、气液联动装置和真空装置等。

（2）夹紧机构——传递夹紧力　要使动力装置所产生的力或人力正确地作用到工件上，需要有适当的传递机构。在工件夹紧过程中发挥力的传递作用的机构，称为夹紧机构。夹紧机构在传递力的过程中，能根据需要改变力的大小、方向和作用点。手动夹具的夹紧机构还应具有良好的自锁性能，以保证人力的作用停止后，仍能可靠地夹紧工件。

如图 3-29 所示为液压夹紧铣床夹具，其中液压缸 4、活塞 5、铰链臂 2 和压板 1 等组成了铰链压板夹紧机构。

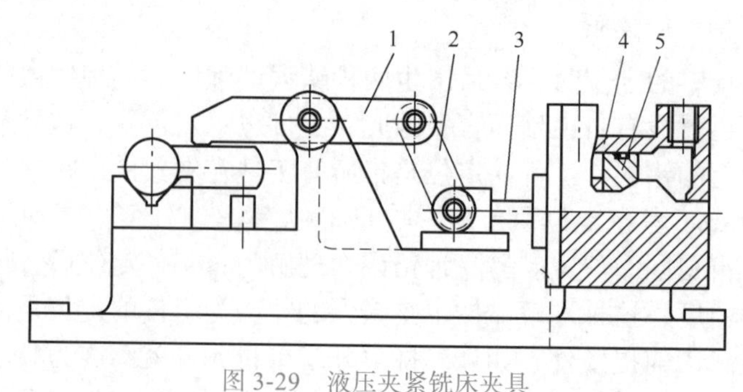

图 3-29 液压夹紧铣床夹具

1—压板 2—铰链臂 3—活塞杆 4—液压缸 5—活塞

3.7.3 选择定位基准

1. 定位基准的概念和类型

利用数控机床加工零件时，用以确定零件上几何要素间的几何关系所依据的那些点、线、面称为基准，根据其功用和应用场合的不同，可分为设计基准、工艺基准两大类。

（1）设计基准　在零件图上用以确定其他点、线、面的基准，称为设计基准。

（2）工艺基准　零件在加工、测量、装配等工艺过程中使用的基准统称为工艺基准。工艺基准又可分为装配基准、测量基准、工序基准和定位基准。

工序图上用来标注本道工序加工的尺寸和几何公差的工序基准，就其实质来说，与设计基准有相似之处，只不过工序基准是工序图的基准。工序基准大多与设计基准重合，有时为了加工方便，也有与设计基准不重合而与定位基准重合的情况。

加工中，使工件在机床上或夹具中占据正确位置所依据的基准，如用直接找正法装夹工件，找正面是定位基准；用划线找正法装夹，所划线为定位基准；用夹具装夹，工件与定位元件相接触的面是定位基准。作为定位基准的点、线、面，可能在工件上，也可能是看不见摸不着的中心线、中心平面、球心等，往往需要通过工件某些定位表面来体现，这些表面称为定位基面。例如，用自定心卡盘夹持工件外圆，轴线为定位基准，外圆面为定位基面。严格地说，定位基准与定位基面有时并不是一个概念，但可以替代，这中间存在一个误差问题。

工件在加工中或加工后测量时所采用的基准称为测量基准。装配时，用以确定零件在部件或产品中的相对位置所采用的基准称为装配基准。

上述各类基准应尽可能使其重合，如在设计机器零件时，应尽可能以装配基准作为设计基准，以便保证装配精度。在编制零件加工工艺规程时，应尽量以设计基准作为工序基准，以便保证零件的加工精度。在加工和测量工件时，应尽量使定位基准、测量基准与工序基准重合，以便消除基准不重合的误差。

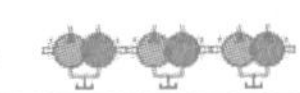

2. 定位基准的选择

在零件加工过程中，通过定位基准可使工件在机床或夹具上获得正确的位置。对机械加工的每一道工序来说，都要求考虑工件安装、定位方式和定位基准的选择问题。

开始加工零件时，由于所有的表面都未加工，因此只能以毛坯面作为定位基准。这种以毛坯面作为定位基准的称为定位粗基准。在随后的工序中，用加工后的表面作为定位基准的称为定位精基准。在加工中，首先使用的是定位粗基准，但在选择定位基准时，为了保证零件的加工精度，应首先考虑选择定位精基准。

为了装夹的需要，专门加工了零件设计图中不要求加工的表面，或者为了定位的需要，加工时有意提高了零件设计精度的表面，这种只是由于工艺需要而加工的基准，称为辅助基准或工艺基准。图 3-30 所示为采用辅助基准定位的情况，加工底面时用上表面定位，但上表面太小，工件成悬臂状态，受力后会有一定的变形，为此，在毛坯上专门铸出了工艺凸台（工艺搭子），令其与原来的基准齐平。工艺凸台上用作定位的表面即为辅助基准，加工完毕后应将其从零件上切除。

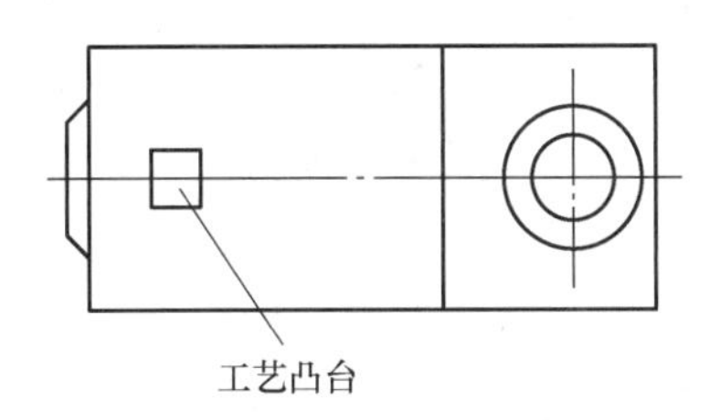

图 3-30 采用辅助基准定位

选择好定位精基准后，再合理选择定位粗基准。

（1）定位精基准的选择原则　选择定位精基准时，应重点考虑减少工件的定位误差，以保证零件的加工精度和加工表面之间的几何精度，同时也要考虑零件装夹的方便、可靠、准确。一般应遵循以下原则。

1）基准重合原则。直接选用设计基准作为定位基准的原则，称为基准重合原则。采用基准重合原则，可以避免由设计基准和定位基准不重合引起的定位误差（基准不重合误差），更易于保证零件的尺寸精度和几何精度。

2）基准统一原则。同一零件的多道工序尽可能选择同一个（一组）定位基准定位的原则，称为基准统一原则，如柄式刀具的两端中心孔定位和箱体零件的一面两孔定位均采用了此原则。定位基准统一可以保证各加工表面间的几何精度，避免或减少因基准变换而引起的误差，并且简化了夹具的设计和制造工作，从而降低了成本、缩短了生产准备时间。

基准重合和基准统一原则是选择定位精基准的两个重要原则，但有时会遇到两者相互矛盾的情况。这时，对尺寸精度要求较高的表面应服从基准重合原则，以避免工序尺寸实际变动范围减小，给加工带来困难。除此之外，应主要考虑基准统一原则。

3）自为基准原则。精加工和光整加工工序要求余量小而均匀，此时用加工表面本身作为精基准的原则，称为自为基准原则。加工表面与其他表面之间的几何精度则由先行工序保证。图 3-31 所示的机床导轨表面的加工就采用了此原则。

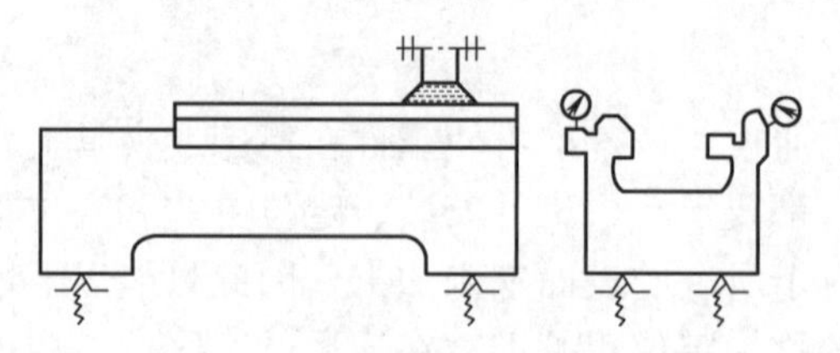

图 3-31　加工机床导轨表面时采用自为基准原则

4）互为基准原则。对工件上两个位置精度要求比较高的表面进行加工时，可以两个表面互相作为基准，反复进行加工，以保证位置精度的要求。例如，车床主轴的前锥孔主轴支承轴颈间有严格的同轴度要求，加工时就是先以轴颈外圆为定位基准加工锥孔，再以锥孔为定位基准加工外圆，如此反复多次，最终达到加工要求。

5）便于装夹原则。所选定位精基准应保证工件安装可靠，夹具设计简单、操作方便。

在实际生产中，定位精基准的选择很难完全符合上述原则。例如，统一的定位基准与设计基准不重合时，就不可能同时遵循基准重合原则和基准统一原则，此时要统筹兼顾。若采用统一的定位基准，能够保证加工表面的尺寸精度，则应遵循基准统一原则；若不能保证加工表面的尺寸精度，则可在粗加工和半精加工时遵循基准统一原则，在精加工时遵循基准重合原则，以免使工序尺寸的实际公差值减小，增加加工难度。所以，必须根据具体的对象和加工条件，从保证主要技术要求出发，灵活选用有利的定位精基准，达到定位精度高，夹紧可靠，夹具结构简单、操作方便的要求。

（2）定位粗基准的选择原则　选择定位粗基准时，要保证用粗基准定位所加工出来的精基准具有较高的精度，使后续各加工表面具有较均匀的加工余量，并与非加工表面保持应有的相对位置精度。定位粗基准的选择原则如下。

1）相互位置要求原则。若工件必须首先保证加工表面与非加工表面之间的位置要求，则应选非加工表面为定位粗基准，以达到壁厚均匀、外形对称等要求。若有好几个非加工表面，则定位粗基准应选取位置精度要求较高者。例如，图 3-32 所示的套筒毛坯，在毛坯铸造时内孔 2 和外圆 1 之间有偏心。以非加工的外圆 1 作为定位粗基准，不仅可以保证内孔 2 加工后壁厚均匀，而且还可以在一次安装中加工出大部分要加工的表面。又如，图 3-33 所示的拨杆零件，为保证内孔 ϕ20H8 与外圆 ϕ40mm 的同轴度要求，在钻 ϕ20H8 内孔时，应选择 ϕ40mm 外圆为定位粗基准。

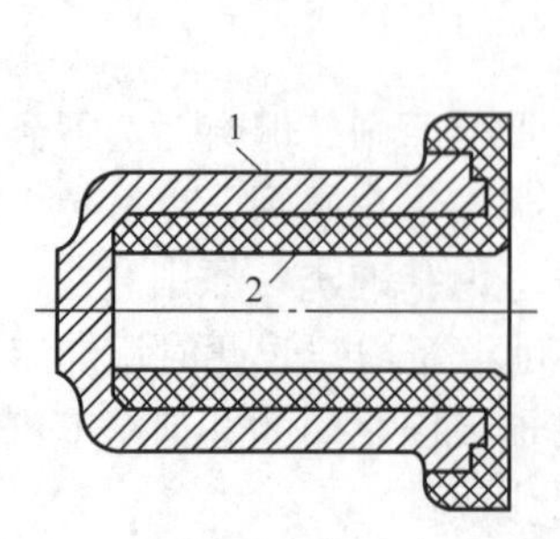

图 3-32　套筒定位粗基准的选择

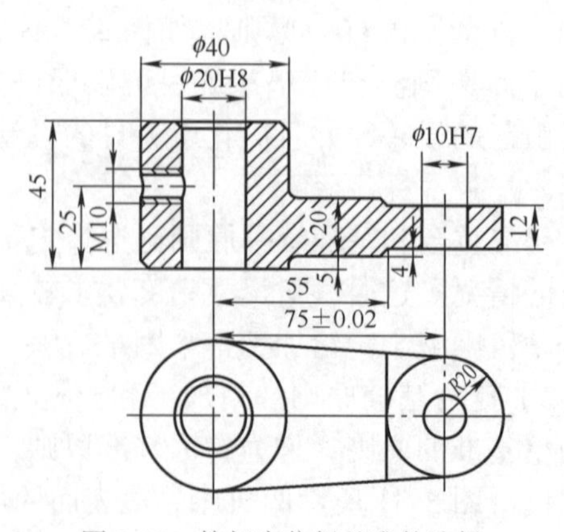

图 3-33　拨杆定位粗基准的选择

2）加工余量合理分配原则。若工件上每个表面都要加工，则应以加工余量最小的表面作为定位粗基准，以保证各加工表面有足够的加工余量。如图 3-34 所示，阶梯轴毛坯大小端外圆有 3mm 的偏心，应以余量较小的 ϕ55mm 外圆表面作为定位粗基准。如果以 ϕ108mm 外圆作为定位粗基准，则无法加工 ϕ55mm 外圆。

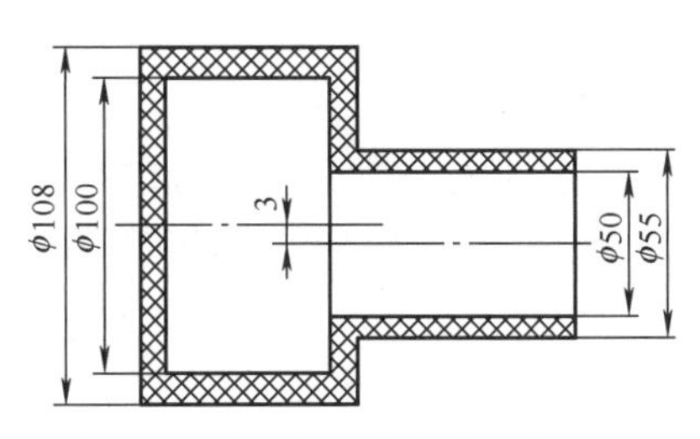

图 3-34　阶梯轴的定位粗基准选择

3）重要表面原则。为保证重要表面的加工余量均匀，应选择重要加工表面为定位粗基准。如图 3-35 所示，床身导轨面的加工，铸造导轨毛坯时，导轨面向下放置，使其表面金相组织细密均匀，没有气孔、夹砂等缺陷。因此希望在加工时只切去一层薄而均匀的余量，保留金相组织细密耐磨的表面，且达到较高的加工精度，故应先选择导轨面为定位粗基准加工床身底面，然后再以床身底面为定位精基准加工导轨面。

4）不重复使用原则。应避免重复使用定位粗基准，在同一尺寸方向上定位粗基准只允许使用一次。因为定位粗基准是毛坯表面，定位误差大，两次以同一定位粗基准装夹下加工出的各表面之间会有较大的位置误差。如图 3-36 所示的零件的加工中，若第一次用非加工表面 ϕ30mm 定位，分别车削 ϕ18H7 和端面；第二次仍用非加工表面 ϕ30mm 定位，钻 4 × ϕ8mm 孔。由于两次定位的粗基准位置误差大，则会使 ϕ18H7 孔的轴线与 4 × ϕ8mm 孔位置（即 ϕ46mm 中心线之间）产生较大的同轴度误差，有时可达 2 ～ 3mm。因此，这样的定位方法是错误的。正确的定位方法应以定位精基准 ϕ18H7 孔和端面定位，钻 4 × ϕ8mm 孔。

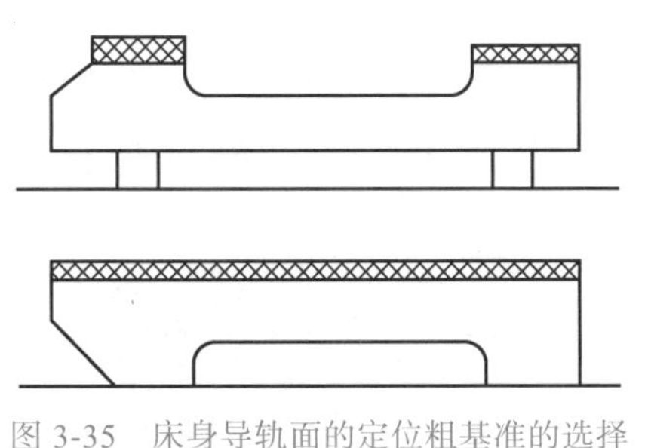

图 3-35　床身导轨面的定位粗基准的选择

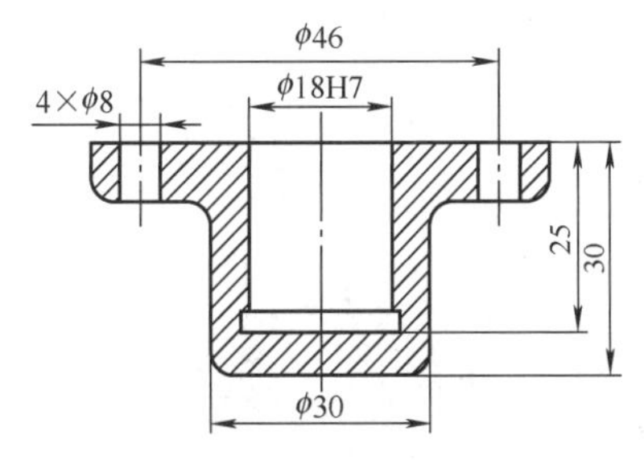

图 3-36　定位粗基准重复使用的误差

5）便于工件装夹原则。作为定位粗基准的表面应尽量平整光滑，没有飞边、冒口、浇口或其他缺陷，以便使工件定位准确，夹紧可靠。

3.7.4 数控机床常用夹具

数控加工时夹具主要有两大要求：一是夹具应具有足够的精度和刚度；二是夹具应有可靠的定位基准。夹具用来固定工件，使之占据正确的位置，以保证工件在正确的位置上加工。下面分别介绍数控车床夹具，数控铣床和加工中心通用夹具，专用夹具、组合夹具和可调夹具。

1. 数控车床夹具

数控车床夹具常见的类型：加工盘盖类零件的自定心卡盘，加工轴类零件的拨盘、顶尖，以及机床通用附件的自定心中心架与自动转塔刀架等。由于数控加工的需要，除卡盘、拨盘和中心架等的通常要求外还有一些特定要求。例如，对于卡盘，重装工件或改变加工对象时，能机动或尽量缩短更换卡爪时间，减少更换卡盘及卡盘改用顶尖的调整时间。随粗、精加工不同而满足粗加工夹紧可靠，精加工夹紧变形小的要求等；对于拨盘则要求粗加工时能传递最大的转矩，能快速由用顶尖加工改变为用卡盘加工等。

（1）加工盘盖类零件的夹具　加工盘盖类零件常用自定心卡盘。图 3-37 所示为快速可调卡盘，利用扳手将螺杆 3 转动 90°，可快速更换或单独调整卡爪 4 相对于基体 1 的尺寸位置。为了使卡爪快速定位，在卡盘体 2 上做圆周槽；当卡爪 4 到达要求位置后，转动螺杆，使螺杆的螺纹与卡爪 4 的螺纹啮合。此时被弹簧压着的钢球 5 进入螺杆的小槽中，并固定在需要的位置，这样可在短时间内逐个将卡爪调整好，毛坯的快速夹紧可借助于装在主轴尾部的机械（或液压、气动、电气机械）传动来完成。这种夹具的刚性好，可靠性高。图 3-38 所示为液压传动自定心卡盘，夹紧力由油缸通过杠杆 2 传给卡爪 1 来实现。图 3-39 所示为一自动更换车床卡盘卡爪用的装置，它由圆环状卡爪库 1 和三个机械手同时从卡盘上取出三个卡爪，并将其装入卡爪库的空位中；然后卡爪库转动一角度，机械手从库中取出新卡爪装到卡盘上。

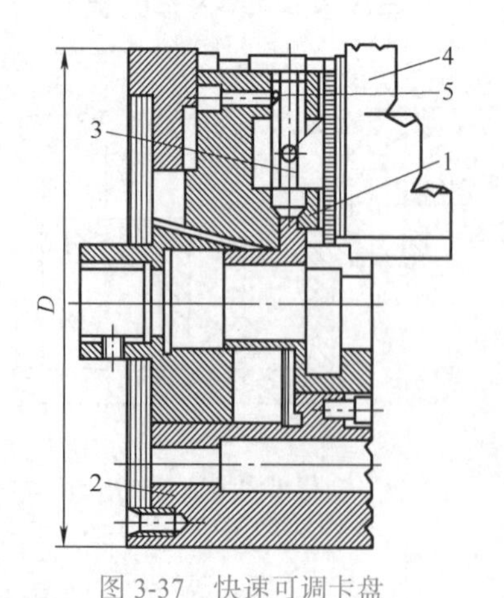

图 3-37　快速可调卡盘

1—基体　2—卡盘体　3—螺杆　4—卡爪　5—钢球

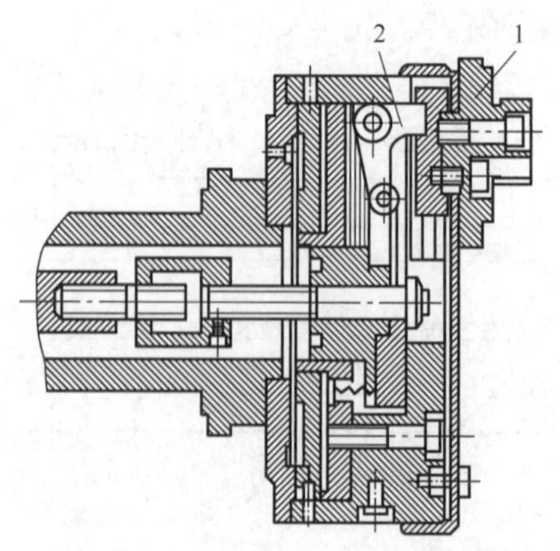

图 3-38　液压传动自定心卡盘

1—卡爪　2—杠杆

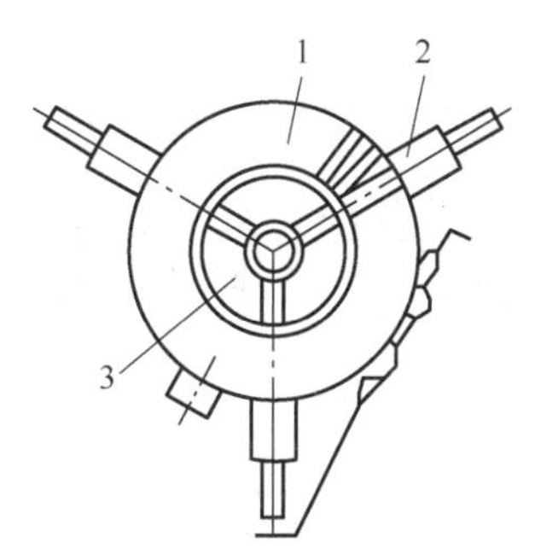

图 3-39　自动更换车床卡盘卡爪装置

1—圆环状卡爪库　2—机械手　3—卡盘

（2）加工轴类零件的夹具　在数控车床上加工轴类零件时，毛坯装在主轴顶尖和尾座顶尖间，工件由主轴上的拨盘带动旋转。这时拨盘应满足以下要求：粗加工时可以传递大转矩；能快速由用顶尖加工改变为用卡盘加工。图 3-40 所示为自动夹紧拨盘结构，工件 7 以由弹簧 6 压住的顶尖 5 定心，当顶尖 5 左移时，推动套 1 左移并因浮动锥体 4 的作用，使杠杆 2 绕小轴 3 回转而夹紧工件，并将机床主轴的转矩传给工件。

（3）自定心中心架　图 3-41 所示为自定心中心架，该中心架可以减少加工细长轴时轴的受力变形，并提高加工精度。其工作原理为：通过安装架与机床导轨相连，工作时由主机发射信号，通过液压或气动力夹紧或松开工件。

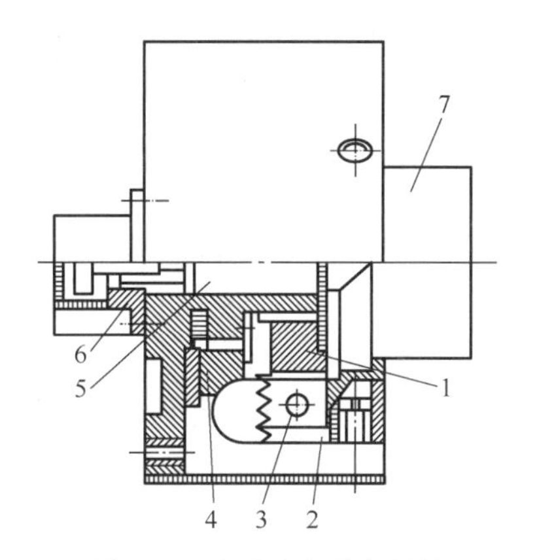

图 3-40　自动夹紧拨盘结构

1—推动套　2—杠杆　3—小轴　4—浮动锥体

5—顶尖　6—弹簧　7—工件

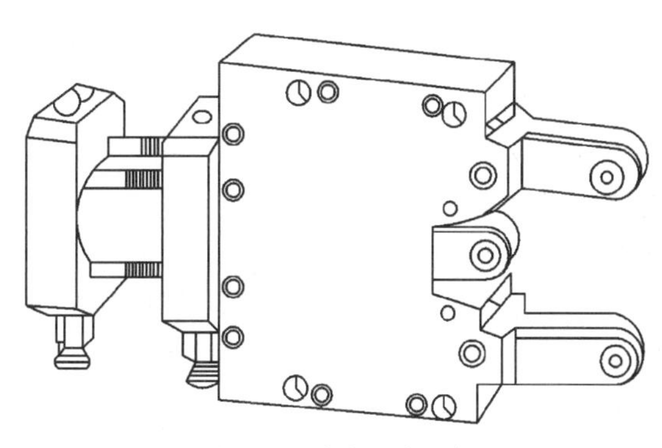

图 3-41　自定心中心架

2. 数控铣床和加工中心通用夹具

数控铣床和加工中心的工件装夹一般都以平面工作台为安装基础，并通过夹具最终定位夹紧工件，使工件在整个加工过程中始终与工作台保持正确的相对位置。数控铣床和加工中心的工件装夹方法基本相同，装夹原理也是相通的。

（1）平口虎钳装夹工件　数控铣床常用夹具是平口虎钳，先把平口虎钳固定在工作台上，找正钳口，再把工件装夹在平口虎钳上，这种装夹方式方便，应用广泛，适用于装夹形状规则的小型工件。在机床上用平口虎钳装夹工件，如图 3-42 所示。

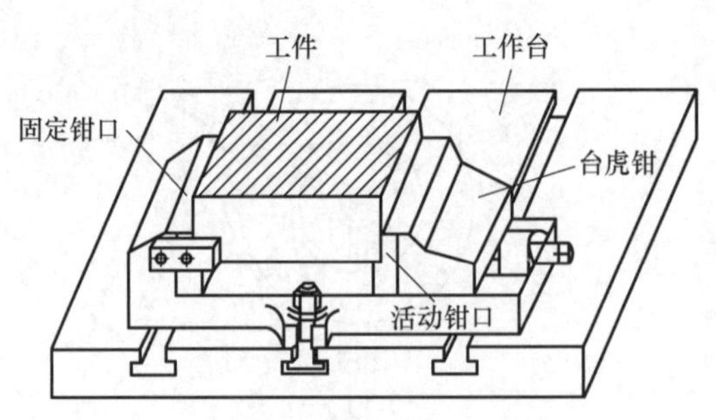

图 3-42　平口虎钳装夹工件

当用平口虎钳装夹工件时，应注意下列事项：

① 装夹工件时，必须将工件的基准面紧贴固定钳口或导轨面；在钳口平行于刀杆的情况下，承受铣削力的钳口必须是固定钳口。

② 工件的铣削加工余量层必须高出钳口，以免铣刀触及钳口，导致损坏钳口和铣刀。如果工件低于钳口平面时，可以在工件下面垫放适当厚度的平行垫铁，垫铁应具有合适的尺寸和较小的表面粗糙度值。

③ 工件在平口虎钳上装夹的位置应适当，使工件装夹后稳固可靠，不致在铣削力的作用下产生移动。

（2）压板装夹工件　对于中、大型和形状比较复杂的零件，一般采用压板将工件紧固在数控铣床工作台台面上，压板装夹工件时所用工具比较简单，主要是压板、垫铁、T 形螺栓及螺母。但为满足不同形状的零件的装夹需要，压板的形状、种类也较多。例如，箱体零件在工作台上安装，通常采用三面安装法，或采用一个平面和两个销孔来安装定位，而后用压板压紧固定。

如图 3-43 所示，用圆柱销定位块定位工件，用压板夹紧工件。压板和螺栓的设置过程是：将定位块固定到机床的 T 形槽中，并将垫板放到工作台上；选择合适的压板、台阶垫块和 T 形螺栓，并将它们安放到对应的位置；将工件夹紧。

当用压板装夹工件时，应注意下列事项：工件的铣削部位不要被压板压住，以免妨碍铣削加工的正常进行；压板垫铁的高度要适当，防止压板和工件接触不良；装夹薄壁工件时，夹紧力的大小要适当；螺栓要尽量靠近工件，以增大夹紧力；在工件的光洁表面与压板之间，必须放置铜垫片，以免损伤工件表面；工件受压处不能悬空，若有悬空处应垫实；在铣床工作台台面上直接装夹毛坯工件时，应在工件和工作台台面之间加垫纸片或铜片，这样不但可以保护铣床工作台台面，而且还可以增加工作台台面和工件之间的摩擦力，使工件夹紧牢固可靠。

（3）铣床上自定心卡盘的应用　使用安装在机床工作台上的自定心卡盘夹紧圆柱表面最为适合。如果已经完成圆柱表面的加工，应在卡盘上安装一套软卡爪。使用端铣刀加工卡爪，直至达到希望夹紧的表面的准确直径。在加工卡爪时，必须夹紧卡盘。最好使用一块棒料或六角螺母，只要保证卡爪紧固，并给刀具留有空间，以便切削至所需深度。

如图 3-44 所示，在工作台上安放自定心卡盘，并用卡盘定位、夹紧圆柱工件。

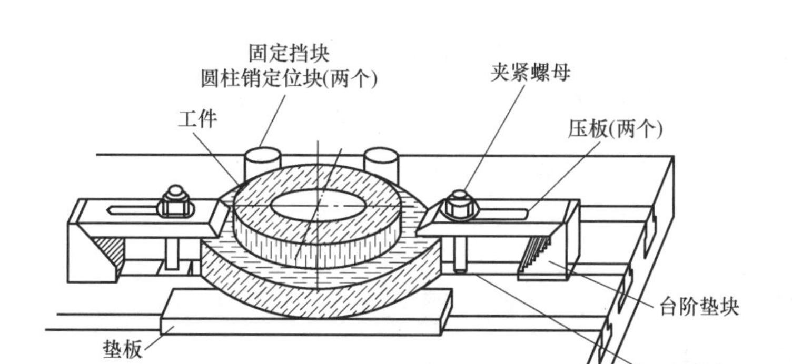

图 3-43　压板夹紧工件

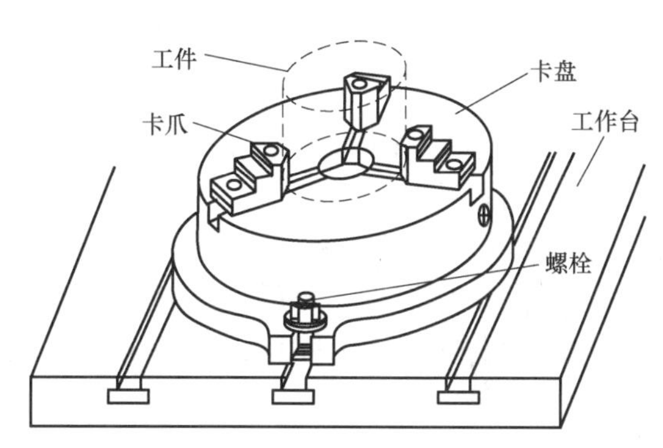

图 3-44　自定心卡盘夹圆柱工件

3. 专用夹具、组合夹具和可调夹具

（1）专用夹具　对于工厂的主导产品中批量较大、精度要求较高的关键性零件，在加工中心上加工时，选用专用夹具是非常必要的。专用夹具是根据某一零件的结构特点专门设计的夹具，具有结构合理、刚性强、装夹稳定可靠、操作方便，能提高安装精度及装夹速度等优点。选用这种夹具，加工一批工件后，尺寸比较稳定，互换性也较好，可大大提高生产率。但是，专用夹具只能对一种零件的加工进行装夹，不能适应产品品种不断变形更新的形势，特别是专用夹具的设计和制造周期长，花费的劳动量较大，加工简单零件时不太经济。

（2）组合夹具　组合夹具是一种标准化、系列化、通用化程度很高的工艺装备，它由一套预先制造好的不同形状、不同规格、不同尺寸的标准元件及部件组装而成。组合夹具的元件具有完全互换性及高耐磨性。组合夹具包含基础件、支承件、定位件、导向件、压紧件、紧固件和辅助件等。

组合夹具一般是为某一工件的某一工序组装的夹具，组合夹具把专用夹具的设计、制造、使用、报废的单向过程变为组装、拆散、清洗入库、再组装的循环过程，如图 3-45 所示。可用几小时的组装周期代替几个月的设计、制造周期，从而缩短了生产周期，节省了工时和材料，降低了生产成本，还可减少夹具库房面积，有利于管理。由于组合夹具有很多优点，又特别适用于新产品试制和多品种小批量生产，所以近年来发展迅速，应用较广。组合夹具的主要缺点是体积较大，刚度较差，一次投资多，成本高，这使组合夹具的推广应用受到一定限制。

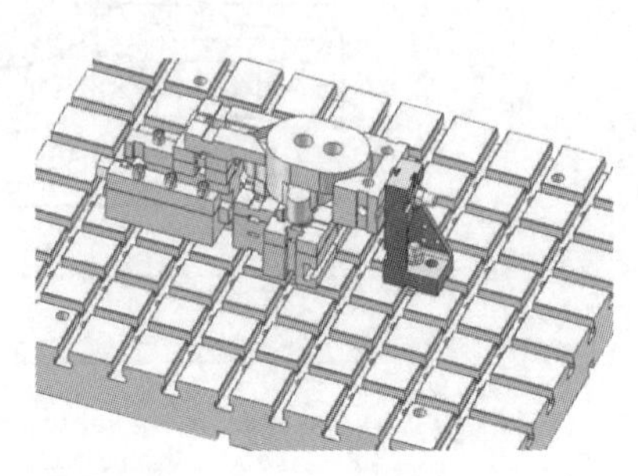

图 3-45　组合夹具的元件和装夹

组合夹具的元件精度一般为 IT6 ～ IT7 级。用组合夹具加工的工件，位置精度一般可达 IT8 ～ IT9 级，若精心调整，可以达到 IT7 级。

组合夹具分为槽系组合夹具和孔系组合夹具两大类。槽系组合夹具（图 3-46）是元件间主要靠键和槽定位的组合夹具，它根据 T 形槽宽度分为大（16mm）、中（12mm）、小（8mm）三个系列。槽系组合夹具由八大类元件组成，即基础件、合件、定位件、紧固件、压紧件、支承件、导向件和其他件。

图 3-46　槽系组合夹具

孔系组合夹具是元件间通过孔与销来定位。孔系组合夹具根据孔径分为四个系列（*d*=10mm、12mm、16mm、24mm）。孔系组合夹具的元件类别与槽系组合夹具类似，也分为八大类元件，但没有导向件，而增加了辅助件。图 3-47 所示为部分孔系组合夹具元件的分解图。由图中可以看出孔系组合夹具元件间孔、销定位和螺纹连接的方法。孔系组合夹具元件上定位孔的精度为 H6，定位销的精度为 K5，而定位孔中心距误差为 ±0.01mm。

孔系组合夹具具有精度高、刚性好、易于组装等特点，特别是它可以方便地提供数控编程的基准——编程原点，因此在数控机床上得到广泛应用。

图 3-47　部分孔系组合夹具元件的分解图

（3）可调夹具　通用可调夹具与成组夹具都属于可调夹具，其特点是只要更换或调整个别定位、夹紧或导向元件，即可用于形状和工艺相似、尺寸相近的多种零件的加工。不仅适合多品种、小批量生产的需要，而且可以应用在少品种、较大批量的生产中。采用可调夹具，可以大大地减少专用夹具的数量，缩短生产准备周期，降低产品成本。可调夹具是比较先进的新型夹具。

1）通用可调夹具。通用可调夹具是在调节范围内可无限调节的夹具。通用可调夹具的加工对象较广，加工对象不是十分确定。通用可调夹具由基础部分和调整部分组成，基础部分一般包括夹具体、夹紧机构及传动机构等；调整部分一般包括定位、夹紧、导向元件中的一些可换件或可调件。通过对可换件、可调件的更换、调整，可适应工艺、形状、尺寸、精度相似的不同零件的加工。

2）成组夹具。成组夹具是为适合一组零件某工序的加工而设计的夹具，同组零件有相似的加工结构，成组夹具根据组内的典型零件进行设计，并能保证适合同组零件加工的技术要求。

成组夹具力求结构紧凑，使用方便，在考虑批量生产和经济性的条件下，应尽可能提高成组夹具的使用性能，并能通过简单夹具的调整适应产品的更新换代，加速新产品的投产。成组夹具的调整性能，在很大程度上决定了夹具的使用效果。简易可行、迅速、精确是调整性能最主要的要求。

4. 数控铣床、加工中心夹具的选用

数控铣床、加工中心夹具的选用方法是：在选择夹具时，根据产品的生产批量、生产效率、质量保证及经济性等可参照下列原则选用。

1）在单件或研制新产品，且零件较简单时，尽量采用平口虎钳和自定心卡盘等通用夹具。

2）在生产量小或研制新产品时，应尽量采用通用组合夹具。

3）成批生产时可考虑采用专用夹具，但应尽量简单。

4）在生产批量较大时，可考虑采用多工位夹具和气动、液压夹具。

3.8　确定数控加工路线

数控加工中，刀具刀位点相对于工件运动的轨迹称为加工路线。确定加工路线是编写程序前的重要步骤，具体的加工路线需要根据零件的具体轮廓及现场的加工工艺条件确定。

3.8.1 走刀轨线的确定

走刀轨线是刀具在整个加工工序中的运动轨迹，它不但包括了工步的内容，而且反映了工步顺序，走刀轨线是编写程序的依据之一。确定走刀轨线时应注意以下五点：

1）对点位加工的数控机床，如钻、镗床，要尽可能缩短走刀轨线，以减少空行程时间，提高加工效率。如图 3-48a 所示零件上的孔系，图 3-48b 所示的走刀轨线为先加工完外圈孔后，再加工内圈孔。若改用图 3-48c 所示的走刀轨线，减少了空行程时间，则可节省近一倍的定位时间，提高了加工效率。

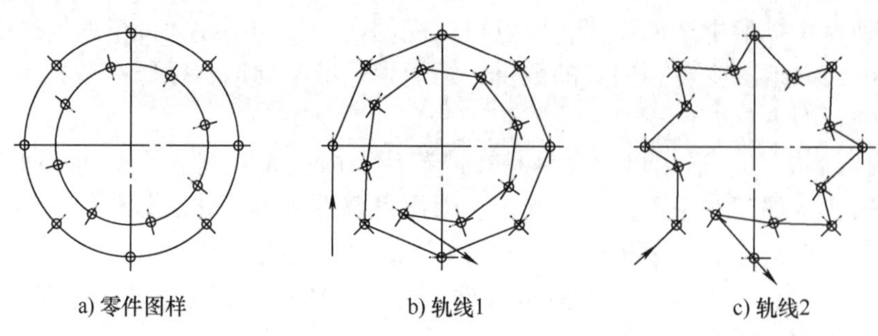

图 3-48 最短走刀轨线设计

2）为保证工件轮廓表面加工后的表面粗糙度要求，最终轮廓应安排最后一次走刀连续加工。如图 3-49a 所示为用行切方式加工内腔的走刀轨线，这种走刀轨线能切除内腔中的全部余量，不留死角，不伤轮廓。但行切法将在两次走刀的起点和终点间留下残留高度，而达不到要求的表面粗糙度。所以采用图 3-49b 所示的走刀轨线，先用行切法，最后沿周向环切一刀，光整轮廓表面，能获得较好的效果，图 3-49c 也是一种较好的走刀轨线。

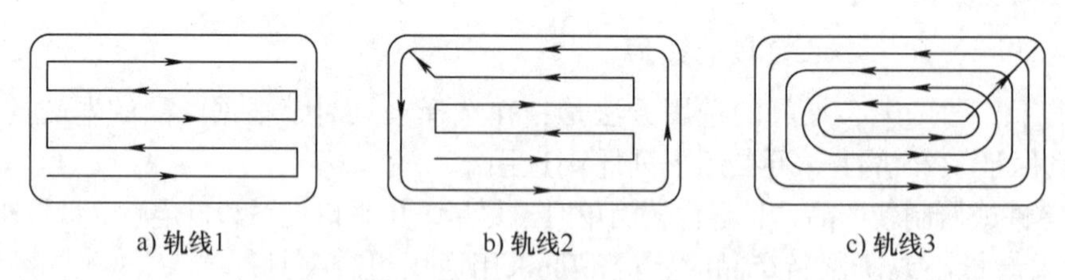

图 3-49 行切方式加工内腔走刀轨线

3）认真考虑刀具的进退刀轨线，尽量避免在轮廓处停刀或垂直切入、切出工件，以免留下刀痕（切削力发生突然变化而造成弹性变形）。在车削和铣削零件时，应尽量避免如图 3-50a 所示的径向切入、切出，而应按图 3-50b 所示的切向切入、切出，这样加工后的表面粗糙度较好。

4）合理选择铣削轮廓的加工轨线，一般采用图 3-51 所示的三种方式进行。图 3-51a 所示为 Z 字形双方向走刀方式，图 3-51b 所示为单方向走刀方式，图 3-51c 所示为环形走刀方式。在铣削封闭的凹轮廓时，刀具的切入、切出不允许外延，最好选在

两面的交界处；否则，会产生刀痕。为保证表面质量，最好选择图 3-52b、c 所示的走刀轨线。

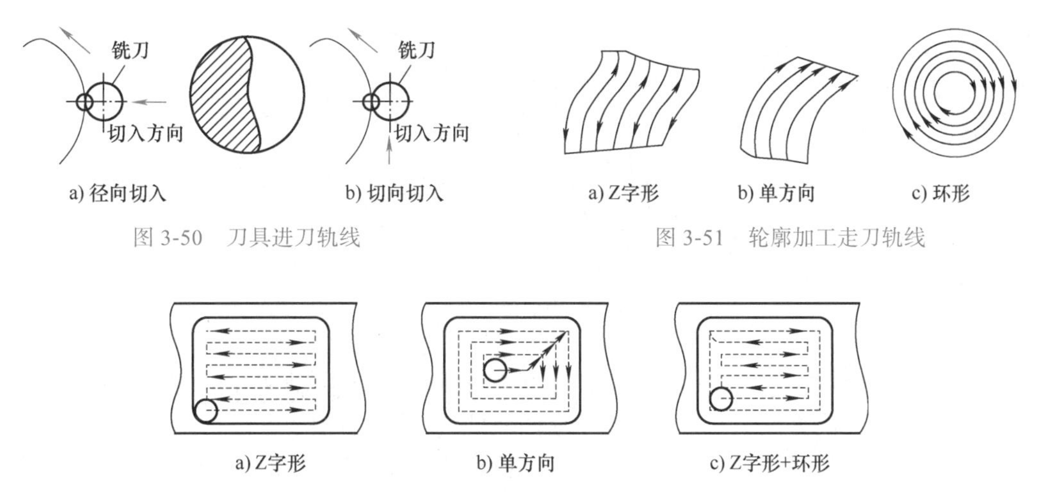

图 3-50　刀具进刀轨线

图 3-51　轮廓加工走刀轨线

图 3-52　轮廓加工封闭凹轮廓走刀轨线

5）加工旋转体类零件一般采用数控车床或数控磨床加工，由于车削零件的毛坯多为棒料或锻件，加工余量大且不均匀，因此合理制订粗加工时的加工路线，对于编程至关重要。

如图 3-53 所示为直线、斜线走刀轨线。图 3-54 所示为矩形走刀轨线，零件表面形状复杂，毛坯为棒料。

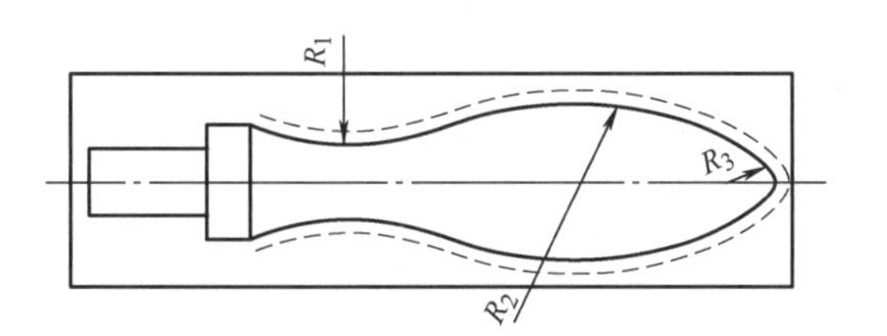

图 3-53　直线、斜线走刀轨线

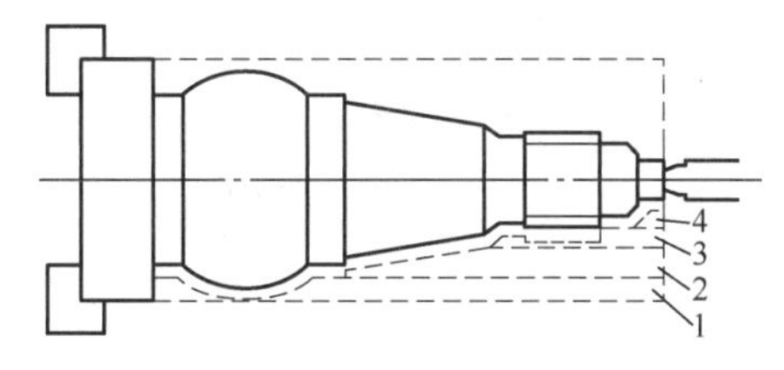

图 3-54　矩形走刀轨线

3.8.2　数控机床坐标系

在数控机床上加工零件，通常用直角坐标系来描述工件相对刀具的运动，为了使数控加工程序在不同的系统之间能够“移植”，国家标准 GB/T 19660—2005《工业自动化系统与集成　机床数值控制坐标系和运动命名》规定了描述数控机床主要运动和辅助运动的机床坐标系。机床坐标系用来提供刀具相对于固定工件的移动坐标系，即在描述刀具与工件的相对运动时，一律假定工件静止，刀具相对工件运动，这样在编程时就可以不考虑工件与刀具的具体运动情况，依据零件图样来确定工件的加工过程。

1. 机床坐标系的确定

标准机床坐标系采用右手笛卡儿直角坐标系，在右手笛卡儿直角坐标系中，三个直角

坐标轴分别用 *XYZ* 表示，绕着 *XYZ* 旋转的坐标轴分别用 *ABC* 表示，*XYZ* 坐标轴的相互关系符合右手定则，如图 3-55 所示。

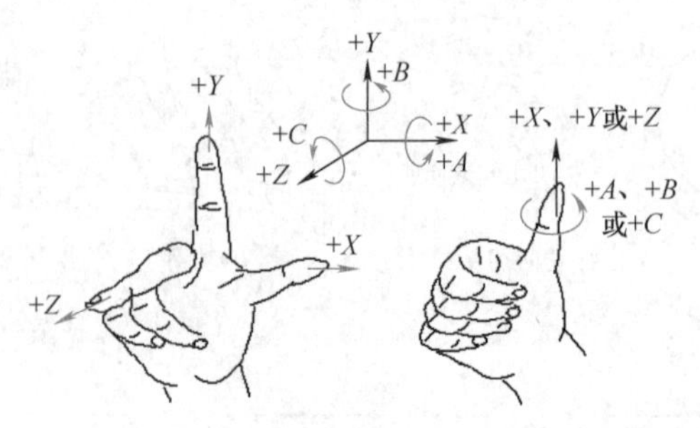

图 3-55　右手笛卡儿坐标系

（1）*Z* 轴　对于有单根主轴的机床，*Z* 轴的方向平行于主轴所在的方向，*Z* 轴的正方向为刀具远离工件的方向。机床主轴是传递主要切削动力的轴，可以带动刀具旋转，也可以带动工件旋转，如车床和内、外圆磨床的主轴是带动工件旋转的，而钻床、铣床、镗床的主轴是带动刀具旋转的。

当机床有几根主轴时，则规定垂直于工件装夹平面的主轴为主要主轴，与该轴平行的方向为 *Z* 轴的正方向；当机床没有主轴时，如数控悬臂刨床，则规定 *Z* 轴垂直于工件在机床工作台上的定位表面。

（2）*X* 轴　一般情况下，*X* 轴是水平轴，平行于工件的装夹平面。

对于刀具旋转的机床，当 *Z* 轴为水平方向，朝 *Z* 轴负方向看时，向右的方向为 *X* 轴正方向；当 *Z* 轴为垂直（单立柱机床），从机床的前面朝立柱看时，向右的方向为 *X* 轴正方向；当 *Z* 轴为垂直（龙门式机床），从主要主轴朝左手立柱看时，向右的方向为 *X* 轴正方向。

工件旋转的机床，*X* 轴应是径向的且平行于横刀架，其正方向是离开旋转轴的方向。

（3）*Y* 轴　*Y* 轴正方向应由右手笛卡儿坐标系确定。

（4）回转轴 *A*、*B*、*C*　绕直线轴 *X*、*Y*、*Z* 回转的轴分别定义为 *A*、*B*、*C* 轴。

2. 机床坐标系的原点和参考点

以机床原点为坐标系原点建立起来的 *XYZ* 轴直角坐标系，称为机床坐标系。机床坐标系是机床固有的坐标系，它是制造和调整机床的基础，也是设置工件坐标系的基础。机床坐标系在出厂前已经调整好，一般情况下，不允许用户随意变动。机床原点又称为机械零点或机械原点，它为机床上的一个固定点，其位置由机床制造商确定。数控车床的原点为主轴旋转中心线与卡盘端面交点。

参考点也是机床上的一个固定点，是用于对机床工作台、滑板与刀具相对运动的测量系统进行标定和控制的点。机床参考点通常设置在机床各运动轴的正向极限位置，通过减速行程开关粗定位，再由零点脉冲精确定位。机床参考点相对于机床原点是一个已知值，也就是说，可以根据机床参考点在机床坐标系中的坐标间接确定机床原点的位置。机床接通电源后，通常都要做回零操作（又称为返回参考点操作），使刀具或工作台访问参考点，从而建立机床坐标系。当机床回零后，显示器显示出机床参考点在机床坐标系中的坐标值，表明机床坐标系已建立。回零操作结束后，测量系统进行标定，置零或置一个定值。

可以说回零操作是对基准的重新核定，可消除由于种种原因而产生的基准偏差。机床参考点已由机床制造商测定后作为系统参数输入数控系统，并记录在机床说明书中，用户不得改变。

一般数控车床的机床原点、机床参考点位置如图 3-56 所示，数控铣床的机床原点、机床参考点位置如图 3-57 所示。但许多数控机床将机床参考点坐标值设置为零，此时机床坐标系的原点也就是机床参考点。

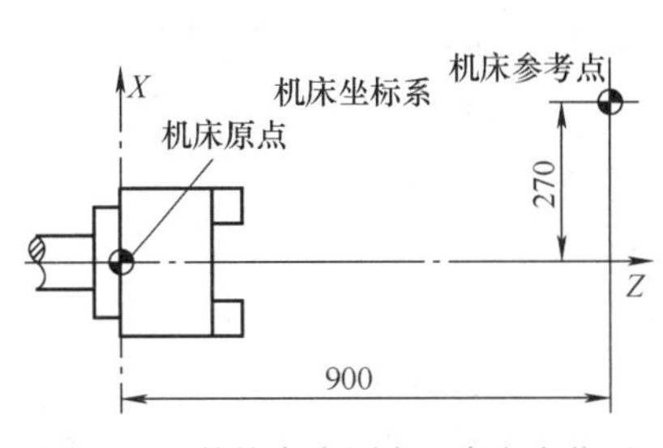

图 3-56　数控车床原点、参考点位置

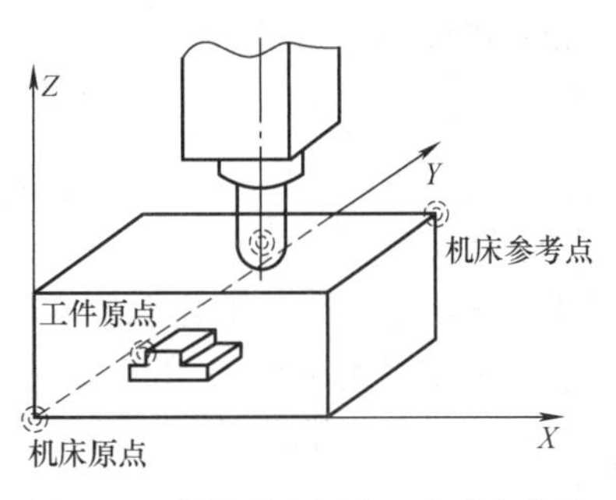

图 3-57　数控铣床原点、参考点位置

3. 工件坐标系和工件原点

工件坐标系是编程员根据加工图样和工艺等建立的坐标系，所以又称为编程坐标系。数控编程时，应该首先确定工件坐标系和工件原点。

在设计零件时有设计基准，在加工过程中有工艺基准，同时要尽量将设计基准与工艺基准统一，该基准点通常作为工件原点，工件坐标系各坐标轴的方向应与所使用的数控机床相应的坐标轴方向一致。

以工件原点为坐标原点建立的 *X′Y′Z′* 轴直角坐标系，称为工件坐标系。工件坐标系是人为设定的，符合图样要求，从理论上讲，工件原点选在任何位置都是可以的，但实际上，为了编程方便以及各尺寸较为直观，应尽量把工件原点的位置选得合理些。

拓展阅读

1. 机械工艺工程师

机械工艺工程师主要负责产品机械制造工艺编制及产品设计，通过持续优化生产工艺，解决工艺问题，确保产品质量和工艺达到要求的标准。

机械工艺工程师工作的具体内容：编制零件机加工工艺文件，并根据工艺需要设计所需的工装夹具，以及验证和改进工装夹具；编制机械图样的工艺流程卡片，汇总机械图样材料表，编制、提交和审批采购清单；执行已认定的制造工艺流程、工艺参数及产品标准；加工件按图样的检查工作，指导加工工艺和处理加工问题；优化工艺流程，解决生产现场存在的工艺、技术问题；检查各工序的工艺执行情况并做好记录，对现有生产技术进行必要的研究并提出改进建议；完成产品的试产报告与工艺分析报告。

2. 机械工艺工程师的岗位要求

工艺流程设计能力。对于机械工艺工程师来说，设计和制订零件或产品的生产工艺流程是其最基本、最核心的能力；生产设备的认知能力。要精通数控车床、铣床、钻床、磨床、加工中心等加工装备的操作系统、设备参数和加工工艺制订；生产刀具的认知能力。熟悉什么刀具应用于什么材料的加工，应匹配的转速、进给速度和冷却方式，熟悉不同加工阶段的刀具及其加工参数的变换；夹具的认知能力。包括夹具的选择、使用和设计制造能力；检具的认知能力。包括测量工具的选择和使用，以及三坐标测量、影像测量仪等专业测量装备的使用和操作。

3. SIEMENS 机械加工数字化技术白皮书

机械加工是制造业的基石，数控加工占机械加工的比重随着数字化的加速而越来越大。优秀的数控加工的内核，首先是熟悉各种加工工艺，运算能力强大、算法超前；其次是基础架构开放和科学，可以和机械加工领域生产、管理软件无缝集成，在虚拟世界中完成仿真加工任务，打造数字化双胞胎，实现虚拟仿真和现实加工的高度统一。

综合研发数字化平台是采用最新的数字化技术，支撑制造企业产品研发生命周期中的全面业务过程（包含业务管理过程和工程技术过程）的综合平台性系统。它从广度上强调大研发的概念，以系统工程思维和全生命周期视角，从早期的需求工程和架构定义，到具体的产品设计工程、制造工程、试验工程，直到服务工程的全过程，形成“需求－设计－制造－服务”的闭环大研发；从深度上强调工程业务过程的深入数字化，为产品机电软等维度定义了全面统一的数字模型，基于数字模型进行早期的仿真验证与优化，开展精益工艺、工厂的规划设计与仿真优化，开展虚实结合的数字化试验。基于数字样机开展服务工程分析和交互式技术出版物的制作，甚至结合物联网构建数字化双胞胎应用平台支撑产品运维。在综合研发数字化平台的支撑下，制造企业产品研发的关键过程，如基于系统工程驱动的产品研发管理；整机及系统级建模与仿真；机电软集成化协同设计；基于 MBD 模块化设计；工艺、工厂的规划与仿真；闭环质量规划；虚实结合的试验验证闭环；高效的服务工程与服务知识管理；与供应商的高效协同；全生命周期 BOM（物料清单）管理与构型状态管理等已经全面变革。总之，综合研发数字化平台帮助制造企业实现产品数字化、产品研发过程数字化，并为数字化转型提供建设的数据基础和能力基础。

通过本书可以了解机械加工领域的前景和挑战，解读西门子综合研发数字化平台在航空、汽车、能源等领域的探索和实践，分享西门子在机械加工领域全面数字化的做法。

4. 智能建模与仿真技术

拓展视频

数字技术的世界

智能建模与仿真技术已广泛应用于各行各业，智能制造的发展对智能建模与仿真技术的需求也更为迫切，促进了智能建模与仿真技术的快速发展。Simulink、ADAMS 等提供了图形化建模、仿真和分析方法，InteRobot、Robot Art 等广泛应用于机器人离线编程仿真，组态软件在流程工业、电力系统等智能建模与仿真中成功应用。

由于制造过程的复杂性，模型的组成复杂、生命周期长，高度异构性，可信度难以评估，可重用性高，面向复杂制造过程的全生命周期的智能建模方法亟待研究。同时商品化的仿真软件所包含的知识是一般性的通用知识，无法解决具体新产品和新零部件的设计及制造问题。随着云计算技术的发展，在云平台上进行相关制造活动是制造企业升级和转型

的重要手段。如何在云环境下，通过仿真技术实现制造全生命周期的协同优化，成为仿真技术面临的新挑战。

最终要实现面向制造全生命周期的智能建模技术、面向大数据的仿真技术、云环境下的智能仿真技术才能解决上述问题，即突破面向制造全生命周期的智能建模理论，建立面向更复杂、生命周期更长，高度异构性，更高可信度、可重用性更强的智能建模研究方法和技术。获取和积累制造过程的数据、经验与知识，通过机器学习算法，建立逼近真实系统的“近似模型”。在大数据的基础上，仿真技术从对因果关系的分析转向对关联关系的分析。在突破制造云平台技术的基础上，将智能建模与仿真技术应用到云平台上，以达到实时的建模与仿真。

第 4 章 工艺规程文件

【工作任务】

1）绘制数控加工走刀轨线图、数控加工工序卡片、数控刀具卡片、数控加工工件安装和加工原点设定卡片、数控编程任务书、数控程序单等文件。

2）使用 CAXA CAPP 软件填写上述工艺文件的内容。

【能力要求】

1）学会划分机械加工工序。

2）掌握工艺规程的内容和作用。

3）能够正确编制数控加工工艺文件。

4.1 机械加工工艺规程

机械加工工艺规程是规定零件机械加工工艺过程和操作方法等的工艺文件之一，它是在具体的生产条件下，把较为合理的工艺过程和操作方法，按照规定的形式书写成工艺文件，经审批后用来指导生产。机械加工工艺规程一般包括：工件加工的工艺路线、各工序的具体内容及使用的设备和工艺装备、工件的检验项目及检验方法、切削用量、工时定额等。

4.1.1 机械加工工艺规程的作用

1. 指导生产的重要技术文件

工艺规程是依据工艺学原理和工艺试验，经过生产验证而确定的，是科学技术和生产经验的结晶。所以，它是获得合格产品的技术保证，是指导企业生产活动的重要文件。在生产中必须遵守工艺规程，否则常常会引起产品质量的严重下降，生产率显著降低，甚至造成废品。但是，工艺规程也不是固定不变的，工艺员应总结操作人员的革新创造，根据生产实际情况，及时地汲取国内外的先进工艺，不断地改进和完善现行工艺，但必须要有严格的审批手续。

2. 生产组织和生产准备工作的依据

生产计划的制订、产品投产前原材料和毛坯的供应、工艺装备的设计、制造与采购、机床负荷的调整、作业计划的编排、劳动力的组织、工时定额的计算以及成本的核算等，都是以工艺规程作为基本依据的。

3. 新建或扩建工厂（车间）的技术依据

在新建或扩建工厂（车间）时，机床的生产和其他设备的种类、数量和规格，工厂的面积，机床的布置，生产工人的工种、技术等级及数量，辅助部门的安排等都是以工艺规程为基础，根据生产类型来确定。除此以外，先进的工艺规程也起着推广和交流先进经验的作用，典型工艺规程可指导同类产品的生产。

4.1.2　工艺规程制订的原则

工艺规程制订的原则是优质、高产和低成本，即在保证产品质量的前提下，争取最好的经济效益。在具体制订时，还应注意下列问题：

（1）技术上的先进性　在制订工艺规程时，要了解国内外本行业工艺技术的发展，通过必要的工艺试验，尽可能采用先进、适用的工艺和工艺装备。

（2）经济上的合理性　在一定的生产条件下，可能会出现几种能够保证零件技术要求的工艺方案，此时应通过成本核算或相互对比，选择经济上最合理的方案，使产品生产成本最低。

（3）良好的劳动条件及避免环境污染　在制订工艺规程时，要注意保证工人操作时有良好而安全的劳动条件，因此，在工艺方案上要尽量采取机械化或自动化措施，以减轻工人繁重的体力劳动。同时，要符合国家环境保护法的有关规定，避免环境污染。

产品质量、生产率和经济性这三个方面有时相互矛盾，因此，合理的工艺规程应处理好这些矛盾，体现这三者的统一。

4.1.3　制订工艺规程的原始资料

1）产品全套装配图和零件图。

2）产品验收的质量标准。

3）产品的生产纲领（年产量）。

4）毛坯资料。包括各种毛坯制造方法的技术经济特征；各种型材的品种和规格，毛坯图等；在无毛坯图的情况下，需实际了解毛坯的形状、尺寸及力学性能等。

5）工厂的生产条件。为了使制订的工艺规程切实可行，一定要考虑工厂的生产条件，如了解毛坯的生产能力及技术水平；加工设备和工艺装备的规格及性能；工人技术水平以及专用设备与工艺装备的制造能力等。

6）国内外先进工艺及生产技术的发展情况。制订工艺规程要经常研究国内外有关工艺技术资料，积极引进适用的先进工艺技术，不断提高工艺水平，以获得最大的经济效益。

7）有关的工艺手册及图册。

4.1.4　制订工艺规程的步骤

1）计算生产纲领，确定生产类型。

2）分析零件图及产品装配图，对零件进行工艺分析。

3）选择毛坯。

4）拟订工艺路线。

5）确定各工序的加工余量，计算工序尺寸及公差。

6）确定各工序所用的设备及刀具、夹具、量具和辅助工具。

7）确定切削用量及工时定额。

8）确定各主要工序的技术要求及检验方法。

9）填写工艺文件。

在制订工艺规程的过程中，往往要对前面已初步确定的内容进行调整，以提高经济效益。在执行工艺规程的过程中，可能会出现前所未有的情况，如生产条件的变化，新技术、新工艺的引进，新材料、先进设备的应用等，都要求及时修订和完善工艺规程。

4.1.5　影响数控加工工艺规划的主要因素分析

数控加工工艺的内容非常具体、详细，在确定工艺方案时要考虑的因素较多，如零件的结构特点、表面形状、精度等级和技术要求、表面粗糙度要求等，毛坯料的状态，切削用量以及所需的工艺装备、刀具等。以下是规划工艺方案时必须考虑的四个重要因素：

（1）加工方法的选择　零件的结构形状是多种多样的，但它们都是由平面、外圆柱面、内圆柱面或曲面、成形面等基本表面组成的。每一种表面都有多种加工方法，具体选择时应根据零件的加工精度、表面粗糙度、材料、结构形状、尺寸及生产类型等选用相应的加工方法。例如，外圆表面的加工方法主要是车削和磨削。当表面粗糙度要求较高时，还要进行光整加工。

（2）工艺基准的选择　工艺基准是保证零件加工精度和几何公差的关键步骤，工艺基准的选择应与设计基准一致。基于零件的加工性考虑，选择的工艺基准也可能与设计基准不一致，但在加工过程中，选择的工艺基准必须保证零件的定位准确、稳定，加工测量方便，装夹次数最少。

（3）确定加工步骤　工序安排的一般原则是先加工基准面后加工其他面，先粗加工后精加工。具体操作时还应考虑两个重要的影响因素，一是尽量减少装夹次数，这样既提高效率，又保证精度；二是尽量让有位置公差要求的型面在一次装夹中完成加工，充分利用设备的精度来保证零件的精度。

（4）工艺保证措施　关键尺寸和技术要求的工艺保证措施对设计工艺方案非常重要。零件是由不同型面组成的，一个普通型面通常包括三个方面的要求——尺寸精度、几何公差和表面粗糙度，必须在这些关键特征上有可靠的技术保障，避免如装夹变形、热变形、

工件振动导致加工波纹等因素影响零件的加工质量。规划工艺方案时必须考虑以上因素的影响，采取相应的工艺方法和工艺保证措施，如预留工艺装夹止口，精加工前先让工件冷却，精加工用较小的切削用量，以及在零件上缠减振带等方法。图 4-1 所示为数控加工工艺制订的全过程。

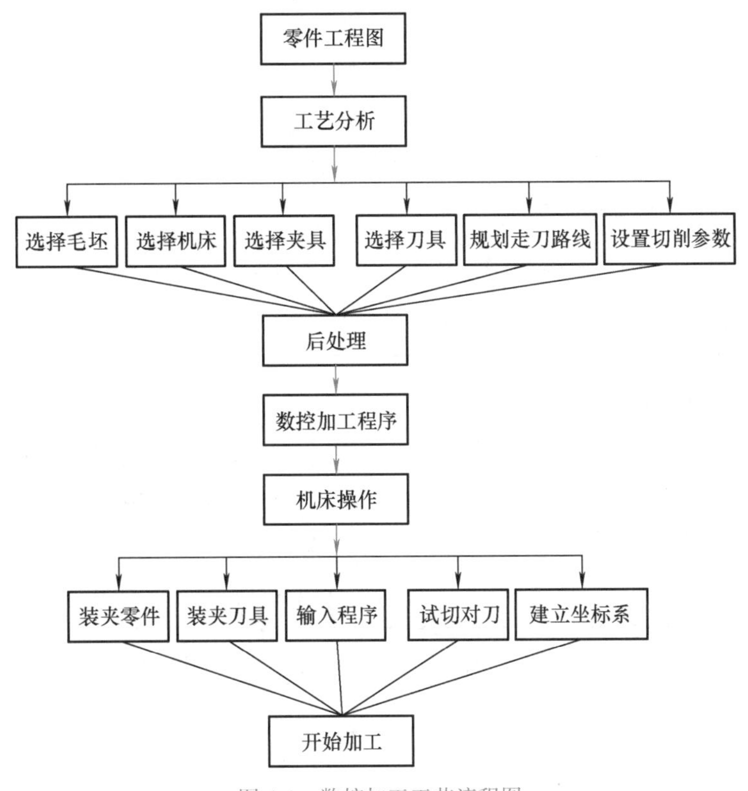

图 4-1 数控加工工艺流程图

4.1.6 各种工艺文件简介

工艺规程是规定产品或零部件机械加工工艺过程和操作方法等的工艺文件，是一切有关生产人员都应严格执行、认真贯彻的纪律性文件。工艺规程是指导生产的主要技术文件，是生产组织和生产管理工作的依据，是新建或扩建工厂（车间）的技术依据。规划工艺规程的基本原则包括必须保证技术要求、能够满足生产纲领、工艺成本最低、尽量减轻工人劳动强度等。

常用的数控加工工艺规程包括数控加工走刀轨线图、数控加工工序卡片、数控加工刀具卡片、数控加工工件安装和原点设定卡片、数控加工编程任务书、数控加工程序单等文件，见表 4-1 ～表 4-6。

1. 数控加工走刀轨线图

在数控加工过程中，常常要注意并防止刀具在运动过程中与夹具或工件发生意外碰撞，为此必须告诉操作人员关于编程中的刀具运动路线（如从哪里下刀、在哪里抬刀等）。

表 4-1　数控加工走刀轨线图

数控加工走刀轨线图		零件图号		工序号		工步号		程序号	
机床型号		程序段号		加工内容				共　页	第　页
工艺路线图									

2. 数控加工工序卡片

数控加工工序卡片应注明编程原点和对刀点，并进行简要编程说明（如所用机床型号、程序编号、刀具半径补偿等）及刀具参数（如主轴转速、进给速度、背吃刀量或刀宽等）的选择。

表 4-2　数控加工工序卡片

单位名称		产品名称或代号			零件名称	零件图号	
工序号	程序编号	夹具名称			使用设备	车间	
工步号	工步内容	刀具号	刀具规格	主轴转速	进给速度	背吃刀量	备注
1							
2							
3							
…							
编制	审核		批准		年　月　日	共　页	第　页

3. 数控加工刀具卡片

反映刀具号、刀具规格名称、尾柄规格、组合件名称代号、刀具型号和材料等，它是组装刀具和调整刀具的依据。

表 4-3　数控加工刀具卡片

产品名称或代号			零件名称		零件图号		
序号	刀具号	刀具规格名称	数量	加工表面			备注
1							
2							
3							
…							
编制		审核		批准		共　页	第　页

4. 数控加工工件安装和原点设定卡片

主要表示加工原点，定位方法和夹紧方法，并注明加工原点设置位置和坐标方向，使用的夹具名称的编号等。

表 4-4　数控加工工件安装和原点设定卡片

零件图号		数控加工工件安装和原点设定卡片	工序号	
零件名称			装夹次数	

加工原点位置示意图

编制（日期）		批准（日期）	第　页			
审核（日期）			共　页	序号	夹具名称	夹具图号

5. 数控加工编程任务书

主要包含数控加工工序说明及技术要求，是编程人员和工艺人员协调数控加工程序的重要依据之一。

表 4-5 数控加工编程任务书

单位	数控加工编程任务书	产品零件图号		任务书编号
		零件名称		
		数控设备		共 页 第 页

数控加工工序说明及技术要求

						编程收到日期		月 日	经手人	
编制		审核		编程		审核		批准		

6. 数控加工程序单

主要包含程序段号、程序代码等，是机床操作人员的加工依据。

表 4-6 数控加工程序单

程序段号	程序代码		说明			
编制		审核		批准		日期	

4.1.7 工艺文件案例——滑动叉

1. 滑动叉图样

以许昌远东传动轴股份有限公司生产的汽车底盘传动轴滑动叉（图 4-2）为例，介绍生产过程中用到的各种工艺卡片。滑动叉位于传动轴的端部，主要作用一是传递转矩，使汽车获得前进的动力；二是当汽车后桥钢板弹簧处在不同的状态时，滑动叉可以调整传动轴的长短及其位置。零件的两个叉头部位上有两个孔，用以安装滚针轴承并与十字轴相连，起万向联轴器的作用。零件 ϕ50mm 外圆内为 ϕ40.5mm 花键孔，与传动轴端部的花键轴配合，用于传递动力。

2. 滑动叉机械加工工艺过程卡片（图 4-3）

3. 滑动叉机械加工工序卡片（图 4-4）

4. 滑动叉热处理工艺卡片（图 4-5）

5. 滑动叉数控加工刀具卡片（表 4-7）

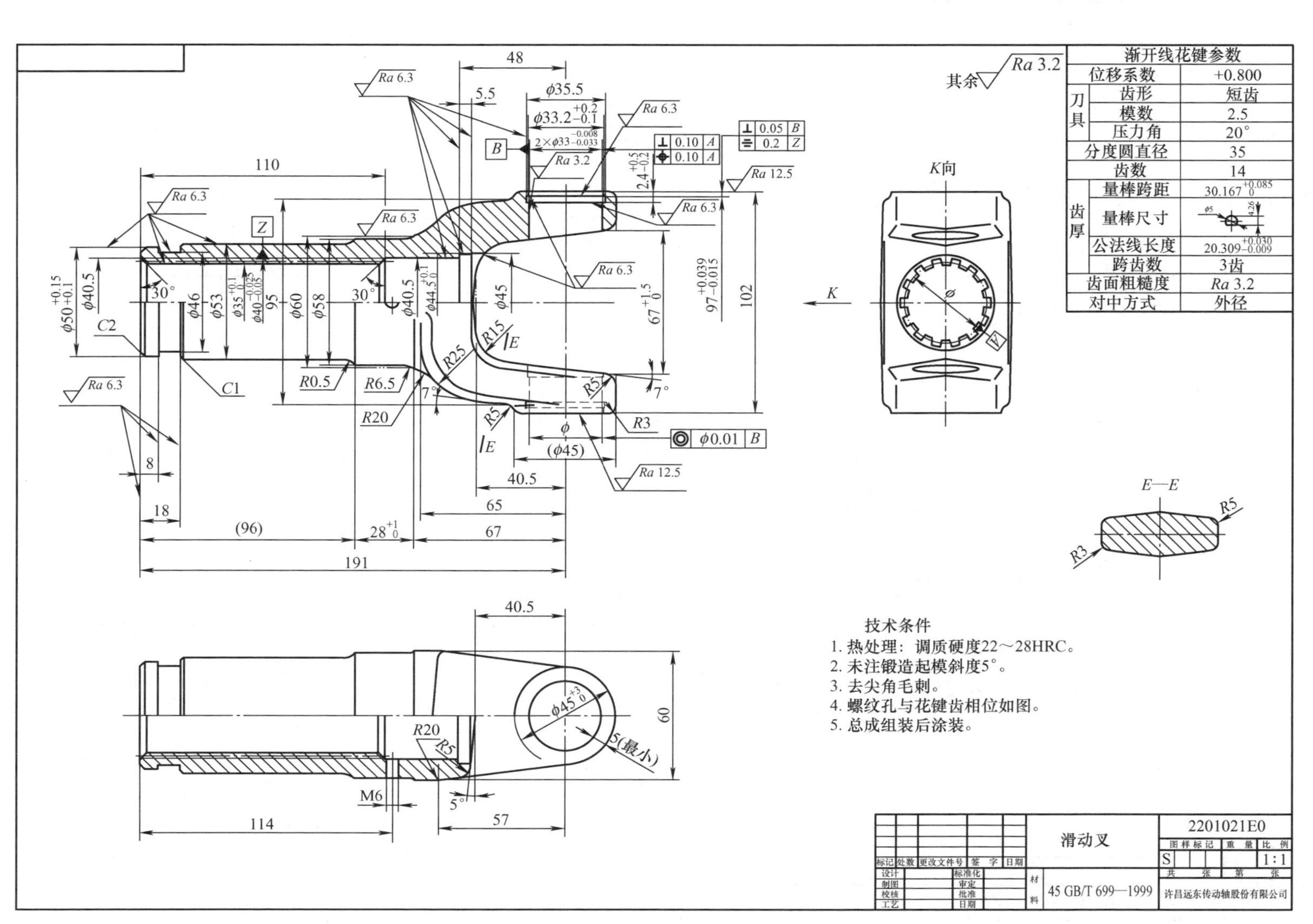
渐开线花键参数
位移系数 +0.800
刀具 齿形 短齿
模数 2.5
压力角 20°
分度圆直径 35
齿数 14
齿厚 量棒跨距 30.167 +0.085 0
量棒尺寸
公法线长度 20.309 +0.030 -0.009
跨齿数 3齿
齿面粗糙度 Ra 3.2
对中方式 外径
其余 Ra 3.2
K向
E—E
技术条件
1. 热处理：调质硬度22～28HRC。
2. 未注锻造起模斜度5°。
3. 去尖角毛刺。
4. 螺纹孔与花键齿相位如图。
5. 总成组装后涂装。
滑动叉
45 GB/T 699—1999
2201021E0
1:1
许昌远东传动轴股份有限公司

图 4-2　滑动叉的零件图

许昌远东传动轴有限公司	机械加工工艺过程卡片	产品型号	6700	零件图号	2201021E0		
		产品名称	后桥传动轴总成	零件名称	滑动叉	共15页	第1页
材料牌号	45 GB/T 699—2015	毛坯种类	锻　件	每毛坯可制件数	1	备　注	

工序号	工序名称	工　序　内　容	车　间	设备名称	设备型号	夹具名称	T单(分)
20	钳工	铣端面，打中心孔	二金工	钻　床	Z8210B	铣端面通用夹具	2.2
30	车工	粗车小头外圆各部	二金工	数控车床	CAK6150P/CAK6150Dj	粗车外圆通用夹具	1.26
40	钳工	钻花键底孔	二金工	钻　床	Z5163A/B	钻花键底孔通用夹具	3.9
50	热工	见热处理工艺卡片 ▽	热处理	插入式盐浴炉	RDM-100-8		
Y50	调质检验	见热处理检验卡片	热处理				
60	铣工	精镗花键内孔	二金工	数控铣床	MV650A	精镗花键底孔夹具	2.2
70	车工	车端面、倒角	二金工	车　床	CDZ6140	涨紧芯轴	1.3
80	车工	车台阶内孔	二金工	数控车床	CAK6150Dj	自定心卡盘	1.1
90	铣工	铣两耳外侧面	二金工	铣　床	X2532/X343	铣两耳外侧面夹具	1.5
100	钳工	钻两耳孔	二金工	钻　床	Z5150A	钻滑动叉两耳孔夹具	2.7
110	拉工	拉花键 ▽	二金工	拉　床	L6120	定向套	3.4
120	车工	精车外圆、倒角、切槽	二金工	数控车床	CAK6150P/CAK6150Dj	花键涨紧芯轴	1.5
130	铣工	半精镗、精镗两耳孔 ▽	二金工	数控铣床	MV650A	数控铣床精镗两耳孔夹具	2.2
140	车工	切卡簧槽、扩两耳外端孔	二金工	车　床	CDZ6140	车滑动叉两耳卡簧槽夹具	1.5
150	钳工	钻油杯孔	二金工	钻　床	ZS4012/Z512B	钻油杯孔攻螺纹夹具	0.8
160	钳工	攻螺纹	二金工	攻丝机	ZS4012	钻油杯孔攻螺纹夹具	0.65
170	钳工	去毛刺	二金工				

标记	处数	更改文件号	签字	日期	标记	处数	更改文件号	签字	日期	设　计	审　核	会　签	批　准	日　期

图 4-3　滑动叉机械加工工艺过程卡片

许昌远东传动轴有限公司	机械加工工序卡片	产品型号	6700	零件图号	2201021E0		
		产品名称	后桥传动轴总成	零件名称	滑动叉	共15页	第2页

工序号	20
工序名称	钳工
材料牌号	45 GB/T 699—2015
毛坯种类	锻件
设备名称	钻床
设备型号	Z8210B
夹具名称	铣端面通用夹具
夹具编号	

检验项目		总长	中心孔尺寸			
精度		214.5±0.5	见简图			
测量工具		卡尺	中心孔检具			
首检	频次	g	g			
	手段	△	△			
自检	频次	2件/次 2/D	2件/次 2/D			
	手段	○	○			
巡检	频次	2件/次 2/D	2件/次 2/D			
	手段	△	△			
特性分类		C	C			
特性符号						

1. 检验频次
全：全数检验。
N/D：每次检N件。

2. 控制手段
○：不记录。
△：检验记录。
□：控制图X—R。

3. 特性分类
A：关键。
B：重要。
C：一般。

4. 首件检验
g：① 每班开始工作时。
② 更换产品时。

其余 $\sqrt{Ra\ 25}$

Y

A5/10.6
GB/T 4459.5

$\sqrt{Ra\ 0.8}$

无毛刺飞边测量

214.5±0.5

工步号	工 步 内 容	切削工具名称	主轴转速/(r/min)	进给量/(mm/r)	切削速度/(m/min)	切削深度/mm	进给次数	工时定额/min
	铣端面	盘铣刀	320	0.3	131	3	1	1.5
	打中心孔	A4中心钻	630	0.05	10	2.5	1	0.7

										设 计	审 核	会 签	批 准	日 期
标记	处数	更改文件号	签字	日期	标记	处数	更改文件号	签字	日期					

图 4-4　滑动叉机械加工工序卡片

滑动叉热处理工艺卡片

热处理工艺卡片			材料牌号	45 GB/T 699—2015		产品图号		2201021E0	
			规格尺寸			产品名称		滑动叉	
			工艺路线	淬火-高温回火					
			技术条件			检验方法			
			HB229–269						
工序号	工序名称	设备	装炉方式及数量	装炉温度	加热温度/℃	保温时间	冷却		备注
							介质	时间	
1	淬火	TZX(1)–900		室温	850～870	0.8min/mm	水	不限	
2	高温回火	TZX(1)–900		室温	560～580	2～3h	空气	不限	
3									

图 4-5 滑动叉热处理工艺卡片

表 4-7 滑动叉数控加工刀具卡片

产品名称或代号		后桥传动轴总成	零件名称	滑动叉	零件图号	2201021E0
序号	刀具号	刀具规格名称	数量	加工表面		备注
1		A6.3 定心钻	1	中心孔		工序 10
2		YT15 车刀	1	粗车 ϕ53mm 外圆，车小头端面、倒内孔角，车大头台阶孔、倒角，车两耳外侧		工序 20、工序 60、工序 70、工序 120
3		ϕ33mm 麻花钻头	1	钻花键底孔		工序 40
4		BT40 镗刀	1	精镗花键内孔		工序 60
5		M35 成型拉刀	1	拉花键		工序 110
6		ϕ30mm 麻花钻头	1	钻两耳孔		工序 100
7		螺钉紧压式可换刀片外圆车刀	1	精车外圆、倒角、切槽		工序 120
8		BT40 复合镗刀	1	半精镗、精镗两耳孔		工序 130
9		切槽刀	1	切卡簧槽、扩两耳外端孔		工序 140
10		ϕ5mm 麻花钻头	1	钻油杯孔		工序 150
11		ϕ7mm 麻花钻头	1	倒油杯孔角		工序 130
12		M6 丝锥	1	油杯孔攻螺纹		工序 130
编制			审核	批准	共 页	第 页

4.2　CAXA CAPP 工艺图表

CAXA CAPP 工艺图表是高效、快捷的工艺卡片编制软件，可以方便引用设计图形和数据，同时为生产制造准备各种需要的管理信息。CAXA CAPP 工艺图表以工艺规程为基础，针对工艺卡片编制工作繁琐复杂的特点，以“知识重用和知识再用”为指导思想，提供了多种实用、方便的快速填写和绘图功能，可以兼容多种 CAD 数据，真正做到“所见即所得”，符合工艺人员的工作思维和操作习惯。它提供了大量的工艺卡片模板和工艺规程模板，可以帮助技术人员提高工作效率，缩短产品的设计和生产周期，把技术人员从繁重的手工劳动中解放出来，并有助于促进产品设计和生产的标准化、系列化、通用化。

CAXA CAPP 工艺图表适合制造业中所有需要工艺卡片的场合，如机械加工工艺、冲压工艺、热处理工艺、锻造工艺、压力铸造工艺、表面处理工艺、电器装配工艺以及质量跟踪卡片、施工记录等。利用它提供的大量标准模板，可以直接生成工艺卡片，用户也可以根据需要定制工艺卡片和工艺规程。由于 CAXA CAPP 工艺图表集成了 CAXA CAD 电子图板的所有功能，因此也可以用来绘制二维零件图。

4.2.1　软件的安装运行

1. 工艺图表的安装

CAXA CAPP 工艺图表从加密方式上分为单机版和网络版，两个版本的使用功能完全相同，不同之处在于需安装不同的加密锁驱动程序。若用户使用单机加密锁，则安装单机版；若使用网络加密锁，则安装网络版。

找到安装文件单击“AutoRun.exe”，初始安装界面如图 4-6 所示，在初始安装界面上单击“CAXA CAPP 工艺图表”，开始安装。请按照安装向导提示，逐步进行安装，详细安装步骤如下：

1）欢迎界面。在选择字体后进入欢迎界面，单击“下一步”按钮继续安装程序；单击“取消”按钮弹出“退出安装”对话框，单击“是”按钮退出安装程序，单击“否”按钮返回欢迎界面继续安装。

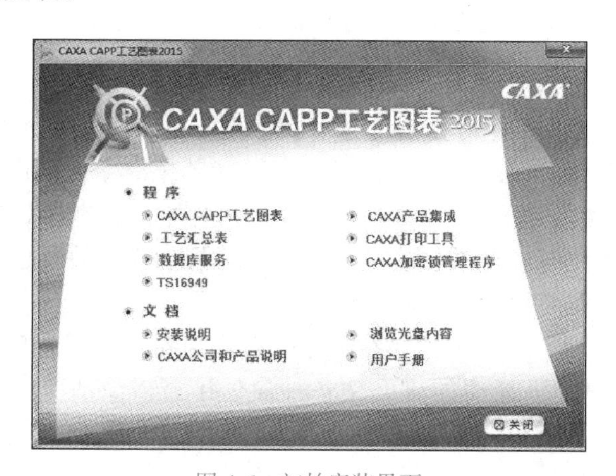

图 4-6　初始安装界面

2）CAXA 软件产品许可协议。单击“是”按钮继续安装。如果不接受此协议，请单击“否”按钮退出安装程序。

3）选择安装目的地。软件默认路径为“C:\Program Files（x86）\CAXA\ CAXA CAPP\ 2015”，单击“更改”按钮可选择其他安装路径。

4）开始安装。单击“安装”按钮继续进行安装。

5）工艺图表程序安装完成会自动进行 CAXA Common Component 组件和 CAXA Typeset Tool 排版打印工具的安装，最后单击“完成”按钮，至此 CAXA CAPP 工艺图表的安装完成。

单机加密锁驱动程序的安装：安装单机版应用程序时，已经自动安装了加密锁驱动程序。

网络加密锁驱动程序的安装：单击初始安装界面中的“CAXA 加密锁管理程序”，按系统提示逐步完成安装。注意只有安装网络加密锁的计算机才需安装此驱动程序，其余计算机不需安装。

2. 工艺图表的运行

运行 CAXA CAPP 工艺图表有以下五种方法：

1）正常安装完成后，Windows 桌面会出现“CAXA CAPP 工艺图表 2015”图标，双击图标可运行软件。

2）单击“开始”→“程序”→“CAXA”→“CAXA CAPP 工艺图表 2015”可以运行软件。

3）直接单击工艺文件（*.cxp）即可运行 CAXA CAPP 工艺图表。

4）直接运行安装目录（例如 C:\Program Files（x86）\CAXA\CAXA CAPP\2015\Bin）下的“CDRAFT_P.exe”文件。

5）通过 XML 数据文件接口方式，可以从图文档、工艺汇总表中运行 CAXA CAPP 工艺图表。

3. 工艺图表的卸载

打开控制面板中的“添加 / 删除程序”对话框，选择“CAXA CAPP 工艺图表 2015”，单击“删除”按钮，确认后即可卸载工艺图表。

4. 用户界面

CAXA CAPP 工艺图表的用户界面包括两种风格：Fluent 风格界面和经典界面。Fluent 风格界面主要使用功能区、快速启动工具栏和菜单启动常用命令；经典界面主要通过主菜单和工具栏启动常用命令。除了上述界面元素外，还包括状态栏、立即菜单、绘图区、工具选项板、命令行等，如图 4-7、图 4-8 所示。这两种风格界面可以满足不同使用习惯，可以按 <F9> 在两种风格界面间切换。

（1）Fluent 风格界面　Fluent 风格界面中最重要的界面元素为功能区，使用功能区时无需显示工具栏，通过单一紧凑的界面使各种命令排布得简洁有序、通俗易懂，同时使绘图区最大化。另外，配合菜单按钮和快速启动工具栏使 Fluent 风格界面整体耳目一新，并且可以更轻松地查找命令，为用户带来全新的体验。

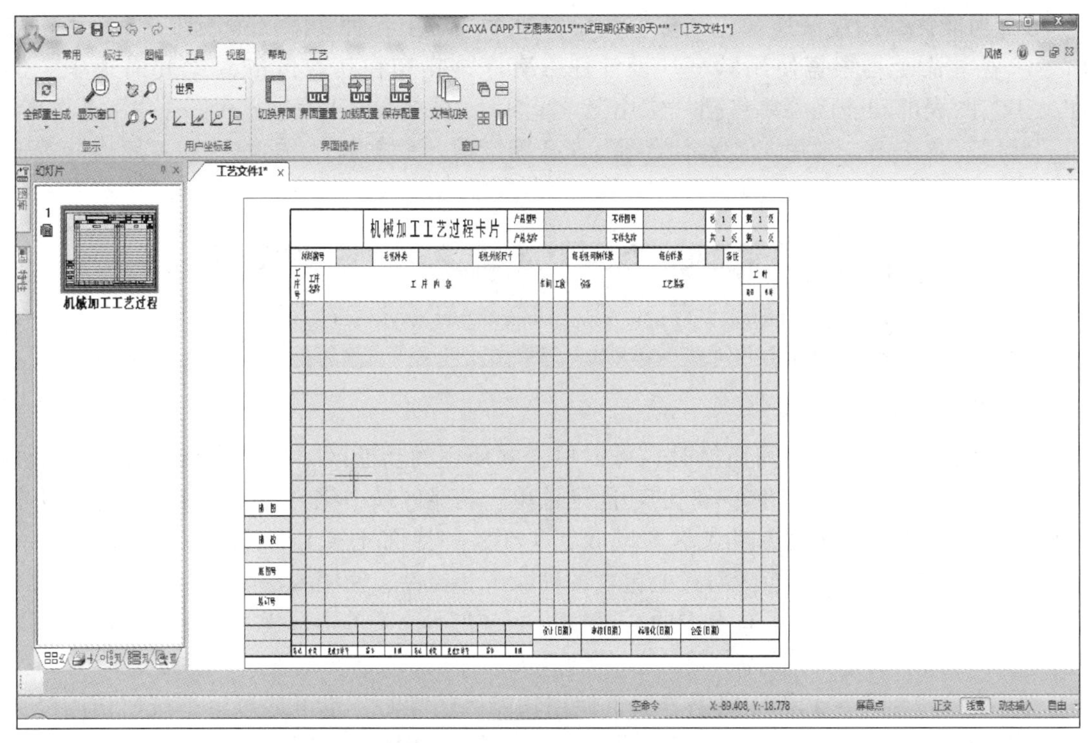

图 4-7　CAXA CAPP 工艺图表 Fluent 风格界面

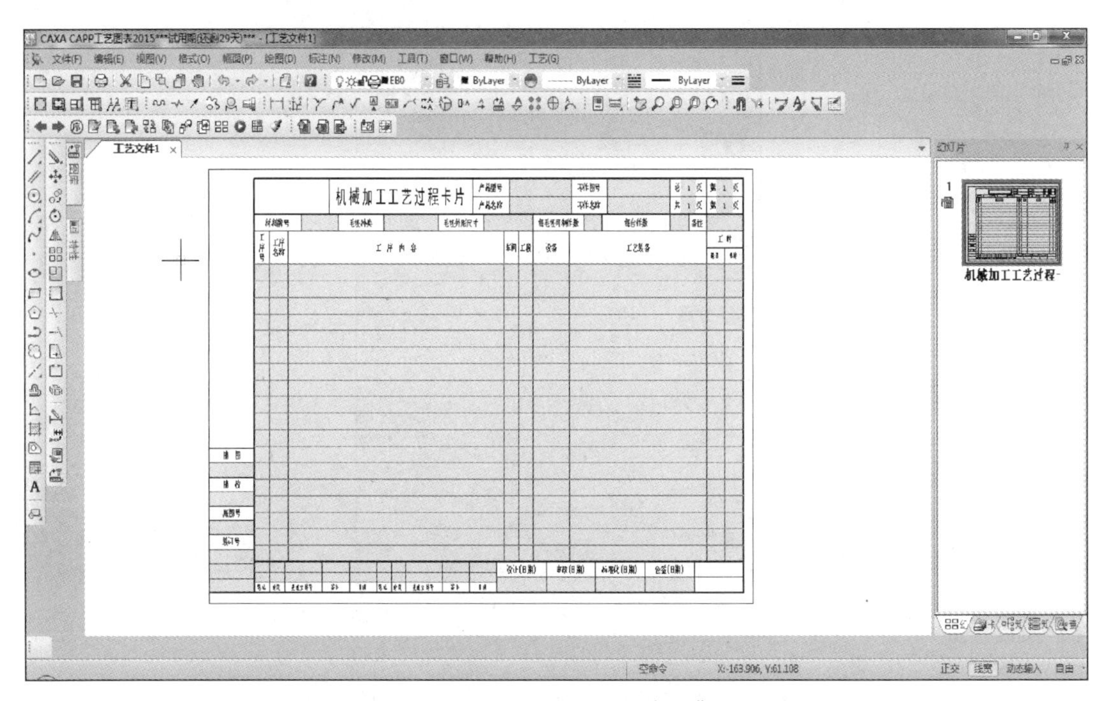

图 4-8　CAXA CAPP 工艺图表经典界面

在 Fluent 风格界面下单击“视图”菜单中“界面操作”面板上的“切换界面”按钮，或者按下 <F9> 可以切换到经典界面。

1）功能区。功能区通常包括多个菜单，每个菜单由各种功能区面板组成，如图 4-9 所示。各种命令均根据使用频率、设计任务有序地排布在功能区的菜单和面板中。例如，工艺图表的功能区菜单包括“常用”“标注”“图幅”“工具”“视图”“工艺”等；而“常用”菜单由“常用”“基本绘图”“高级绘图”“修改”“标注”和“属性”等面板组成。

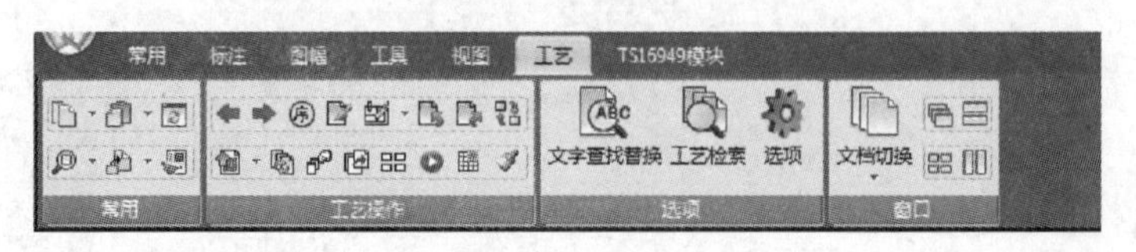

图 4-9　功能区

在不同的功能区菜单间切换时，可以单击要使用的功能区菜单。当指针在功能区上时，也可以使用鼠标滚轮切换不同的功能区菜单。功能区最小化时单击功能区菜单，功能区向下扩展；指针移出时，功能区自动收起。在各种界面元素上右击可以在弹出的菜单中打开或关闭功能区。功能区面板上包含各种命令和控件，使用方法与通常的主菜单或工具栏上的相同。单击功能区右上方的“风格”可以在下拉菜单中选择工艺图表界面色调为“明”“暗”或者自定义色彩。

2）菜单按钮。在 Fluent 风格界面下使用功能区的同时，也可通过菜单按钮访问经典的主菜单功能，如图 4-10 所示。菜单中默认显示最近使用的文档，单击文档名称即可直接打开。将指针在各种菜单上停放即可显示子菜单，单击即可执行命令。

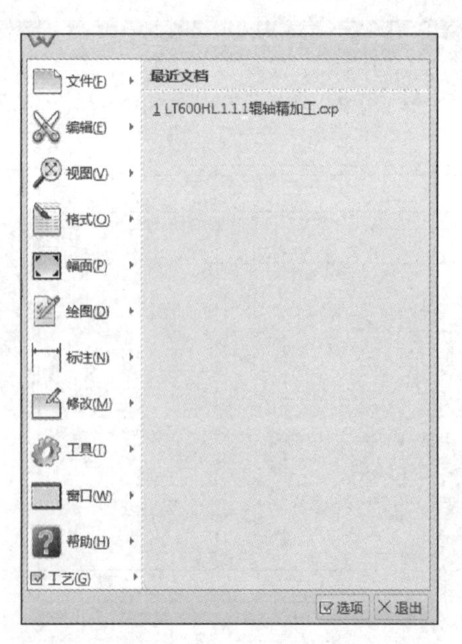

图 4-10　CAXA CAPP 工艺图表的菜单按钮

（2）经典界面　CAXA CAPP 工艺图表的经典界面通过主菜单和工具栏排布命令，如图 4-8 所示。工艺图表的主菜单位于界面的顶部，它由一行菜单及其子菜单组成，包括“文件”“编辑”“视图”“格式”“幅面”“标注”“修改”“工具”“窗口”“工艺”等。

4.2.2　工艺模板定制

1. 工艺模板概述

在生成工艺规程时，需要填写大量的工艺卡片，将相同格式的工艺卡片定义为模板，这样填写工艺卡片时直接调用模板即可，而不需要多次重复绘制工艺卡片。系统提供两种类型的模板：

1）工艺卡片模板（*.txp）：可以是任何形式的单张卡片模板，如过程卡片模板、工序卡片模板、首页模板、工艺附图模板、统计卡片模板等。

2）工艺模板集（*.xml）：一组工艺卡片模板的集合，必须包含一张过程卡片模板，还可以添加其他需要的卡片模板，如工序卡片模板、首页模板、附页模板等，各卡片之间可以设置公共信息。

CAXA CAPP 工艺图表提供了常用的各类工艺卡片模板和工艺模板集，存储在安装目录下的“Template”文件夹中。

单击“文件”菜单中的“新建”命令或单击快速启动工具栏的按钮，在弹出的对话框中可以看到软件自带模板，如图 4-11 所示。

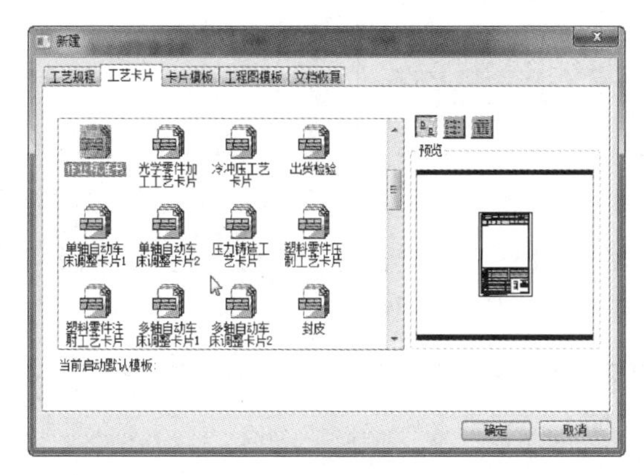

图 4-11　软件自带模板

由于生产工艺的千差万别，现有模板不可能满足所有的工艺规程要求，用户需要定制符合自己要求的模板。利用 CAXA CAPP 工艺图表的图形环境，用户可以方便快捷地绘制并定制出各种模板。

2. 绘制工艺卡片模板

（1）幅面设置　单击“图幅”菜单中的“图幅设置”按钮或单击“幅面”菜单中的“图幅设置”命令，弹出如图 4-12 所示的对话框。图纸幅面、图纸比例：按实际需要设置；图纸方向：横放或竖放，注意必须与实际卡片相一致。

卡片中单元格的要求：单元格必须是封闭的矩形；列单元格宽度、高度必须相等。

（2）卡片的定位方式　当卡片有外框时，以外框的中心定位，外框中心与系统坐标原点重合。当卡片无外框时，可画一个辅助外框，以外框的中心定位，外框中心与系统坐标原点重合，定位完后再删除辅助外框。

（3）文字定制　在单元格内填写文字时使用“搜索边界”的方式，并选择相应的对齐方式，这样可以更准确地把文字定位到指定的单元格中。

注意： 如果卡片是从 AutoCAD 转过来的，必须要把卡片上的所有线及文字设到 CAXA CAPP 工艺图表默认的细实线层，然后再删除 AutoCAD 的所有图层。

（4）绘制卡片表格　新建工艺卡片模板：单击“文件”菜单中的“新建”命令或单击快速启动工具栏的按钮，弹出“新建”对话框，如图 4-13 所示。选择“卡片模板”选项卡，双击“卡片模板”。

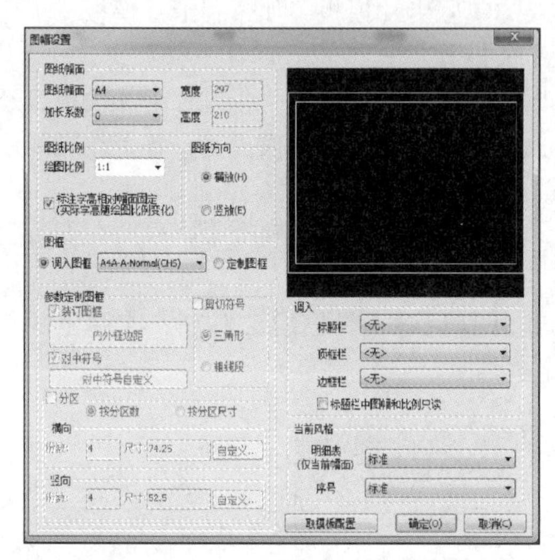

图 4-12　图幅设置

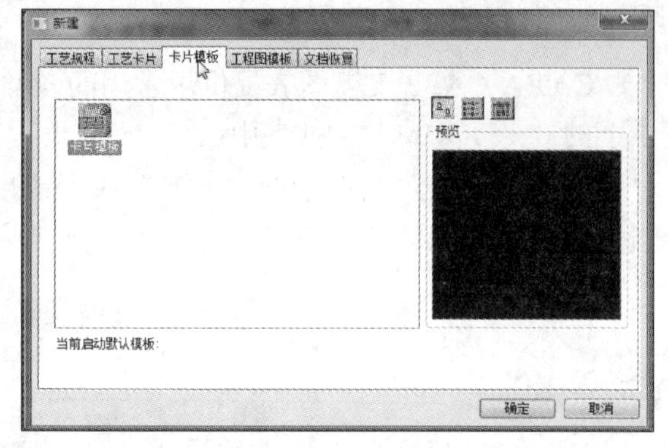

图 4-13　新建文件类型

系统自动进入 CAXA CAPP 工艺图表的“模板定制”环境，利用绘图工具（如直线、橡皮、偏移等）绘制卡片表格，如图 4-14 所示。

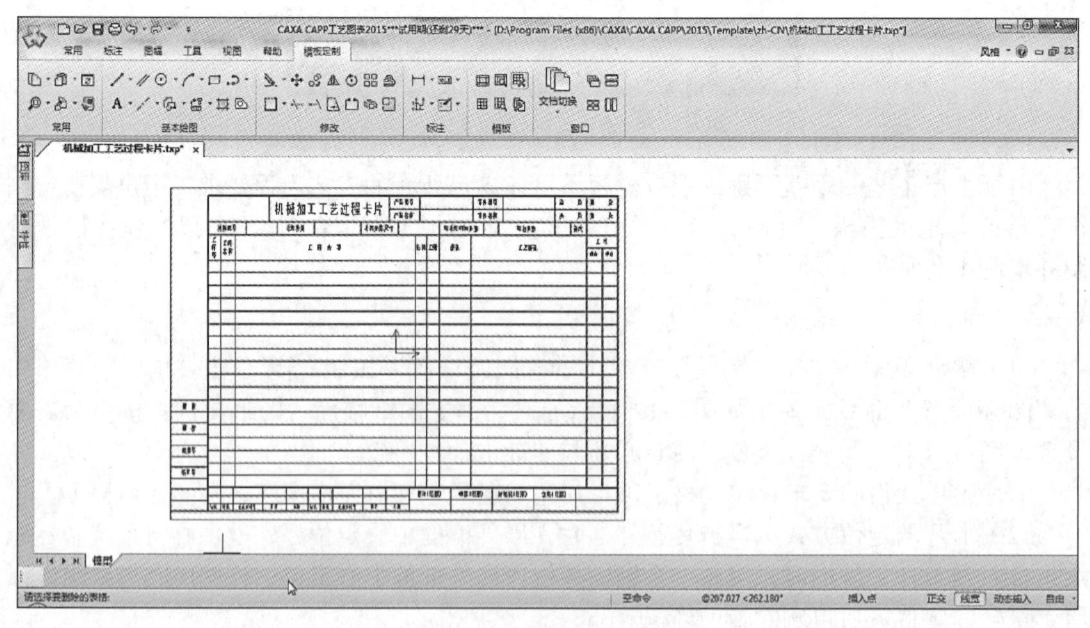

图 4-14　绘制卡片表格

绘制多行表格可使用“等分线”命令，操作步骤如下：

1）绘制多行表格的首行和末行表格线。

2）单击“常用”菜单中“基本绘图”面板的按钮后的小三角。

3）在菜单底部选择“等分线”命令，并设置要等分的份数。

4）单击拾取首行与末行表格线即可生成等分线。

除了直接绘制表格，还可以直接使用电子图板绘制的表格或 dwg/dxf 类型的表格，具体方法为：

1）单击“文件”菜单中的“打开”命令或单击快速启动工具栏按钮，弹出“打开”对话框。

2）在“文件类型”下拉列表中选择“*.exb”“*.dwg”“*.dxf”文件类型，并选择要打开的表格。

3）单击“确定”按钮后打开表格，按需要修改、定制。

4）单击“文件”菜单中的“另存为”命令，可将其存储为工艺模板文件（*.txp）。

（5）标注文字

1）单击“标注”菜单中“标注样式”面板中按钮，或单击“格式”菜单中的“文字”命令，弹出如图 4-15 所示的“文本风格设置”对话框，用户可创建或编辑需要的文本风格。

注意：关于字高与字宽系数的说明。系统默认字高为 3.5，此处字高为西文字符的实际字高，中文字符的字高为输入数值的 1.43 倍；字宽系数为 0 ～ 1 之间的数字。对于 Windows 标准的方块字（如菜单中的字符），其字宽系数为 0.998，而国家制图标准的瘦体字字宽系数为 0.667。

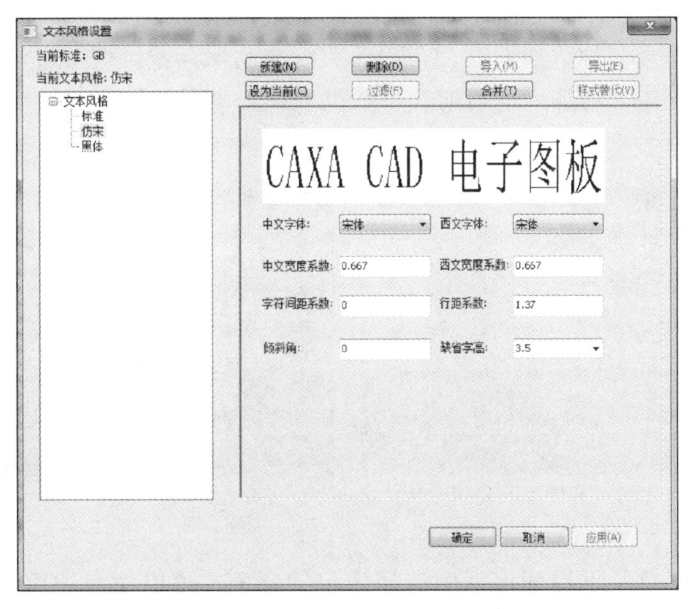

图 4-15 “文本风格设置”对话框

2）单击“常用”菜单中“基本绘图”面板上的按钮，或单击绘图工具栏中的按钮，即可进行文字标注。首先需在窗口底部的立即菜单中设置“搜索边界”格式，然后单击单元格弹出“文字标注与编辑”对话框，输入所要标注的文字，确定之后，文字即被填入目标区域。

3）重复以上操作完成整张模板的文字标注。

3. 定制工艺卡片模板

切换到模板定制界面，单击“模板定制”菜单，或单击“模板定制”菜单中“模板”面板上的相应功能，如图 4-16 所示，使用“定义”“查询”“删除”命令即可快捷地完成工艺卡片模板的定制。

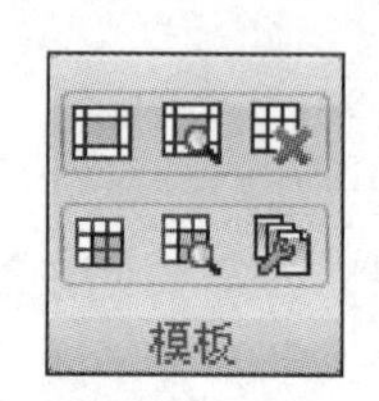

图 4-16　工艺菜单

（1）定义与查询单元格（列）

1）单个单元格的定义。单击“模板定制”菜单中“模板”面板上▭按钮，或单击“模板定制”菜单中的“定义单元格”命令。单击单元格的内部，系统将用红色虚线加亮显示单元格边框，右击将弹出“定义单元格”对话框，如图 4-17 所示。

单元格名称是单元格的身份标识，具有唯一性，同一张卡片中的单元格名称不允许重复。单元格名称与工艺图表的统计操作、公共信息关联、工艺汇总表的汇总等多种操作有关，所以建议用户为单元格输入具有实际意义的名称。如图 4-18 所示，可以在“单元格名称”后的文本框中输入单元格的名称，也可以在下拉列表框中选择（系统自动给单元格指定一个名称，如 CELL0 等）。系统自动保存曾经填写过的单元格名称，并显示在下拉列表框中，当输入字符时，下拉列表框自动显示与之相符合的名称，以方便用户查找。

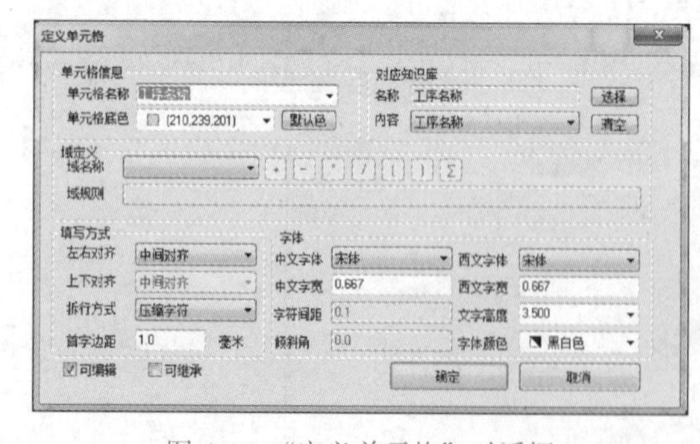

图 4-17　“定义单元格”对话框

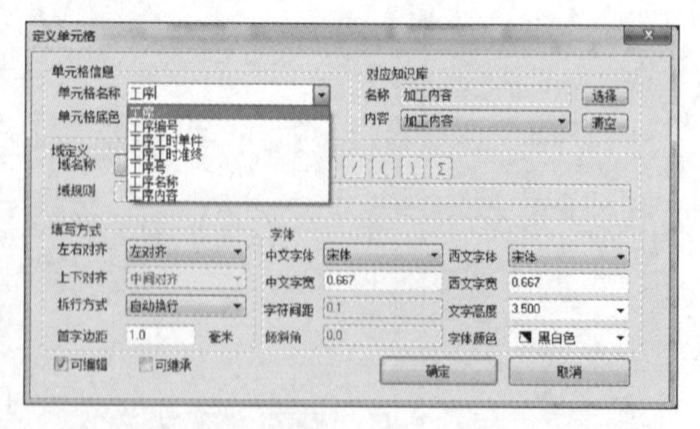

图 4-18　“单元格名称”下拉列表框

在“单元格底色”下拉列表框中选择适合的颜色，可以使卡片填写界面更加美观、清晰，但单元格底色不会通过打印输出。单击“默认色”按钮会恢复系统默认选择的底色。

知识库是由用户通过 CAXA CAPP 工艺图表的工艺知识管理模块定制的工艺资料库，

如刀具库、夹具库、加工内容库等。为单元格指定对应的知识库后，在填写此单元格时，对应知识库的内容会自动显示在知识库列表中供用户选择。

在“对应知识库”选项组中，“名称”后的文本框显示当前知识库节点名称，“内容”后的下拉列表框显示的是在知识库中此节点的字段。

单击“名称”后的“选择”按钮，在弹出的“知识库”对话框中选择希望对应的工艺资料库，如图 4-19 所示，然后在“内容”后的下拉列表框中选择希望对应的内容即可。例如：“名称”选择“夹具”，“内容”选择“编号”，则在填写此单元格时，用户在知识库列表中选择需要的夹具后，夹具的编号会自动填写到单元格中。单击“清空”按钮则取消与知识库的对应。

如果为单元格定义了域，则创建卡片后，此单元格的内容不需用户输入，而由系统根据域定义自动填写。“域名称”后的下拉列表框如图 4-20 所示。

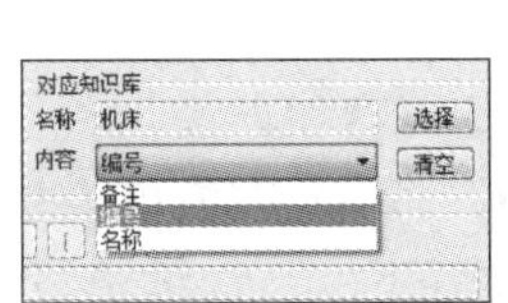

图 4-19　对应知识库

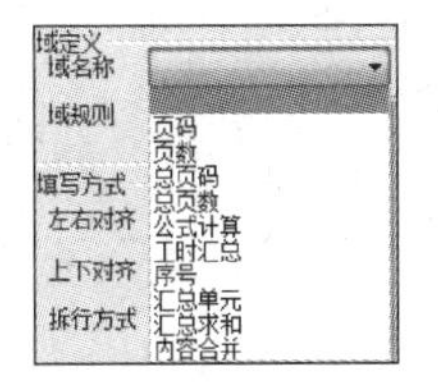

总	16	页	第	15	页
共	1	页	第	1	页

图 4-20　“域名称”下拉列表框

工艺卡片通常会有四个页码，如图 4-20 所示。在“域名称”下拉列表框中的“页数”“页码”代表卡片所在的卡片组（包括主页、续页、自卡片等），即“共 × 页　第 × 页”，而“总页数”“总页码”代表卡片在整个工艺规程中的排序，即“总 × 页　第 × 页”。

使用“公式计算”与“工时汇总”命令可对同一张卡片中的单元格进行计算或汇总。使用“汇总单元”与“汇总求和”命令可对过程卡片表区中的内容进行汇总。

注意：域与库是相斥的，即一个单元格不可能同时来源于库和域，选择其中的一个时，另一个会自动失效。

工艺卡片的“填写方式”选项组如图 4-21 所示。对齐方式决定了文字在单元格中的显示位置，“左右对齐”可以选择“左对齐”“中间对齐”“右对齐”三种方式，而“上下对齐”目前只支持“中间对齐”方式。对于单个单元格，“拆行方式”只能为“压缩字符”，填写卡片时，当单元格的内容超出单元格宽度时，文字会被自动压缩。如果用户选择了“保持字高”，即选中“保持字高”复选按钮，则文字被压缩后，字高仍然保持不变，视觉上字体变窄。如果不选中此复选按钮，文字被压缩后会整体缩小。在“首字边距”文本框中输入数值（默认为 1 毫米），填写的文字会与单元格左右边线保持一定距离。

“字体”选项组如图 4-22 所示，用户可以对字体、文字高度、字体颜色等做出选择。

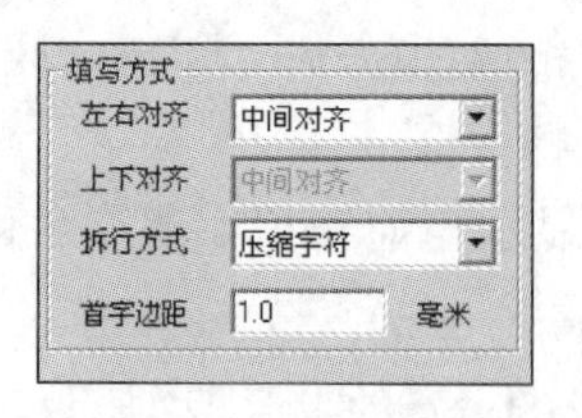

图 4-21 “填写方式”选项组

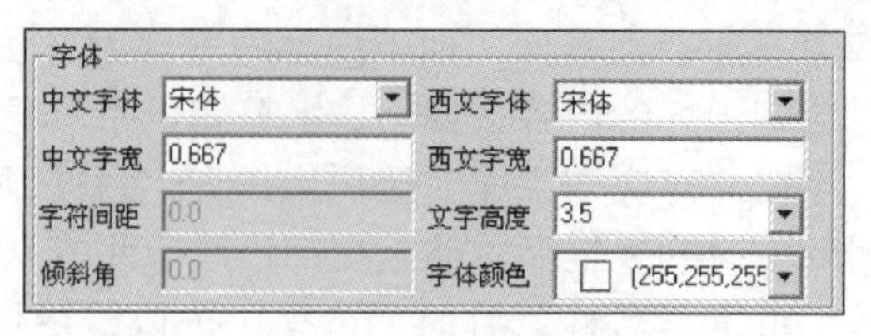

图 4-22 “字体”选项组

注意： 字宽系数是 0～1 之间的数字。Windows 标准的方块字是等高等宽的，其字宽系数为 0.499，国家制图标准的瘦体字字宽系数为 0.3335（此处与电子图板字宽系数标准不同）。用户可根据需要对其做出调整。

在“中文字体”文本框中带有“@”的字体是纵向填写的。如果定义的字高超过单元格高度，会弹出对话框提示用户重新输入。字宽系数可选择“制图标准”或“Windows 标准”，也可输入 0～1 之间的数值。字体颜色会在打印时输出。

2）列单元格的定义。单击“模板定制”菜单中，“模板”面板上按钮，或单击“模板定制”菜单中的“定义单元格”命令。在首行单元格内部单击，系统用黑色虚线框高亮显示此单元格。按住 <Shift> 键单击此列的末行单元格，系统将首末行之间的一列单元格（包括首末行）全部用红色虚线框高亮显示，如图 4-23 所示。

松开 <Shift> 键并右击，弹出“单元格属性”对话框，属性的设置内容和方法与单个单元格基本相同，只是“拆行方式”下有“自动换行”和“压缩字符”两个选项可供选择。如果选择“自动换行”，则文字填满该列的某一行后，会自动切换到下一行继续填写；如果选择“压缩字符”，则文字填满该列的某一行后，文字被压缩，不会切换到下一行。

3）续列的定义。续列是属性相同且具有延续关系的多列，续列的各个单元格应当等高等宽，定义方法如下：单击“模板定制”菜单中，“模板”面板上按钮，或单击“模板定制”菜单中的“定义单元格”命令。用选取列的方法选取一列，按住 <Shift> 键，选择续列上的首行，弹出如图 4-24 所示对话框，询问“是否希望定义续列？”。

工序名称	工序内容

图 4-23 列单元格定义

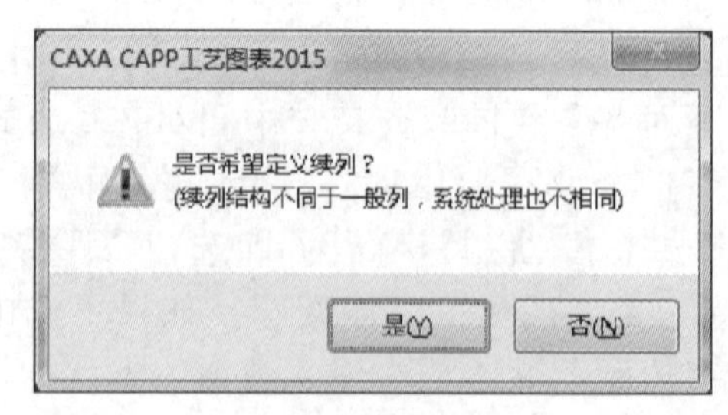

图 4-24 续列提示

注意： 系统弹出此提示对话框是为了避免用户对续列的误定义，请注意“列”与“续列”的区别。

单击“否”按钮则不定义续列，单击“是”按钮则高亮显示续列的首行。注意续列单元格应与首列单元格等高等宽，否则不能添加续列，且弹出对话框进行提示。按住<Shift>键选择续列上的末行单元格，续列被高亮显示。类似的，可定义多个续列。松开<Shift>键并右击，弹出“单元格属性”对话框，其设置方法与列相同。

4）单元格属性查询与修改。通过单个单元格、列、续列的定义，可以完成一张卡片上所有需要填写的单元格的定义。如果需要查询或修改单元格的定义，只需单击“模板定制”菜单中“模板”面板上按钮，或单击“模板定制”菜单中的“查询单元格”命令，然后单击单元格即可。系统自动识别单元格的类型，弹出“单元格属性”对话框，用户可对其中的选项进行修改或重新选择。

（2）续页定义规则　如果一个卡片的表区定义了表区支持续页属性，则可以添加续页。填写卡片时，如果填写内容超出了卡片表区的范围，系统会自动以当前卡片为模板，为卡片添加一张续页。CAXA CAPP 工艺图表加强了续页机制，在添加续页时可添加不同类型模板的续页，需要强调的是过程卡片添加续页时要求续页模板与主页模板有相同结构的表区，即表区中列的数量、宽度相同，行高相同；对应列的名称一致；定义次序一致（定义表时，从左到右选择列和从右到左选择列，列在表中的次序是不一致的）。

4. 定制工艺模板集

1）新建工艺模板集：单击“文件”菜单中的“新建”命令，或单击快速启动栏按钮弹出“新建”对话框。

2）选择“卡片模板”选项卡，单击“卡片模板”并单击“确定”按钮，进入模板定制环境。

3）单击“模板定制”菜单中“模板”面板上按钮，或单击“模板定制”菜单中的“模板管理”命令，弹出如图 4-25 所示对话框。

4）在“新建模板集：输入模板集基本信息”对话框中填入所要创建的模板集名，并单击“下一步”按钮（图 4-26），输入“模板集名”并且指定“页码编排规则”。

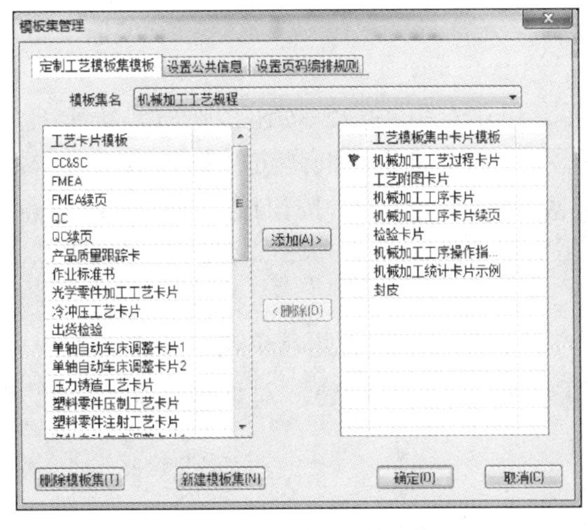

图 4-25　新建工艺模板集

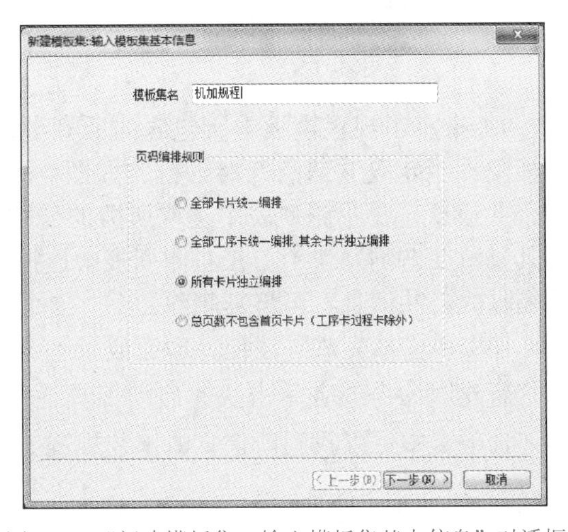

图 4-26　“新建模板集：输入模板集基本信息”对话框

5）弹出“新建模板集::指定卡片模板”对话框。在“工艺模板”中选择需要的模板，单击“指定”按钮或双击需要的模板。在没有指定工艺过程卡片之前，系统会提示是否指定所选卡片为工艺过程卡片。如果所选卡片为工艺过程卡片，单击“是”按钮即可将此过程卡片添加到右侧列表中，且过程卡片名称前添加红旗标志；单击“否”按钮则将此卡片作为普通卡片添加到右侧列表中，如图4-27所示。

6）选择该工艺过程中需要的其他卡片，对话框右边的“规程中模板”列出所指定的工艺过程卡片和其他工艺卡片。工艺卡片可以是一张或多张，由具体工艺决定。

7）指定的工艺过程卡片会有红旗作为标志，以区分过程卡片和其他工艺卡片。在右侧列表中，单击卡片模板名称前的红旗列，可以重新指定过程卡片，但一个工艺规程模板中只能指定一个过程卡片模板。

8）选中右侧列表中的某一个卡片模板，单击“删除”按钮或双击某张卡片，可将其从列表中删除，如图4-28所示。

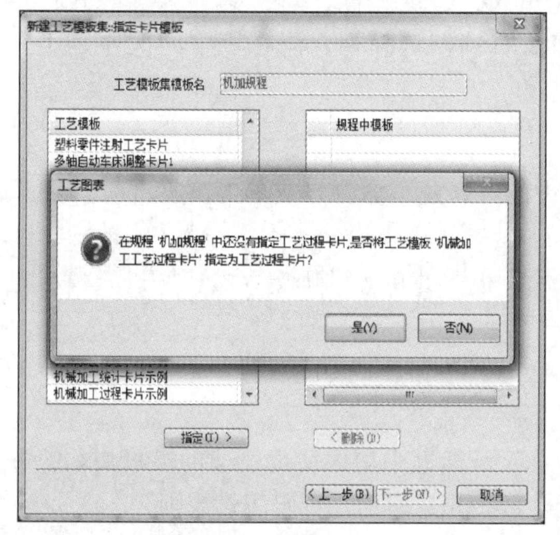

图4-27　系统提示对话框

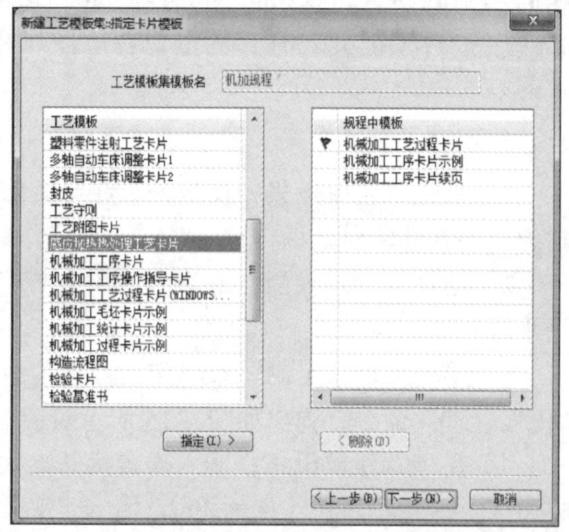

图4-28　“新建工艺模板集::指定卡片模板”对话框

9）指定了规程模板中所包含的所有卡片后，单击“下一步”按钮，弹出“新建工艺模板集::指定公共信息”对话框，如图4-29所示。这里要指定的是工艺规程中所有卡片的公共信息，在左侧列表中选取所需的公共信息，单击“添加”按钮或双击需要的信息，将其显示在右侧列表中。在右侧列表中选择不需要的公共信息，单击“删除”按钮或双击要删除的公共信息，可将其删除。

10）单击“完成”按钮，即完成了一个新的模板集的创建。此时单击“文件”菜单中的“新建”命令或者单击快速启动工具栏中按钮，弹出“新建”对话框，在“工艺规程”选项卡中可以找到新建立的工艺规程。

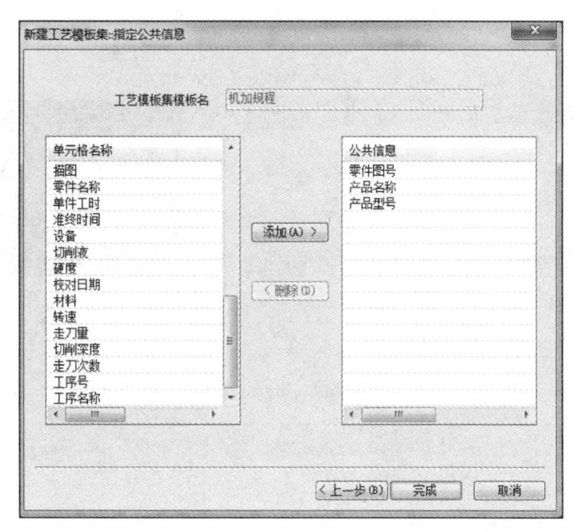

图 4-29　“新建工艺模板集 :: 指定公共信息”对话框

4.2.3　工艺卡片填写

1. 文件操作

（1）新建工艺文件　单击“文件”菜单中的“新建”命令，或单击快速启动工具栏中按钮，弹出“新建”对话框，如图 4-30 所示，用户可新建工艺规程或工艺卡片。

1）新建工艺规程：在“工艺规程”标签中显示了现有的工艺规程模板，选择所需的模板并单击“确定”按钮，系统自动切换到工艺环境，并根据模板定义，生成一张工艺过程卡片。由工艺过程卡片开始，可以填写工序流程，添加并填写各类卡片，最终完成工艺规程的建立。

2）新建工艺卡片：在“工艺卡片”标签中显示了现有的工艺卡片模板，选择所需的模板并单击“确定”按钮，系统自动切换到工艺环境，并生成工艺卡片，供用户填写。

（2）打开工艺文件　单击“文件”菜单中的“打开”命令，或者单击快速启动工具栏的按钮，弹出“打开”对话框，如图 4-31 所示。

在“文件类型”下拉列表框中选择“所有支持的文件”。在文件浏览窗口中选择要打开的文件并单击“确定”按钮，或者直接双击要打开的文件，系统自动切换到工艺编写环境，打开工艺文件，进入卡片填写状态。

（3）文件的自动保存与恢复　单击“工具”菜单中“选项”面板上的按钮，或单击“工具”菜单中的“选项”命令，弹出“选项”对话框，选择到“系统”分类，右侧“存盘间隔”采用定时保存的控制选项，如图 4-32 所示。

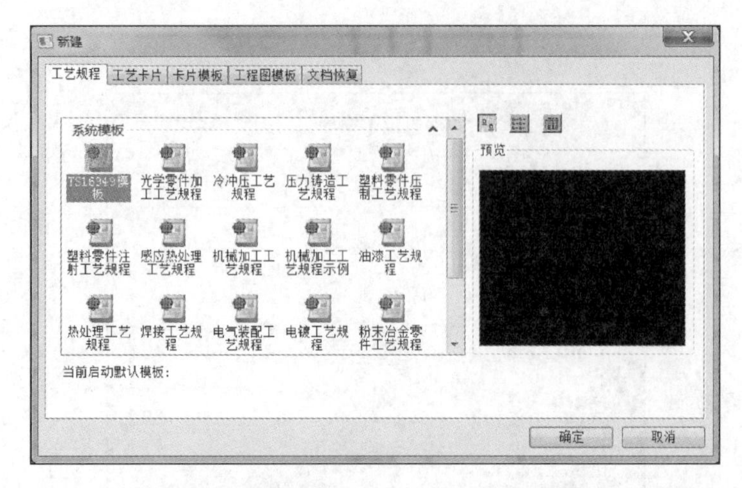

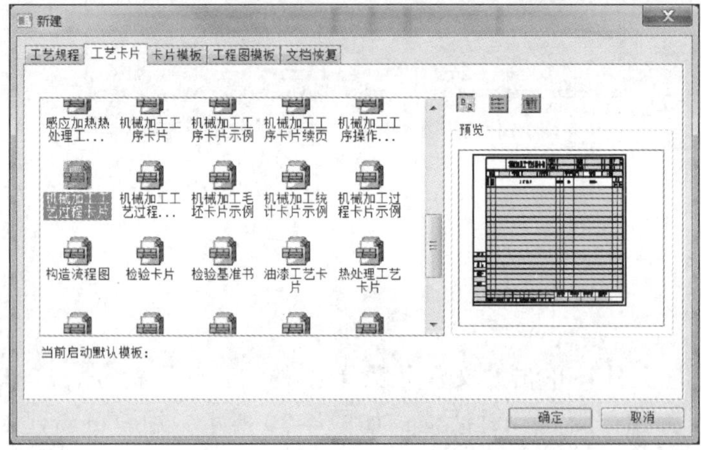

图 4-30 “新建”对话框

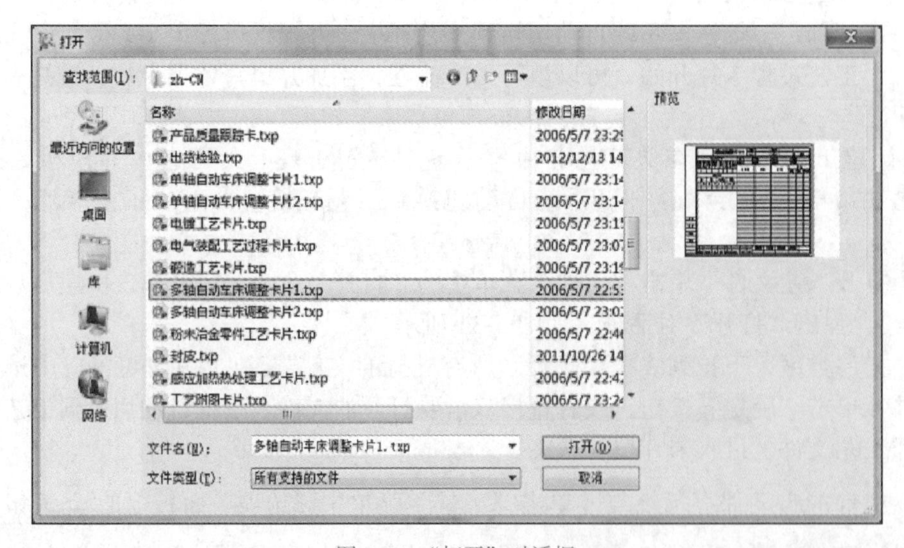

图 4-31 “打开”对话框

当软件异常关闭或强制关闭时，再次启动软件，可通过“文档恢复”选项卡恢复之前操作的文件，单击“文件”菜单中的“新建”命令，或单击快速启动工具栏的□按钮，弹出“新建”对话框，在“文档恢复”选项卡中选择需要的文件即可，如图 4-33 所示。

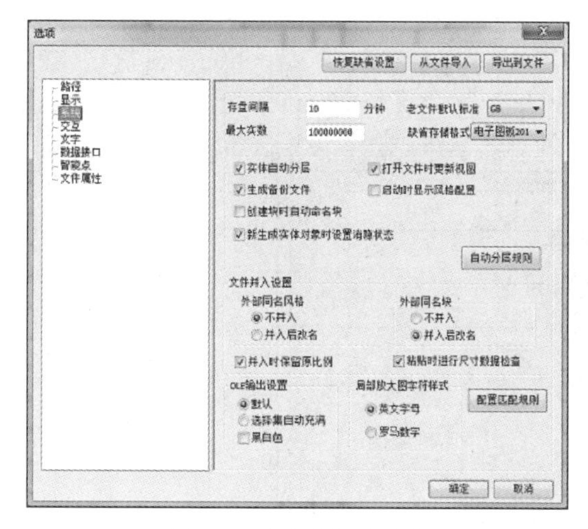

图 4-32　“选项”对话框

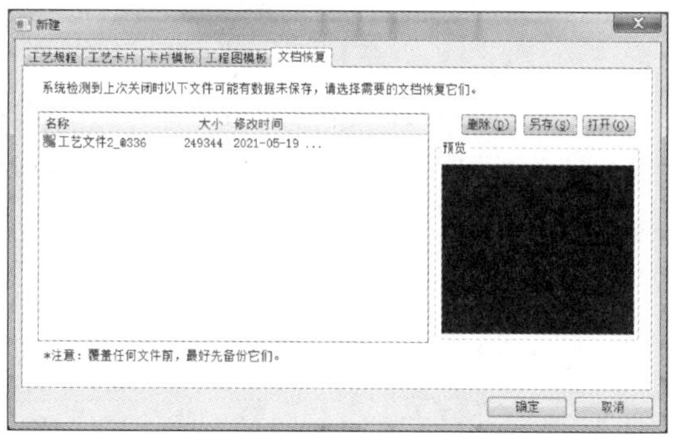

图 4-33　“文档恢复”选项卡

（4）多文件操作　CAXA CAPP 工艺图表可以同时打开多个工艺文件（*.cxp）、模板文件（*.txp）、图形文件（*.exb、*.dwg），也支持在一个文件中设计多张图样。在同时打开的文件间或一个文件中的多个图样间切换方便，图 4-34 所示为同时打开的多文件，每个文件均可以独立设计和存盘，可以按 <Ctrl+Tab> 键在不同的文件间循环切换。

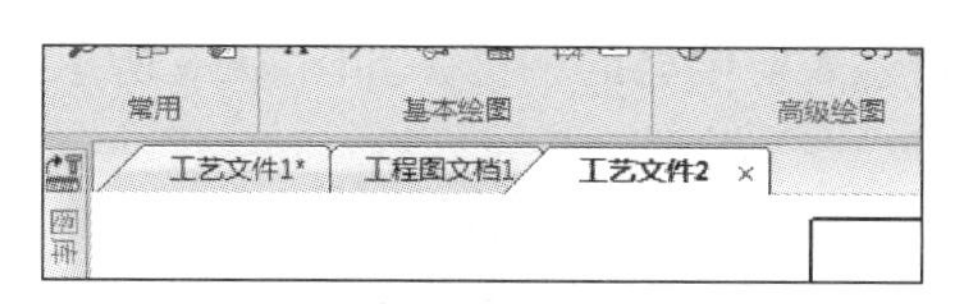

图 4-34　同时打开的多文件

在经典界面下可以单击“窗口”主菜单，如图 4-35 所示。可以选择多个文件窗口的排列方式，如层叠、横向平铺、纵向平铺、排列图标，也可以直接单击文件名称切换当前窗口。

在 Fluent 风格界面下，可以单击“工艺”菜单中“窗口”面板上的“文档切换”按钮切换当前窗口，如图 4-36 所示。

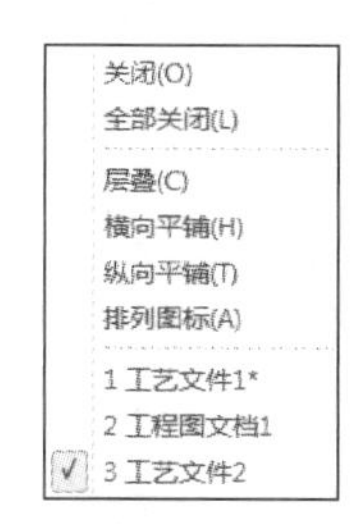

图 4-35　经典界面的多窗口操作

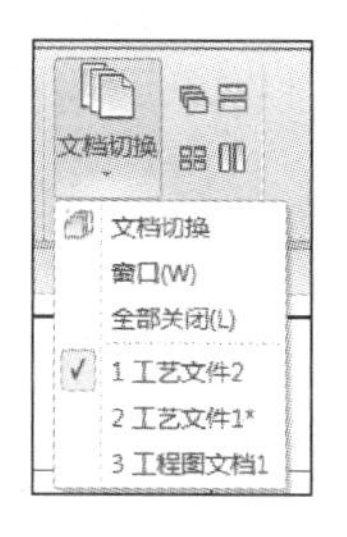

图 4-36　Fluent 风格界面的多窗口操作

2. 单元格填写

新建或打开文件后，系统切换到卡片的填写界面，可选择手工输入、知识库关联填写、公共信息填写等多种方式对各单元格内容进行填写，如图 4-37 所示。

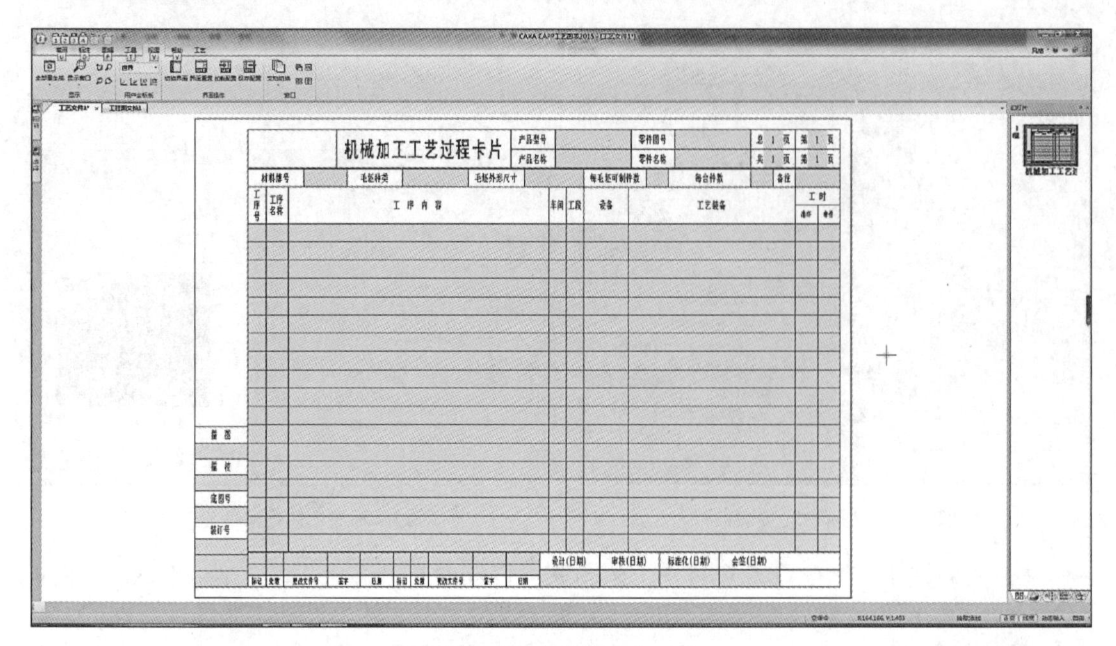

图 4-37　卡片填写窗口

（1）手工输入填写　单击要填写的单元格，单元格底色随之改变，且光标在单元格内闪动，此时即可在单元格内输入要填写的字符，如图 4-38 所示。

	产品型号	JGF-09332	零件图号	
	产品名称	轴承底座	零件名称	
形尺寸		每毛坯可制件数		

图 4-38　单元格文字输入

注意：单元格的填写方式取决于模板的定制方式。

1）自动换行的填写方式：文字不进行压缩处理，当一行填写不完的时候，会自动创建新行完成填写。

2）压缩文字的填写方式：当文字只填写在一个单元格中且文字内容较多时，会出现压缩效果，在填写的文字中间，按 <Enter> 键可在当前单元格中将文字分成两段。

按住鼠标左键在单元格内的文字上拖动可选中文字，然后右击，弹出图 4-39 所示的快捷菜单，利用“剪切”“复制”“粘贴”命令或对应的快捷键，可以将文字填写在各单元格。外部字处理软件（如记事本、写字板、Word 等）中的文字字符，也可以通过“剪切”“复制”“粘贴”命令填写到单元格中。在选中文字的状态下，在单元格与单元格之间可以实现文字的拖动。

若要改变单元格填写时的底色，只需单击“工艺”菜单中的“选项”命令，弹出“工艺选项”对话框，在“单元格填写底色设置”中选择所需的颜色，如图 4-40 所示。

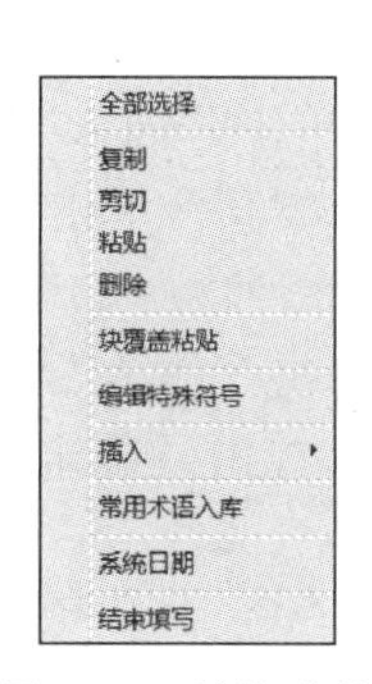

图 4-39　快捷菜单

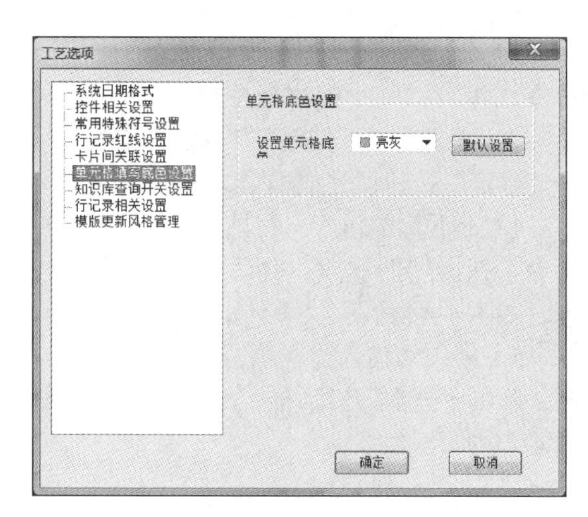

图 4-40　系统配置

（2）特殊符号的填写与编辑　在单元格内右击，利用快捷菜单中的“插入”命令，可以直接插入“常用符号”“图符”“公差”“上下标”“分式”“粗糙度”“几何公差”“焊接符号”和“引用特殊字符集”，下面对各种特殊符号的输入作详细说明。

注意：插入“公差”“粗糙度”“几何公差”“焊接符号”和“引用特殊字符集”的方法，与 CAXA CAD 电子图板完全相同。

1）常用符号的输入：在填写状态下右击，选择快捷菜单中“插入”中的“常用符号”命令，如图 4-41 所示，单击要输入的符号即可完成填写。另外，常用符号的输入也可使用卡片树中的“常用符号”库，用户可对此库进行定制和扩充，因此更加灵活。建议用户使用“常用符号”库进行填写。

2）图符的输入：在填写状态下右击，弹出快捷菜单，单击“插入”中的“图符”命令，弹出“输入图形”对话框，在文本框中输入文字，然后单击一种样式，就可将图符输入到单元格中，如图 4-42 所示。

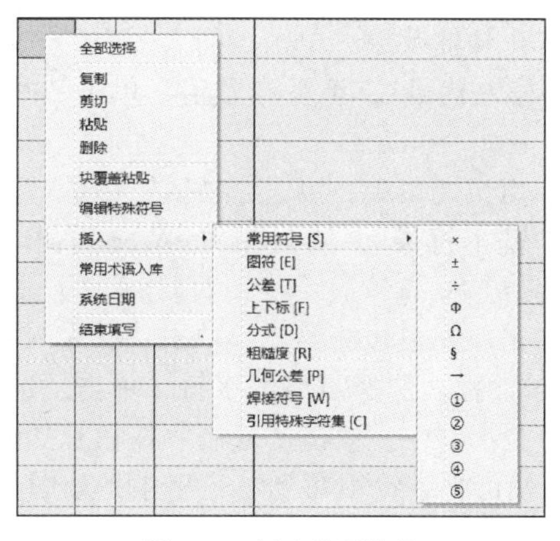

图 4-41　插入常用符号

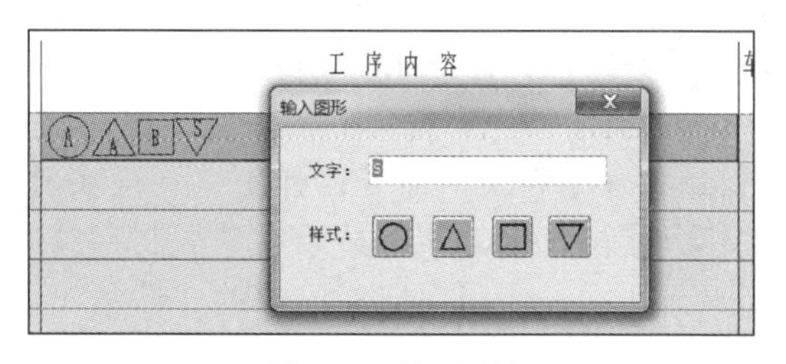

图 4-42　输入图符

3）公差的输入：在填写状态下右击，弹出快捷菜单，单击“插入”中的“公差”命令，弹出“尺寸标注属性设置（请注意各项内容是否正确）”对话框，填写“基本尺寸”“上偏差”“下偏差”“前缀”“后缀”，并选择需要的“输入形式”“输出形式”，单击“确定”按钮即完成填写，如图 4-43 所示。

4）上下标的输入：在填写状态下右击，弹出快捷菜单，单击“插入”中的“上下标”命令，弹出“上下标”对话框，填写“上标”和“下标”的数值，单击“确定”按钮即可，如图 4-44 所示。

5）分式的输入：在填写状态下右击，弹出快捷菜单，单击“插入”中的“分式”命令，弹出“分数”对话框，填写“分子”和“分母”的数值，单击“确定”按钮即可，如图 4-45 所示。

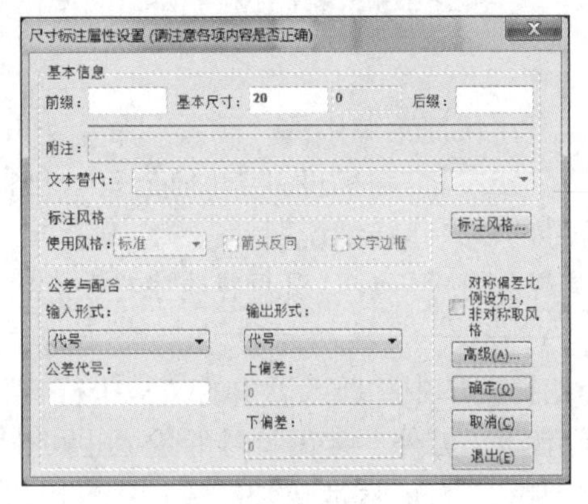

图 4-43 “尺寸标注属性设置（请注意各项内容是否正确）”对话框

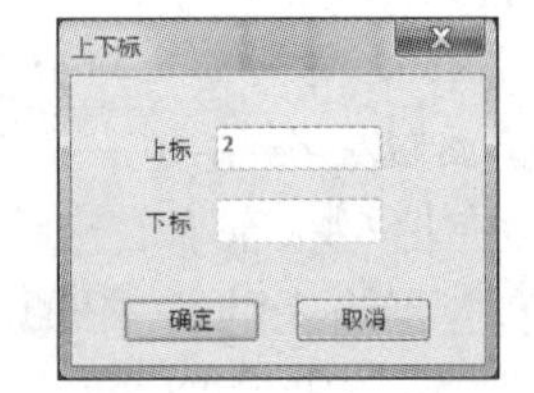

图 4-44 “上下标”对话框

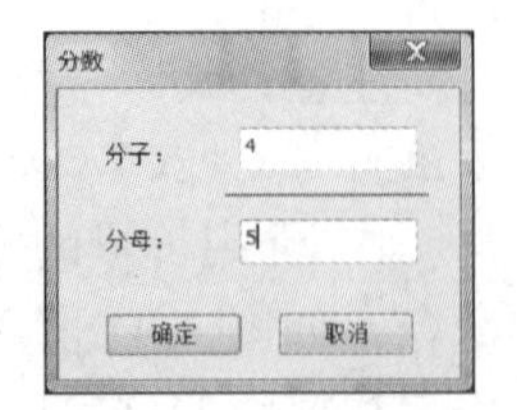

图 4-45 “分数”对话框

注意：“分子”中不支持“/”“%”“&”“*”符号。

6）粗糙度的输入：在填写状态下右击，弹出快捷菜单，单击“插入”中的“粗糙度”命令，弹出“表面粗糙度”对话框。选择“基本符号”，填写“上限值”“下限值”，单击“确定”按钮即可，如图 4-46 所示。

7）几何公差的输入：在填写状态下右击，弹出快捷菜单，单击“插入”中的“几何公差”命令，弹出“几何公差”对话框。选择“公差代号”，填写参数值，单击“确定”按钮即可，如图 4-47 所示。

8）焊接符号的输入：在填写状态下右击，弹出快捷菜单，单击“插入”中的“焊接符号”命令，弹出“焊接符号”对话框。选择“基本符号”，填写相关参数，单击“确定”按钮即可，如图 4-48 所示。

9）引用特殊字符集的输入：在填写状态下右击，弹出快捷菜单，单击“插入”中的“引用特殊字符集”命令，弹出“字符映射表”对话框。选择需要的字符，单击“选择”按钮，使被选定的字符显示在“复制字符”后的文本框中。单击“复制”按钮，然后回到单元格中，使用快捷菜单中的“粘贴”命令，就可将字符填写到单元格中，如图 4-49 所示。

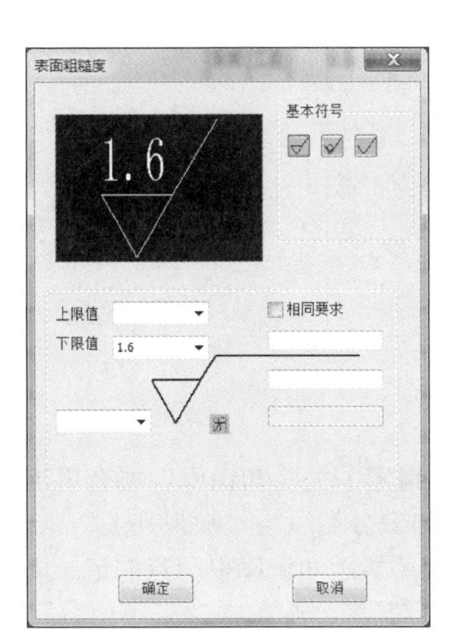

图 4-46　“表面粗糙度”对话框

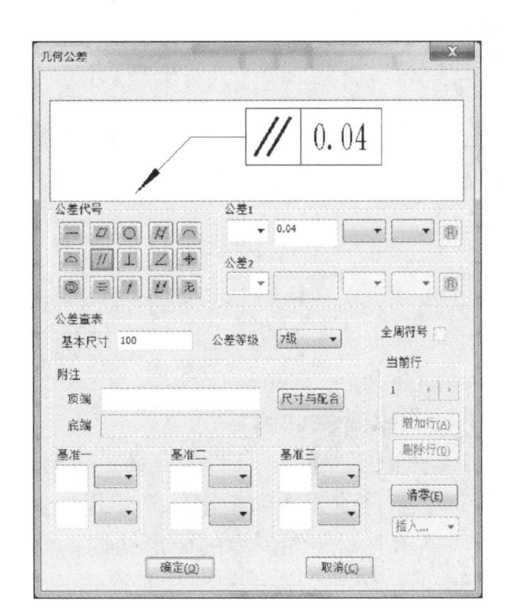

图 4-47　“几何公差”对话框

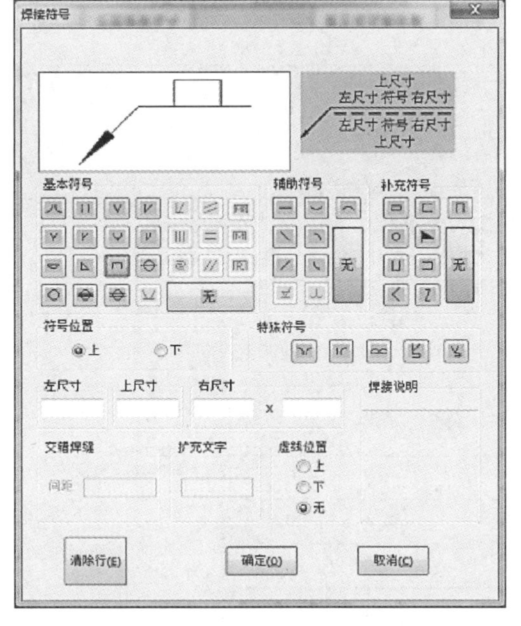

图 4-48　“焊接符号”对话框

图 4-49　“字符映射表”对话框

注意：CAXA CAPP 工艺图表使用的是操作系统的字符映射表，目前只支持“高级查看”状态下的中文字符集，对于其他字符集中的某些字符，填入到卡片中后可能会显示为“?”。

（3）系统日期的填写　快捷菜单中提供了填写当前系统日期的方法。单击快捷菜单中的“系统日期”命令，会自动填写当前系统的日期。日期的格式可以在“日期格式类型”中选择，如图 4-50 所示。

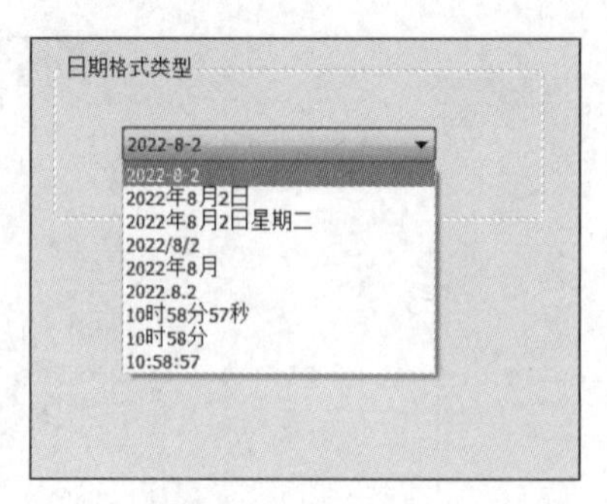

图 4-50　系统日期

（4）知识库关联填写

1）知识库界面。如果在定义模板时，为单元格指定了关联知识库，那么单击此单元格后，系统自动关联到指定的知识库，并显示在“知识分类”与“知识列表”中。“知识分类”显示其对应知识库的树形结构，而“知识列表”显示知识库根节点的记录内容。

例如：为“工序内容”单元格指定了“加工内容”库，则单击“工序内容”单元格后，“知识分类”显示“加工内容”库的结构，包括“车”“铣”等工序，单击其中的任意一种工序，则在“知识列表”中显示对应的具体内容，如图 4-51 所示。

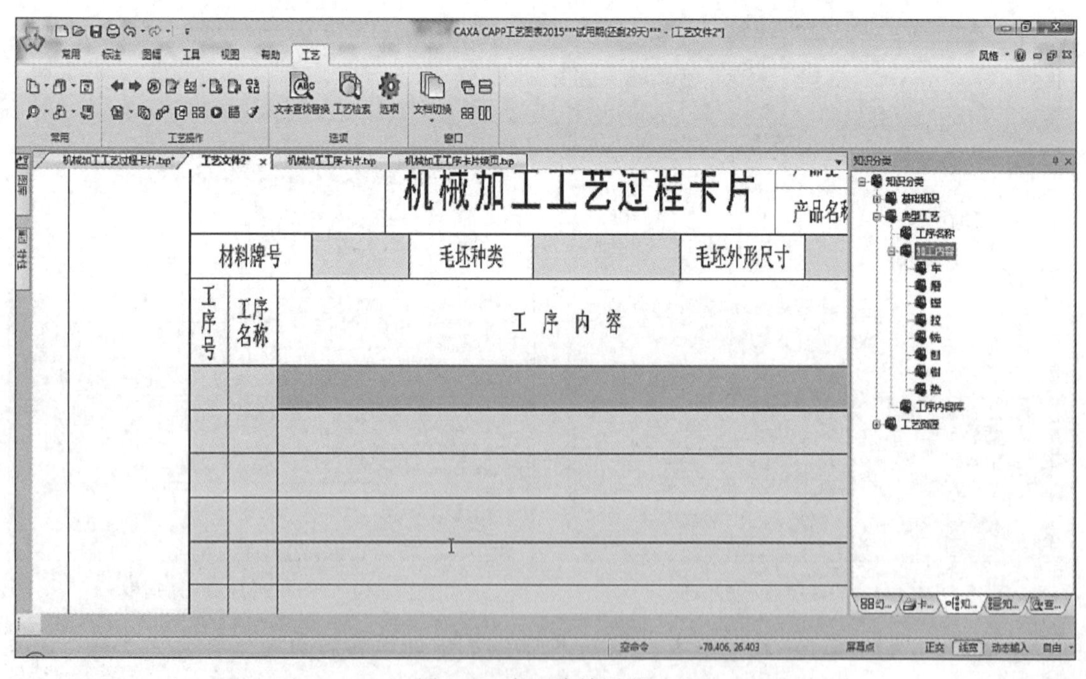

图 4-51　知识库填写界面

2）使用知识库的填写方法。单击单元格，在“知识分类”单击展开知识库，并单击需要填写的内容的根节点。在“知识列表”中单击要填写的记录，其内容被自动填写到单元格中。在“知识分类”中双击某个节点，可以将节点的内容自动填写到单元格中。

（5）常用术语填写和入库　“常用术语”是指填写卡片过程中需要经常使用的一些语句，CAXA CAPP 工艺图表提供了“常用术语”填写和入库的功能。

1）常用术语填写：单击单元格后，在“知识分类”的顶端会显示“常用术语”库的树形结构。展开结构树并单击节点，在“知识列表”中会显示相应的内容，只需在列表中单击即可将常用术语填写到单元格中。

2）常用术语入库：在单元格中，选择要入库的文字字符（不包含特殊符号）并右击，弹出快捷菜单，单击“常用术语入库”命令，弹出“常用术语入库”对话框，选择节点并单击“确定”按钮，选择的文字即被添加到“常用术语”库中相应的节点下，如图 4-52 所示。

（6）填写公共信息

1）公共信息。公共信息是在工艺规程中各个卡片都需要填写的单元格，将这些单元格列为公共信息，在填写卡片时，可以一次完成所有卡片中该单元格的填写。

单击“工艺”菜单中的“填写公共信息”命令，或单击“工艺”菜单中“工艺操作”面板上的按钮，弹出“填写公共信息”对话框，输入“公共信息内容”并单击“确定”按钮即可完成所有公共信息的填写，如图 4-53 所示。此外，选中“公共信息内容”并单击“编辑”按钮，或直接双击“公共信息内容”，均可以对其进行编辑。

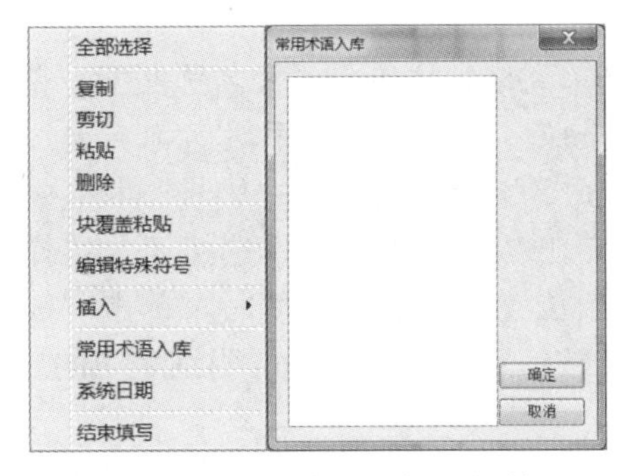

图 4-52　“常用术语入库”对话框

图 4-53　“填写公共信息”对话框

2）输入公共信息和输出公共信息。填写完卡片的公共信息以后，单击“工艺”菜单中的“输出公共信息”命令，或单击“工艺”菜单中“工艺操作”面板上的按钮，系统会自动将公共信息保存到系统默认的“txt”文件中。

新建另一新文件时，单击“工艺”菜单中的“输入公共信息”命令，或单击“工艺”菜单中“工艺操作”面板上的按钮，可以将保存的公共信息自动填写到新的卡片中去。

系统默认的“txt”文件是唯一的，其作用类似于 CAXA CAD 电子图板的内部剪贴板，向此文件中填写公共信息后，文件中的原内容将被新内容覆盖。从文件中引用的公共信息只能是最新一次填写的公共信息。

注意：各卡片的公共信息内容是双向关联的。修改任意一张卡片的公共信息内容后，整套工艺规程的公共信息也会随之改变。

（7）引用明细表信息　CAXA CAPP 工艺图表可以将设计图样明细栏中的信息调用到工艺卡片中，完成填写。单击“工艺”菜单中的“引用明细表信息”命令，或单击“工艺”菜单中按钮，弹出“引用明细表信息”对话框，单击“浏览”按钮找到需要引用明细表的CAXA CAPP工艺图表图形文件，如图4-54所示。

选择好图样后，若需将信息填写在工艺卡片的表头部分，选择“将信息导入到表区外”；若需将信息填写在表区部分，选择“将信息导入到表区内”，选择完毕，单击“确定”按钮，弹出“明细表信息”对话框，如图4-55所示。

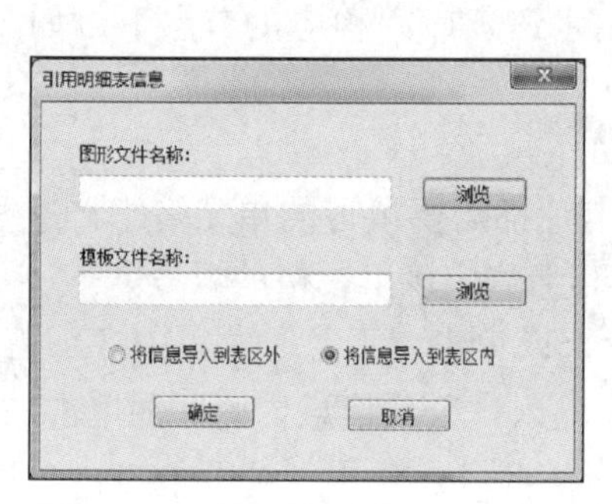

图4-54 “引用明细表信息”对话框

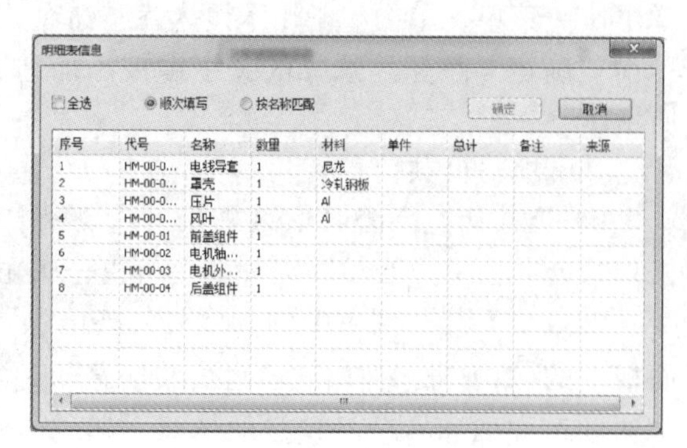

图4-55 “明细表信息”对话框

将信息导入到表区外，由于表头部分都为单个单元格，故单击“按名称匹配”单选按钮，选择唯一数据，单击“确定”按钮，系统会按照“明细表中的字段名称=卡片的单元格名称”的原则完成填写。若单元格名称定义为“代号”，则选中“代号”对应的数据自动填写在该单元格中。将信息导入到表区内，单击“顺次填写”单选按钮，选择需要的数据，单击“确定”按钮，单击数据填写的起始位置，完成数据填写。单击“按名称匹配”单选按钮，选择需要的数据，单击“确定”按钮，系统会按照“明细表中的字段=卡片的单元格名称”的原则完成填写。

（8）文字显示方式的修改　文字的显示方式包括对齐方式、字高、字体、字体颜色四种属性，利用“列格式刷”可对其做出修改。

单击“编辑”菜单中的“列编辑”命令，或者单击“工艺”菜单中“工艺操作”面板上的按钮。单击要编辑的单元格或列，单元格高亮显示并弹出“请编辑列属性”对话框，如图4-56所示。

3. 行记录的操作

（1）行记录的概念　行记录是与工艺卡片表区的填写、操作有关的重要概念，与Word表格中的“行”类似。图4-57所示为一个典型的Word表格，在其中的某个单元格中填写内容时，各行表格线会随着单元格内容的增减动态调整，当单元格中的内容增多时，各行表格线会自动下移，反之则上移。类似地，工艺卡片表区中的一个行记录相当于Word表格中的一行。图4-58所示为一个填写完毕的表区，该表区中共有5个行记录。行记录由红线标识，每两条红线之间的区域为一个行记录。行记录的高度，随着此行记录中各行高度的变化而变化。单击“工艺”菜单中的“红线区分行记录”命令，可以选择打开或关闭红线。

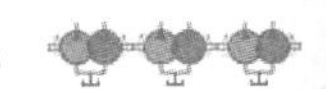

图 4-56 “请编辑列属性”对话框

序号	工序名称	工艺内容	车间	设备
1	焊	填焊底板、顶板的外坡口，等离子切割底板孔至 ϕ1020mm，卸下焊接撑模，填焊底板、顶板的内坡口。焊接方法及工艺参数详见焊接工艺	1	ZX5–250
2	铣	倒装夹，参照上道工序标识的校正基准圆，用百分表找正底板，跳动偏差小于0.5mm	1	C5231E
3	钳	倒放转组合，底板朝上，清洗已动平衡好的蓝底及底板的配合止口；将蓝底倒置装入筒体底板止口，参照上道工序已加工的基准校正	2	摇臂钻

图 4-57 Word 形式工艺表格

文件编号:

	机械加工工艺过程卡	产品型号		零(部)件图号		类别	共 2 页
		产品名称		零(部)件名称			第 1 页

材料牌号		毛坯种类		毛坯外形尺寸		每毛坯制件数		每台件数	

工序号	工序名称	工序内容	操作部门	检查水平	质量水平	设备	工艺装备	工时 准结	工时 单件
1	描字	锁法兰盖描字：1）用稀释剂稀释需要颜色的漆料，用	五段					10	20
		异丙醇，清洗描漆部；2）待半干后用擦拭布蘸异丙醇							
		擦去多余漆膜							
2	安装内罩板	用8只内六角平圆头螺钉、大垫圈A级将内罩板经调整	五段					5	15
		后安装在门板上，保证内罩板装配后与门锁间隙≤2mm							
		；此处8只螺钉不涂螺纹胶，修配面处涂油漆保护							
3	安装法兰盖	将锁法兰盖胶接（3M)在内罩板上，后将把手原样通过	五段					5	5
		内六角圆柱头螺钉（涂抹适量乐泰243胶），蝶形垫							
		圈安装到转轴上							
4	安装板2	用8颗内六角圆柱头螺钉、蝶形垫圈将连接板组件2预						5	20
		装在门板上，待试装内罩板调整后螺纹涂抹乐泰243，							
		转矩9.1N·m，用8颗内六角沉头螺钉将左、右上锁体连							
		接在左右锁垫块上；用4颗内六角沉头螺钉将主锁连接							
		在主锁盒垫板上						10	10
.5	封胶	主锁体口部四周打固邦2000密封胶，螺纹转矩M6为9.1	五段						
		N·m，M8为21N·m，打防松标记							

					设计(日期)	审核(日期)	会签(日期)	批准(日期)	
标记	处数	更改文件号	签字	日期					

5个行记录

图 4-58 表区中的行记录

按住 <Ctrl> 键并单击行记录，可将行记录选中，连续单击行记录，可选中同一页中的多个行记录。此时行记录处于高亮显示状态，右击弹出快捷菜单，如图 4-59 所示。利用快捷菜单中的命令，可以实现行记录的编辑操作，对于过程卡中的行记录，还可以生成、打开、删除工序卡片。

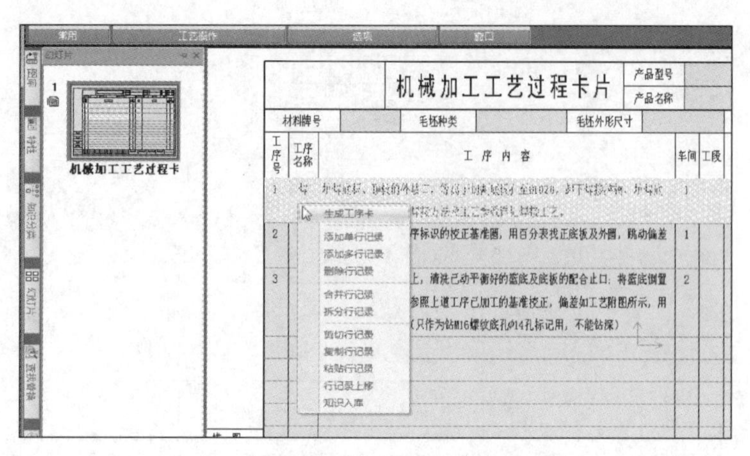

图 4-59　行记录快捷菜单

（2）添加行记录　单击快捷菜单中的“添加单行记录”命令，则在被选中的行记录之前添加一个空行记录，被选中的行记录及后续行记录顺序下移，如图 4-60 所示。

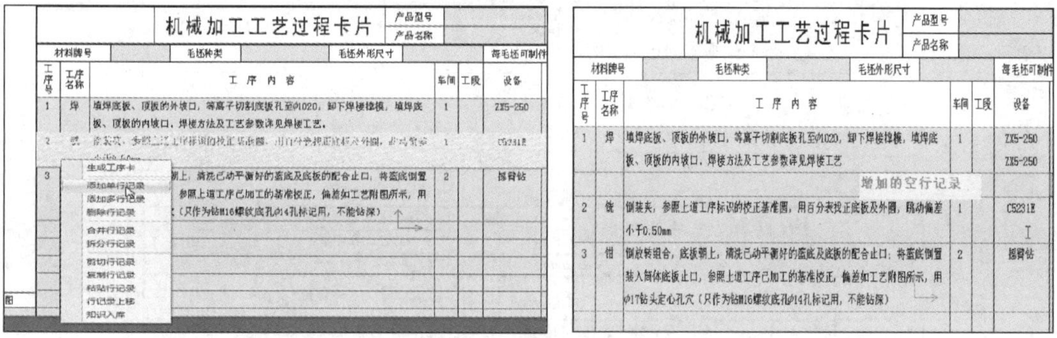

图 4-60　添加行记录

单击快捷菜单中的“添加多行记录”命令，弹出“插入多个记录”对话框，如图 4-61 所示，在文本框中输入数字，单击“确定”按钮，则在被选中的行记录之前添加指定数目的空行记录，被选中的行记录及后续行记录顺序下移。

对于单行的空行记录（没有填写任何内容），单击此行记录中的单元格，按 <Enter> 键则自动在此行记录前添加一个行记录。

（3）删除行记录　单击快捷菜单中的“删除行记录”命令，可删除被选中的行记录，被选中的行记录及后续行记录顺序上移。如果同时选中多个行记录，那么可将其同时删除。如果被选中的行记录为跨页行记录，那么删除此行记录时，系统会给出提示，如图 4-62 所示。

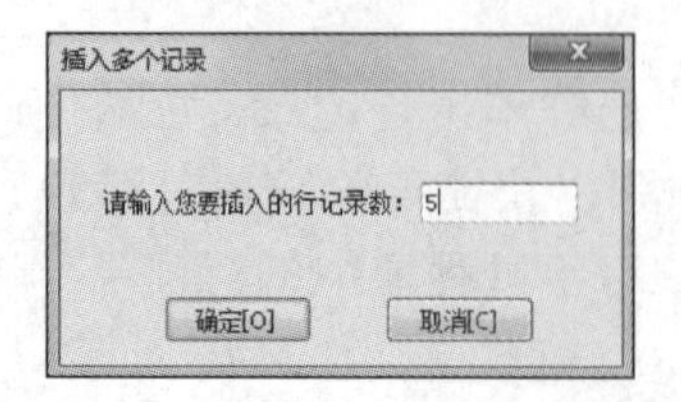

图 4-61　“插入多个记录”对话框

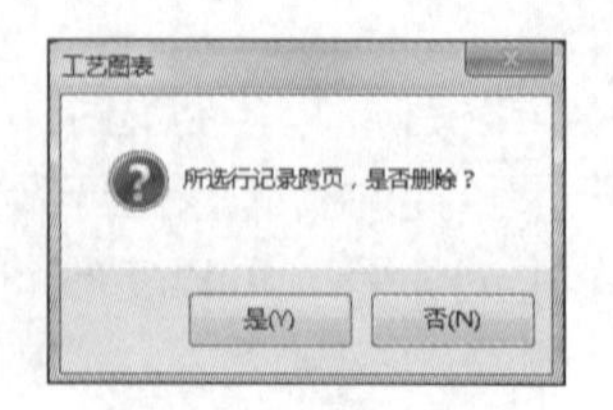

图 4-62　提示对话框

（4）合并行记录　选中连续多个行记录并右击，单击快捷菜单中的“合并行记录”命令，可将连续多个行记录合并为一个行记录。在过程卡片、工序卡片等的表区中，合并多个行记录后，系统只保留被合并的第一个行记录的工序号，而将其余行记录的工序号删除。关于行记录的合并，需遵循以下规则：必须选中多个行记录，选中的几个行记录必须是连续的。

（5）拆分行记录　单击快捷菜单中的“拆分行记录”命令，可将一个占用多行单元格的行记录拆分为几个单行的行记录。

（6）剪切、复制、粘贴行记录

1）剪切行记录：单击快捷菜单中的“剪切行记录”命令，可将被选中的行记录内容删除并保存到软件剪贴板中，并可使用“粘贴行记录”命令粘贴到另外的位置。

2）复制行记录：单击快捷菜单中的“复制行记录”命令，可将被选中的行记录内容保存到软件剪贴板中，并使用“粘贴行记录”命令粘贴到另外的位置，一次可同时复制多个行记录。

3）粘贴行记录：单击快捷菜单中的“粘贴行记录”命令，可以将被选中的行记录替换掉。

4. 自动生成序号

用户在填写工艺过程卡片时，可直接填写工序名称、工序内容以及刀具、夹具、量具等信息，不用填写工序号，在整个过程卡片填写中，或填写完毕后，可以单击“工艺”菜单中的“自动生成序号”命令，或单击“工艺”菜单中“工艺操作”面板上的按钮，弹出“自动生成序号”对话框，如图 4-63 所示。用户使用该命令后，系统会自动填写工艺过程卡片中的工序号和所有相关工序卡片中的工序号以及命名卡片树中的工序卡片。

注意：

1）“自动生成序号”命令会将序号自动填写到特定的单元格中，对应的单元格名称为“工序号”“序号”“工步号”“OP_NO”“OPER_NO”“SerialNO”。

2）每次生成序号会对应指定表区，如果卡片是多表区模板，在应用“自动生成序号”命令时可通过选择指定表区生成序号。

5. 卡片树操作

卡片树在界面的左侧，如图 4-64 所示。卡片树可用来实现卡片的导航。在卡片树中双击某一张卡片即切换到这张卡片的填写界面；在卡片树中单击快捷菜单中的“打开卡片”命令也可切换到此卡片的填写界面。除此之外，单击主工具栏中的按钮，可以实现卡片的顺序切换。右击卡片树中的卡片，弹出快捷菜单，如图 4-65 所示。

（1）生成工序卡片

1）在过程卡片的表区中，按 <Ctrl+ ← > 选择一个行记录（一般为一道工序），右击弹出快捷菜单，如图 4-66 所示。

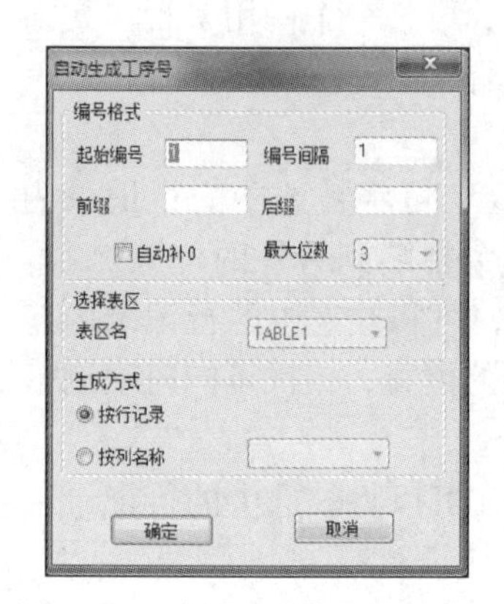

图 4-63 “自动生成序号”对话框

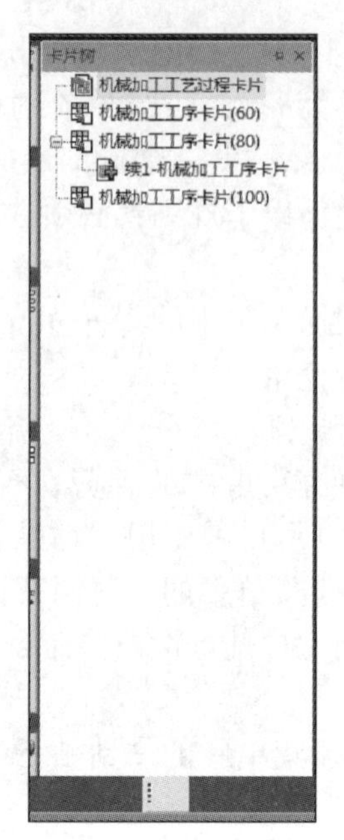

图 4-64 卡片树

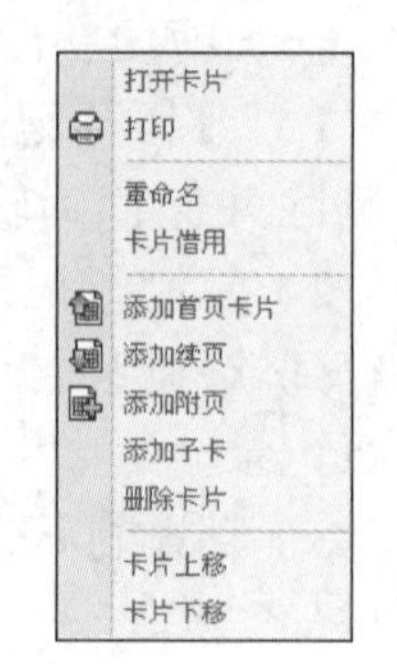

图 4-65 卡片树快捷菜单

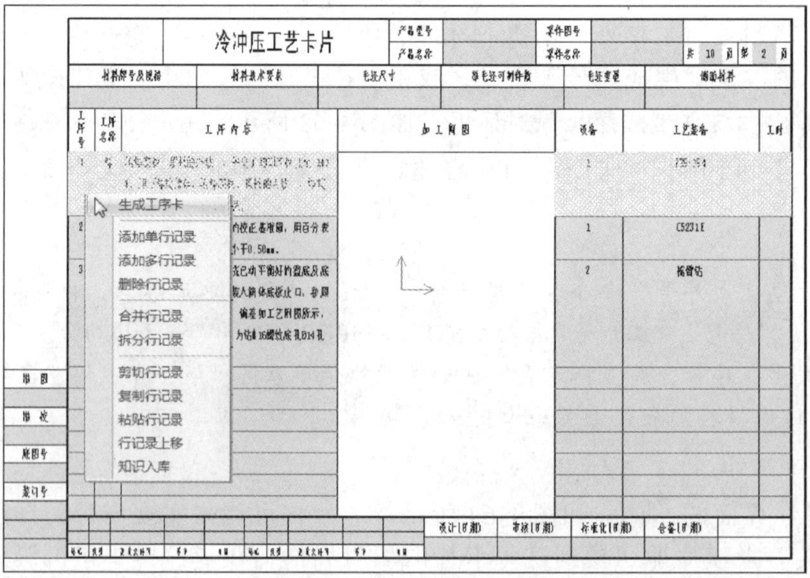

图 4-66 “生成工序卡片”操作界面

2）单击“生成工序卡”命令，弹出“选择卡片模板”对话框，如图 4-67 所示。

3）在列表中选择所需的工序卡片模板，单击“确定”按钮，即为行记录创建了一张工序卡片，并自动切换到工序卡片填写界面。

4）在卡片树中过程卡片的下方出现“工序卡（*)”，括号中的数字为对应的过程卡片行记录的工序号，两者是相关联的。当过程卡片中行记录的工序号改变时，括号中的数字会随之改变，如图 4-68 所示。

5）新生成的工序卡片与原行记录保持一种关联关系，在系统默认设置下，过程卡片内容与工序卡片内容双向关联。生成工序卡片时，行记录与工序卡片表区外的单元格相关联的内容能够自动填写到工序卡片中。

6）在过程卡片表区中，如果一个行记录已经生成了工序卡片，那么选中此行记录并右击，弹出图 4-69 所示的快捷菜单，此菜单和图 4-65 所示的菜单有以下不同：

图 4-67　“选择卡片模板”对话框

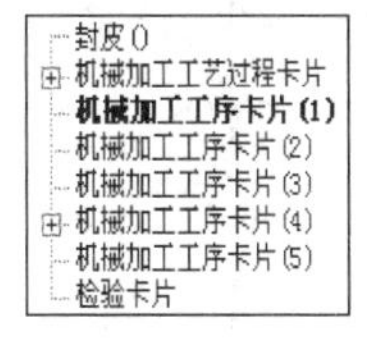

图 4-68　卡片树

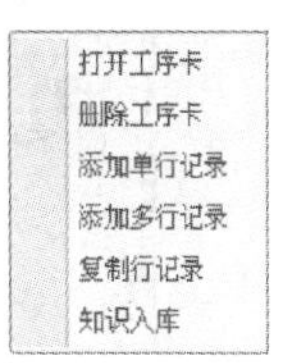

图 4-69　快捷菜单

① 原“生成工序卡”命令变为“打开工序卡”命令，单击此命令则切换到对应工序卡片的填写界面。

② 不能使用“删除行记录”“合并行记录”“拆分行记录”“剪切行记录”“粘贴行记录”等命令，否则会破坏行记录与对应工序卡片的关联性。只有在删除了对应工序卡片后，这些命令才重新有效。

（2）打开、删除工艺卡片

1）三种方法可以打开工艺卡片：

① 在卡片树中右击某一卡片，单击快捷菜单中的“打开”命令。

② 在卡片树中双击某一卡片。

③ 在卡片树中单击某一卡片，按 <Enter> 键。

2）删除工艺卡片：在卡片树中右击某一卡片，单击快捷菜单中的“删除”命令，即可将此卡片删除。

注意：以下卡片不允许删除。

① 已生成工序卡片的过程卡片：过程卡片生成工序卡片后，不允许直接删除过程卡片，只有先将所有工序卡片删除后，才能删除过程卡片。

② 中间续页：如果一张卡片有多张续页卡片，有换行记录的中间的续页不允许删除。

（3）更改卡片名称　在卡片树中，右击要更改名称的卡片，单击快捷菜单中的“重命名”命令，输入新的卡片名称，按 <Enter> 键即可，或者直接双击卡片名称，进入编辑状态。

（4）上移或下移卡片　在卡片树中，右击要移动的卡片，单击快捷菜单中的“上移卡片”或“下移卡片”命令，可以改变卡片在卡片树中的位置，卡片的页码会自动做出调整。

注意：移动工序卡片时，其续页、子卡片将一起移动；子卡片只能在其所在卡片组的范围内移动，不能单独移动。

（5）创建首页卡片与附页卡片　首页卡片一般为工艺规程的封面，而附页卡片一般为工艺附图卡片、检验卡片、机械加工统计卡片等。单击“工艺”菜单中的“创建首页卡片”与“创建附页卡片”命令，或单击“工艺”菜单中“工艺操作”面板上的和按钮，均会弹出图4-70所示的“选择卡片模板”对话框，选择需要的模板，单击“确定”按钮后即可为工艺规程添加首页和附页。

在卡片树中，首页卡片被添加到工艺规程的最前面，而附页卡片被添加到工艺规程的最后面，如图4-71所示。

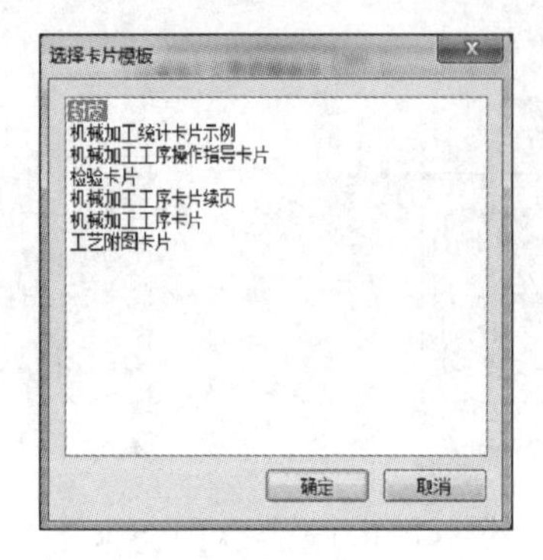

图4-70　“选择卡片模板”对话框

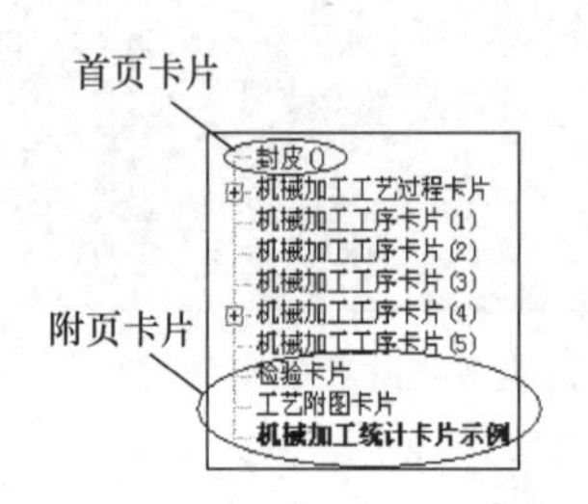

图4-71　首页卡片与附页卡片

（6）添加续页卡片　有三种方法可以为卡片添加续页：

1）填写表区中具有“自动换行”属性的列时，如果填写的内容超出了表区范围，系统会自动以当前卡片为模板添加续页。

2）单击“工艺”菜单中的“添加续页卡片”命令，或单击“工艺”菜单中按钮，弹出“选择卡片模板”对话框。选择所需的续页模板，单击“确定”按钮即可生成续页。

3）单击卡片树对应卡片，单击快捷菜单中的“添加续页”命令，选择所需要的续页模板，单击“确定”按钮即可生成续页。

注意：“添加续页”命令是指在与当前续页卡片表区结构相同的一组续页卡片之后添加一张新的卡片，若没有表区结构相同的卡片，则添加到该组卡片最后的位置，如图4-72所示。

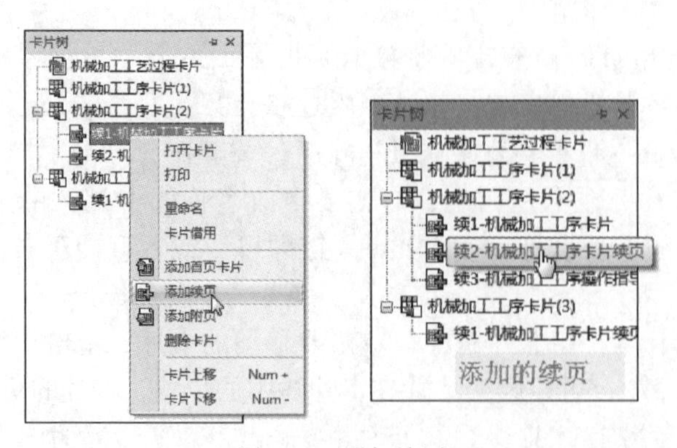

图4-72　添加续页

（7）添加子卡片　在编写工艺规程时，希望在某一张工序卡片之后添加工艺附图等卡片，对这一工序的内容作更详细的说明，并且希望能作为此工序所有卡片中的一张，与主页、续页卡片一同排序，而且希望根据用户的操作习惯进行移动。这一类卡片既不能使用“添加续页”命令添加，也不能使用“添加附页”命令添加（只能添加到卡片树的最后），这就用到了“添加子卡”功能。

添加子卡片的步骤如下：

1）在卡片树中，右击要添加子卡片的卡片，弹出快捷菜单。

2）单击“添加子卡”命令，弹出“选择卡片模板”对话框。

3）选择所需的卡片模板，单击“确定”按钮，完成子卡片的添加。

如图 4-73 所示，为“机械加工工序卡片（3）”添加了一个子卡片“工艺附图卡片”，从卡片树中可以看到，“工艺附图卡片”与“续 1- 机械加工工序卡片”是同级的。打开“工艺附图卡片”，从页码区中的“共 3 页　第 3 页”可知，“工艺附图卡片”与“机械加工工序卡片”“续 1- 机械加工工序卡片”一同排序。

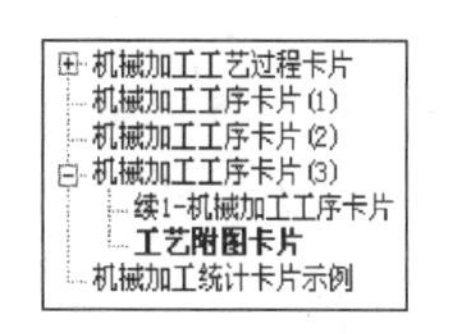

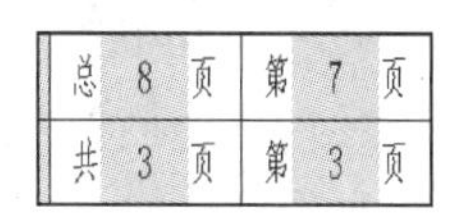

总	8	页	第	7	页
共	3	页	第	3	页

图 4-73　添加子卡片

6. 卡片间关联填写设置

在过程卡片中，行记录各列的内容如“工序号”“工序名称”“设备名称”“工时”等可以设置为与工序卡片单元格中表区之外的内容相关联，两者通过单元格名称匹配。如图 4-74 所示，这是一张工序卡片表区外的单元格区域，其中“车间”“工序号”“工序名称”等内容是与过程卡片中对应的行记录相关联的。通过设置过程卡片与工序卡片的关联，可以保持工艺数据的一致性，并方便工艺人员的填写。

单击“工艺”菜单中的“选项”命令，弹出“工艺选项”对话框，如图 4-75 所示。过程卡片和工序卡片内容不关联，可分别更改过程卡片与工序卡片，彼此不受影响。当过程卡片内容更新到工序卡片，且修改过程卡片内容后，工序卡片内容自动更新；当工序卡片内容更新到过程卡片，且修改工序卡片内容后，过程卡片内容自动更新。过程卡片和工序卡片内容双向关联，确保过程卡片或工序卡片关联内容的一致，修改过程卡片内容后，工序卡片内容自动更新，反之亦然。

车间	工序号	工序名称	材料牌号	
冷工	1	组焊		
毛坯种类	毛坯外形尺寸		每台件数	
设备名称	设备型号	设备编号	同时加工件数	
夹具编号	夹具名称		切削液	
工位器具编号	工位器具名称		工序工时	
			准终	单件
			4	2

图 4-74　关联填写

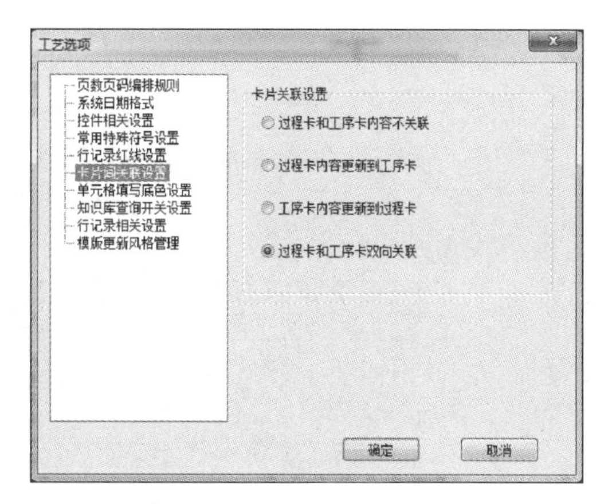

图 4-75　“工艺选项”对话框

4.2.4 工艺附图的绘制

1. 利用 CAXA CAPP 工艺图表的绘图工具绘制工艺附图

CAXA CAPP 工艺图表集成了 CAXA CAD 电子图板的所有功能，利用其绘图工具可方便地绘制工艺附图。可使用三种方法绘制工艺附图：在工艺编写环境下绘制工艺附图；在图形环境下绘制产品图、工装图；在模板定制环境下绘制模板简图。

（1）在工艺编写环境下绘制工艺附图　在 CAXA CAPP 工艺图表的工艺编写环境下，利用集成的电子图板绘图工具，可直接在卡片中绘制工艺附图。利用绘图工具提供的绘制、编辑功能可以完成工艺附图中各种图样的绘制；利用标注工具可以完成工艺附图的标注。界面底部的立即菜单提供当前命令的选项，界面底部的命令提示给出当前命令的操作步骤提示。屏幕点设置方便用户对屏幕点的捕捉。用户也可以使用主菜单中的相应命令完成工艺附图的绘制。

（2）在图形环境下绘制产品图、工装图　单击快速启动工具栏□按钮，或单击“文件”菜单中的“新建”命令，弹出“新建”对话框，选择“工程图模板”标签中的内容创建，如图 4-76 所示。“系统模板”中显示了当前所有的“ *.exb”图形文件模板，选择需要的模板，单击“确定”按钮进入图形环境，即进入完全的 CAXA CAD 电子图板环境。

（3）在模板定制环境下绘制模板简图　单击快速启动工具栏□按钮，或单击“文件”菜单中的“新建”命令，弹出“新建”对话框，选择“卡片模板”标签，创建“模板定制”环境，在该环境下可利用绘图功能绘制模板简图，如图 4-77 所示。

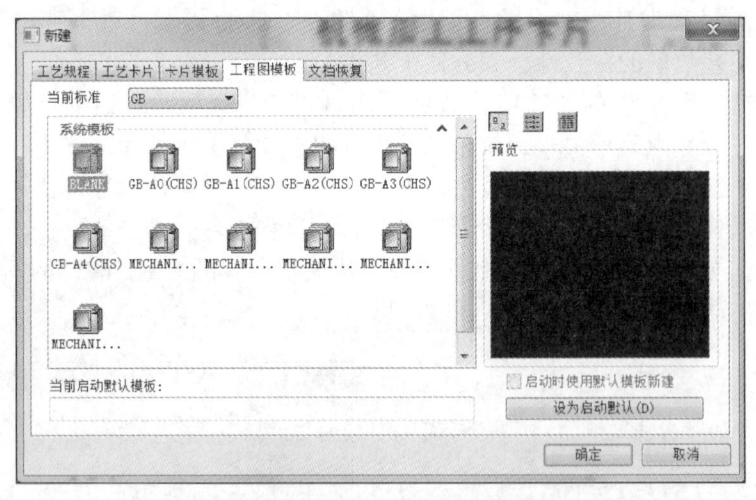

图 4-76　“新建”对话框

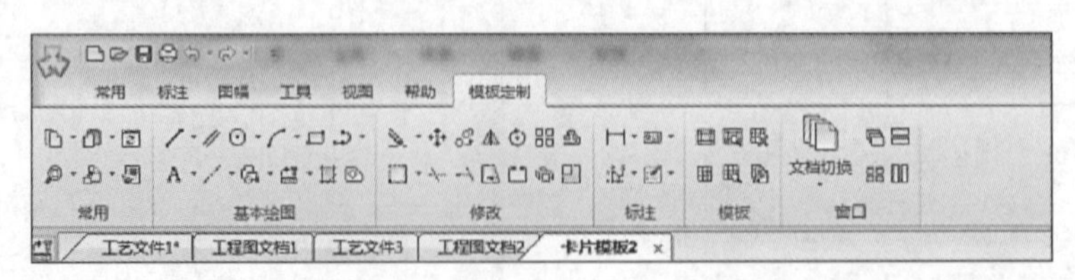

图 4-77　“模板定制”环境

2. 向卡片中添加已有的图形文件

（1）插入 CAXA CAD 电子图板文件　使用“并入文件”命令可将 CAXA CAD 电子图板文件（*.exb）、Auto CAD 文件（*.dwg）自动插入到工艺卡片中任意封闭的区域内，并且按区域大小自动缩放，在插入 CAXA CAD 电子图板文件之前，需做如下设置：单击“幅面”→“图幅设置”，弹出图 4-78 所示的对话框。将“标注字高相对幅面固定（实际字高随绘图比例变化）”复选按钮标记去掉，单击“确定”按钮完成设置。进行此设置后，插入图形的标注文字也将按比例缩放，否则将保持不变，造成显示上的混乱。

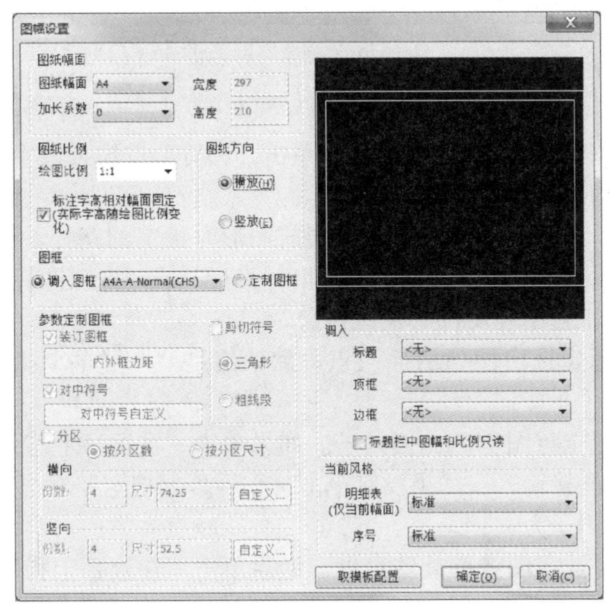

图 4-78　“图幅设置”对话框

完成设置后即可开始插入图形文件的操作：

1）单击“常用”菜单中的“并入文件”按钮。

2）按照界面底部立即菜单的提示，调整选项进行插入。

（2）添加 dwg、dxf 文件

1）单击“文件”菜单中的“打开”命令，或单击按钮，弹出“打开”对话框。

2）在“文件类型”下拉列表框中选择“ DWG/DXF 文件（*.dwg;*.dxf)”，选择要打开的文件并单击“打开”按钮，图形文件被打开并显示在绘图区中。

3）将图形文件复制粘贴到工艺卡片中。

（3）插入图片　用以下方式可以执行“插入图片”命令：单击“常用”菜单中按钮后面的小三角，在下拉菜单中选择“插入图片”按钮，执行命令后选择要插入的图片文件，接下来弹出如图 4-79 所示的对话框。

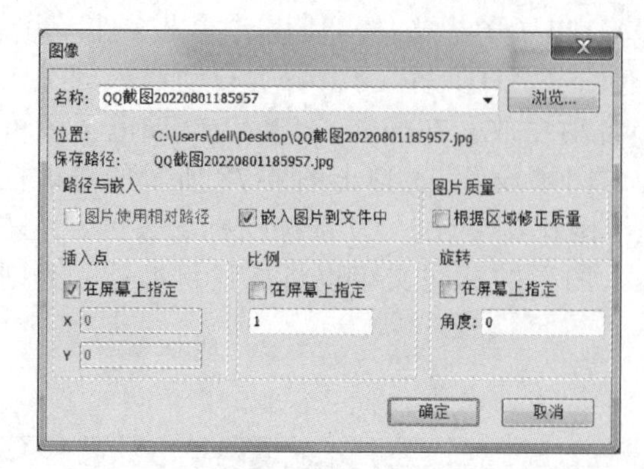

图 4-79 “图像”对话框

1）“名称”显示所选图片文件的名称，单击“浏览”按钮可以重新选择图片文件。

2）“位置”显示所选图片文件的路径。

3）“保存路径”显示图片文件附着到当前图形时指定的路径。图片文件的路径类型除了绝对路径外，还可以设置为“图片使用相对路径”或“嵌入图片到文件中”。如果使用相对路径，当前的工艺图表文件必须先存盘。

4）“插入点”指定选定图像的插入点，默认值是“在屏幕上指定”，默认插入点是“(0，0)”。

5）“比例”指定选定图像的比例因子。如果单击“在屏幕上指定”复选按钮则可用命令提示或定点设备直接输入；如果没有单击“在屏幕上指定”复选按钮则请输入比例因子的数值，默认比例因子为“1”。

6）“旋转”指定选定图像的旋转角度。如果单击“在屏幕上指定”复选按钮，则可以一直等到退出该对话框后再用定点设备旋转对象或在命令提示下输入旋转角度值；如果没有单击“在屏幕上指定”复选按钮则可以在对话框里输入旋转角度值，默认旋转角度为“0”。

（4）编辑图片　工艺图表中插入的图片文件支持多种编辑操作，包括特性编辑、实体编辑、图片管理。

1）特性编辑：选中图片后，特性如图 4-80 所示。在此对话框中可以查看并编辑图片的属性、几何信息等。

2）实体编辑：支持夹点编辑（缩放和平移）、平移、缩放、删除、阵列、镜像、旋转等操作，但不支持曲线编辑操作，如裁剪、过渡、齐边、打断、拉伸等。

3）图片管理：用以下方式可以执行“图片管理”命令，单击“绘图”菜单中“图片”子菜单中的“图片管理”命令；单击“常用”菜单中“插入”面板上的按钮。执行命令后出现图 4-81 所示对话框。单击对话框中“相对路径链接”和“嵌入图片”下方的“是”或“否”即可进行修改。要使用相对路径链接必须先将当前工艺图表文件存盘。

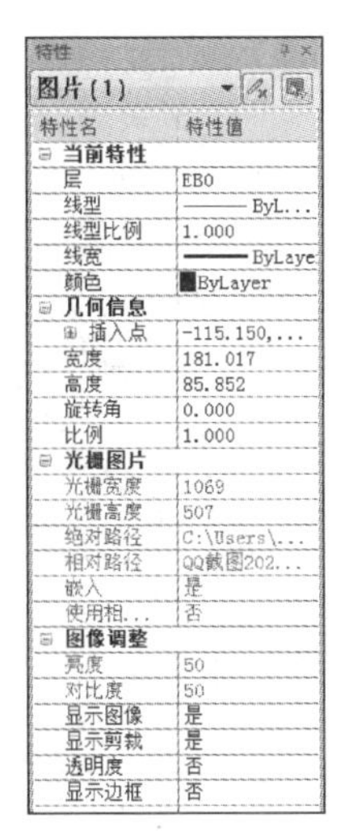

图 4-80 “特性”对话框

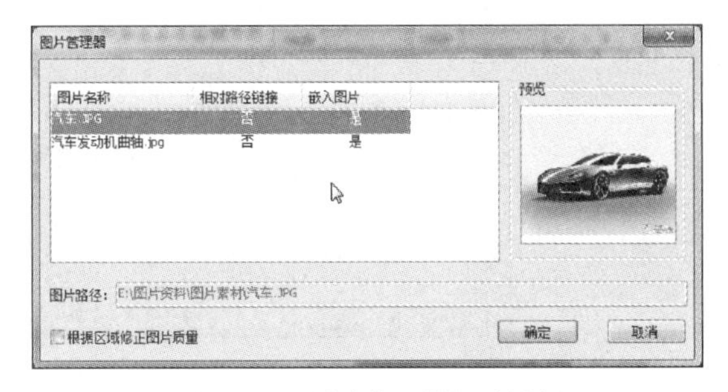

图 4-81 “图片管理器”对话框

4.2.5　高级应用功能

1. 卡片借用

使用卡片借用功能，可以将 CAXA CAPP 工艺图表旧版本的工艺卡片文件或者其他工艺规程中的卡片，借用到当前工艺规程中来，这样就减少了重新创建并输入卡片的工作量。

（1）卡片借用的规则　卡片借用方式：卡片借用功能采取替换卡片的方式，具有“整体借用”（主页 + 续页）和“单页借用”的方式。

（2）卡片借用的操作方法

1）单击“工艺”菜单中按钮，弹出“卡片借用”对话框，如图 4-82 所示。

2）在“卡片借用”对话框中，默认显示“当前文件”的卡片树结构，单击“浏览”按钮选择需要借用的文件，在左侧控件中选择不同的卡片，从而快速浏览对应的卡片内容，如图 4-83 所示。

图 4-82 “卡用借用”对话框（默认）

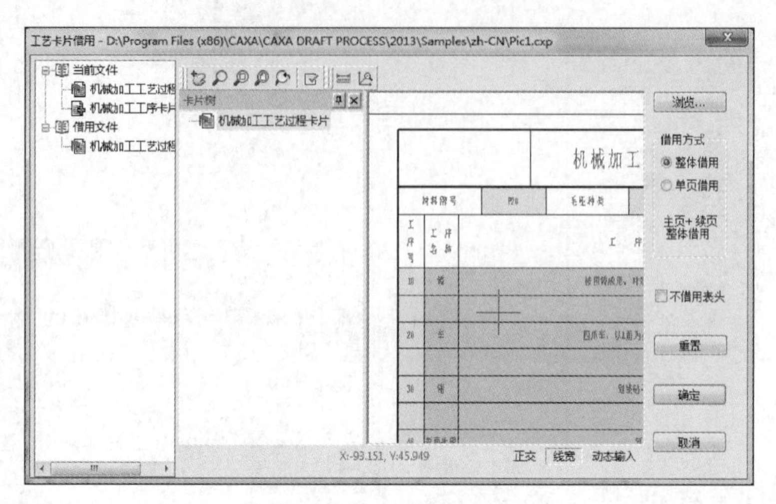

图 4-83 “工艺卡片借用”对话框

3）根据需要选择“整体借用”“单页借用”模式，单击“不借用表头”复选按钮可以令表格中非表区部分不参与借用。在“借用文件”中单击需要的卡片拖动至“当前文件”，如果产生了误操作，单击“重置”按钮重新借用。借用后“当前文件”被借用的卡片以图标进行区分，借用完成后单击“确定”按钮，如图 4-84 所示。

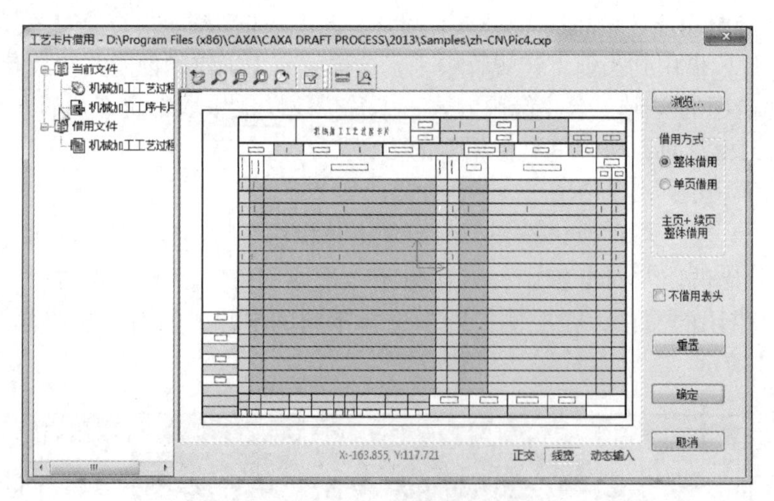

图 4-84 借用标识

另外一种借用方法是，单击“卡片树”快捷菜单中的“卡片借用”命令，也可实现借用功能。由于起始定位了需要借用卡片的位置，即在“工艺卡片借用”对话框中不支持拖拽操作，在“借用文件”中选择需要的文件，直接单击“确定”按钮，借用完成。

2. 规程模板管理与更新

在 CAXA CAPP 工艺图表的应用中，用户有时需要为工艺规程模板添加或者删除一个卡片模板，或者需要对某张卡片模板做出修改（例如，添加、删除单元格，为表区添加、删除一列，更改单元格字体、排版模式，指定新的知识库等）。使用规程模板管理与更新功能，用户可以方便地管理模板，根据修改后的模板，对当前已有的工艺文件进行更新，而不必重新建立、输入工艺文件，极大方便了用户。

对规程模板的管理分为两类：系统规程模板的管理，工艺文件的模板管理与更新。在工艺图表安装目录下的“Template”文件夹中存储了系统现有的工艺规程模板，利用规程模板管理工具，可以对这些模板进行管理。利用“Template”文件夹中的模板生成工艺文件并存储后（*.cxp），模板信息和卡片信息一同保存在文件中，此时修改“Template”文件夹中的模板，并不会对工艺规程文件造成影响。利用规程模板管理工具，可以管理规程文件的模板，还可利用模板更新功能，对现有文件中的模板进行更新。

（1）系统规程模板的管理

1）在模板定制环境下，单击“模板定制”菜单中“模板管理”按钮，或单击“模板定制”菜单中的“模板管理”命令，弹出“模板集管理”对话框，如图 4-85 所示。在“模板集名”下拉列表框中显示了系统现有的所有规程模板（保存在“Template”文件夹中），单击选择要编辑的模板。

2）单击“删除模板集”按钮可将“模板集名”下拉列表框中选中的规程模板删除，系统不给出提示。

3）在“模板集名”下拉列表框中选中要编辑的规程模板，单击“添加”或“删除”按钮，可以为选中的规程模板添加或删除卡片，如图 4-86 所示。

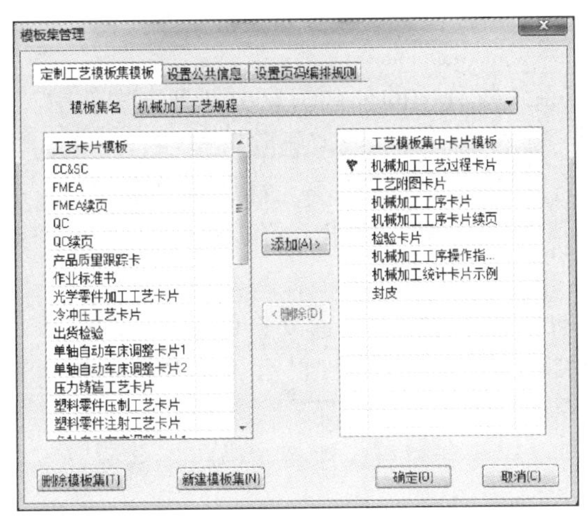

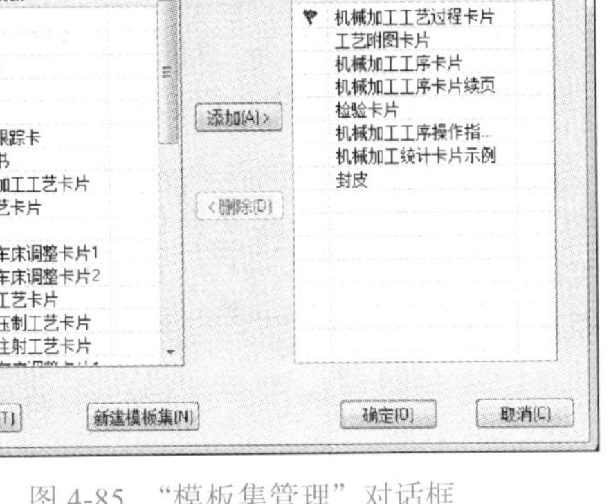

图 4-85　“模板集管理”对话框

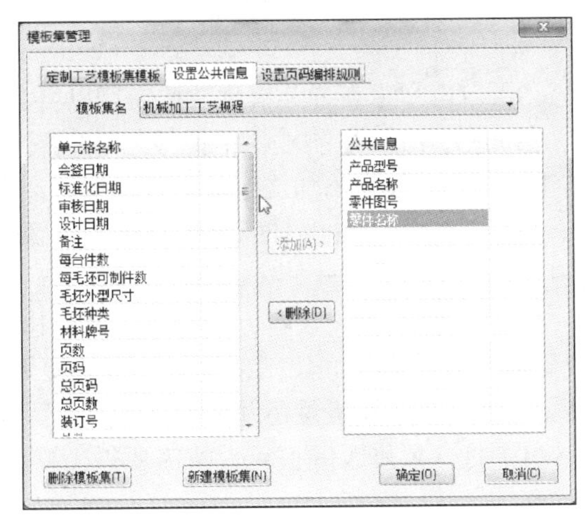

图 4-86　添加或删除卡片

4）在“设置公共信息”标签中，单击“添加”或“删除”按钮，可以添加或删除规程各卡片的公共信息。

5）“设置页码编排规则”标签如图 4-87 所示，可以依据模板中的域设置，将页码编排规则在规程模板中确定，主要有“全部卡片统一编排”“全部工序卡统一编排，其余卡片独立编排”“所有卡片独立编排”“总页数不包含首页卡片（工序卡过程卡除外）”。

6）单击“确定”按钮即可完成修改。

（2）当前文件的模板管理

1）新建或打开一个工艺规程或工艺卡片，切换到工艺环境。

2）单击“工艺”菜单中的“编辑规程”按钮，或单击“工艺”菜单中的“编辑规程”命令，弹出如图 4-88 所示的对话框，此对话框与图 4-85 所示的对话框相似，但增加了“模板更新”按钮，而且“模板集名称”中显示的是当前文件应用的模板，不允许修改。

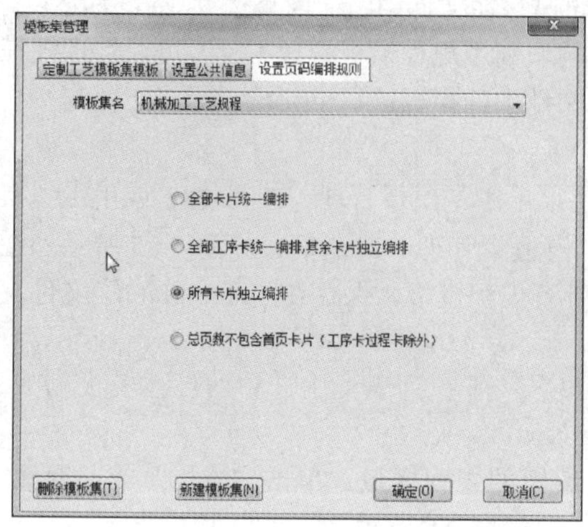

图 4-87 “设置页码编排规则”标签

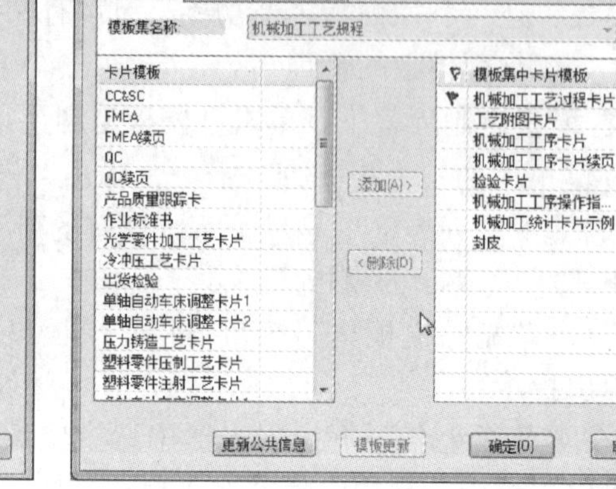

图 4-88 “编辑当前规程中模板”对话框

3）单击“更新公共信息”按钮可以将目前系统规程中的公共信息更新到本文件中。

4）在“编辑当前规程中模板”对话框中，单击“添加”或“删除”按钮，可以为当前工艺文件的模板添加或删除卡片，但要注意，正在使用的模板不允许删除。

5）在“公共信息”标签下，单击“添加”或“删除”按钮，可以添加或删除公共信息。

（3）当前文件的模板更新　对于已经建立的工艺文件，如果需要修改模板，例如添加或删除单元格等，利用工艺图表的模板更新功能，可以方便实现已有工艺文件的模板更新，而不必按新模板重建并输入工艺文件。其具体的操作步骤如下：

1）打开要修改的模板，按需要做出修改，保存为新模板，注意“模板集名称”不要改变。

2）打开用旧模板建立的工艺文件（*.cxp）。

3）单击“文件”菜单中的“编辑规程”命令，弹出如图 4-88 所示的对话框。

4）在右侧列表中，选择要更新的模板，单击“模板更新”按钮，根据模板修改的情况，系统会给出相关的提示，单击“确定”按钮后即可完成模板的更新。

3. 统计功能及统计卡片的制作

（1）公式计算　通过在模板中添加“公式计算”域，可以将同一张卡片内任意单元格的内容（数字），自动求出计算结果。

1）在模板定制界面，如图 4-89 所示，单击“工艺”菜单中的“定义单元格”命令，拾取需要定义的单元格并右击，系统会弹出“定义单元格”对话框。

2）如图 4-90 所示，在“域名称”下拉列表框中选择“公式计算”并在“域规则”文本框中输入计算公式。“单元格名称”为“每台件数”，这里的“每台件数”是针对本张卡片内机床加工件数的数值计算，因此，在“域规则”文本框中输入的公式为“毛坯数量 * 每毛坯可制件数 – 材料消耗系数”。完成其他属性的定义，单击“确定”按钮完成单元格定义，保存模板。

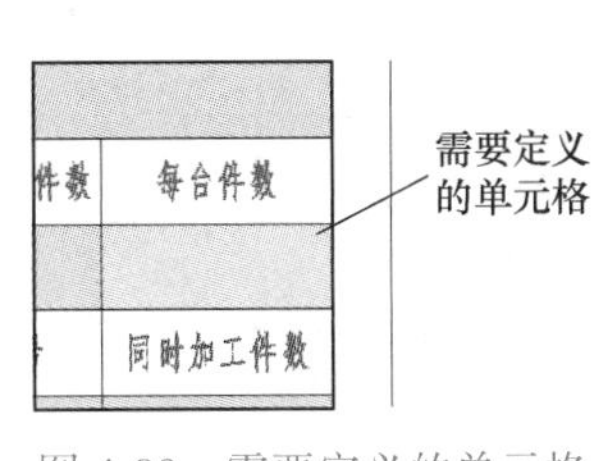

图 4-89　需要定义的单元格

图 4-90　“定义单元格”对话框

3）填写卡片时，系统会按照计算公式自动计算出结果。本例中结果为（8*2–2 = 14），如图 4-91 所示。

（2）工时汇总　通过在模板中添加“工时汇总”域，可以将卡片内任意一列单元格的内容（数字），自动汇总出结果。

1）在模板定制界面，单击“工艺”菜单中的“定义单元格”命令，拾取需要定义的单元格并右击，系统会弹出“定义单元格”对话框，如图 4-92 所示。

车　间	工序号	工序名称	材料消耗系数
车	20	精车	2
毛坯数量	毛坯外形尺寸	每毛坯可制件数	每台件数
8	φ45X12	2	14
设备名称	设备型号	设备编号	同时加工件数
卧式车床	CA6140	[JC-266]	
夹具编号	夹具名称	切削液	
顶尖类	固定顶尖[711-033]		

图 4-91　公式计算结果

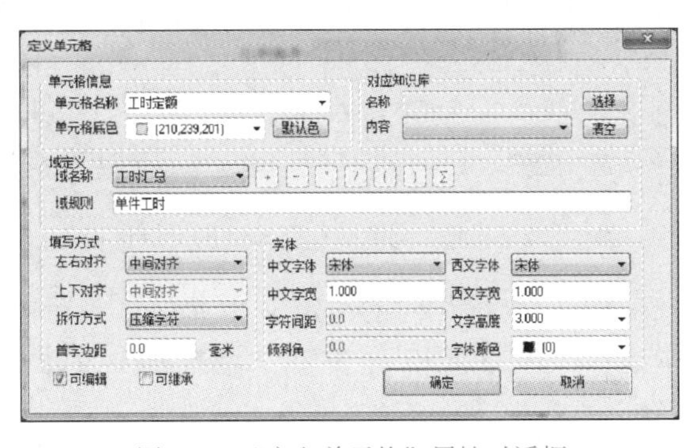

图 4-92　“定义单元格”属性对话框

2）在“域名称”下拉列表框中选择“工时汇总”，并在“域规则”文本框中输入要汇总的列。例如，要汇总本张卡片中“单件工时”列的内容，则在“域规则”文本框中输入“单件工时”。完成其他属性的定义，单击“确定”按钮完成单元格定义，保存模板。

3）填写卡片时，系统会自动将“单件工时”列的汇总结果填写到“合计工时”单元格中，如图 4-93 所示。

（3）汇总统计　CAXA CAPP 工艺图表提供了对工艺卡片中部分内容进行汇总统计的功能，利用这些功能可方便的定制统计卡片。

统计卡片的定制与一般模板的定制十分相似，用户可以根据需要定制统计卡片的模板。图 4-94 所示为一简单的统计卡片模板，目的是统计过程卡中的“工序名称”。

		合计工时	19.5	
工 艺 装 备			工 时	
			准终	单件
卧式车床CA6140[JC-266][车刀]			2.5	4
面铣刀镶齿套式面铣刀[221-002][单柱铣床]			2	4
卡盘多刀车床				0.5
单柱铣床				1
仿形车床				10

图 4-93　汇总结果

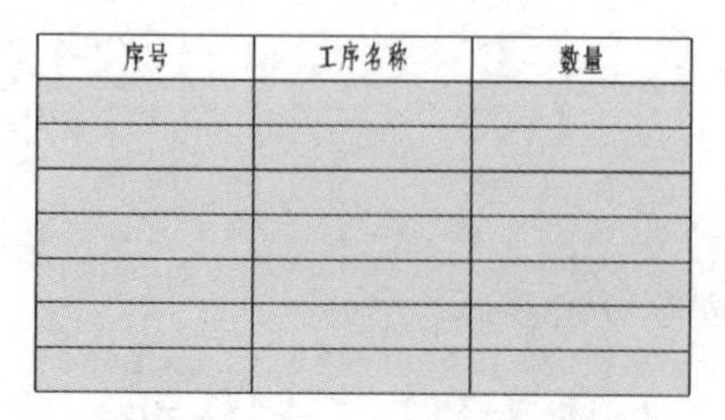

序号	工序名称	数量

图 4-94　统计卡片模板

1）“序号”列的“定义单元格”对话框如图 4-95 所示，在“域名称”下拉列表框中选择“序号”。

2）“工序名称”列的“定义单元格”对话框如图 4-96 所示，在“域名称”下拉列表框中选择“汇总单元”，并在“域规则”文本框中输入要汇总的对象（此例应输入“工序名称”）。

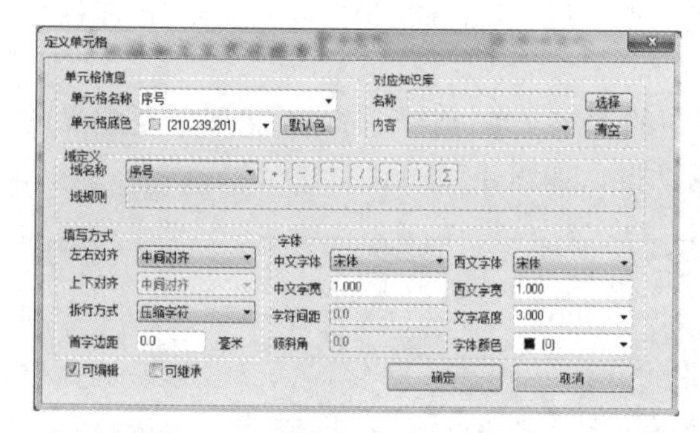

图 4-95　“序号”列的“定义单元格”对话框

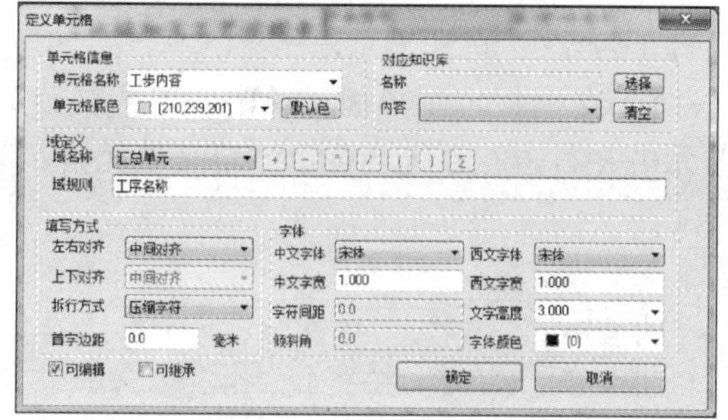

图 4-96　“工序名称”列的“定义单元格”对话框

3）“数量”列的“定义单元格”对话框如图 4-97 所示，在“域名称”下拉列表框中选择“汇总求和”，并在“域规则”文本框中输入要汇总的对象（此例应填入“工序名称”）。

4）定义好各列的属性后，和一般模板的定制一样要定义整张卡片的“表属性”，最后保存成模板，就可以在规程中调用了。

5）新建工艺规程（注意规程模板中应包含以上建立的统计卡片模板），填写完过程卡片后，单击“工艺”菜单中的“添加附页”命令，并选择汇总卡片模板，便可得到汇总的结果，此例结果如图 4-98 所示。

4. 抽取模板

单击“工艺”菜单中的按钮，或单击“工艺”菜单中的“抽取模板”命令，弹出如图 4-99 所示对话框。

1）“读取路径”：选择硬盘中的“cxp”对话框文件并打开，“抽取模板”对话框将自动显示出制定文件所包含的模板内容，抽取需要的模板，单击“保存”按钮，如图 4-100 所示。

图 4-97 “数量”列的“定义单元格”对话框

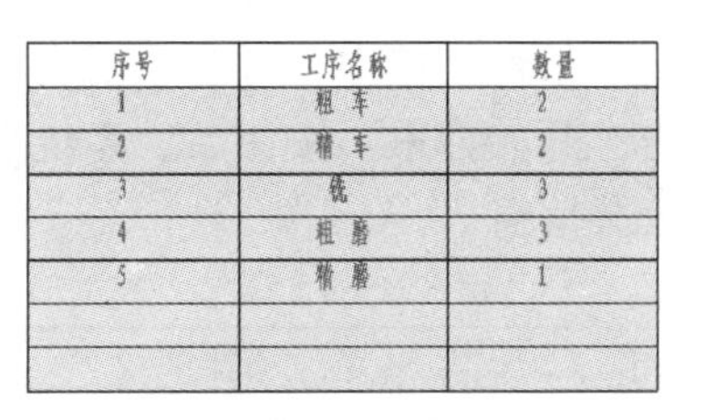

序号	工序名称	数量
1	粗车	2
2	精车	2
3	铣	3
4	粗磨	3
5	精磨	1

图 4-98 生成统计卡片

图 4-99 “抽取模板”对话框

图 4-100 显示当前文件模板

2）“显示当前文件模板”：如果当前正在打开一份工艺文件，勾选“显示当前文件模板”复选按钮，显示当前文件所包含的模板，进行模板的抽取。

5. 工艺检索

如果用户想根据产品型号、产品名称、零件图号、零件名称等信息，在某个文件夹及其子文件夹中快速查找到所需的某个工艺文件，可使用“工艺检索”命令。单击“文件”菜单中的“工艺检索”命令，或单击“工艺”菜单中按钮，系统弹出图 4-101 所示的对话框。

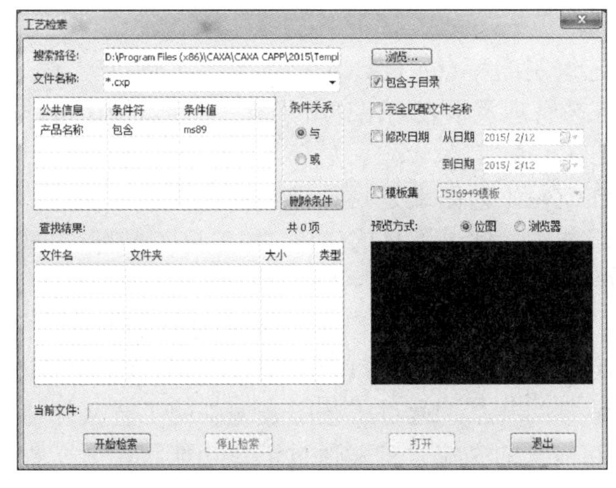

图 4-101 “工艺检索”对话框

默认查找的文件格式为“*.cxp”文件，也可以在“文件名称”下拉列表框中选择查找文件的格式，进行其他文件的查找。勾选“模板集”复选按钮后，可在“条件关系”选项组中增加条件。单击“包含子目录”复选按钮可搜索目录及子目录中所有符合条件的文件。单击“开始搜索”按钮后，系统会将搜索结果列出，双击列出的文件，可进一步查看文件的公共信息。

拓展阅读

利用西门子 HMI 开发包，开发了 OEM 应用程序，植入机床原有数控系统中生成并执行 G 代码，实现了指定加工工艺，介绍了用户界面、加工工艺和 OEM 程序的集成。

资料来源：郑利俊，易传云，钟瑞龄，等．基于西门子 840D 数控系统的加工工艺实现 [J]. 机械与电子，2011，(11)：30–32.

1. 数控加工工艺分析

数控车削的加工工艺是采用数控车床加工零件时所运用的方法和技术手段的总和，数控车削的加工工艺分析主要包括选择并确定零件的数控车削加工内容；对零件图进行数控车削加工工艺分析；工具、夹具的选择和调整设计；工序、工步的设计；加工轨迹的计算和优化；数控车削加工程序的编写、校验与修改；首件试加工与现场问题的处理；编制数控加工工艺技术文件。总之，数控加工工艺分析的内容较多，有些与普通机床加工相似。

数控铣削的加工工艺是采用数控铣床加工零件时所运用的方法和技术手段的总和，数控铣削的加工工艺分析包括对零件图进行工艺分析，确定数控铣削加工内容。根据铣削加工内容确定零件的定位基准和装夹方式、加工顺序以及进给路线，选择刀具、选择切削用量。

数控加工中心的加工工艺分析主要包括分析零件的工艺性，选择加工中心的加工内容及设计零件的加工工艺等。零件的工艺分析是制订加工工艺的首要工作，其任务是分析零件图的完整性、正确性和技术要求，选择加工内容，分析零件的结构工艺性和定位基准等。

2. CAXA 解决方案

根据我国企业工艺编制的特点，CAXA 提供了工艺解决方案，解决方案主要分为三个部分：工艺编制、工艺管理及报表输出，分别有三个不同的产品与之对应，分别是工艺图表、工艺管理以及工艺汇总表。

（1）工艺编制　CAXA 工艺图表是一款专业的工艺编制软件，具有强大的图形编辑环境与高效的文字编辑能力，解决了目前使用“office+CAD”方式编制工艺造成的难以兼顾绘图与文字编辑的问题。

（2）工艺管理　CAXA 工艺图表可以高效灵活地编制工艺文件，而且还留有充分、可扩展的设计和数据接口，与其他产品紧密集成，在企业信息化建设中紧密地连接其他环节，承上启下，实现信息的共享。通过工艺图表编制的工艺文件与 PDM 系统紧密集成，实现工艺文件的管理和信息的交流，且能通过汇总功能将工艺文件中的信息输出为各种 BOM 表。

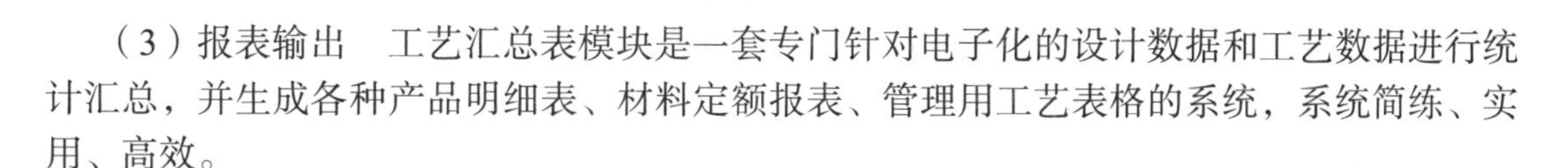

（3）报表输出　工艺汇总表模块是一套专门针对电子化的设计数据和工艺数据进行统计汇总，并生成各种产品明细表、材料定额报表、管理用工艺表格的系统，系统简练、实用、高效。

3. CAXA CAPP 软件简介

北京数码大方科技股份有限公司（CAXA）是我国领先的工业软件和服务公司，是我国最大的 CAD 和 PLM（产品全生命周期管理）软件供应商，是我国工业云的倡导者和领跑者。主要提供数字化设计（CAD）、数字化制造（CAM）、产品全生命周期管理（PLM）和工业云服务，是“中国工业云服务平台”的发起者和主要运营商。

CAXA 的产品拥有自主知识产权，产品线完整，主要提供数字化设计（CAD）、数字化制造（CAM）、产品全生命周期管理（PLM）的解决方案和工业云服务。数字化设计的解决方案包括二维、三维 CAD，工艺 CAPP 和产品数据管理 PDM 等软件；数字化制造的解决方案包括 CAM、网络 DNC、MES 和 MPM 等软件；支持企业贯通并优化营销、设计、制造和服务的业务流程，实现产品全生命周期的协同管理；工业云服务主要提供云设计、云制造、云协同、云资源、云社区五大服务，涵盖了企业设计、制造、营销等产品创新流程所需要的各种工具和服务。

CAXA CAPP 是一款功能非常强大且实用的图表制作类软件，它具有将统计数据进行汇总，或者将一些重要的尺寸提取出来等功能，几乎满足了用户基本使用需求。且以知识库为基础，具有快速填写、直接绘制图形以及导入已有图形和快速提取图形尺寸等功能，用户在设计过程中能够更加方便快捷。该软件集成了 CAXA CAD 电子图板，用户可以运用它的绘图工具来对电子图板进行绘图、标注等，从而可以制作出各种类别的工艺模板，既简单又高效。它还内置了各种标准卡片模板，为用户解决了基础的制作问题。整体界面非常简单，所有功能一目了然，可以快速找到需要的功能，适合新手使用。

4. 数字孪生技术

数字孪生是以数字化方式创建物理实体的虚拟模型，通过虚实交互反馈、数据融合分析、决策迭代优化等手段，为物理实体增加和扩展新的能力。ABB 公司借助 CAD、CAE、VR 等技术开发了物料堆放场的数字孪生体，PTC 公司和 ANSYS 公司开发了水泵的数字孪生体，欧盟领导的欧洲研究和创新计划项目开发了机床的数字孪生体。

但不同产品的物理特性不同，而且都有其特定的物理模型，如何有效地将这些物理模型关联在一起，继而充分发挥数字孪生模拟、诊断、预测和控制作用是亟待研究的问题。另外，在产品生产制造过程中，对产品的精细化管控，包括生产执行进度管控、产品技术状态管控、生产现场物流管控以及产品质量管控等仍面临严峻挑战。尤其是产品设计、工艺设计、制造、检验、使用等各个环节之间仍然存在断点，并未完全实现数字量的连续流动。

最终要实现多物理模型关联技术、全生命周期数字孪生技术、融合数字线程技术，即基于多物理集成模型的仿真结果，能够更加精确地反映和镜像物理实体在现实环境中的真实状态和行为，还能够解决基于传统方法预测产品健康状况和剩余寿命以及几何尺度等问题。突破面向制造全生命周期的数字孪生建模理论，并将这些过程数据与生产线数字孪生进行关联映射和匹配，发展面向更复杂、生命周期更长的全生命周期数字孪生技术。数字线程技术作为数字孪生的使能技术，用于实现数字孪生全生命周期各阶段模型和关键数据的双向交互，是实现单一产品数据源和产品全生命周期各阶段高效协同的基础。

5. 工业软件智能化技术

工业软件是智能制造的“大脑”，不仅涉及各个工业垂直领域，同时涉及生产过程的各个环节。传统工业软件在向云化、数字化和智能化转变的过程中，与工业数据、工业知识、工业技术、工业场景深度融合，催生了工业软件和工业微服务。但我国工业软件高端用户市场仍被国外大型企业垄断，且技术门槛较高，自主研发的工业软件主要集中在中低端领域，工业软件市场国产替代、高端化、定制化需求迫切。而且国产工业软件大多功能单一，无法完成生产过程的多个流程。如何有效集成工业软件仍是一个亟须解决的问题。另外，在云平台上，数据交互实时性和互联互通要求较高，如何在云环境下，将多个工业软件协同，以支持制造全生命周期的实时优化，成为工业软件面临的新挑战。

亟须解决关键领域高端工业软件的开发，工业软件系统平台化，面向云计算的工业软件开发等问题。即加大工业软件的开发投入力度，更有效地保护软件知识产权，加强工业和软件的复合型高端人才的培养，对工业软件进行标准化、模块化、流程化开发。有效集成并运用各类工业软件，打通并关联工业多个流程的软件，为客户提供基于统一平台的各类智能制造解决方案，令传统工业软件以更细的功能颗粒度提供工业微服务，直接将工业技术和知识转化为工业微服务。

第 5 章 轴类零件的数控加工工艺

【工作任务】

规划编制轴类零件的数控加工工艺。

【能力要求】

1）认识轴类零件，分析轴类零件图。
2）分析轴类零件上的加工内容和尺寸要求。
3）编制轴类零件的数控加工工艺。

5.1 轴类零件的加工工艺分析

5.1.1 加工工艺分析

1. 功用、结构特点

轴类零件是机器中应用最广泛的典型零件之一，其作用是支承传动零部件、传送转矩和承受载荷以及保证在轴上零部件的回转精度等。通常轴类零件是回转体零件，其长度大于直径，一般由同心轴的外圆柱面、圆锥面、内孔和螺纹及相应的端面所组成。根据结构形状的不同，轴类零件可分为光轴、阶梯轴、空心轴和曲轴等。轴的长径比大于 20 称为细长轴，小于 5 称为短轴，大多数轴介于两者之间。与轴承配合的轴段称为轴颈，轴颈是轴的装配基准，轴用轴承支承。

2. 技术要求

轴类零件的精度和表面质量一般要求较高，其技术要求根据轴的主要功用和工作条件制订，通常有：

（1）尺寸精度　轴类零件尺寸精度要求较高（IT5 ～ IT7），装配传动件的轴颈尺寸精度一般要求较低（IT6 ～ IT9）。

（2）形状精度　轴类零件的形状精度主要是指轴颈、外锥面、莫氏锥孔等的圆度、圆柱度等，应在图样上标注其允许偏差。

（3）位置精度　轴类零件的位置精度主要由轴在部件或机器中的位置和功用决定，通常应保证装配传动件的轴颈对支承轴颈的同轴度要求，否则会影响传动件（齿轮等）传动精度并产生噪声。普通精度的轴，其配合轴段对支承轴颈的径向圆跳动一般为 0.01 ～ 0.03mm，高精度轴（如主轴）通常为 0.001 ～ 0.005mm。

（4）表面粗糙度　一般与传动件相配合的轴颈表面粗糙度为 Ra2.5 ～ 0.63μm，与轴承相配合的支承轴颈的表面粗糙度为 Ra0.63 ～ 0.16μm。

5.1.2　分析零件图

分析零件图就是弄清楚零件的形状、结构、尺寸，尤其是有上下极限偏差的尺寸，以及表面粗糙度和技术要求。对于有上下极限偏差的尺寸，应根据国家标准中标准公差数值表确定公差等级；对于没有上下极限偏差的自由尺寸，应根据国家标准中未注公差线性尺寸极限偏差数值表以及图样上标明的未注公差的精度等级，确定没有上下极限偏差要求的尺寸偏差范围。

5.1.3　任务规划

1. 图样分析

图 5-1 所示传动轴为典型的轴类零件，图中左端 ϕ35mm 的外圆与基准 A（ϕ30mm 外圆）的同轴度公差为 0.03mm，且加工精度为 ±0.008mm；右端 ϕ46mm 的外圆与基准 B（ϕ35mm 外圆）的同轴度公差为 0.03mm，且加工精度为 ±0.008mm。四处有公差要求的外圆表面粗糙度均为 Ra1.6μm，两端螺纹均为 M24×1.5。左端键槽宽 8mm，深 4mm，右端键槽宽 14mm，深 5.5mm。零件其他尺寸均为普通线性公差，表面粗糙度均为 Ra6.3μm。图示零件主要元素有端面、外圆、槽、螺纹和键槽，结合几何公差要求，需要两次数控车削和一次数控铣削来完成零件加工要求。其中右端车削到距离右端面 150mm 处即可；左端需调头采用带软爪的自定心卡盘装夹，然后进行车削完成加工。两个键槽采用平口钳一次装夹，用数控铣床铣削完成零件加工。

2. 毛坯的选择

分析传动轴的零件图，其中最大尺寸为 ϕ60mm 的外圆，整体长度为 250mm。结合装夹尺寸和加工预留量，根据棒料尺寸标准规定，可选择 ϕ65mm 的实心棒料，下料长度为 254mm。

3. 设计加工工艺路线

传动轴的加工过程分三次装夹，第一次在数控车床上用自定心卡盘装夹，毛坯棒料伸出 157mm 即可，车床 Z 轴零点 Z_0 设置在右端面向左小于 2mm 处；第二次用带软爪的自定心卡盘装夹，零点设置以工件总长作为基准来设定；第三次在数控铣床上采用平口钳装夹，完成两个键槽的粗铣和精铣。具体加工方法和加工顺序如下：

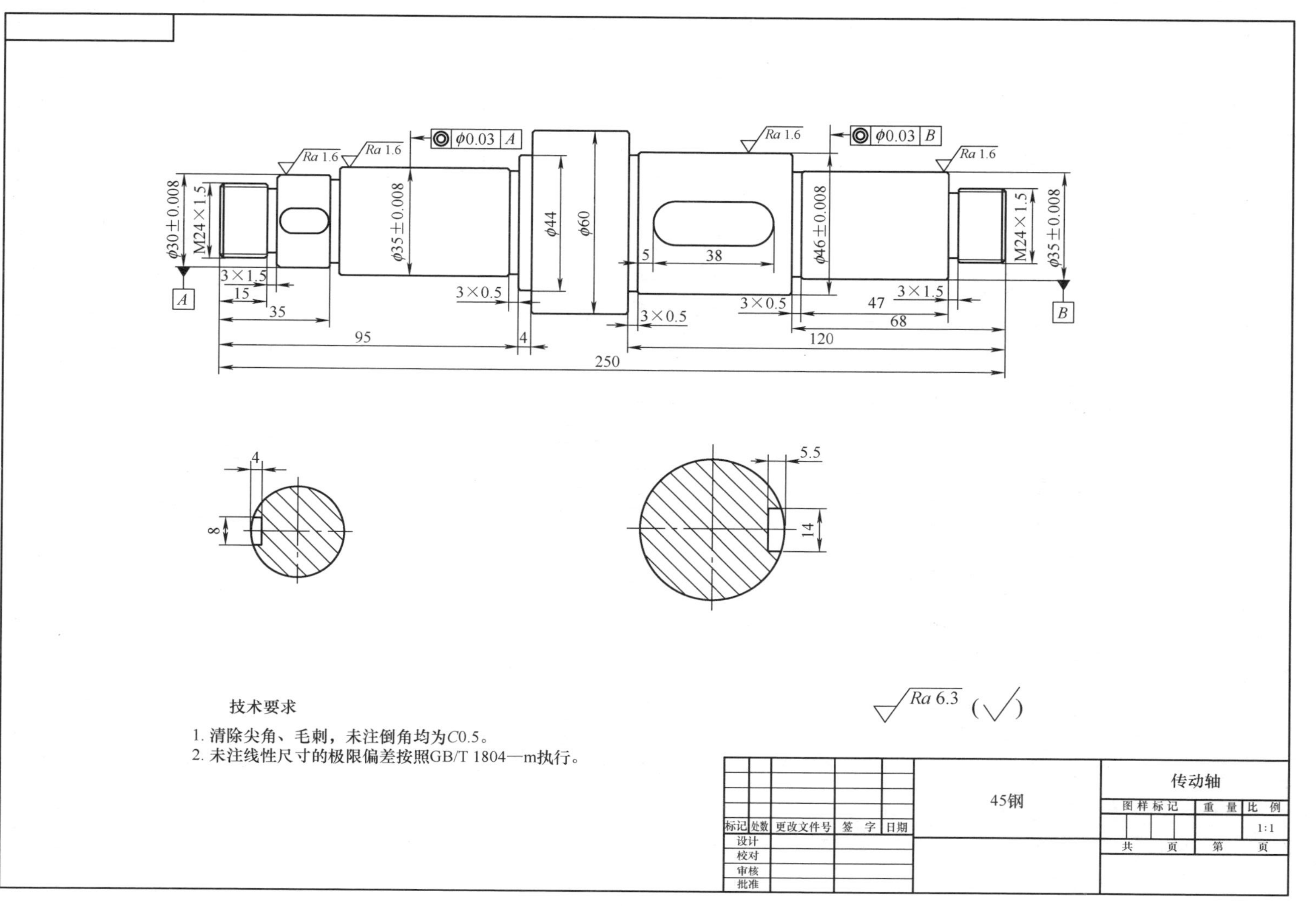
φ0.03 A
φ0.03 B
Ra 1.6
φ30±0.008
M24×1.5
φ35±0.008
φ44
φ60
5
38
φ46±0.008
M24×1.5
φ35±0.008
A
B
3×1.5
15
35
3×0.5
95
4
3×0.5
3×0.5
47
3×1.5
68
120
250
4
8
5.5
14
Ra 6.3 (√)
技术要求
1. 清除尖角、毛刺，未注倒角均为C0.5。
2. 未注线性尺寸的极限偏差按照GB/T 1804—m执行。
标记
处数
更改文件号
签　字
日期
设计
校对
审核
批准
45钢
传动轴
图样标记
重　量
比　例
1:1
共　页
第　页

图 5-1　传动轴零件图

（1）车削零件右端

1）外圆粗车刀粗车右端面到 Z_0 处，留 0.1mm 余量。

2）外圆粗车刀粗车右端各尺寸，径向和轴向均留 0.1mm 余量。

3）外圆精车刀精车右端面、外圆。

4）切槽刀切右端三个槽。

5）螺纹刀车右端 M24 × 1.5 螺纹，螺纹深 0.975mm。

（2）车削零件左端

1）外圆粗车刀粗车左端面到 Z_0 处，留 0.1mm 余量。

2）外圆粗车刀粗车左端各尺寸，径向和轴向均留 0.1mm 余量。

3）外圆精车刀精车左端面、外圆。

4）切槽刀切左端三个槽。

5）螺纹刀车左端 M24 × 1.5 螺纹，螺纹深 0.975mm。

（3）铣键槽

1）ϕ6mm HSS 立铣刀粗铣两处键槽，底面不留余量，侧壁留 0.1mm 余量。

2）ϕ6mm HSS 立铣刀精铣两处键槽。

4. 确定工装夹具、刀具及装夹方案

通过加工工艺路线可以看出，传动轴的加工需要用到数控车床、数控铣床。数控车削加工过程中采用自定心卡盘装夹，由于需要装夹已加工面，需要自定心卡盘和带软爪的自定心卡盘作为装夹工具，在数控铣削加工过程中采用平口钳装夹。

车削加工工件安装卡片见表 5-1。铣削加工工件安装卡片见表 5-2。

表 5-1　车削加工工件安装卡片

零件图号	—	数控加工工件安装卡片	工序号	1、2
零件名称	传动轴		装夹次数	2

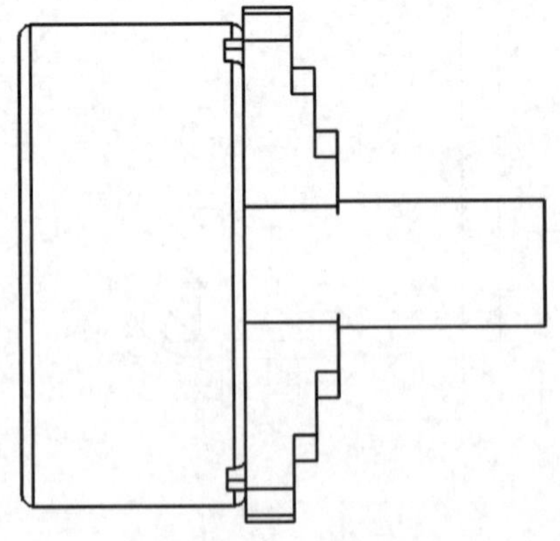

数控车床加工装夹示意图

编制（日期）		批准（日期）	第　页			
审核（日期）			共　页	序号	夹具名称	夹具图号

表 5-2　铣削加工工件安装卡片

零件图号		数控加工工件安装卡片	工序号	3
零件名称	传动轴		装夹次数	1

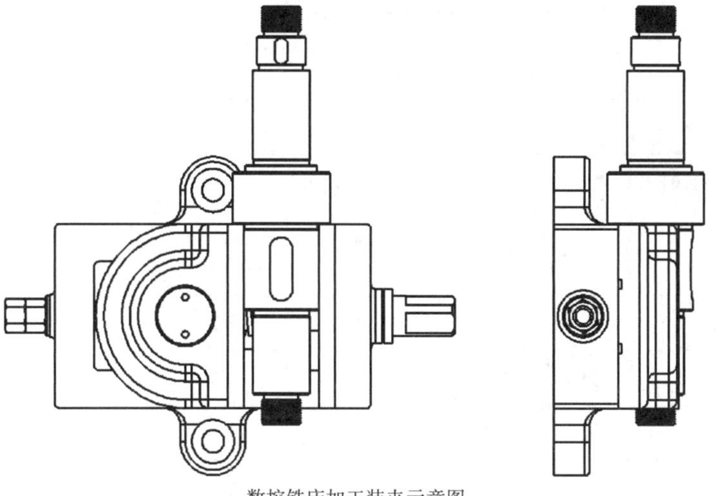

数控铣床加工装夹示意图

编制（日期）		批准（日期）	第　页			
审核（日期）			共　页	序号	夹具名称	夹具图号

刀具卡片见表 5-3。根据加工内容确定所需的刀具，主要有外圆车刀、切槽刀、螺纹刀、立铣刀等。

表 5-3　刀具卡片

产品名称或代号			SXJ	零件名称	传动轴	零件图号	001
序号	刀具号	刀具补偿号	刀具规格名称	数量	加工工步		备注
1	1	1	外圆粗车刀	1	粗车端面、粗车毛坯外圆		
2	2	2	外圆精车刀	1	精车端面、精车外圆		
3	3	3	切槽刀	1	切槽		
4	4	4	螺纹刀	1	车外侧螺纹		
5	5	5	ϕ6mm HSS 立铣刀	1	粗铣键槽、精铣键槽		

5. 确定加工工序、刀具切削参数及工序余量，填写工序卡片

传动轴加工工序卡片见表 5-4 ～表 5-6。

表 5-4　传动轴加工工序 1 卡片

传动轴加工工序卡片								
单位名称				零件材料		45 钢		
零件名称	传动轴			零件图号				
工序号	工序名称	夹具名称		使用设备		备注		
1	车削零件右端	自定心卡盘		数控车床				
工步号	工步内容	刀具号	刀具规格	主轴转速 S/（r/min）	进给速度 F/（mm/r）	背吃刀量 a_p /mm	加工余量 /mm	备注
1	粗车端面	T1	外圆粗车刀	1000	0.2	1	0.1	
2	粗车外圆	T1	外圆粗车刀	1000	0.2	1	0.1	
3	精车端面 / 外圆	T2	外圆精车刀	1200	0.1	0.1	0	
4	切槽	T3	切槽刀	600	0.1			
5	车螺纹	T4	螺纹刀	500	1.5			
编制		审核		批准		年　月　日		第 1 页　共 3 页

表 5-5　传动轴加工工序 2 卡片

传动轴加工工序卡片								
单位名称				零件材料		45 钢		
零件名称	传动轴			零件图号				
工序号	工序名称	夹具名称		使用设备		备注		
2	车削零件左端	带软爪的自定心卡盘		数控车床				
工步号	工步内容	刀具号	刀具规格	主轴转速 S/（r/min）	进给速度 F/（mm/r）	背吃刀量 a_p /mm	加工余量 /mm	备注
1	粗车端面	T1	外圆粗车刀	1000	0.2	1	0.1	
2	粗车外圆	T1	外圆粗车刀	1000	0.2	1	0.1	
3	精车端面 / 外圆	T2	外圆精车刀	1200	0.1	0.1	0	
4	切槽	T3	切槽刀	600	0.1			
5	车螺纹	T4	螺纹刀	500	1.5			
编制		审核		批准		年　月　日		第 2 页　共 3 页

表 5-6　传动轴加工工序 3 卡片

传动轴加工工序卡片								
单位名称				零件材料		45 钢		
零件名称	传动轴			零件图号				
工序号	工序名称	夹具名称		使用设备		备注		
3	车削零件左端	平口钳		数控铣床				
工步号	工步内容	刀具号	刀具规格	主轴转速 S/（r/min）	进给速度 F/（mm/min）	轴向 / 径向进给量 /mm	底面 / 侧面加工余量 /mm	备注
1	粗铣键槽	T5	ϕ6mm HSS 立铣刀	3000	1200	0.5/6	0/0.1	
2	精铣键槽	T5	ϕ6mm HSS 立铣刀	3000	1000	6/8	0/0	
编制		审核		批准		年　月　日	第 3 页　共 3 页	

5.2 加工工艺 CAM 操作

5.2.1 工序 1

1. 基本设置

（1）导入零件并进入加工界面　打开零件模型 CDZ.STEP，单击“开始”按钮，选择“加工”命令（图 5-2）进入“加工环境”对话框，“CAM 会话配置”为“lathe”，“要创建的 CAM 设置”为“turning”（图 5-3），单击“确定”按钮进入“工序导航器 – 程序顺序”界面。在“工序导航器 – 程序顺序”的空白处右击并选择“几何视图”命令（图 5-4）。

由于螺纹加工在 UG 软件中只需要填写顶线、深度、进给速度和吃刀量就能够完成，不需要显示螺纹特征，并且显示螺纹特征会使外圆车削的轮廓线受到影响，故在本次加工程序编写中，左右两端的螺纹特征由同等大小的圆柱覆盖。

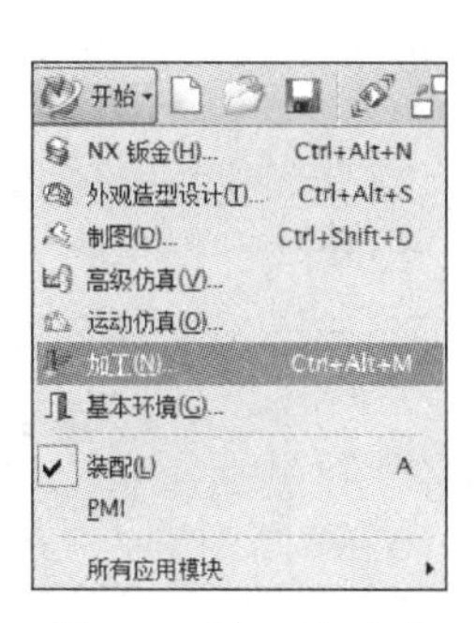

图 5-2　“加工”命令

图 5-3　“加工环境”对话框

图 5-4　“几何视图”命令

（2）设置加工坐标系和工作组

1）双击“加工坐标系”按钮⊕ MCS_SPINDLE进入“加工坐标系”对话框（图5-5），对“加工坐标”和“车床工作平面”进行设置，把MCS机床坐标设置在工件的右端面，与实际机床加工时一致（图5-6），把“车床工作平面”设定为“ZM-XM”，单击“确定”按钮保存设置。

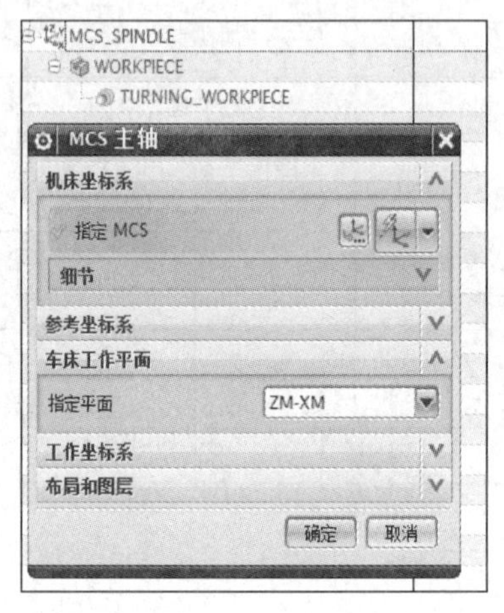

图5-5 “加工坐标系”对话框

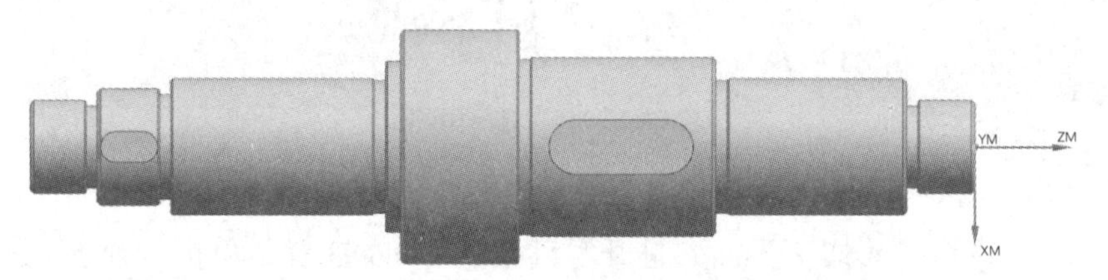

图5-6 右端加工坐标原点位置

2）双击“WORKPIECE”进入“工件”对话框（图5-7），单击“指定部件”按钮进入“部件几何体”对话框（图5-8），单击零件模型，单击“确定”按钮后自动回到“工件”对话框。单击“指定毛坯”按钮进入“毛坯几何体”对话框（图5-9），并进行如图设置，单击“确定”按钮后自动回到“工件”对话框，单击“确定”按钮保存。

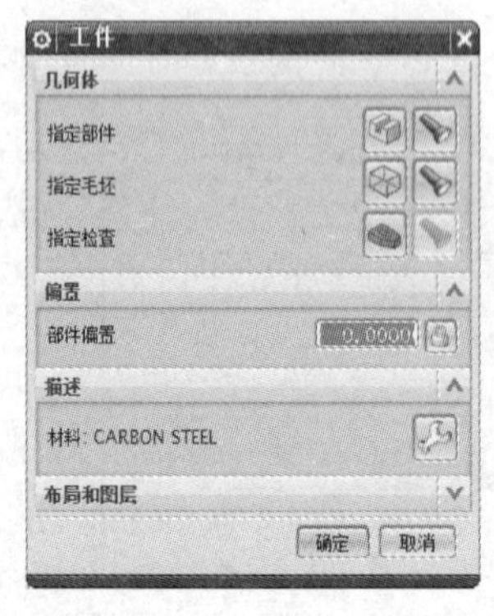

图5-7 “工件”对话框

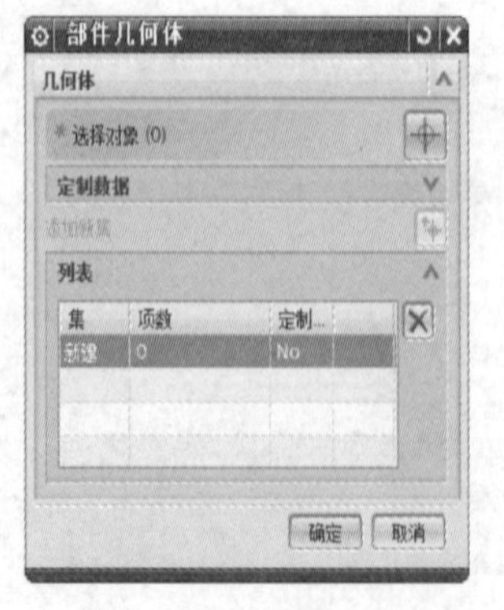

图5-8 “部件几何体”对话框

图5-9 “毛坯几何体”对话框

3）双击车削工作组“TURNING_WORKPIECE”进入“车削工件”对话框（图 5-10），“部件旋转轮廓”默认为“自动”，“毛坯旋转轮廓”默认为“自动”，单击“指定毛坯边界”按钮进入“选择毛坯”对话框（图 5-11），进行如图设置，其中“点位置”选择“在主轴箱处”，“长度”为“157”，“直径”为“65”。单击“选择”按钮进入“点”对话框（图 5-12），进行如图设置，“参考”选择“WCS”，“XC”为“−155mm”（注：此处设置结合实际毛坯的值，去掉 2mm 的端面切削量），单击“确定”按钮保存所有设置，右击工作组重命名为“YD”（右端）。

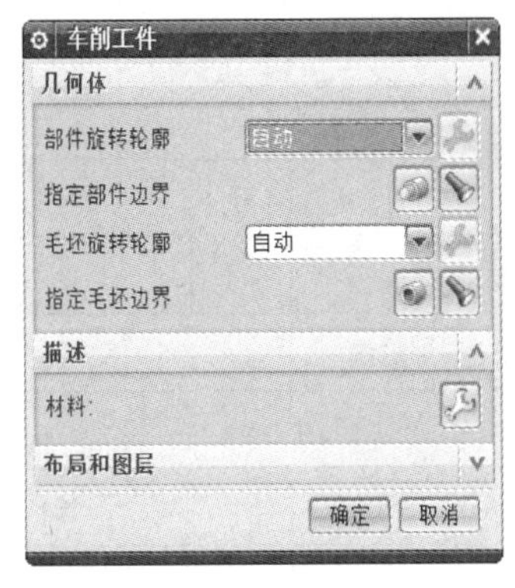

图 5-10　“车削工件”对话框

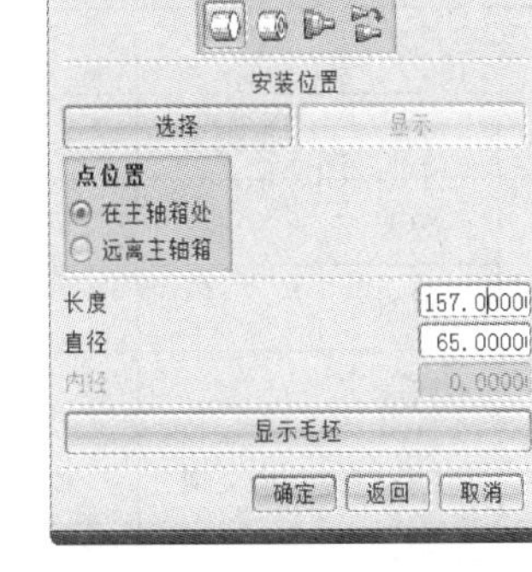

图 5-11　“选择毛坯”对话框

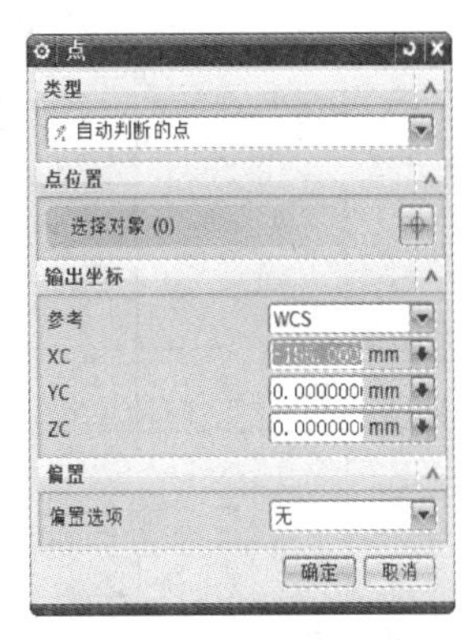

图 5-12　“点”对话框

（3）创建车削加工刀具　右击工作组“WORKPIECE”，选择“插入”→“刀具”，进入“创建刀具”对话框（图 5-13），根据实际需求选择“类型”和“刀具子类型”并命名，单击“确定”按钮进入“车刀标准”对话框（图 5-14）进行设置，单击“确定”按钮。刀具创建参数见表 5-7。

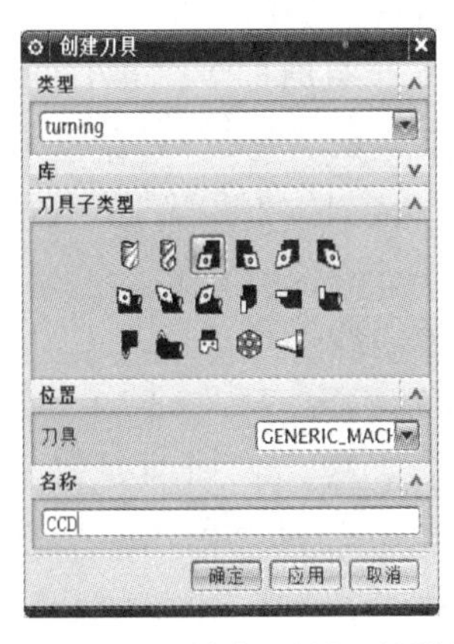

图 5-13　“创建刀具”对话框

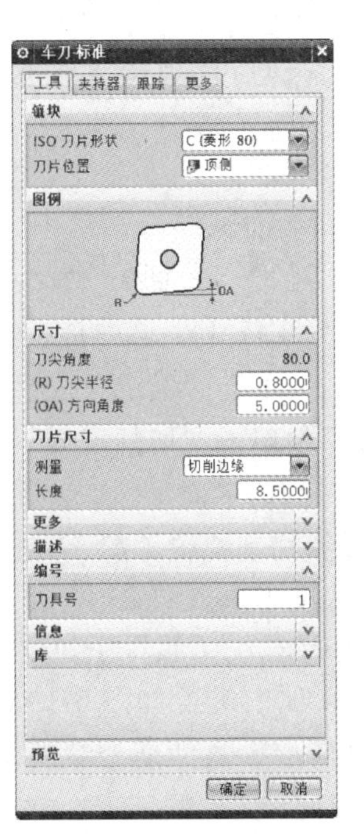

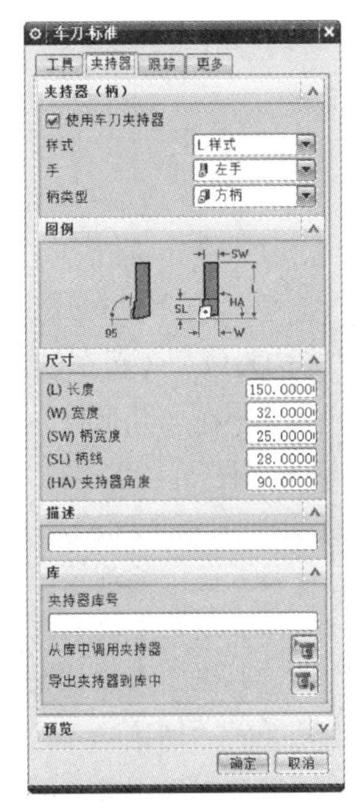

图 5-14　“车刀标准”对话框

表 5-7 刀具创建参数

<table>
<tr><th rowspan="3">刀具子类型</th><th rowspan="3">名称</th><th colspan="9">工具</th></tr>
<tr><th colspan="2">镶块</th><th colspan="2">尺寸 /mm</th><th colspan="4">刀片尺寸</th><th rowspan="2">刀具号</th></tr>
<tr><th>ISO 刀片形状</th><th>刀片位置</th><th>R</th><th>OA</th><th colspan="2">测量</th><th colspan="2">长度 /mm</th></tr>
<tr><td rowspan="5">OD_80_L</td><td>CCD
（粗车刀）</td><td>W</td><td>顶侧</td><td>0.8</td><td>5</td><td colspan="2">切削边缘</td><td colspan="2">8.5</td><td>1</td></tr>
<tr><td>JCD
（精车刀）</td><td>W</td><td>顶侧</td><td>0.4</td><td>5</td><td colspan="2">切削边缘</td><td colspan="2">8.5</td><td>2</td></tr>
<tr><td rowspan="3">夹持器</td><td colspan="3">夹持器</td><td colspan="6">尺寸 /mm</td></tr>
<tr><td>样式</td><td>手</td><td>柄类型</td><td>L</td><td>W</td><td>SW</td><td>SL</td><td colspan="2">HA</td></tr>
<tr><td>0°</td><td>左手</td><td>方柄</td><td>150</td><td>32</td><td>25</td><td>28</td><td colspan="2">90</td></tr>
<tr><td rowspan="4">OD_
GROOVE_L</td><td>CD（槽刀）</td><td>W</td><td>顶侧</td><td>0</td><td>5</td><td colspan="2">切削边缘</td><td colspan="2">8.5</td><td>3</td></tr>
<tr><td rowspan="3">夹持器</td><td colspan="3">夹持器</td><td colspan="6">尺寸 /mm</td></tr>
<tr><td>样式</td><td>手</td><td>柄类型</td><td>L</td><td>W</td><td>SW</td><td>SL</td><td colspan="2">HA</td></tr>
<tr><td>L</td><td>左手</td><td>方柄</td><td>150</td><td>32</td><td>25</td><td>28</td><td colspan="2">90</td></tr>
</table>

<table>
<tr><th rowspan="3">刀具子类型</th><th rowspan="3">名称</th><th colspan="9">工具</th></tr>
<tr><th colspan="2">镶块</th><th colspan="6">尺寸 /mm</th><th rowspan="2">刀具号</th></tr>
<tr><th>刀片形状</th><th>刀片位置</th><th>OA</th><th>IL</th><th>IW</th><th>LA/
RA</th><th>NR</th><th>TO</th></tr>
<tr><td>OD_
THREAD_L</td><td>LWD
（槽刀）</td><td>标准</td><td>顶侧</td><td>90</td><td>10</td><td>2</td><td>30</td><td>0</td><td>1</td><td>4</td></tr>
</table>

2. 工步

（1）工步 1——粗车右端面操作

1）右击车削工作组“YD”，选择“插入”→“工序”，进入“创建工序”对话框，“类型”选择“turning”，“工序子类型”选择“面加工”按钮（图 5-15），“名称”为“CCDMY”（粗车端面右），单击“确定”按钮后进入“面加工”对话框（图 5-16）。

2）在“几何体”选项中单击“切削区域”的“编辑”按钮，进入“切削区域”对话框（图 5-17），在“轴向修剪平面 1”选项中“限制选项”下拉列表框中选择“点”，单击几何加工坐标原点，设置切削位置（图 5-18）。

3）在“切削策略”选项中单击“策略”下拉菜单中的“单向线性切削”。

4）在“工具”选项中单击“刀具”下拉菜单中的“CCD”。

5）在“刀轨设置”选项中进行如图 5-19 所示的参数设置，单击“切削参数”按钮进入“切削参数”对话框，将“余量”选项卡中的“粗加工余量”中“面”设置为“0.1”（图 5-20）。

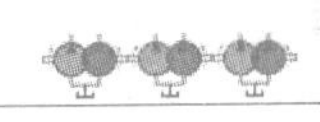

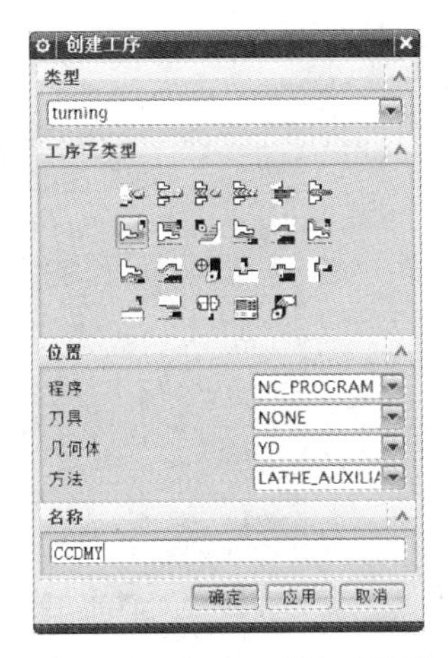

图 5-15　“创建工序”对话框

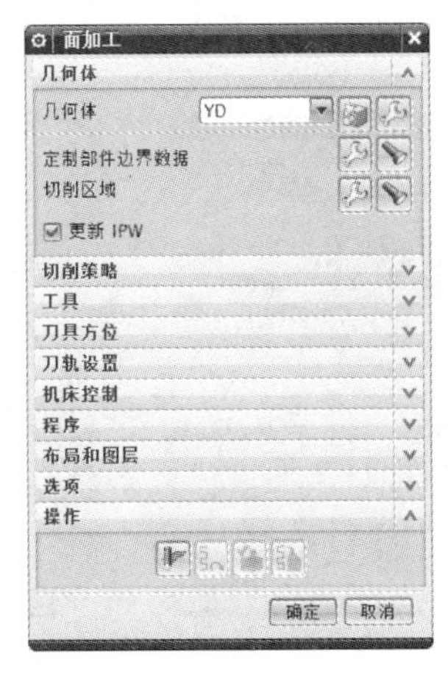

图 5-16　“面加工”对话框

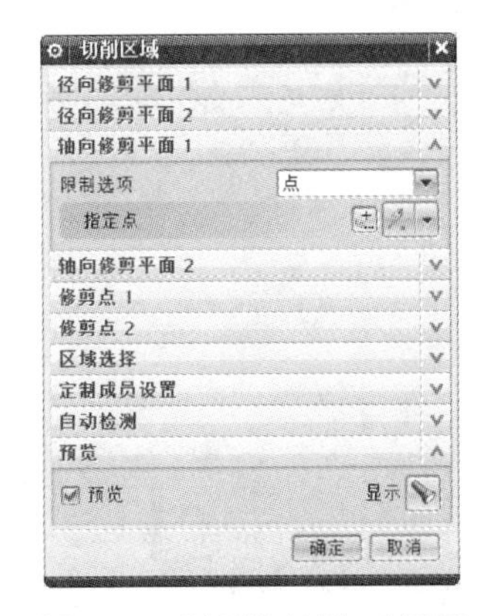

图 5-17　“切削区域”对话框

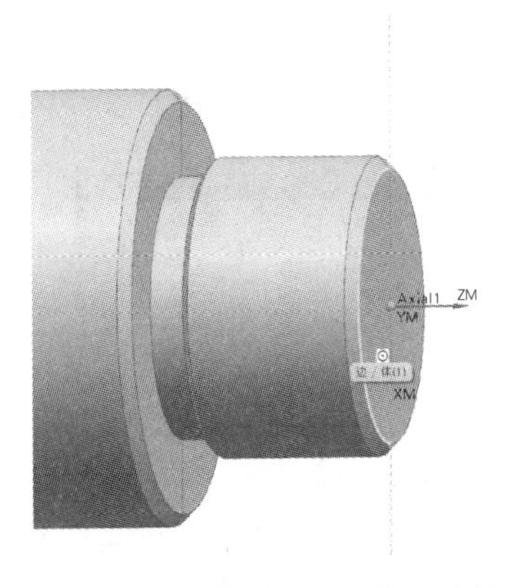

图 5-18　轴向修剪平面 1 位置选择

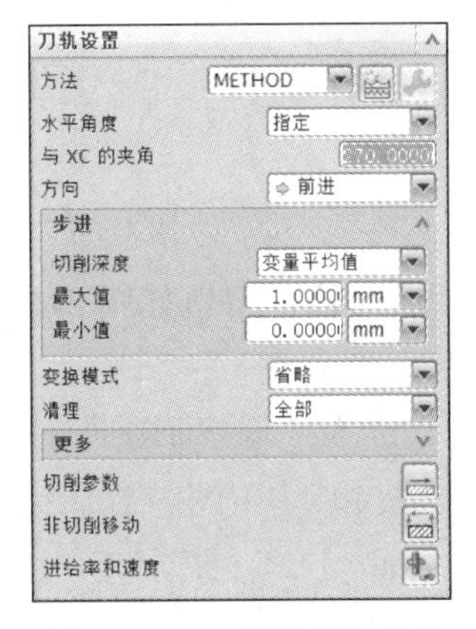

图 5-19　“刀轨设置”选项

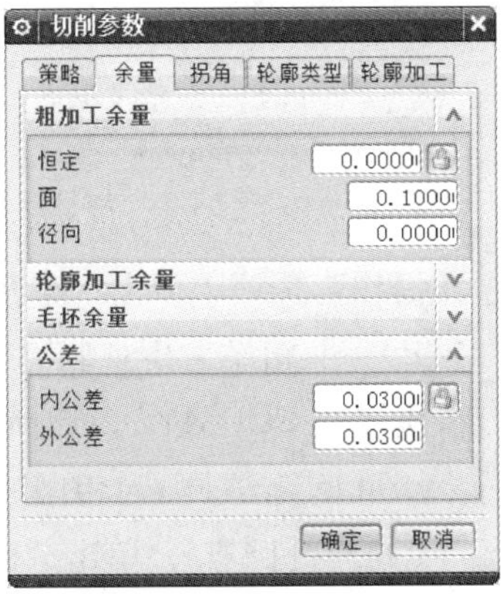

图 5-20　“切削参数”对话框

6）单击“非切削移动”按钮进入“非切削移动”对话框，把“逼近”选项卡中的“出发点”和“离开”选项卡中的“运动到返回点 / 安全平面”均进行如图 5-21、图 5-22 所示设置。在“点”对话框中，“参考”选择“WCS”，“XC”为“100mm”，“YC”为

“100mm”“ZC”为“0mm”，如图 5-23 所示。

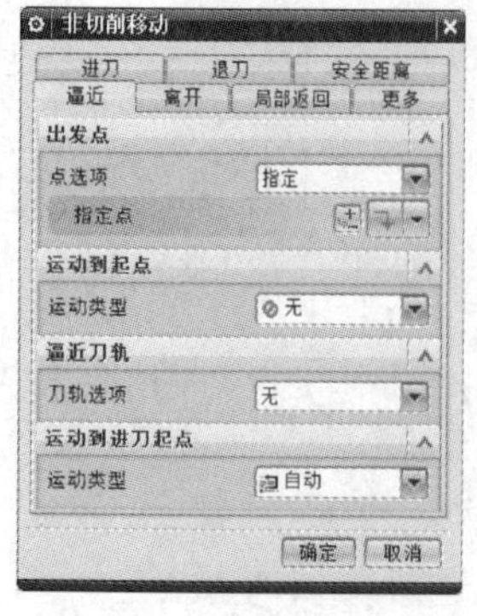

图 5-21 “逼近”选项卡

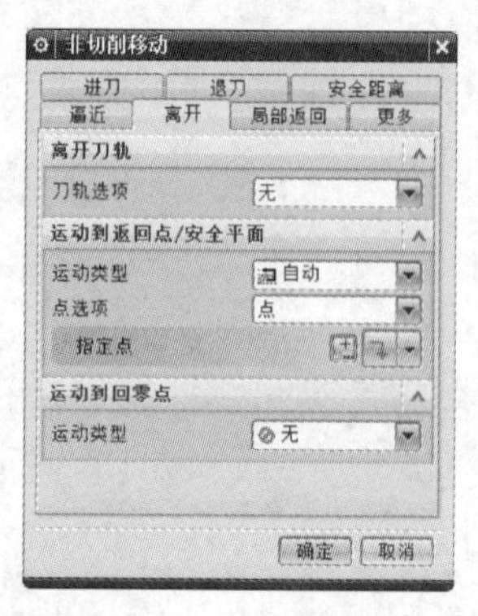

图 5-22 “离开”选项卡

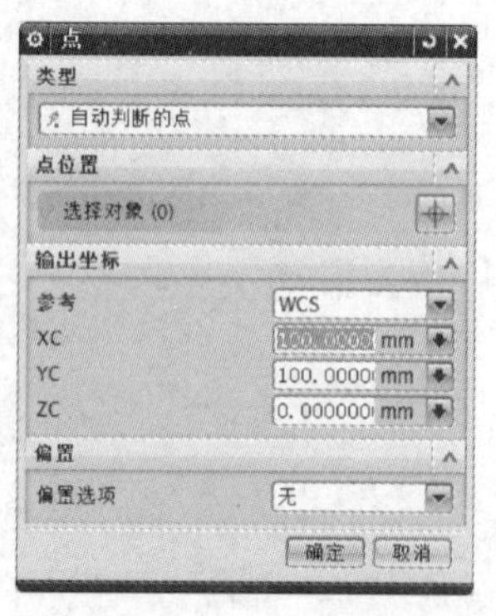

图 5-23 “点”对话框

7）单击“进给率和速度”按钮，进入“进给率和速度”对话框（图 5-24），“主轴速度”选项中“输出模式”为“RPM”，“主轴速度”为“1000”，“进给率”选项中模式为“mmpr”，进给率为“0.2”。

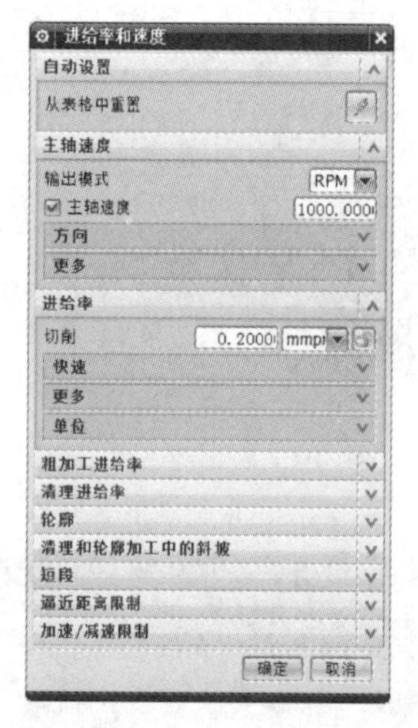

图 5-24 “进给率和速度”对话框

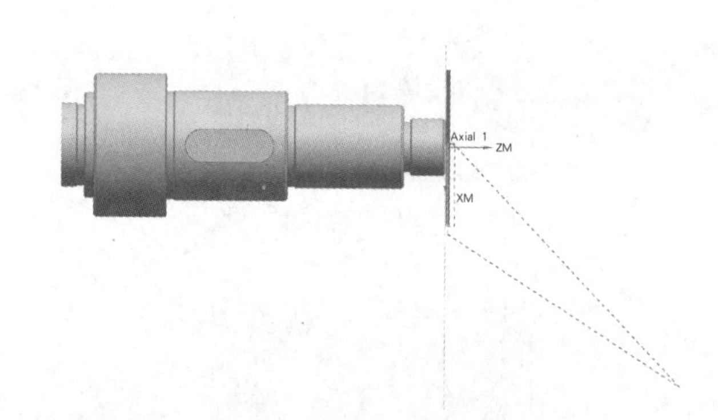

图 5-25 粗车右端面刀轨

8）在“操作”选项中单击“生成”按钮，自动生成刀轨，刀轨如图 5-25 所示。

（2）工步 2——粗车右端外圆操作

1）右击工序“CCDMY”，选择“插入”→“工序”，进入“创建工序”对话框，“类型”选择“turning”，“工序子类型”选择“外侧粗车”按钮（图 5-26），“名称”为“CCWYY”（粗车外圆右），单击“确定”按钮后进入“外侧粗车”对话框（图 5-27）。

2）在“几何体”选项中单击“切削区域”的“编辑”按钮，进入“切削区域”对话框（图 5-28），在“径向修剪平面 1”选项中“限制选项”下拉列表框中选择“点”，“输出坐标”选项中“参考”选择“绝对 – 工作部件”，“X”为“11mm”，如图 5-29 所示，并在“轴向修剪平面 1”选项中“限制选项”下拉列表框中选择“距离”，“轴向 ZM/XM”设置为“–155”。

图 5-26 “创建工序”对话框

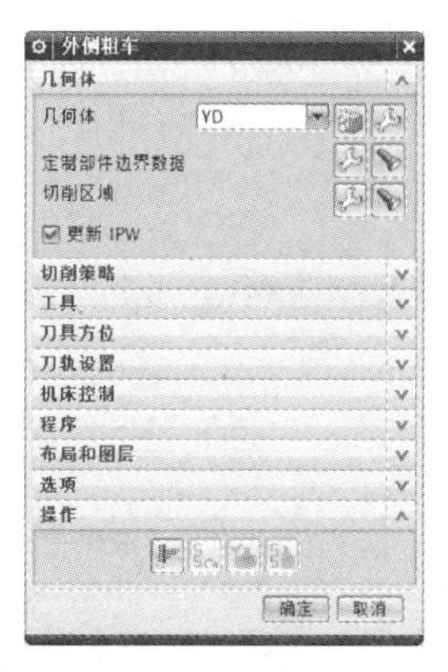

图 5-27 “外侧粗车”对话框

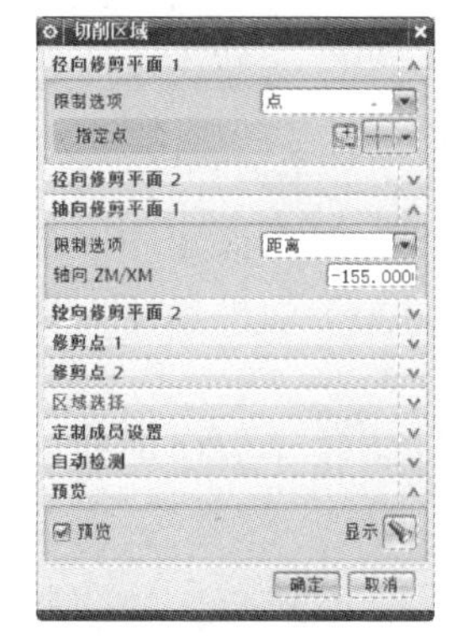

图 5-28 “切削区域”对话框

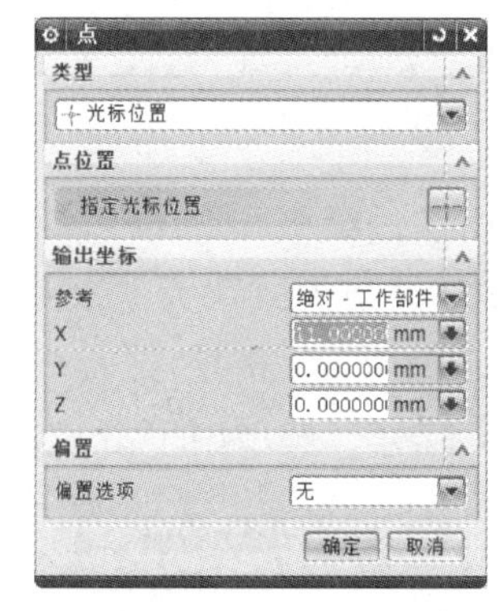

图 5-29 “点”对话框

3）在“切削策略”选项中单击“策略”下拉菜单中的“单向线性切削”。

4）在“工具”选项中单击“刀具”下拉菜单中的“CCD”。

5）在“刀轨设置”选项中进行如图 5-30 所示的参数设置，单击“切削参数”按钮进入“切削参数”对话框，把“余量”选项卡中的“粗加工余量”中“恒定”设置为“0.1”（图 5-31）。

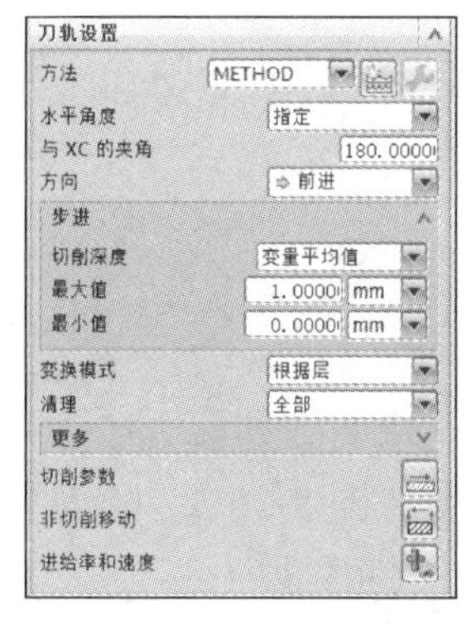

图 5-30 “刀轨设置”选项

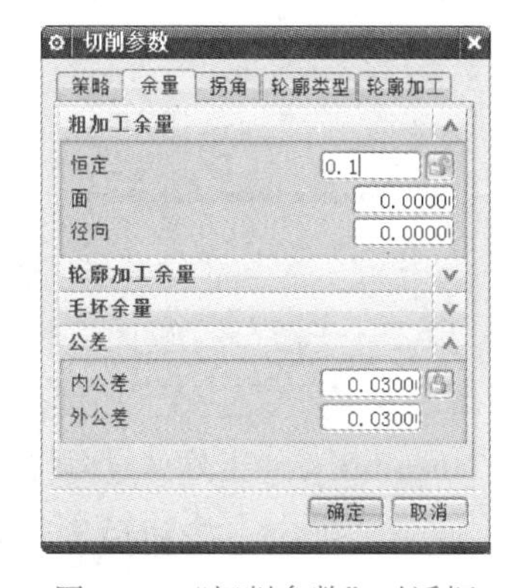

图 5-31 “切削参数”对话框

6）单击“非切削移动”按钮进入“非切削移动”对话框，把“逼近”选项卡中的“出发点”和“离开”选项卡中的“运动到返回点/安全平面”均进行如图5-32所示的设置。在“点”对话框中“参考”选择“WCS”,“XC”为“100mm”,“YC”为“100mm”,“ZC”为“0mm”,如图5-33所示。

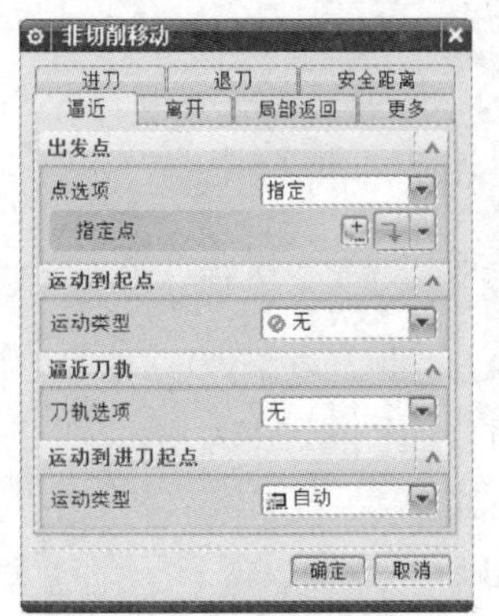

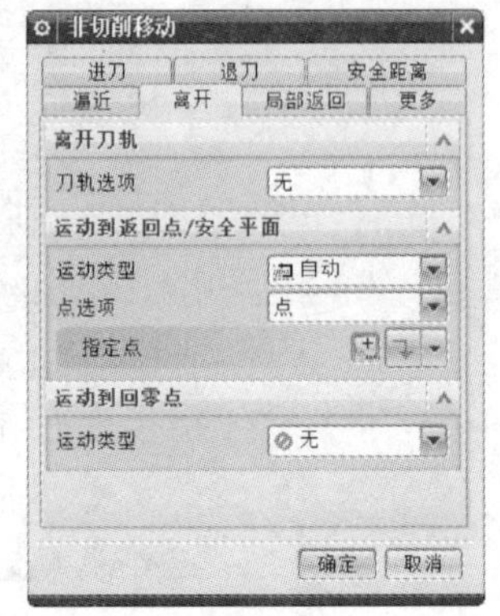

图5-32 “非切削移动”对话框

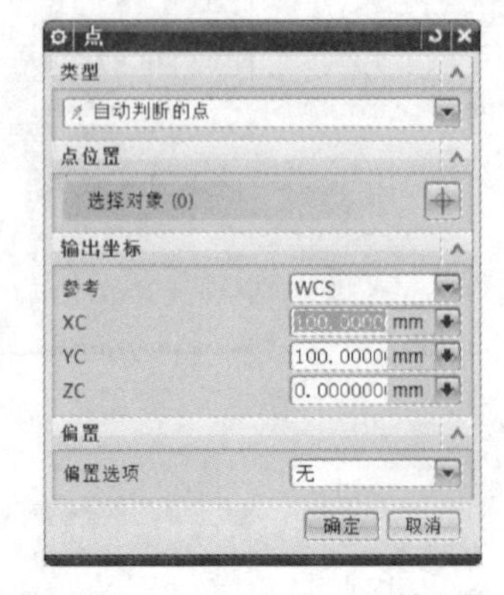

图5-33 “点”对话框

7）单击“进给率和速度”按钮进入“进给率和速度”对话框（图5-34),“主轴速度”选项中“输出模式”为“RPM”,“主轴速度”为“1000”,“进给率”选项中模式为“mmpr”,进给率为“0.2”。

8）在“操作”选项中单击“生成”按钮，自动生成刀轨，刀轨如图5-35所示。

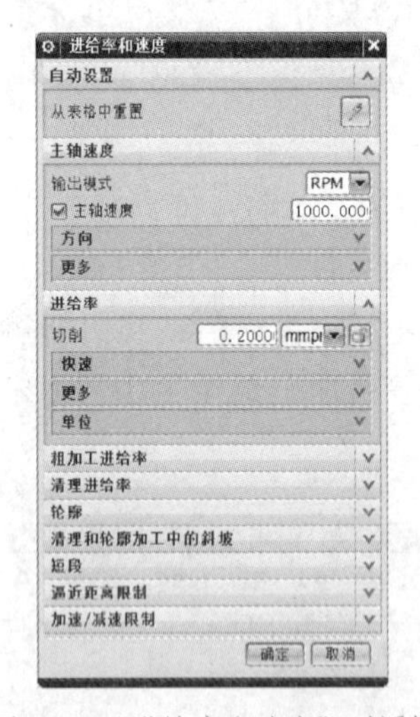

图5-34 “进给率和速度”对话框

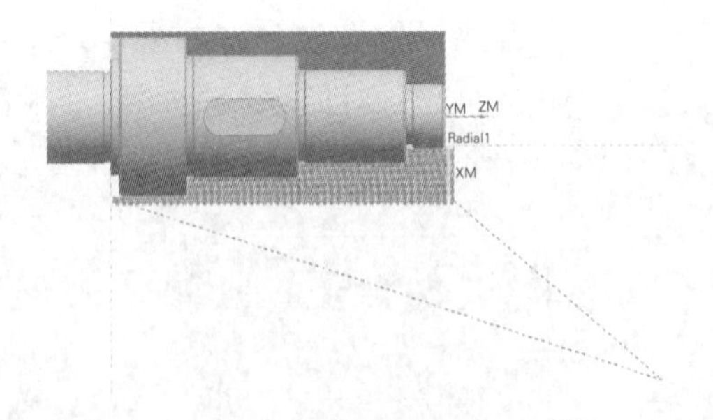

图5-35 粗车右端外圆刀轨

（3）工步3——精车右端面、精车外圆操作

1）右击工序“CCWYY”,选择“插入”→“工序”,进入“创建工序”对话框，“类型”选择“turning”,“工序子类型”选择“外侧精车”（图5-36),“名称”为“JCY”（精车右),单击“确定”按钮后进入“外侧精车”对话框（图5-37)。

图 5-36　“创建工序”对话框

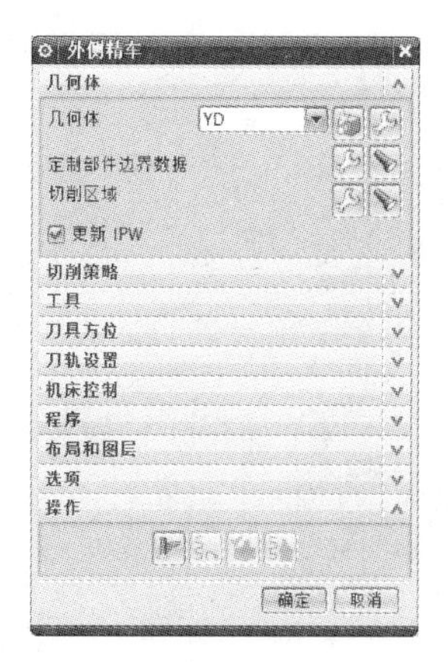

图 5-37　“外侧精车”对话框

2）在“切削策略”选项中单击“策略”下拉菜单中的“全部精加工”。

3）在“工具”选项中单击“刀具”下拉菜单中的“JCD”。

4）单击“非切削移动”按钮，进入“非切削移动”对话框，把“逼近”选项卡中的“出发点”和“离开”选项卡中的“运动到返回点 / 安全平面”均进行如图 5-38、图 5-39 所示的设置。在“点”对话框中，“参考”选择“WCS”，“XC”为“100mm”，“YC”为“100mm”，“ZC”为“0mm”，如图 5-40 所示。

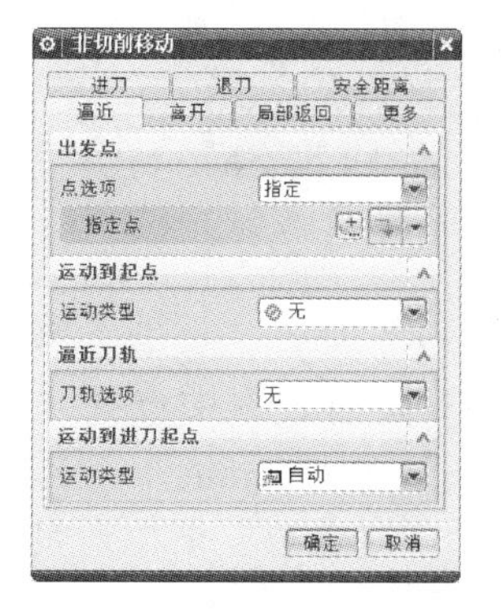

图 5-38　“逼近”选项卡

图 5-39　“离开”选项卡

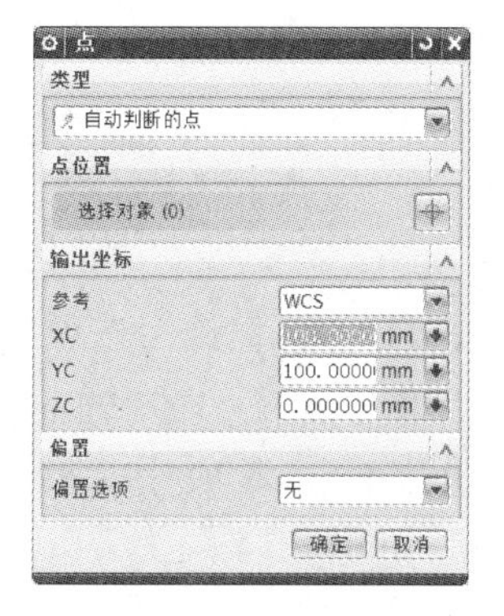

图 5-40　“点”对话框

5）单击“进给率和速度”按钮，进入“进给率和速度”对话框（图 5-41），“主轴速度”选项中“输出模式”为“RPM”，“主轴速度”为“1200”，“进给率”选项中模式为“mmpr”，进给率为“0.1”。

6）在“操作”选项中单击“生成”按钮，自动生成刀轨，刀轨如图 5-42 所示。

（4）工步 4——右端切槽操作

1）右击工序“JCY”，选择“插入”→“工序”，进入“创建工序”对话框，“类型”选择“turning”，“工序子类型”选择“外侧开槽”按钮（图 5-43），“名称”为“QCY”（切槽右），单击“确定”按钮后进入“外侧开槽”对话框（图 5-44）。

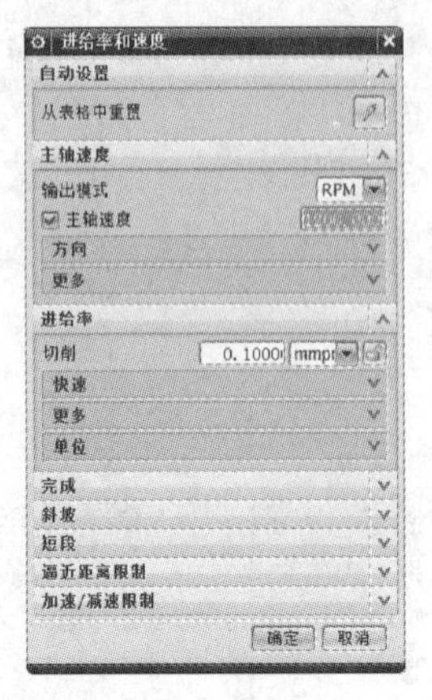

图 5-41 “进给率和速度”对话框

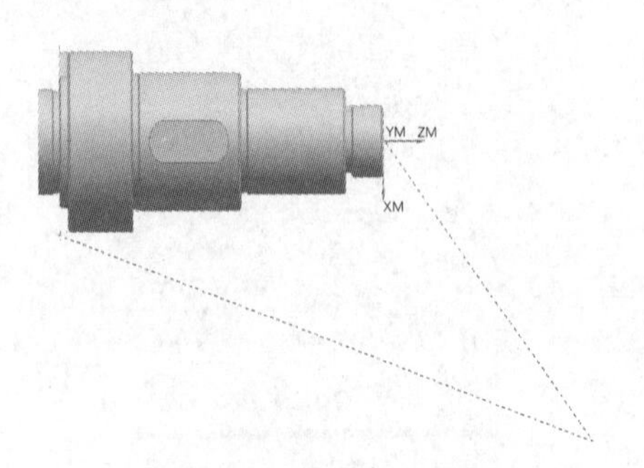

图 5-42 精车右端面、外圆刀轨

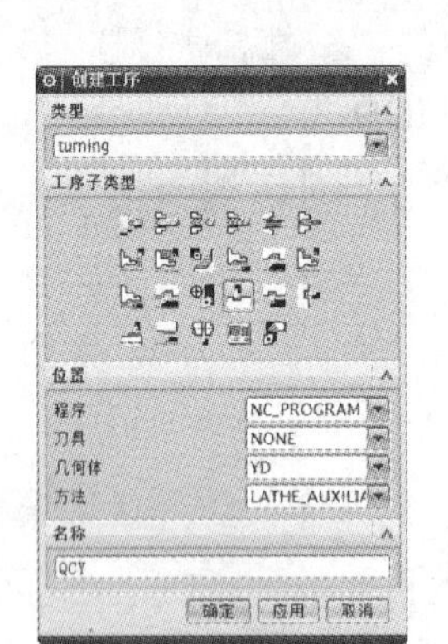

图 5-43 “创建工序”对话框

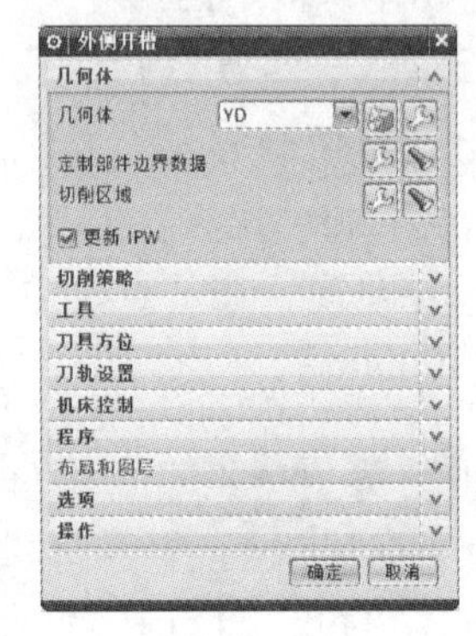

图 5-44 “外侧开槽”对话框

2）在“几何体”选项中单击“切削区域”的“编辑”按钮，进入“切削区域”对话框（图 5-45），在“轴向修剪平面 1”选项中“限制选项”下拉列表框中选择“点”，“输出坐标”选项中“参考”选择“绝对 - 工作部件”，“X”为“12mm”，“Z”为“-14.5mm”，“Y”为“0mm”；在“轴向修剪平面 2”选项中“限制选项”下拉列表框中选择“点”，“输出坐标”选项中“参考”选择“绝对 - 工作部件”，“X”为“10.5mm”，“Z”为“-18mm”，“Y”为“0mm”，如图 5-46 所示。

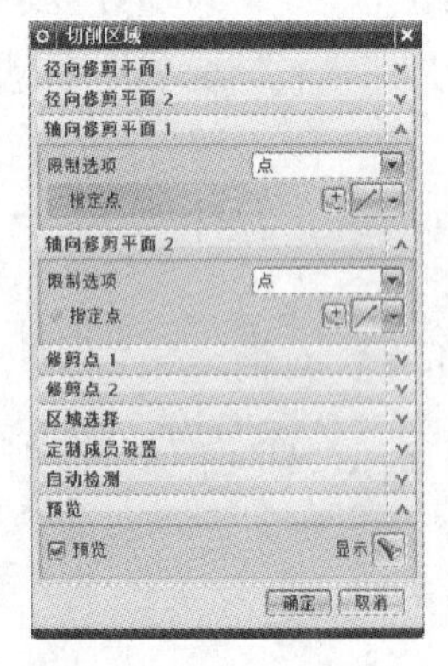

图 5-45 “切削区域”对话框

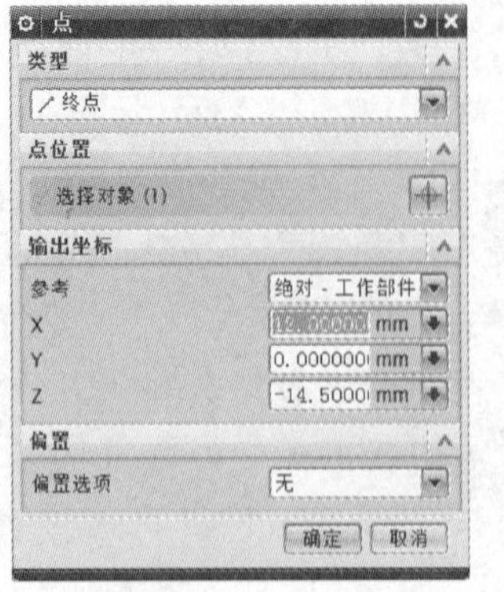

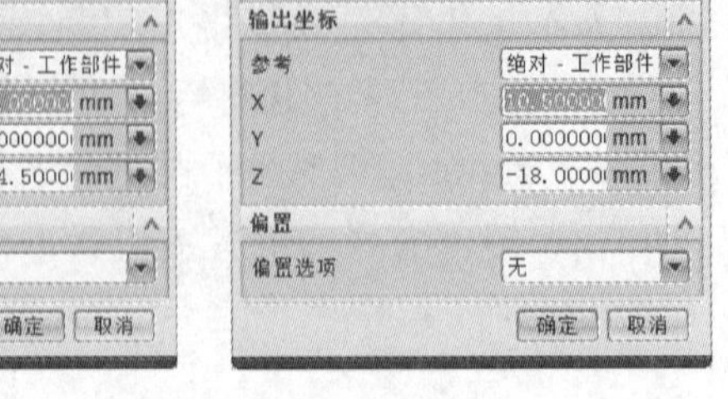

图 5-46 起始、终止“点”对话框

3）在“切削策略”选项中单击“策略”下拉菜单中的“单向插削”。

4）在“工具”选项中单击“刀具”下拉菜单中的“CD”。

5）单击“非切削移动”按钮，进入“非切削移动”对话框，把“逼近”选项卡中的“出发点”和“离开”选项卡中的“运动到返回点 / 安全平面”均进行如图 5-47 所示的设置。在“点”对话框中，“参考”选择“WCS”，“XC”为“100mm”，“YC”为“100mm”，“ZC”为“0mm”，如图 5-48 所示。

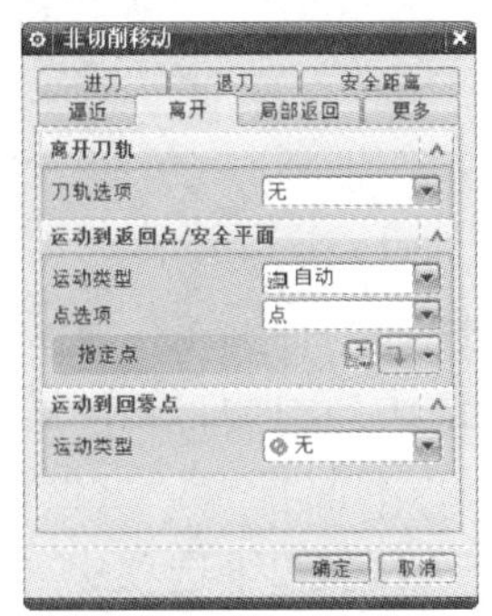
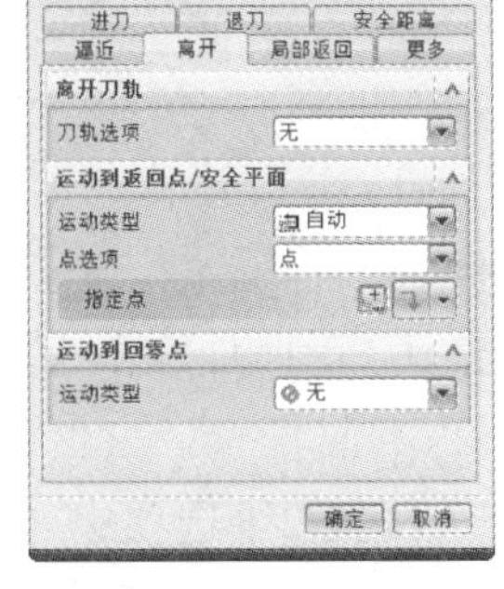

图 5-47　“非切削移动”对话框

图 5-48　“点”对话框

6）单击“进给率和速度”按钮，进入“进给率和速度”对话框（图 5-49），“主轴速度”选项中“输出模式”为“RPM”，“主轴速度”为“800”，“进给率”选项中模式为“mmpr”，进给率为“0.1”。

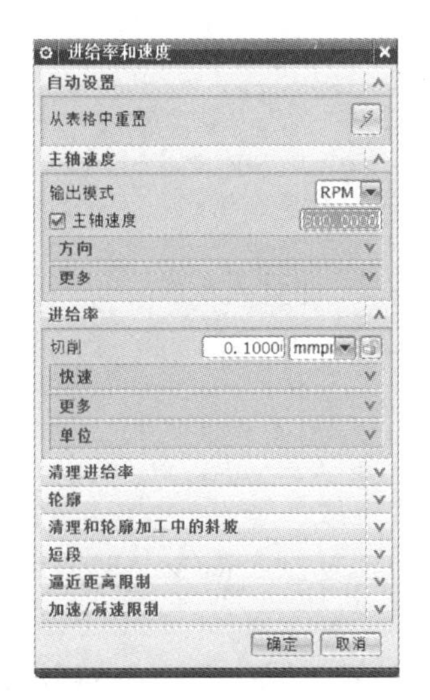

图 5-49　“进给率和速度”对话框

7）在“操作”选项中单击“生成”按钮，自动生成刀轨。

8）右击工序“QCY”选择“复制”命令，然后继续右击工序“QCY”选择“粘贴”命令，工序中出现工序“QCY_COPY”，右击工序“QCY_COPY”选择“重命名”命令，将复制粘贴的工序命名为“QCY1”，如图 5-50 所示。

9）右击工序“QCY1”选择“编辑”命令，进入“外侧开槽”对话框，如图 5-51 所示。

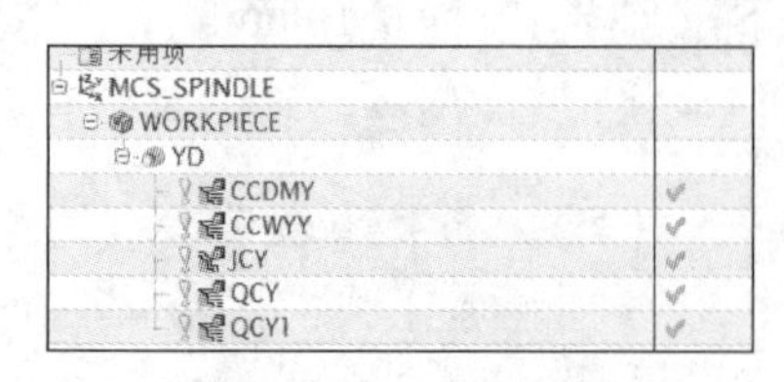

图 5-50 “QCY1”工序

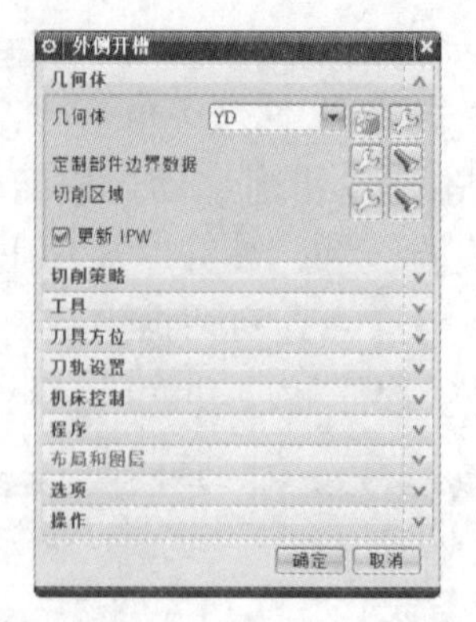

图 5-51 “外侧开槽”对话框

10）在“几何体”选项中单击“切削区域”的“编辑”按钮，进入“切削区域”对话框（图 5-52），在“轴向修剪平面 1”选项中“限制选项”下拉列表框中选择“点”，“输出坐标”选项中“参考”选择“绝对 – 工作部件”，“X”为“17.5mm”，“Z”为“–64.5mm”，“Y”为“0mm”；在“轴向修剪平面 2”选项中“限制选项”下拉列表框中选择“点”，“输出坐标”选项中“参考”选择“绝对 – 工作部件”，“X”为“17mm”，“Z”为“–68mm”，“Y”为“0mm”，如图 5-53 所示。

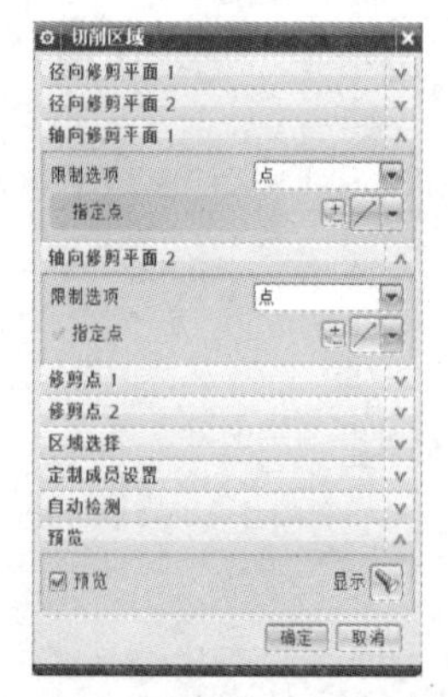

图 5-52 “切削区域”对话框

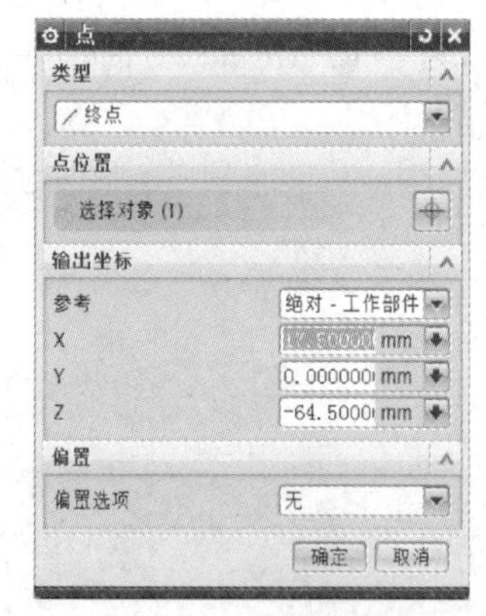

图 5-53 起始、终止“点”对话框

11）在“操作”选项中单击“生成”按钮，自动生成刀轨。

12）右击工序“QCY1”选择“复制”命令，然后继续右击工序“QCY1”选择“粘贴”命令，工序中出现工序“QCY1_COPY”，右击工序“QCY1_COPY”选择“重命名”命令，将复制粘贴的工序命名为“QCY2”，如图 5-54 所示。

13）在“几何体”选项中单击“切削区域”的“编辑”按钮，进入“切削区域”对话框（图 5-55），在“轴向修剪平面 1”选项中“限制选项”下拉列表框中选择“点”，“输出坐标”选项中“参考”选择“绝对 – 工作部件”，“X”为“23mm”，“Z”为“–116.5mm”，“Y”为“0mm”；在“轴向修剪平面 2”选项中“限制选项”下拉列表框中选择“点”，“输出坐标”选项中“参考”选择“绝对 – 工作部件”，“X”为“22.5mm”，“Z”为“–120mm”，“Y”为“0mm”，如图 5-56 所示。

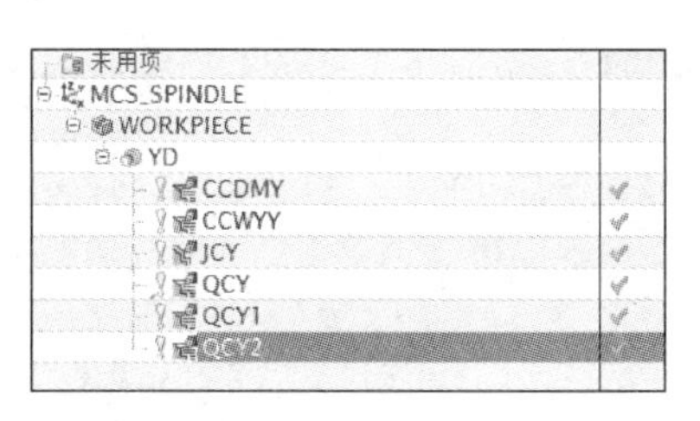

图 5-54　“QCY2”工序

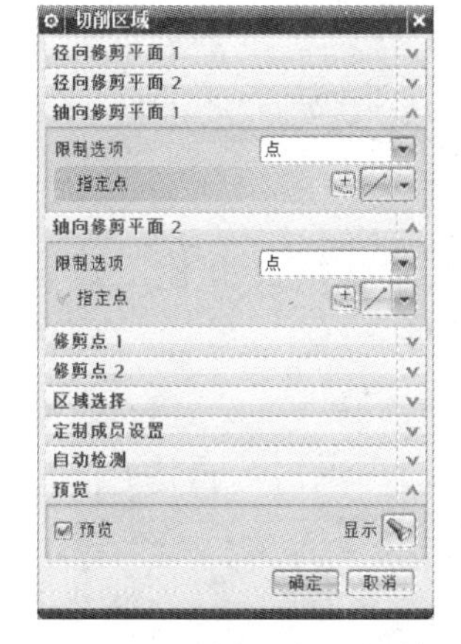

图 5-55　“切削区域”对话框

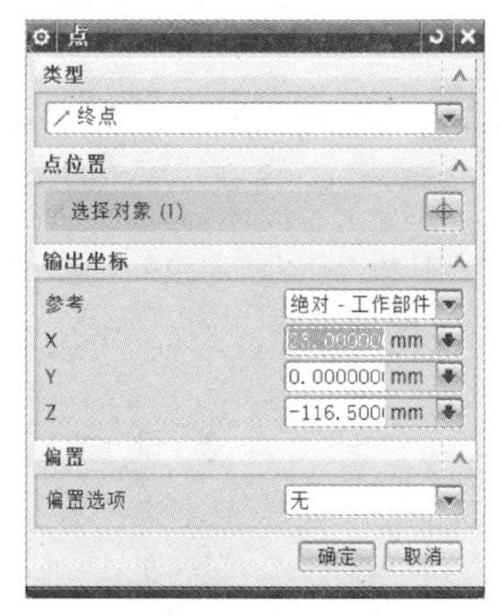

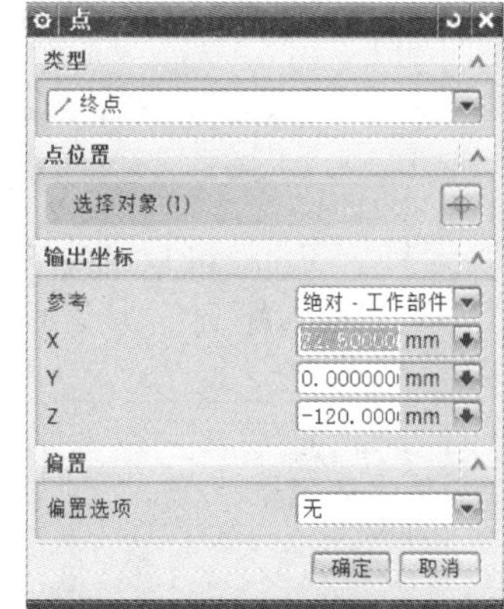

图 5-56　起始、终止“点”对话框

14）在“操作”选项中单击“生成”按钮，自动生成刀轨。

15）以上三次切槽加工完成零件右端三个位置的槽加工，刀轨如图 5-57 所示。

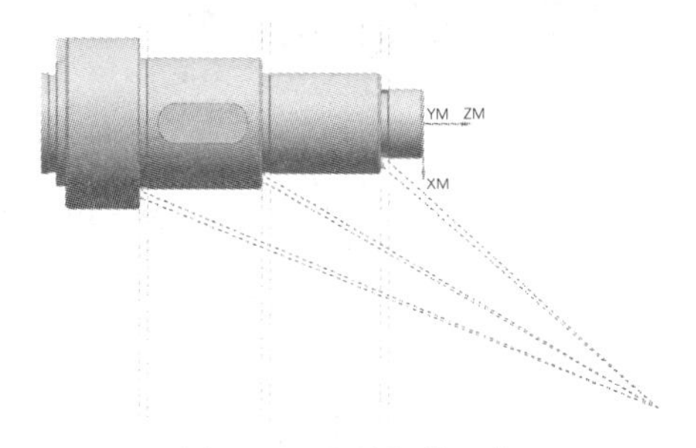

图 5-57　右端切槽刀轨

（5）工步 5——车右端螺纹操作

1）右击工序“QCY2”，选择“插入”→“工序”，进入“创建工序”对话框，“类型”选择“turning”，“工序子类型”选择“外侧螺纹加工”按钮（图 5-58），“名称”为“CLWY”（车螺纹右），单击“确定”按钮后进入“外侧螺纹加工”对话框（图 5-59）。

2）在“工具”选项中单击“刀具”下拉菜单中的“LWD”。

3）在“螺纹形状”选项中单击“Select Crest Line”，如图 5-60 所示。设置螺纹顶线为图中显示螺纹外侧线，如图 5-61 所示，“深度选项”选择“深度和角度”，“深度”设置为“0.974”，“与 XC 的夹角”为“180”，“偏置”选项中“起始偏置”为“2”，“终止偏置”为“1”。

图 5-58 “创建工序”对话框

图 5-59 “外侧螺纹加工”对话框

4）在“刀轨设置”选项中进行如图 5-62 所示的参数设置，“剩余百分比”设为“50”，“最大距离”为“0.4”，“最小距离”为“0.08”。

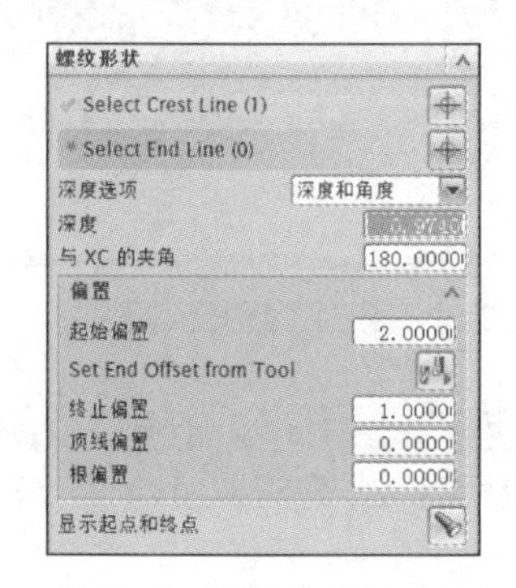

图 5-60 “螺纹形状”选项

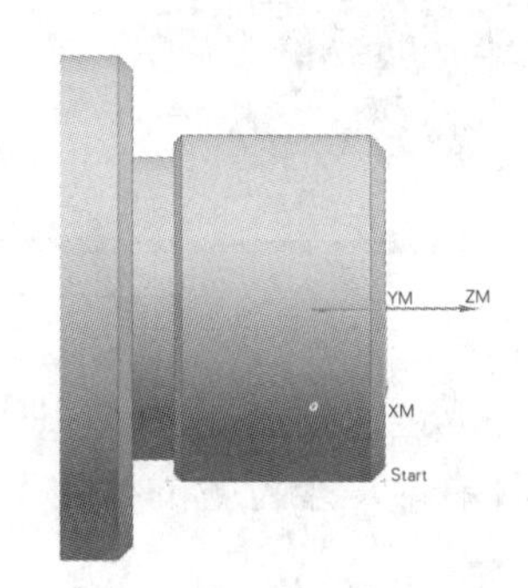

图 5-61 螺纹顶线选择

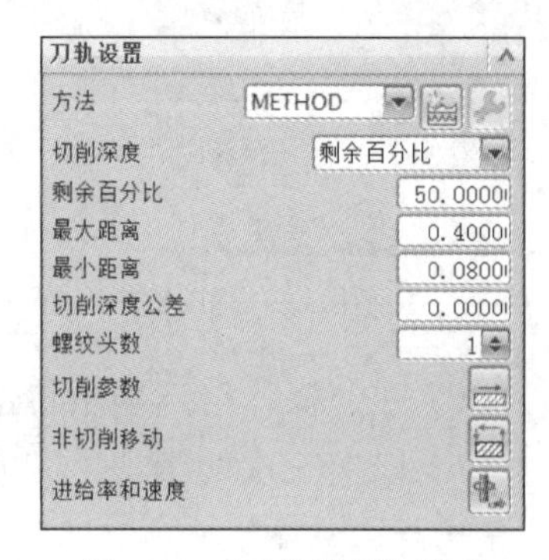

图 5-62 “刀轨设置”选项

5）单击“非切削移动”按钮进入“非切削移动”对话框，把“逼近”选项卡中的“出发点”和“离开”选项卡中的“运动到返回点 / 安全平面”均进行如图 5-63 所示的设置。在“点”对话框中，“参考”选择“WCS”，“XC”为“100mm”，“YC”为“100mm”，“ZC”为“0mm”，如图 5-64 所示。

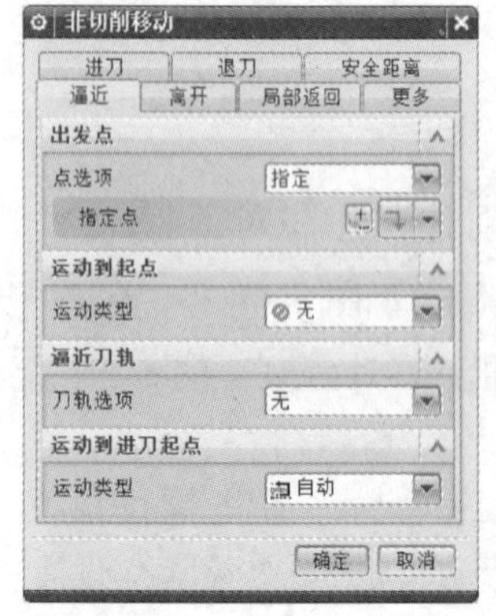

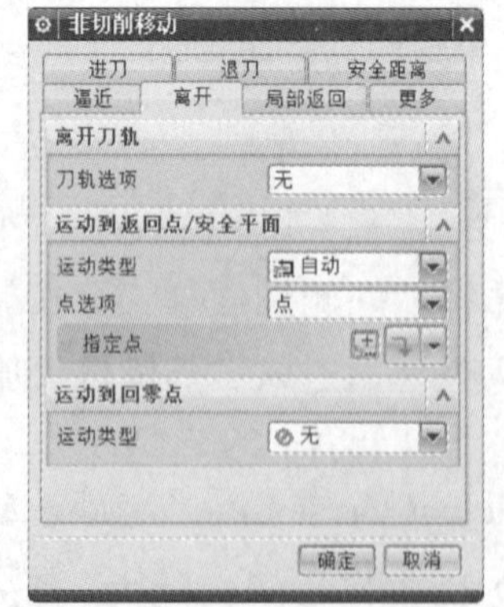

图 5-63 “非切削移动”对话框

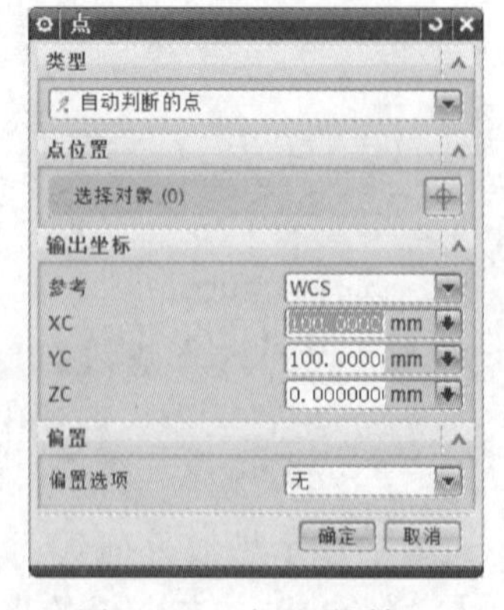

图 5-64 “点”对话框

6）单击“进给率和速度”按钮进入“进给率和速度”对话框（图 5-65），“主轴速度”选项中“输出模式”为“RPM”，“主轴速度”为“500”，“进给率”选项中模式为“mmpr”，进给率为“1.5”。

7）在“操作”选项中单击“生成”按钮，自动生成刀轨，刀轨如图 5-66 所示。

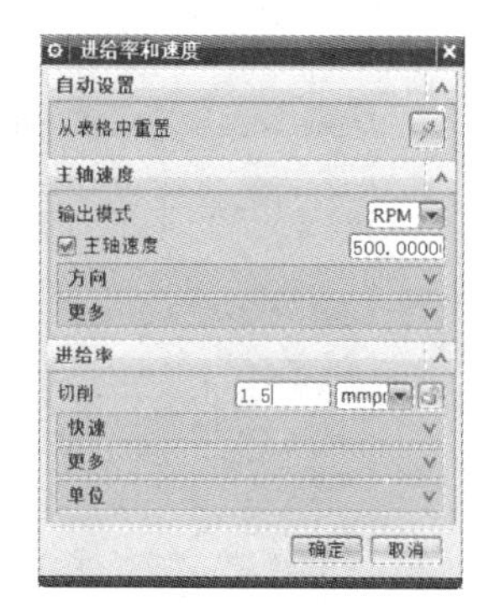

图 5-65　“进给率和速度”对话框

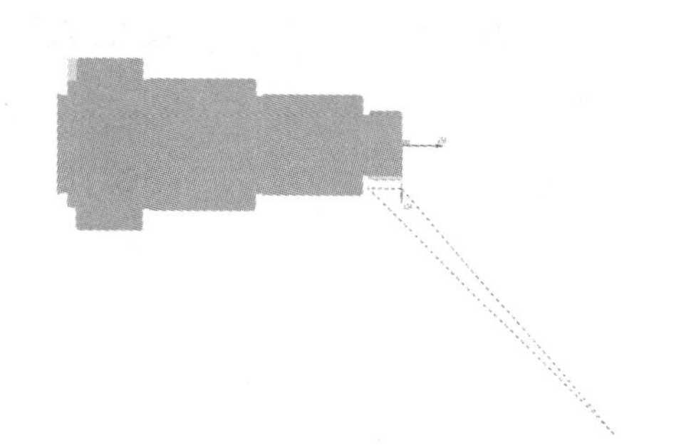
图 5-66　车右端螺纹刀轨

5.2.2　工序 2

1. 左端加工坐标系设置

1）右击“GEOMETRY”，选择“插入”→“几何体”（图 5-67），进入“创建几何体”对话框（图 5-68），“类型”选择“turning”，“几何体子类型”选择“坐标系”按钮，单击“确定”按钮保存，进入“加工坐标系”对话框（图 5-69），对“加工坐标”和“车床工作平面”进行设置，通过“偏置 CSYS”坐标系把 MCS 机床坐标设置在工件的左端面，与实际机床加工时一致（图 5-70），把“车床工作平面”设定为“ZM–XM”，单击“确定”按钮保存设置。

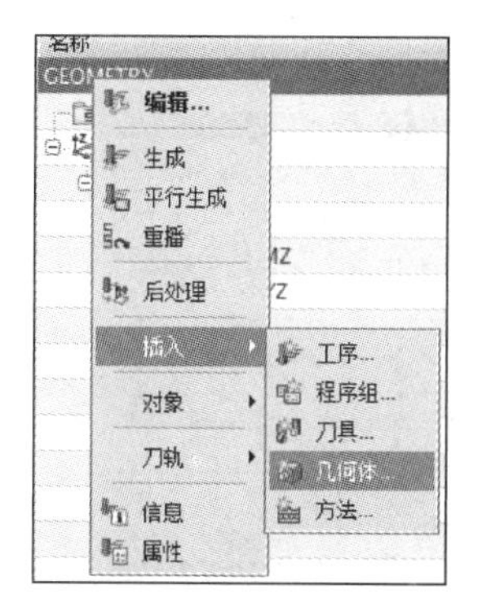

图 5-67　新建坐标系

图 5-68　“创建几何体”对话框

图 5-69　“加工坐标系”对话框

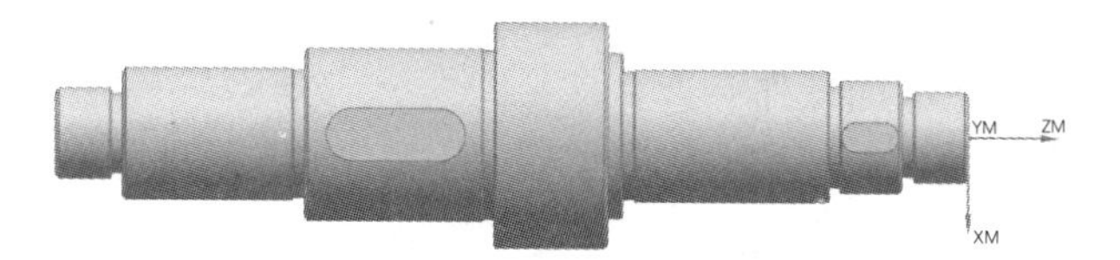

图 5-70　左端加工坐标原点位置

2）双击“WORKPIECE”进入“工件”对话框（图 5-71），单击“指定部件”按钮进入“部件几何体”对话框（图 5-72），单击零件模型，单击“确定”按钮后自动回到“工件”对话框。单击“指定毛坯”按钮进入“毛坯几何体”对话框（图 5-73），并进行如图设置，单击“确定”按钮后自动回到“工件”对话框，单击“确定”按钮保存。

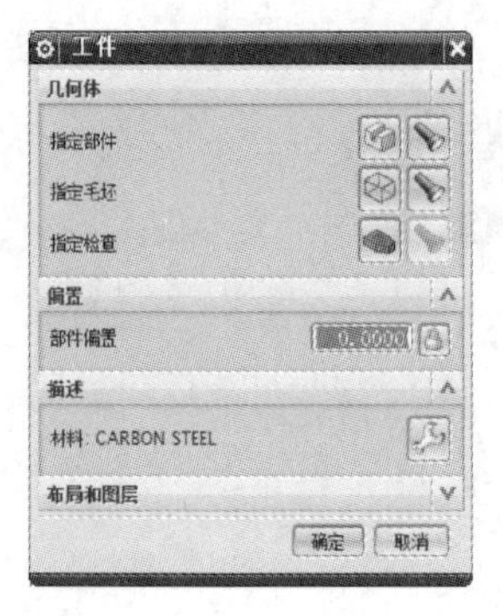

图 5-71 “工件”对话框

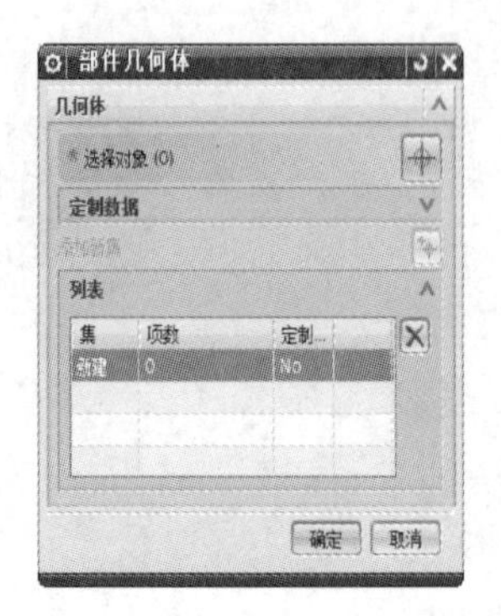

图 5-72 “部件几何体”对话框

图 5-73 “毛坯几何体”对话框

3）双击车削工作组“TURNING–WORKPIECE”进入“车削工件”对话框（图 5-74），“部件旋转轮廓”默认为“自动”，“毛坯旋转轮廓”默认为“自动”，单击“指定毛坯边界”按钮进入“选择毛坯”对话框（图 5-75），进行如图设置，其中“点位置”选择“在主轴箱处”，“长度”为“102”，“直径”为“65”。单击“选择”按钮进入“点”对话框（图 5-76），进行如图设置，“参考”选择“WCS”，“XC”为“–100mm”（**注**：此处设置结合实际毛坯的值，去掉 2mm 的端面切削量），单击“确定”按钮保存所有设置，右击工作组重命名为“ZD”（左端）。

图 5-74 “车削工件”对话框

图 5-75 “选择毛坯”对话框

图 5-76 “点”对话框

2. 工步

（1）工步 1——粗车左端面操作

1）右击车削工作组“ZD”，选择“插入”→“工序”，进入“创建工序”对话框，“类型”选择“turning”，“工序子类型”选择“面加工”按钮（图 5-77），“名称”为“CCDMZ”（粗车端面左），单击“确定”按钮后进入“面加工”对话框（图 5-78）。

图 5-77　“创建工序”对话框

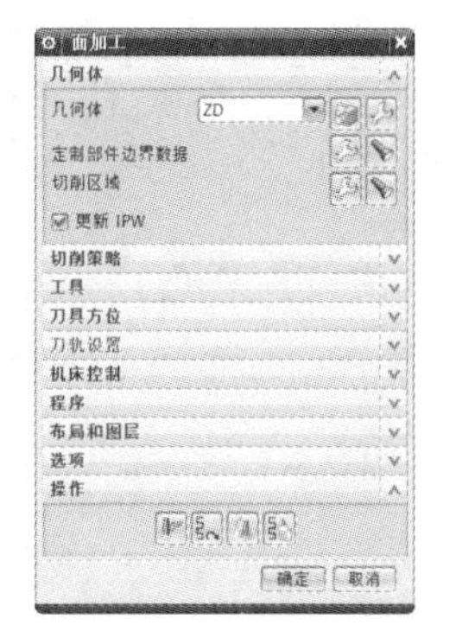

图 5-78　“面加工”对话框

2）在“几何体”选项中单击“切削区域”的“编辑”按钮，进入“切削区域”对话框（图 5-79），在“轴向修剪平面 1”选项中“限制选项”下拉列表框中选择“点”，单击几何加工坐标原点，设置切削位置（图 5-80）。

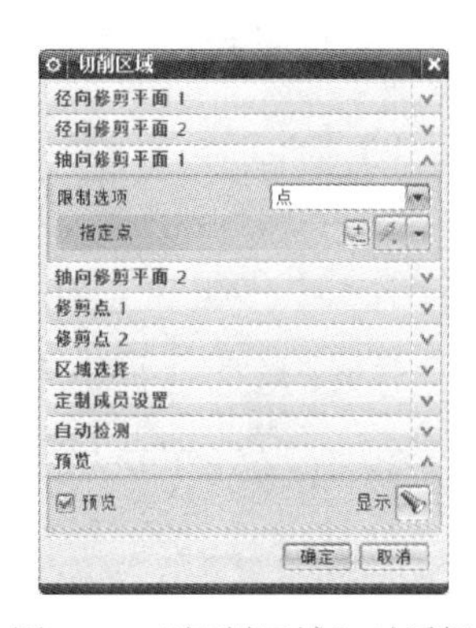

图 5-79　“切削区域”对话框

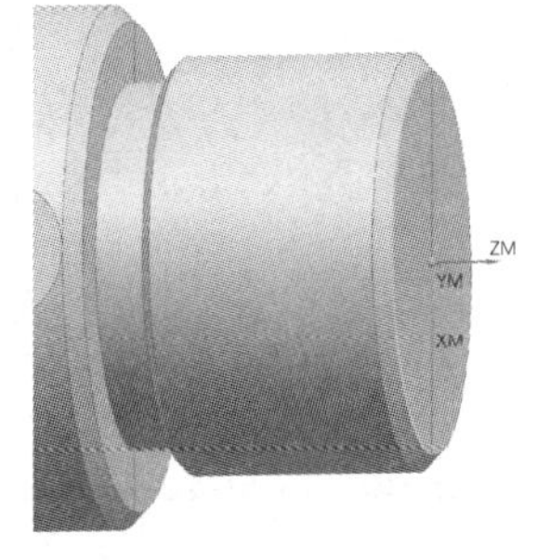

图 5-80　轴向修剪平面 1 位置选择

3）在“切削策略”选项中单击“策略”下拉菜单中的“单向线性切削”。

4）在“工具”选项中单击“刀具”下拉菜单中的“CCD”。

5）在“刀具方位”选项中勾选“绕夹持器翻转刀具”复选框（图 5-81）。

图 5-81　“刀具方位”选项

6）在“刀轨设置”选项中进行如图 5-82 所示的参数设置［单击“切削参数”按钮，进入“切削参数”对话框，把“余量”选项卡中的“粗加工余量”中“面”设置为“0.1”（图 5-83）］。

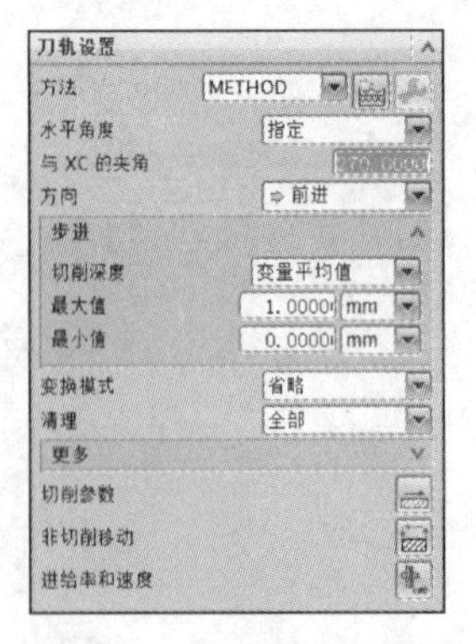

图 5-82 “刀轨设置”选项

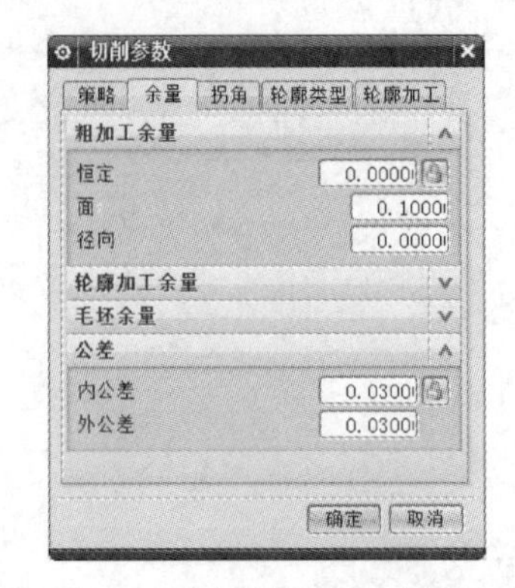

图 5-83 “切削参数”对话框

7）单击“非切削移动”按钮，进入“非切削移动”对话框，把“逼近”选项卡中的“出发点”和“离开”选项卡中的“运动到返回点 / 安全平面”均进行如图 5-84 所示的设置。在“点”对话框中，“参考”选择“WCS”，“XC”为“100mm”，“YC”为“–100mm”，“ZC”为“0mm”，如图 5-85 所示。

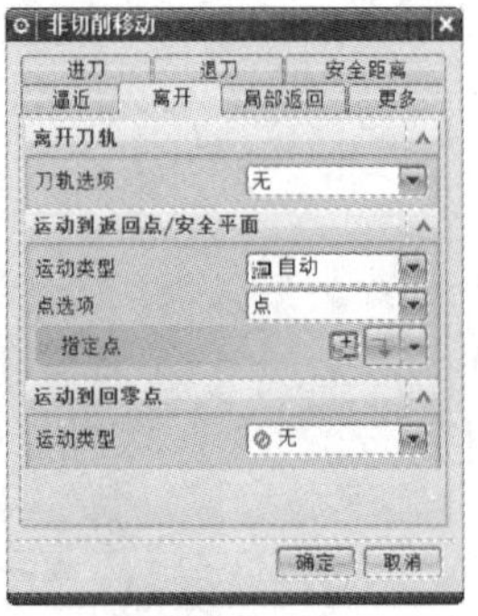

图 5-84 “非切削移动”对话框

图 5-85 “点”对话框

8）单击“进给率和速度”按钮，进入“进给率和速度”对话框（图 5-86），“主轴速度”选项中“输出模式”为“RPM”，“主轴速度”为“1000”，“进给率”选项中模式为“mmpr”，进给率为“0.2”。

9）在“操作”选项中单击“生成”按钮，自动生成刀轨，刀轨如图 5-87 所示。

（2）工步 2——粗车左端外圆操作

1）右击工序“CCDMZ”，选择“插入”→“工序”，进入“创建工序”对话框，“类型”选择“turning”，“工序子类型”选择“外侧粗车”按钮（图 5-88），“名称”为“CCWYZ”（粗车外圆左），单击“确定”按钮后进入“外侧粗车”对话框（图 5-89）。

2）在“几何体”选项中单击“切削区域”的“编辑”按钮，进入“切削区域”对话框（图 5-90），在“径向修剪平面 1”选项中“限制选项”下拉列表框中选择“点”，“输出坐标”选项中“参考”选择“绝对 – 工作部件”，“X”为“11mm”，“Z”为“–250mm”，“Y”为“0mm”，如图 5-91 所示；在“轴向修剪平面 1”选项中“限制选项”下拉列表框中选择“距离”，“轴向 ZM/XM”设置为“–100”。

图 5-86　“进给率和速度”对话框

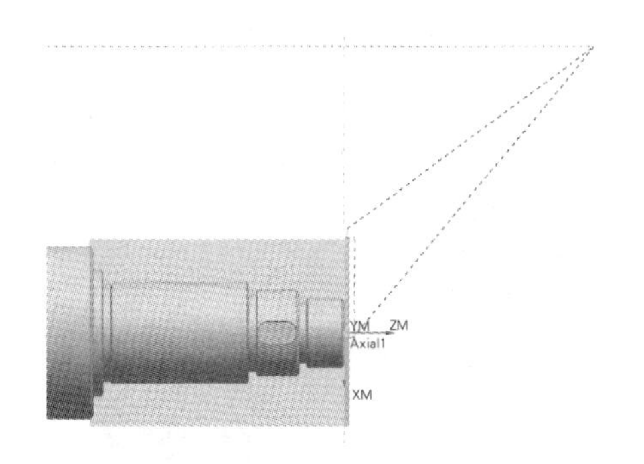

图 5-87　粗车左端面刀轨

图 5-88　“创建工序”对话框

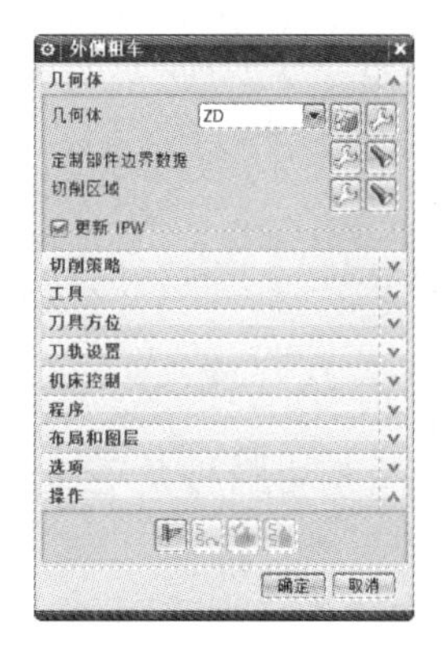

图 5-89　“外侧粗车”对话框

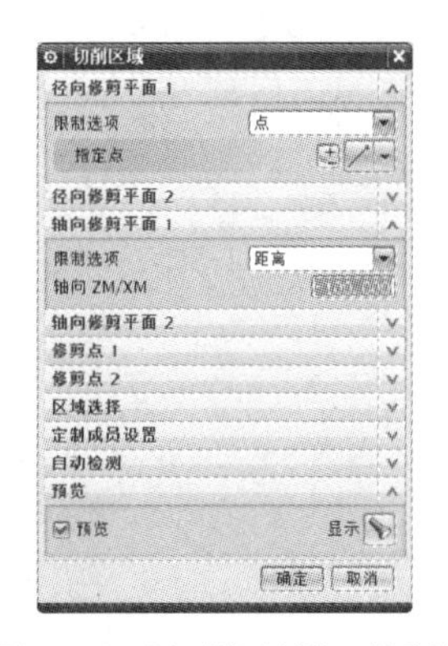

图 5-90　“切削区域”对话框

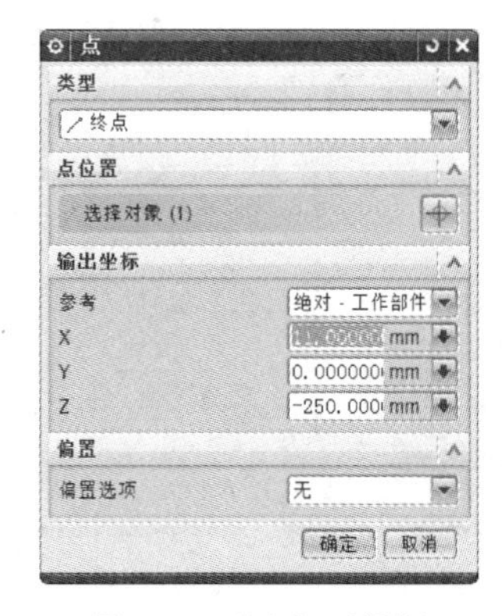

图 5-91　“点”对话框

3）在“切削策略”选项中单击“策略”下拉菜单中的“单向线性切削”。
4）在“工具”选项中单击“刀具”下拉菜单中的“CCD”。
5）在“刀具方位”选项中勾选“绕夹持器翻转刀具”复选框（图 5-92）。

图 5-92 “刀具方位”选项

6）在“刀轨设置”选项中进行如图 5-93 所示的参数设置，单击“切削参数”按钮，进入“切削参数”对话框，把“余量”选项卡中的“粗加工余量”中“恒定”设置为“0.1”（图 5-94）。

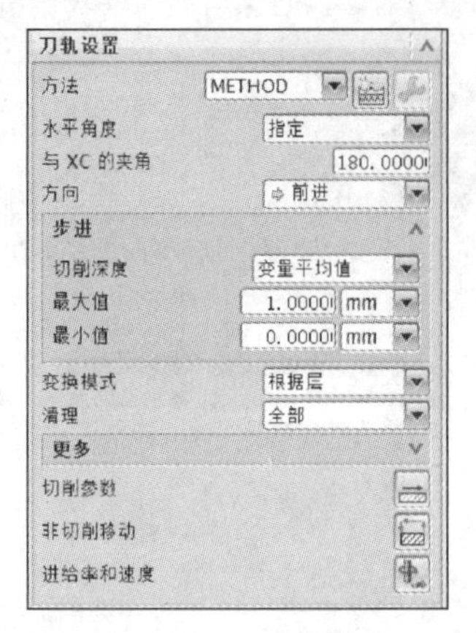

图 5-93 “刀轨设置”选项

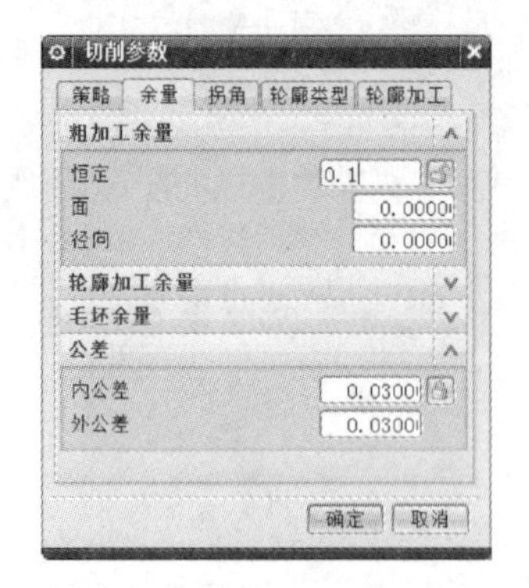

图 5-94 “切削参数”对话框

7）单击“非切削移动”按钮，进入“非切削移动”对话框，把“逼近”选项卡中的“出发点”和“离开”选项卡中的“运动到返回点 / 安全平面”均进行如图 5-95 所示的设置，在“点”对话框中，“参考”选择“WCS”，“XC”为“100mm”，“YC”为“-100mm”，“ZC”为“0mm”，如图 5-96 所示。

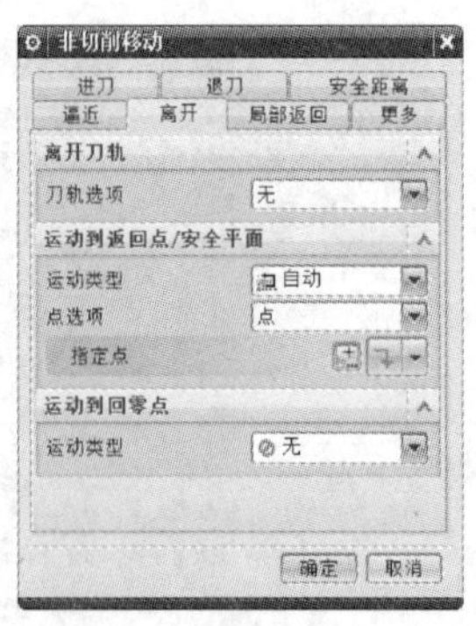

图 5-95 “非切削移动”对话框

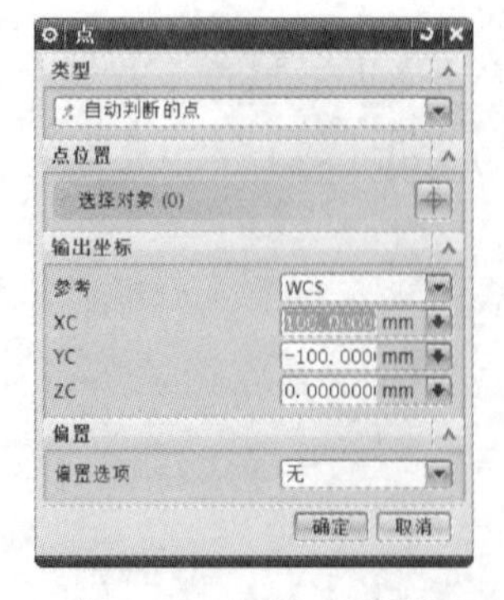

图 5-96 “点”对话框

8）单击“进给率和速度”按钮，进入“进给率和速度”对话框（图 5-97），“主轴速度”选项中“输出模式”为“RPM”，“主轴速度”为“1000”，“进给率”选项中模式为“mmpr”，进给率为“0.2”。

9）在“操作”选项中单击“生成”按钮，自动生成刀轨，刀轨如图 5-98 所示。

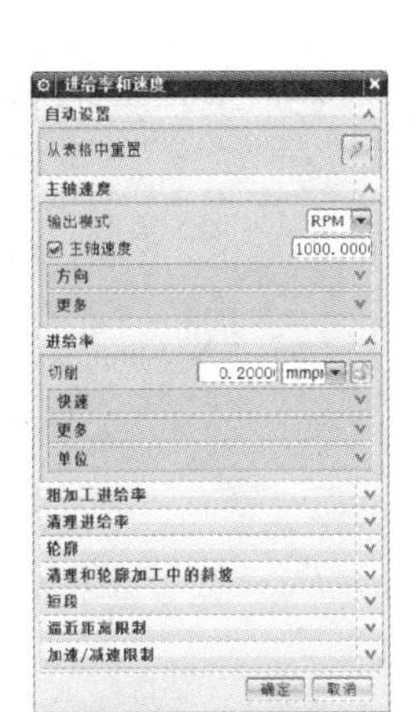

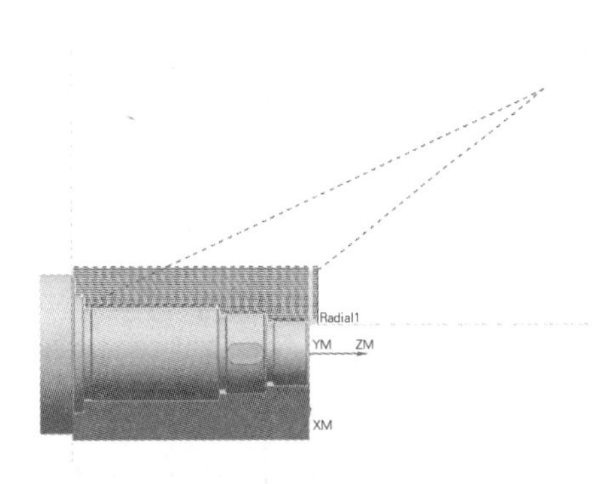

图 5-97　“进给率和速度”对话框　　　　图 5-98　粗车左端外圆刀轨

（3）工步 3——精车左端面、外圆操作

1）右击工序“CCWYZ”，选择“插入”→“工序”，进入“创建工序”对话框，“类型”选择“turning”，“工序子类型”选择“外侧精车”按钮（图 5-99），“名称”为“JCZ”（精车左），单击“确定”按钮后进入“外侧精车”对话框（图 5-100）。

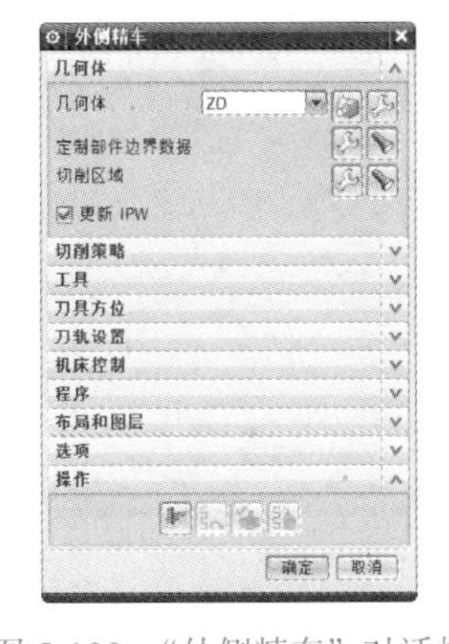

图 5-99　“创建工序”对话框　　　　图 5-100　“外侧精车”对话框

2）在“切削策略”选项中单击“策略”下拉菜单中的“全部精加工”。

3）在“工具”选项中单击“刀具”下拉菜单中的“JCD”。

4）在“刀具方位”选项中勾选“绕夹持器翻转刀具”复选框（图 5-101）。

图 5-101　“刀具方位”选项

5）单击“非切削移动”按钮，进入“非切削移动”对话框，把“逼近”选项卡中的“出发点”和“离开”选项卡中的“运动到返回点 / 安全平面”均进行如图 5-102 所示的设置，在“点”对话框中，“参考”选择“WCS”，“XC”为“100mm”，“YC”为“−100mm”，“ZC”为“0mm”，如图 5-103 所示。

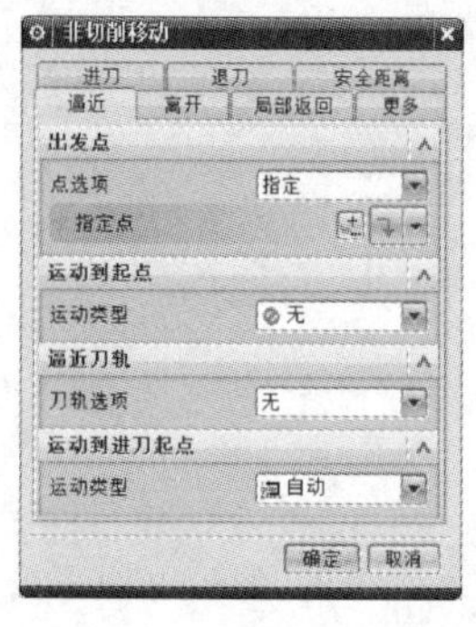

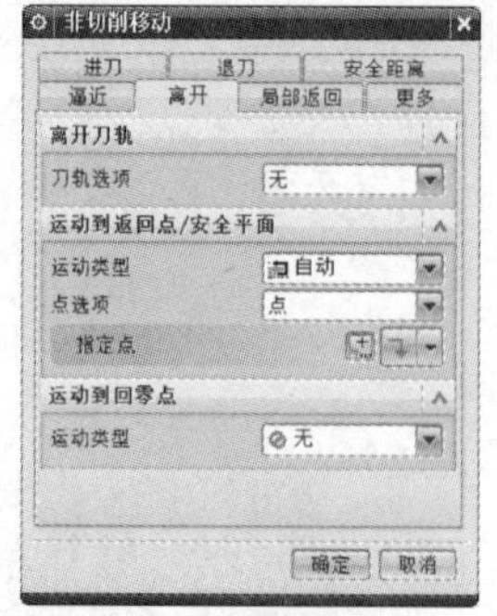

图 5-102 “非切削移动”对话框

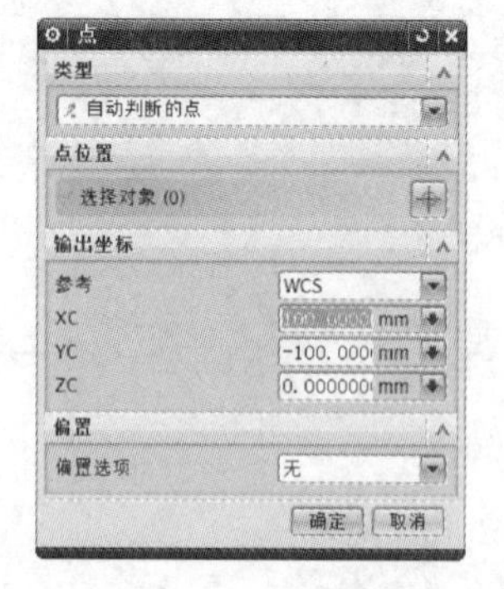

图 5-103 “点”对话框

6）单击“进给率和速度”按钮，进入“进给率和速度”对话框（图 5-104），“主轴速度”选项中“输出模式”为“RPM”，“主轴速度”为“1200”，“进给率”选项中模式为“mmpr”，进给率为“0.1”。

7）在“操作”选项中，单击“生成”按钮，自动生成刀轨，刀轨如图 5-105 所示。

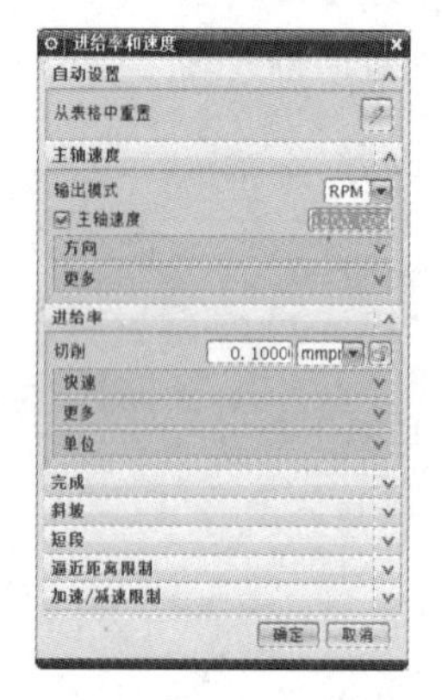

图 5-104 “进给率和速度”对话框

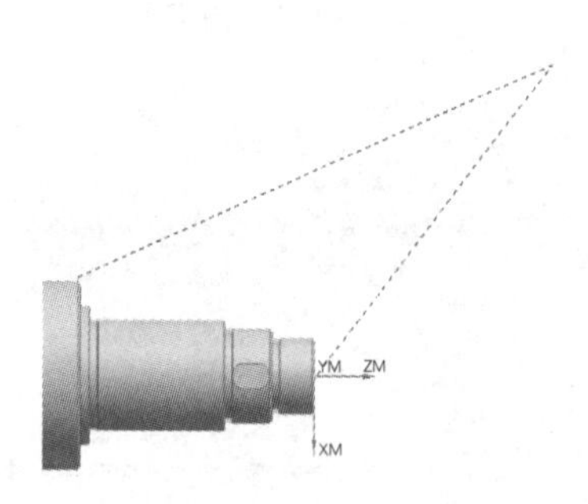

图 5-105 精车左端面、外圆刀轨

（4）工步 4——左端切槽操作

1）右击工序“JCZ”，选择“插入”→“工序”，进入“创建工序”对话框，“类型”选择“turning”，“工序子类型”选择“外侧开槽”按钮（图 5-106），“名称”为“QCZ”（切槽左），单击“确定”按钮后进入“外侧开槽”对话框（图 5-107）。

图 5-106 “创建工序”对话框

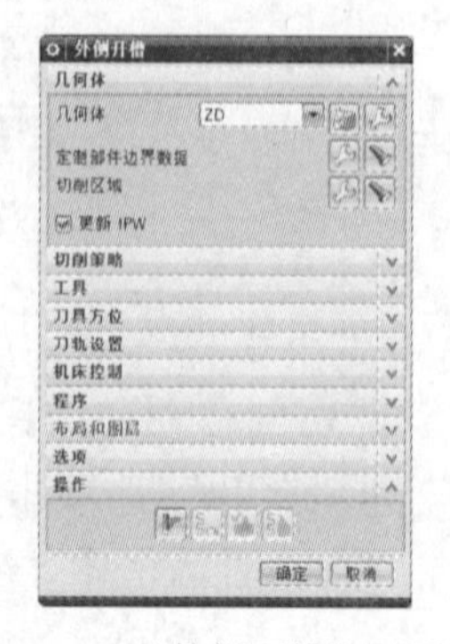

图 5-107 “外侧开槽”对话框

2）在“几何体”选项中单击“切削区域”的“编辑”按钮，进入“切削区域”对话框（图 5-108），在“轴向修剪平面 1”选项中“限制选项”下拉列表框中选择“点”，“输出坐标”选项中“参考”选择“绝对 – 工作部件”，“X”为“–12mm”，“Z”为“–235.5mm”，“Y”为“0mm”；在“轴向修剪平面 2”选项中“限制选项”下拉列表框中选择“点”，“输出坐标”选项中“参考”选择“绝对 – 工作部件”，“X”为“–10.5mm”，“Z”为“–232mm”，“Y”为“0mm”，如图 5-109 所示。

图 5-108　“切削区域”对话框

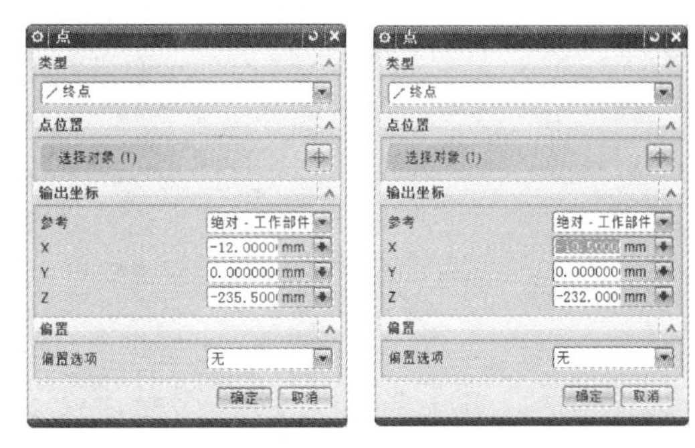

图 5-109　起始、终止“点”对话框

3）在“切削策略”选项中单击“策略”下拉菜单中的“单向插削”。

4）在“工具”选项中单击“刀具”下拉菜单中的“CD”。

5）在“刀具方位”选项中勾选“绕夹持器翻转刀具”复选框（图 5-110）。

图 5-110　“刀具方位”选项

6）单击“非切削移动”按钮，进入“非切削移动”对话框，把“逼近”选项卡中的“出发点”和“离开”选项卡中的“运动到返回点 / 安全平面”均进行如图 5-111 所示的设置。在“点”对话框中，“参考”选择“WCS”，“XC”为“100mm”，“YC”为“–100mm”，“ZC”为“0mm”，如图 5-112 所示。

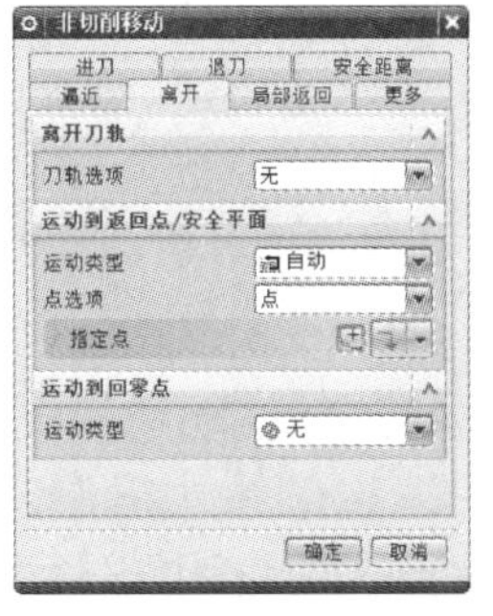

图 5-111　“非切削移动”对话框

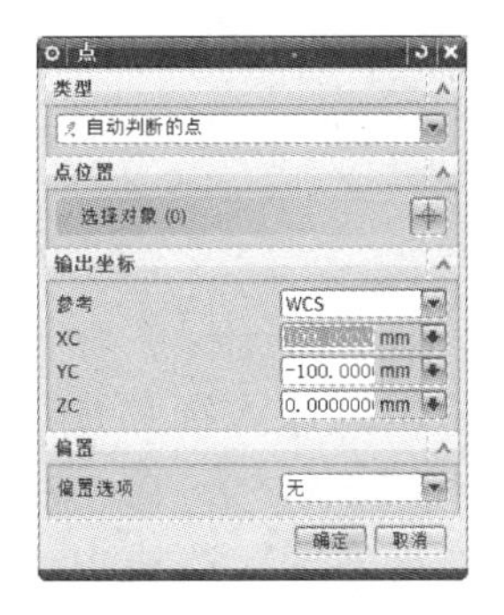

图 5-112　“点”对话框

7）单击“进给率和速度”按钮，进入“进给率和速度”对话框（图 5-113），“主轴速度”选项中“输出模式”为“RPM”，“主轴速度”为“800”，“进给率”选项中模式为“mmpr”，进给率为“0.1”。

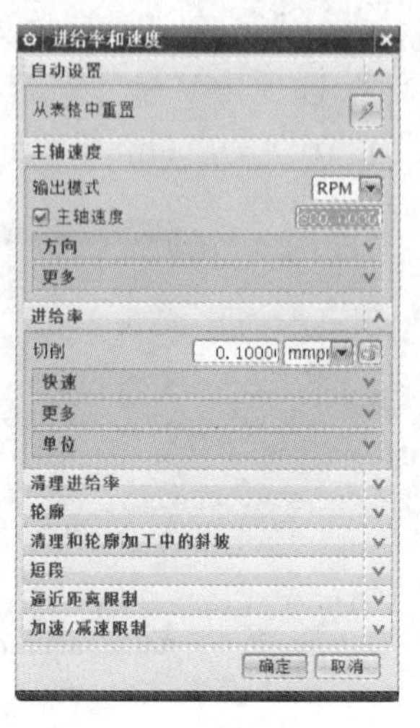

图 5-113 “进给率和速度”对话框

8）在“操作”选项中，单击“生成”按钮，自动生成刀轨。

9）右击工序“QCZ”选择“复制”命令，然后继续右击工序“QCZ”选择“粘贴”命令，工序中出现工序“QCZ_COPY”，右击工序“QCZ_COPY”选择“重命名”命令，将复制粘贴的工序命名为“QCZ1”，如图 5-114 所示。

10）右击工序“QCZ1”选择“编辑”命令进入“外侧开槽”对话框，如图 5-115 所示。

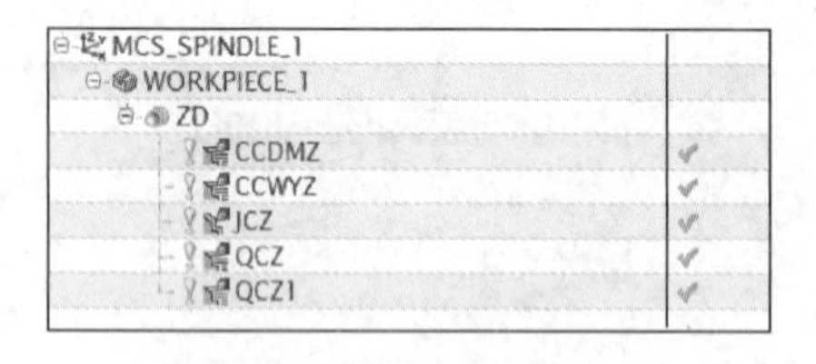

图 5-114 新增“QCZ1”工序

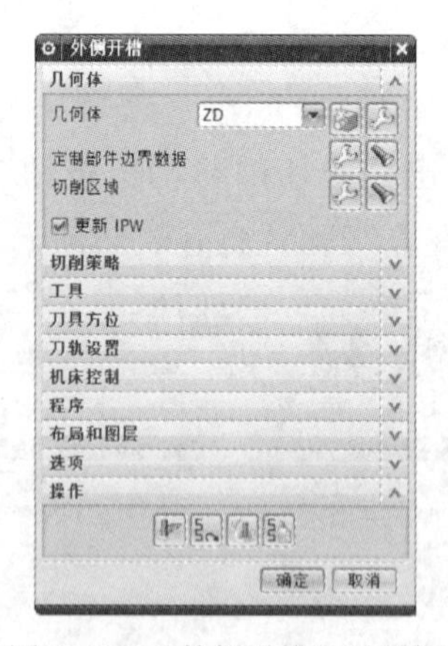

图 5-115 “外侧开槽”对话框

11）在“几何体”选项中单击“切削区域”的“编辑”按钮，进入“切削区域”对话框（图 5-116），在“轴向修剪平面 1”选项中“限制选项”下拉列表框中选择“点”，“输出坐标”选项中“参考”选择“绝对 - 工作部件”，“X”为“–15mm”，“Z”为“–215.5mm”，“Y”为“0mm”；在“轴向修剪平面 2”选项中“限制选项”下拉列表框中选择“点”，“输出坐标”选项中“参考”选择“绝对 – 工作部件”，“X”为“–13.5mm”，“Z”为“–212mm”，“Y”为“0mm”，如图 5-117 所示。

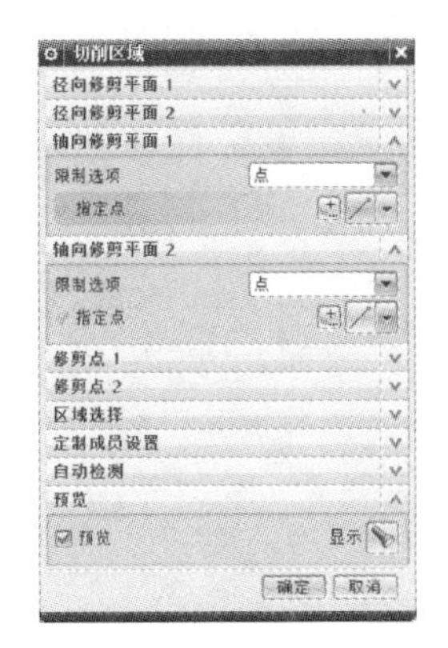

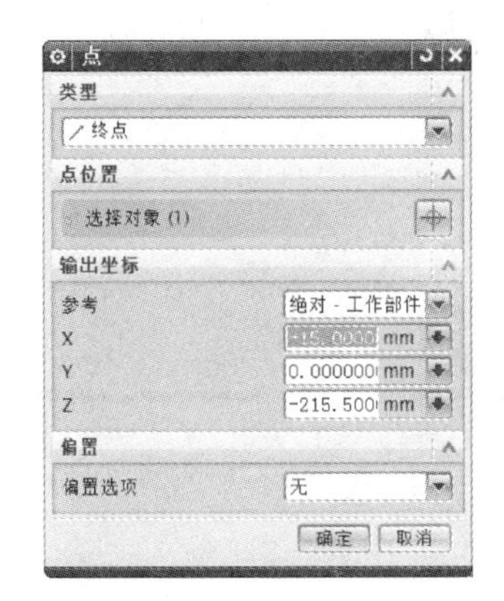

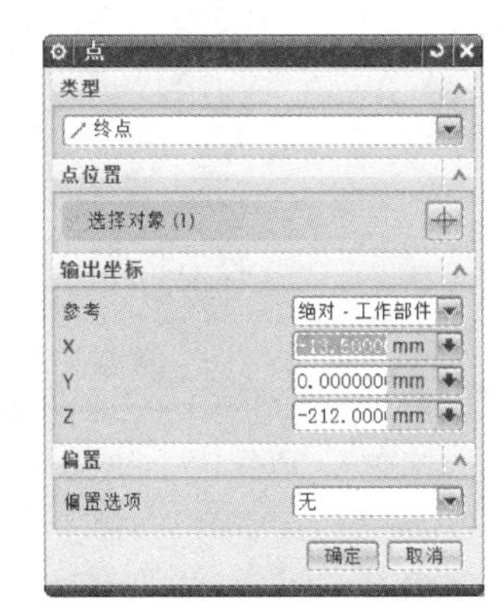

图 5-116　“切削区域”对话框

图 5-117　起始、终止“点”对话框

12）在“操作”选项中，单击“生成”按钮，自动生成刀轨。

13）右击工序“QCZ1”选择“复制”命令，然后继续右击工序“QCZ1”选择“粘贴”命令，工序中出现工序“QCZ1_COPY”，右击工序“QCZ1_COPY”选择“重命名”命令，将复制粘贴的工序命名为“QCZ2”，如图 5-118 所示。

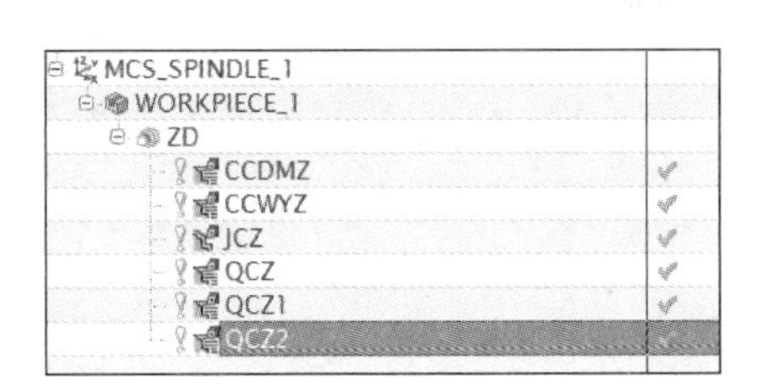

图 5-118　新增“QCZ2”工序

14）在“几何体”选项中单击“切削区域”的“编辑”按钮，进入“切削区域”对话框（图 5-119），在“轴向修剪平面 1”选项中“限制选项”下拉列表框中选择“点”，“输出坐标”选项中“参考”选择“绝对 – 工作部件”，“X”为“–17.5mm”，“Z”为“–158.5mm”，“Y”为“0mm”；在“轴向修剪平面 2”选项中“限制选项”下拉列表框中选择“点”，“输出坐标”选项中“参考”选择“绝对 – 工作部件”，“X”为“–17mm”，“Z”为“–155mm”，“Y”为“0mm”，如图 5-120 所示。

15）在“操作”选项中，单击“生成”按钮，自动生成刀轨。

16）以上三次切槽加工完成零件左端三个位置的槽加工，刀轨如图 5-121 所示。

（5）工步 5——车左端螺纹操作

1）右击工序“QCZ2”，选择“插入”→“工序”，进入“创建工序”对话框，“类型”选择“turning”，“工序子类型”选择“外侧螺纹加工”按钮（图 5-122），“名称”为“CLWZ”（车螺纹左），单击“确定”按钮后进入“外侧螺纹加工”对话框（图 5-123）。

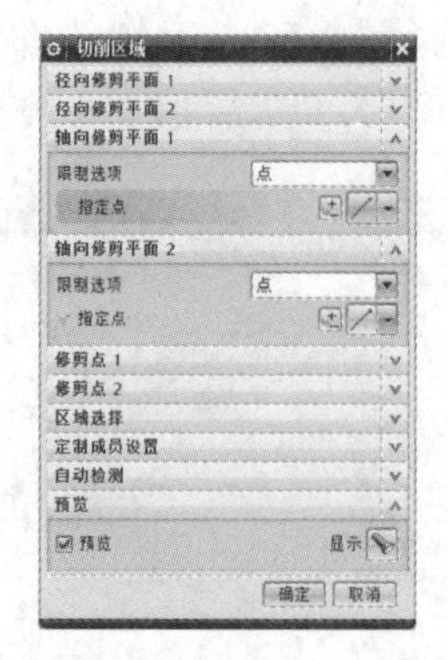

图 5-119 “切削区域”对话框

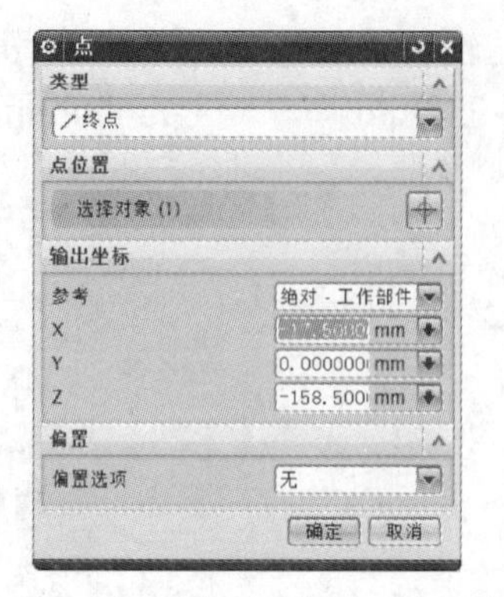

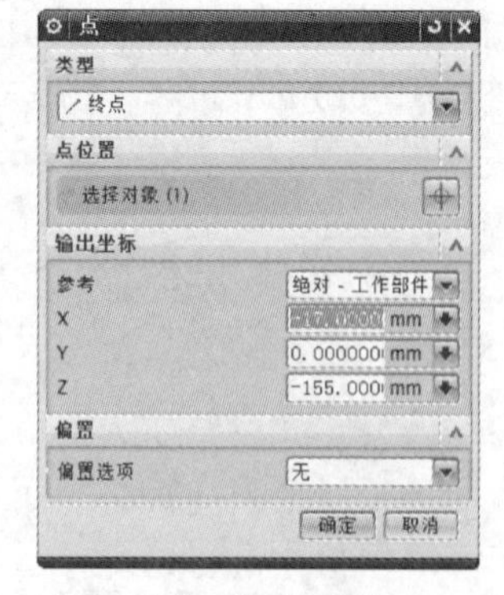

图 5-120 起始、终止“点”对话框

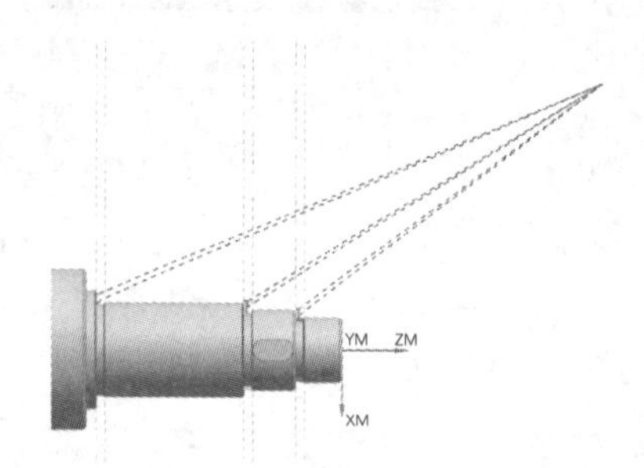

图 5-121 左端切槽刀轨

图 5-122 “创建工序”对话框

图 5-123 “外侧螺纹加工”对话框

2）在“工具”选项中单击“刀具”下拉菜单中的“LWD”。

3）在“刀具方位”选项中勾选“绕夹持器翻转刀具”复选框（图 5-124）。

图 5-124 “刀具方位”选项

4）在“螺纹形状”选项中单击“ Select Crest Line”，如图 5-125 所示。设置螺纹顶线为图中显示螺纹外侧线，如图 5-126 所示。“深度选项”选择“深度和角度”，“深度”设置为“0.974”，“与 XC 的夹角”为“180”，“偏置”选项中“起始偏置”为“2”，“终止偏置”为“1”。

5）在“刀轨设置”选项中进行如图 5-127 所示的参数设置，“剩余百分比”设为“50”，“最大距离”为“0.4”，“最小距离”为“0.08”。

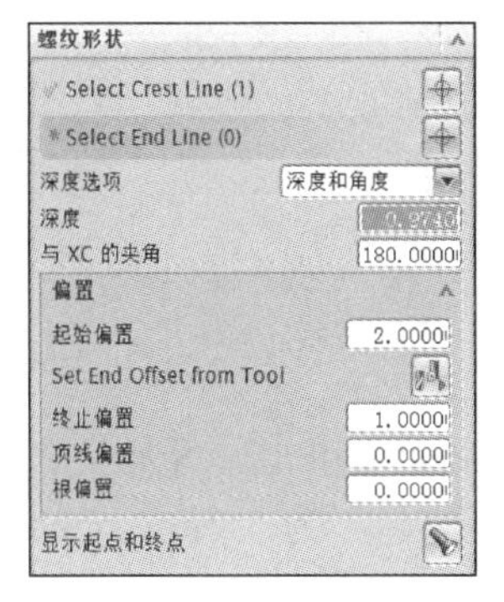

图 5-125　“螺纹形状”选项

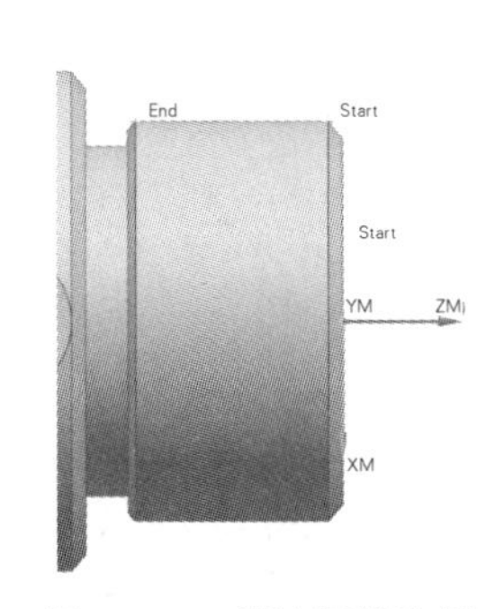

图 5-126　螺纹顶线选择

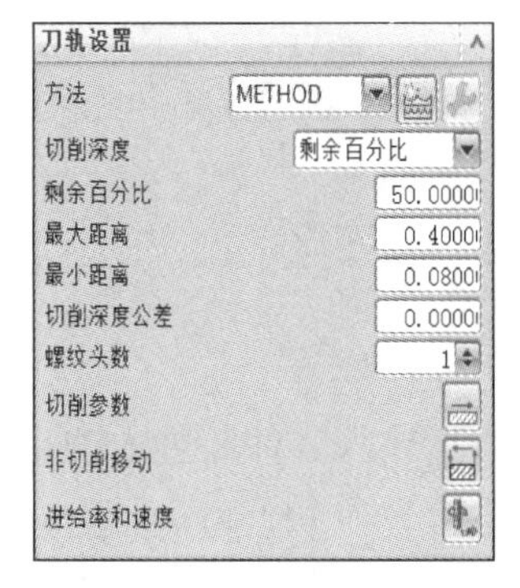

图 5-127　“刀轨设置”选项

6）单击“非切削移动”按钮，进入“非切削移动”对话框，把“逼近”选项卡中的“出发点”和“离开”选项卡中的“运动到返回点 / 安全平面”均进行如图 5-128 所示的设置。在“点”对话框中，“参考”选择“ WCS”，“ XC”为“100mm”，“ YC”为“-100mm”，“ZC”为“0mm”，如图 5-129 所示。

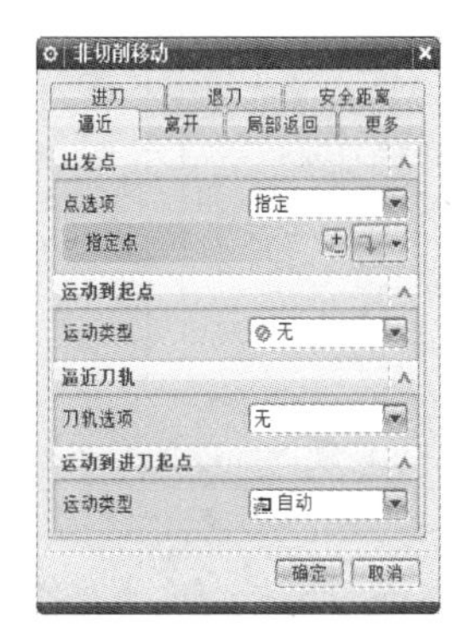

图 5-128　“非切削移动”对话框

图 5-129　“点”对话框

7）单击“进给率和速度”按钮，进入“进给率和速度”对话框（图 5-130），“主轴速度”选项中“输出模式”为“RPM”，“主轴速度”为“500”，“进给率”选项中模式为“mmpr”，进给率为“1.5”。

8）在“操作”选项中，单击“生成”按钮，自动生成刀轨，刀轨如图 5-131 所示。

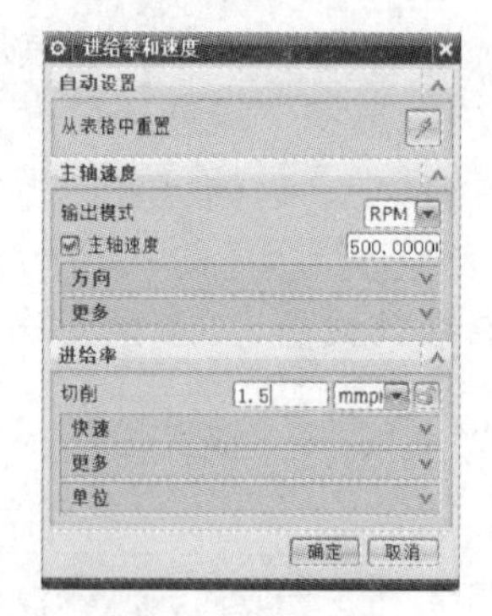

图 5-130 “进给率和速度”对话框

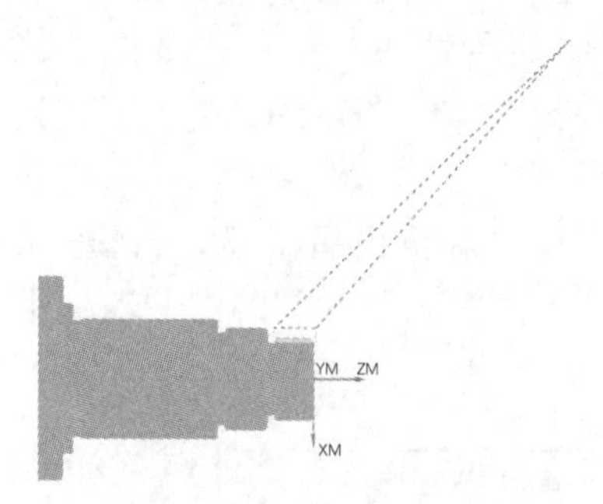

图 5-131 车左端螺纹刀轨

5.2.3 工序 3

1. 基本设置

（1）导入零件并进入铣床加工界面　打开零件模型 CDZ.STEP，单击“开始”按钮选择“加工”命令（图 5-132），进入加工环境界面，“CAM 会话配置”为“cam_general”，“要创建的 CAM 设置”为“mill_planar”（图 5-133）。在工序导航器的空白处右击并选择“几何视图”命令（图 5-134）。

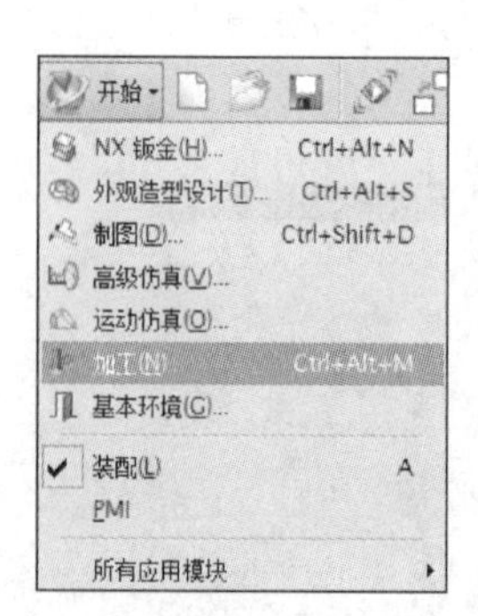

图 5-132 “加工”命令

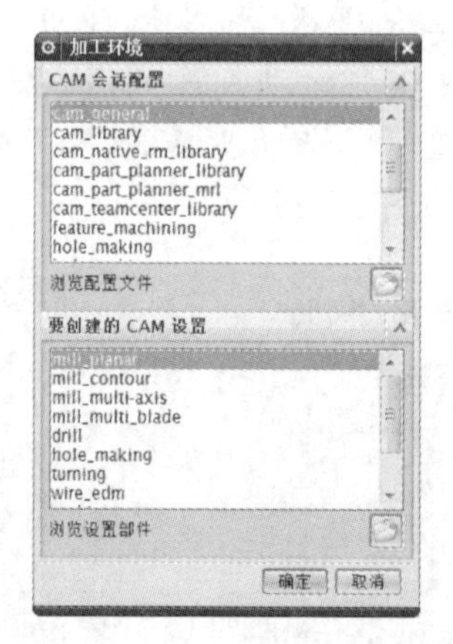

图 5-133 “加工环境”对话框

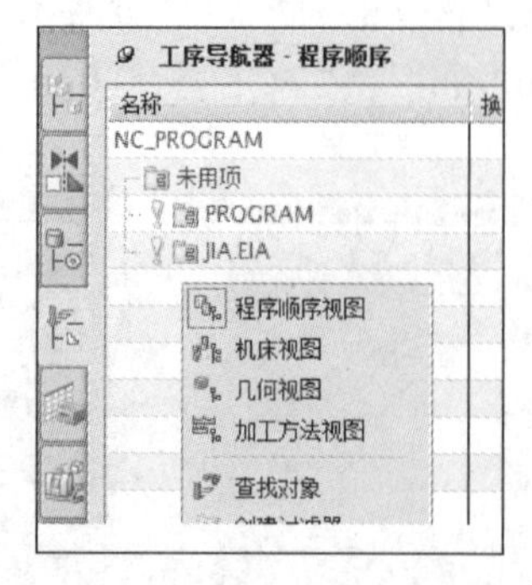

图 5-134 “几何视图”命令

（2）设置加工坐标系和工作组

1）双击“MCS_MILL”按钮 MCS_MILL，进入“加工坐标系”对话框（图 5-135），对“加工坐标”和“安全设置”进行设置，把 MCS 机床坐标设置在工件的最大半径处靠左位置，与实际机床加工时一致（图 5-136）。

2）单击“MCS 铣削”→“安全设置”，选择“安全设置选项”下拉列表框中的“平面”，在“平面”对话框中，“类型”下拉列表框中选择“XC-YC 平面”，“偏置和参考”选项中的“距离”设置为“100mm”来完成安全平面的设置，如图 5-137 所示。

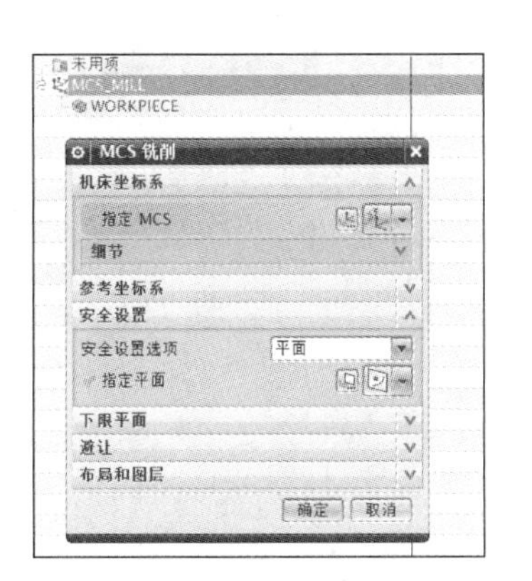

图 5-135　“加工坐标系”对话框

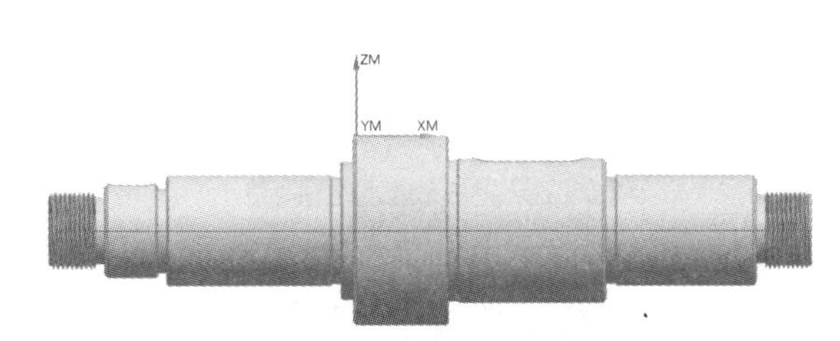

图 5-136　铣床加工坐标原点位置

图 5-137　“平面”对话框

3）双击“WORKPIECE”按钮，进入“工件”对话框（图 5-138），单击“指定部件”按钮进入“部件几何体”对话框（图 5-139），单击零件模型，单击“确定”按钮后自动回到“工件”对话框。单击“指定毛坯”按钮，进入“毛坯几何体”对话框（图 5-140），并进行如图设置，单击“确定”按钮后自动回到“工件”对话框，继续单击“确定”按钮保存。

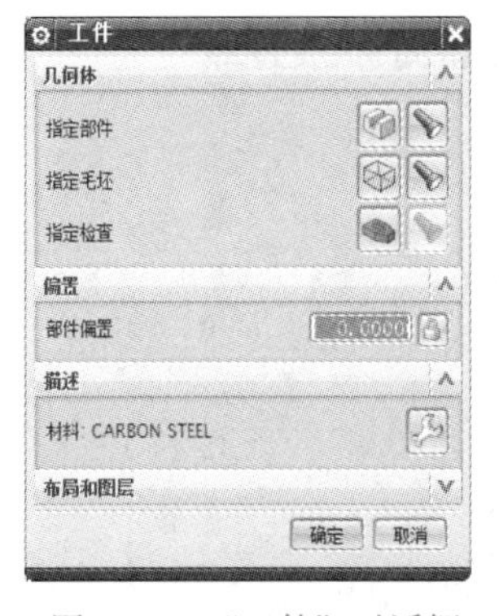

图 5-138　“工件”对话框

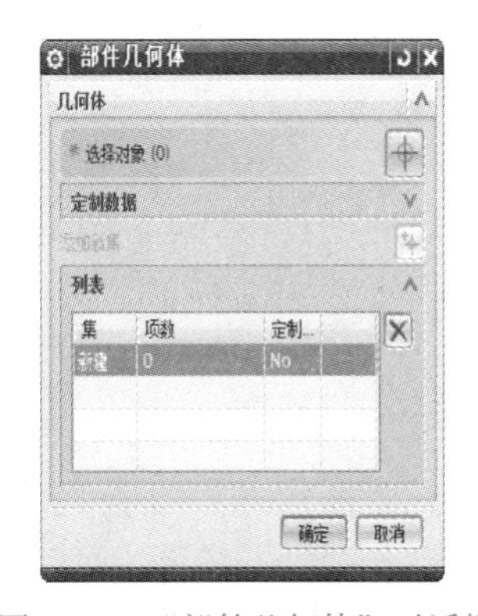

图 5-139　“部件几何体”对话框

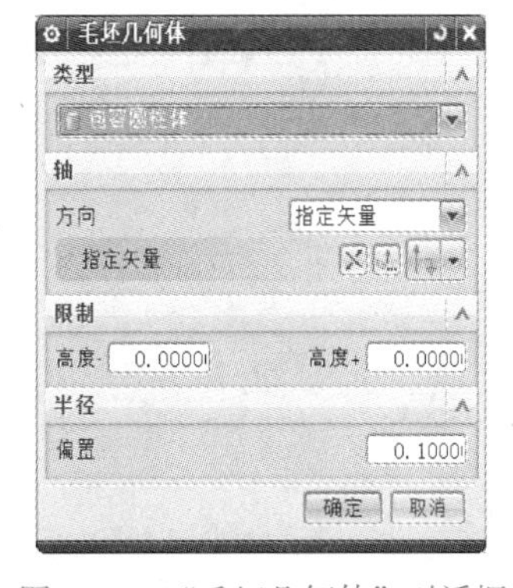

图 5-140　“毛坯几何体”对话框

（3）创建铣削加工刀具　右击工作组“WORKPIECE”，单击“插入”→“刀具”，进入“创建刀具”对话框，“类型”选择“mill_planar”，“刀具子类型”选择“MILL”，“名称”填写为“D6”，如图 5-141 所示。单击“确定”按钮进入“铣刀 -5 参数”对话框，如图 5-142 所示，在“工具”选项卡中进行以下参数设置：“(D) 直径”设置为“6”，“刀具号”设置为“5”，其他参数不变。

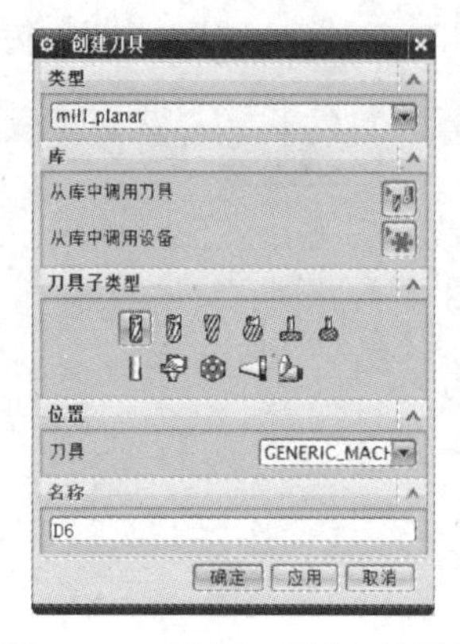

图 5-141 “创建刀具”对话框

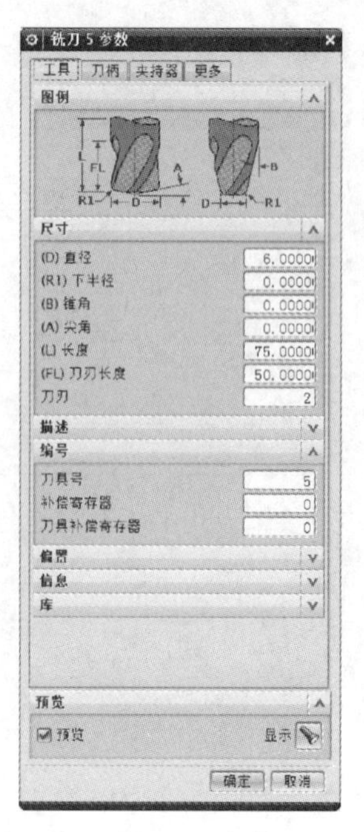

图 5-142 “铣刀 -5 参数”对话框

2. 工步

（1）工步 1——粗铣键槽操作

1）右击工作组“WORKPIECE”，单击“插入”→“工序”，进入“创建工序”对话框，“类型”选择“mill_contour”，“工序子类型”选择“型腔铣”按钮（图 5-143），“名称”为“CXJC”（粗铣键槽），单击“确定”按钮后进入“型腔铣”对话框（图 5-144）。

图 5-143 “创建工序”对话框

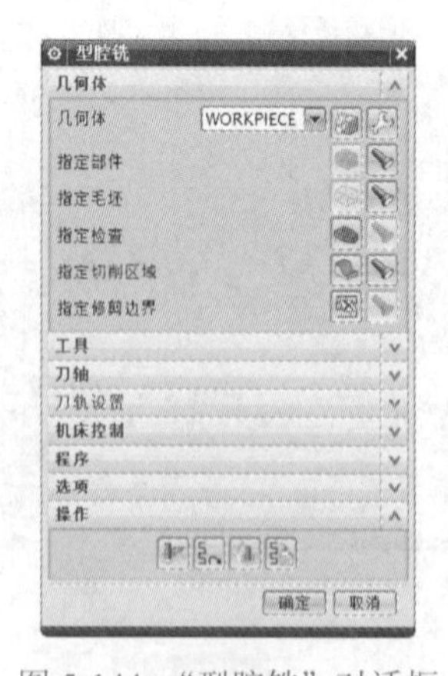

图 5-144 “型腔铣”对话框

2）在“几何体”选项中单击“切削区域”的“编辑”按钮，进入“切削区域”对话框（图 5-145），在“选择对象”选项中选中模型图中左侧的键槽侧壁和底面，如图 5-146 所示。

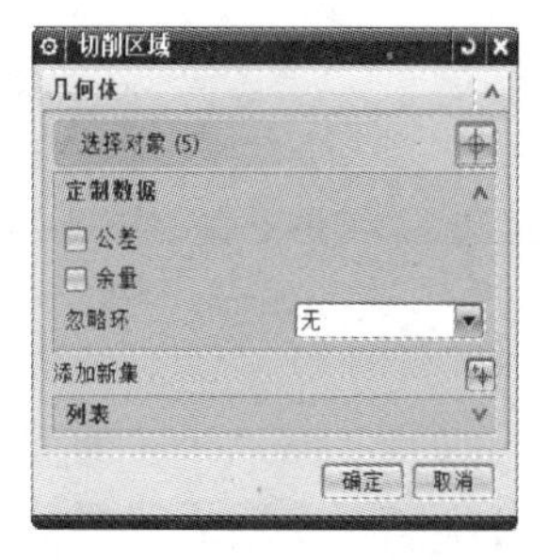

图 5-145　“切削区域”对话框

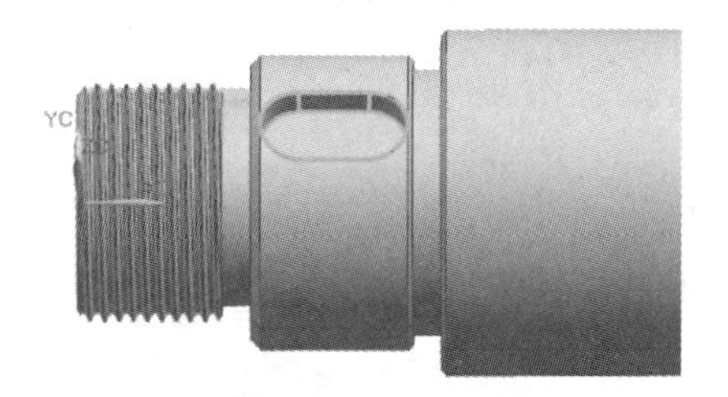

图 5-146　选择切削对象位置

3）在“工具”选项中单击“刀具”下拉菜单中的“D6”。

4）在“刀轨设置”选项中进行如图 5-147 所示的参数设置，“切削模式”选择“跟随周边”，“每刀的公共深度”选择“恒定”，“最大距离”设置为“0.5mm”。

5）单击“切削层”按钮，进入“切削层”对话框，在“范围定义”选项中单击模型图中键槽的底面，如图 5-148 所示，确定切削层的底面范围及深度。

图 5-147　“刀轨设置”选项

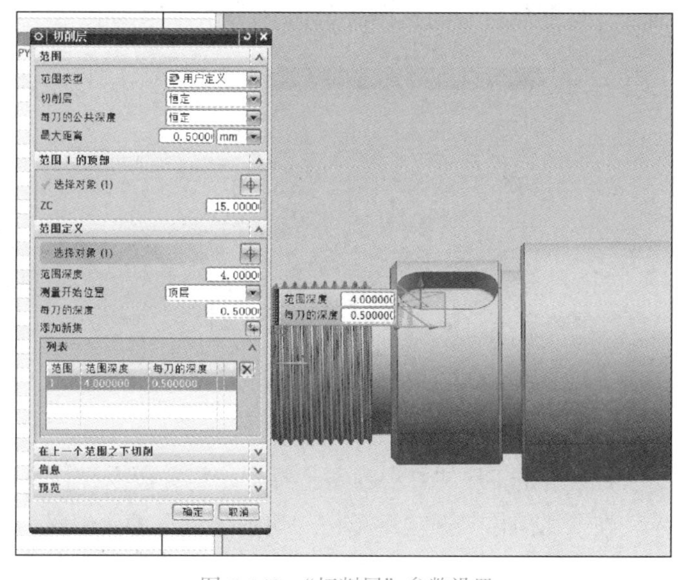

图 5-148　“切削层”参数设置

6）单击“切削参数”按钮，进入“切削参数”对话框，“余量”选项中不勾选“使底面余量与侧面余量一致”复选框，把“部件侧面余量”设置为“0.1”（图 5-149）。

7）单击“非切削移动”按钮，进入“非切削移动”对话框，在“转移 / 快速”选项卡中的“区域内”进行如图 5-150 所示的设置，“转移方式”下拉列表框中选择“进刀 / 退刀”，“转移类型”选择“前一平面”，“安全距离”设置为“0mm”。

8）单击“进给率和速度”按钮，进入“进给率和速度”对话框（图 5-151），勾选“主轴速度（rpm）”复选框，并设置为“3000”，“进给率”选项中“切削”设置为“mmpm”，速度为“1200”，单击“计算”按钮后单击“确定”按钮。

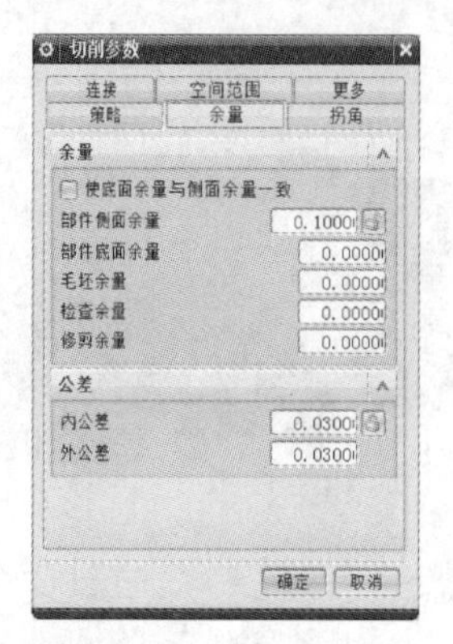

图 5-149 “切削参数”对话框

图 5-150 “非切削移动”对话框

9）在“操作”选项中，单击“生成”按钮，自动生成刀轨。

10）右击工序“CXJC”选择“复制”命令，然后继续右击工序“CXJC”选择“粘贴”命令，工序中出现工序“CXJC_COPY”，右击工序“CXJC_COPY”选择“重命名”命令，将复制粘贴的工序命名为“CXJC1”，如图 5-152 所示。

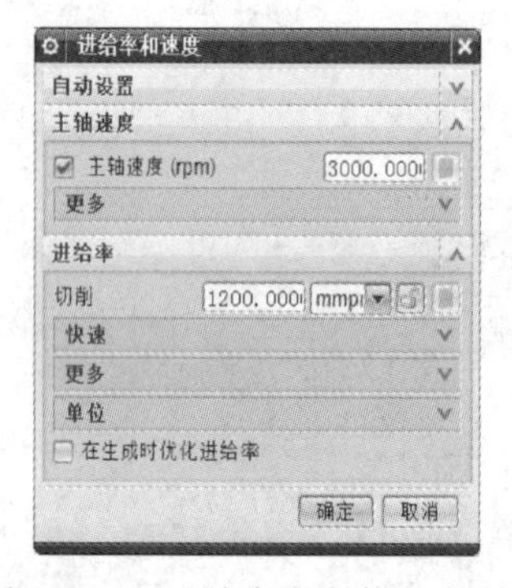

图 5-151 “进给率和速度”对话框

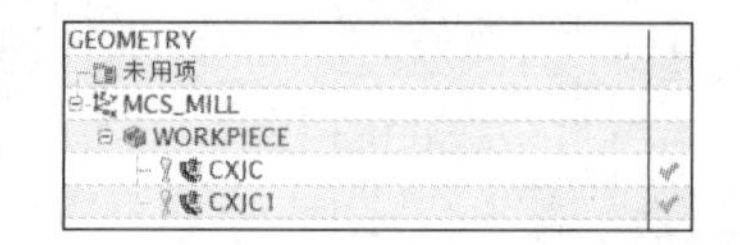

图 5-152 新增“CXJC1”工序

11）单击工序“CXJC1”选择“编辑”命令，打开第二个粗铣键槽工序，如图 5-153 所示。在“几何体”选项中单击“切削区域”的“编辑”按钮，进入“切削区域”对话框（图 5-154），在“选择对象”选项中选中模型图中左侧的键槽侧壁和底面，如图 5-155 所示。

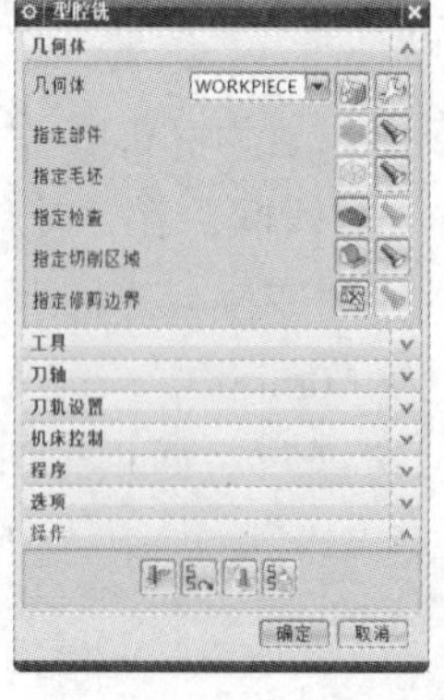

图 5-153 “CXJC1”工序编辑图

图 5-154 “切削区域”对话框

12）单击“刀轨设置”下拉列表框中的“切削层”按钮，进入“切削层”对话框，在“范围定义”选项中单击模型图中键槽的底面，如图 5-156 所示，确定切削层的底面范围及深度。

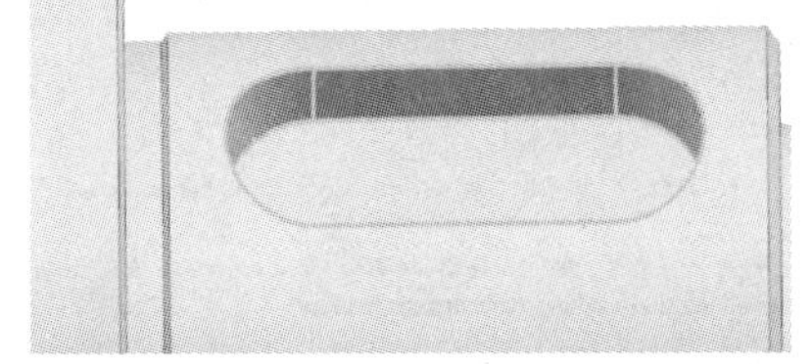
图 5-155　选择切削对象位置

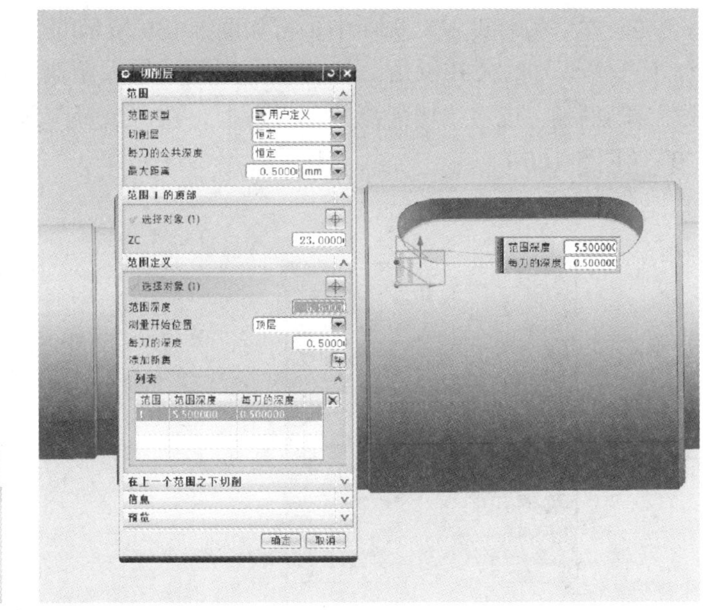

图 5-156　“切削层”参数设置

13）在“操作”选项中，单击“生成”按钮，自动生成刀轨。

14）以上两次粗铣键槽加工完成零件两个位置的粗铣键槽加工，刀轨如图 5-157 所示。

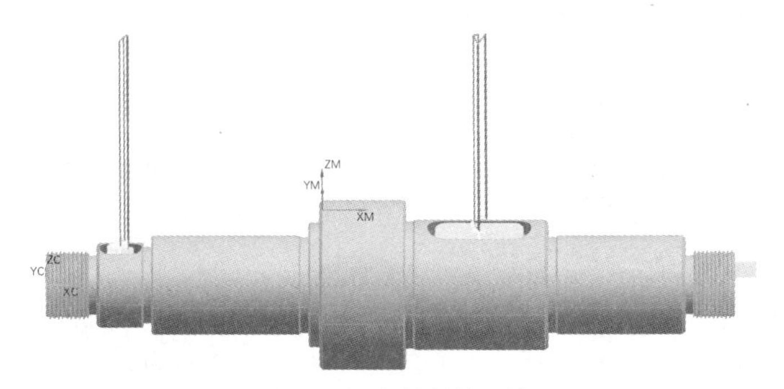

图 5-157　粗铣键槽刀轨

（2）工步 2——精铣键槽操作

1）右击工序“CXJC”选择“复制”命令，然后继续右击工序“CXJC1”选择“粘贴”命令，工序中出现工序“CXJC_COPY”，右击工序“CXJC_COPY”选择“重命名”命令，将复制粘贴的工序命名为“JXJC”，如图 5-158 所示。

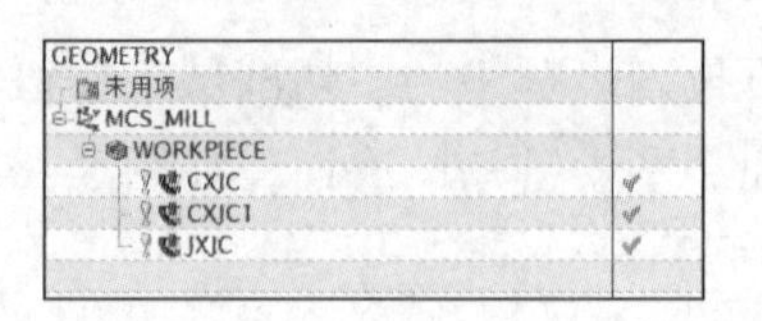

图 5-158 新增“JXJC”工序

2）在“刀轨设置”选项中进行如图 5-159 所示的参数设置，“切削模式”选择“轮廓加工”，“每刀的公共深度”选择“恒定”，“最大距离”设置为“5mm”。单击“切削参数”按钮，进入“切削参数”对话框，在“余量”选项中把“部件侧面余量”设置为“0”（图 5-160）。

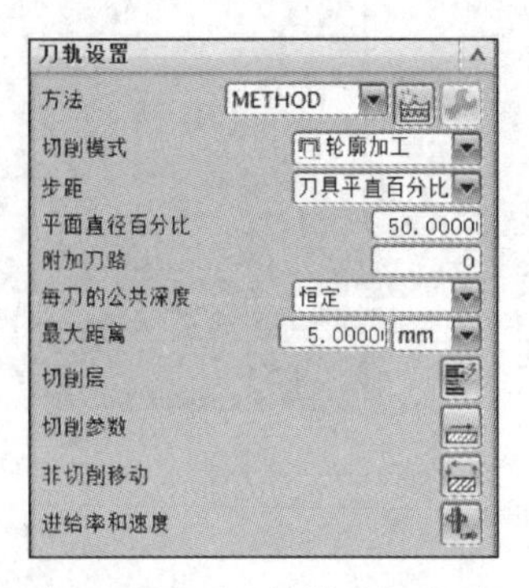

图 5-159 “刀轨设置”选项

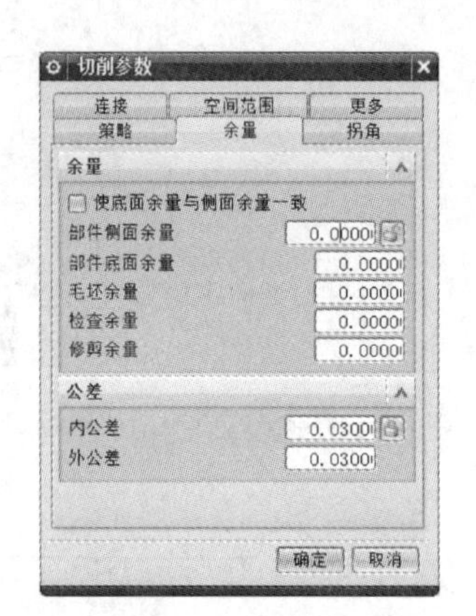

图 5-160 “切削参数”对话框

3）单击“非切削移动”按钮，进入“非切削移动”对话框，在“进刀”选项卡中进行如图 5-161 所示的设置，“封闭区域”→“进刀类型”选择“与开放区域相同”，“开放区域”→“进刀类型”选择“圆弧”，“半径”设置为刀具半径的 90%，“高度”和“最小安全距离”均设置为“0”。

4）单击“进给率和速度”按钮，进入“进给率和速度”对话框（图 5-162），勾选“主轴速度（rpm）”复选框，并设置为“3000”，“进给率”选项中“切削”设置为“mmpm”，速度为“1000”，单击“计算”按钮后单击“确定”按钮。

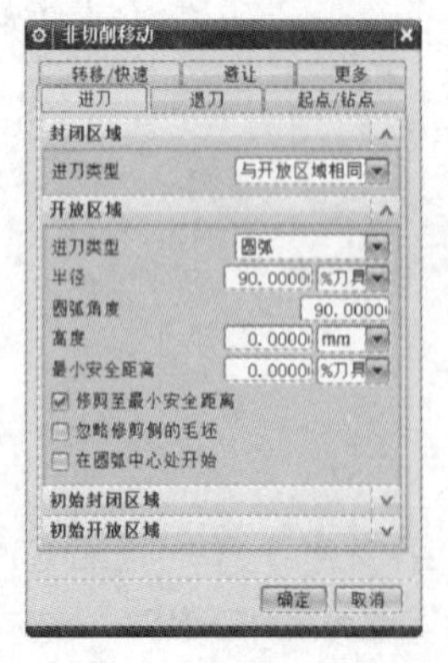

图 5-161 “非切削移动”对话框

图 5-162 “进给率和速度”对话框

5）在“操作”选项中，单击“生成”按钮，自动生成刀轨。

6）右击工序“CXJC1”选择“复制”命令，然后继续右击工序“CXJC1”选择“粘贴”命令，工序中出现工序“CXJC1_COPY”，右击工序“CXJC1_COPY”选择“重命名”命令，将复制粘贴的工序命名为“JXJC1”，如图 5-163 所示。

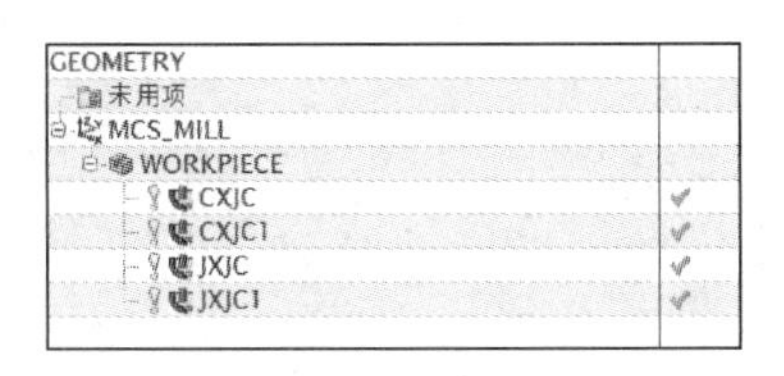

图 5-163　新增“JXJC1”工序

7）在“刀轨设置”选项中进行如图 5-164 所示的参数设置，“切削模式”选择“轮廓加工”，“每刀的公共深度”选择“恒定”，“最大距离”设置为“6mm”。单击“切削参数”按钮，进入“切削参数”对话框，在“余量”选项中把“部件侧面余量”设置为“0”（图 5-165）。

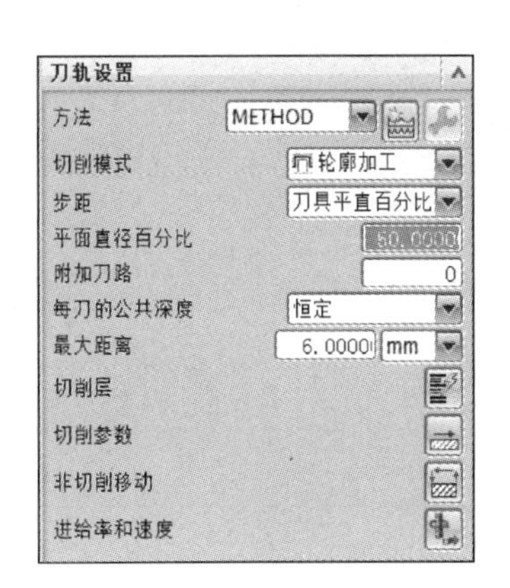

图 5-164　“刀轨设置”选项

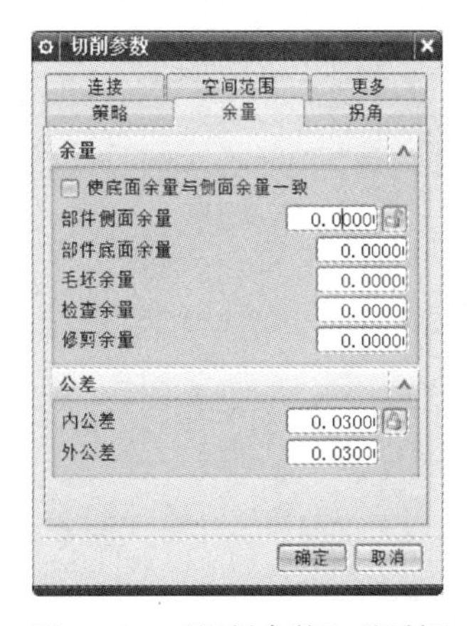

图 5-165　“切削参数”对话框

8）单击“非切削移动”按钮，进入“非切削移动”对话框，在“进刀”选项卡中进行如图 5-166 所示的设置，“封闭区域”→“进刀类型”选择“与开放区域相同”，“开放区域”→“进刀类型”选择“圆弧”，“半径”设置为刀具半径的 90%，“高度”和“最小安全距离”均设置为“0”。

9）单击“进给率和速度”按钮，进入对话框（图 5-167），勾选“主轴速度（rpm）”复选框，并设置为“3000”，“进给率”选项中“切削”设置为“mmpm”，速度为“1000”，单击“计算”按钮后单击“确定”按钮。

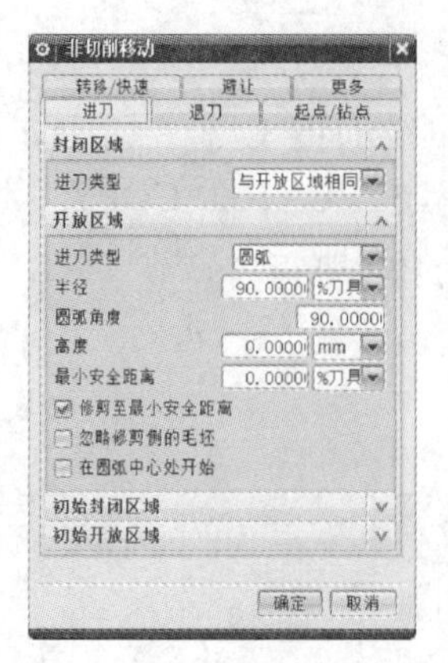

图 5-166 “非切削移动”对话框

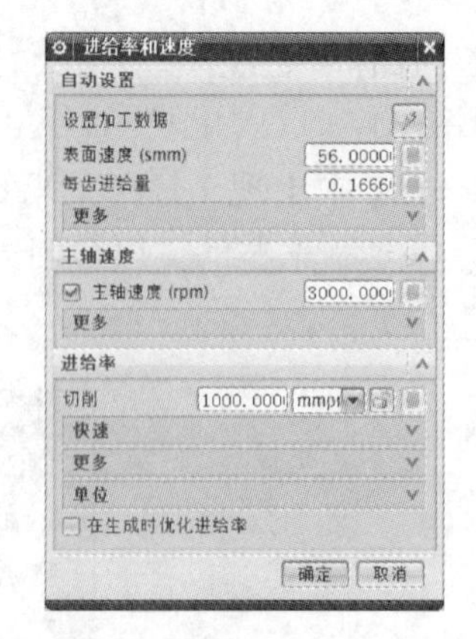

图 5-167 “进给率和速度”对话框

10）在“操作”选项中，单击“生成”按钮，自动生成刀轨。

11）以上两次精铣键槽加工完成零件两个位置的精铣键槽加工，刀轨如图 5-168 所示。

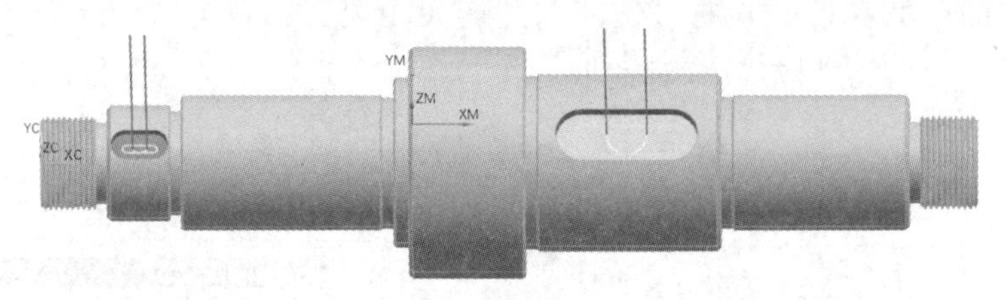

图 5-168 精铣键槽刀轨

第 5 章工艺视频

拓展阅读

1. 轴类零件

轴类零件是机器中常见的典型零件之一，主要用来支承传动零部件，传递转矩和承受载荷。按结构形式的不同，轴类零件一般可分为光轴、阶梯轴和异形轴三类，或分为实心轴、空心轴等。

在工业产品中，轴类零件在机器中用来支承齿轮、带轮等传动零件，以传递转矩或运动。轴类零件是旋转体零件，其长度大于直径，轴的长径比小于 5 的称为短轴，大于 20 的称为细长轴，大多数轴介于两者之间。轴类零件一般由同心轴的外圆柱面、圆锥面、内孔和螺纹及相应的端面组成。

轴用轴承支承，与轴承配合的轴段称为轴颈。轴颈是轴的装配基准，它们的精度和表面质量一般要求较高，其技术要求一般根据轴的主要功用和工作条件制订，通常有表面粗糙度、形状精度、位置精度和尺寸精度。

 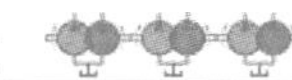

2. 远东传动——汽车传动系统核心零部件生产商

许昌远东传动轴股份有限公司始建于 1953 年，1969 年被国家第一机械工业部认定为传动轴专业制造厂。远东传动是国内知名的非等速传动轴研发、生产和销售企业，是国家高新技术企业，获得了“中国汽车零部件传动轴行业龙头企业”“中国机械 500 强 – 汽车零部件 50 强”“最具竞争力汽车零部件百强企业”等荣誉。远东传动拥有专业化的生产和检测设备 1200 套，U 型数控化一流生产线 162 条，机器人生产线 60 条，具备年产 600 万套非等速传动轴的生产能力，产品涵盖轻型、中型、重型和工程机械四大系列、8000 多个品种，适用范围之广、品种之多堪称行业典范。远东传动是高新技术企业，同时也是行业标准的主要制订者之一。它拥有 300 多项专利技术，其中 21 项为发明专利；拥有与上海交通大学潘健生院士共同组建的河南省汽车零部件智能化热处理技术院士工作站和河南省汽车传动轴数字化制造技术研发团队，相继研发并投产的特装重卡传动轴 12.5C 和 720 系列，打破了国外垄断，满足了我国经济建设和国防建设的特殊需求。

近几年，远东传动制订了“市场国际化，产品高端化，管理精益化”的发展战略，坚持“创新每一天”的工作主旋律，专注于汽车、工程机械传动轴产品的研发和生产，建立和完善传动轴产品的产业链体系、生产装配基地和市场服务网络，并根据市场发展需求，调整产品结构，研究和捕捉智能制造、汽车节能与轻量化、新能源、智能联网等领域的机会，扩大产业布局，为打造百年远东和世界顶级传动轴供应商而不懈努力。

针对某国六柴油发动机曲轴的加工工艺，识别加工工艺难点，对比、分析不同工艺方案的优缺点，选择最优的曲轴加工工艺方案。重点对所选工艺方案涉及的工艺流程、装备进行论述，解析工艺方案实施过程中的具体问题，确保加工工艺方案完全满足该曲轴的特性要求。

资料来源：杨军，李小新 . 某国六柴油发动机曲轴加工工艺解析［J］. 内燃机与配件，2022（1）：97–99.

在曲轴加工工艺及测试研究中，可以指导加工过程中设备的选型，控制加工过程中的振动，避免整个加工过程振动过大，或进给量过大造成曲轴加工精度的降低。为缩短整个发动机研发制造周期，运用 SE 同步工程技术，在设计发动机各个系统、机构的同时，开展加工工艺设计、夹具设计、零件装配工艺验证设计，相比传统设计方法，从设计、加工试制、零部件优化设计到再试制，明显缩短了开发周期，降低了试制模具开发成本，有利于快速提升产能。因此，在曲轴制造工艺技术的开发过程中，根据零件技术要求，综合选定毛坯种类，查阅机械设计手册、夹具设计手册、工艺图表、设计标准等资料，确定曲轴加工工艺流程、关键工序、质量控制点、尺寸及公差，最终设计出工艺卡片。

资料来源：王小龙 . 某型汽车发动机曲轴的加工工艺及测试研究［D］. 成都：西华大学，2017.

在细长轴加工工艺研究过程中发现，轴类部件很容易过切，并且加工过程中的切削力、重力和尖端的力很不稳定。所以在切削细长轴时，需要改善细长轴的力学问题。另外，由于刀具热的原因，加工细长轴时容易变形，影响加工质量。针对上述问题，从力、热和切削用量三个重要方面来分析影响细长轴加工质量的因素，结合加工实践提出了相应的改善措施。

资料来源：孙浩 . 细长轴加工工艺研究［J］. 内燃机与配件，2020（5）：119–120.

6

第6章 壳体类零件的数控加工工艺

【工作任务】

规划编制壳体类零件的数控加工工艺。

【能力要求】

1）认识壳体类零件、分析壳体类零件图。
2）分析壳体类零件上的加工内容和尺寸要求。
3）编制壳体类零件的数控加工工艺过程。

6.1 壳体类零件的加工工艺分析

6.1.1 加工工艺分析

1. 功用、结构特点

壳体类零件一般是指具有一个以上的孔系，内部有一定型腔或空腔，在长、宽、高方向有一定比例的零件。这类零件在机械、汽车、飞机制造等行业用得较多，如汽车的发动机缸体、变速箱体；机床的床头箱、主轴箱；柴油机缸体、齿轮泵壳体等。

壳体是机器的基础零件之一，其作用是将机器和部件中的轴、套、齿轮等有关零件联成一个整体，支承各零件并使之保持正确的相对位置关系，彼此能协调工作，以传递动力，改变速度，完成机器或部件的预定功能，储存润滑剂，实现各运动零件的润滑。因此，壳体类零件的加工质量直接影响机器的性能、精度和寿命。

壳体类零件是一个封闭式多面体，内壁不均匀，有精度要求高的轴承孔，加工部分多、加工量大，主要特点是工艺复杂。

2. 技术要求

主要加工面是孔系和装配基准平面，一般箱体的主要平面的平面度为 0.1 ～ 0.03mm，表面粗糙度为 *Ra*2.5 ～ 0.63μm，各主要平面对装配基准平面的垂直度为 0.1 ～ 0.03mm；孔系主要是轴承支承孔，对同轴孔系的同轴度也有要求。支承孔标准公差等级为 IT7 ～ IT6，表面粗糙度为 *Ra*2.5 ～ 0.63μm，若表面粗糙度要求过低，则可能会出现漏油的现象。

壳体类零件材料一般采用铸铁（履带拖拉机一般采用球铁），一般采用 HT100 ～ 400，常用 HT200，其成本低、耐磨、可铸造、可切削，但负载大的壳体类零件材料要采用铸钢件。

3. 工艺特点

“先面后孔”的加工顺序是箱体加工的一般规律；粗、精加工分阶段进行，可以消除由粗加工造成的内应力、切削热、夹紧力对加工精度的影响。

对于壳阀体的大致加工工艺路线为铣接合面→加工工艺孔→钻孔、攻螺纹→粗镗轴承孔→精镗轴承孔和定位销孔。

4. 毛坯类型

壳体类零件的毛坯通常采用经锻打的整体毛坯，有些壳体类零件采用铸造毛坯，其特点是加工余量比较大，一般都要经过多次粗加工才能进行精加工。例如，塑料模的壳体基本都采用块状毛坯，需要切除大量的材料。

6.1.2　加工方法和机床

带有曲面轮廓的壳体类零件需要三坐标联动或三轴以上联动才能进行加工，因此这类零件适合采用数控铣床（加工中心）进行加工。对于带有复杂曲面的零件，如叶轮、螺旋锥齿轮、汽车轮毂等，则需要多轴联动的数控铣床进行加工；对于材料硬度不高的模具类零件，可以直接采用数控铣床进行加工。如果其中有不适合直接机械加工的结构，可以采用电火花加工的方法进行局部加工。

箱体类零件一般都需要进行多工位孔系、轮廓及平面加工，公差要求较高，特别是几何公差要求较为严格，通常要经过铣、钻、扩、镗、铰、锪，攻螺纹等工序，需要刀具较多，在普通机床上加工难度大，工装套数多，费用高，加工周期长，需多次装夹、找正，手工测量次数多，加工时必须频繁地更换刀具，工艺难以制订，更重要的是精度难以保证。这类零件在加工中心上加工，一次装夹可完成普通机床 60% ～ 95% 的工序内容，零件各项精度一致性好，质量稳定，同时节省费用，缩短生产周期。

采用加工中心加工箱体类零件，当加工工位较多，需多次旋转工作台角度才能完成零件加工时，一般选卧式镗铣类加工中心；当加工工位较少，且跨距不大时，可选立式加工中心，从一端进行加工。

箱体类零件的加工方法，主要有以下 7 种：

1）当既有面又有孔时，应先铣面，后加工孔。

2）所有孔系都完成粗加工后，再进行精加工。

3）一般情况下，直径大于 30mm 的孔都应铸造出毛坯孔。在普通机床上先完成毛坯的粗加工，给加工中心上的加工工序的余量为 4 ～ 6mm（直径），再在加工中心进行面和孔的粗、精加工，通常分“粗镗－半精镗－孔端倒角－精镗”四个工步来完成。

4）直径小于 30mm 的孔可以不铸造出毛坯孔，孔和孔端面的全部加工都在加工中心上完成，可分为“锪平端面－（打中心孔）－钻－扩－孔端倒角－铰”等工步。有同轴度要求的小孔（直径小于 30mm），须采用“锪平端面－（打中心孔）－钻－半精镗－孔端倒角－精镗（或铰）”工步来完成，其中打中心孔需视具体情况而定。

5）在孔系加工中，先加工大孔，再加工小孔，特别是在大小孔相距很近的情况下，更要采取这一措施。

6）对于跨距较大的箱体同轴孔的加工，尽量采取调头加工的方法，以缩短刀辅具的长径比，增加刀具刚性，提高加工质量。

7）一般情况下，M6 以上、M20 以下的螺纹孔可在加工中心上完成攻螺纹。M6 以下、M20 以上的螺纹孔可在加工中心上完成底孔加工，攻螺纹可通过其他手段加工。由于加工中心的自动加工方式在攻小螺纹时，不能随机控制加工状态，小丝锥容易折断，从而产生废品；由于刀具、辅具等因素影响，在加工中心上攻 M20 以上的大螺纹有一定困难。但这也不是绝对的，可视具体情况而定，在某些机床上可用镗刀片完成螺纹切削（用 G33 代码）。

6.1.3 任务规划

1. 图样分析

图 6-1 所示零件无异形，侧面无孔。其中 ϕ12mm 的孔与 ϕ60mm 的外圆有同轴度要求，且孔的加工精度为 $\phi12^{+0.02}_{0}$mm，表面粗糙度为 *Ra*1.6，ϕ60mm 的外圆表面粗糙度为 *Ra*3.2，零件其他尺寸均为一般线性公差，表面粗糙度为 *Ra*6.3。零件主要由平面、小型腔和孔构成，需要经过平面铣削、外轮廓铣削，型腔铣削、钻孔、镗孔等工步。6061 铝合金材料具有良好的加工性能，对刀具的磨损较小，无其他表面处理等特殊要求。

2. 毛坯的选择

零件图的最大尺寸为外接圆 ϕ100mm 的正六边形，厚度为 30mm，结合装夹尺寸和加工预留量，可选择 ϕ105mm 的铝棒，下料厚度为 36.5mm。

3. 设计加工工艺路线

1）建立工件加工坐标系：根据基准统一的原则，工件中心设定为 X、Y 平面上工件原点 X_0、Y_0，结合表面粗糙度要求及毛坯下料的误差，在上表面 –1mm 处设定为 Z 轴原点 Z_0。

2）零件的加工方法和加工顺序。

① 铣削工件上表面（成形到工件原点 Z_0 处）。如果零件加工量较大时，则编入程序进行加工；如果零件加工量为单件小批量，手动完成即可。

② 预钻出毛坯中心粗加工孔 ϕ11.5mm。（铣削型腔时排屑和初始加工满刀切削容易造成夹屑、积屑等，严重影响加工精度和加工质量。一般需要两刃的刀具先进行粗加工，该零件中心刚好有一个通孔，提前钻孔，可以减少加工时间，提升加工质量且不影响零件的完整性）。

③ 粗铣型腔内部 40mm × 40mm 的轮廓［加工中心一般遵循“先内后外”的原则，即先进行内部型腔（内孔）的加工，后进行外形的加工］。

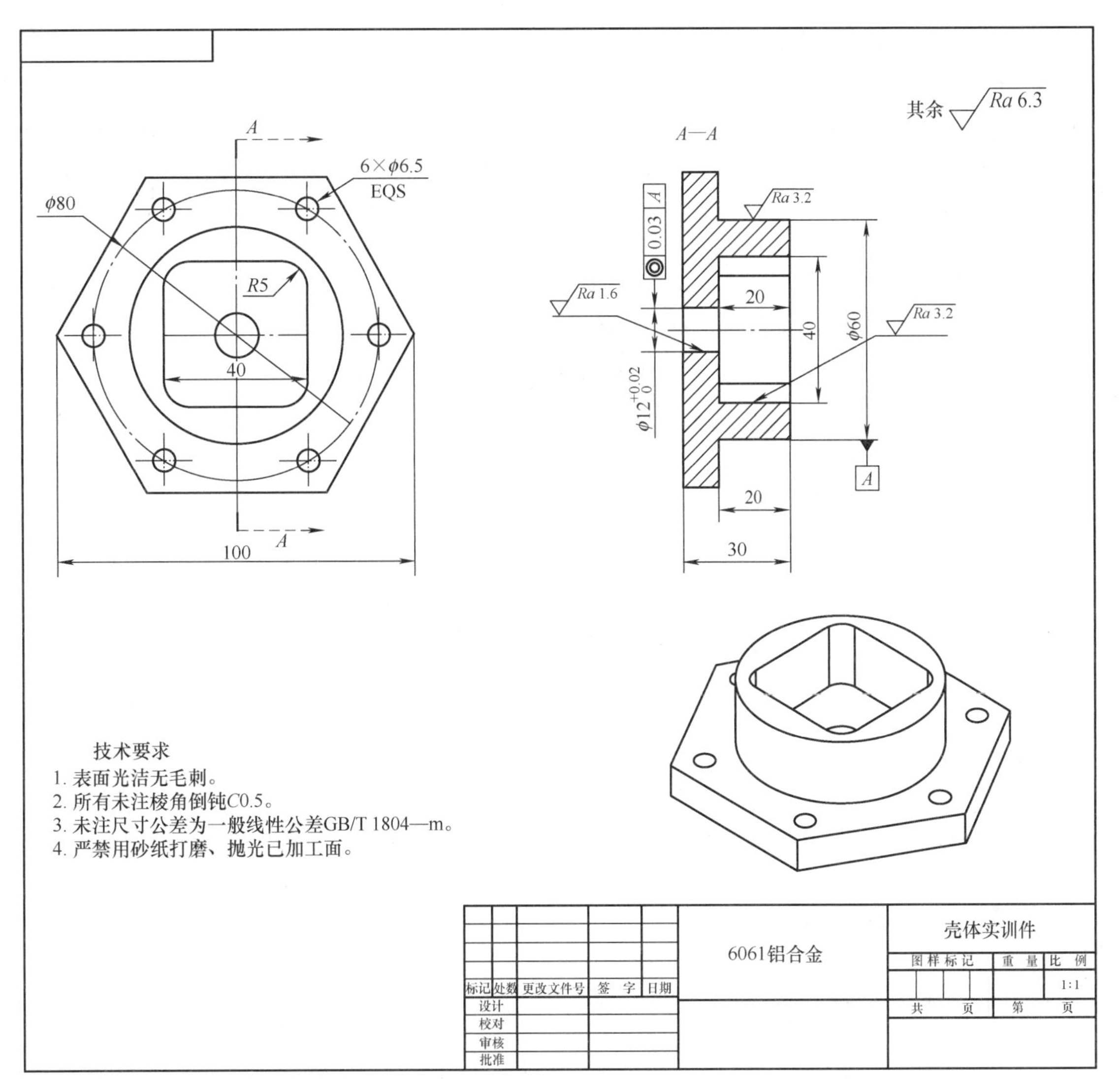

图 6-1　零件图

④ 粗铣外部 ϕ60mm 圆形和正六边形。

⑤ 清角 40mm × 40mm 型腔，铣削中心孔到 ϕ11.7mm。

⑥ 钻削正六边形上表面的 6 × ϕ6.5mm 的通孔（钻中心孔→钻 ϕ6.5mm 孔）。

⑦ 按照步骤③和④进行各面的精加工。

⑧ 镗削 ϕ12mm 孔。

⑨ 铣削底面的装夹毛坯余量。

4. 确定工装夹具、刀具及装夹方案

（1）夹具的选择　通过零件加工方法可以看出步骤①～⑦全部为铣削和钻削，且刀具使用量不多，选择加工中心能够满足以上步骤的全部需求。由于毛坯本身为圆柱体，可以选择一个自定心卡盘作为装夹工具，为了保证零件已加工表面的表面粗糙度，卡盘的卡爪必须选用软爪。

工件安装及原点的设定卡片见表 6-1。

表 6-1　工件安装及原点的设定卡片

零件图号		数控加工工件安装及原点的设定卡片	工序号	
零件名称	壳体实训件		装夹次数	1

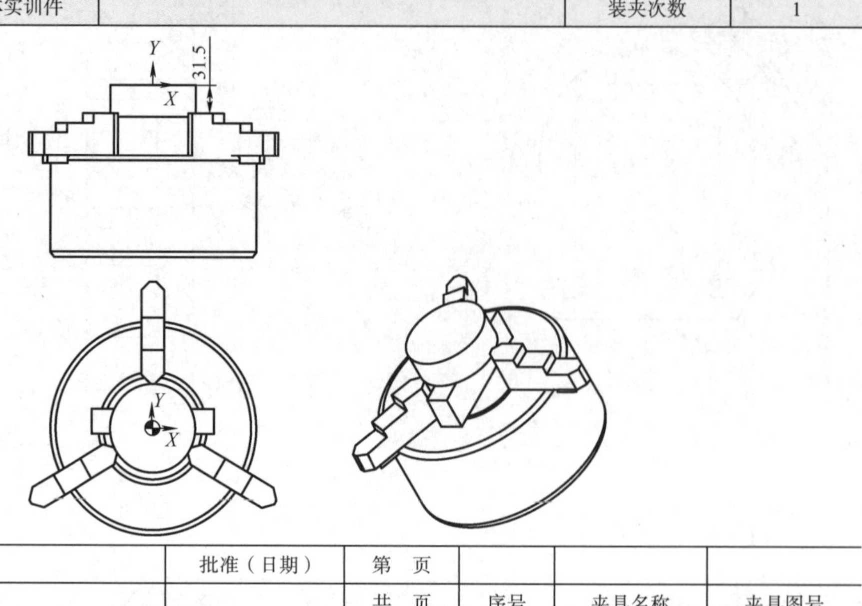

编制（日期）		批准（日期）	第　页			
审核（日期）			共　页	序号	夹具名称	夹具图号

（2）刀具的选择及刀具卡片填写　根据加工内容确定所需的刀具，主要有铣刀、定心钻、麻花钻等。

刀具卡片见表 6-2。

表 6-2　刀具卡片

产品名称或代号				零件名称	壳体实训件　零件图号	
序号	刀具号	刀具补偿号	刀具规格	数量	加工工步	备注
1	T1	1	ϕ80mm 盘铣刀	1	铣削上表面 铣削底面的装夹毛坯余量	
2	T2	2	ϕ11.5mm 麻花钻	1	预钻中心孔	
3	T3	3	ϕ20mm 机架刀	1	粗铣 40mm × 40mm 型腔 粗铣 ϕ60mm 圆形和正六边形	3 刃
4	T4	4	ϕ8mm HSS 立铣刀	1	清角 40mm × 40mm 型腔 铣削中心孔到 ϕ11.7mm	2 刃
5	T5	5	ϕ8mm 定心钻	1	钻中心孔	
6	T6	6	ϕ6.5mm 麻花钻	1	钻 6 × ϕ6.5mm 孔	
7	T7	7	ϕ8mm HSS 立铣刀	1	精铣 40mm × 40mm 型腔 精铣 ϕ60mm 圆形和正六边形	3 刃
8	T8	8	ϕ10 ～ ϕ20mm 可调式镗刀	1	镗削 ϕ12mm 孔	
9	T9	9	8 × 90° 倒角刀	1	倒钝各棱角 C0.5	
编制				审核	批准　　共　页	第　页

5. 确定加工工序、刀具切削参数及工序余量，填写工艺卡片

数控加工工序卡片见表 6-3、表 6-4。

表 6-3　数控加工工序 1 卡片

数控加工工序 1 卡片									
单位名称				零件材料		6061 铝合金			
零件名称	壳体实训件			零件图号					
工序号	程序编号	夹具名称		使用设备		备注			
1		自定心卡盘		马扎克 530CL 加工中心		铣削刀柄均为 BT40ER32			
工步号	工步内容	刀具号	刀具规格	主轴转速 /（r/min）	进给速度 /（mm/min）	径向进给 / mm	轴向进给 / mm	加工余量 / mm	备注
1	铣削上表面	T1	ϕ80mm 盘铣刀	2500	1500	60	1	0	
2	预钻中心孔	T5	ϕ8mm 定心钻	1500	150	0	3	—	
3	预钻中心孔	T2	ϕ11.5mm 麻花钻	700	50	0	36	—	
4	粗铣 40mm × 40mm 型腔	T3	ϕ20mm 机架刀	6000	3000	14	1	单边 0.15	3 刃
5	粗铣 ϕ60mm 圆形和正六边形	T3	ϕ20mm 机架刀	6000	3500	14	1	单边 0.15	3 刃
6	清角 40mm × 40mm 型腔	T4	ϕ8mm HSS 立铣刀	3000	1800	5	0.8	0.15	2 刃
7	铣削中心孔到 ϕ11.7mm	T4	ϕ8mm HSS 立铣刀	5000	2500	3	10.5	—	2 刃
8	钻中心孔	T5	ϕ8mm 定心钻	1500	150	0	3	—	
9	钻 6 × ϕ6.5mm 孔	T6	ϕ6.5mm 麻花钻	1400	40	0	10.5	—	
10	精铣 40mm × 40mm 型腔	T7	ϕ8mm HSS 立铣刀	6000	1500	3	20	0	3 刃
11	精铣 ϕ60mm 圆形	T7	ϕ8mm HSS 立铣刀	6000	1500	3	20	0	3 刃
12	精铣 ϕ60mm 圆形和正六边形	T7	ϕ8mm HSS 立铣刀	6000	1500	3	10.2	0	3 刃
13	镗削 ϕ12mm 孔	T8	ϕ10 ～ ϕ20mm 可调式镗刀	950	110	0.15	10.5	0.15	
14	倒钝各棱角 $C0.5$	T9	8mm × 90° 倒角刀	4000	1500	0.5	0.5	—	
编制	审核		批准		年　月　日			第 2 页 共 3 页	

表 6-4　数控加工工序 2 卡片

数控加工工序 2 卡片									
单位名称				零件材料		6061 铝合金			
零件名称	壳体实训件			零件图号					
工序号	程序编号	夹具名称		使用设备		备注			
2		带软爪的自定心卡盘		马扎克 530CL 加工中心		铣削刀柄均为 BT40ER32			
工步号	工步内容	刀具号	刀具规格	主轴转速 /（r/min）	进给速度 /（mm/min）	径向进给 /mm	轴向进给 /mm	加工余量 /mm	备注
1	铣削底面的装夹毛坯余量	T1	ϕ80mm 盘铣刀	2500	1500	60	1	0	
编制	审核		批准		年　　月　　日			第 3 页　共 3 页	

6. 零件数控加工走刀轨线的确定

加工中心表面铣削的走刀轨线见表 6-5。

表 6-5　加工中心表面铣削的走刀轨线

数控加工走刀轨线图		零件图号		工序号	1、2	工步号	1、1	程序号	
使用设备	马扎克 530CL 加工中心	零件名称	壳体实训件	加工内容	铣削上表面，铣削底面的装夹毛坯余量	共　页　第　页			

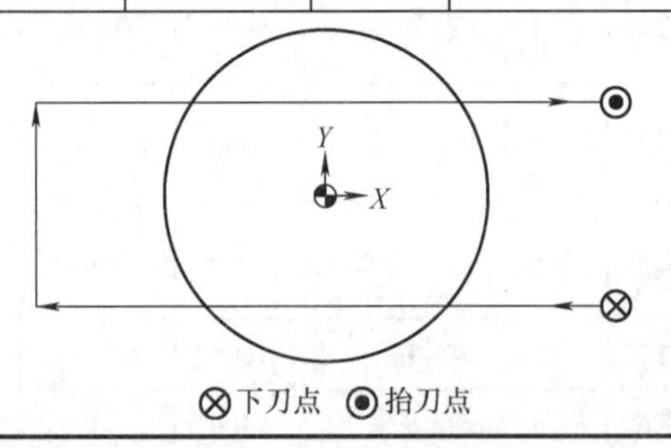

粗铣 40mm × 40mm 型腔的走刀轨线见表 6-6。

表 6-6　粗铣 40mm × 40mm 型腔的走刀轨线

数控加工走刀轨线图		零件图号		工序号	1	工步号	4	程序号	
使用设备	马扎克 530CL 加工中心	零件名称	壳体实训件	加工内容	粗铣 40mm × 40mm 型腔	共　页　第　页			

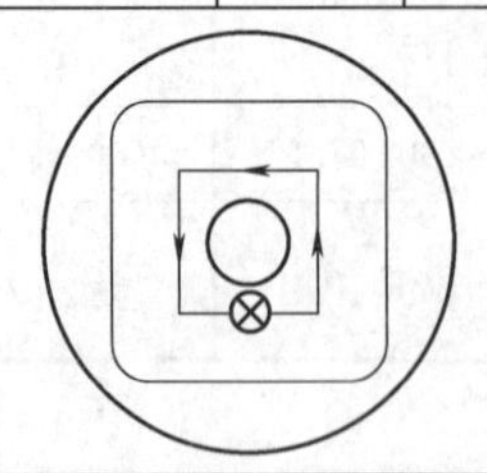

 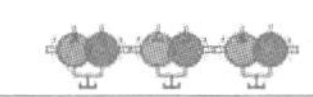

钻 6 × ϕ6.5mm 孔的走刀轨线见表 6-7。

表 6-7　钻 6 × ϕ6.5mm 孔的走刀轨线

数控加工走刀轨线图		零件图号		工序号	1	工步号	9	程序号	
使用设备	马扎克 530CL 加工中心	零件名称	壳体实训件	加工内容	钻 6 × ϕ6.5mm 孔	共 页 第 页			

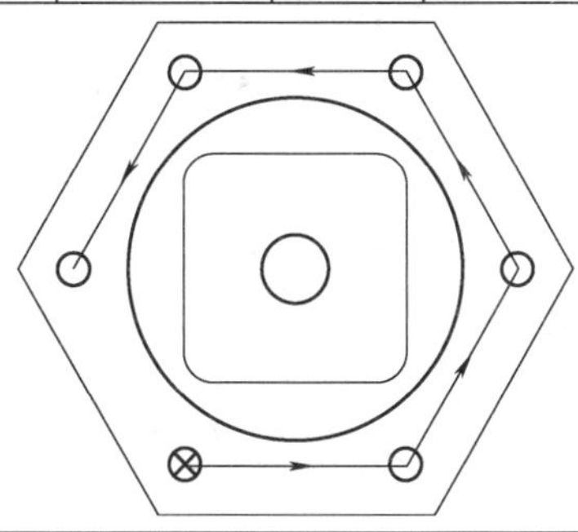

7. 数控编程任务书的编写

数控编程任务书见表 6-8。

表 6-8　数控编程任务书

单位	数控编程任务书	零件图号		任务书编号
		零件名称	壳体实训件	
		使用设备	马扎克 530CL 加工中心	共 页 第 页

主要工序说明及技术要求：
按照工件安装及原点的设定卡片测定工件原点
1. 主要工序按照加工走刀轨线图进行编程
2. 安全平面设定为上表面 50mm 处
3. 各工序加工在保证安全的前提下，尽量减少抬刀距离、换刀次数

						编程收到日期		月　日	经手人	
编制		审核		编程		审核		批准		

6.2　加工工艺 CAM 操作

6.2.1　工序 1

1. 基本设置

（1）导入零件进入加工界面　打开零件模型 KTSXJ.PAT 并绘制铣削上表面的刀轨辅助线（图 6-2）。

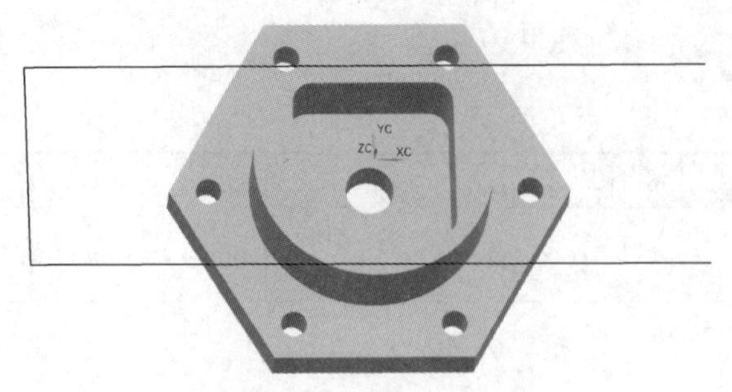

图 6-2　带辅助线的零件图

注：辅助线起点到毛坯边缘长度应大于盘铣刀直径，从毛坯外部进刀，保证加工的安全性。

单击“开始”按钮，选择“加工”命令（图 6-3）进入“加工环境”对话框。在“工序导航器－程序顺序”的空白处右击并选择“几何视图”命令（图 6-4）。

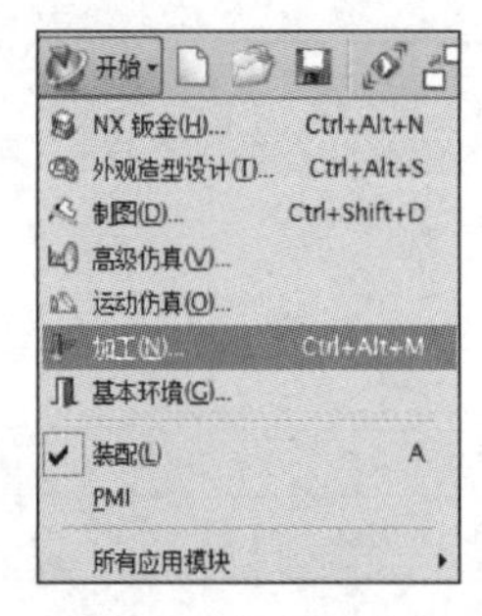

图 6-3　“加工”命令

图 6-4　“几何视图”命令

（2）设置加工坐标系和工作组　双击“加工坐标系”按钮 MCS_MILL 进入“加工坐标系”对话框（图 6-5），对“加工坐标”和“安全设置”进行设置，把 MCS 设置为与实际机床加工时一致，在“安全设置选项”下拉列表框中选择“平面”，单击“指定平面”右侧的“按某一距离”按钮，左击工件上表面，把“距离”设为 ZM 正方向 50mm 处，单击“确定”按钮保存设置。

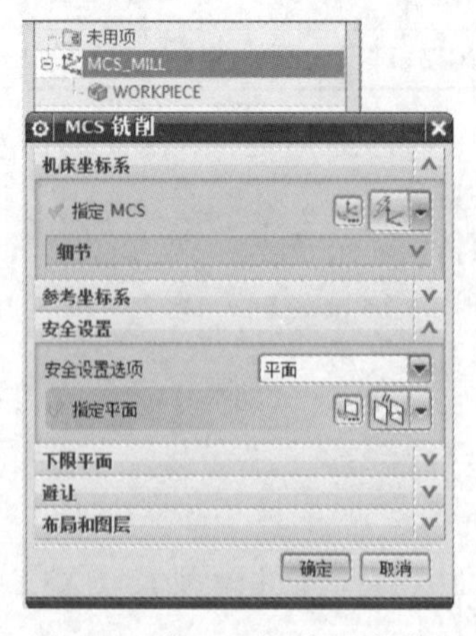

图 6-5　“加工坐标系”对话框

双击“WORKPIECE”按钮进入“工件”对话框（图 6-6），单击“指定部件”按钮进入“部件几何体”对话框（图 6-7），单击零件模型，单击“确定”按钮后自动回到“工件”对话框。单击“指定毛坯”按钮进入“毛坯几何体”对话框（图 6-8），并进行如图 6-8 所示设置，单击“确定”按钮后自动回到“工件”对话框，继续单击“确定”按钮保存。

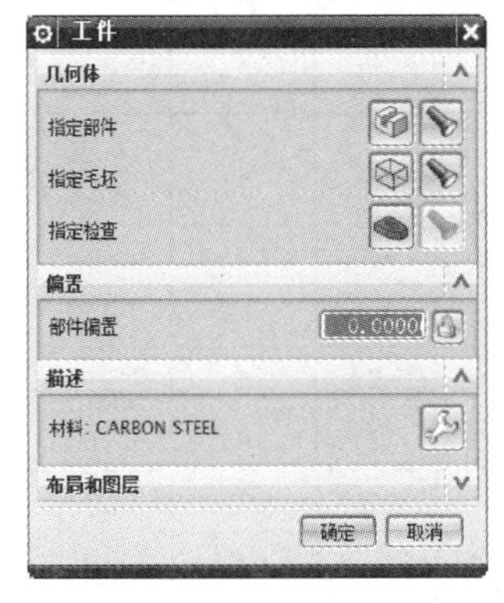

图 6-6 “工件”对话框

图 6-7 “部件几何体”对话框

图 6-8 “毛坯几何体”对话框

（3）刀具设置　右击工作组“WORKPIECE”，选择“插入”→“刀具”，进入“新建刀具”对话框（图 6-9），根据实际需求选择“类型”和“刀具子类型”并命名，单击“确定”按钮，进入刀具参数设置界面（图 6-10）进行设置，单击“确定”按钮保存。刀具创建参数见表 6-9。

图 6-9 “新建刀具”对话框

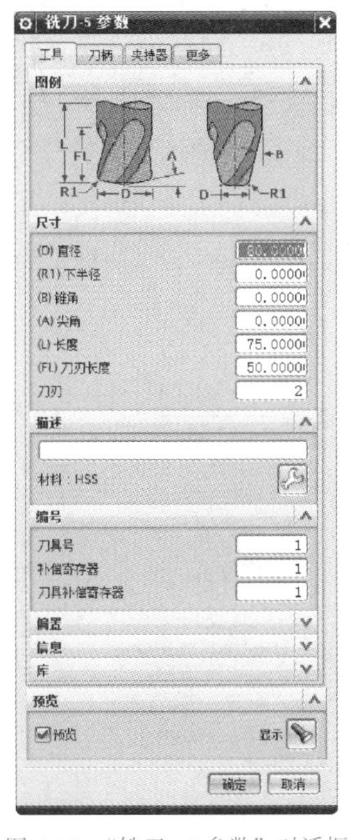

图 6-10 “铣刀 -5 参数”对话框

表 6-9 刀具创建参数

刀具类型	刀具子类型	名称	工具					
			尺寸				编号	
			直径 /mm	尖角（刀尖角度）/（°）	刀刃长度 /mm	刀刃	刀具号	补偿号
mill-planar（平面铣削）	Mill	D80	80	0	15	8	1	1
drill（钻孔）	Drilling-toll	Z11.5	11.5	118	80	2	2	2
mill-planar	Mill	D20	20	0	10	4	3	3
mill-planar	Mill	D8Q	8	0	50	2	4	4
drill	Spot drilling_tool	D8Z	8	90	10	2	5	5
drill	Drilling-toll	Z6.5	6.5	118	40	2	6	6
mill-planar	Mill	D8J	8	0	50	3	7	7
drill	Boring-bar（镗刀）	T12	12	0	10	1	8	8
drill	Countersinking_tool（倒角刀）	D8D	8	45	30	2	9	9

2. 工步

（1）工步 1——工件表面铣削操作

1）在“WORKPIECE”上右击，选择“插入”命令中的“工序”子命令（图 6-11），进入“创建工序”对话框，“类型”选择“mill_planar”，“工序子类型”选择“平面轮廓铣”按钮（图 6-12），单击“确定”按钮后进入“平面轮廓铣”（图 6-13）对话框。

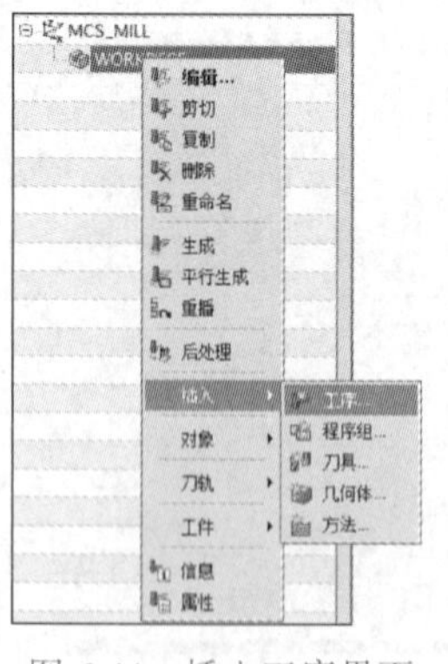

图 6-11 插入工序界面

图 6-12 “创建工序”对话框

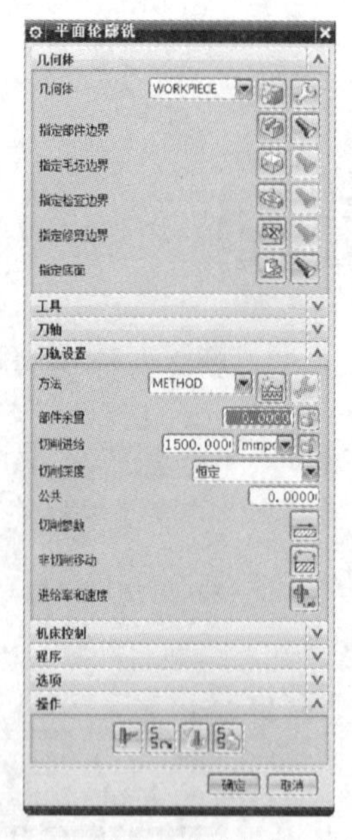

图 6-13 “平面轮廓铣”对话框

2）单击“指定部件边界”按钮进入“边界几何体”（图 6-14）对话框，“模式”选择“曲线 / 边 ...”，进入“创建边界”对话框（图 6-15），并进行如图所示的参数设置，然后选中图 6-2 中的三条辅助线作为加工边界曲线，单击“确定”按钮保存设置。

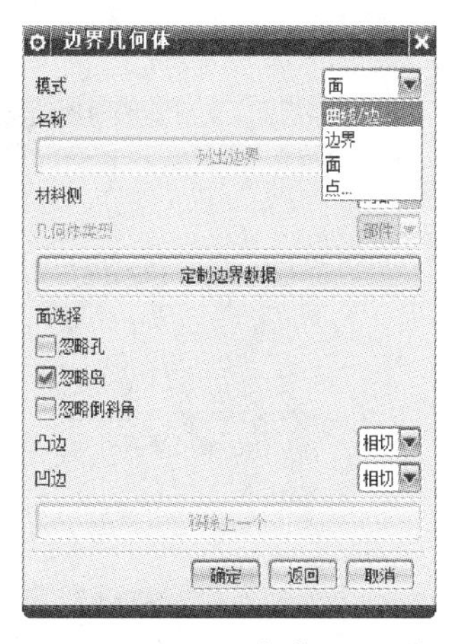

图 6-14 “边界几何体”对话框

图 6-15 “创建边界”对话框

3）单击“指定底面”按钮进入“平面”对话框（图 6-16），并进行如图所示的设置，“选择平面对象”选择工件上表面，单击“确定”按钮。

4）在“工具”选项中单击“刀具”下拉菜单，选用已经建立的“D80”盘铣刀。

5）选择“刀轨设置”选项，单击“非切削移动”按钮进入“非切削移动”对话框（图 6-17），其余参数不变，“进刀”标签设置成如图所示的参数，单击“确定”按钮保存设置。

6）单击“进给率和速度”按钮，进入“进给率和速度”对话框（图 6-18），设置成如图所示的参数，单击“确定”按钮保存设置。

图 6-16 “平面”对话框

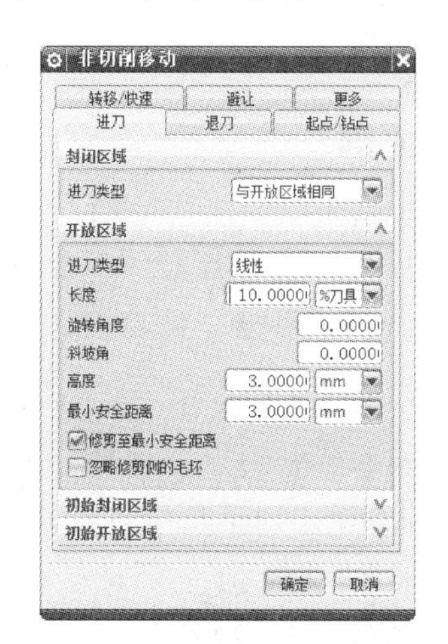

图 6-17 “非切削移动”对话框

图 6-18 “进给率和速度”对话框

7）在“操作”选项中，单击“生成”按钮，自动生成刀轨（图 6-19）。

8）单击“确认”按钮进入“刀轨可视化”对话框（图 6-20），单击“3D 动态”标签中的“播放”按钮，观察刀具切削路径及剩余毛坯是否达到切削效果。检查没有问题后，单击“确定”按钮完成工步 1 的自动编程，为了便于记忆，把“工序”文件重命名为“PANXI”。

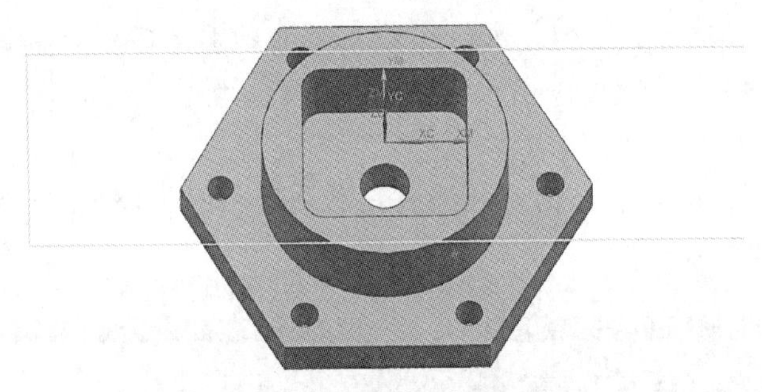

图 6-19　上表面铣削刀轨

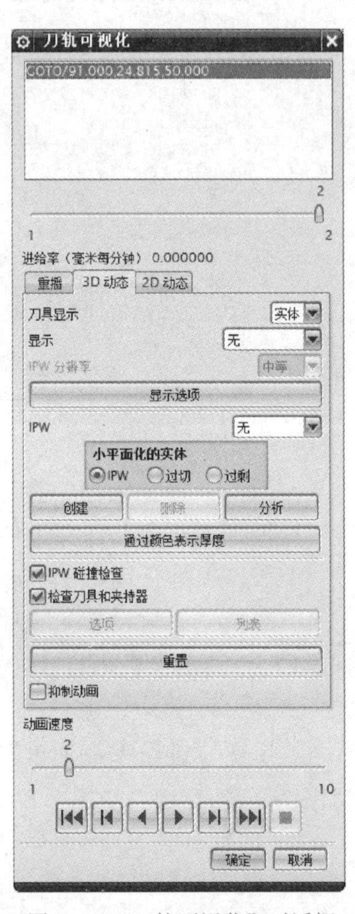

图 6-20　“刀轨可视化”对话框

（2）工步 2、3——预钻中心孔操作

1）在“PANXI”工序上右击，选择“插入”命令中的“工序”子命令（图 6-11），进入“创建工序”对话框（图 6-21），“类型”选择“drill”，“工序子类型”选择“定心钻”按钮，单击“确定”按钮后进入“定心钻”对话框（图 6-22）。

2）单击“指定孔”按钮进入“点到点几何体”对话框（图 6-23），单击“选择”选项，然后单击中心孔的外圆，连续单击对话框中的“确定”按钮完成加工孔的选择。

3）单击“指定顶面”按钮进入“顶面”对话框（图 6-24），“顶面选项”选择“平面”，“指定平面”选择工件上表面，距离为 -3mm，单击“确定”按钮保存。

4）在“工具”选项中单击“刀具”下拉菜单，选用已经建立的“D8Z”定心钻。

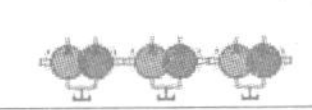

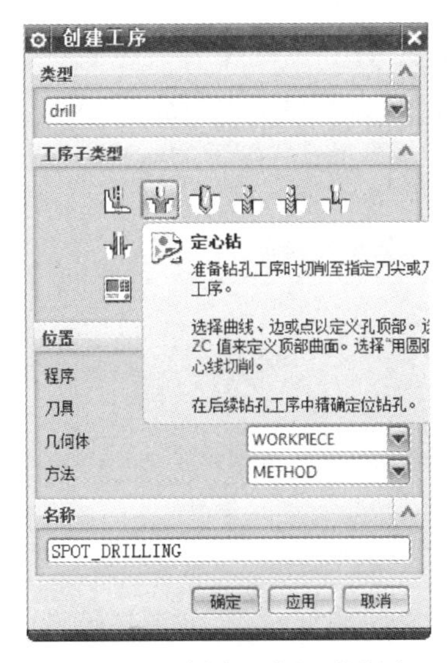

图 6-21　“创建工序”对话框

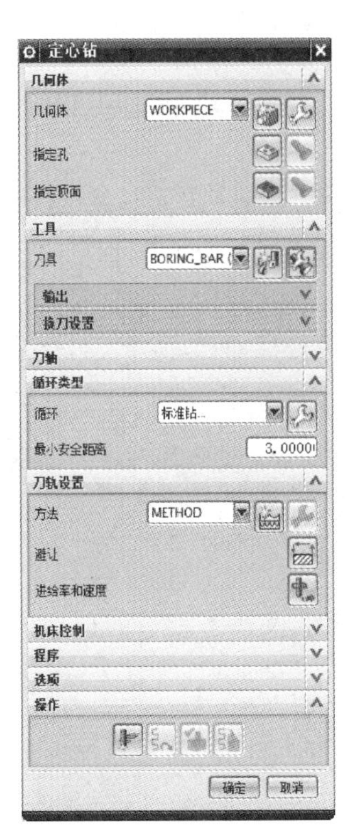

图 6-22　“定心钻”对话框

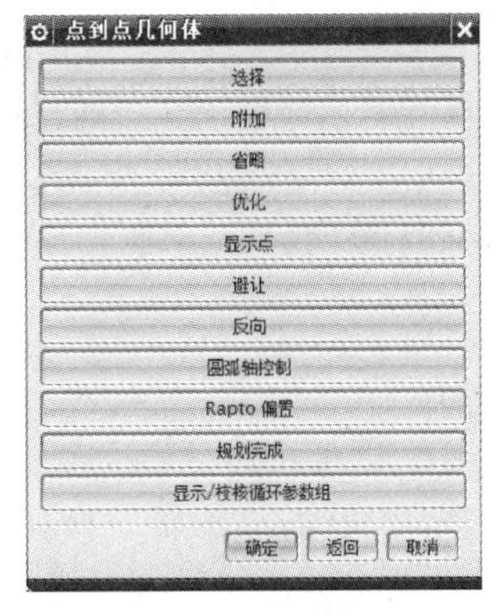

图 6-23　“点到点几何体”对话框

图 6-24　“顶面”对话框

5）在“循环类型”选项中选择“标准钻”，最小安全距离为 3mm，在“刀轨设置”选项中单击“进给率和速度”按钮进入“进给率和速度”对话框（图 6-18），设置主轴速度为 1500r/min，切削速度为 150mm/min，单击“确定”按钮保存。

6）选择“操作”选项，单击“生成”按钮，自动生成刀轨。单击“确定”按钮保存后重命名为“YZK”（预钻孔）。

7）在“YZK”工序上右击，选择“插入”命令中的“工序”子命令（图 6-11），进入“创建工序”对话框，“类型”选择“drill”，“工序子类型”选择“钻”按钮（图 6-21），单击“确定”按钮后进入“钻”对话框（图 6-25）。

8）单击“指定孔”按钮进入“点到点几何体”的对话框（图 6-23），单击“选择”选项，然后单击中心孔的外圆，连续单击对话框中的“确定”按钮完成加工孔的选择。

9）单击“指定顶面”按钮进入“顶面”选择对话框（图 6-24），“顶面选项”选择“平面”，“指定平面”选择工件上表面，距离为 0mm，单击“确定”按钮完成。

10）单击“指定底面”按钮进入“底面”对话框（图 6-26），“底面选项”选择“平面”，“指定平面”选择工件下表面，距离向下为 0.5mm，单击“确定”按钮完成。

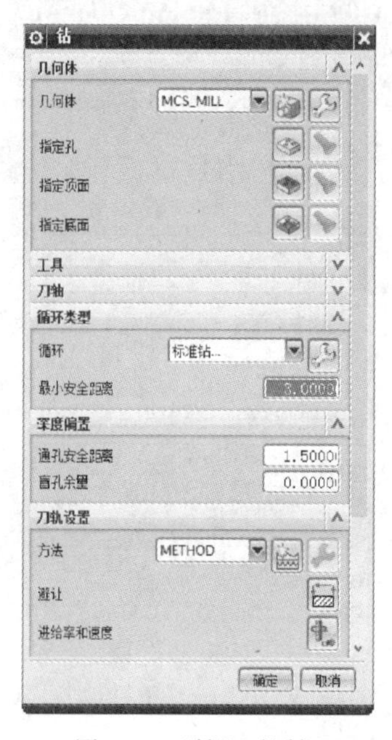

图 6-25 “钻”对话框

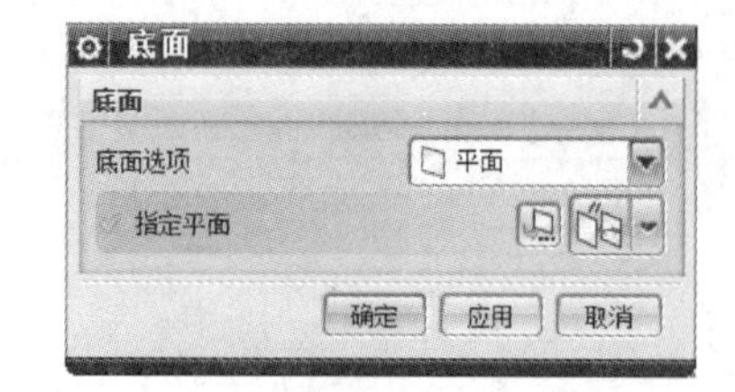

图 6-26 “底面”对话框

11）在“工具”选项中单击“刀具”下拉菜单，选用已经建立的“Z11.5”麻花钻。

12）在“循环类型”选项中“循环”方式选择“断屑”，单击“编辑”按钮，选择每次进刀量为 5mm，抬刀量恒定为 3mm。在“刀轨设置”选项中单击“进给率和速度”按钮进入“进给率和速度”对话框（图 6-18），设置主轴速度为 700r/min，切削速度为 50mm/min，单击“确定”按钮完成设置。

13）选择“操作”选项，单击“生成”按钮，自动生成刀轨。单击“确定”按钮保存后重命名为“ZZXK”（钻中心孔）。

（3）工步 4——粗铣 40mm × 40mm 型腔操作

1）在“ZXK”工序上右击，选择“插入”命令中的“工序”子命令（图 6-11），进入“创建工序”对话框，“类型”选择“mill-contour”，“工序子类型”选择“型腔铣”按钮，单击“确定”按钮后进入“型腔铣”对话框（图 6-27）。

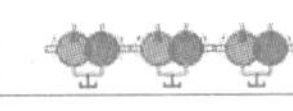

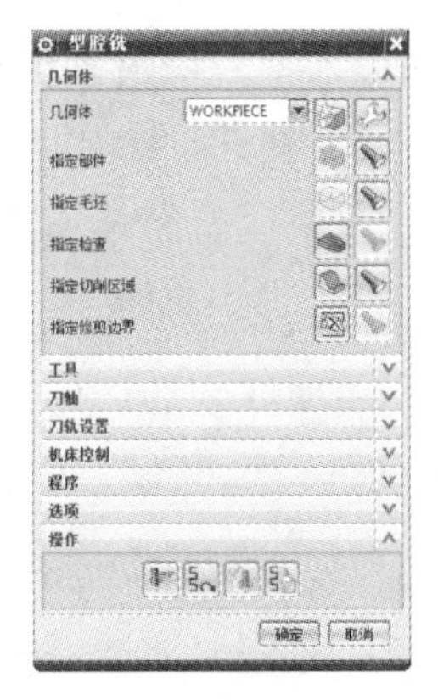

图 6-27　“型腔铣”对话框

2）单击“指定切削区域”按钮进入“切削区域”对话框（图 6-28），选择零件腔体内部的 8 个面作为铣削对象（图 6-29），单击“确定”按钮完成选择。

图 6-28　“切削区域”对话框

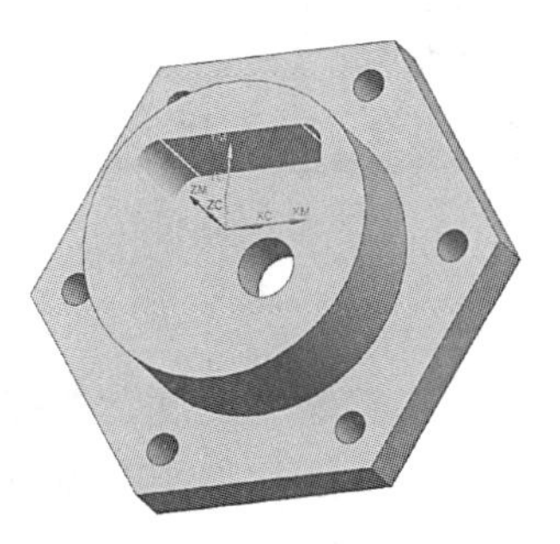

图 6-29　切削区域

3）在“工具”选项中单击“刀具”下拉菜单，选用已经建立的“D20”立铣刀。

4）在“刀轨设置”选项（图 6-30）中填写如图所示的参数，单击“切削层”按钮进入“切削层”对话框（图 6-31），按照如图所示设置参数，单击“确定”按钮退出。

5）单击“切削参数”按钮进入“切削参数”对话框（图 6-32），“策略”标签中的参数如图设置。“余量”标签中，部件侧面余量为 0.15mm，部件底面余量为 0mm，其余不变，单击“确定”按钮保存。

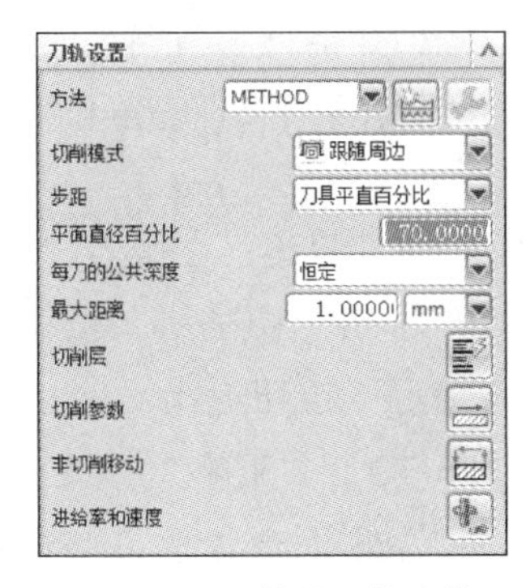

图 6-30　刀轨设置的参数

图 6-31　切削层的参数

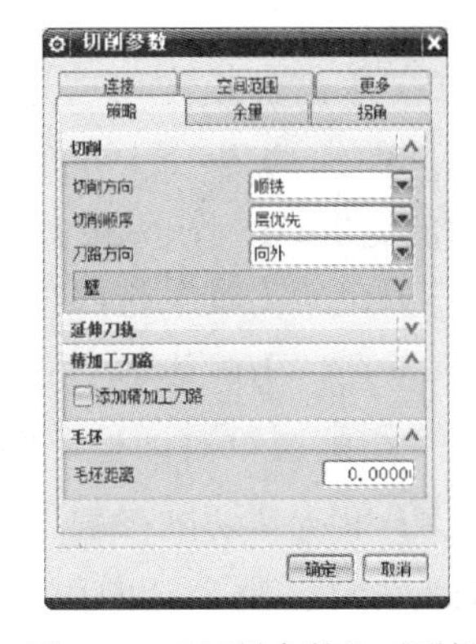

图 6-32　“切削参数”对话框

6）单击“非切削移动”按钮进入“非切削移动”对话框（图6-33），“进刀”标签中的参数设置如图，“转移/快速”标签中“区域内”（图6-34）参数如图设置，其余选项不变。

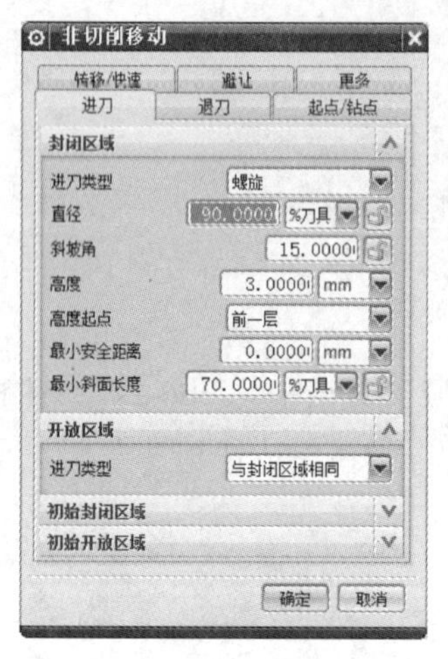

图6-33 “非切削移动”对话框

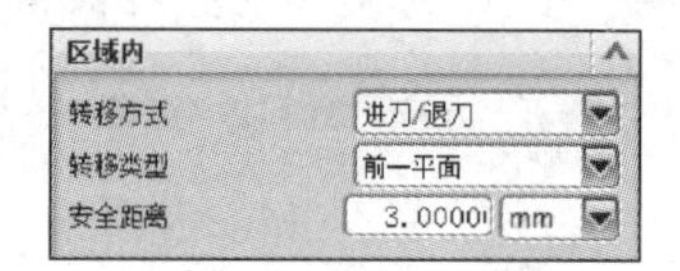

图6-34 “区域内”参数

7）单击“进给率和速度”按钮进入“进给率和速度”对话框（图6-18），设置主轴速度为6000r/min，切削速度为3000mm/min，单击“确定”按钮完成设置。

8）选择“操作”选项，单击“生成”按钮，自动生成刀轨。

9）单击“确认”按钮，进入“刀轨可视化”对话框（图6-20），单击“3D动态”中的“播放”按钮，观察刀具切削路径及剩余毛坯是否达到切削效果。检查没有问题后，单击“确定”按钮保存后重命名为“40XQKC”（40mm型腔开粗）。

（4）工步5——粗铣ϕ60mm圆形和正六边形操作

1）在“40XQKC”工序上右击，选择“插入”命令中的“工序”子命令（图6-11），进入“创建工序”对话框，“类型”选择“mill-contour”，“工序子类型”选择“型腔铣”按钮，单击“确定”按钮后进入“型腔铣”对话框（图6-27）。

2）单击“指定修剪边界”按钮进入“修剪边界”对话框（图6-35），选择过滤类型为“曲线边界”，“平面”为“自动”，“修剪侧”为“内部”，然后单击ϕ60mm圆柱上表面的轮廓线（图6-36），单击“确定”按钮完成选择。

3）在“工具”选项中单击“刀具”下拉菜单，选用已经建立的“D20”立铣刀。

4）在“刀轨设置”选项（图6-30）中填写如图所示的参数，单击“切削层”按钮进入“切削层”对话框（图6-37），按照图示设置参数，单击“确定”按钮退出。

5）单击“切削参数”按钮进入“切削参数”对话框（图6-32），“策略”标签中的“刀路方向”改为“向内”，其余如图设置。“余量”标签中，部件侧面余量为0.15mm，部件底面余量为0mm，其余不变，单击“确定”按钮保存。

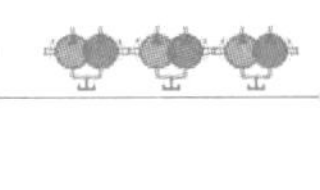

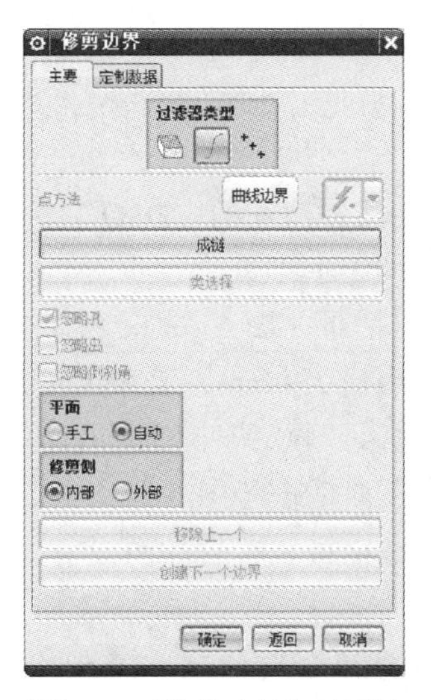

图 6-35　“修剪边界”对话框

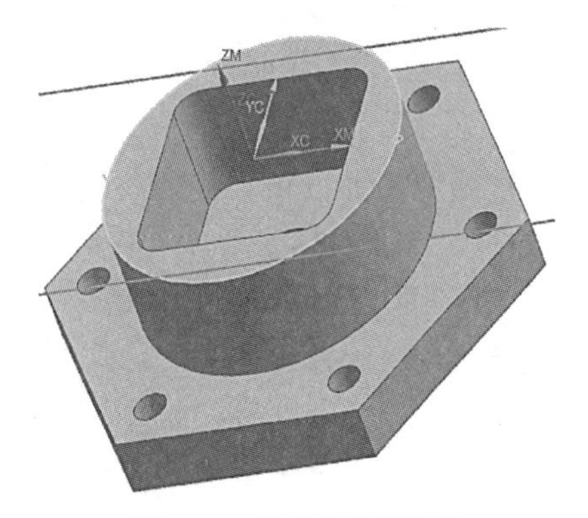

图 6-36　修剪的边界曲线

6）单击“非切削移动”按钮进入“非切削移动”对话框（图 6-38），“进刀”标签设置如图，“转移 / 快速”标签中“区域内”（图 6-34）参数如图设置，其余选项不变。

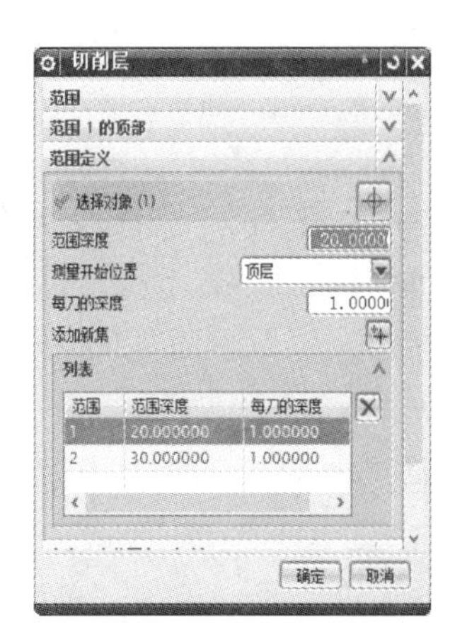

图 6-37　“切削层”对话框

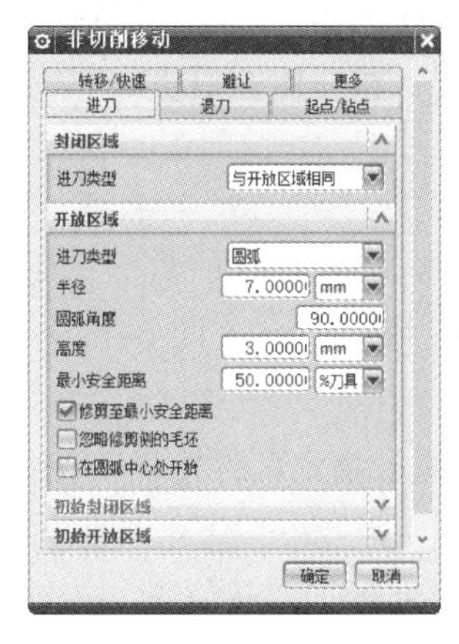

图 6-38　“非切削移动”对话框

7）单击“进给率和速度”按钮进入“进给率和速度”对话框（图 6-18），设置主轴速度为 6000r/min，切削速度为 3500mm/min，单击“确定”按钮完成设置。

8）选择“操作”选项，单击“生成”按钮，自动生成刀轨。

9）单击“确认”按钮进入“刀轨可视化”对话框（图 6-20），单击“3D 动态”中的“播放”按钮，观察刀具切削路径及剩余毛坯是否达到切削效果。检查没有问题后，单击“确定”按钮保存后重命名为“WLK”（外轮廓）。

（5）工步 6——清角 40mm × 40mm 型腔操作

1）在“WLK”工序上右击，选择“插入”命令中的“工序”子命令（图 6-11），进入“创建工序”对话框，“类型”选择“mill–contour”，“工序子类型”选择“型腔铣”，单击确定后进入“型腔铣”（图 6-27）对话框。

2）单击“指定修剪边界”按钮进入“修剪边界”对话框（图 6-35），“过滤器类型”选择“曲线边界”，“平面”为“自动”，“修剪侧”为“内部”，然后单击中心圆轮廓线，单击“确定”按钮完成选择。

3）在“工具”选项中单击“刀具”下拉菜单，选用已经建立的“D8Q”立铣刀清角。

4）在“刀轨设置”选项（图 6-30）中填写如图所示的参数。

5）单击“切削参数”按钮进入“切削参数”对话框（图 6-32），参数如图设置。“余量”标签中，部件侧面余量为 0.15mm，部件底面余量为 0mm，其余不变。“空间范围”标签中“参考刀具”选择开粗的机加刀“D20”，单击“确定”按钮保存。

6）单击“非切削移动”按钮进入“非切削移动”对话框（图 6-38），“进刀”标签中参数设置如图，“转移 / 快速”标签中“区域内”（图 6-34）参数如图设置，其余选项不变。

7）单击“进给率和速度”按钮进入“进给率和速度”对话框（图 6-18），设置主轴速度为 3000r/min，切削速度为 1800mm/min，单击“确定”按钮完成设置。

8）选择“操作”选项，单击“生成”按钮，自动生成刀轨。

9）单击“确认”按钮进入“刀轨可视化”对话框（图 6-20），单击“3D 动态”中的“播放”按钮，观察刀具切削路径及剩余毛坯是否达到切削效果。检查没有问题后，单击“确定”按钮保存后重命名为“QJ”（清角）。

（6）工步 7——铣削中心孔到 ϕ11.7mm 操作

1）在“QJ”工序上右击，选择“插入”命令中的“工序”子命令（图 6-11），进入“创建工序”对话框，“类型”选择“mill_planar”，“工序子类型”选择“平面轮廓铣”按钮（图 6-12），单击“确定”按钮后进入“平面轮廓铣”对话框（图 6-13）。

2）单击“指定部件边界”按钮进入“边界几何体”对话框（图 6-14），“模式”选择为“曲线 / 边 ...”，进入“创建边界”对话框（图 6-15），“类型”为“封闭的”，“材料侧”为“外部”，“刀具位置”为“相切”，然后单击中心圆轮廓线，单击“确定”按钮完成选择。

3）单击“指定底面”按钮进入“平面”对话框（图 6-16），“偏置距离”为 Z 轴负方向 0.5mm，其余参数如图设置，选择“平面对象”选择工件下表面，单击“确定”按钮。

4）在“工具”选项中单击“刀具”下拉菜单，选用已经建立的“D8Q”立铣刀。

5）在“刀轨设置”选项（图 6-39）中填写如图所示的参数，单击“非切削移动”按钮进入“非切削移动”对话框（图 6-40），“进刀”标签设置如图。

6）单击“进给率和速度”按钮进入“进给率和速度”对话框（图 6-18），设置主轴速度为 5000r/min，切削速度为 2500mm/min，单击“确定”按钮完成设置。

7）选择“操作”选项，单击“生成”按钮，自动生成刀轨。

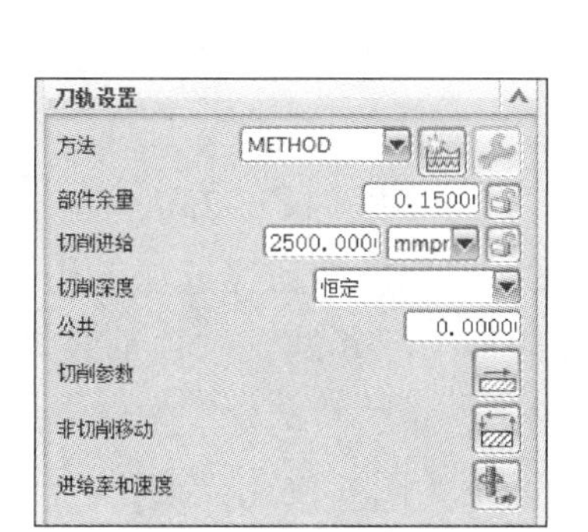

图 6-39　“刀轨设置”选项

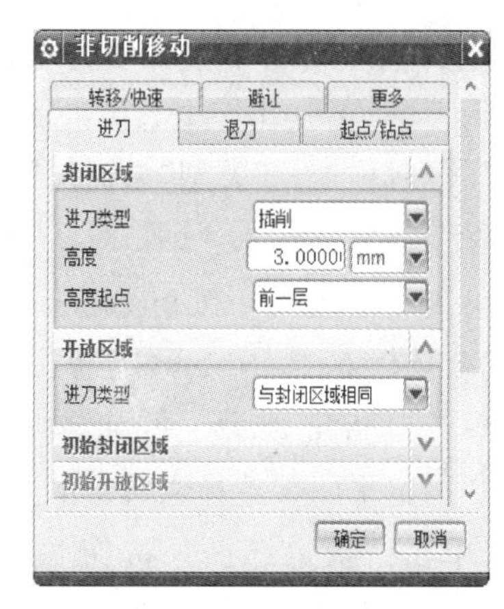

图 6-40　“非切削移动”对话框

8）单击“确认”按钮进入“刀轨可视化”对话框（图 6-20），单击“3D 动态”中的“播放”按钮，观察刀具切削路径及剩余毛坯是否达到切削效果。检查没有问题后，单击“确定”按钮保存后重命名为“XZXK”（铣中心孔）。

（7）工步 8、9——钻 6 × ϕ6.5mm 的通孔操作

1）在“XZXK”工序上右击，选择“插入”命令中的“工序”子命令（图 6-11），进入“创建工序”对话框，“类型”选择“drill”，“工序子类型”选择“定心钻”按钮（图 6-21），单击“确定”按钮后进入“定心钻”对话框（图 6-22）。

2）单击“指定孔”按钮进入“点到点几何体”对话框（图 6-23），单击“选择”选项，连续选择 6 个 ϕ6.5mm 的通孔，单击对话框中的“确定”按钮完成加工孔的选择。

3）单击“指定顶面”按钮进入“顶面”对话框（图 6-24），“顶面选项”选择“平面”，“指定平面”选择六边形的上表面，距离为 –3.5mm，单击“确定”按钮保存（图 6-41）。

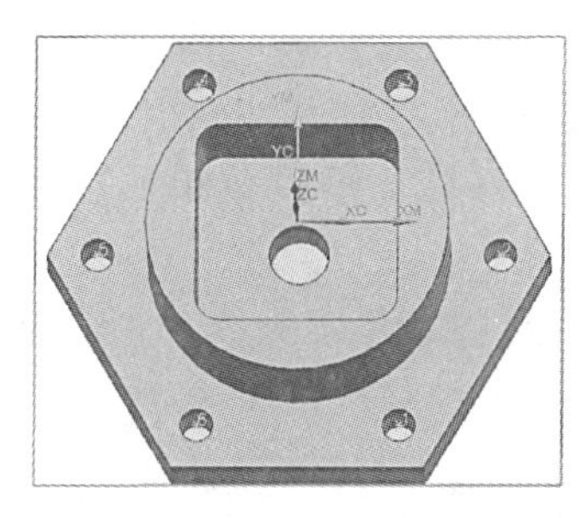
图 6-41　指定的“孔”和“顶面”

4）在“工具”选项中单击“刀具”下拉菜单，选用已经建立的“D8Z”定心钻。

5）在“循环类型”选项中选择“标准钻”，最小安全距离为 6mm，在“刀轨设置”选项中单击“进给率和速度”按钮进入“进给率和速度”对话框（图 6-18），设置主轴速度为 1500r/min，切削速度为 150mm/min，单击“确定”按钮保存。

6）选择“操作”选项，单击“生成”按钮，自动生成刀轨，检查刀轨是否正确。

单击“确定”按钮保存后重命名为“D6.5K”（点 6.5mm 孔）。

7）在“D6.5K”工序上右击，选择“插入”命令中的“工序”子命令（图 6-11），进入“创建工序”对话框，“类型”选择“drill”，“工序子类型”选择“钻”按钮（图 6-21），单击“确定”按钮后进入“钻”对话框（图 6-25）。

8）单击“指定孔”按钮进入“点到点几何体”对话框（图 6-23），单击“选择”选项，连续选择 6 个 ϕ6.5mm 的通孔，单击对话框中的“确定”按钮完成加工孔的选择。

9）单击“指定顶面”按钮进入“顶面”对话框（图 6-24），“顶面选项”选择“平面”，“指定平面”选择六边形的上表面，距离为 0mm，单击“确定”按钮完成。

10）单击“指定底面”按钮进入“底面”对话框（图 6-26），“底面选项”选择“平面”，“指定平面”选择工件下表面，距离向下为 0.5mm，单击“确定”按钮完成。

11）在“工具”选项中单击“刀具”下拉菜单，选用已经建立的“Z6”麻花钻。

12）在“循环类型”选项中“循环”方式选择“标准钻”，最小安全距离为 3mm。在“刀轨设置”选项中单击“进给率和速度”按钮进入“进给率和速度”对话框（图 6-18），设置主轴速度为 2000r/min，切削速度为 40mm/min，单击“确定”按钮完成设置。

13）选择“操作”选项，单击“生成”按钮，自动生成刀轨，检查刀轨是否正确。单击“确定”按钮保存后重命名为“Z6.5K”（钻 6.5mm 孔）。

（8）工步 10、11、12——精铣轮廓操作

1）在“Z6.5K”工序上右击，选择“插入”命令中的“工序”子命令（图 6-11），进入“创建工序”对话框，“类型”选择“mill_planar”，“工序子类型”选择“平面轮廓铣”按钮（图 6-12），单击“确定”按钮后进入“平面轮廓铣”对话框（图 6-13）。

2）单击“指定部件边界”按钮进入“边界几何体”对话框（图 6-14），“模式”选择为“面”，进入“创建边界”对话框（图 6-15），“类型”为“封闭的”，“材料侧”为“外部”，“刀具位置”为“相切”，然后选择工件上表面，单击“确定”按钮完成。

3）单击“指定底面”按钮进入“平面”对话框（图 6-16），“偏置距离”为 0mm，“选择平面对象”选择内腔底面，单击“确定”按钮完成。

4）在“工具”选项中单击“刀具”下拉菜单，选用已经建立的“D8J”立铣刀精加工。

5）在“刀轨设置”选项中“部件余量”为 0，“切削进给”为“1500mm/min”。单击“非切削移动”按钮进入“非切削移动”对话框（图 6-42），“进刀”标签设置如图。

6）单击“进给率和速度”按钮进入“进给率和速度”对话框（图 6-18），设置主轴速度为 6000r/min，切削速度为 1500mm/min，单击“确定”按钮完成设置。

7）选择“操作”选项，单击“生成”按钮，自动生成刀轨。

8）单击“确认”按钮进入“刀轨可视化”对话框（图 6-20），单击“3D 动态”中的“播放”按钮，观察刀具切削路径及剩余毛坯是否达到切削效果。检查没有问题后，单击“确定”按钮保存后重命名为“JX40、60”（精铣 40mm 内腔、ϕ60mm 圆柱），如图 6-43 所示。

图 6-42　“非切削移动”对话框

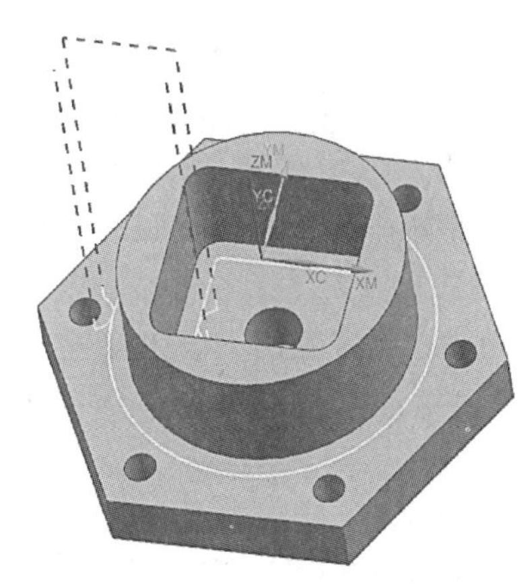

图 6-43　精铣 40mm 内腔、ϕ60mm 圆柱的刀轨

9）在工序“JX40、60”右击“复制”“粘贴”，双击进入复制的工序进行更改。

10）单击“指定部件边界”按钮进入“编辑边界”对话框（图 6-44），单击“全部重选”进入“边界几何体”对话框（图 6-14），“模式”选择“曲线 / 边 ...”，进入“创建边界”对话框（图 6-15），“类型”为“封闭的”，“材料侧”为“内部”，“刀具位置”为“相切”，然后单击六边形上表面的轮廓线，单击“确定”按钮完成。

11）单击“指定底面”按钮进入“平面”对话框（图 6-16），“偏置距离”为 Z 轴负方向上 0.5mm，选择“平面对象”选择工件下表面，单击“确定”按钮完成。

12）其余参数不变，选择“操作”选项，单击“生成”按钮，自动生成刀轨。

13）单击“确认”按钮进入“刀轨可视化”对话框（图 6-20），单击“3D 动态”中的“播放”按钮，观察刀具切削路径及剩余毛坯是否达到切削效果。检查没有问题后，单击“确定”按钮保存后重命名为“JX6BX”（精铣六边形），如图 6-45 所示。

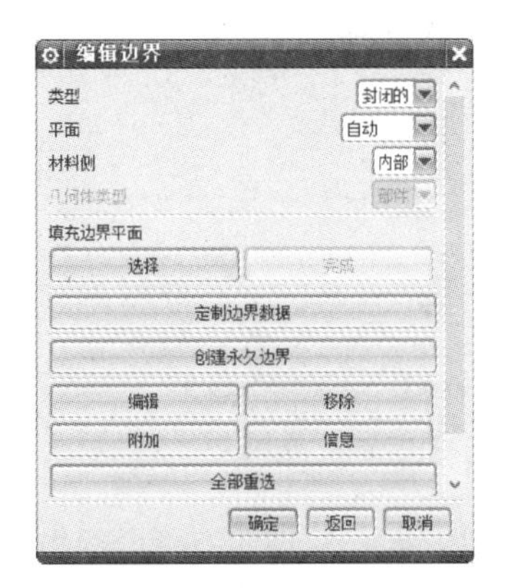

图 6-44　“编辑边界”对话框

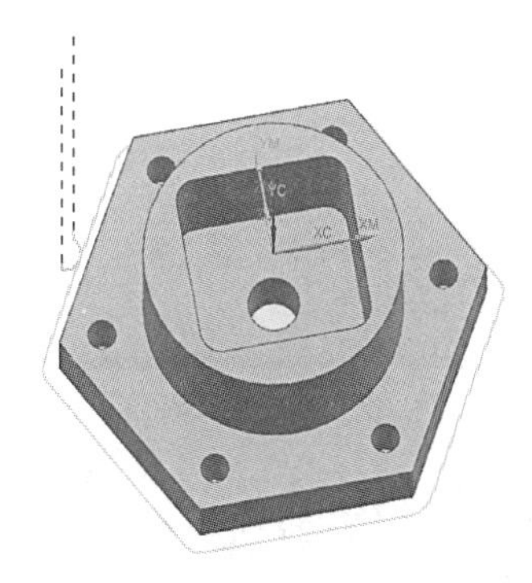

图 6-45　精铣六边形的刀轨

（9）工步 13——镗削中心孔操作

1）在“JX6BX”工序上右击，选择“插入”命令中的“工序”子命令（图 6-11），进入“创建工序”对话框，“类型”选择“drill”，“工序子类型”选择“镗孔”按钮（图 6-21），单击“确定”按钮后进入“镗孔”对话框（图 6-46）。

2）单击“指定孔”按钮进入“点到点几何体”对话框（图 6-23），单击“选择”选项，然后单击中心孔的外圆，连续单击对话框中的“确定”按钮完成加工孔的选择。

3）单击“指定顶面”按钮进入“顶面”对话框（图 6-24），“顶面选项”选择“平面”，“指定平面”选择型腔的底面，距离为 Z 轴正方向上 0.5mm，单击“确定”按钮完成。

4）单击“指定底面”按钮进入“底面”对话框（图 6-26），“底面选项”选择“平面”，“指定平面”选择工件下表面，距离为 Z 轴负方向上 0.5mm，单击“确定”按钮完成。

5）在“工具”选项中单击“刀具”下拉菜单，选用已经建立的“T12”镗刀。

6）在“循环类型”选项中“循环”方式选择“标准镗”，最小安全距离为 3mm。在“刀轨设置”选项中单击“进给率和速度”按钮进入“进给率和速度”对话框（图 6-18），设置主轴速度为 950r/min，切削速度为 110mm/min，单击“确定”按钮保存。

7）选择“操作”选项，单击“生成”按钮，自动生成刀轨。单击“确定”按钮保存后重命名为“TK”（镗孔）。

（10）工步 14——各锐边倒钝操作

1）在“TK”工序上右击，选择“插入”命令中的“工序”子命令（图 6-11），进入“创建工序”对话框，“类型”选择“mill-contour”，“工序子类型”选择“轮廓 3D”按钮，单击“确定”按钮后进入“轮廓 3D”对话框（图 6-47）。

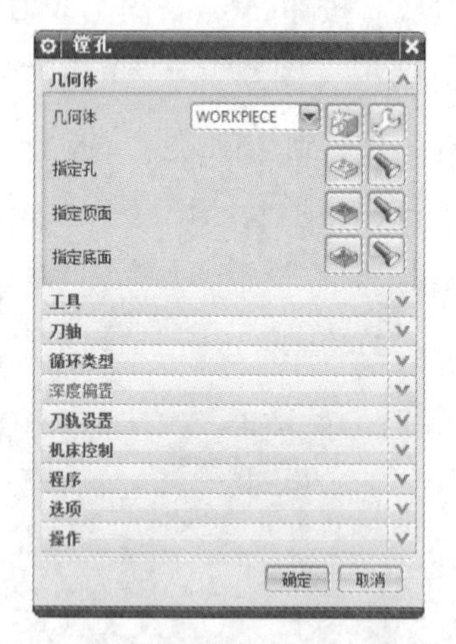

图 6-46 “镗孔”对话框

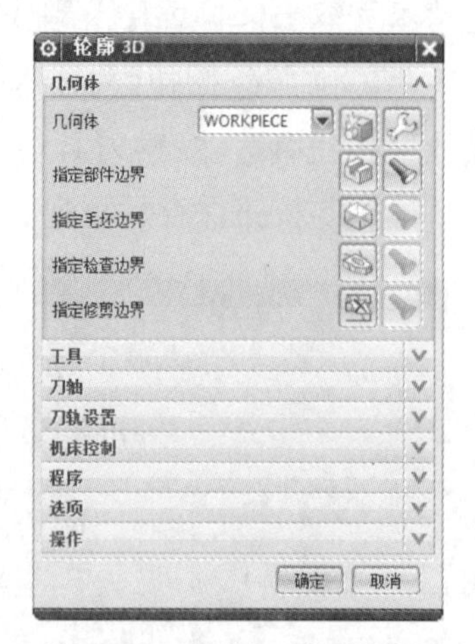

图 6-47 “轮廓 3D”对话框

2）单击“指定部件边界”按钮进入“边界几何体”对话框（图 6-14），“模式”选择为“面”，选择工件上表面和六变形上表面刀具位置为“相切”，单击“确定”按钮保存。

3）在“工具”选项中单击“刀具”下拉菜单，选用已经建立的“D8D”倒角。

4）在“刀轨设置”选项（图 6-48）中填写如图所示的参数，单击“非切削移动”按钮进入“非切削移动”对话框（图 6-49），“进刀”标签设置如图。

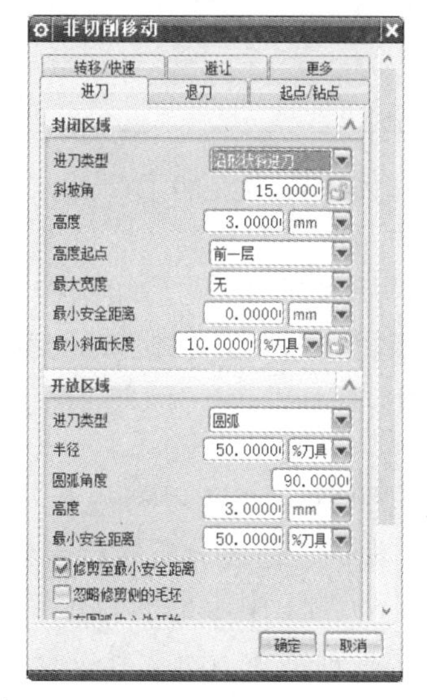

图 6-48　“刀轨设置”选项

图 6-49　“非切削移动”对话框

5）单击“进给率和速度”按钮进入“进给率和速度”对话框，设置主轴速度为4000r/min，切削速度为 1500mm/min，单击“确定”按钮保存。

6）选择“操作”选项，单击“生成”按钮，自动生成刀轨。

7）单击“确认”按钮进入“刀轨可视化”对话框（图 6-20），单击“3D 动态”中的“播放”按钮，观察刀具切削路径及剩余毛坯是否达到切削效果。检查没有问题后，单击“确定”按钮保存后重命名为“DJ”（倒角），如图 6-50 所示。

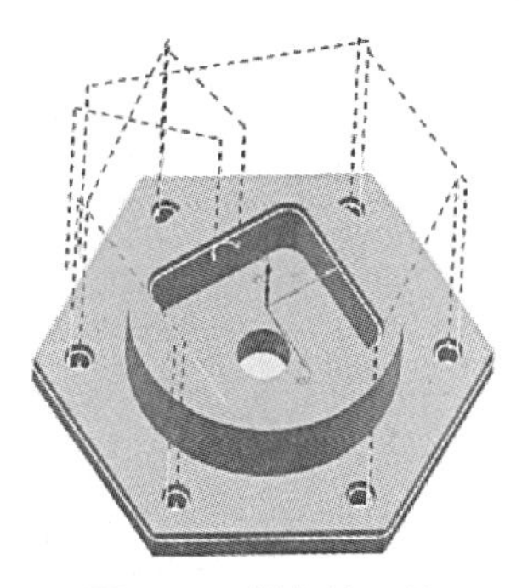

图 6-50　倒角的刀轨

6.2.2　工序 2

铣削底面的装夹毛坯余量，采用工序 1 中工步 1 的表面铣削程序。

第 6 章工艺视频

拓展阅读

复杂壳体零件为常加工产品，通过选取某一款零件，对其结构和加工工艺进行分析，查找零件质量问题的根源，经过工艺优化探索和验证，采用集成加工替代分工序加工，有效解决零件质量问题，为后续结构类似的零件的加工提供可行性方案。

资料来源：郑少应，刘依芸．复杂壳体零件加工工艺研究［J］．内燃机与配件，2021（3）：93-94.

合理规划加工工艺可有效提高加工质量和数控机床利用率。以某采煤机摇臂壳体C0N00301为例，通过分析摇臂壳体的结构特征及加工技术要求，确定了数控机床，设计了在KCR160加工中心上的定位装夹方案、数控加工工艺路线、加工刀具、切削参数以及不同加工特征的走刀轨线等。并在VERICUT数控加工仿真系统中进行了虚拟加工仿真验证，证明了设计的数控加工工艺能够满足零件的加工要求。

资料来源：魏娟，邵丁，刘毫，等．大型壳体零件的数控加工工艺分析及研究［J］．机床与液压，2017，45（20）：25-29.

为避免加工过程中刀具或角度头与壳体内壁发生碰撞干涉，提取壳体内壁上的特征曲线，修改后作为生成中间刀轨的封闭边界。通过创建中间后处理器，将中间刀轨转化为仅含有点坐标的文件，利用该文件构建曲线，并将曲线缠绕于壳体内壁上，最后采用可变轮廓铣中的曲线/点驱动方法，创建用于加工壳体内壁的刀轨。结果表明，此方法在加工壳体内壁时可以有效地减少抬刀，避免刀具或角度头与壳体内壁发生碰撞干涉。

资料来源：闫国琛，王义强，王晓军，等．NX后处理技术在圆柱壳体零件加工中的逆向应用［J］．兵器材料科学与工程，2019，42（1）：102-104.

第 7 章

盘盖类零件的数控加工工艺

【工作任务】

规划编制盘盖类零件的数控加工工艺。

【能力要求】

1）认识盘盖类零件、分析盘盖类零件图。
2）分析盘盖类零件上的加工内容和尺寸要求。
3）编制盘盖类零件的数控加工工艺过程。

7.1 盘盖类零件的加工工艺分析

7.1.1 加工工艺分析

1. 功用、结构特点

常见的盘盖类零件如法兰、端盖（衬盖、泵盖及油封盖）、齿轮、带轮、飞轮、轴承环等，如图 7-1 所示。它们主要有支承、导向、轴向定位或密封等作用，另有连接孔、定位孔的作用。盘盖类零件在工作中承受径向力和摩擦力。

a) 盘盖

b) 法兰

c) 端盖

d) 泵盖

图 7-1 常见的盘盖类零件

盘盖类零件的基本形状为扁平状结构，多为同轴回转体的外形和内孔，其轴向尺寸比其他两个方向的尺寸小，常见结构有肋、孔、槽、轮辐等。主要在车床上加工，有的表面则需在磨床上加工，所以按其形体特征和加工位置，选择主视图来表达，轴线水平放置。一般常用主视图、左视图两个视图来表达，主视图采用全剖视，左视图多用来表示其轴向外形和盘上孔、槽的分布情况。零件上其他细小结构常采用局部放大图和简化画法来表达。

盘盖类零件主要有两个方向的尺寸，即径向尺寸和轴向尺寸。径向尺寸往往以轴线或对称面为基准，轴向尺寸以经过机械加工并与其他零件表面相接触的较大端面为基准。盘盖类零件有配合关系的内、外表面以及起轴向定位作用的端面，其表面结构参数值较小；有配合关系的孔、轴的尺寸应给出恰当的尺寸公差；与其他零件表面相接触的表面，尤其是与运动零件相接触的表面应有平行度或垂直度的要求。

2. 技术要求

盘盖类零件的主要加工表面为外圆、端面和内孔，其技术要求除表面本身的尺寸精度、形状精度和表面粗糙度外，还可能有内、外圆之间的同轴度，断面和孔轴线的垂直度等位置精度要求。这类零件内孔的精度一般要求较高，内孔的表面粗糙度为 $Ra1.6\mu m$ 甚至更小，外圆的表面粗糙度一般比内孔低，表面粗糙度值比内孔大。

3. 材料和毛坯的选用

盘盖类零件的材料选用钢材、铸铁、铸钢、铝或非金属材料，毛坯选用圆钢、铸件或锻件。带轮、飞轮、手轮等受力不大或以承压为主的零件，一般选用铸铁材料，通过铸造成形；在单件生产时，也可用低碳钢焊接成形。法兰、套环、垫圈等零件毛坯，根据受力情况及形状、尺寸等不同，可通过铸造成形、锻造成形或直接用圆钢获得。模具毛坯一般选用合金钢，通过锻造成形。

7.1.2 任务规划

盘盖类零件中最典型的是法兰，法兰又叫法兰凸缘盘或突缘。法兰是轴与轴之间相互连接的零件，用于管路之间的连接；也有用在设备进出口上的法兰，用于两个设备之间的连接，如减速机法兰。法兰连接或法兰接头就是把两个管道、管件或器材，先各自固定在一个法兰上，两个法兰之间加上法兰垫，用螺栓紧固在一起就完成了连接。有的管件和器材自带法兰盘，也属于法兰连接。

如图 7-2 所示，以上轴承座法兰为例说明盘盖类零件的数控加工工艺。

上轴承座法兰在传动机构中应用十分普遍，它可以有效降低箱体尺寸和加工难度，简化箱体结构，又方便于组装和轴向位置调整，锥齿轮轴系结构和动力传递惰轮轴系结构大多采用该法兰。

1. 图样分析

图 7-2 中 $\phi80$mm 的孔对基准 A（$\phi105\text{mm}\ ^{+0.06}_{0}$ 外圆）的同轴度要求为 0.03mm，加工精度为 $^{+0.046}_{0}$ mm，侧壁表面粗糙度为 $Ra1.6\mu m$，底部表面粗糙度为 $Ra3.2\mu m$。法兰连接面对基准 A 的垂直度要求为 0.04mm。零件其他尺寸均为一般线性公差，表面粗糙度为 $Ra6.3\mu m$。

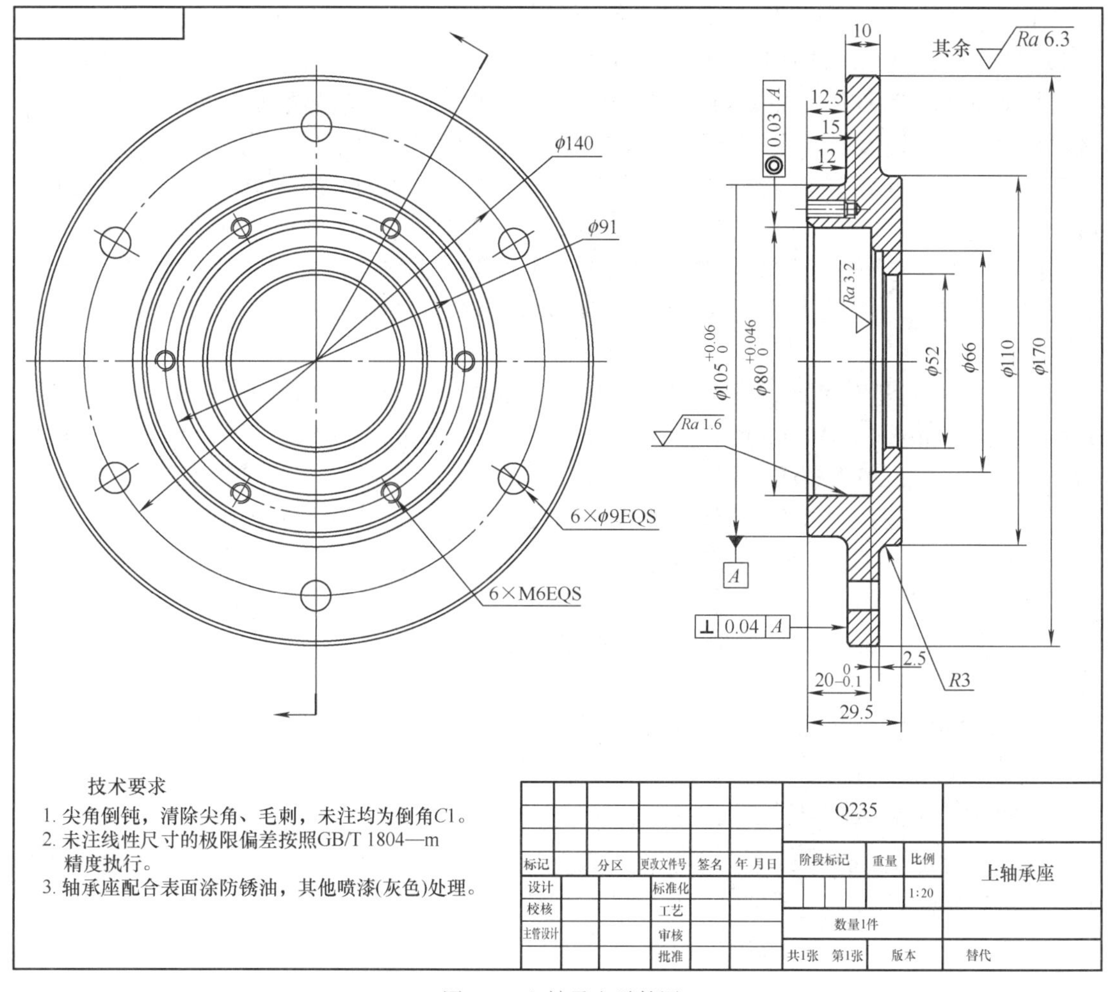

图 7-2　上轴承座零件图

图中零件主要元素是平面、孔、圆形外轮廓，结合几何公差要求，车削明显满足加工需求，且相比铣削能够有效节省加工时间。为保证其他 6 个 M6 螺纹孔和 ϕ9mm 通孔的位置要求，可以在加工中心上一次加工完成。

零件材料为 Q235，该钢材具有良好的加工性能。图中技术要求局部涂防锈油、喷漆等不影响正常加工。

2. 毛坯的选择

零件图中最大尺寸为 ϕ170mm 的外圆，整体厚度为 29.5mm，结合装夹尺寸和加工预留量，根据国标棒料尺寸标准规定，可选择 ϕ180mm 的实心棒料，下料厚度为 33mm。

3. 设计加工工艺路线

1）建立工件加工坐标系：根据基准统一的原则，装夹完成后主轴中心设定为 X 平面上工件原点 X_0，结合上表面粗糙度要求及毛坯下料表面平整误差，需首先在前表面进行平整，车削至整个表面光洁，然后设定此面为 Z 轴原点 Z_0。

2）零件的加工方法和加工顺序。

① 车削工件前表面至整个表面光洁，然后设定此面为 Z_0。如果零件加工量较大时，可制作定位工装并编入程序进行加工；如果零件加工量为单件小批量，手动完成即可。

② 首先钻出毛坯中心需要镗削 ϕ50mm 的孔，可以防止钻屑擦伤加工面。镗削加工时必须预先钻出过镗刀的过孔，否则无法进刀，会造成撞机事故。预钻孔必须大于镗刀最小加工直径，越接近最小孔的加工尺寸越好，可以节约加工时间，减少镗刀磨损，提高加工效益。一般大于 ϕ30mm 的孔，钻头的横刃较大，轴向力越大，要求的进给力也越大，排屑越困难，散热越不好，因此需分两次钻削，不过第一次钻削钻头的直径不能太大，只需要大过二次钻削钻头横刃的厚度即可。直径太大会在二次钻削中，钻头钻出时出现“扎刀”现象。

③ 车削左端基准尺寸，镗削轴承内孔等。根据“车削基准面先行”和“先粗后精”原则，先粗车重要尺寸 ϕ105mm，装配端面，粗镗 ϕ80mm、ϕ66mm、ϕ52mm 内孔，然后精车、精镗，保证加工精度及表面粗糙度要求。

④ 左端车削完成尺寸至 23mm，超过原尺寸 0.5mm，防止出现接刀痕。

⑤ 翻转工件，粗车、精车右端面。

⑥ 零件车削完成，转至加工中心加工，定心钻定出 M6 螺纹孔和 ϕ9mm 通孔的圆心。

⑦ 钻削 ϕ9mm 通孔。此处编程时应注意，为防止钻孔时钻伤卡爪，应将孔与卡爪错开 30°。

⑧ 钻削 M6 螺纹孔底孔 ϕ5.2mm，攻 M6 螺纹。

⑨ 手工倒角 ϕ9mm 通孔。

4. 确定工装夹具、刀具及装夹方案

通过零件加工方法可以看出步骤①～⑧全部为车削和钻削，且刀具使用量不多，选择数控车床和加工中心能够满足以上步骤的全部需求。由于需要装夹已加工面，需要一个自定心卡盘和一套带软爪的卡盘爪作为装夹工具。

车床装夹原点的设定卡片见表 7-1。

表 7-1　车床装夹原点的设定卡片

零件图号		数控加工工件安装及原点的设定卡片	工序号	1、2
零件名称	上轴承座		装夹次数	2

车床加工装夹示意图

编制（日期）		批准（日期）	第　页			
审核（日期）			共　页	序号	夹具名称	夹具图号

加工中心装夹原点的设定卡片见表 7-2。

表 7-2　加工中心装夹原点的设定卡片

零件图号		数控加工工件安装及原点的设定卡片	工序号	3
零件名称	上轴承座		装夹次数	1

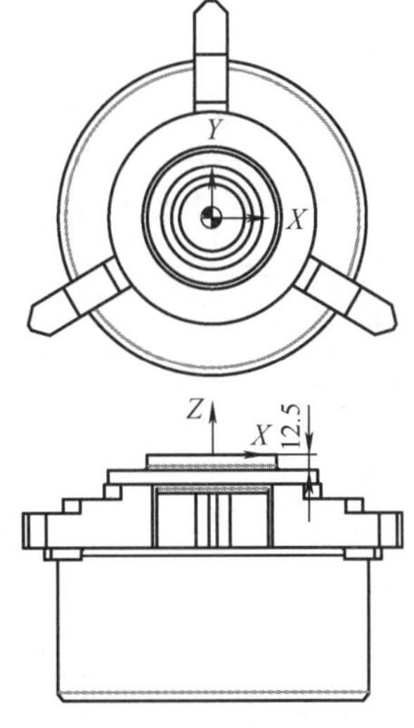

加工中心加工装夹示意图

编制（日期）		批准（日期）	第　页			
审核（日期）			共　页	序号	夹具名称	夹具图号

刀具卡片见表 7-3。

表 7-3　刀具卡片

产品名称或代号				零件名称	上轴承座　零件图号	
序号	刀具号	刀具补偿号	刀具规格	数量	加工工步	备注
1	T1	1	外圆粗车刀	1	粗车前端面 粗车毛坯外圆	MWLNR2525M08 刀杆 WNMG080408 刀片
2	T2	2	粗镗刀	1	粗镗内孔	S25R-MWLNR08 刀杆 WNMG080408 刀片
3	T3	3	外圆精车刀	1	精车前端面 精车毛坯外圆	MWLNR2525M08 刀杆 WNMG080404 刀片
4	T4	4	精镗刀	1	精镗内孔	S25R-MWLNR08 刀杆 WNMG080404 刀片
5			ϕ6mm 定心钻	1	钻中心孔	尖角 ×60°
6			ϕ16mm 锥柄 HSS 麻花钻	1	预钻 ϕ50mm 的中心孔	
7			ϕ50mm 锥柄 HSS 麻花钻	1	钻 ϕ50mm 的中心孔	

（续）

产品名称或代号				零件名称	上轴承座	零件图号
序号	刀具号	刀具补偿号	刀具规格	数量	加工工步	备注
8	T1	1	ϕ10mm 定心钻	1	定心和倒角 M6 螺纹孔和 ϕ9mm 的孔	尖角 90°
9	T2	2	ϕ9mm 直柄 HSS 麻花钻	1	钻 ϕ9mm 的孔	
10	T3	3	ϕ5.2mm 直柄 HSS 麻花钻	1	钻 M6 螺纹孔的底孔	
11	T4	4	M6mm 机用丝锥	1	攻 M6 内螺纹	
12			20×9° 倒角钻	1	手工倒角 ϕ9mm 的孔	
编制			审核		批准	共　页　第　页

5. 确定加工工序、刀具切削参数及工序余量，填写工艺卡片

上轴承座加工工序卡片见表 7-4 ～表 7-7。

表 7-4　上轴承座加工工序 1 卡片

上轴承座加工工序 1 卡片								
单位名称				零件材料		Q235		
零件名称	上轴承座			零件图号				
工序号	工序名称	夹具名称		使用设备		备注		
1	车削零件左侧	自定心卡盘		沈机 BRIO TURNER 5				
工步号	工步内容	刀具号	刀具规格	主轴转速 S/（r/min）	进给速度 F/（mm/r）	背吃刀量 a_p/mm	加工余量 / mm	备注
1	预钻中心孔		ϕ6mm 定心钻	1000		—	—	手动使用尾座
2	预钻中心孔		ϕ16mm 锥柄麻花钻	500		—	—	手动使用尾座
3	钻 ϕ50mm 的 中心孔		ϕ50mm 锥柄麻花钻	25		—	—	手动使用尾座
4	粗车端面	T1	外圆粗车刀	800	0.25	1	0.1	
5	粗车外圆	T1	外圆粗车刀	700	0.2	1.5	0.2	
6	粗镗内孔	T2	粗镗刀	1000	0.2	1	0.1	
7	精车端面 / 外圆	T3	外圆精车刀	1000	0.1	0.1/0.2	0	
8	精镗内孔	T4	精镗刀	1200	0.06	0.1	0	
编制	审核		批准		年　月　日			第 1 页 共 4 页

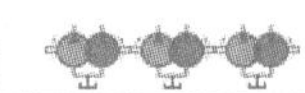

表 7-5　上轴承座加工工序 2 卡片

上轴承座加工工序 2 卡片								
单位名称				零件材料		Q235		
零件名称	上轴承座			零件图号				
工序号	工序名称	夹具名称		使用设备		备注		
2	车削零件右侧	带软爪的自定心卡盘		沈机 BRIO TURNER 5				
工步号	工步内容	刀具号	刀具规格	主轴转速 S/（r/min）	进给速度 F/（mm/r）	背吃刀量 a_p/mm	加工余量 /mm	备注
1	粗车端面 / 外圆	T1	外圆粗车刀	800	0.2	1	0.1	
2	精车端面 / 外圆	T3	外圆精车刀	1000	0.1	0.1	0	
3								
4								
5								
编制		审核		批准		年　月　日		第 2 页 共 4 页

表 7-6　上轴承座加工工序 3 卡片

上轴承座加工工序 3 卡片							
单位名称				零件材料		Q235	
零件名称	上轴承座			零件图号			
工序号	工序名称	夹具名称		使用设备		备注	
3	钻孔、攻螺纹	带软爪的自定心卡盘		马扎克 530CL 加工中心		铣削刀柄均为 BT40ER32	
工步号	工步内容	刀具号	刀具规格	主轴转速 S/（r/min）	进给速度 F/（mm/min）	背吃刀量 a_p/mm	备注
1	定心 ϕ9mm 的孔	T1	ϕ10mm 定心钻	2000	200	3.5	
2	定心 M6 螺纹孔	T1	ϕ10mm 定心钻	2000	200	5	
3	钻 ϕ9mm 的孔	T2	ϕ9mm 直柄 HSS 麻花钻	950	100	12	
4	钻 M6 螺纹孔的底孔	T3	ϕ5.2mm 直柄 HSS 麻花钻	1500	80	15.5	
5	攻 M6 内螺纹	T4	M6 机用丝锥	100	100	14	
编制		审核		批准		年　月　日	第 3 页 共 4 页

表 7-7　上轴承座加工工序 4 卡片

上轴承座加工工序 4 卡片							
单位名称				零件材料		Q235	
零件名称	上轴承座			零件图号			
工序号	工序名称	夹具名称		使用设备		备注	
4	倒角反面 ϕ9mm 通孔	带软爪的自定心卡盘		台钻			
工步号	工步内容	刀具号	刀具规格	主轴转速 S/（r/min）	进给速度 F/（mm/min）	背吃刀量 a_p/mm	备注
1	手工倒角 ϕ9mm 的孔		20×9° 倒角钻	2000		5	
编制	审核		批准		年　月　日	第 4 页 共 4 页	

6. 零件数控加工走刀轨线的确定

加工中心表面铣削的走刀轨线见表 7-8。

表 7-8　加工中心表面铣削的走刀轨线

数控加工走刀轨线图		零件图号		工序号	1	工步号	5	程序号	
使用设备	马扎克 530CL 加工中心	零件名称	壳体实训件	加工内容	6×ϕ6.5mm 通孔的加工	共　页　第　页			

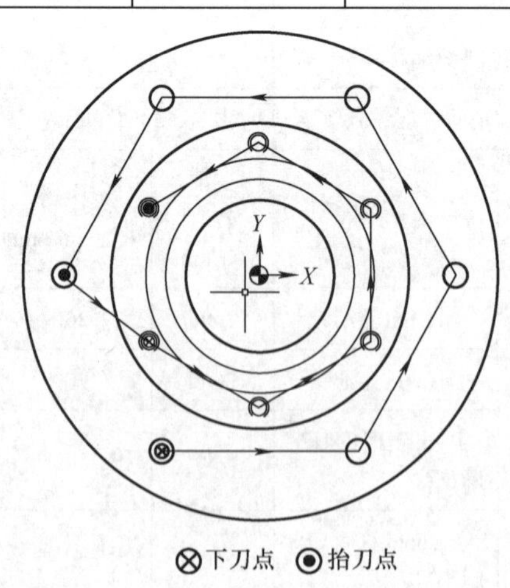

7. 数控编程任务书的编写

数控编程任务书见表 7-9。

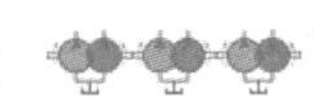

表 7-9　数控编程任务书

单位	数控编程任务书	产品零件图号		任务书编号
		零件名称	上轴承座	
		使用设备	马扎克 530CL 加工中心	共　页　第　页

主要工序说明及技术要求：
按照工件安装及原点的设定卡片测定工件原点
1. 主要工序按照加工走刀轨线图进行编程
2. 车床安全退刀距离为工件坐标系 X=150，Z=200
3. 加工中心安全平面设定为上表面 50mm 处
4. 各工序加工在保证安全的前提下，尽量减少退刀距离、换刀次数

	编程收到日期	月　日	经手人	

编制		审核		编程		审核		批准		

7.2　加工工艺 CAM 操作

7.2.1　工序 1

1. 基本设置

（1）导入零件并进入加工界面　打开零件模型 ZCZ.PAT，单击“开始”按钮，选择“加工”命令（图 7-3）进入“加工环境”对话框，“CAM 会话配置”为“lathe”，“要创建的 CAM 设置”为“turning”（图 7-4）。在“工序导航器 – 程序顺序”的空白处右击并选择“几何视图”命令（图 7-5）。

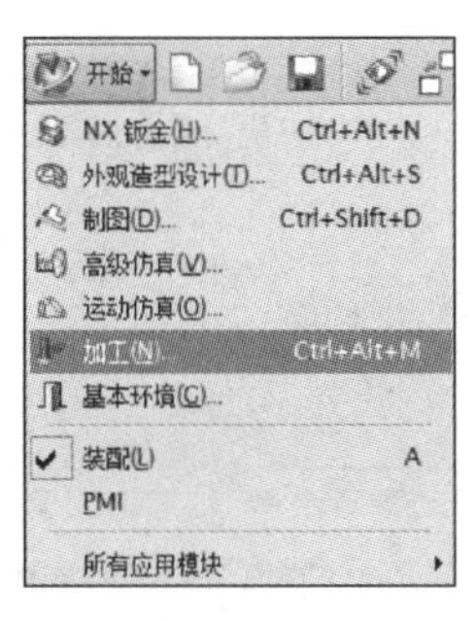

图 7-3　“加工”命令

图 7-4　“加工环境”对话框

图 7-5　“几何视图”命令

（2）设置加工坐标系和工作组。

1）双击“加工坐标系”按钮 MCS_MILL 进入“加工坐标系”对话框（图 7-6），

对“加工坐标”和“车床工作平面”进行设置，把MCS机床坐标设置在工件的左端面，与实际机床加工时一致（图7-7），把“车床工作平面”设定为“ZM–XM”，单击“确定”按钮保存设置。

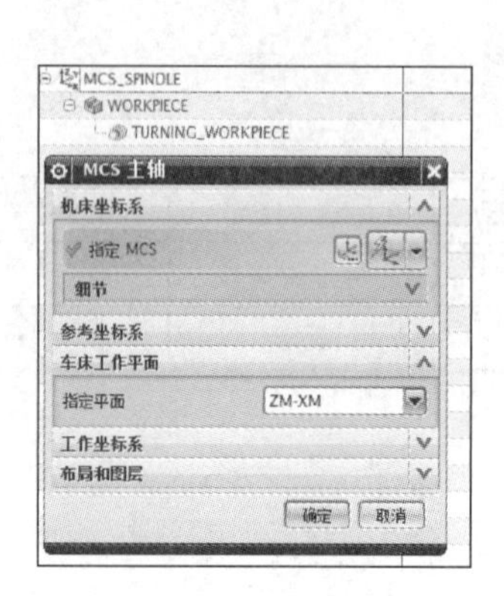

图7-6 “加工坐标系”对话框

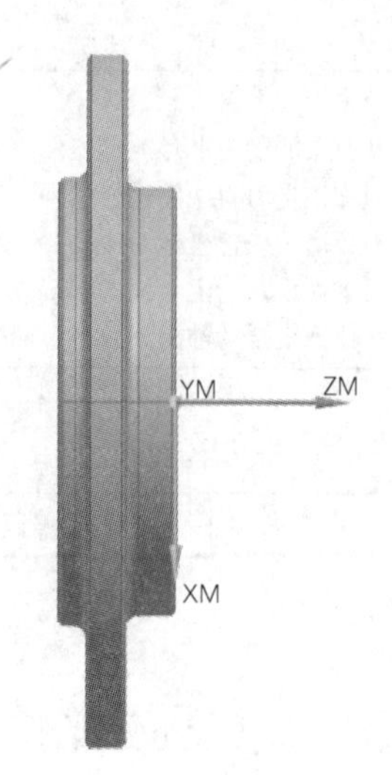

图7-7 左端加工坐标原点位置

2）双击“WORKPIECE”进入“工件”对话框（图7-8），单击“指定部件”按钮进入“部件几何体”对话框（图7-9），单击零件模型，单击“确定”按钮后自动回到“工件”对话框。单击“指定毛坯”按钮进入“毛坯几何体”对话框（图7-10），并进行如图设置，单击“确定”按钮后自动回到“工件”对话框，继续单击“确定”按钮保存。

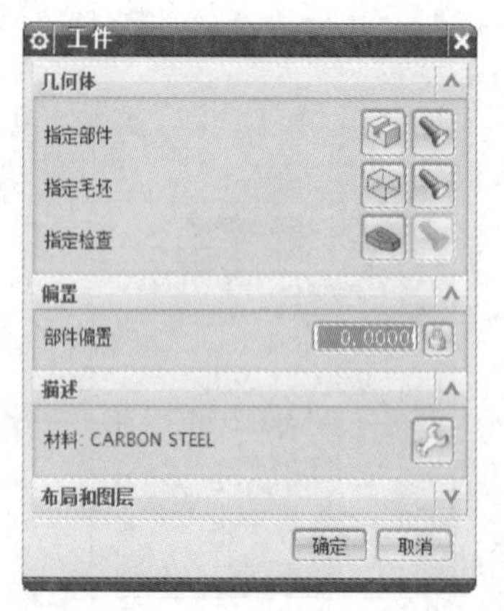

图7-8 “工件”对话框

图7-9 “部件几何体”对话框

图7-10 “毛坯几何体”对话框

3）双击车削工作组“TURNING–WORKPIECE”进入“车削工件”对话框（图7-11），“部件旋转轮廓”默认为“自动”，“毛坯旋转轮廓”默认为“自动”，单击“指定毛坯边界”按钮进入“选择毛坯”对话框（图 7-12）进行如图设置，单击“选择”按钮，进入“点”对话框（图 7-13）进行如图设置（注：此处设置结合实际毛坯的值，去掉 0.5mm 的端面切削量），单击“确定”按钮保存所有设置，右击工作组重命名为“ZD”（左端）。

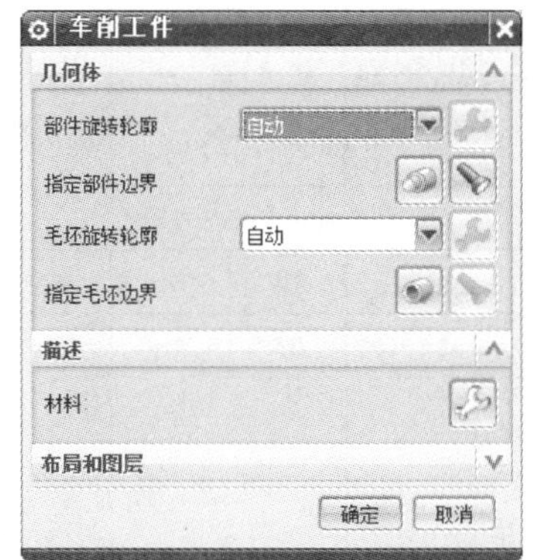

图 7-11　“车削工件”对话框

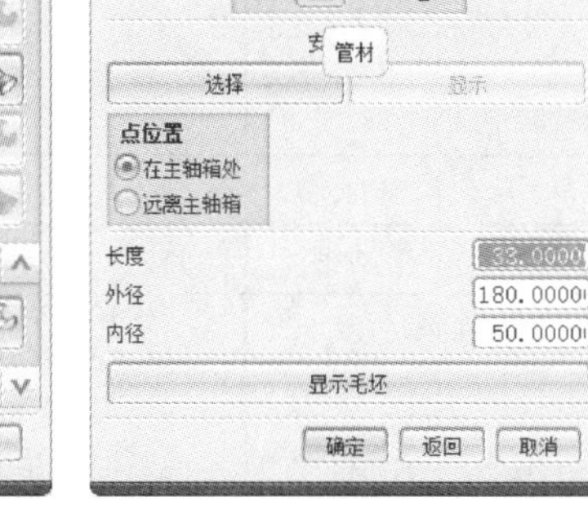

图 7-12　“选择毛坯”对话框

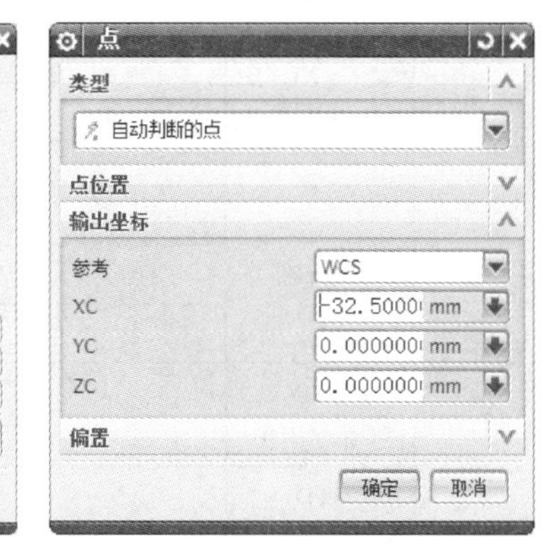

图 7-13　“点”对话框

（3）创建车削加工刀具　右击车削工作组“ZD”，选择“插入”→“刀具”，进入“创建刀具”对话框（图 7-14），“类型”选择“turning”，“刀具子类型”根据实际选择标准车刀和镗刀，单击“确定”按钮后进入“车刀 – 标准”对话框（图 7-15）并填写相应的参数（表 7-10）。

图 7-14　“创建刀具”对话框

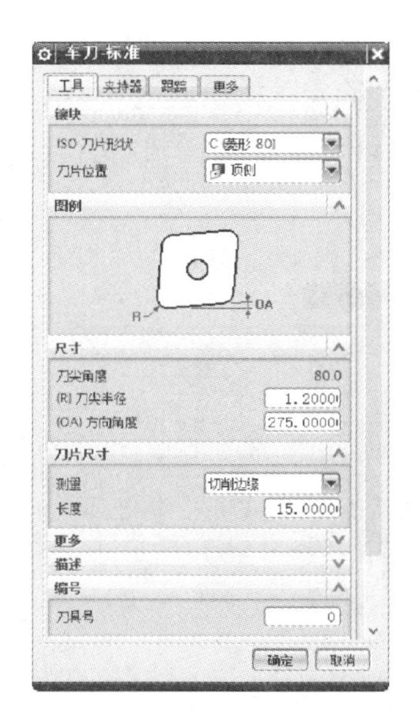

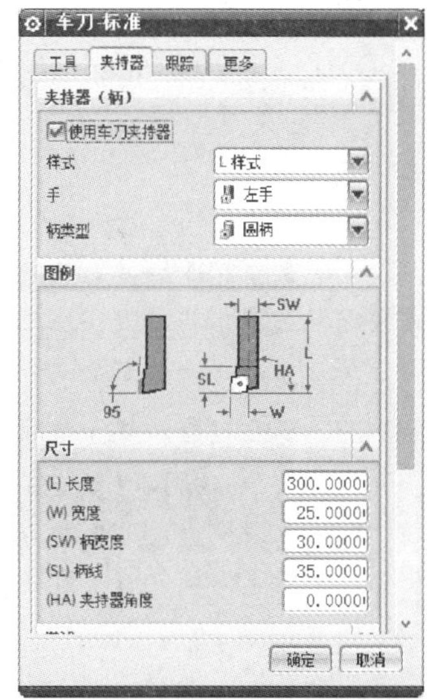

图 7-15　“车刀 – 标准”对话框

表 7-10　数控车床刀具参数

刀具子类型	名称	工具							
		镶块		尺寸 /mm		刀片尺寸			刀具号
		ISO 刀片形状	刀片位置	R	OA	测量	长度 /mm		
OD_80_L	CCD（粗车刀）	W	顶侧	0.8	5	切削边缘	8.5		1
	JCD（精车刀）	W	顶侧	0.4	5	切削边缘	8.5		3
	夹持器	夹持器 / 柄			尺寸 /mm				
		样式	手	柄类型	L	W	SW	SL	HA
		L	左手	方柄	150	32	25	28	90
ID_80_L	CTD（粗镗刀）	T	顶侧	0.8	285	切削边缘	8		2
	JTD（精镗刀）	T	顶侧	0.4	285	切削边缘	8		4
	夹持器	夹持器 / 柄			尺寸 /mm				
		样式	手	柄类型	L	W	SW	SL	HA
		I	左手	圆柄	200	22.5	25	35	0

2. 工步

（1）工步 1——车削左端面操作

1）右击车削工作组“ZD”，选择“插入”→“工序”，进入“创建工序”对话框，“类型”选择“turning”，“工序子类型”选择“面加工”按钮（图 7-16），名称为“CDMZ”（车端面左），单击“确定”按钮后进入“面加工”对话框（图 7-17）。

图 7-16　“创建工序”对话框

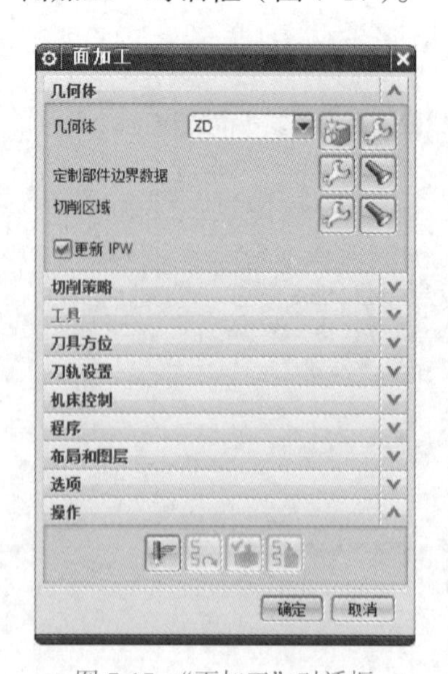

图 7-17　“面加工”对话框

2）在“几何体”选项中单击“切削区域”的“编辑”按钮进入“切削区域”对话框（图 7-18），在“轴向修剪平面 1”选项中“限制选项”下拉列表框中选择“点”，单击几何加工坐标原点，设置切削位置（图 7-19）。

图 7-18　“切削区域”对话框

图 7-19　轴向加工修剪位置选择

3）在“切削策略”选项中单击“策略”下拉菜单中的“单向线性切削”。

4）在“工具”选项中单击“刀具”下拉菜单中的“CCD”。

5）在“刀轨设置”选项中进行如图 7-20 所示的参数设置，单击“切削参数”按钮进入“切削参数”对话框，把“余量”标签中的“粗加工余量”中“面”设置为“0.1”（图 7-21）。

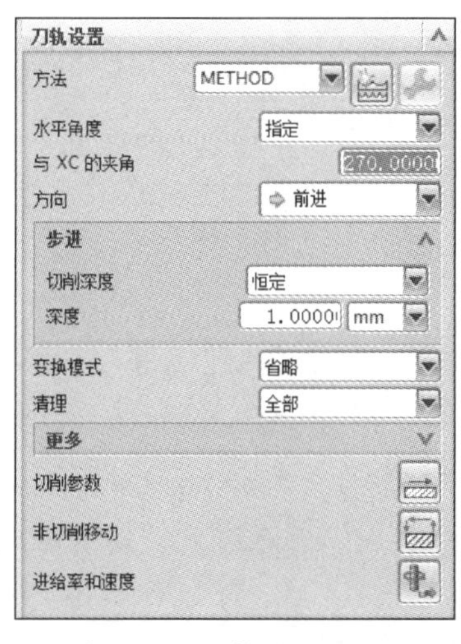

图 7-20　“刀轨设置”选项

图 7-21　“切削参数”对话框

6）单击“非切削移动”按钮进入“非切削移动”对话框（图 7-22），把“逼近”选项卡中的“出发点”进行如图 7-22 所示的设置。在“点”对话框（图 7-23）中“输出坐标”选项中“参考”选择“WCS”，“XC”为“200mm”，“YC”为“95mm”，“ZC”为“0mm”。

图 7-22 “非切削移动”对话框

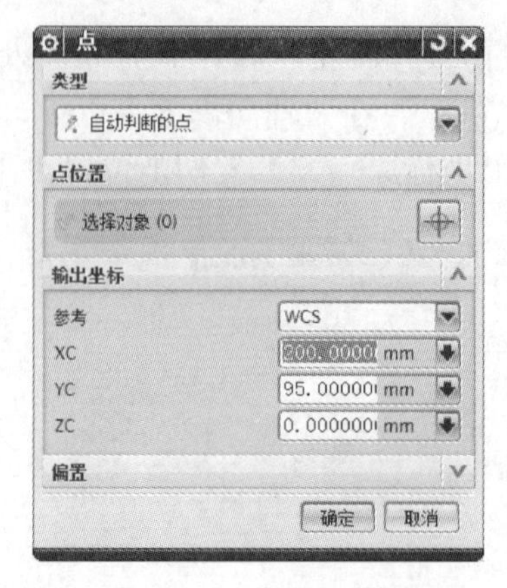

图 7-23 “点”对话框

7）单击“进给率和速度”按钮进入“进给率和速度”对话框（图 7-24），“主轴速度”选项中“输出模式”为“RPM”，“主轴速度”为“800”，“进给率”选项中模式为“mmpr”，进给率为“0.25”。

图 7-24 “进给率和速度”对话框

8）在“操作”选项中，单击“生成”按钮，自动生成刀轨。

（2）工步 2——车削左端外圆操作

1）右击工序“CDMZ”，选择“插入”→“工序”，进入“创建工序”对话框，“类型”选择“turning”，“工序子类型”选择“外侧粗车”按钮（图 7-16），“名称”为“CWYZ”（车外圆左），单击“确定”按钮后进入“外侧粗车”对话框（图 7-25）。

2）在“几何体”选项中单击“切削区域”的“编辑”按钮进入“切削区域”对话框（图 7-26），按照图示设置参数。

3）在“切削策略”选项中单击“策略”下拉菜单中的“单向线性切削”。

4）在“工具”选项中单击“刀具”下拉菜单中的“CCD”。

5）在“刀轨设置”选项中进行如图参数设置（图 7-27），单击“切削参数”按钮进入“切削参数”对话框（图 7-21），把“余量”标签中的“粗加工余量”中“面”设置为“0.2”。

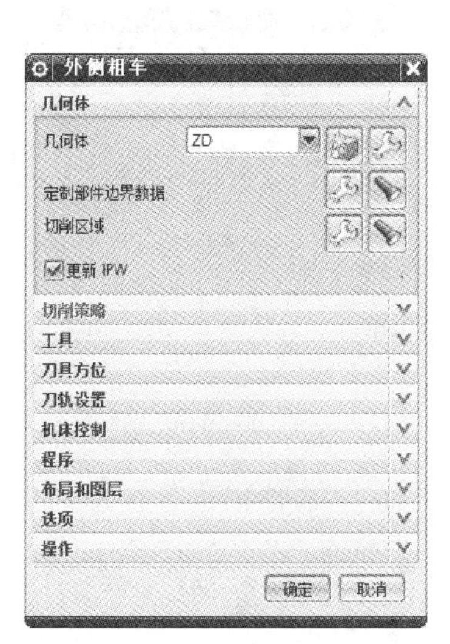

图 7-25　“外侧粗车”对话框

图 7-26　“切削区域”对话框

6）单击“非切削移动”按钮进入“非切削移动”对话框（图 7-22），把“逼近”选项卡中的“出发点”进行如图设置，“点”对话框（图 7-23）中“输出坐标”选项中“参考”选择“WCS”，“XC”为“150mm”，“YC”为“95mm”，“ZC”为“0mm”。

7）单击“进给率和速度”按钮进入“进给率和速度”对话框（图 7-24），“主轴速度”选项中“输出模式”为“RPM”，“主轴速度”为“700”，“进给率”选项中模式为“mmpr”，进给率为“0.2”。

8）在“操作”选项中，单击“生成”按钮，自动生成刀轨。

9）单击“确认”按钮进入“刀轨可视化”对话框（图 7-28），单击“3D 动态”标签中的“播放”按钮，“动画速度”为“1”，观察刀具切削路径及剩余毛坯是否达到切削效果。

（3）工步 3——粗镗内孔操作

1）右击工序“CWYZ”，选择“插入”→“工序”，进入“创建工序”对话框（图 7-16），“类型”选择“turning”，“工序子类型”选择“内侧粗镗”按钮，“名称”为“CTK”（粗镗孔），单击“确定”按钮后进入“内侧粗镗”对话框（图 7-29）。

2）在“几何体”选项中单击“切削区域”的“编辑”按钮进入“切削区域”对话框（图 7-30），按照图示设置参数。

3）在“切削策略”选项中单击“策略”下拉菜单中的“单向线性切削”。

4）在“工具”选项中单击“刀具”下拉菜单中的“CTD”。

5）在“刀轨设置”选项中进行如图参数设置（图 7-20），“步进”选项中“深度”为“1mm”，单击“切削参数”按钮进入“切削参数”对话框（图 7-21），把“余量”标签中的“粗加工余量”中“面”设置为“0.15”。

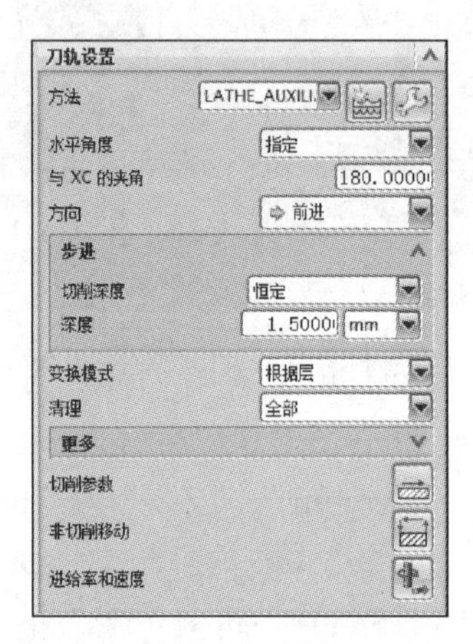

图 7-27 “刀轨设置”选项

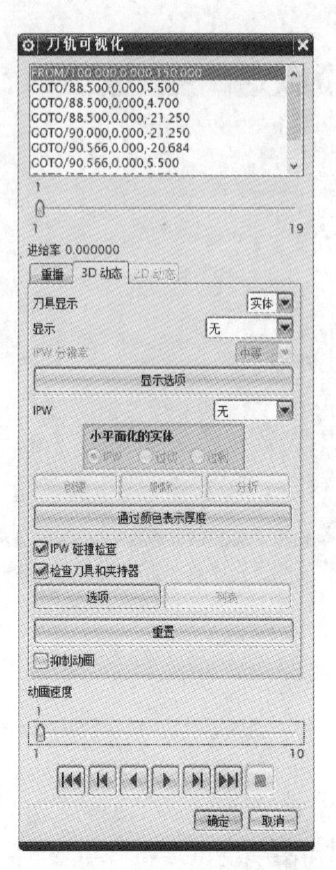

图 7-28 “刀轨可视化”对话框

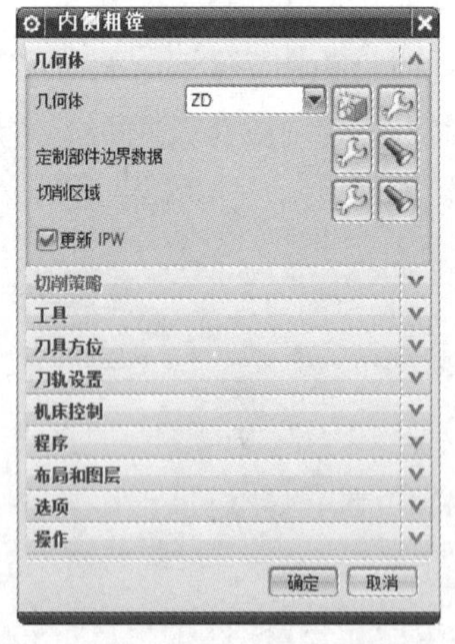

图 7-29 “内侧粗镗”对话框

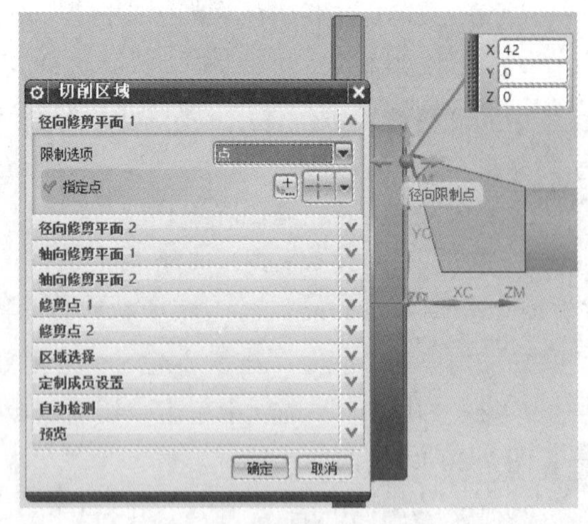

图 7-30 “切削区域”对话框

6）单击“非切削移动”按钮进入“非切削移动”对话框（图 7-22），把“逼近”选项卡中的“出发点”设置为 XC“200mm”，YC“22mm”，“点”对话框（图 7-23）中“输出坐标”选项中“参考”选择“WCS”，“XC”为“200mm”，“YC”为“25mm”，“ZC”为“0mm”。

7）单击“进给率和速度”按钮进入“进给率和速度”对话框（图 7-24），“主轴速度”选项中“输出模式”为“RPM”，“主轴速度”为“1000”，“进给率”选项中模式为“mmpr”，进给率为“0.2”。

8）在“操作”选项中，单击“生成”按钮，自动生成刀轨。

9）单击“确认”按钮进入“刀轨可视化”对话框（图 7-28），单击“3D 动态”标签中的“播放”按钮，“动画速度”为“1”，观察刀具切削路径及剩余毛坯是否达到切削效果。

（4）工步 4——精车端面、外圆操作

1）右击工序“CTK”，选择“插入”→“工序”，进入“创建工序”对话框（图 7-16），“类型”选择“turning”，“工序子类型”选择“外侧精车”按钮，“名称”为“JWYZ”（精外圆左），单击“确定”按钮后进入“外侧精车”对话框（图 7-31）。

2）在“几何体”选项中单击“切削区域”的“编辑”按钮进入“切削区域”对话框（图 7-32），按照图示设置参数。

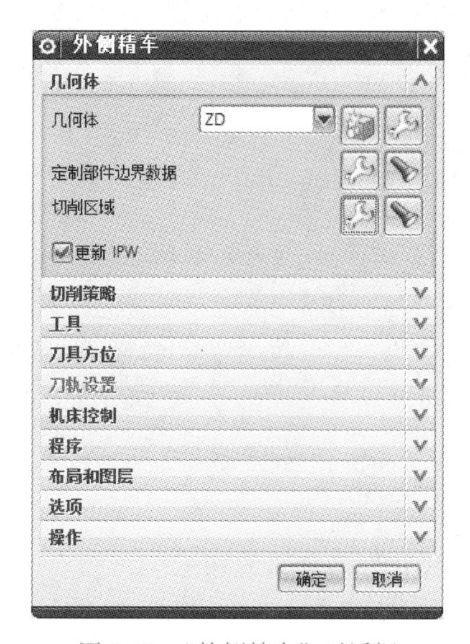

图 7-31　“外侧精车”对话框

图 7-32　“切削区域”对话框

3）在“切削策略”选项中单击“策略”下拉菜单中的“全部精加工”。

4）在“工具”选项中单击“刀具”下拉菜单中的“JCD”。

5）在“刀轨设置”选项中进行如图参数设置（图 7-27），把“步进”选项全部设置为默认值。

6）单击“非切削移动”按钮进入“非切削移动”对话框（图 7-22），把“逼近”选项卡中的“出发点”进行如图设置，“点”对话框（图 7-23）中“输出坐标”选项中“参考”选择“WCS”，“XC”为“200mm”，“YC”为“95mm”，“ZC”为“0mm”。

7）单击“进给率和速度”按钮进入“进给率和速度”对话框（图 7-24），“主轴速度”选项中“输出模式”为“RPM”，“主轴速度”为“1000”，“进给率”选项中模式为

“mmpr”，进给率为“0.1”。

8）在“操作”选项中，单击“生成”按钮，自动生成刀轨。

9）单击“确认”按钮，进入“刀轨可视化”对话框（图 7-28），单击“3D 动态”标签中的“播放”按钮，“动画速度”为“1”，观察刀具切削路径及剩余毛坯是否达到切削效果。

（5）工步 5——精镗内孔操作

1）右击工序“JWYZ”，选择“插入”→“工序”，进入“创建工序”对话框（图 7-16），“类型”选择“turning”，“工序子类型”选择“内侧精镗”按钮，“名称”为“JTK”（精镗孔），单击“确定”按钮后进入“内侧精镗”对话框（图 7-33）。

2）在“几何体”选项中单击“切削区域”的“编辑”按钮进入“切削区域”对话框（图 7-34），按照图示设置参数。

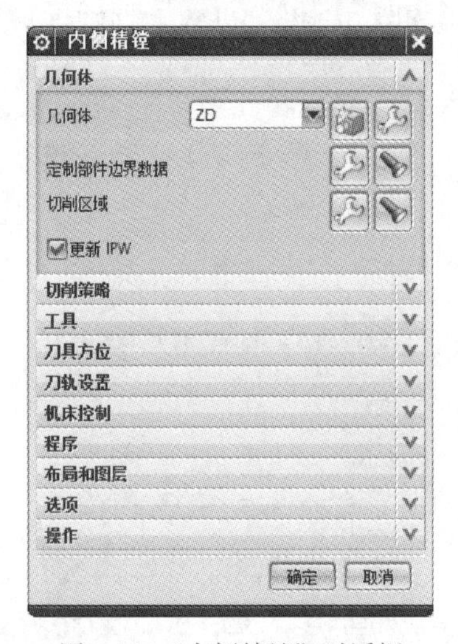

图 7-33 “内侧精镗”对话框

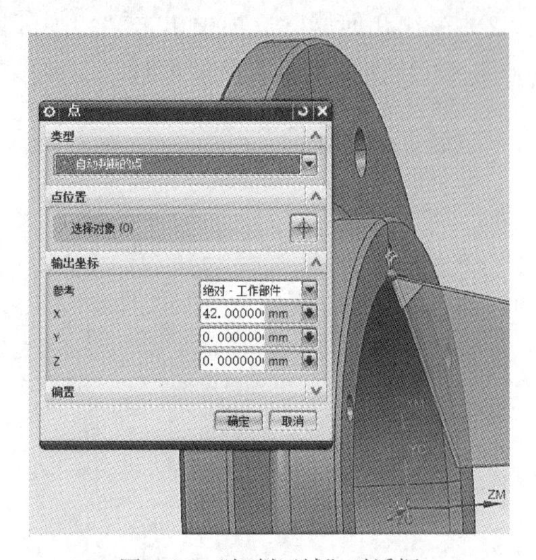

图 7-34 “切削区域”对话框

3）在“切削策略”选项中单击“策略”下拉菜单中的“全部精加工”。

4）在“工具”选项中单击“刀具”下拉菜单中的“JTD”。

5）在“刀轨设置”选项中进行如图参数设置（图 7-27），把“步进”选项全部设置为默认值。

6）单击“非切削移动”按钮进入“非切削移动”对话框（图 7-22），把“逼近”选项卡中的“出发点”设置为 XC200mm，YC38mm，“点”对话框（图 7-23）中“输出坐标”选项中“参考”选择“WCS”，“XC”为“200mm”，“YC”为“24mm”，“ZC”为“0mm”。

7）单击“进给率和速度”按钮进入“进给率和速度”对话框（图 7-24），“主轴速度”选项中“输出模式”为“RPM”，“主轴速度”为“1200”，“进给率”选项中模式为“mmpr”，进给率为“0.06”。

8）在“操作”选项中，单击“生成”按钮，自动生成刀轨。

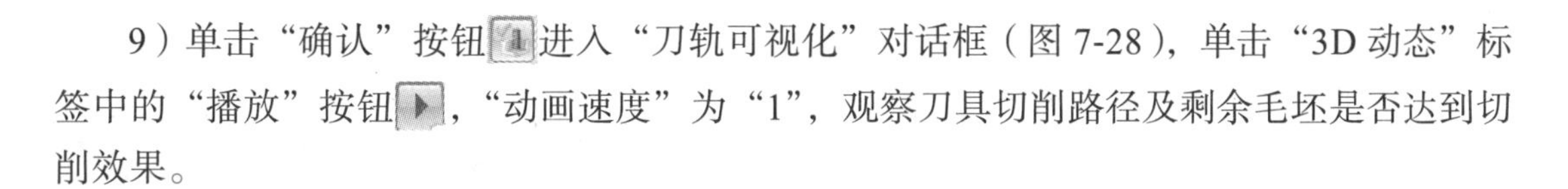

9）单击“确认”按钮进入“刀轨可视化”对话框（图 7-28），单击“3D 动态”标签中的“播放”按钮，“动画速度”为“1”，观察刀具切削路径及剩余毛坯是否达到切削效果。

7.2.2　工序 2

1. 基本设置——新建右端加工坐标系

1）在“GEOMETRY”上右击，选择“插入”→“几何体”（图 7-35），进入“创建几何体”对话框（图 7-36），“类型”选择“turning”，“几何体子类型”选择“坐标系”按钮，单击“确定”按钮保存，进入“加工坐标系”对话框（图 7-6），对“加工坐标”和“车床工作平面”进行设置，通过“偏置 CSYS”坐标系把 MCS 机床坐标设置在工件的右端面，与实际机床加工时一致（图 7-37），把“车床工作平面”设定为“ZM–XM”，单击“确定”按钮保存设置。

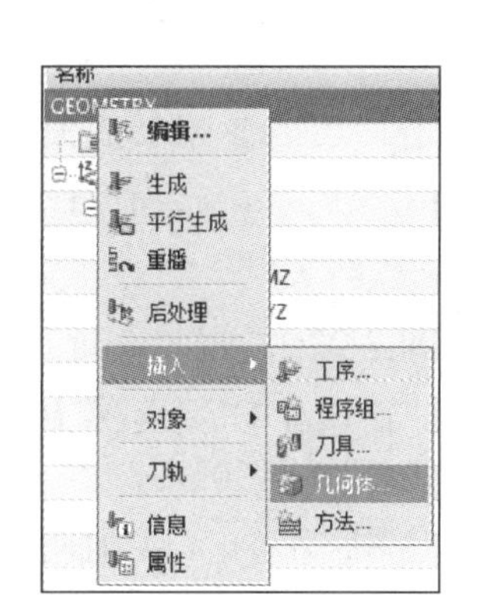

图 7-35　新建坐标系

图 7-36　“创建几何体”对话框

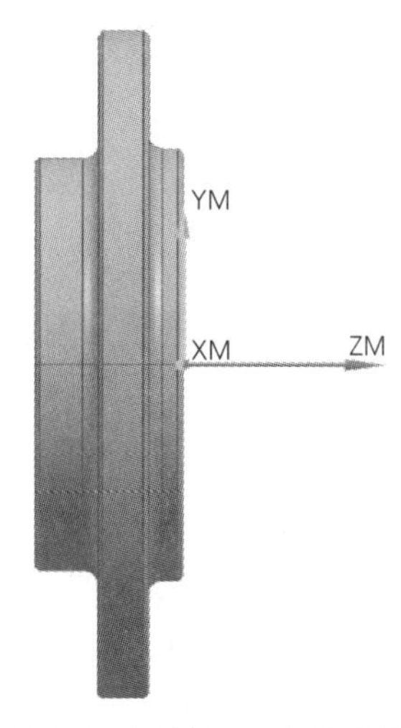

图 7-37　右端加工坐标原点位置

2）双击“WORKPIECE”进入“工件”对话框（图 7-8），单击“指定部件”按钮进入“部件几何体”对话框（图 7-9），单击零件模型，单击“确定”按钮后自动回到“工件”对话框。单击“指定毛坯”按钮进入“毛坯几何体”对话框（图 7-10），并进行如图设置，单击“确定”按钮后自动回到“工件”对话框，继续单击“确定”按钮保存。

3）双击车削工作组“TURNING–WORKPIECE”进入“车削工件”对话框（图 7-11），“部件旋转轮廓”默认为“自动”，“毛坯旋转轮廓”默认为“自动”，单击“指定毛坯边界”按钮进入“选择毛坯”对话框（图 7-12）进行如图设置，其中“长度”改为“12.5”，单击“选择”按钮，进入“点”对话框（图 7-13）进行如图设置，“XC”的坐标值改为“–8”（注：此处结合实际毛坯的值，应去掉 4mm 的端面切削量），单击“确定”按钮保存所有设置，右击工作组重命名为“YD”（右端）。

2. 工步

（1）工步 1——粗车右端面操作

1）右击车削工作组“YD”，选择“插入”→“工序”，进入“创建工序”对话框（图 7-16），“类型”选择“turning”，“工序子类型”选择“面加工”按钮，“名称”为“CDMY”（车端面右），单击“确定”按钮后进入“面加工”对话框（图 7-17）。

2）在“几何体”选项中单击“切削区域”的“编辑”按钮进入“切削区域”对话框（图 7-18），在“轴向修剪平面 1”选项中“限制选项”下拉列表框中选择“距离”，“轴向 ZM/XM”值为“–8.5”。

3）在“切削策略”选项中单击“策略”下拉菜单中的“单向线性切削”。

4）在“工具”选项中单击“刀具”下拉菜单中的“CCD”。

5）在“刀具方位”选项中勾选“绕夹持器翻转刀具”复选按钮（图 7-38）。

图 7-38 “刀具方位”选项

6）在“刀轨设置”选项中进行如图 7-20 所示的参数设置，单击“切削参数”按钮进入“切削参数”对话框（图 7-21），把“余量”标签中的“粗加工余量”中“面”设置为“0.1”。

7）单击“非切削移动”按钮进入“非切削移动”对话框（图 7-22），把“逼近”选项卡中的“出发点”进行如图设置，“点”对话框（图 7-23）中“输出坐标”选项中“参考”选择“WCS”，“XC”为“150mm”，“YC”为“95mm”，“ZC”为“0mm”。

8）单击“进给率和速度”按钮进入“进给率和速度”对话框（图 7-24），“主轴速度”选项中“输出模式”为“RPM”，“主轴速度”为“800”，“进给率”选项中模式为“mmpr”，进给率为“0.2”。

9）在“操作”选项中，单击“生成”按钮，自动生成刀轨。

10）单击“确认”按钮进入“刀轨可视化”对话框（图 7-28），单击“3D 动态”标签中的“播放”按钮，“动画速度”为“1”，观察刀具切削路径及剩余毛坯是否达到切削效果。

（2）工步 2——精车右端面操作

1）右击工序“CDMY”，选择“插入”→“工序”，进入“创建工序”对话框（图 7-16），“类型”选择“turning”，“工序子类型”选择“外侧精车”按钮，“名称”为“JCY”（精车右），单击“确定”按钮后进入“外侧精车”对话框（图 7-31）。

2）使用“几何体”中的默认“切削区域”。

3）在“切削策略”选项中单击“策略”下拉菜单中的“全部精加工”。

4）在“工具”选项中单击“刀具”下拉菜单中的“JCD”。

5）在“刀具方位”选项中勾选“绕夹持器翻转刀具”复选按钮（图 7-38）。

6）单击“非切削移动”按钮进入“非切削移动”对话框（图 7-22），把“逼近”选项卡中的“出发点”进行如图设置，“点”对话框（图 7-23）中“输出坐标”选项中“参考”选择“WCS”，“XC”为“150mm”，“YC”为“95mm”，“ZC”为“0mm”。

7）单击“进给率和速度”按钮进入“进给率和速度”对话框（图 7-24），“主轴速度”选项中“输出模式”为“RPM”，“主轴速度”为“800”，“进给率”选项中模式为“mmpr”，进给率为“0.2”。

8）在“操作”选项中，单击“生成”按钮，自动生成刀轨。

7.2.3　工序 3

1. 基本设置

（1）新建钻孔、攻螺丝加工坐标系和工作组

1）在“GEOMETRY”上右击，选择“插入”→“几何体”（图 7-35），进入“创建几何体”对话框（图 7-36），“类型”选择“drill”，“几何体子类型”选择“坐标系”按钮，单击“确定”按钮保存，进入“MCS”对话框（图 7-39），通过“偏置 CSYS”坐标系把 MCS 机床坐标设置在工件的上表面，与实际机床加工时一致（图 7-40），把“安全平面”设定为上表面 50mm 处，单击“确定”按钮保存设置。

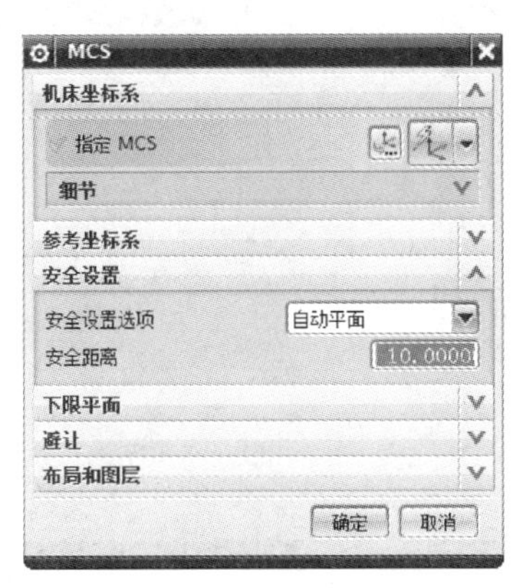

图 7-39　“MCS”对话框

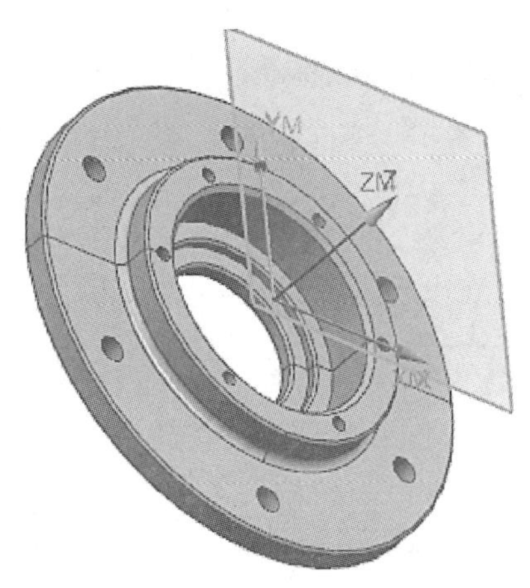

图 7-40　加工坐标位置及安全平面

2）在“MCS”上右击，选择“插入”→“几何体”（图 7-35），进入“创建几何体”对话框（图 7-36），“类型”选择“drill”，“几何体子类型”选择“工作组”按钮，“名称”为“K”（孔），单击“确定”按钮保存，进入“工件”对话框（图 7-8），单击“指定部件”按钮进入“部件几何体”对话框（图 7-9），单击零件模型，单击“确定”按钮后自动回到“工件”对话框。无须选定毛坯。

（2）创建加工刀具　右击工作组“K”，选择“插入”→“刀具”，进入“创建刀具”对话框（图 7-14），“类型”选择“drill”，“刀具子类型”根据实际需求选择，单击“确

定”按钮后进入刀具对话框并填写相应的参数（表 7-11）。

表 7-11 加工中心刀具参数

刀具子类型	刀具名称	参数		刀具号
		刀具直径 /mm	刀尖角 / 螺距	
定心钻	D10DX	10	120°	T1
麻花钻	D9Z	9	118°	T2
麻花钻	D5.2Z	5.2	118°	T3
丝锥	D6SZ	6	螺距 1mm	T4

2. 工步

（1）工步 1、2——点孔操作

1）在“K”工作组上右击，选择“插入”→“工序”，进入“创建工序”对话框，“类型”选择“drill”，“工序子类型”选择“定心钻”按钮，“名称”为“DK”，单击“确定”按钮后进入“定心钻”对话框（图 7-41）。

2）单击“指定孔”按钮进入“点到点几何体”的对话框（图 7-42），单击“选择”选项，选择限制条件为“面上所有孔”和“最大直径 10mm”（图 7-43），然后单击 M6 和 ϕ9mm 孔所在的面即可，“优化”选择“最短刀轨”，单击对话框中的“确定”按钮完成加工孔的选择。

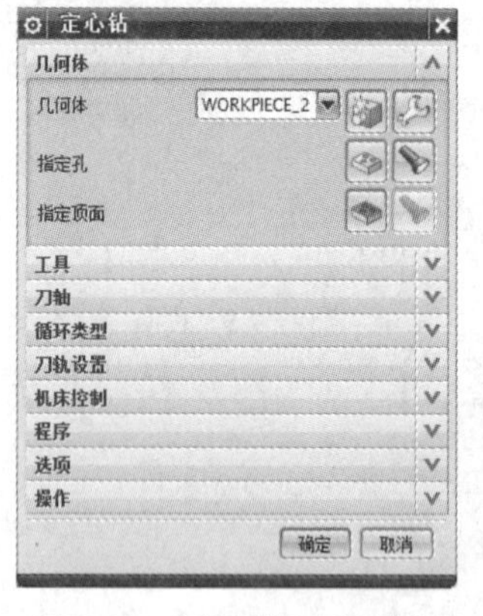

图 7-41 “定心钻”对话框

图 7-42 “点到点几何体”对话框

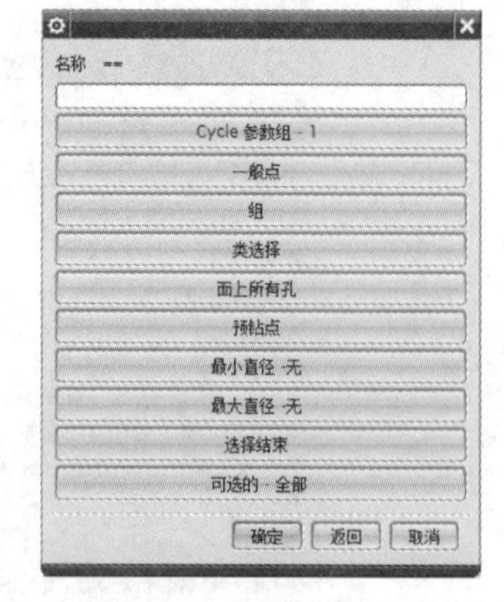

图 7-43 “点到点几何体”限制条件对话框

3）在“工具”选项中单击“刀具”下拉菜单中的“D10DX”。

4）在“循环类型”中选择“标准钻”，单击“编辑”按钮，把下刀深度“depth（tip）”设置为刀尖深度 0.5mm。

5）在“刀轨设置”选项中单击“进给率和速度”按钮进入“进给率和速度”对话框，“主轴速度”为“2000”，“切削速度”为“200”，单击“确定”按钮完成设置。

6）选择“操作”选项，单击“生成”按钮，自动生成刀轨，单击“确定”按钮保存。

（2）工步 3——钻 ϕ9mm 通孔操作

1）在“DK”工序上右击，选择“插入”→“工序”，进入“创建工序”对话框“类型”选择“drill”，“工序子类型”选择“钻”按钮，“名称”为“ZK9”，单击“确定”按钮后进入“钻”对话框（图 7-44）。

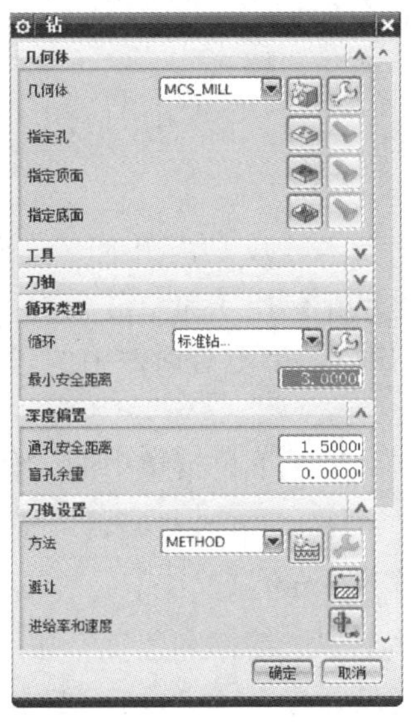

图 7-44　“钻”对话框

2）单击“指定孔”按钮进入“点到点几何体”对话框（图 7-42），单击“选择”选项，选择限制条件为“面上所有孔”，选择 ϕ9mm 孔顶面所在的上表面，“优化”选择“最短刀轨”，单击对话框中的“确定”按钮完成加工孔的选择。

3）单击“指定顶面”按钮进入“顶面”对话框（图 7-45），“顶面选项”选择“平面”，“指定平面”选择 ϕ9mm 孔顶面所在的上表面，距离为 0mm，单击“确定”按钮完成。

4）单击“指定底面”按钮进入“底面”对话框（图 7-46），“底面选项”选择“平面”，“指定平面”选择 ϕ9mm 孔底面所在下表面，距离向下为 0.5mm，单击“确定”按钮完成。

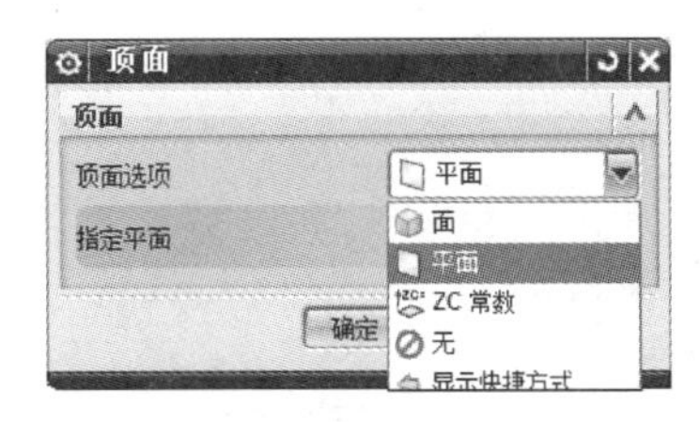

图 7-45　“顶面”对话框

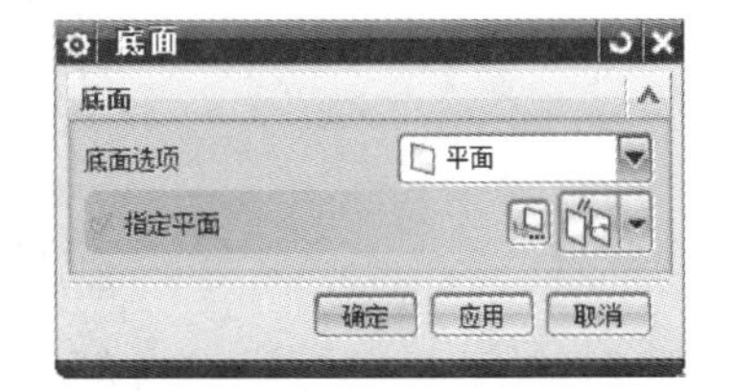

图 7-46　“底面”对话框

5）在“工具”选项中单击“刀具”下拉菜单中的“D9Z”。

6）“循环类型”选择“标准钻”，单击“编辑”按钮，把下刀深度“depth（tip)”设置为“模型深度”。

7）“深度偏置”选项中的“通孔安全距离”设置为1mm。

8）在“刀轨设置”选项中单击“进给率和速度”按钮进入“进给率和速度”对话框，“主轴速度”为“950”，“进给速度”为“100”，单击“确定”按钮完成设置。

9）选择“操作”选项，单击“生成”按钮，自动生成刀轨，单击“确定”按钮保存。

（3）工步4——钻ϕ5.2mm盲孔操作

1）在“ZK9”工序上右击，选择“插入”→“工序”，进入“创建工序”对话框“类型”选择“drill”，“工序子类型”选择“钻”按钮，“名称”为“ZK5.2”，单击“确定”按钮后进入“钻”对话框（图7-44）。

2）单击“指定孔”按钮进入“点到点几何体”的对话框（图7-42），单击“选择”选项，选择限制条件为“面上所有孔”和“最大直径10mm”，选择M6螺纹孔所在的上表面，“优化”选择“最短刀轨”，单击对话框中的“确定”按钮完成加工孔的选择。

3）无须选择孔的上下表面。

4）在“工具”选项中单击“刀具”下拉菜单中的“D5.2Z”。

5）在“循环类型”中选择“啄钻”，单击“编辑”按钮，把下刀深度“depth(tip)”设置为刀尖深度16.5mm，抬刀增量3mm。

6）在“刀轨设置”选项中单击“进给率和速度”按钮进入“进给率和速度”对话框，“主轴速度”为“1500”，“进给速度”为“80”，单击“确定”按钮完成设置。

7）选择“操作”选项，单击“生成”按钮，自动生成刀轨，单击“确定”按钮保存。

（4）工步5——攻M6内螺纹操作

1）在“ZK5.2”工序上右击，选择“插入”→“工序”，进入“创建工序”对话框“类型”选择“drill”，“工序子类型”选择“出屑”按钮，“名称”为“GS6”，单击“确定”按钮后进入“出屑”对话框（图7-47）。

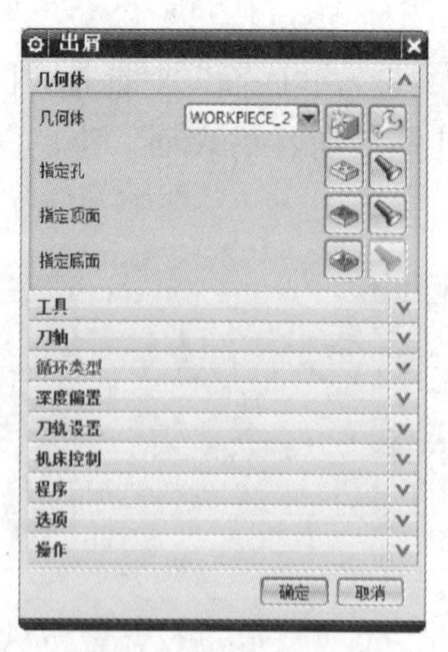

图7-47 “出屑”对话框

2）“指定孔”与钻ϕ5.2mm孔的操作步骤相同。

3）单击“指定顶面”按钮进入“顶面”对话框（图 7-45），“顶面选项”选择“平面”，“指定平面”选择 M6 孔顶面所在的上表面，距离为 0mm，单击“确定”按钮完成。

4）在“工具”选项中单击“刀具”下拉菜单中的“D6SZ”。

5）“循环类型”选择“标准攻丝”，单击“编辑”按钮，把下刀深度“depth (tip)”设置为刀尖深度 15mm。

6）在“刀轨设置”选项中单击“进给率和速度”按钮进入“进给率和速度”对话框，“主轴速度”为“100”，“进给速度”为“100”，单击“确定”按钮完成设置。

（注：加工中心攻螺纹时，进给速度 F= 主轴转速 S× 螺距 P）。

7）选择“操作”选项，单击“生成”按钮，自动生成刀轨，单击“确定”按钮保存。程序编写完成的效果图如图 7-48 所示。

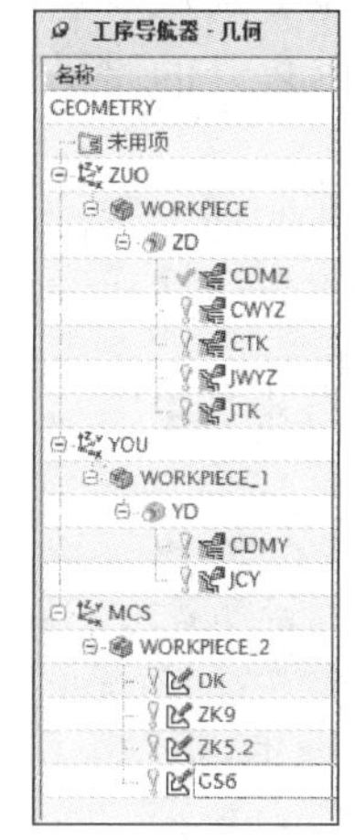

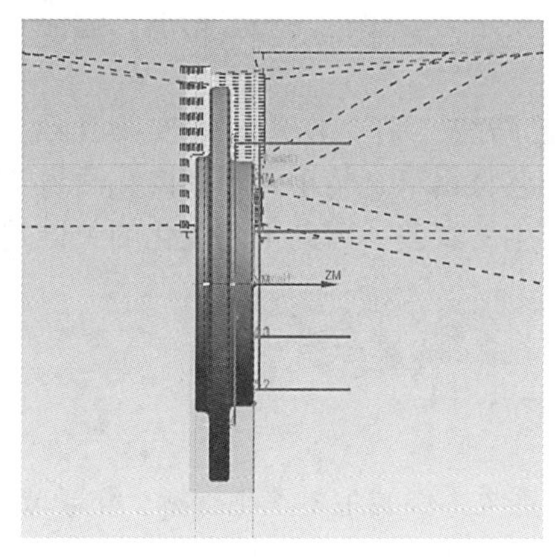

图 7-48　刀轨生成轨迹

第 7 章工艺视频

拓展阅读

齿盘类零件材质均选用低碳合金钢 20CrMo，需要“渗碳 + 淬火”处理才能满足零件图样的技术要求，使工件的表面层具有高硬度和耐磨性，而工件中部仍然保持着低碳钢的韧性和塑性。定齿盘 / 动齿盘工艺路线安排如下：粗车（C61）→正火（R40）→半精车（C01）→立加 Z05（铣齿钻孔）→钳工（S81）→渗碳（R13）→车（C61，打销孔平面去碳层）→淬火（Z40）→平磨（M71）→内磨（M21）→外磨（M14）→齿磨（M99）→外磨（M14）。生产周期最快也要三四个月，严重制约了数控刀架的供货计划。

第一次工艺改进将“渗碳 + 淬火”工序一次性完成；第二次工艺改进取消刀盘，打销孔。通过其他方法进行安装定位，同时为确保刀架与刀盘的连接预紧力，动齿盘与刀盘的连接螺纹由 6×M10 均布改为 8×M8 均布；第三次工艺改进为以车代磨，在一次装夹中完成端面、外圆和内孔的全部精车内容，同时硬切槽刀将孔内密封圈环槽精车至要求的尺寸，严格保证加工部位的几何公差要求。

通过取消定位销孔和以车代磨两项工艺改进后，生产周期明显缩短，生产效率显著提高。

资料来源：魏兰杰．齿盘类零件加工工艺优化［J］．金属加工（冷加工），2020（1）：42–44.

偏心盖类零件的传统加工工艺路线：粗车、精车外圆→钻安装孔→锪安装孔凸台→粗车、精车内孔→钻攻尾孔→终检。批量生产时此工艺加工外圆、内孔需要采用两套工装，分别在两台数控车床上加工。由于工件存在二次装夹，重复定位产生累积误差，所以零件偏心精度达不到设计要求。要想提高加工精度，适应不断提升的质量要求，就必须减少累积误差。

改进后加工工艺路线：钻安装孔→锪安装孔凸台→粗车、精车外圆和内孔→钻攻尾孔→终检。改进工艺将粗车、精车外圆和内孔两道工序复合到一个工装上，一次装夹完成，减少重复定位产生的误差，因此工艺优化的关键是设计、制作两套高精度自动化的偏心加工工装。

资料来源：戴雄，姜维．汽车转向器偏心盖类零件加工工艺优化［J］．金属加工（冷加工），2021（8）：8–9，14.

轻型汽车主轴承盖类零件的主要理化指标，化学成分（质量分数）：C 为 3.0% ～ 3.4%，Si 为 1.8% ～ 2.4%，Mn 为 0.7% ～ 0.9%，S≤0.10%，P≤0.15%；硬度为 170 ～ 241HT；抗拉强度大于 250MPa。主轴承盖类零件连体加工工艺解决了传统单体加工存在的精度控制差、切削过程多、设备要求高、产品质量差等问题；基于水玻璃砂快硬机理的研究，提高了水玻璃砂的硬化强度和硬透性，并初步改善了模型低温硬化难的技术问题；采用了水平造型立浇铸型、顺序凝固工艺，并设计专门的模型，解决了传统水平分型水平浇铸工艺产品存在的组织疏松等问题；开发了专用的漏模机，取消了齿轮啮合机构，将气缸用于漏模机中，巧妙地通过各组件的配合实现型砂脱模，有效提高了生产效率。

资料来源：肖林柏，姚晓军，彭一航，等．轻型汽车主轴承盖类零件连体加工工艺的研究与应用［Z］．绵阳：绵阳六合机械制造有限公司，2015.

第 8 章 叉架类零件的数控加工工艺

【工作任务】

规划编制叉架类零件的数控加工工艺。

【能力要求】

1）认识叉架类零件、分析叉架类零件图。
2）分析叉架类零件上的加工内容和尺寸要求。
3）编制叉架类零件的数控加工工艺过程。

8.1 叉架类零件的加工工艺分析

8.1.1 加工工艺分析

1. 功用、结构特点

叉架类零件包括拨叉、连杆和各种支架等，起支承、传动、连接等作用，内外形状较复杂，多经铸锻加工而成。这类零件一般由三部分组成，一部分用于固定自身结构（支承部分），另一部分支持其他零件工作的结构（工作部分），还有一部分以肋板等结构连接（形状不规则且复杂）。有孔、螺纹孔、凹坑、凸台、油槽等结构，尺寸较多，有关定位及运动的尺寸有公差要求和表面粗糙度要求。

一般叉架类零件的主要孔的加工精度要求较高，孔与孔、孔与其他表面之间的位置精度也有较高要求；工件表面粗糙度值一般都小于 $Ra1.6\mu m$。

2. 材料和毛坯的选用

叉架类零件的材料必须具有足够的抗疲劳强度和刚度等力学性能，一般采用 45 钢调质处理，部分受力不大的采用球墨铸铁。钢制叉架类零件一般采用锻造毛坯，要求金属纤维沿杆身方向分布，不得有咬边、裂纹等缺陷。部分叉架类零件经过喷丸处理。

8.1.2 任务规划

叉架类零件由于结构复杂，没有统一的工艺路线可以借鉴，只能具体结构具体分析。下面以密码锁叉架轴零件为例说明叉架类零件的数控加工工艺。

如图 8-1 所示，密码锁叉架轴是家用锁具的一个零件，它既可以有效降低箱体尺寸和加工难度，简化箱体结构，又便于组装和轴向位置调整。锥齿轮轴系结构和动力传递惰轮轴系结构大多采用该方法。

1. 图样分析

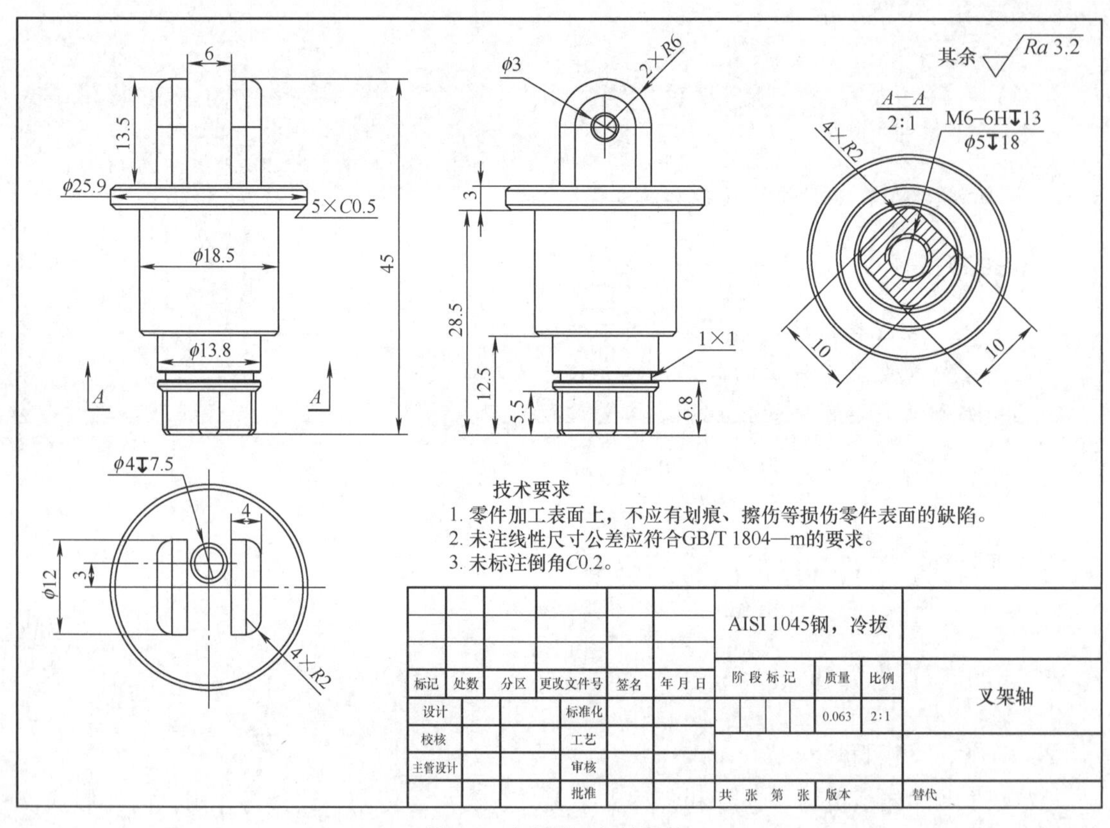

图 8-1　密码锁叉架轴零件

图 8-1 所示为密码锁叉架轴零件，通过去除材料的方法获得表面质量，表面粗糙度为 *Ra*3.2μm。叉架轴的一端有四方形凸台，凸台的长、宽、高分别为 10mm、10mm、5.5mm；在凸台端的轴向中心位置有 M6 螺纹孔，底孔深度为 18mm，攻螺纹深度为 13mm；凸台上侧有 1mm × 1mm 的卡簧槽。轴的另一端有叉架轴耳，轴耳的长、宽、高分别为 12mm、4mm、13.5mm；轴耳上有 ϕ3mm 的孔，孔的中心和 *R*6mm 圆角的圆心重合；轴耳外侧有 *R*2mm 圆角；在轴耳端的轴向上有 ϕ4mm 的孔，孔深为 7.5mm。零件加工表面不应有划痕、擦伤等损坏零件表面的缺陷；未标注线性尺寸公差应符合 GB/T 1804—m 的要求；未标注倒角 *C*0.2。

叉架轴零件主要由圆柱面、凸台、卡簧槽、轴耳、孔和螺纹组成，需要先加工四方形

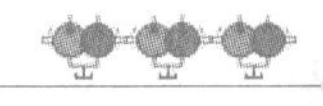

凸台一端，经过端面车削、外圆车削、外轮廓铣削、切卡簧槽、螺纹加工的工步来完成；然后调头装夹加工叉架轴耳一端，经过端面车削、外圆车削、外轮廓铣削、孔加工和轴耳孔加工的工步来完成。

材料为 45 钢，价格便宜，切削加工性能好，淬火后具有较高的硬度，调质处理后具有良好的韧性和一定的耐磨性，无其他表面处理等特殊要求。

2. 毛坯的选择

由图 8-1 可以看出，最大尺寸为 ϕ25.9mm，最大长度为 45mm，结合实际装夹方式和二次装夹加工预留量，可选择毛坯为 47 × ϕ28mm 的 45 钢。

3. 设计加工工艺路线

1）建立工件加工坐标系：根据基准统一的原则，由图 8-1 可以看出，工件原点设定在主轴中心上，即工件原点 X_0、Y_0，结合零件表面粗糙度要求及实际加工制作方法，毛坯首次装夹需要伸出长度为 35.5mm，距离定位基准（即自定心卡盘）35.5mm 处设定为 Z 轴原点 Z_0；再次装夹需要以最大直径 25.9mm 靠近卡爪处为基准进行定位，距离定位基准（即自定心卡盘）17.5mm 处设定为 Z 轴原点 Z_0。

2）零件的加工方法和加工顺序。

① 装夹自定心卡盘，加工四方形凸台一端。毛坯伸出 35.5mm，距离定位基准（即自定心卡盘）35.5mm 处设定为 Z 轴原点 Z_0，车削工件右端面至 Z=1mm 处。如果零件加工量较大时，则编入程序进行加工；如果零件加工量为单件小批量，手动完成即可。

② 车削工件外圆，分粗车和精车两步完成。四方形凸台所在外圆车削至 ϕ12.6mm，Z=6.5mm，倒角 C0.5mm；卡簧槽所在外圆车削至 ϕ13.8mm，Z=13.5mm，倒角 C0.5mm；ϕ18.5mm 所在外圆车削至 ϕ18.5mm，Z=29.5mm，倒角 C0.5mm；ϕ25.9mm 所在外圆车削至 ϕ25.9mm，Z=33mm，倒角 C0.5mm。

③ 切卡簧槽。分粗切和精切，精切卡簧槽时两边倒角 C0.2mm。

④ 螺纹加工。用中心钻定心，然后用钻头钻孔，最后用丝锥攻螺纹。

⑤ 铣削四方形凸台。分粗铣和精铣两步完成，粗铣时，单边留精铣量 0.1mm。

⑥ 装夹自定心卡盘，加工轴耳一端。以最大直径 25.9mm 靠近卡爪处为基准进行定位，距离定位基准（自定心卡盘）17.5mm 处设定为 Z 轴原点 Z_0。车削工件右端面至 Z=1mm。如果零件加工量较大时，则编入程序进行加工；如果零件加工量为单件小批量，手动完成即可。

⑦ 车削工件外圆，只进行粗车，给铣削轴耳单边留 0.1mm 左右的精铣量，车削至 ϕ17mm，Z=14.4mm，倒角 C0.6mm。

⑧ 铣削轴耳。分粗铣和精铣两步完成，粗铣时，留精铣余量 0.1mm。

⑨ 轴向孔加工。先用定心钻定心，再用 ϕ4mm 钻头钻孔。

⑩ 轴耳孔加工。先用定心钻定心，再用 ϕ3mm 钻头钻孔。

4. 确定工装夹具、刀具及装夹方案

（1）装夹方案　通过零件加工方法可以看出整个过程包括车削、铣削、钻削和攻螺纹，刀具使用数量多，选择车削中心（四轴）能够满足以上步骤的全部需求。由于毛坯本身为圆柱体，选择自定心卡盘夹持毛坯。

工件安装及原点的设定卡片见表 8-1。

表 8-1　工件安装及原点的设定卡片

零件图号		数控加工工件安装及原点的设定卡片	工序号	
零件名称	叉架轴		装夹次数	2

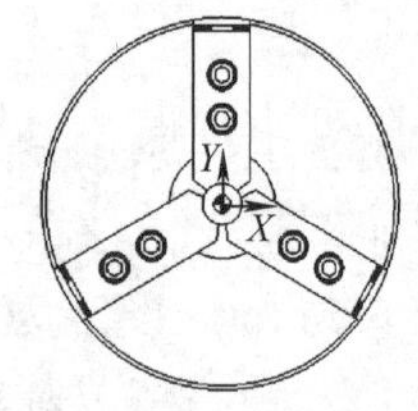

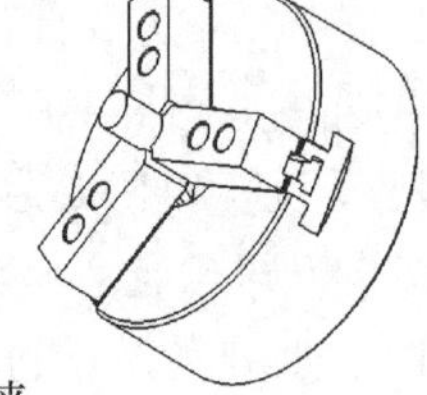

第一次装夹

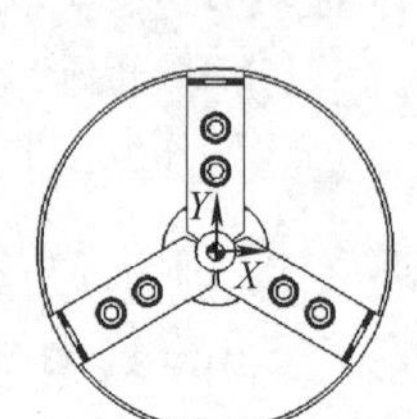

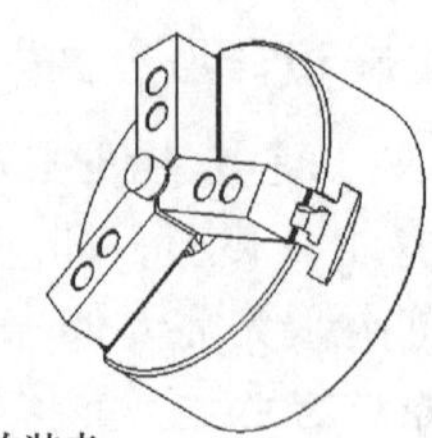

第二次装夹

编制（日期）		批准（日期）	第　页			
审核（日期）			共　页	序号	夹具名称	夹具图号

（2）夹具选择　结合零件加工方法，为了保证零件已加工表面的质量，卡盘的卡爪必须选用软爪。

5. 刀具的选择及刀具卡片填写

根据加工内容确定所需的刀具，主要有外圆车刀、卡簧槽刀、切断刀、铣刀、定心钻、麻花钻、丝锥等。

刀具卡片见表 8-2。

表 8-2　刀具卡片

产品名称或代号				零件名称	叉架轴　零件图号	
序号	刀具号	刀具补偿号	刀具规格	数量	加工内容	备注
1	T1	1	25×25 外圆车刀	1	粗加工端面及外圆	
2	T2	2	25×25 外圆车刀	1	精加工端面及外圆	
3	T3	3	25×25 卡簧槽刀	1	粗切和精切卡簧槽	
4	T4	4	ϕ5mm 立铣刀	1	粗铣四方形凸台	
5	T5	5	ϕ5mm 立铣刀	1	精铣四方形凸台	
6	T6	6	ϕ5mm 定心钻	1	钻定心孔	
7	T7	7	ϕ12mm 定心钻	1	钻定心孔、倒角	
8	T8	8	ϕ3mm 麻花钻	1	钻轴耳 ϕ3mm 通孔	
9	T9	9	ϕ4mm 麻花钻	1	钻 7.5×ϕ4mm 盲孔	
10	T10	10	ϕ5mm 麻花钻	1	钻 18×ϕ5mm 盲孔	
11	T11	11	ϕ5mm 球形刀	1	倒轴耳圆角	
12	T12	12	M6 丝锥	1	攻 M6 螺纹	
编制			审核		批准　　共　页	第　页

6. 确定加工工序、刀具切削参数及工序余量，填写工艺卡片

加工四方形凸台一端工艺卡片见表 8-3。

表 8-3　加工四方形凸台一端工艺卡片

数控加工工序卡片									
单位名称				零件材料		45 钢			
零件名称	叉架轴			零件图号					
工序号	程序编号	夹具名称		使用设备		备注			
1		自定心卡盘		MAZAK QT-COMPACT 300MY 车削中心					
工步号	工步内容	刀具号	刀具规格	主轴速度	进给速度	径向进给 /mm	轴向进给 /mm	加工余量 /mm	备注
1	粗加工端面	T1	25×25 外圆车刀	200m/min	0.2mm/r	—	—	0.2	
2	粗加工外圆	T1	25×25 外圆车刀	200m/min	0.2mm/r	—	—	0.2	
3	精加工端面	T2	25×25 外圆车刀	260m/min	0.1mm/r	—	—	0	
4	精加工外圆	T2	25×25 外圆车刀	260m/min	0.1mm/r	—	—	0	
5	粗加工卡簧槽	T3	25×25 卡簧槽刀	500r/min	0.1mm/r	—	—	0.05	
6	精加工卡簧槽	T3	25×25 卡簧槽刀	500r/min	0.1mm/r	—	—	0	
7	螺纹加工 – 中心线点孔	T7	ϕ12mm 定心钻	1000r/min	0.3mm/r	—	—	—	
8	螺纹加工 – 中心线钻孔	T10	ϕ5mm 麻花钻	1500r/min	0.2mm/r	—	—	—	
9	螺纹加工 – 攻螺纹前倒角	T7	ϕ12mm 定心钻	1000r/min	0.3mm/r	—	—	—	
10	螺纹加工 – 中心攻螺纹	T12	M6 丝锥	400r/min	1mm/r	—	—	—	
11	粗铣四方形凸台	T4	ϕ5mm 立铣刀	3000r/min	1500mm/min			0.05	
12	精铣四方形凸台	T5	ϕ5mm 立铣刀	4000r/min	400mm/min			0	
13	四方形凸台倒角	T7	ϕ12mm 定心钻	1000r/min	1000mm/min			0	
编制		审核		批准		年　月　日		第　页　共　页	

加工轴耳一端工艺卡片见表 8-4。

表 8-4 加工轴耳一端工艺卡片

数控加工工序卡片									
单位名称				零件材料		45 钢			
零件名称	叉架轴			零件图号					
工序号	程序编号	夹具名称		使用设备		备注			
2		自定心卡盘		MAZAK QT–COMPACT 300MY 车削中心					
工步号	工步内容	刀具号	刀具规格	主轴速度	进给速度	径向进给 /mm	轴向进给 /mm	加工余量 /mm	备注
1	粗加工端面	T1	25 × 25 外圆车刀	200m/min	0.2mm/r	—	—	0.2	
2	粗加工外圆	T1	25 × 25 外圆车刀	200m/min	0.2mm/r	—	—	0.2	
3	粗铣轴耳	T4	ϕ5mm 立铣刀	3000r/min	1500mm/min	—	—	0.05	
4	精铣轴耳	T5	ϕ5mm 立铣刀	3000r/min	1500mm/min	—	—	0	
5	精铣轴耳圆角	T11	ϕ5mm 球形刀	4000r/min	2000mm/min	—	—	0	
6	轴耳孔加工 – 定心钻	T6	ϕ5mm 定心钻	3000r/min	200mm/min	—	—	0	
7	轴耳孔加工 – 钻	T8	ϕ3mm 麻花钻	3000r/min	150mm/min	—	—	0	
8	轴向孔加工 – 定心钻	T6	ϕ5mm 定心钻	3000r/min	200mm/min	—	—	0	
9	轴向孔加工 – 钻	T9	ϕ4mm 麻花钻	3000r/min	150mm/min	—	—	0	
编制	审核		批准		年 月 日		第 页 共 页		

7. 数控编程任务书的编写

数控编程任务书见表 8-5。

表 8-5　数控编程任务书

<table>
<tr><td colspan="2" rowspan="3">单位</td><td colspan="4" rowspan="3">数控编程任务书</td><td colspan="3">产品零件图号</td><td colspan="3"></td><td colspan="2">任务书编号</td></tr>
<tr><td colspan="3">零件名称</td><td colspan="3">叉架类</td><td colspan="2"></td></tr>
<tr><td colspan="3">使用设备</td><td colspan="3">MAZAK QT-COMPACT
300MY 车削中心</td><td colspan="2">共　页　第　页</td></tr>
<tr><td colspan="14">主要工序说明及技术要求：
1. 按照工件安装及原点的设定卡片测定工件原点
2. 主要工序按照加工走刀轨线图进行编程
3. 安全平面设定为上表面 50mm 处
4. 各工序加工在保证安全的前提下，尽量减少抬刀距离、换刀次数</td></tr>
<tr><td colspan="8" rowspan="2"></td><td>编程
收到
日期</td><td colspan="3">月　日</td><td>经手人</td><td></td></tr>
<tr><td></td><td colspan="3"></td><td></td><td></td></tr>
<tr><td>编制</td><td colspan="2"></td><td>审核</td><td></td><td colspan="2">编程</td><td></td><td colspan="2">审核</td><td></td><td>批准</td><td></td><td></td></tr>
</table>

工艺分析

8.2　加工工艺 CAM 操作

工序 1. 基本设置

8.2.1　工序 1

1. 基本设置

（1）导入零件并进入加工界面　打开零件模型 ZLSXJ.prt（图 8-2）。

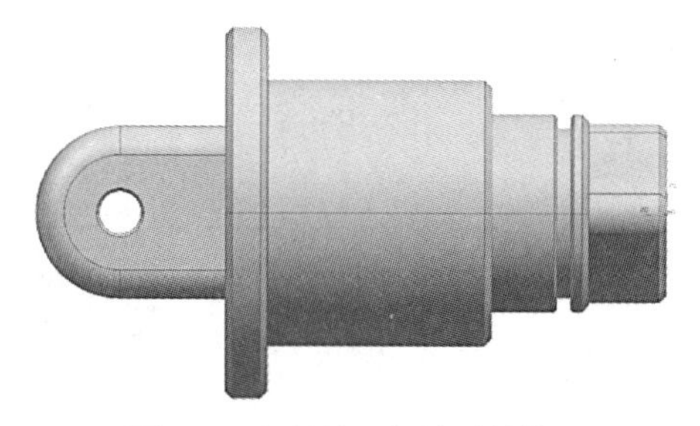

图 8-2　密码锁叉架轴零件模型

单击“开始”按钮，选择“加工”命令（图 8-3）进入“加工环境”对话框，“CAM 会话配置”为“cam_general”，“要创建的 CAM 设置”为“turning”，单击“确定”按钮（图 8-4）进入“工序导航器 – 程序顺序”界面。在“工序导航器 – 程序顺序”的空白处右击并选择“几何视图”命令（图 8-5），进入“工序导航器 – 几何”对话框（图 8-6）。

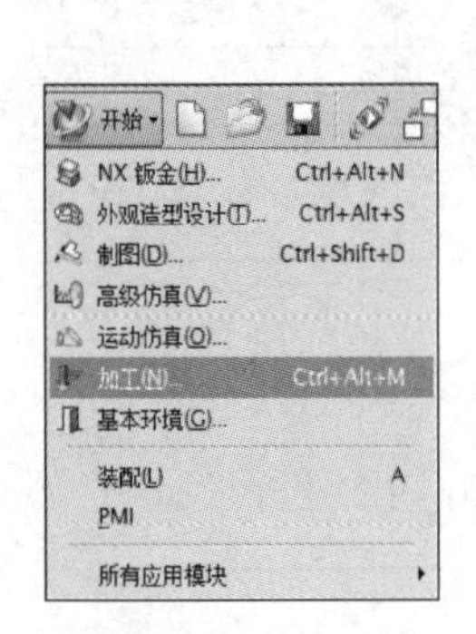

图 8-3 “加工”命令

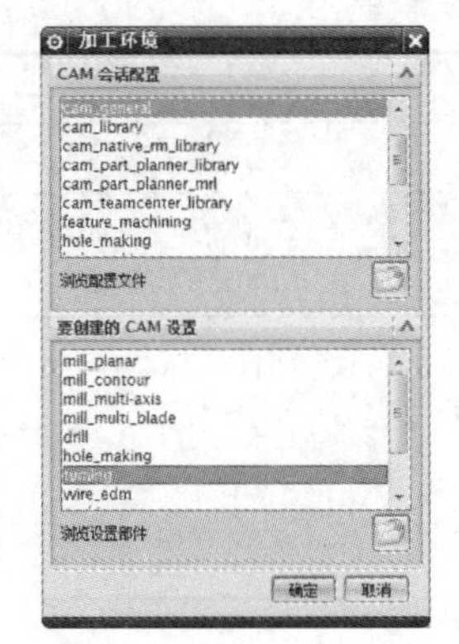

图 8-4 “加工环境”对话框

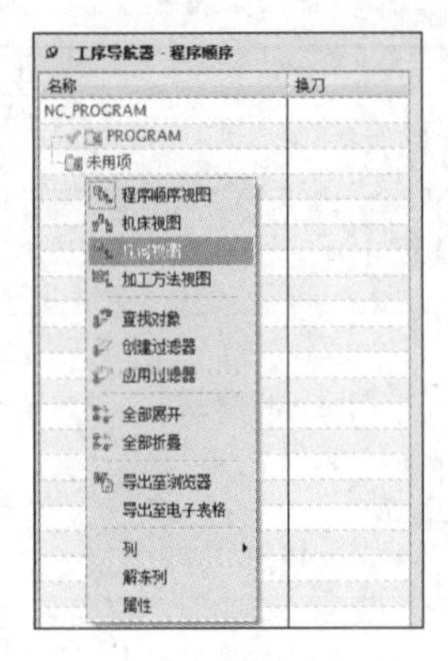

图 8-5 “工序导航器 – 程序顺序”对话框

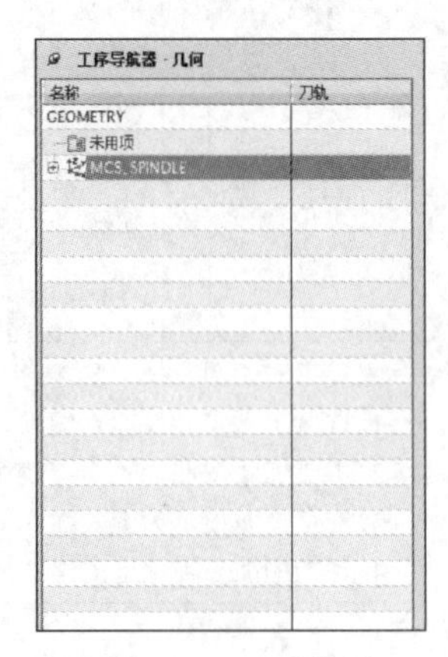

图 8-6 “工序导航器 – 几何”对话框

（2）设置加工坐标系和工作组

1）双击“加工坐标系”按钮 MCS_SPINDLE 进入“MCS 主轴（加工坐标系）”对话框（图 8-7），对“机床坐标系”“车床工作平面”“工件坐标系”进行设置。

设置“机床坐标系”：在图 8-7 中单击“机床坐标系”→“指定 MCS”按钮，弹出“CSYS（坐标系）”对话框（图 8-8），“类型”选择“动态”；将“ZM”旋转至与零件轴向平行（图 8-9）；在图 8-8 中单击“操控器”→“指定方位”按钮，弹出“点”对话框（图 8-10），单击“点位置”→“选择对象”，选择图 8-11 端面中心；单击“输出坐标”→“参考”，选择“绝对 – 工作部件”，“X”“Y”“Z”全部设为“0”。单击“确定”按钮（图 8-10），返回到图 8-8，再单击“确定”按钮，返回到图 8-7。

设置“车床工作平面”：在图 8-7 中单击“车床工作平面”→“指定平面”，选择“ZM–XM”。

设置“工件坐标系”：在图 8-7 中单击“工作坐标系”→“ZM 偏置”，设为“0”；单击“工作坐标系”→“XC 映射”，设为“+ZM”；单击“工作坐标系”→“YC 映射”，设为“+XM”。单击“确定”按钮（图 8-7），返回到图 8-6。

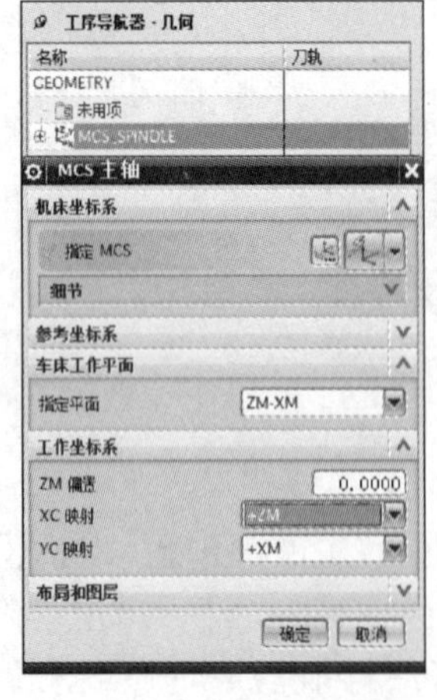

图 8-7 加工坐标系设置界面

图 8-8 设置加工坐标系属性

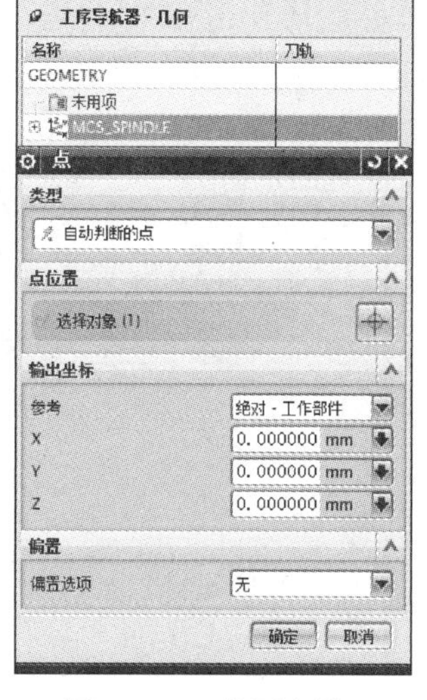

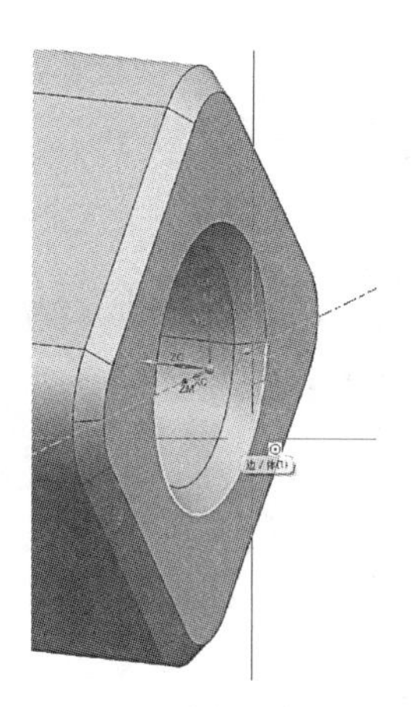

图 8-9　设置 ZM 与零件轴线平行　　图 8-10　工件原点设置　　图 8-11　确定工件原点

2）单击“工序导航器 – 几何”界面（图 8-6）中“⊕ MCS_SPINDLE”前的⊕按钮，显示下拉选项（图 8-12），双击“⊕ WORKPIECE”按钮进入“工件”对话框（图 8-13），对“几何体”中的“指定部件”“指定毛坯”进行设置。

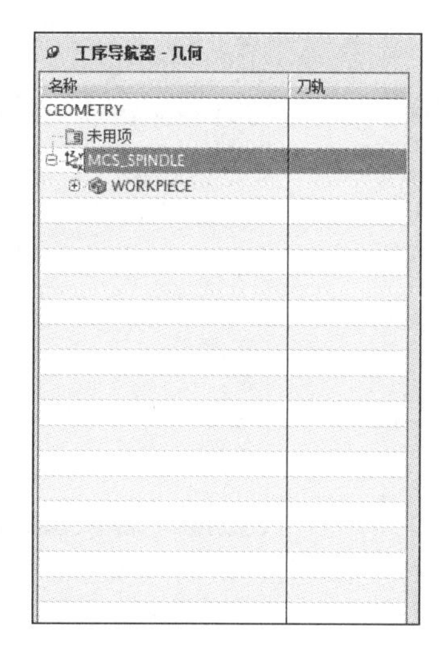

图 8-12　“工序导航器 – 几何”界面

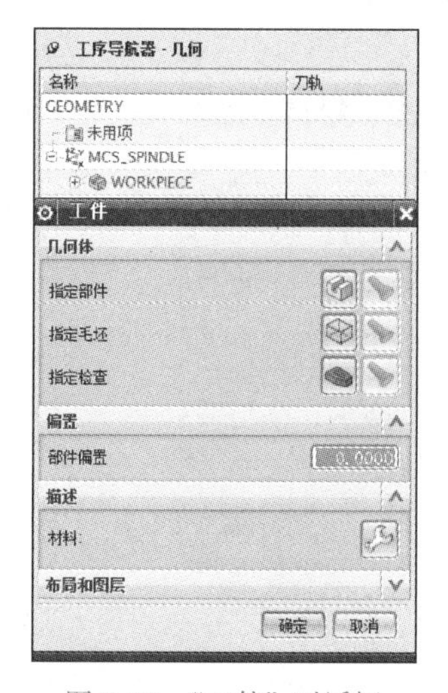

图 8-13　“工件”对话框

单击“指定部件”按钮进入“部件几何体”对话框（图 8-14）。单击“几何体”→“选择对象”，然后单击要加工的零件，选择后如图 8-15 所示。单击“确定”按钮（图 8-15），返回到图 8-13，此时“工件”对话框中“几何体”→“指定部件”按钮点亮，如图 8-16 所示。

单击（图 8-13）“指定毛坯”按钮，进入“毛坯几何体”对话框（图 8-17）。“类型”选择“包容圆柱体”；单击“限制”→“ZM–”和“ZM+”，都设为“1”；单击“半径”→“偏置”，设为“1.05”。单击“确定”按钮（图 8-17），返回到图 8-13，此时“工件”对话框中“几何体”→“指定毛坯”按钮点亮，如图 8-18 所示。再单击“确定”按钮（图 8-18），返回到图 8-12。

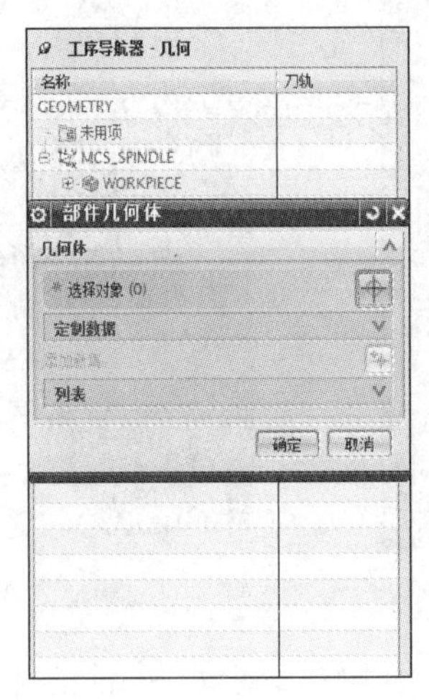

图 8-14 “部件几何体”对话框

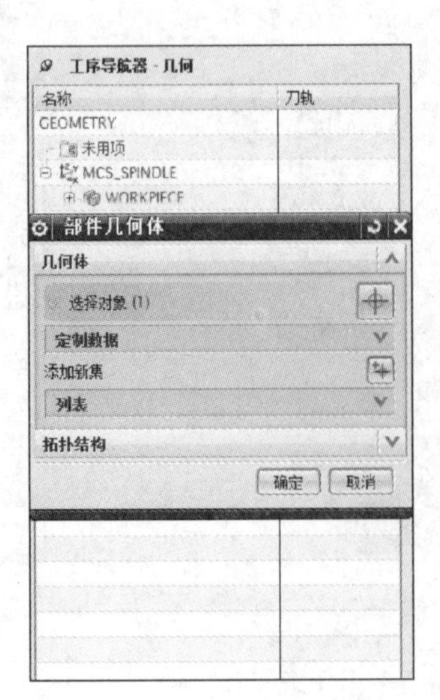

图 8-15 设置后的部件几何体

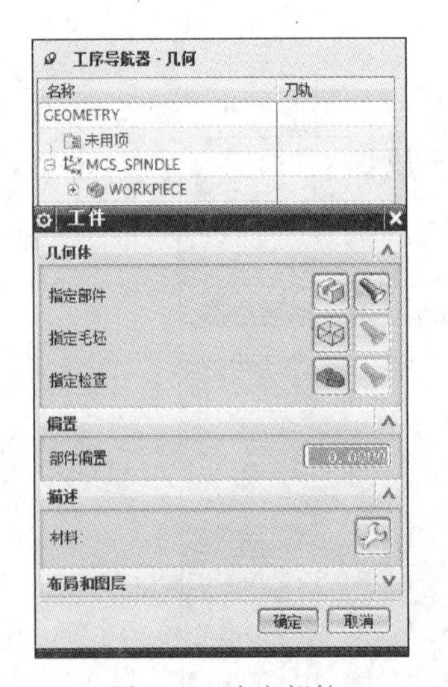

图 8-16 点亮部件

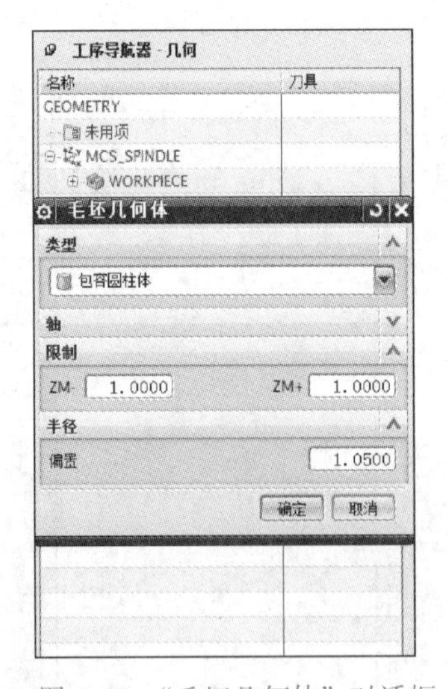

图 8-17 “毛坯几何体”对话框

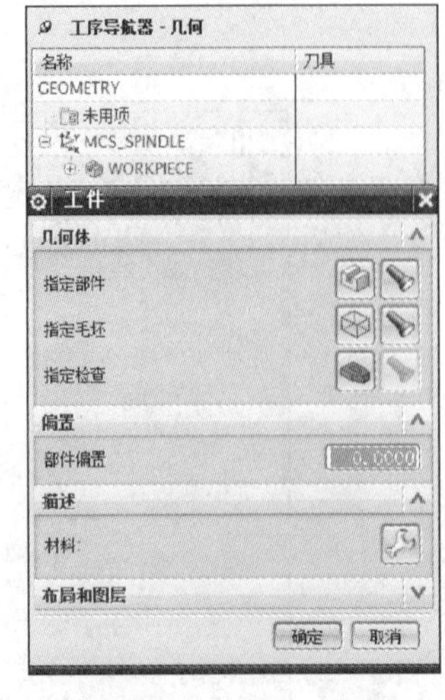

图 8-18 点亮毛坯

3）单击“工序导航器 - 几何”界面（图 8-12）中“⊞ WORKPIECE”前的⊞按钮，显示下拉选项（图 8-19），双击“TURNING_WORKPIECE”按钮进入“车削工件”对话框（图 8-20），对“几何体”进行设置。

单击“几何体”→“指定毛坯边界”按钮进入“选择毛坯”对话框（图 8-21），单击“棒料”按钮；“点位置”选择“在主轴箱处”；“长度”设为“47”；“直径”设为“28”；单击“重新选择”按钮进入“点”对话框（图 8-22）。

在图 8-22 中单击“输出坐标”→“参考”，选择“WCS”；“XC”设为“-46mm”；“YC”设为“0mm”；“ZC”设为“0mm”。单击“确定”按钮，返回到图 8-21。再次单击“点位置”→“在主轴箱处”，此时毛坯边界如图 8-23 所示（上半部实线部分）。再单击“确定”按钮返回到图 8-20，此时“车削工件”对话框中“几何体”→“指定毛坯边界”按钮点亮，如图 8-24 所示。再单击“确定”按钮，返回到图 8-19。

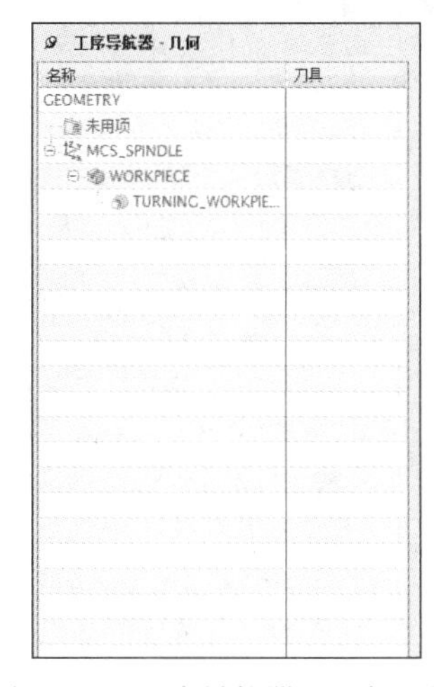

图 8-19　“工序导航器 – 几何”界面

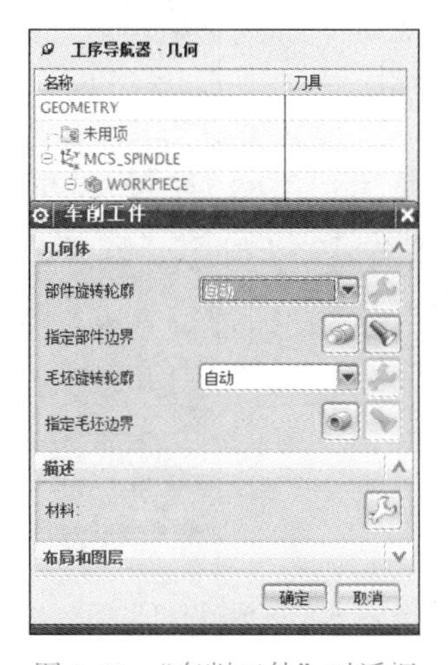

图 8-20　“车削工件”对话框

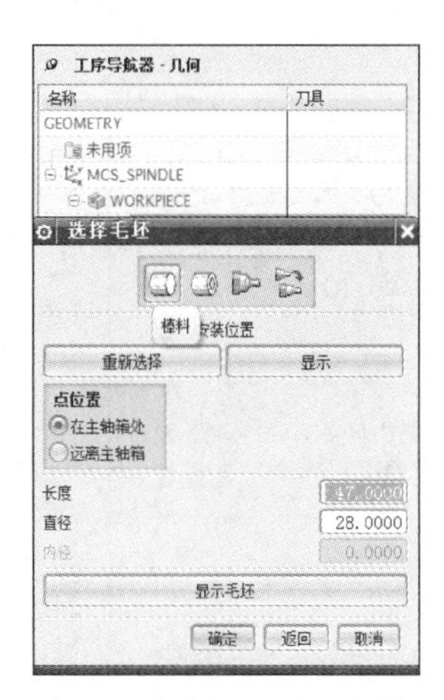

图 8-21　“选择毛坯”对话框

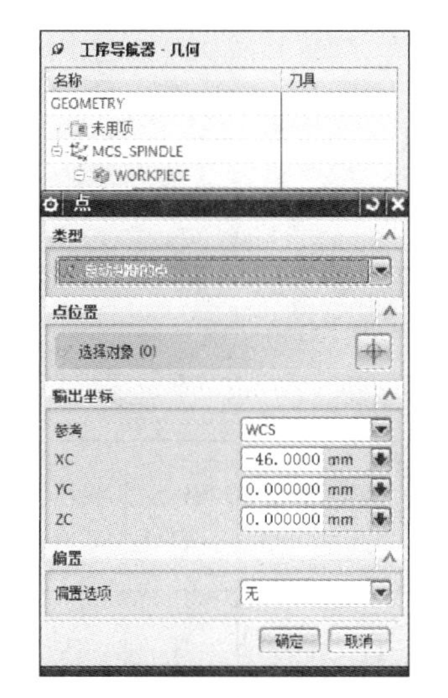

图 8-22　“点”对话框

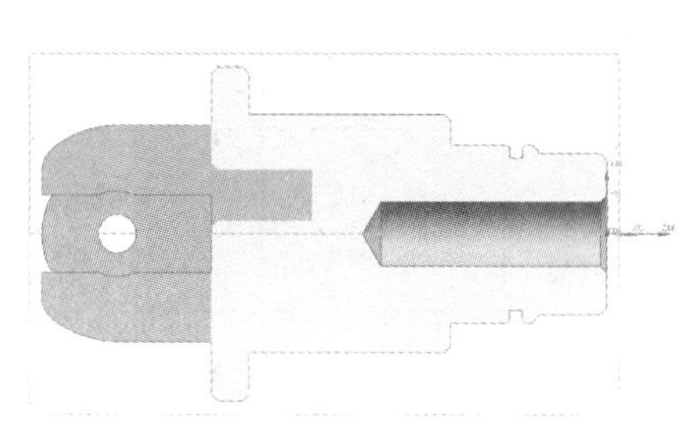

图 8-23　显示毛坯边界

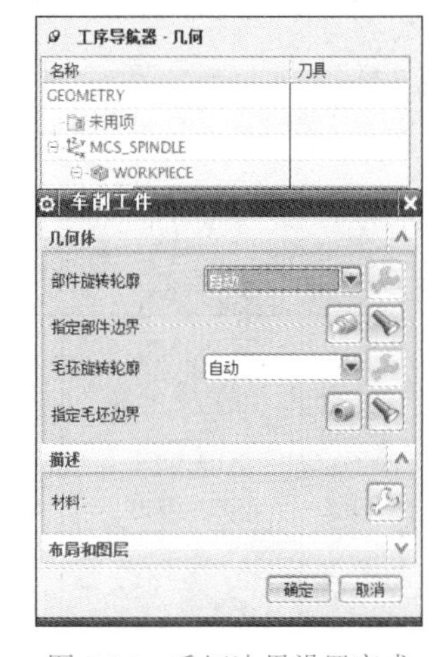

图 8-24　毛坯边界设置完成

图 8-25 所示为加工四方形凸台一端的所有工序，共需要 6 种刀具，13 个工步。其中“TURNING”进行车削端面、车削外圆、卡簧槽、螺纹的加工，共有 10 个工步，使用 5 种刀具；“MCS”进行铣削四方形凸台的加工，共有 3 个工步，使用 2 种刀具。

（3）创建刀具　在图 8-25 中右击“TURNING_WORKPIECE”，单击“插入”→“刀具”（图 8-26）进入“创建刀具”对话框（图 8-27）。根据实际需求选择“类型”和“刀具子类型”并命名，单击“确定”按钮进入“车刀 – 标准”对话框（图 8-28）进行设置，单击“确定”按钮。刀具创建参数见表 8-6。

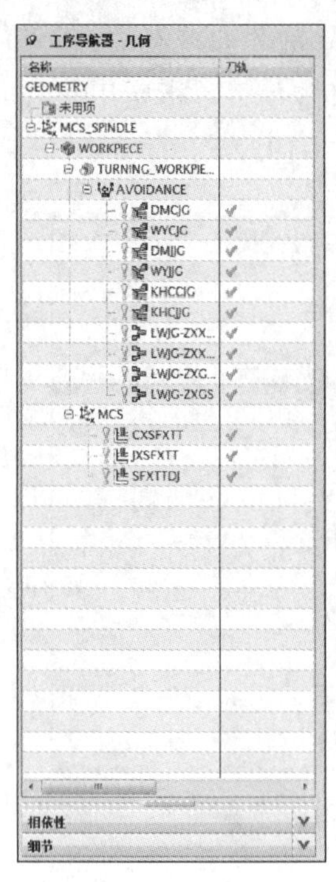

图 8-25 加工工序显示界面

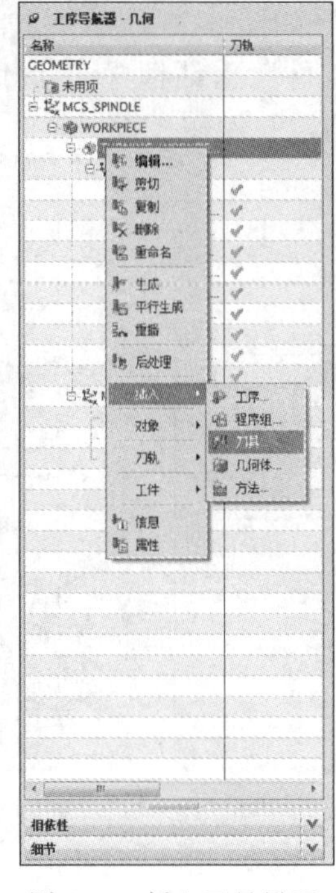

图 8-26 插入刀具界面

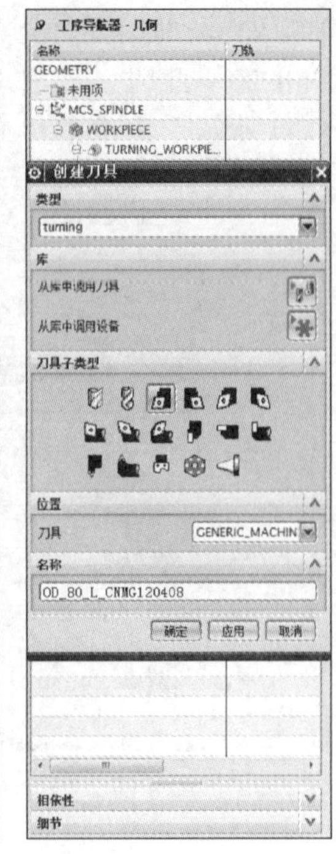

图 8-27 “创建刀具”对话框

图 8-28 车刀参数设置

表 8-6 刀具创建参数

<table>
<tr><th>刀具类型</th><th>刀具子类型</th><th>名称</th><th colspan="8">工具</th></tr>
<tr><td rowspan="3">turning（车削）</td><td rowspan="3">OD_08_L（车刀）</td><td rowspan="3">OD_08_L_CNMG120408</td><td colspan="2">镶块</td><td colspan="2">尺寸</td><td colspan="2">刀片尺寸</td><td colspan="2">更多</td></tr>
<tr><td>刀片形状</td><td>刀片位置</td><td>刀尖半径 /mm</td><td>方向角度 /（°）</td><td>测量</td><td>长度 /mm</td><td>退刀槽角</td><td>厚度代码</td></tr>
<tr><td>C</td><td>顶侧</td><td>0.8</td><td>5</td><td>切削边缘</td><td>12</td><td>N</td><td>04</td></tr>
<tr><td rowspan="3">turning（车削）</td><td rowspan="3">OD_GROOVE_L（槽刀）</td><td rowspan="3">OD_GROOVE_L_W0.8</td><td colspan="2">镶块</td><td colspan="5">尺寸</td><td>更多</td></tr>
<tr><td>刀片形状</td><td>刀片位置</td><td>方向角度 /（°）</td><td>刀片长度 /mm</td><td>刀片宽度 /mm</td><td>半径 /mm</td><td>侧角 /（°）</td><td>厚度 /mm</td></tr>
<tr><td>标准</td><td>顶侧</td><td>90</td><td>12</td><td>0.8</td><td>0.2</td><td>2</td><td>6</td></tr>
<tr><td rowspan="3">turning（车削）</td><td rowspan="3">SPOTDRILLING_TOOL（定心钻）</td><td rowspan="3">SPOTDRILLING_TOOL_D12</td><td colspan="8">尺寸</td></tr>
<tr><td colspan="2">直径 /mm</td><td>刀尖角度 /（°）</td><td colspan="2">长度 /mm</td><td colspan="2">刀刃长度 /mm</td><td>刀刃 / 个</td></tr>
<tr><td colspan="2">12</td><td>90</td><td colspan="2">50</td><td colspan="2">35</td><td>2</td></tr>
</table>

（续）

<table>
<tr><th>刀具类型</th><th>刀具子类型</th><th>名称</th><th colspan="8">工具</th></tr>
<tr><td rowspan="3">turning（车削）</td><td rowspan="3">DRILLING_TOOL（钻头）</td><td rowspan="3">DRILLING_TOOL_D5</td><td colspan="8">尺寸</td></tr>
<tr><td colspan="2">直径 /mm</td><td colspan="2">刀尖角度 /（°）</td><td>长度 /mm</td><td colspan="2">刀刃长度 /mm</td><td>刀刃 / 个</td></tr>
<tr><td colspan="2">5</td><td colspan="2">118</td><td>150</td><td colspan="2">135</td><td>2</td></tr>
<tr><td rowspan="3">hole_making（孔加工）</td><td rowspan="3">TAP（丝锥）</td><td rowspan="3">TAP_M6</td><td colspan="7">尺寸</td><td>描述</td></tr>
<tr><td>直径 / mm</td><td>颈部直径 / mm</td><td>刀尖长度 / mm</td><td>长度 / mm</td><td>刀刃长度 / mm</td><td>刀刃 / 个</td><td>螺距 / mm</td><td>螺纹牙形方法</td></tr>
<tr><td>6</td><td>6</td><td>2</td><td>100</td><td>20</td><td>3</td><td>1</td><td>切削</td></tr>
<tr><td rowspan="3">mill_planar（平面铣）</td><td rowspan="3">MILL（铣刀）</td><td rowspan="3">MILL_D5</td><td colspan="8">尺寸</td></tr>
<tr><td colspan="2">直径 /mm</td><td colspan="2">长度 /mm</td><td colspan="2">刀刃长度 /mm</td><td colspan="2">刀刃 / 个</td></tr>
<tr><td colspan="2">5</td><td colspan="2">75</td><td colspan="2">50</td><td colspan="2">2</td></tr>
</table>

（4）创建避让点　在图 8-25 中右击“TURNING_WORKPIECE”，单击“插入”→“几何体”（图 8-29）进入“创建几何体”对话框（图 8-30），“类型”选择“turning”；“几何体子类型”选择“创建几何体”按钮；单击“位置”→“几何体”，选择“TURNING_WORKPIECE”；“名称”设为“AVOIDANCE”。单击“确定”按钮进入“避让”对话框（图 8-31）。

在图 8-31 中单击“运动到起点（ST）”→“运动类型”，选择“直接”，“点选项”选择“点”；单击“运动到进刀起点”→“运动类型”，选择“直接”；单击“运动到返回点 / 安全平面（RT）”→“运动类型”，选择“直接”，“点选项”选择“与起点相同”。

在图 8-31 中单击“运动到起点（ST）”→“指定点”按钮，进入“点”对话框（图 8-32）。

在图 8-32 中单击“输出坐标”→“参考”，选择“WCS”，“XC”设为“5mm”，“YC”设为“50mm”，“ZC”设为“0mm”。单击“确定”按钮返回到图 8-31。再单击“确定”按钮返回到图 8-25。

（5）创建铣削坐标系　在图 8-25 中右击“WORKPIECE”，单击“插入”→“几何体”（图 8-33）进入“创建几何体”对话框（图 8-34），“类型”选择“mill_planar”；“几何体子类型”选择“坐标系”按钮；单击“位置”→“几何体”，选择“WORKPIECE”；“名称”设为“MCS”。单击“确定”按钮进入“MCS”对话框（图 8-35）。

在图 8-35 中单击“安全设置”→“安全设置选项”，选择“自动平面”，“安全距离”设为“50”。单击“确定”按钮，返回到图 8-25。

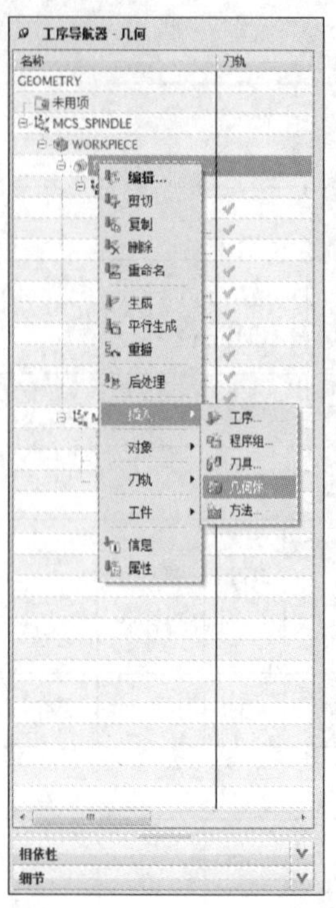

图 8-29　插入几何体界面

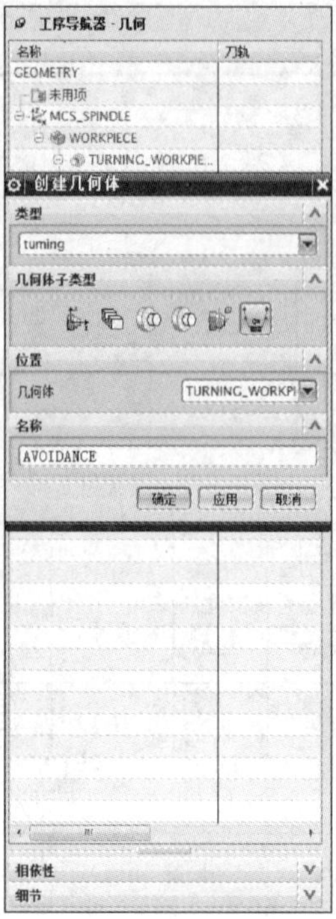

图 8-30　“创建几何体”对话框

图 8-31　“避让”对话框

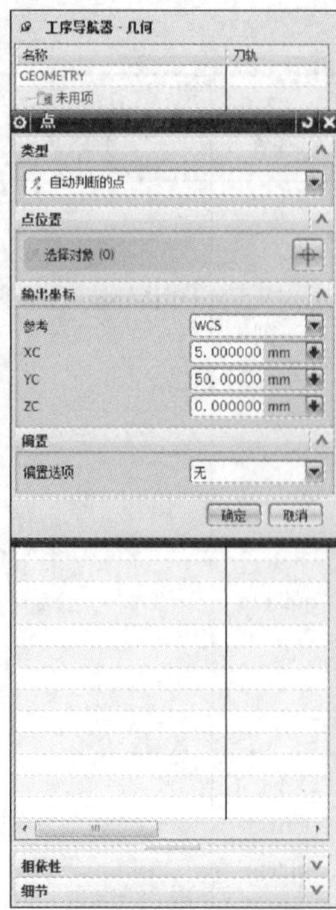

图 8-32　“点”对话框

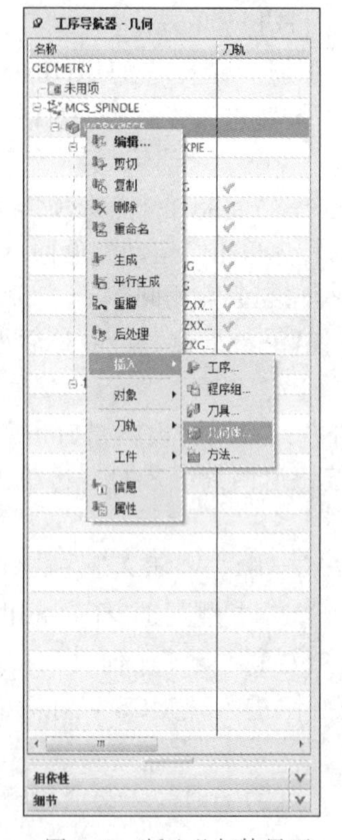

图 8-33　插入几何体界面

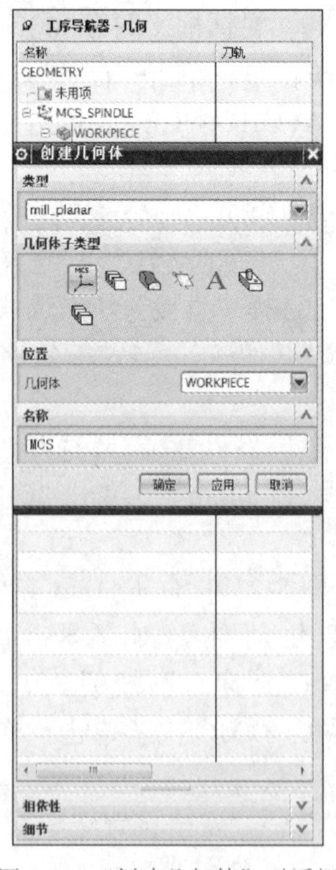

图 8-34　“创建几何体”对话框

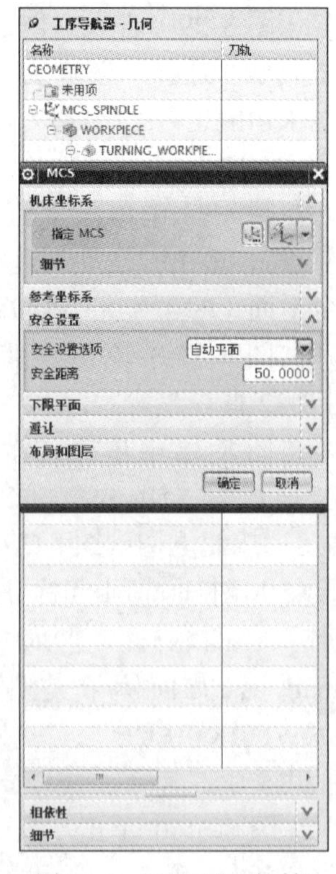

图 8-35　“MCS”对话框

2. 工步

（1）工步 1——端面粗加工操作

工序 1. 工步 1 ～工步 13

1）在图 8-25 中右击“AVOIDANCE”，单击“插入”→“工序”（图 8-36）进入“创建工序”对话框（图 8-37），“类型”选择“turning”；“工序子类型”，选择“面加工”按钮；单击“位置”→“刀具”，选择“OD_80_L_CNMG120408”；单击“位置”→“几何体”，选择“AVOIDANCE”；“名称”设为“DMCJG”。单击“确定”按钮，进入“面加工”对话框（图 8-38）。

图 8-36　插入工序界面

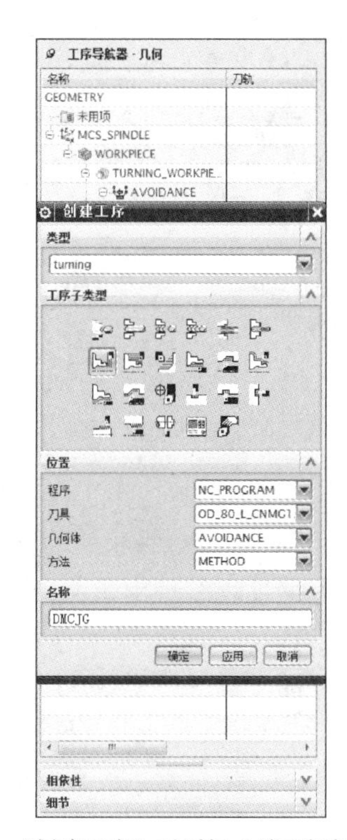

图 8-37　“创建工序”对话框（端面粗加工）

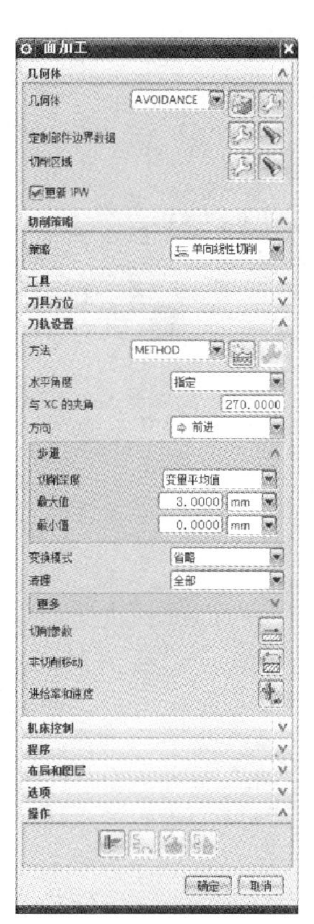

图 8-38　“面加工”对话框

2）在图 8-38 中单击“几何体”→“切削区域”→，显示出切削区域（图 8-39），然后修剪切削区域。

在图 8-38 中单击“几何体”→“切削区域”→，进入“切削区域”对话框（图 8-40），单击“轴向修剪平面 1”→“限制选项”，选择“点”；单击“轴向修剪平面 1”→“指定点”，选择图 8-41 中工件右端面上任意一点，此时切削区域改变（图 8-41）。单击“确定”按钮返回到图 8-38。

3）在图 8-42 中单击“切削策略”→“策略”，选择“单向线性切削”；单击“工具”→“刀具”，选择“OD_08_L_CNMG120408”；单击“刀轨设置”→“方法”，选择“LATHE_ROUGH”（车削粗加工）；单击“步进”→“切削深度”，选择“恒定”；单击“步进”→“深度”，设为“1mm”；单击“变换模式”，选择“省略”；单击“清理”，选择“全部”。

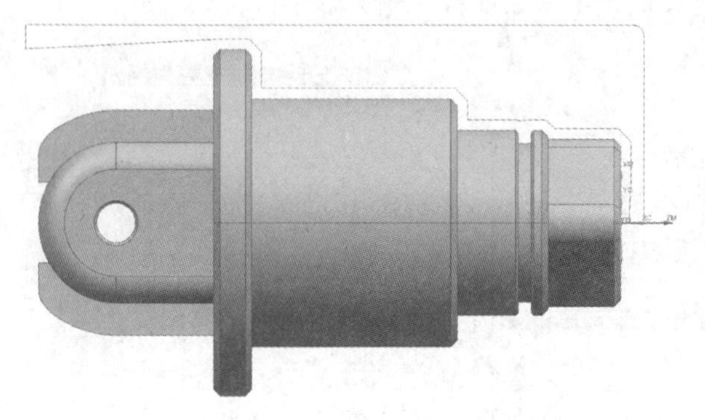

图 8-39　切削区域（设置前）

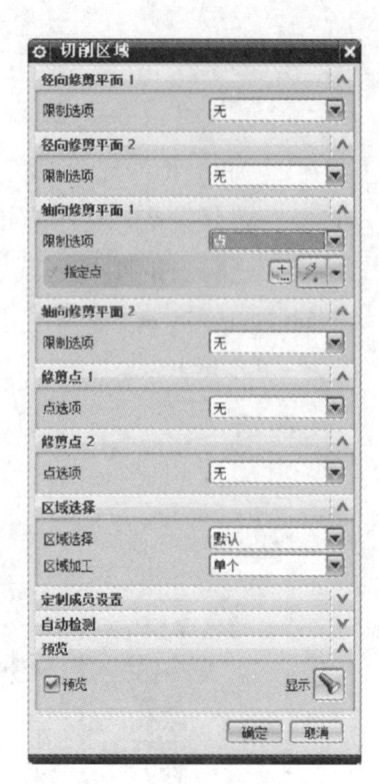

图 8-40　“切削区域”对话框

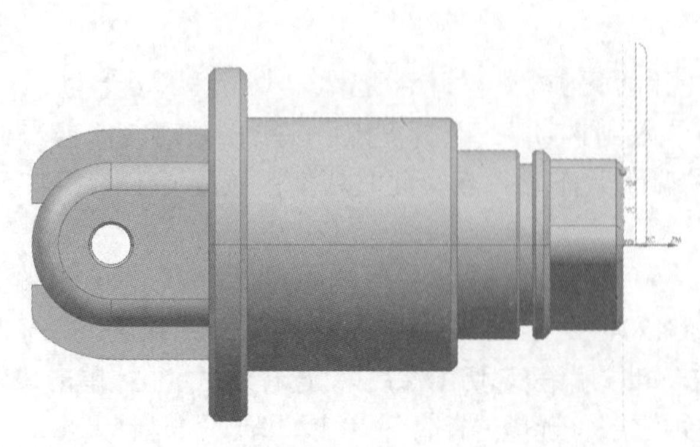

图 8-41　切削区域（设置后）

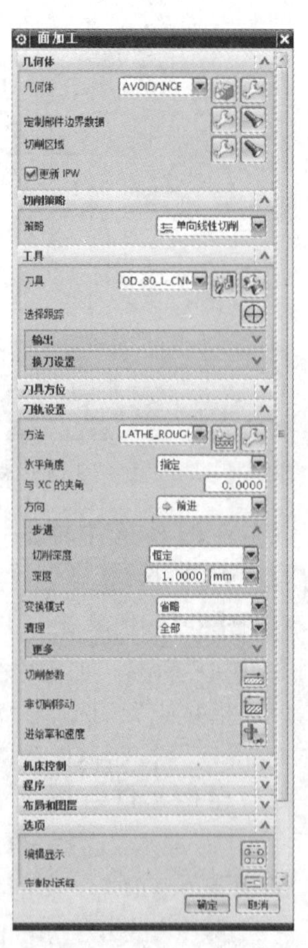

图 8-42　“面加工”对话框

4）在图 8-42 中单击“切削参数”按钮进入“切削参数”对话框（图 8-43），单击“余量”→“粗加工余量”→“恒定”，设为“0.2”，单击“确定”按钮返回到图 8-42。

在图 8-42 中单击“非切削移动”按钮进入“非切削移动”对话框（图 8-44），单击“进刀”→“毛坯”→“安全距离”，设为“1”，单击“确定”按钮返回到图 8-42。

在图 8-42 中单击“进给率和速度”按钮进入“进给率和速度”对话框（图 8-45），单击“主轴速度”→“输出模式”，选择“SMM”（米 / 分钟）；单击“主轴速度”→“表面速度（smm）”，设为“200”；单击“主轴速度”，勾选“最大 RPM”复选按钮，设为“2500”；单击“进给率”→“切削”，设为“0.2”，选择“mmpr”（每转进给），单击“确定”按钮返回到图 8-42。

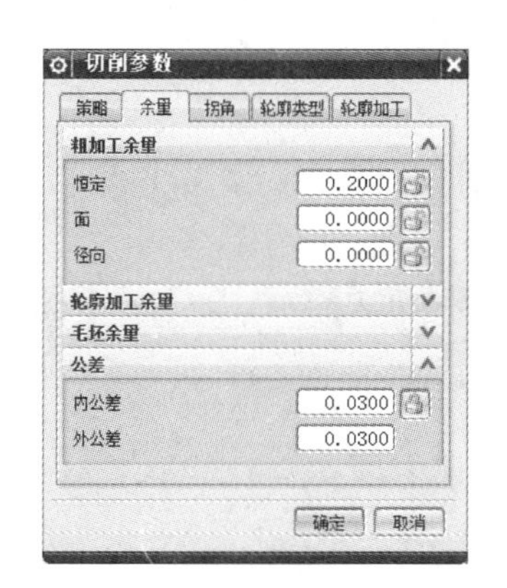

图 8-43　“切削参数”对话框

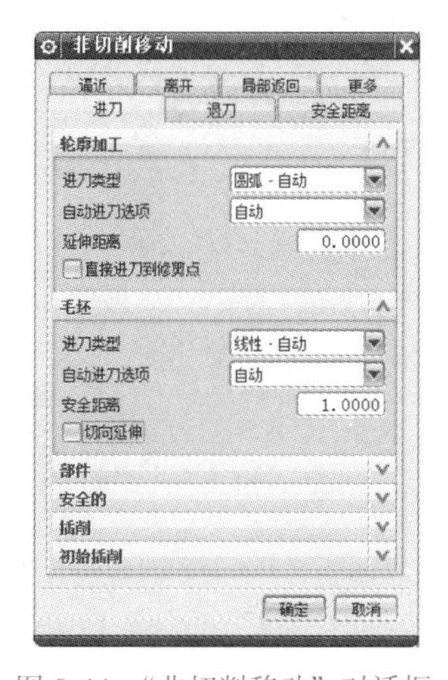

图 8-44　“非切削移动”对话框

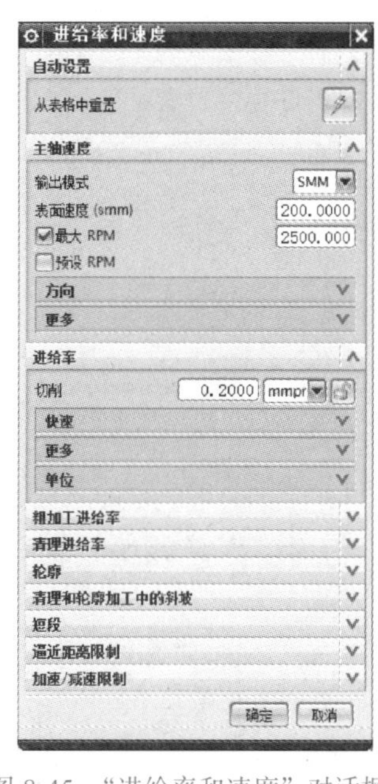

图 8-45　“进给率和速度”对话框

5）生成刀轨。在图 8-38 中单击“生成”按钮，生成刀具轨迹，此时图 8-38 中“确认”按钮点亮。

在图 8-38 中单击“确认”按钮进入“刀轨可视化”对话框（图 8-46），选择“重播”；单击“显示选项”→“刀具”，选择“实体”；勾选“2D 材料移除”复选按钮；“动画速度”设为“1”，单击按钮模拟加工，如图 8-47 所示。单击“确定”按钮返回到图 8-38。再单击“确定”按钮（图 8-38）返回到图 8-25。

（2）工步 2——外圆粗加工操作

1）在图 8-25 中右击“AVOIDANCE”，单击“插入”→“工序”（图 8-36）进入“创建工序”对话框（图 8-48），“类型”选择“turning”；“工序子类型”选择“外侧粗车”按钮；单击“位置”→“刀具”，选择“OD_80_L_CNMG120408”；单击“位置”→“几何体”，选择“AVOIDANCE”；“名称”，设为“WYCJG”。单击“确定”按钮进入“外侧粗车”对话框（图 8-49）。

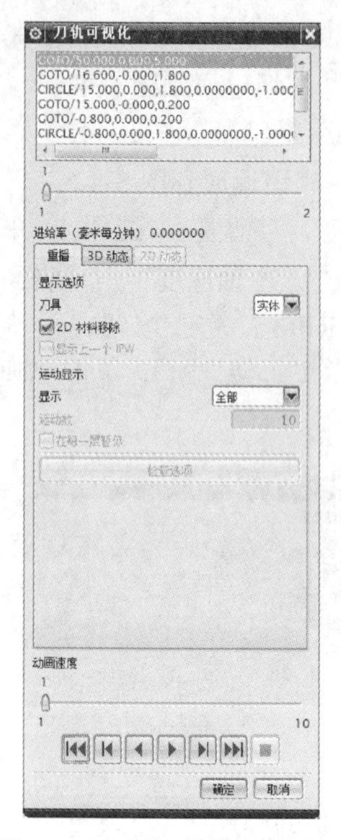

图 8-46 “刀轨可视化”对话框

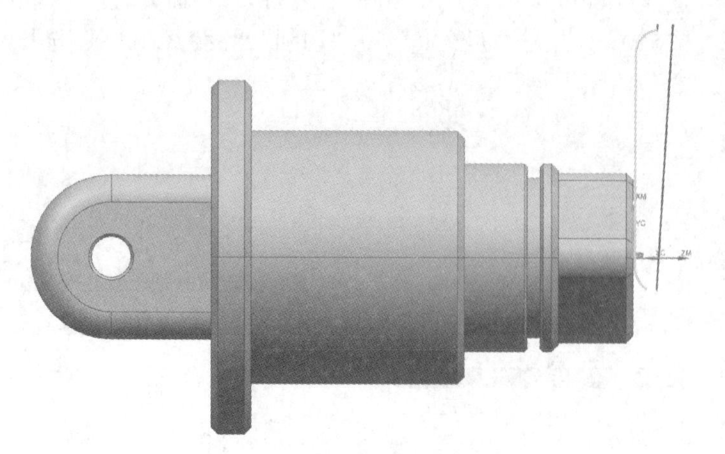

图 8-47 刀具可视化路径

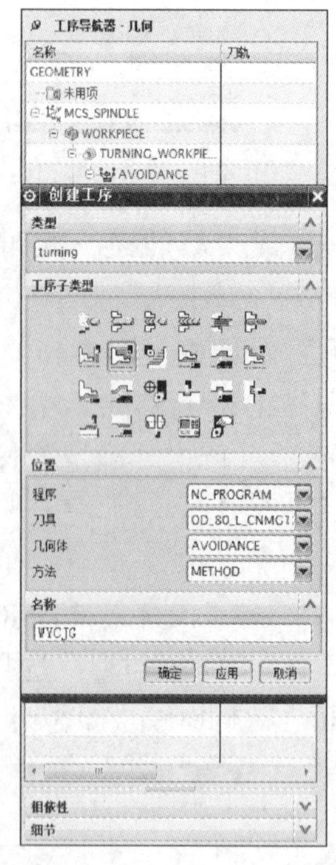

图 8-48 “创建工序”对话框（外圆粗加工）

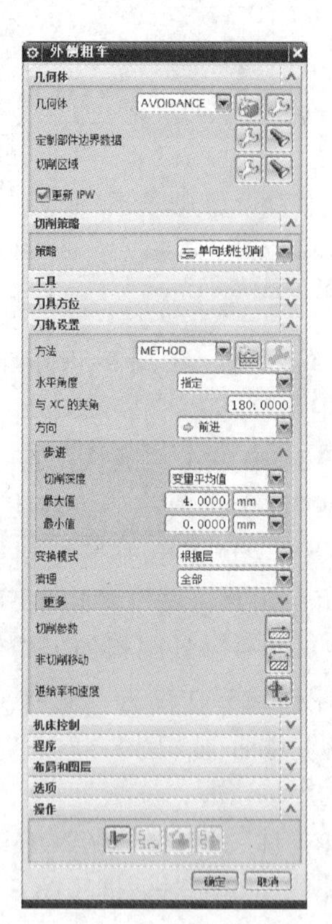

图 8-49 “外侧粗车”对话框

2）在图 8-49 中单击“几何体”→“切削区域”→，显示出切削区域（图 8-50），然后修剪切削区域。

在图 8-49 中单击“几何体”→“切削区域”→，进入“切削区域”对话框（图 8-51），单击“修剪点 1”→“点选项”，选择“指定”；单击“修剪点 1”→“指定点”，选择点 TP1（图 8-52）；单击“修剪点 1”→“延伸距离”，设为“0.5”；单击“修剪点 1”→“角度选项”，选择“角度”；单击“修剪点 1”→“指定角度”，设为“135”；单击“修剪点 2”→“点选项”，选择“指定”；单击“修剪点 2”→“指定点”，选择点 TP2（图 8-52）；单击“修剪点 2”→“延伸距离”，设为“0.5”；单击“修剪点 2”→“角度选项”，选择“角度”；单击“修剪点 2”→“指定角度”，设为“ –45”，此时切削区域发生改变（图 8-52）。单击“确定”按钮，返回到图 8-49。

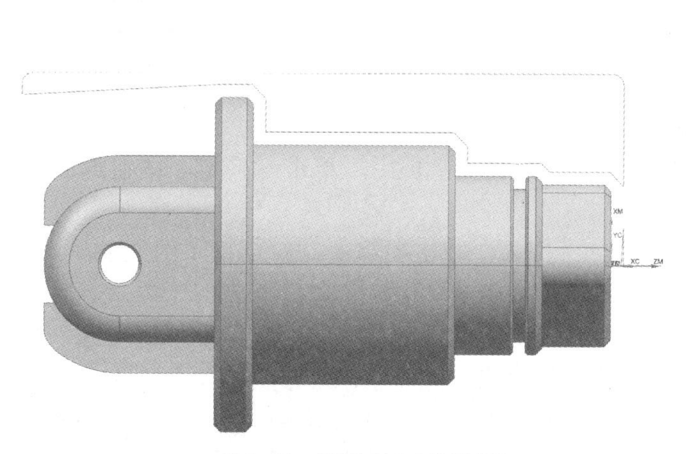

图 8-50　切削区域（设置前）

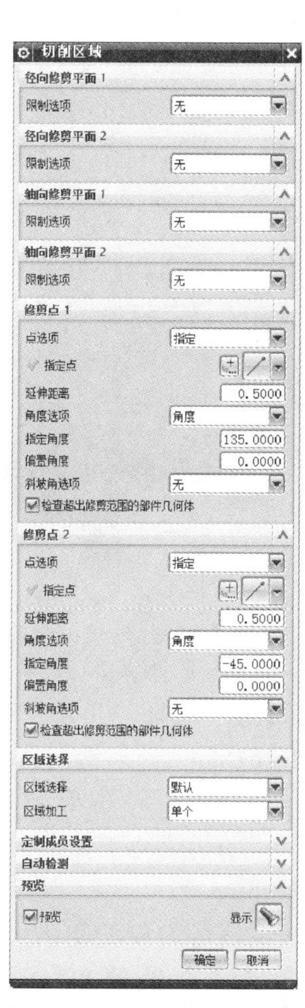

图 8-51　“切削区域”对话框

3）在图 8-53 中单击“切削策略”→“策略”，选择“单向线性切削”；单击“工具”→“刀具”，选择“ OD_80_L_CNMG120408”；单击“刀轨设置”→“方法”，选择“ LATHE_ROUGH”（车削粗加工）；单击“步进”→“切削深度”，选择“恒定”；单击“步进”→“深度”，设为“1mm”；单击“变换模式”，选择“省略”；单击“清理”，选择“全部”。

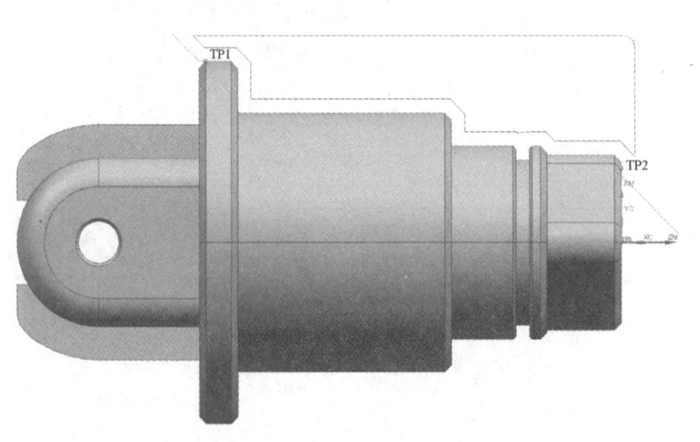

图 8-52　切削区域（设置后）

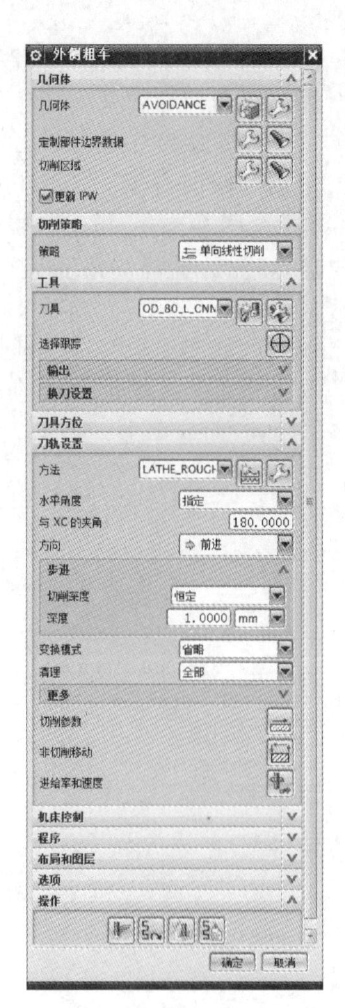

图 8-53　“外侧粗车”对话框

4）在图 8-53 中单击“切削参数”按钮进入“切削参数”对话框（图 8-54），单击“余量”标签，单击“粗加工余量”→“恒定”，设为“0.2”。单击“确定”按钮返回到图 8-53。

在图 8-53 中单击“非切削移动”按钮进入“非切削移动”对话框（图 8-55），单击“进刀”标签，单击“毛坯”→“安全距离”，设为“0.2”。单击“确定”按钮返回到图 8-53。

在图 8-53 中单击“进给率和速度”按钮进入“进给率和速度”对话框（图 8-56），单击“主轴速度”→“输出模式”，选择“SMM”（米/分钟）；单击“主轴速度”→“表面速度（smm）”，设为“200”；单击“主轴速度”，勾选“最大 RPM”复选按钮，设为“2500”；单击“进给率”→“切削”，设为“0.2”，选择“mmpr”（每转进给）。单击“确定”按钮返回到图 8-53。

5）在图 8-49 中单击“生成”按钮，生成刀具轨迹，此时图 8-49 中“确认”按钮点亮。

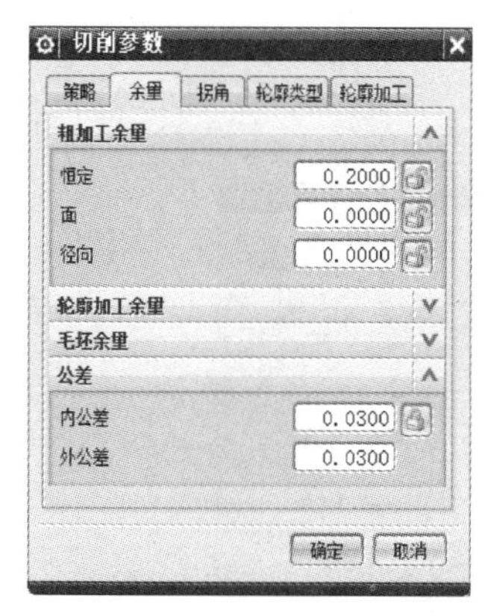

图 8-54　“切削参数”对话框

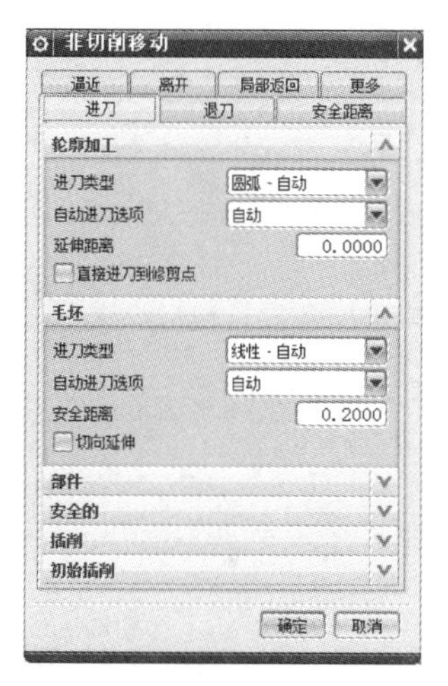

图 8-55　“非切削移动”对话框

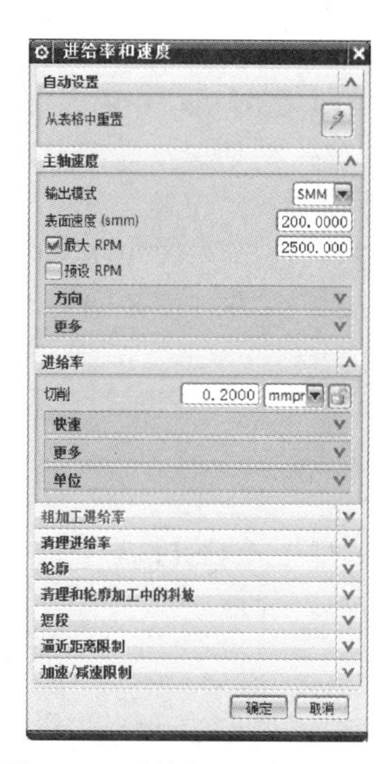

图 8-56　“进给率和速度”对话框

在图 8-49 中单击“确认”按钮进入“刀轨可视化”对话框（图 8-57），单击“重播”；单击“显示选项”→“刀具”，选择“实体”；勾选“2D 材料移除”复选按钮；“动画速度”设为“1”，单击“模拟加工”按钮，如图 8-58 所示。单击“确定”按钮，返回到图 8-49。再单击“确定”按钮，返回到图 8-25。

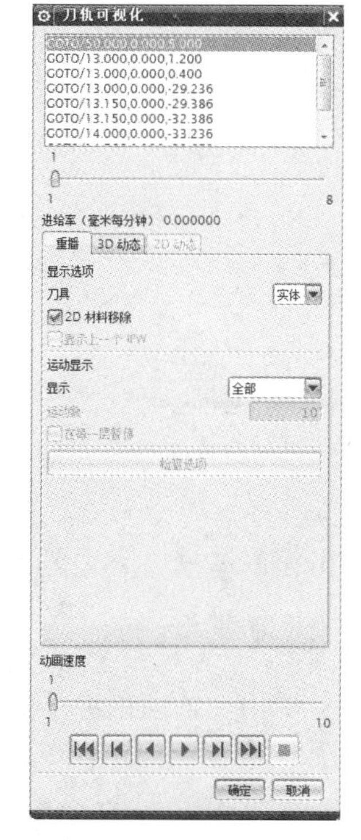

图 8-57　“刀轨可视化”对话框

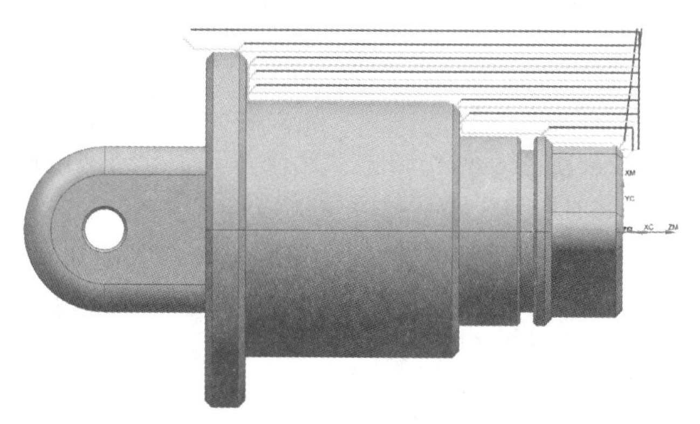

图 8-58　刀具可视化路径

（3）工步 3——端面精加工操作

1）在图 8-25 中右击“AVOIDANCE”，单击“插入”→“工序”（图 8-36）进入“创建工序”对话框（图 8-59），“类型”选择“turning”；“工序子类型”选择“面加工”按钮；单击“位置”→“刀具”，选择“OD_80_L_CNMG120408”；单击“位置”→“几何体”，选择“AVOIDANCE”；“名称”设为“DMJJG”。单击“确定”按钮，进入“面加工”对话框（图 8-60）。

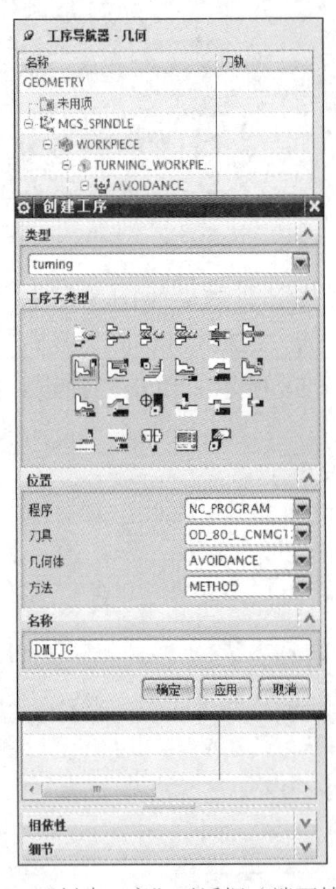

图 8-59 “创建工序”对话框（端面精加工）

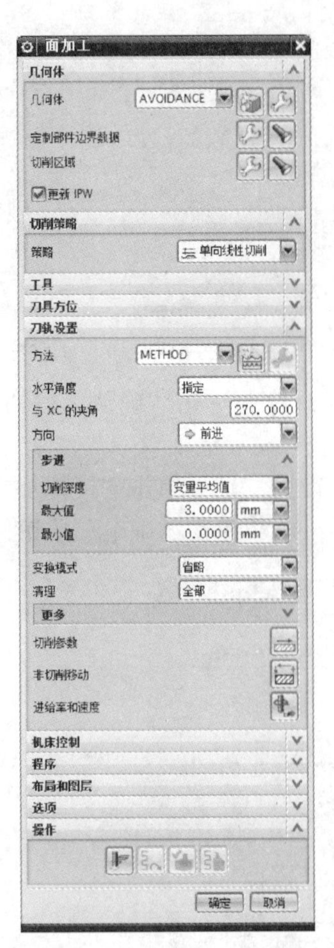

图 8-60 “面加工”对话框

2）在图 8-60 中单击“几何体”→“切削区域”→，显示出切削区域（图 8-61），然后修剪切削区域。

在图 8-60 中单击“几何体”→“切削区域”→，进入“切削区域”对话框（图 8-62），单击“轴向修剪平面 1”→“限制选项”，选择“点”；单击“轴向修剪平面 1”→“指定点”，选择图 8-63 中工件右端面上任意一点，此时切削区域改变（图 8-63）。单击“确定”按钮返回到图 8-60。

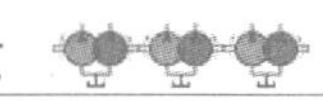

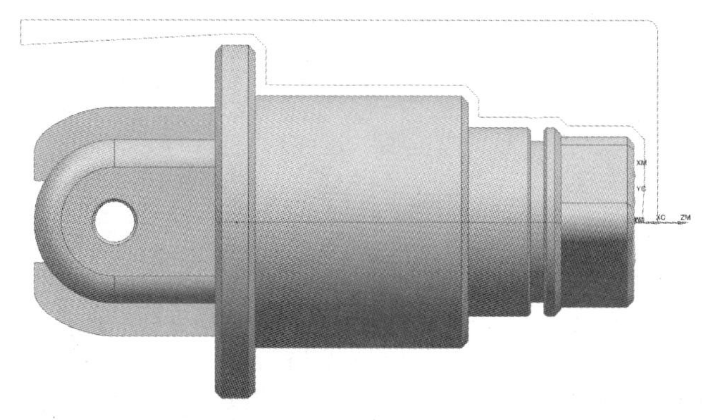
图 8-61　切削区域（设置前）

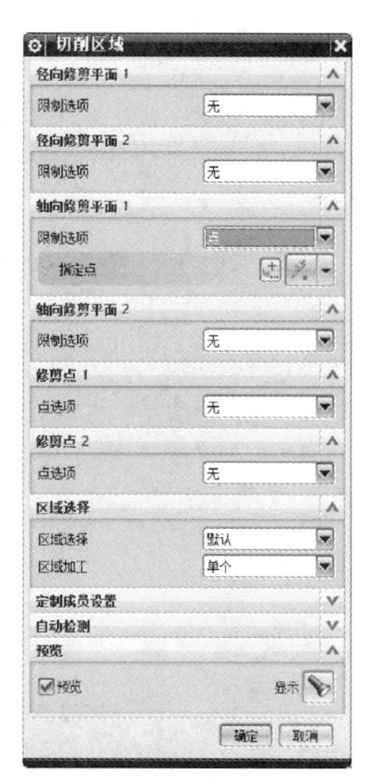

图 8-62　“切削区域”对话框

3）在图 8-64 中单击“切削策略”→“策略”，选择“单向线性切削”；单击“工具”→“刀具”，选择“OD_80_L_CNMG120408”；单击“刀轨设置”→“方法”，选择“LATHE_FINISH”（车削精加工）；单击“步进”→“切削深度”，选择“恒定”；单击“步进”→“深度”，设为“1mm”；单击“变换模式”，选择“省略”；单击“清理”，选择“全部”。

4）在图 8-64 中单击“切削参数”按钮进入“切削参数”对话框（图 8-65），单击“余量”标签，单击“粗加工余量”→“恒定”，设为“0”。单击“确定”按钮返回到图 8-64。

在图 8-64 中单击“非切削移动”按钮进入“非切削移动”对话框（图 8-66），单击“进刀”标签，单击“毛坯”→“安全距离”，设为“1”。单击“确定”按钮返回到图 8-64。

在图 8-64 中单击“进给率和速度”按钮进入“进给率和速度”对话框（图 8-67），单击“主轴速度”→“输出模式”，选择“SMM”（米 / 分钟）；单击“主轴速度”→“表面速度（smm）”，设为“260”；单击“主轴速度”，勾选“最大 RPM”复选按钮，设为“2500”；单击“进给率”→“切削”，设为“0.1”，选择“mmpr”（每转进给）。单击“确定”按钮返回到图 8-64。

5）在图 8-60 中单击“生成”按钮，生成刀具轨迹，此时图 8-60 中“确认”按钮点亮。

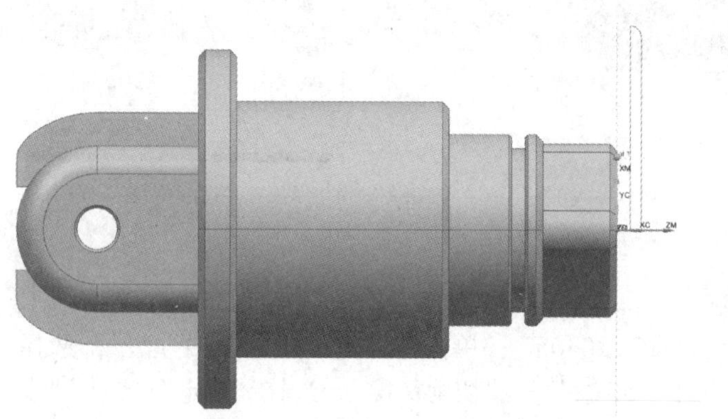

图 8-63　切削区域（设置后）

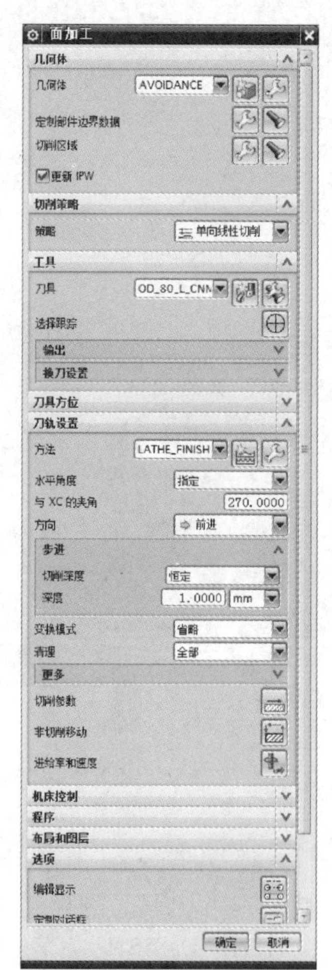

图 8-64　“面加工”对话框

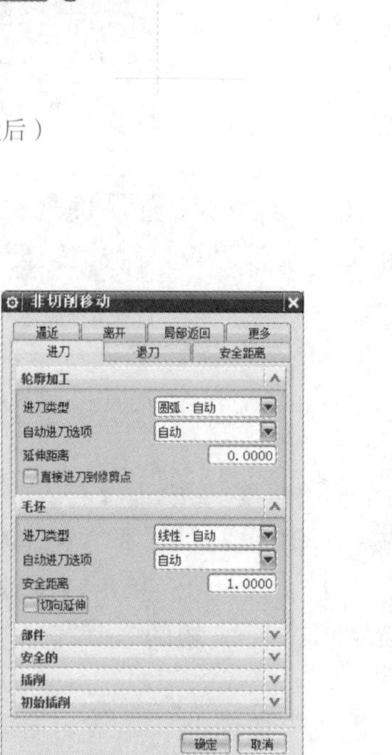

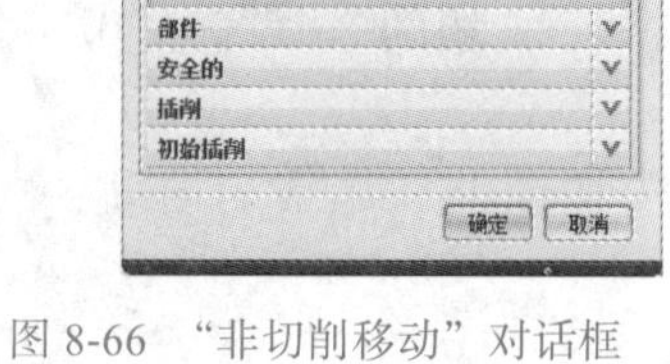

图 8-65　“切削参数”对话框

图 8-66　“非切削移动”对话框

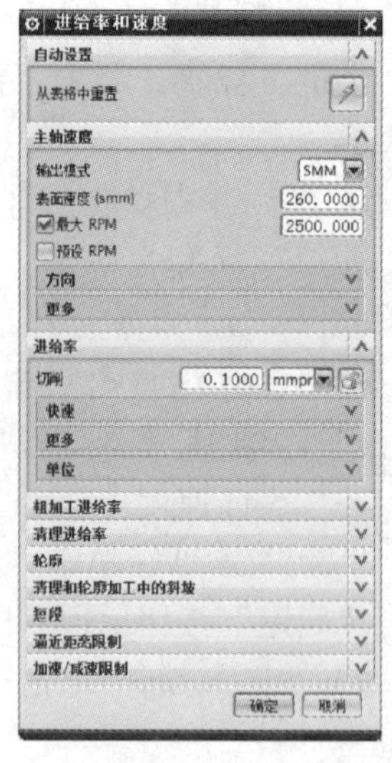

图 8-67　“进给率和速度”对话框

在图 8-60 中单击“确认”按钮，进入“刀轨可视化”对话框（图 8-68），单击“重播”；单击“显示选项”→“刀具”，选择“实体”；勾选“2D 材料移除”复选按钮；“动画速度”设为“1”，单击“模拟加工”按钮，如图 8-69 所示。单击“确定”按钮，返回到图 8-60。再单击“确定”按钮，返回到图 8-25。

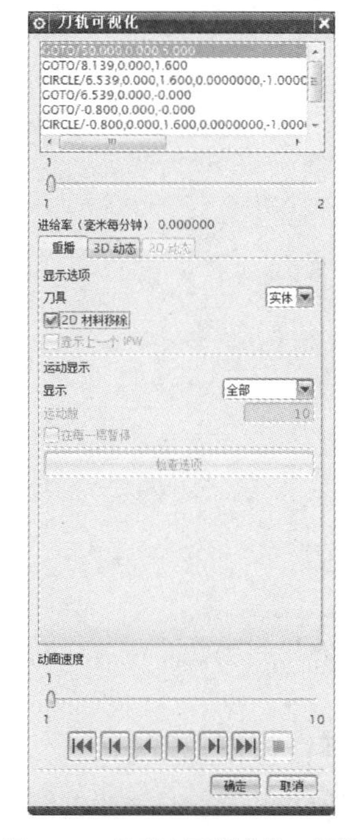

图 8-68　“刀轨可视化”对话框

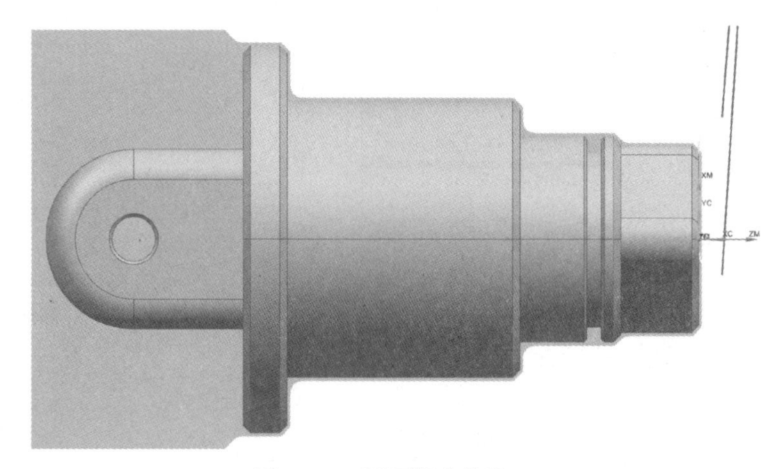

图 8-69　刀具可视化路径

（4）工步 4——外圆精加工操作

1）在图 8-25 中右击“AVOIDANCE”，单击“插入”→“工序”（图 8-36）进入“创建工序”对话框（图 8-70），“类型”选择“turning”；“工序子类型”选择“外侧精车”按钮；单击“位置”→“刀具”，选择“OD_80_L_CNMG120408”；单击“位置”→“几何体”，选择“AVOIDANCE”；“名称”设为“WYJJG”。单击“确定”按钮，进入“外侧精车”对话框（图 8-71）。

2）在图 8-71 中单击“几何体”→“切削区域”→，显示出切削区域（图 8-72），然后修剪切削区域。

在图 8-71 中单击“几何体”→“切削区域”→，进入“切削区域”对话框（图 8-73），单击“修剪点 1”→“点选项”，选择“指定”；单击“修剪点 1”→“指定点”，选择点 TP1（图 8-74）；单击“修剪点 1”→“延伸距离”，设为“0.5”；单击“修剪点 1”→“角度选项”，选择“角度”；单击“修剪点 1”→“指定角度”，设为“135”；单击“修剪点 2”→“点选项”，选择“指定”；单击“修剪点 2”→“指定点”，选择点 TP2（图 8-74）；单击“修剪点 2”→“延伸距离”，设为“0.5”；单击“修剪点 2”→“角度选项”，选择“角度”；单击“修剪点 2”→“指定角度”，设为“-45”。此时切削区域改变（图 8-74）。单击“确定”按钮，返回到图 8-71。

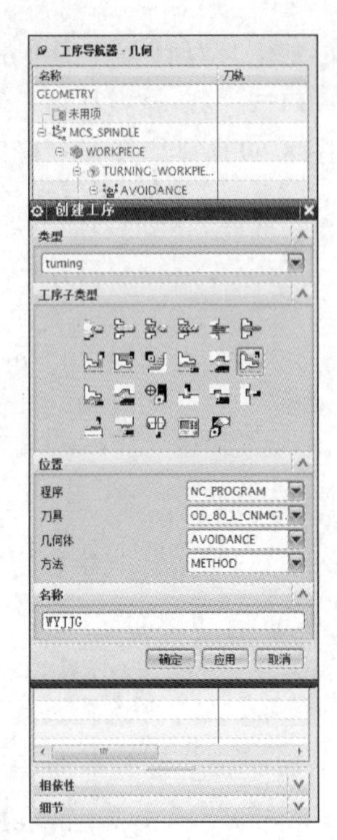

图 8-70 “创建工序”对话框（外圆精加工）

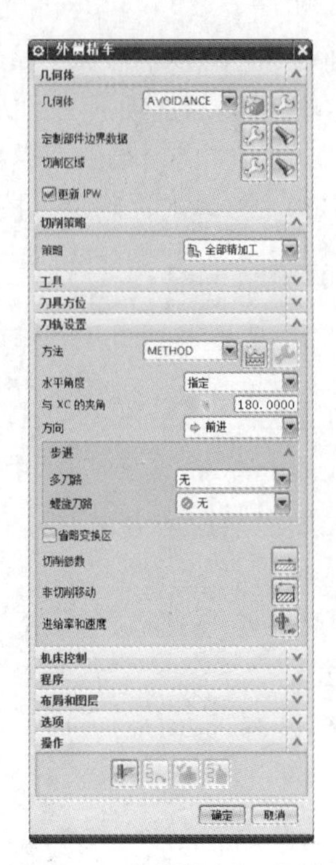

图 8-71 “外侧精车”对话框

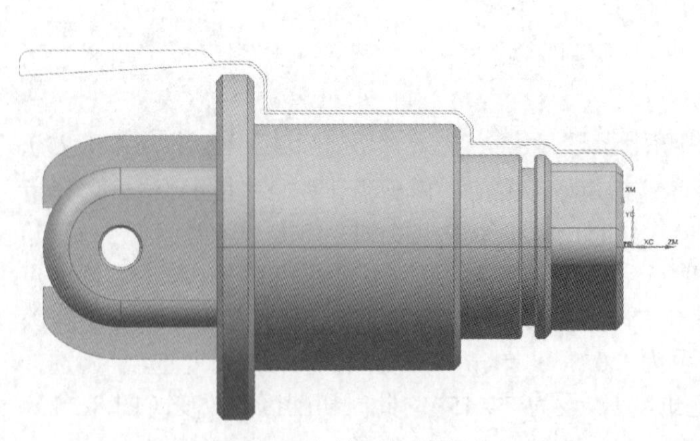

图 8-72 切削区域（设置前）

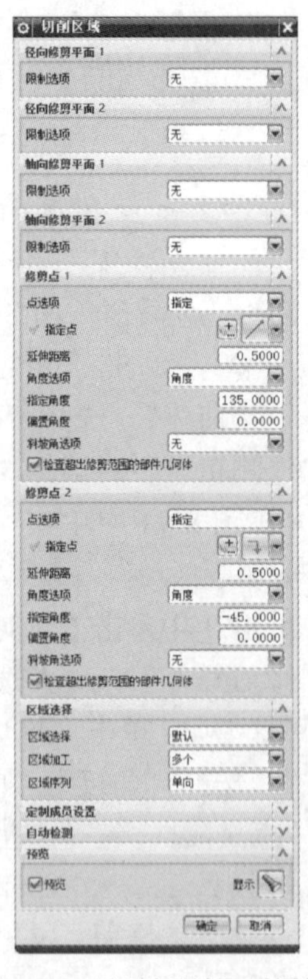

图 8-73 “切削区域”对话框

3）在图 8-75 中单击“切削策略”→“策略”，选择“全部精加工”；单击“工具”→“刀具”，选择“OD_80_L_CNMG120408”；单击“刀轨设置”→“方法”，选择“LATHE_FINISH”（车削精加工）；单击“步进”→“多刀路”，选择“无”；单击“步进”→“螺旋刀路”，选择“无”；勾选“省略变换区”复选按钮。

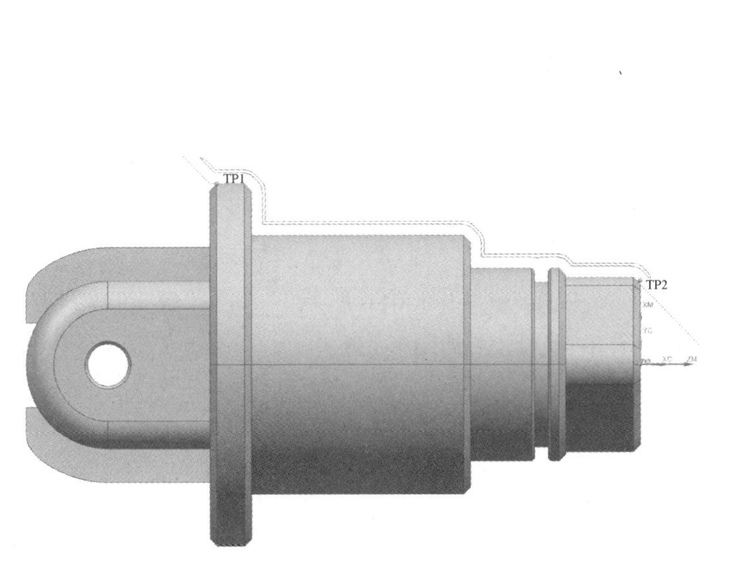

图 8-74　切削区域（设置后）

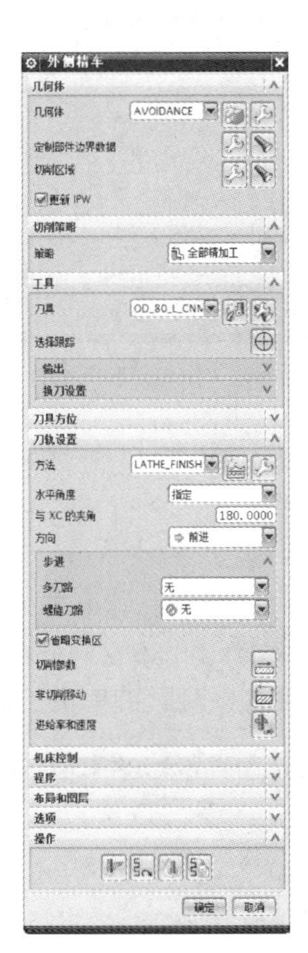

图 8-75　“外侧精车”对话框

4）在图 8-75 中单击“切削参数”按钮进入“切削参数”对话框（图 8-76），单击“余量”标签，单击“精加工余量”→“恒定”，设为“0”。单击“确定”按钮，返回到图 8-75。

在图 8-75 中单击“非切削移动”按钮进入“非切削移动”对话框（图 8-77），单击“进刀”标签，单击“轮廓加工”→“进刀类型”，选择“线性”；单击“轮廓加工”→“角度”，设为“135”；单击“轮廓加工”→“长度”，设为“1”。单击“确定”按钮返回到图 8-75。

在图 8-75 中单击“进给率和速度”按钮进入“进给率和速度”对话框（图 8-78），单击“主轴速度”→“输出模式”，选择“SMM”（米 / 分钟）；单击“主轴速度”→“表面速度（smm）”，设为“260”；单击“主轴速度”，勾选“最大 RPM”复选按钮，设为“2500”；单击“进给率”→“切削”，设为“0.1”，选择“mmpr”（每转进给）。单击“确定”按钮返回到图 8-75。

图 8-76 “切削参数”对话框

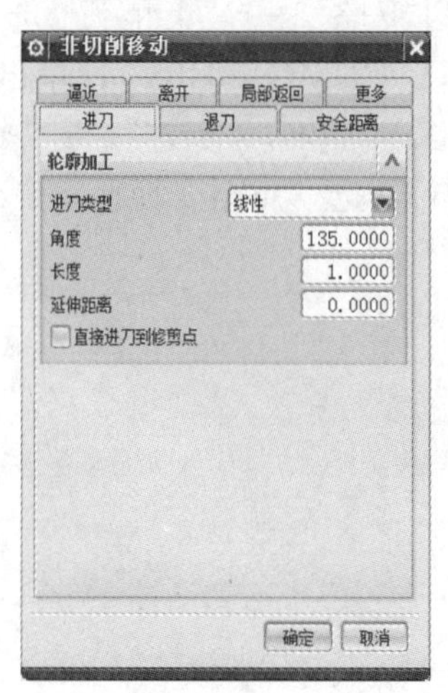

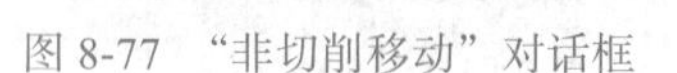

图 8-77 “非切削移动”对话框

图 8-78 “进给率和速度”对话框

5）在图 8-71 中单击“生成”按钮，生成刀具轨迹，此时图 8-71 中“确认”按钮点亮。

在图 8-71 中单击“确认”按钮，进入“刀轨可视化”对话框（图 8-79），单击“重播”；单击“显示选项”→“刀具”，选择“实体”；勾选“2D 材料移除”复选按钮；“动画速度”设为“1”，单击“模拟加工”按钮，如图 8-80 所示。单击“确定”按钮，返回到图 8-71。再单击“确定”按钮（图 8-71）返回到图 8-25。

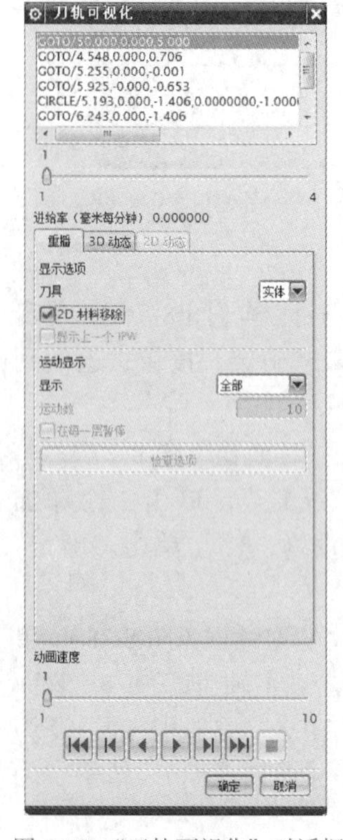

图 8-79 “刀轨可视化”对话框

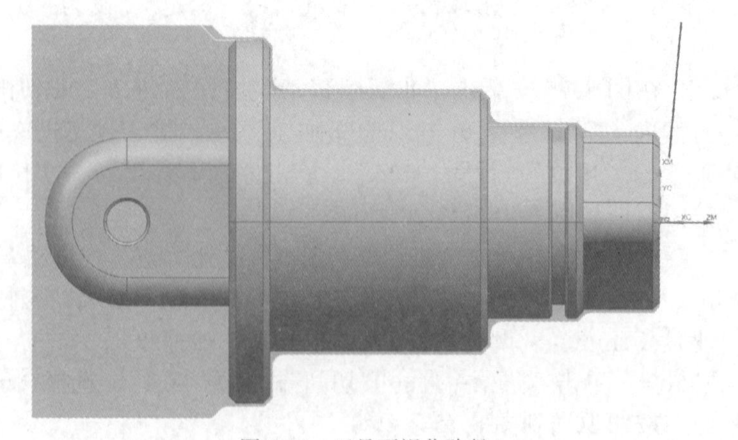

图 8-80 刀具可视化路径

（5）工步 5——卡簧槽粗加工操作

1）在图 8-25 中右击“AVOIDANCE”，单击“插入”→“工序”（图 8-36）进入“创建工序”对话框（图 8-81），“类型”选择“turning”；“工序子类型”选择“外侧开槽”按钮；单击“位置”→“刀具”，选择“OD_GROOVE_L_W0.8”；单击“位置”→“几何体”，选择“AVOIDANCE”；“名称”设为“KHCCJG”。单击“确定”按钮（图 8-81）进入“外侧开槽”对话框（图 8-82）。

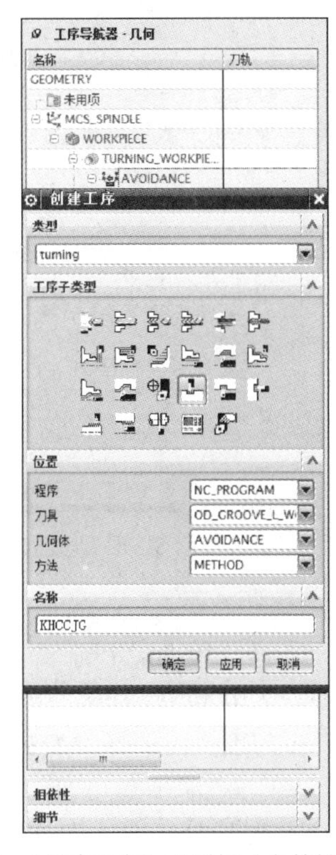

图 8-81　“创建工序”对话框（卡簧槽粗加工）

图 8-82　“外侧开槽”对话框

2）在图 8-82 中单击“几何体”→“切削区域”→，显示出切削区域（图 8-83），然后修剪切削区域。

在图 8-82 中单击“几何体”→“切削区域”→，进入“切削区域”对话框（图 8-84），单击“修剪点 1”→“点选项”，选择“指定”；单击“修剪点 1”→“指定点”，选择 TP1（图 8-85）；单击“修剪点 1”→“延伸距离”，设为“0”；单击“修剪点 1”→“角度选项”，选择“自动”；单击“修剪点 1”→“斜坡角选项”，选择“无”；单击“修剪点 2”→“点选项”，选择“指定”；单击“修剪点 2”→“指定点”，选择 TP2（图 8-85）；单击“修剪点 2”→“延伸距离”，设为“0”；单击“修剪点 2”→“角度选项”，选择“自动”；单击“修剪点 2”→“斜坡角选项”，选择“无”。此时切削区域改变（图 8-85）。单击“确定”按钮返回到图 8-82。

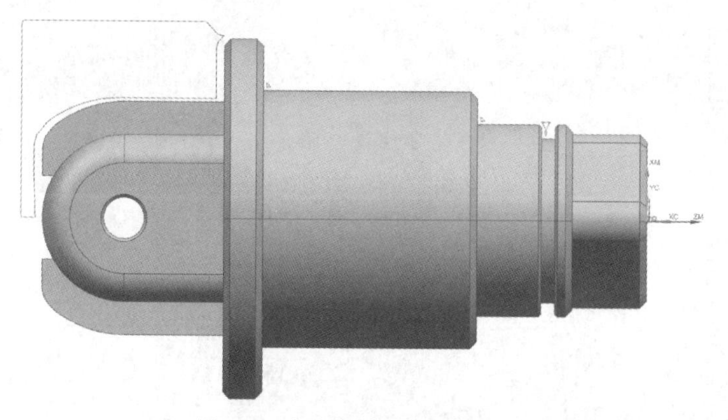

图 8-83　切削区域（设置前）

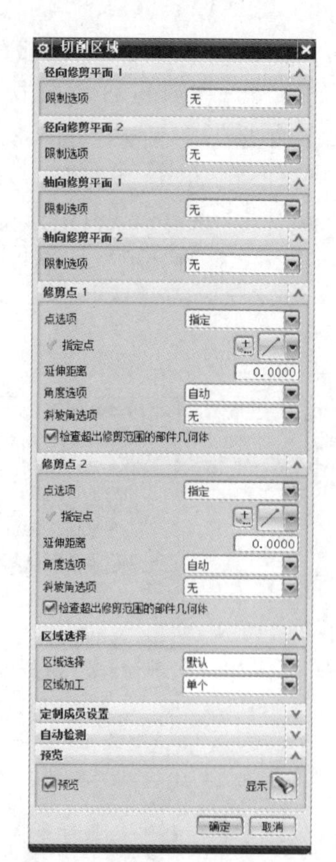

图 8-84　“切削区域”对话框

3）在图 8-86 中单击“切削策略”→“策略”，选择“单向插削”；单击“工具”→“刀具”，选择“OD_GROOVE_L_W0.8”；单击“刀轨设置”→“方法”，选择“LATHE_GROOVE”（车削沟槽加工）；单击“步进”→“步距”，选择“变量平均值”；单击“步进”→“最大值”，设为“75”，选择“% 刀具”；单击“清理”，选择“仅向下”。

4）在图 8-86 中单击“切削参数”按钮进入“切削参数”对话框（图 8-87）。单击“余量”标签→单击“粗加工余量”→“恒定”，设为“0.05”。单击“确定”按钮返回到图 8-86。

在图 8-86 中单击“非切削移动”按钮进入“非切削移动”对话框（图 8-88）。单击“进刀”标签，单击“插削”→“安全距离”，设为“0.2”。单击“退刀”标签（图 8-89），单击“轮廓加工”→“退刀类型”，选择“线性”；单击“轮廓加工”→“角度”，设为“90”；单击“轮廓加工”→“长度”，设为“2”。单击“确定”按钮返回到图 8-86。

在图 8-86 中单击“进给率和速度”按钮进入“进给率和速度”对话框（图 8-90），单击“主轴速度”→“输出模式”，选择“RPM”（转 / 分钟）；勾选“主轴速度”复选按钮，设为“500”；单击“进给率”→“切削”，设为“0.1”，选择“mmpr”（每转进给）。单击“确定”按钮返回到图 8-86。

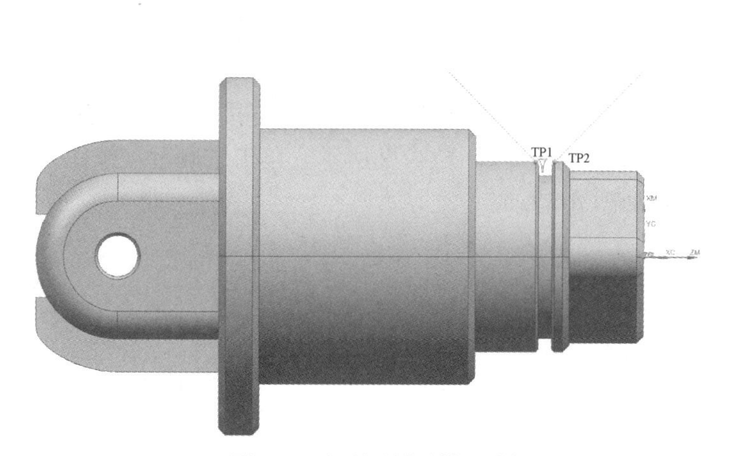

图 8-85　切削区域（设置后）

图 8-86　“外侧开槽”对话框

图 8-87　“切削参数”对话框

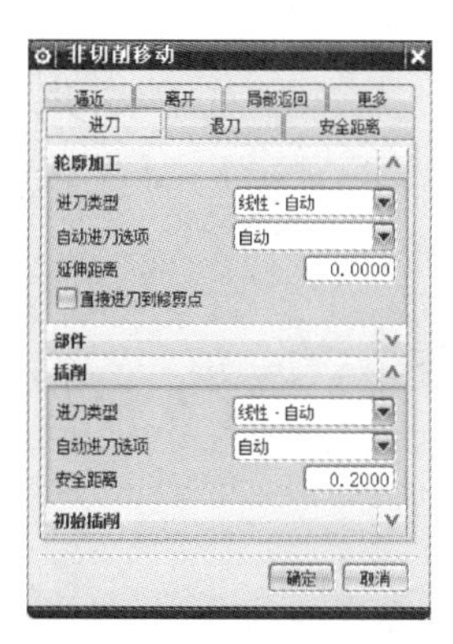

图 8-88　“非切削移动”对话框（进刀）

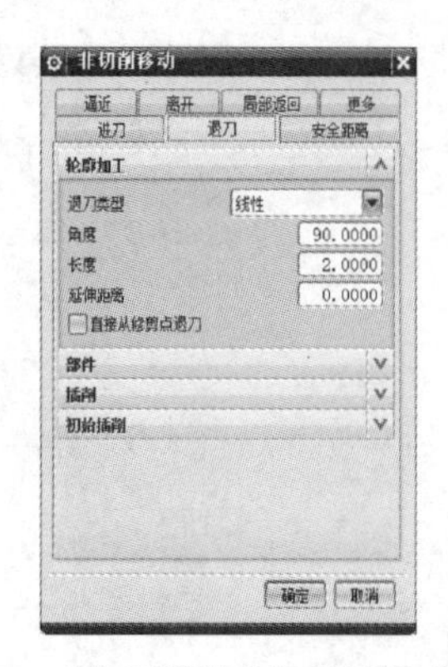

图 8-89 “非切削移动”对话框（退刀）

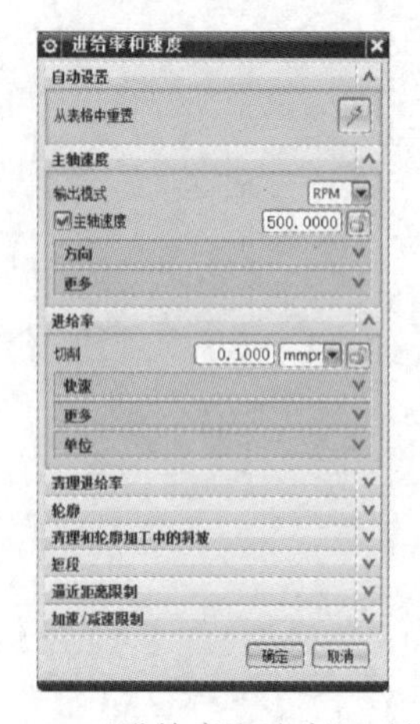

图 8-90 “进给率和速度”对话框

5）在图 8-82 中单击“生成”按钮，生成刀具轨迹，此时图 8-82 中“确认”按钮点亮。

在图 8-82 中单击“确认”按钮，进入“刀轨可视化”对话框（图 8-91）。单击“重播”；单击“显示选项”→“刀具”，选择“对中”；勾选“2D 材料移除”复选按钮；“动画速度”设为“1”，单击“模拟加工”按钮，如图 8-92 所示。单击“确定”按钮返回到图 8-82。再单击“确定”按钮返回到图 8-25。

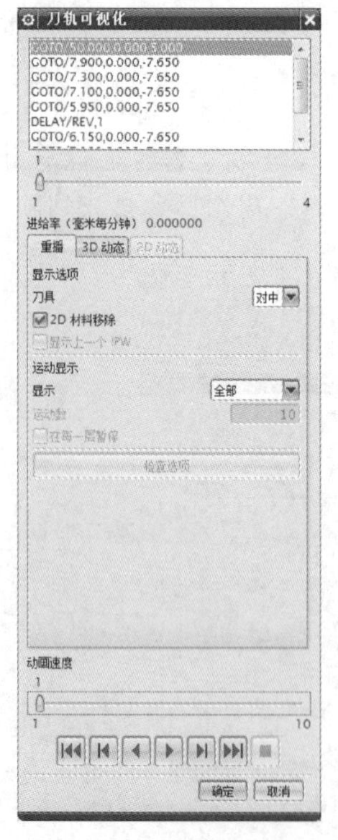

图 8-91 “刀轨可视化”对话框

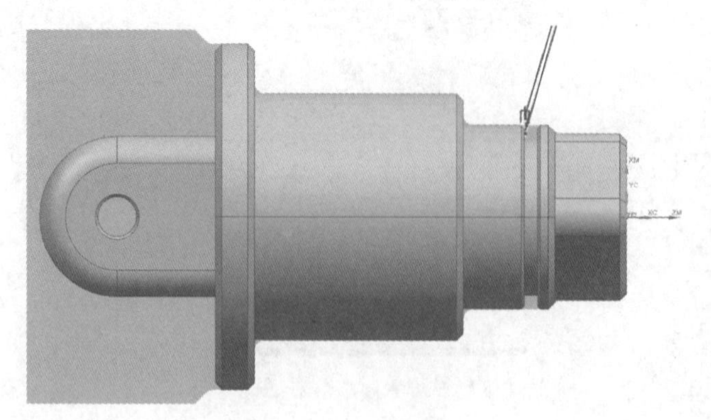

图 8-92 刀具可视化路径

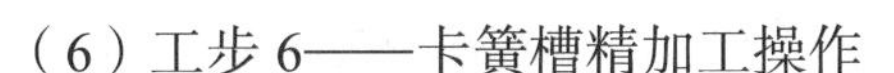

（6）工步 6——卡簧槽精加工操作

1）在图 8-25 中右击“AVOIDANCE”，单击“插入”→“工序”（图 8-36）进入“创建工序”对话框（图 8-93），“类型”选择“turning”；“工序子类型”选择“外侧开槽”按钮；单击“位置”→“刀具”，选择“OD_GROOVE_L_W0.8”；单击“位置”→“几何体”，选择“AVOIDANCE”；“名称”设为“KHCJJG”。单击“确定”按钮，进入“外侧开槽”对话框（图 8-94）。

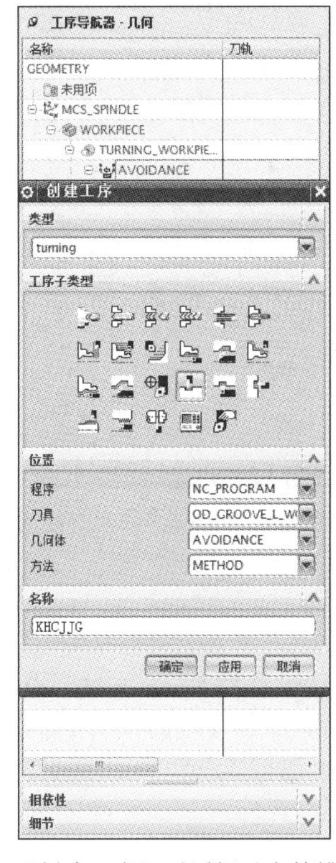

图 8-93　“创建工序”对话框（卡簧槽精加工）

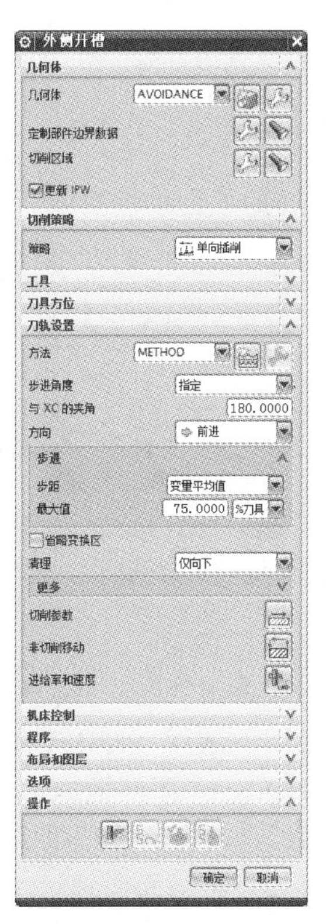

图 8-94　“外侧开槽”对话框

2）在图 8-94 中单击“几何体”→“切削区域”→，显示出切削区域（图 8-95），然后修剪切削区域。

在图 8-94 中单击“几何体”→“切削区域”→，进入“切削区域”对话框（图 8-96），单击“修剪点 1”→“点选项”，选择“指定”；单击“修剪点 1”→“指定点”，选择 TP1（图 8-97）；单击“修剪点 1”→“延伸距离”，设为“0”；单击“修剪点 1”→“角度选项”，选择“自动”；单击“修剪点 1”→“斜坡角选项”，选择“无”；单击“修剪点 2”→“点选项”，选择“指定”；单击“修剪点 2”→“指定点”，选择 TP2（图 8-97）；单击“修剪点 2”→“延伸距离”，设为“0”；单击“修剪点 2”→“角度选项”，选择“自动”；单击“修剪点 2”→“斜坡角选项”，选择“无”。此时切削区域改变（图 8-97）。单击“确定”按钮返回到图 8-94。

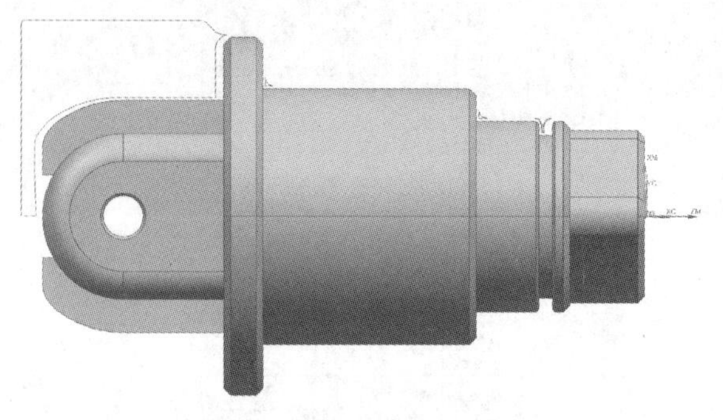

图 8-95　切削区域（设置前）

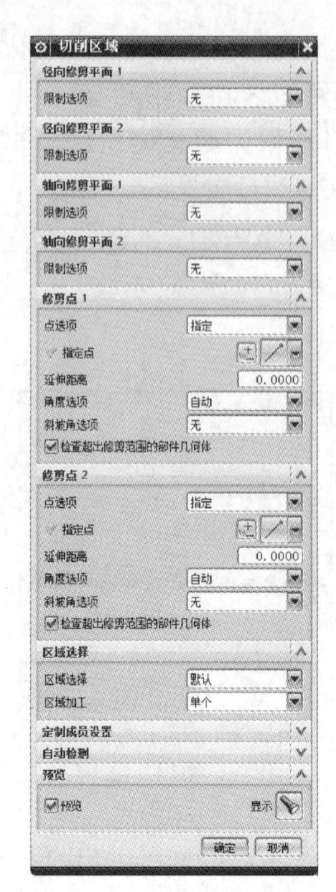

图 8-96　“切削区域”对话框

3）在图 8-98 中单击“切削策略”→“策略”，选择“单向线性切削”；单击“工具”→“刀具”，选择“OD_GROOVE_L_W0.8”；单击“刀轨设置”→“方法”，选择“LATHE_FINISH”（车削精加工）；单击“步进”→“切削深度”，选择“层数”；单击“步进”→“层数”，设为“1”；单击“变换模式”，选择“根据层”；单击“清理”，选择“仅向下”。

4）在图 8-98 中单击“切削参数”按钮进入“切削参数”对话框（图 8-99），单击“余量”标签→单击“粗加工余量”→“恒定”，设为“0”。单击“确定”按钮返回到图 8-98。

在图 8-98 中单击“非切削移动”按钮进入“非切削移动”对话框（图 8-100），单击“进刀”标签，单击“插削”→“安全距离”，设为“0.2”。单击“退刀”标签（图 8-101），单击“轮廓加工”→“退刀类型”，选择“线性 - 自动”；单击“轮廓加工”→“自动退刀选项”，选择“自动”；单击“轮廓加工”→“延伸距离”，设为“0”。单击“确定”按钮返回到图 8-98。

在图 8-98 中单击“进给率和速度”按钮进入“进给率和速度”对话框（图 8-102），单击“主轴速度”→“输出模式”，选择“RPM”（转 / 分钟）；勾选“主轴速度”复选按钮，设为“500”；单击“进给率”→“切削”，设为“0.1”，选择“mmpr”（每转进给）。单击“确定”按钮返回到图 8-98。

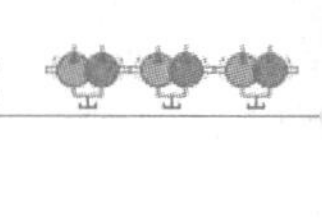

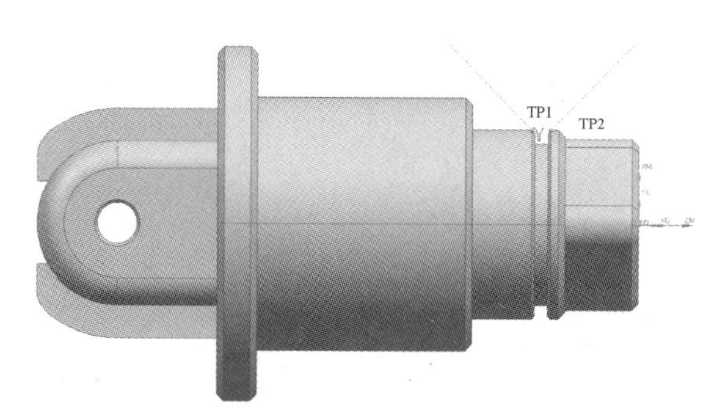

图 8-97　切削区域（设置后）

图 8-98　“外侧开槽”对话框

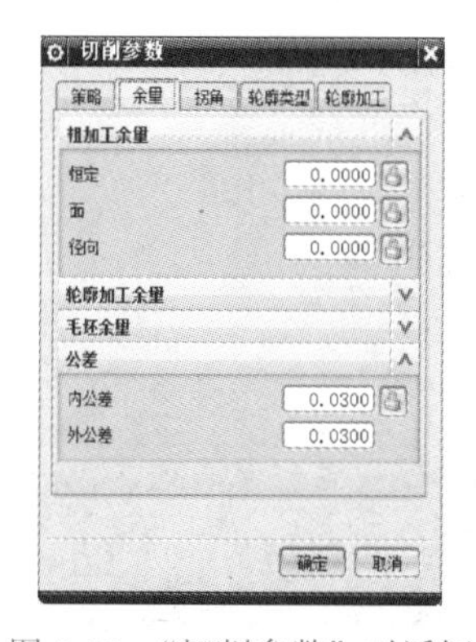

图 8-99　“切削参数”对话框

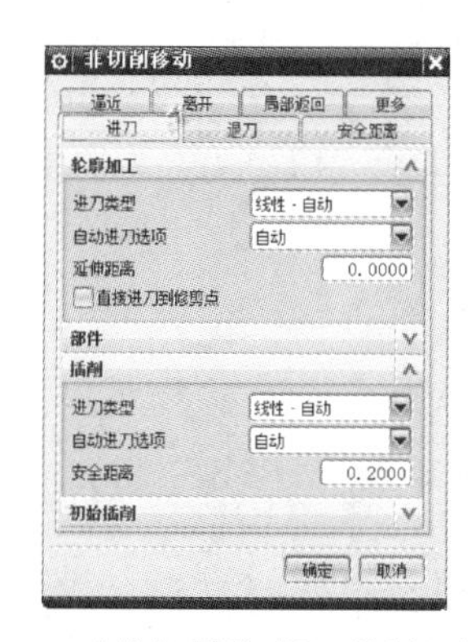

图 8-100　“非切削移动”对话框（进刀）

5）在图 8-94 中单击“生成”按钮，生成刀具轨迹，此时图 8-94 中“确认”按钮点亮。

在图 8-94 中单击“确认”按钮进入“刀轨可视化”对话框（图 8-103）。单击“重播”；单击“显示选项”→“刀具”，选择“对中”；勾选“2D 材料移除”复选按钮；“动画速度”设为“1”，单击“模拟加工”按钮，如图 8-104 所示。单击“确定”按钮（图 8-103）返回到图 8-94。再单击“确定”按钮返回到图 8-25。

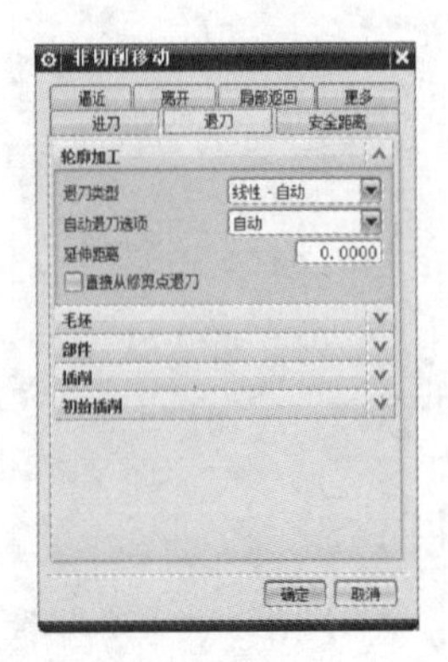

图 8-101 “非切削移动”对话框（退刀）

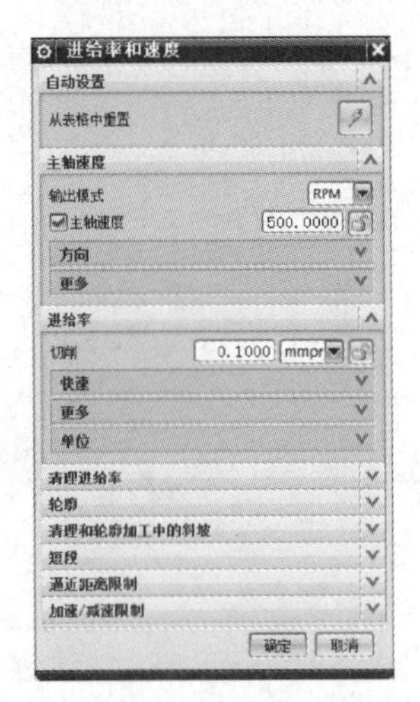

图 8-102 “进给率和速度”对话框

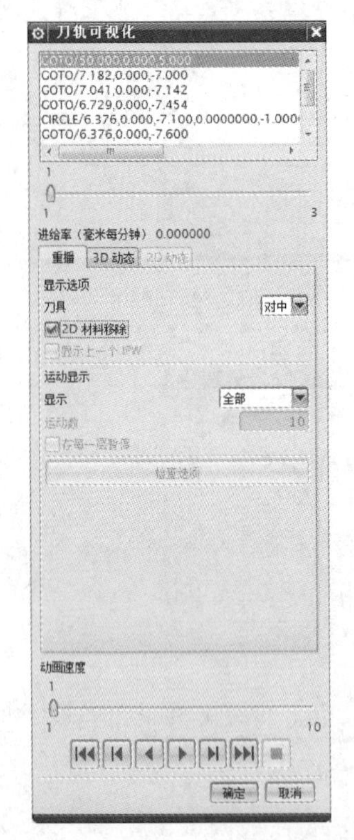

图 8-103 “刀轨可视化”对话框

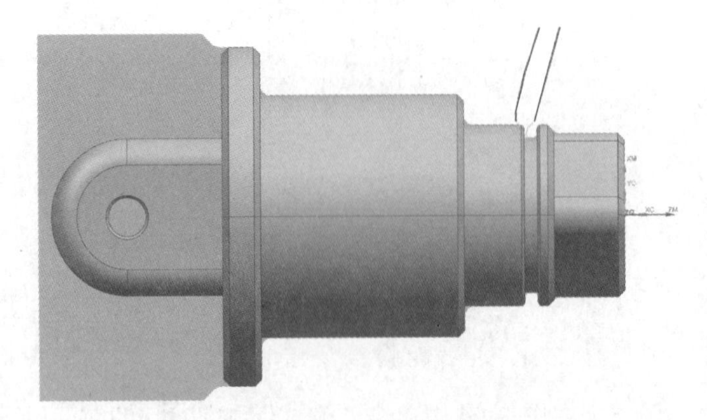

图 8-104 刀具可视化路径

（7）工步 7——螺纹加工 - 中心线点钻操作

1）在图 8-25 中右击“AVOIDANCE”，单击“插入”→“工序”（图 8-36）进入“创建工序”对话框（图 8-105），“类型”选择“turning”；“工序子类型”选择“中心线点钻”按钮；单击“位置”→“刀具”，选择“SPOTDRILLING_TOOL_D12”；单击“位置”→“几何体”，选择“AVOIDANCE”；“名称”设为“LWJG-ZXXDZ”。单击“确定”按钮进入“中心线点钻”对话框（图 8-106）。

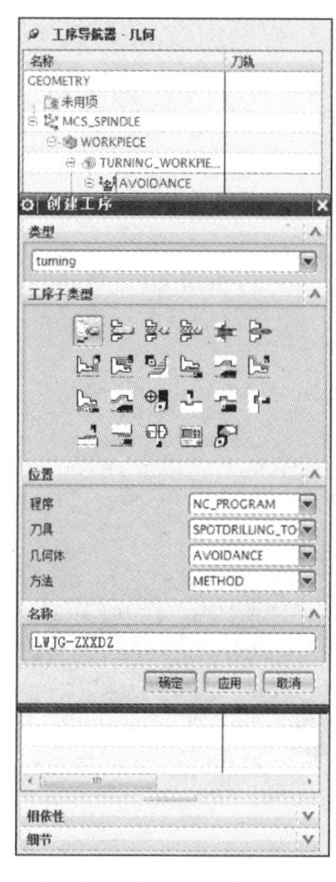

图 8-105　“创建工序”对话框（中心线点钻）

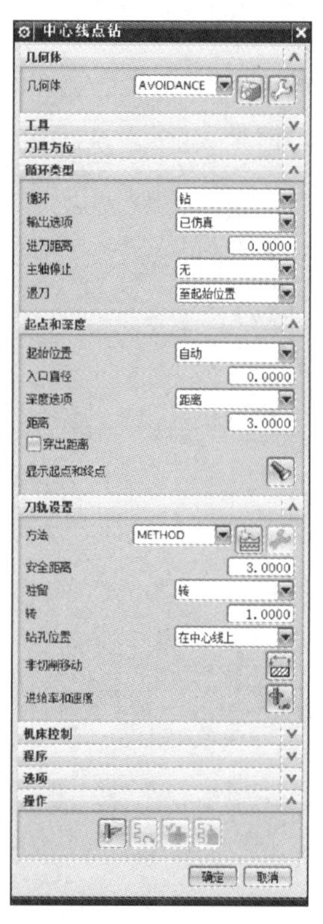

图 8-106　“中心线点钻”对话框

2）在图 8-107 中单击“工具”→“刀具”，选择“SPOTDRILLING_TOOL_D12”。单击“循环类型”→“循环”，选择“钻”；单击“循环类型”→“退刀”，选择“至起始位置”。单击“起点和深度”→“起始位置”，选择“指定”；单击“起点和深度”→“指定点”，选择工件原点（图 8-108）；单击“起点和深度”→“入口直径”，设为“0”；单击“起点和深度”→“深度选项”，选择“埋头直径”；单击“起点和深度”→“直径”，设为“3”。单击“刀轨设置”→“方法”，选择“METHOD”（默认）。

3）在图 8-107 中单击“非切削移动”按钮进入“非切削移动”对话框（图 8-109），单击“安全距离”标签，单击“安全平面”→“半径”，设为“3”。单击“确定”按钮返回到图 8-107。

在图 8-107 中单击“进给率和速度”按钮进入“进给率和速度”对话框（图 8-110），单击“主轴速度”→“输出模式”，选择“RPM”（转 / 分钟）；勾选“主轴速度”复选按钮，设为“1000”；单击“进给率”→“切削”，设为“0.3”，选择“mmpr”（每转进给）。单击“确定”按钮返回到图 8-107。

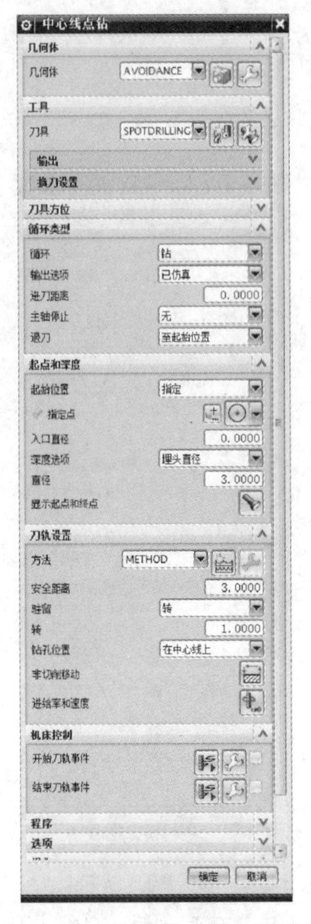

图 8-107 “中心线点钻”对话框

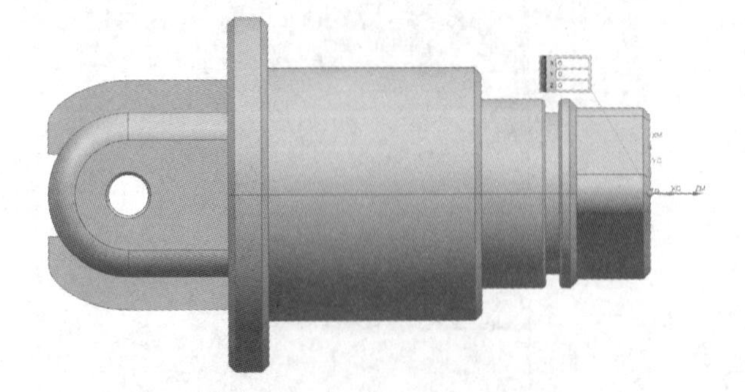

图 8-108 指定点（起点）设置

图 8-109 “非切削移动”对话框

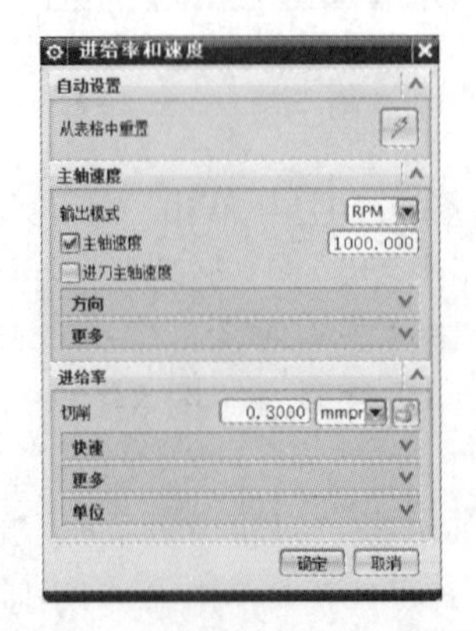

图 8-110 “进给率和速度”对话框

4）在图 8-106 中单击“生成”按钮，生成刀具轨迹，此时图 8-106 中“确认”按钮点亮。

在图 8-106 中单击“确认”按钮，进入“刀轨可视化”对话框（图 8-111）。单击“重播”；单击“显示选项”→“刀具”，选择“实体”；勾选“2D 材料移除”复选按钮；“动画速度”设为“1”，单击“模拟加工”按钮，如图 8-112 所示。单击“确定”按钮返回到图 8-106。再单击“确定”按钮返回到图 8-25。

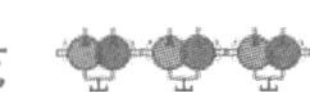

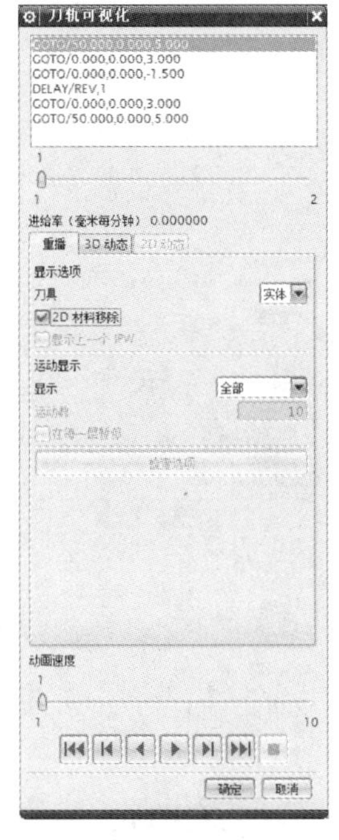

图 8-111　“刀轨可视化”对话框

图 8-112　刀具可视化路径

（8）工步 8——螺纹加工 – 中心线钻孔操作

1）在图 8-25 中右击“AVOIDANCE”，单击“插入”→“工序”（图 8-36）进入“创建工序”对话框（图 8-113），“类型”选择“turning”；“工序子类型”选择“中心线钻孔”按钮；单击“位置”→“刀具”，选择“DRILLING_TOOL_D5”；单击“位置”→“几何体”，选择“AVOIDANCE”；“名称”设为“LWJG–ZXXZK”。单击“确定”按钮进入“中心线钻孔”对话框（图 8-114）。

2）在图 8-115 中单击“工具”→“刀具”，选择“DRILLING_TOOL_D5”。单击“循环类型”→“循环”，选择“钻，深”。单击“排屑”→“增量类型”，选择“恒定”；单击“排屑”→“恒定增量”，设为“5”；单击“排屑”→“安全距离”，设为“0.2”。单击“起点和深度”→“起始位置”，选择“指定”；单击“起点和深度”→“指定点”，选择工件原点（图 8-108）；单击“起点和深度”→“入口直径”，设为“0”；单击“起点和深度”→“深度选项”，选择“终点”；单击“起点和深度”→“指定点”，选择孔内终点（图 8-116）。单击“刀轨设置”→“方法”，选择“METHOD”（默认）。

3）在图 8-115 中单击“非切削移动”按钮进入“非切削移动”对话框（图 8-117），单击“安全距离”标签，单击“安全平面”→“半径”，设为“3”。单击“确定”按钮返回到图 8-115。

在图 8-115 中单击“进给率和速度”按钮进入“进给率和速度”对话框（图 8-118），单击“主轴速度”→“输出模式”，选择“RPM”（转 / 分钟）；勾选“主轴速度”复选按钮，设为“1500”；单击“进给率”→“切削”，设为“0.2”，选择“mmpr”（每转进给）。单击“确定”按钮返回到图 8-115。

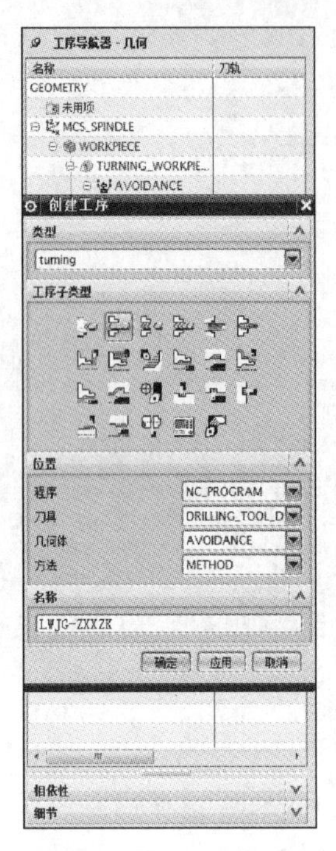

图 8-113 “创建工序”对话框（中心线钻孔）

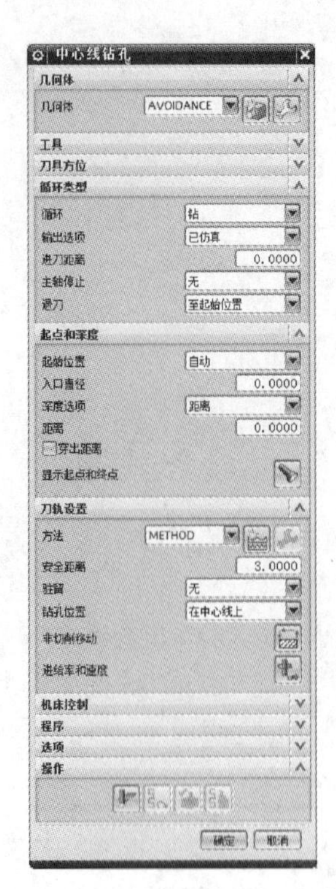

图 8-114 “中心线钻孔”对话框

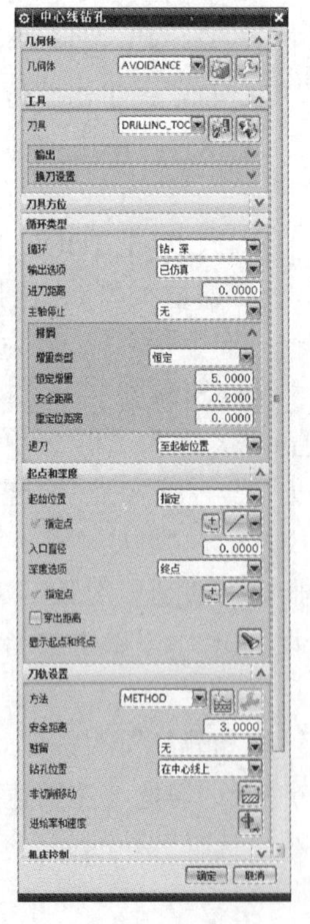

图 8-115 “中心线钻孔”对话框

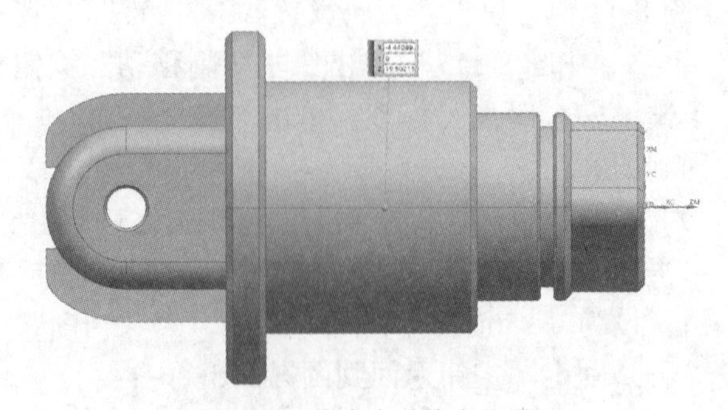

图 8-116 指定点（终点）设置

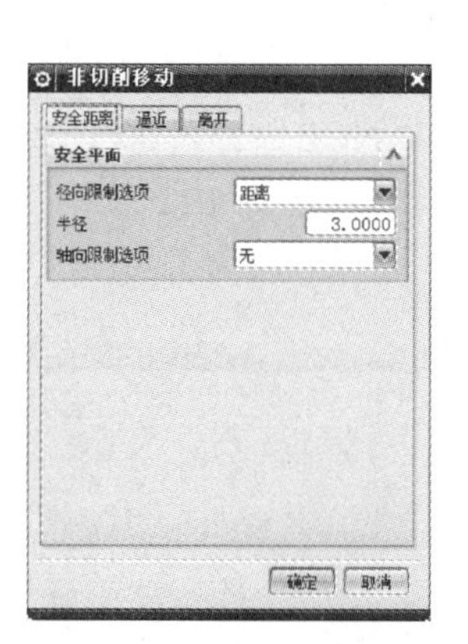

图 8-117　“非切削移动”对话框

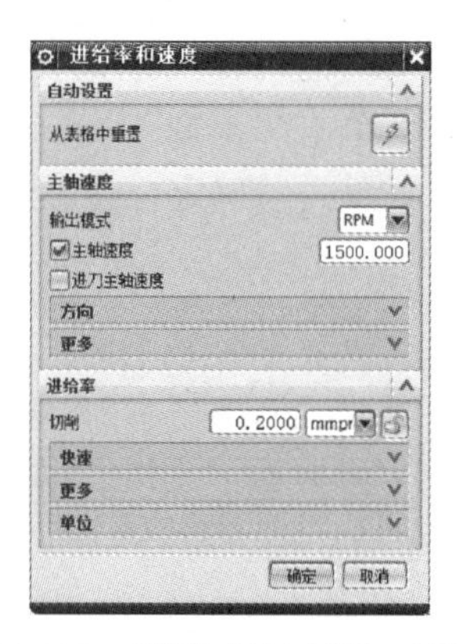

图 8-118　“进给率和速度”对话框

4）在图 8-114 中单击“生成”按钮，生成刀具轨迹，此时图 8-114 中“确认”按钮点亮。

在图 8-114 中单击“确认”按钮，进入“刀轨可视化”对话框（图 8-119）。单击“重播”；单击“显示选项”→“刀具”，选择“实体”；勾选“2D 材料移除”复选按钮；“动画速度”设为“1”，单击“模拟加工”按钮，如图 8-120 所示。单击“确定”按钮返回到图 8-114。再单击“确定”按钮返回到图 8-25。

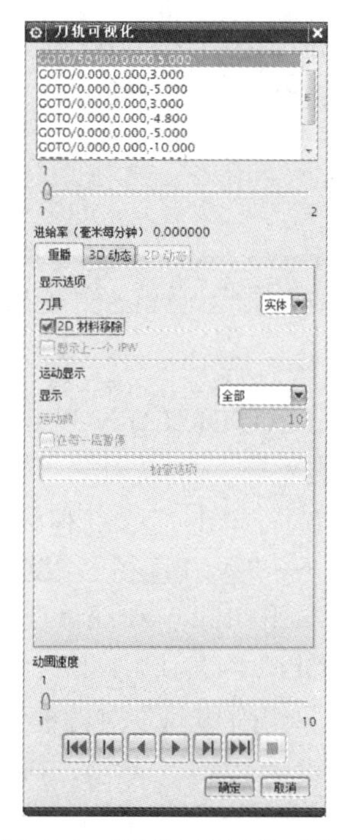

图 8-119　“刀轨可视化”对话框

图 8-120　刀具可视化轨迹

（9）工步 9——螺纹加工 - 中心攻丝前倒角操作

1）在图 8-25 中右击“AVOIDANCE”，单击“插入”→“工序”（图 8-36）进入“创建工序”对话框（图 8-121），“类型”选择“turning”；“工序子类型”选择“中心线钻孔”按钮（可以用来倒角）；单击“位置”→“刀具”，选择“SPOTDRILLING_TOOL_D12”；单击“位置”→“几何体”，选择“AVOIDANCE”；“名称”设为“LWJG-ZXGSQDJ”。单击“确定”按钮进入“中心线钻孔”对话框（图 8-122）。

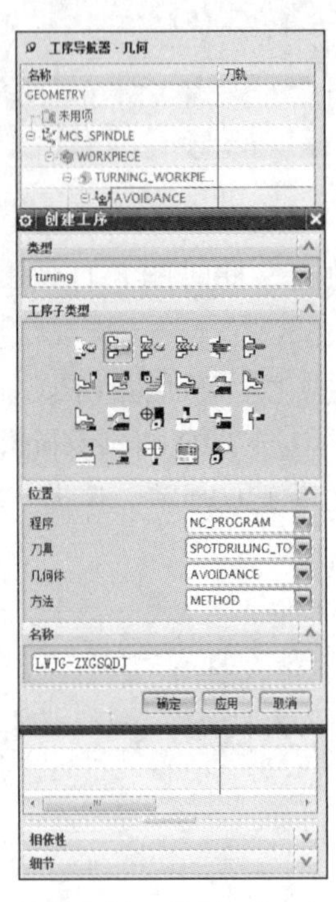

图 8-121 “创建工序”对话框（中心攻丝前倒角）

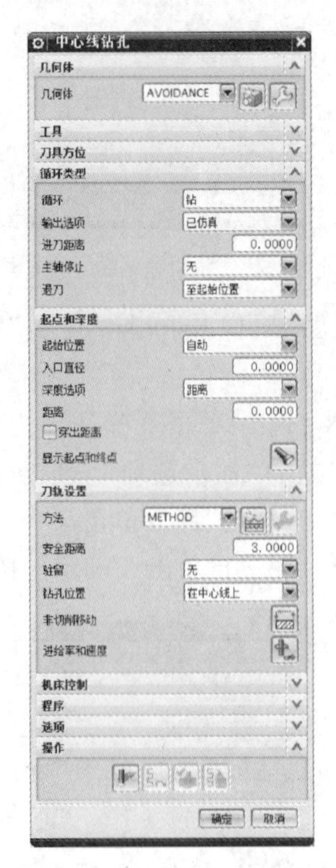

图 8-122 “中心线钻孔”对话框

2）在图 8-123 中单击“工具”→“刀具”，选择“SPOTDRILLING_TOOL_D12”。单击“循环类型”→“循环”，选择“钻”；单击“循环类型”→“退刀”，选择“至起始位置”。单击“起点和深度”→“起始位置”，选择“指定”；单击“起点和深度”→“指定点”，选择工件原点（图 8-108）；单击“起点和深度”→“入口直径”，设为“0”；单击“起点和深度”→“深度选项”，选择“埋头直径”；单击“起点和深度”→“直径”，设为“6”。单击“刀轨设置”→“方法”，选择“METHOD”（默认）。

3）在图 8-123 中单击“非切削移动”按钮，进入“非切削移动”对话框（图 8-124）。单击“安全距离”标签，单击“安全平面”→“半径”，设为“3”。单击“确定”按钮返回到图 8-123。

在图 8-123 中单击“进给率和速度”按钮进入“进给率和速度”对话框（图 8-125），单击“主轴速度”→“输出模式”，选择“RPM”（转 / 分钟）；勾选“主轴速度”复选按钮，设为“1000”；单击“进给率”→“切削”，设为“0.3”，选择“mmpr”（每转进给）。单击“确定”按钮返回到图 8-123。

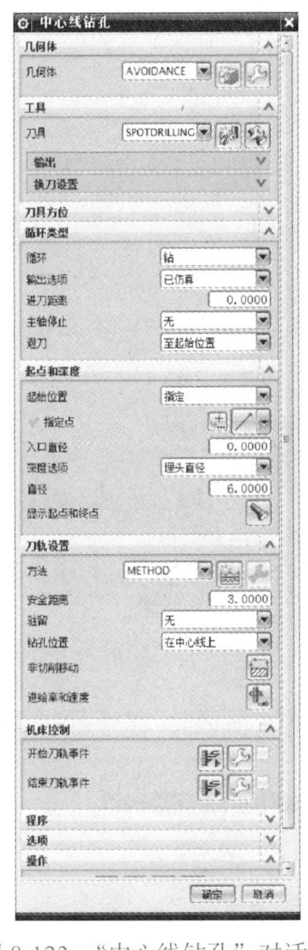

图 8-123 “中心线钻孔”对话框

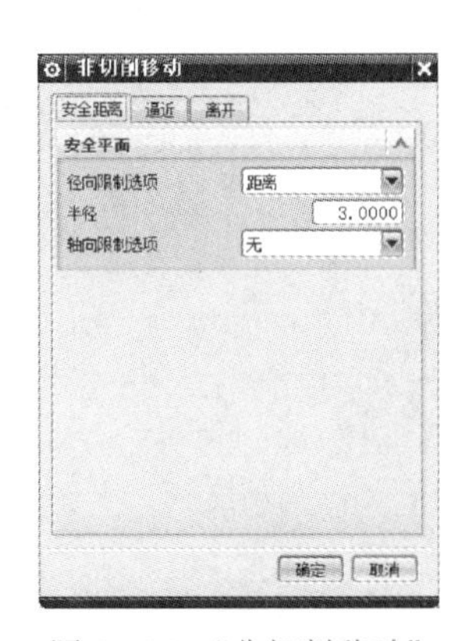

图 8-124 “非切削移动”对话框

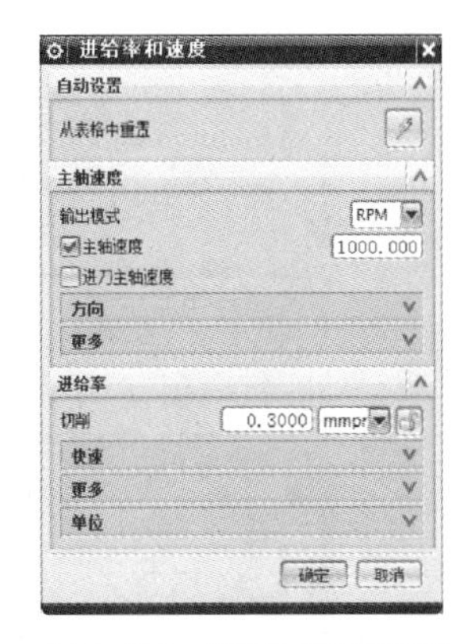

图 8-125 “进给率和速度”对话框

4）在图 8-122 中单击“生成”按钮，生成刀具轨迹，此时图 8-122 中“确认”按钮点亮。

在图 8-122 中单击“确认”按钮，进入“刀轨可视化”对话框（图 8-126）。单击“重播”；单击“显示选项”→“刀具”，选择“实体”；勾选“2D 材料移除”复选按钮；“动画速度”设为“1”，单击“模拟加工”按钮，如图 8-127 所示。单击“确定”按钮返回到图 8-122。再单击“确定”按钮返回到图 8-25。

（10）工步 10——螺纹加工 – 中心攻丝操作

1）在图 8-25 中右击“AVOIDANCE”，单击“插入”→“工序”（图 8-36）进入“创建工序”对话框（图 8-128），“类型”选择“turning”；“工序子类型”选择“中心攻丝”按钮；单击“位置”→“刀具”，选择“TAP_M6”（攻丝）；单击“位置”→“几何体”，选择“AVOIDANCE”；“名称”设为“LWJG–ZXGS”。单击“确定”按钮进入“中心攻丝”对话框（图 8-129）。

图 8-126 “刀轨可视化”对话框

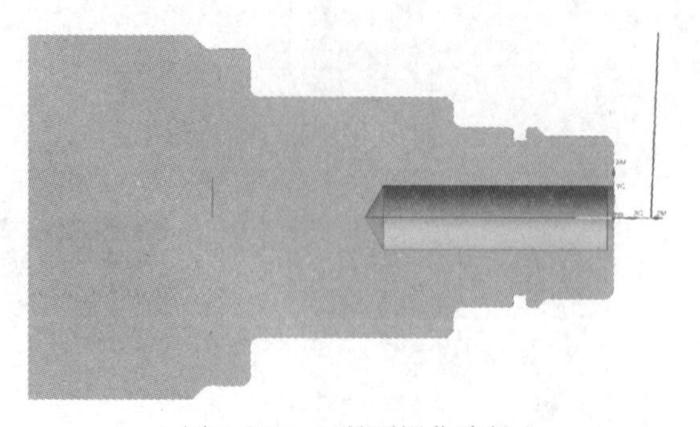

图 8-127 刀具可视化路径

图 8-128 “创建工序”对话框（中心攻纹）

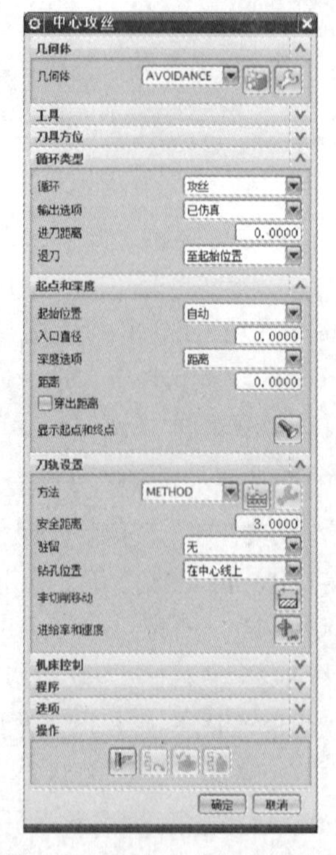

图 8-129 “中心攻丝”对话框

2）在图 8-130 中单击“工具”→“刀具”，选择“TAP_M6（攻丝）”。单击“循环类型”→“循环”，选择“攻丝”；单击“循环类型”→“退刀”，选择“至起始位置”。单击“起点和深度”→“起始位置”，选择“指定”；单击“起点和深度”→“指定点”，选择工件原点（图 8-108）；单击“起点和深度”→“入口直径”，设为“0”；单击“起点和深度”→“深度选项”，选择“距离”；单击“起点和深度”→“距离”，设为“16”。单击“刀轨设置”→“方法”，选择“LATHE_THREAD”（螺纹加工）。

3）在图 8-130 中单击“非切削移动”按钮进入“非切削移动”对话框（图 8-131）。单击“安全距离”标签，单击“安全平面”→“半径”，设为“3”。单击“确定”按钮返回到图 8-130。

在图 8-130 中单击“进给率和速度”按钮，进入“进给率和速度”对话框（图 8-132）。单击“主轴速度”→“输出模式”，选择“RPM”（转 / 分钟）；勾选“主轴速度”复选按钮，设为“400”；单击“进给率”→“切削”，设为“1”，选择“mmpr”（每转进给）。单击“确定”按钮返回到图 8-130。

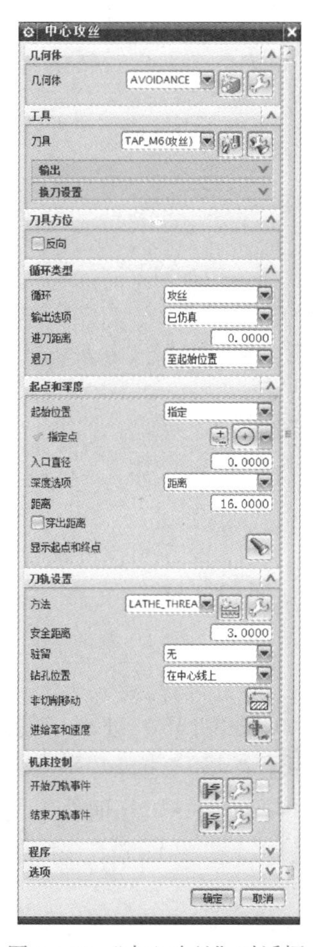

图 8-130　“中心攻丝”对话框

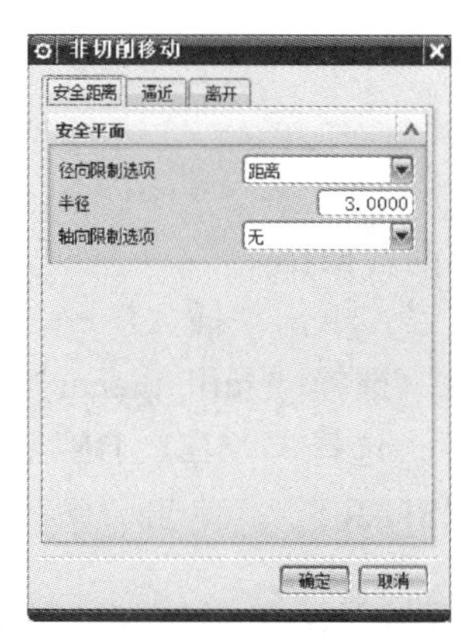

图 8-131　“非切削移动”对话框

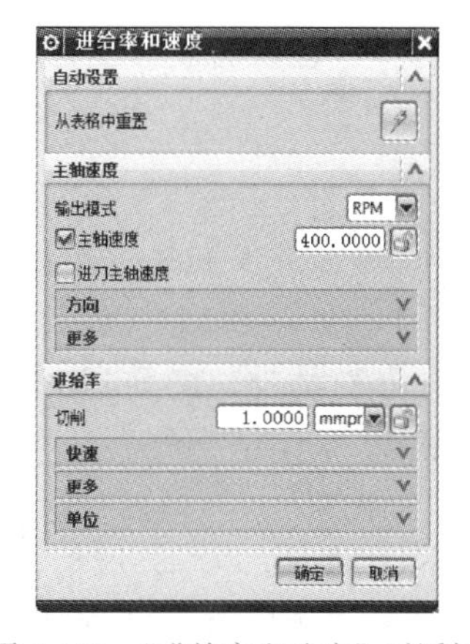

图 8-132　“进给率和速度”对话框

4）在图 8-129 中单击“生成”按钮，生成刀具轨迹，此时图 8-129 中“确认”按钮点亮。

在图 8-129 中单击“确认”按钮进入“刀轨可视化”对话框（图 8-133）。单击“重播”；单击“显示选项”→“刀具”，选择“实体”；勾选“2D 材料移除”复选按钮；“动画速度”设为“1”，单击“模拟加工”按钮，如图 8-134 所示。单击“确定”按钮返回到图 8-129。再单击“确定”按钮返回到图 8-25。

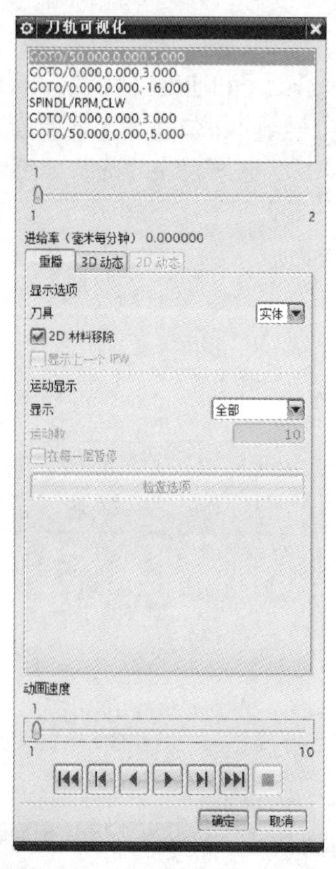

图 8-133 “刀轨可视化”对话框

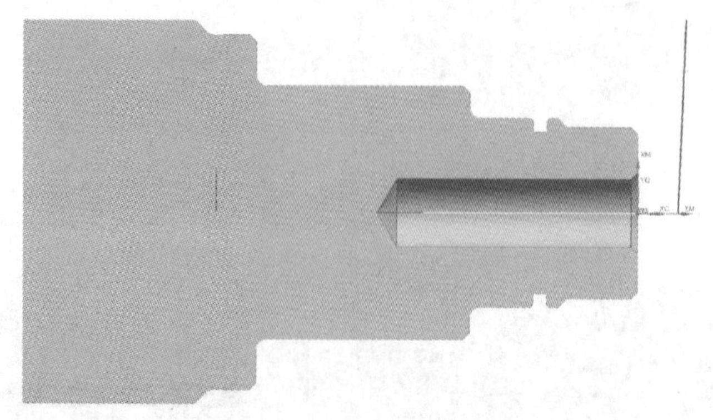
图 8-134 刀具可视化路径

（11）工步 11——粗铣四方形凸台操作

1）在图 8-25 中右击“MCS”，单击“插入”→“工序”（图 8-135）进入“创建工序”对话框（图 8-136），“类型”选择“mill_planar”；“工序子类型”选择“平面铣”按钮；单击“位置”→“刀具”，选择“MILL_D5”；单击“位置”→“几何体”，选择“MCS”；“名称”设为“CXSFXTT”。单击“确定”按钮进入“平面铣”对话框（图 8-137）。

2）在图 8-137 中单击“几何体”→“指定部件边界”按钮，进入“边界几何体”对话框（图 8-138）。单击“边界几何体”→“模式”，选择“曲线 / 边”，进入“创建边界”对话框（图 8-139），选择“边线 1”（图 8-140）。在图 8-139 中单击“平面”，选择“用户定义”，进入“平面”对话框（图 8-141），选择“平面 1”（图 8-140）。一直单击对话框中“确定”按钮，直到回到图 8-137，此时按钮点亮。

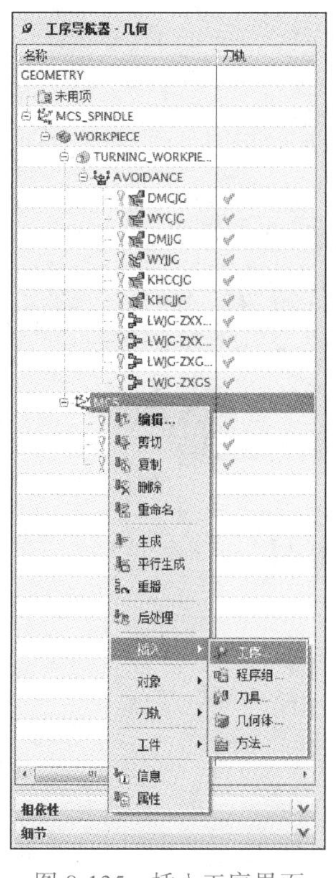

图 8-135　插入工序界面

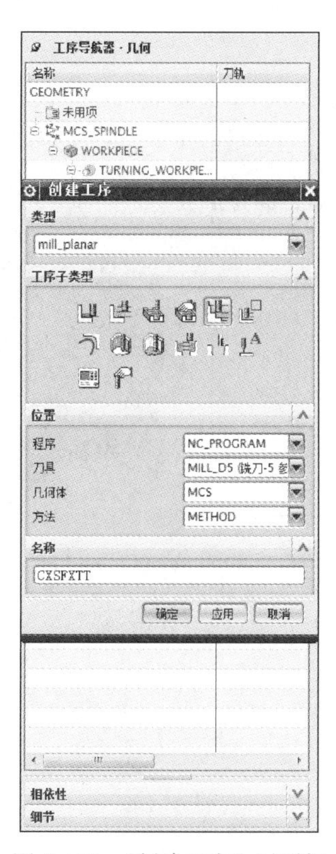

图 8-136　“创建工序”对话框（粗铣四方形凸台）

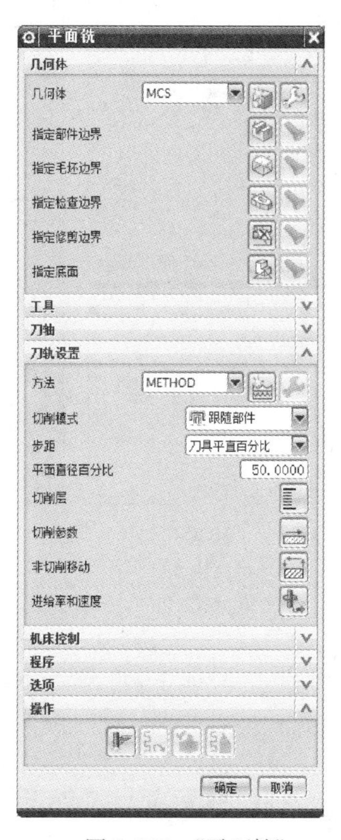

图 8-137　“平面铣”对话框

在图 8-137 中单击“几何体”→“指定毛坯边界”按钮，进入“边界几何体”对话框（图 8-138）。单击“边界几何体”→“模式”，选择“曲线 / 边”，进入“创建边界”对话框（图 8-139），选择“边线 2”（图 8-140）。在图 8-139 中单击“平面”，选择“用户定义”，进入“平面”对话框（图 8-141），选择“平面 1”（图 8-140）。一直单击对话框中“确定”按钮，直到回到图 8-137，此时按钮点亮。

在图 8-137 中单击“几何体”→“指定底面”按钮，进入“平面”对话框（对话框与图 8-141 相同），选择“平面 2”（图 8-140）。单击“确定”按钮，回到图 8-137，此时按钮点亮。

在图 8-137 中单击“几何体”→“指定部件边界”“指定毛坯边界”“指定底面”按钮，显示指定的部件边界、毛坯边界、底面如图 8-142 所示。

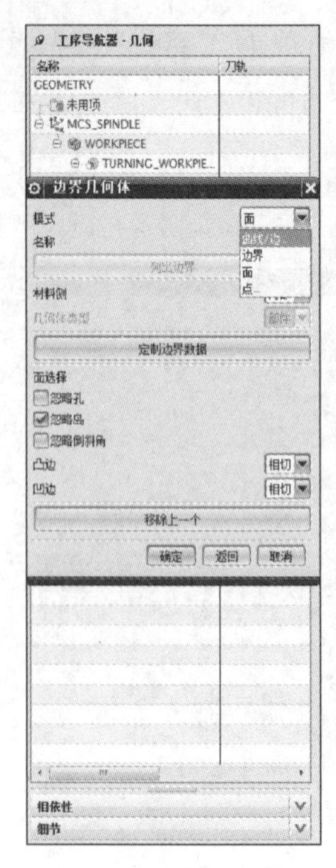

图 8-138 “边界几何体”对话框

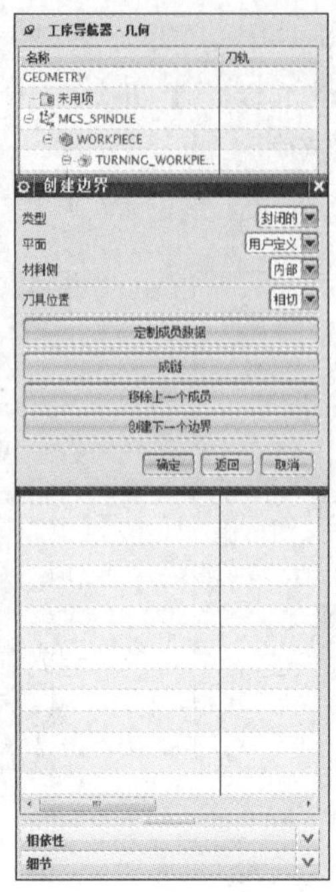

图 8-139 “创建边界”对话框

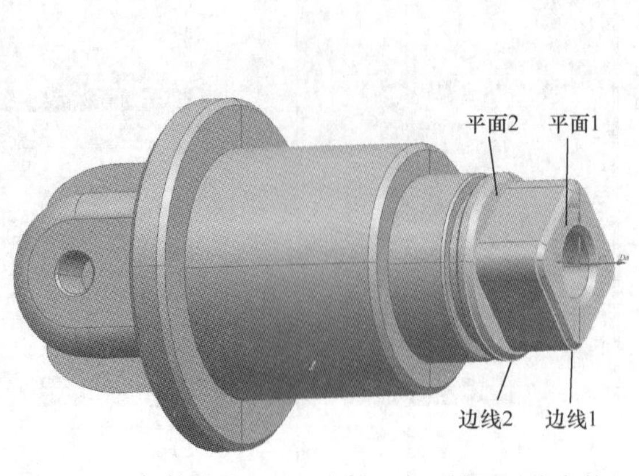

图 8-140 部件边界、毛坯边界、底面设置（指定前）

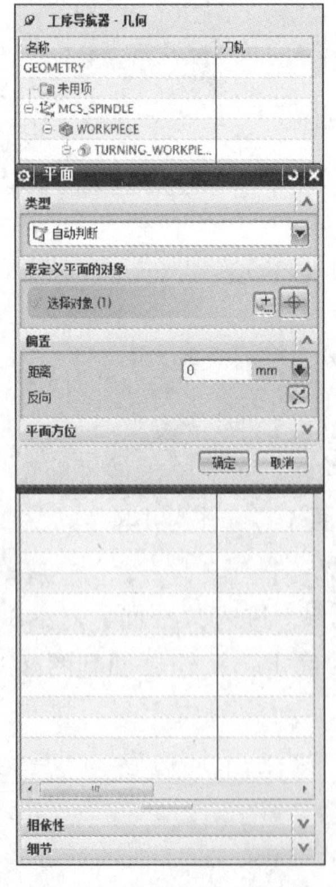

图 8-141 “平面”对话框

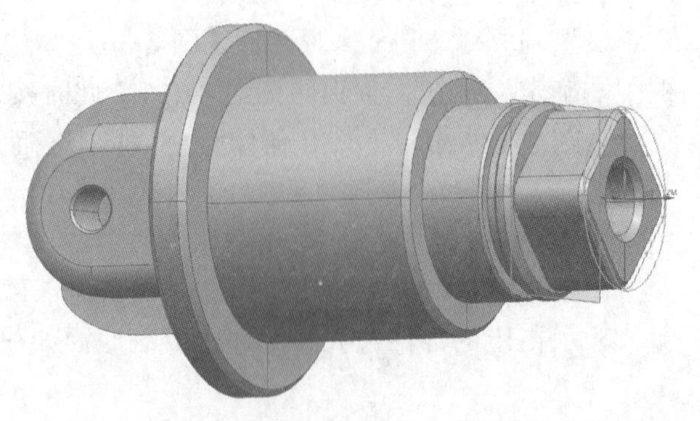

图 8-142 部件边界、毛坯边界、底面设置（指定后）

3）在图 8-143 中单击“工具”→“刀具”，选择“MILL_D5”。单击“刀轴”→“轴”，选择“+ZM 轴”。单击“刀轨设置”→“方法”，选择“METHOD”（默认）；单击“刀轨设置”→“切削模式”，选择“跟随部件”；单击“刀轨设置”→“步距”，选择“刀具平直百分比”；单击“刀轨设置”→“平面直径百分比”，设为“50”。

4）在图 8-143 中单击“切削层”按钮进入“切削层”对话框（图 8-144），“类型”选择“恒定”；单击“每刀深度”→“公共”，设为“0.2”。单击“确定”按钮返回到图 8-143。

在图 8-143 中单击“切削参数”按钮进入“切削参数”对话框（图 8-145）。单击“策略”标签，单击“切削”→“切削方向”，选择“顺铣”；单击“切削”→“切削顺序”，选择“层优先”。再单击“余量”标签，进入图 8-146，单击“余量”→“部件余量”，设为“0.05”；单击“余量”→“最终底面余量”，设为“0.05”。单击“确定”按钮返回到图 8-143。

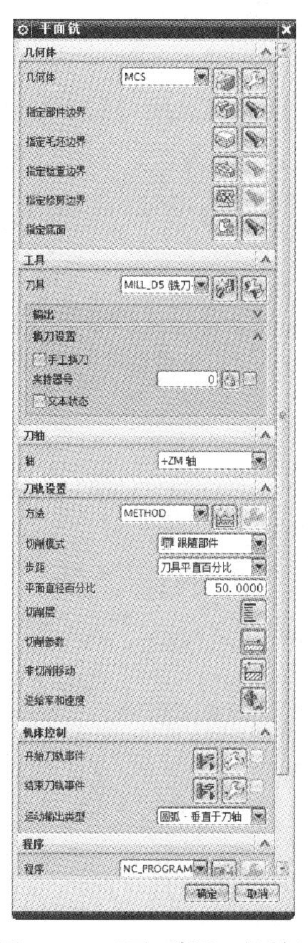

图 8-143 “平面铣”对话框

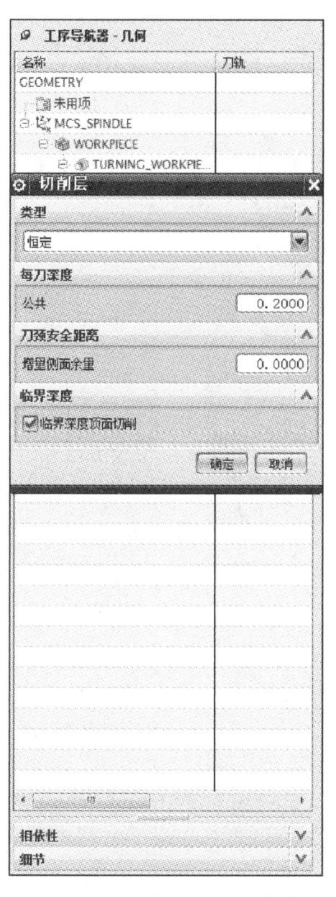

图 8-144 “切削层”对话框

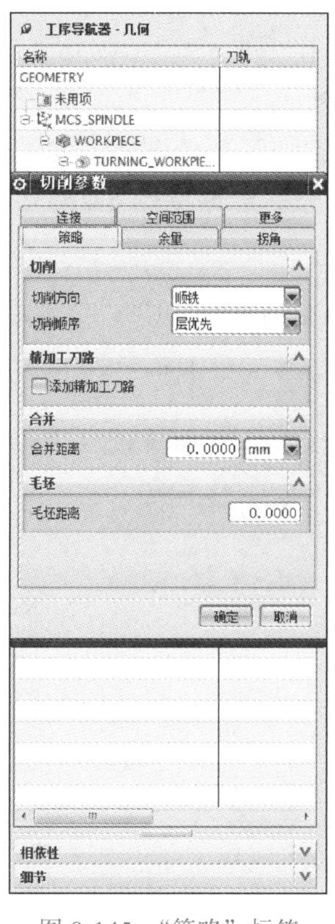

图 8-145 “策略”标签

在图 8-143 中单击“非切削移动”按钮进入“非切削移动”对话框（图 8-147）。单击“进刀”标签，单击“封闭区域”→“进刀类型”，选择“与开放区域相同”；单击“开放区域”→“进刀类型”，选择“圆弧”；单击“开放区域”→“半径”，设为“3”；

单击“开放区域”→“圆弧角度”，设为“90”；单击“开放区域”→“高度”，设为“0”；单击“开放区域”→“最小安全距离”，设为“6”。再单击“转移/快速”标签进入图8-148，单击“安全设置”→“安全设置选项”，选择“包容圆柱体”，“安全距离”设为“5”；单击“区域之间”→“转移类型”，选择“前一平面”；单击“区域之间”→“安全距离”，设为“2”；单击“区域内”→“转移方式”，选择“进刀/退刀”；单击“区域内”→“转移类型”，选择“前一平面”；单击“区域内”→“安全距离”，设为“2”。再单击“退刀”标签进入图8-149，单击“退刀”→“退刀类型”，选择“与进刀相同”。再单击“起点/钻点”标签进入图8-150，单击“重叠距离”，设为“1”。单击“确定”按钮返回到图8-143。

在图8-143中单击“进给率和速度”按钮，进入“进给率和速度”对话框（图8-151），单击“主轴速度”，勾选“主轴速度”复选按钮，设为“3000”；单击“进给率”→“切削”，设为“1500”，选择“mmpm”（每分钟进给）。单击“确定”按钮返回到图8-143。

5）在图8-137中单击“生成”按钮，生成刀具轨迹，此时图8-137中“确认”按钮点亮。

在图8-137中单击“确认”按钮进入“刀轨可视化”对话框（图8-152）。单击“重播”；单击“显示选项”→“刀具”，选择“实体”；“动画速度”设为“1”，单击按钮“模拟加工”按钮，如图8-153所示。单击“确定”按钮返回到图8-137。再单击“确定”按钮返回到图8-25。

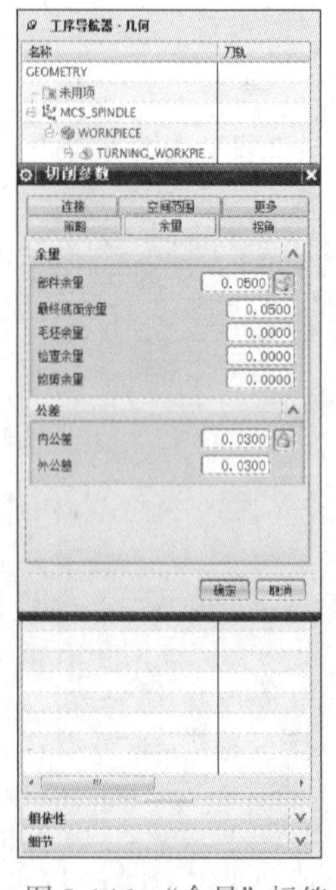

图8-146 “余量”标签

图8-147 “非切削移动”对话框

图8-148 “转移/快速”标签

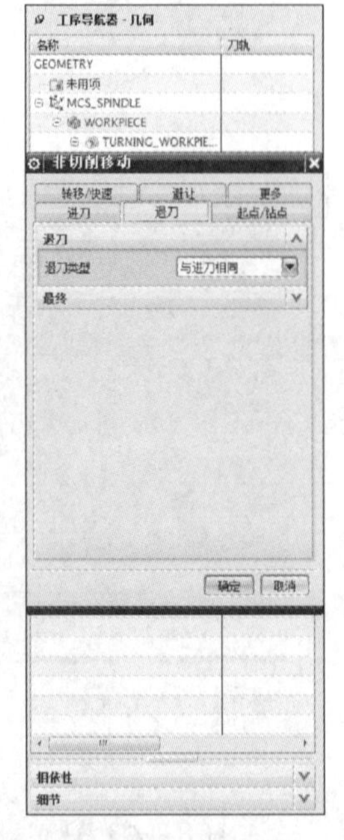

图8-149 “退刀”标签

图 8-150　“起点 / 钻点”标签

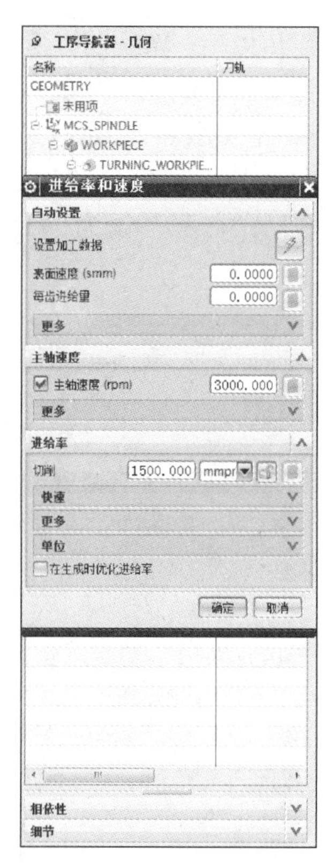

图 8-151　“进给率和速度”对话框

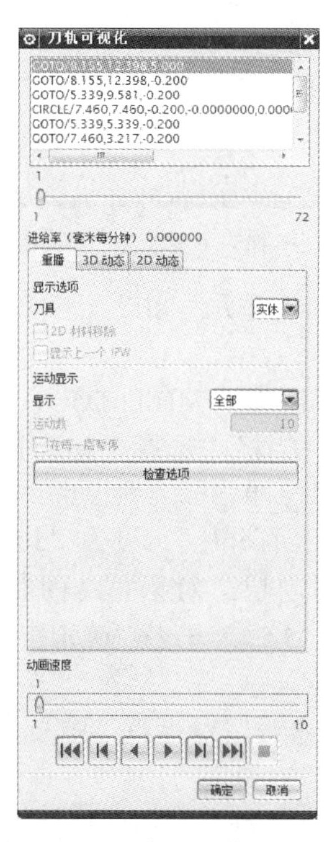

图 8-152　“刀轨可视化”对话框

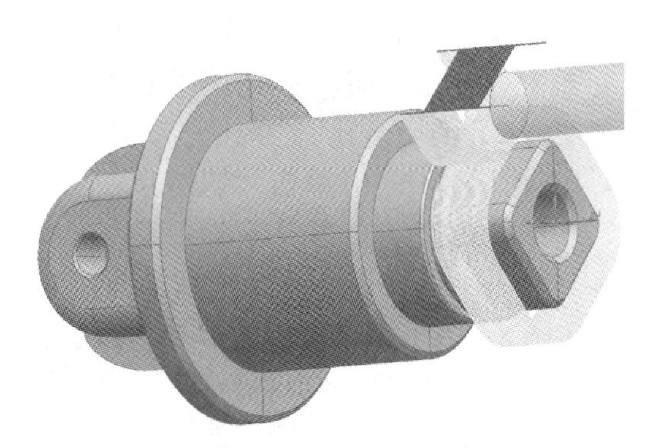

图 8-153　刀具可视化路径

（12）工步 12——精铣四方形凸台操作

1）在图 8-25 中右击“MCS”，单击“插入”→“工序”（图 8-135）进入“创建工序”对话框（图 8-154），“类型”选择“mill_planar”；“工序子类型”选择“平面铣”按钮；单击“位置”→“刀具”，选择“MILL_D5”；单击“位置”→“几何体”，选择“MCS”；“名称”设为“JXSFXTT”。单击“确定”按钮进入“平面铣”对话框（图 8-155）。

图 8-154 “创建工序”对话框（精铣四方形凸台）

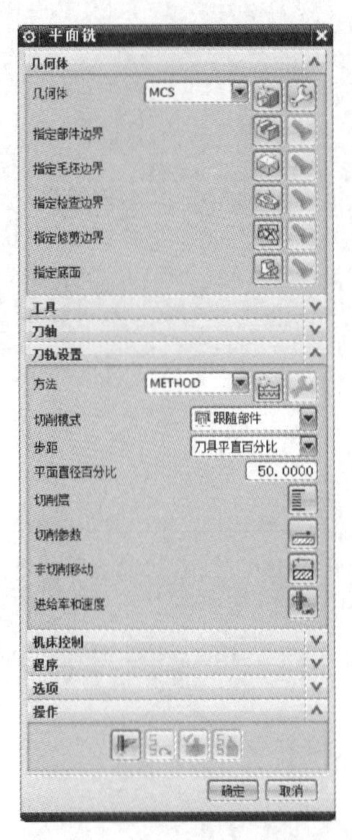

图 8-155 “平面铣”对话框

2）“指定部件边界”“指定毛坯边界”“指定底面”设置方法和设置后的结果与工步 11 的操作完全相同，不再赘述。

3）在图 8-156 中单击“工具”→“刀具”，选择“MILL_D5”。单击“刀轴”→“轴”，选择“+ZM 轴”。单击“刀轨设置”→“方法”，选择“METHOD”（默认）；单击“刀轨设置”→“切削模式”，选择“跟随部件”；单击“刀轨设置”→“步距”，选择“刀具平直百分比”；单击“刀轨设置”→“平面直径百分比”，设为“50”。

4）在图 8-156 中单击“切削层”按钮进入“切削层”对话框（图 8-157），“类型”选择“恒定”；单击“每刀深度”→“公共”，设为“5.5”。单击“确定”按钮返回到图 8-156。

在图 8-156 中单击“切削参数”按钮进入“切削参数”对话框（图 8-158）。单击“策略”标签，单击“切削”→“切削方向”，选择“顺铣”；单击“切削”→“切削顺序”，选择“层优先”。再单击“余量”标签进入图 8-159，单击“余量”→“部件余量”，设为

“0”；单击“余量”→“最终底面余量”，设为“0”。单击“确定”按钮返回到图 8-156。

在图 8-156 中单击“非切削移动”按钮进入“非切削移动”对话框（图 8-160）。单击“进刀”标签，单击“封闭区域”→“进刀类型”，选择“与开放区域相同”；单击“开放区域”→“进刀类型”，选择“圆弧”；单击“开放区域”→“半径”，设为“3”；单击“开放区域”→“圆弧角度”，设为“90”；单击“开放区域”→“高度”，设为“0”；单击“开放区域”→“最小安全距离”，设为“6”。再单击“转移 / 快速”标签进入图 8-161，单击“安全设置”→“安全设置选项”，选择“包容圆柱体”，“安全距离”设为“5”；单击“区域之间”→“转移类型”，选择“前一平面”；单击“区域之间”→“安全距离”，设为“2”；单击“区域内”→“转移方式”，选择“进刀 / 退刀”；单击“区域内”→“转移类型”，选择“前一平面”；单击“区域内”→“安全距离”，设为“2”。再单击“退刀”标签进入图 8-162，单击“退刀”→“退刀类型”，选择“与进刀相同”。再单击“起点 / 钻点”标签进入图 8-163，单击“重叠距离”→“重叠距离”，设为“1”。单击“确定”按钮返回到图 8-156。

在图 8-156 中单击“进给率和速度”按钮，进入“进给率和速度”对话框（图 8-164），单击“自动设置”→“每齿进给量”，设为“0.05”；勾选“主轴速度”复选按钮，设为“4000”；单击“进给率”→“切削”，设为“400”，选择“mmpm”（每分钟进给）。单击“确定”按钮返回到图 8-156。

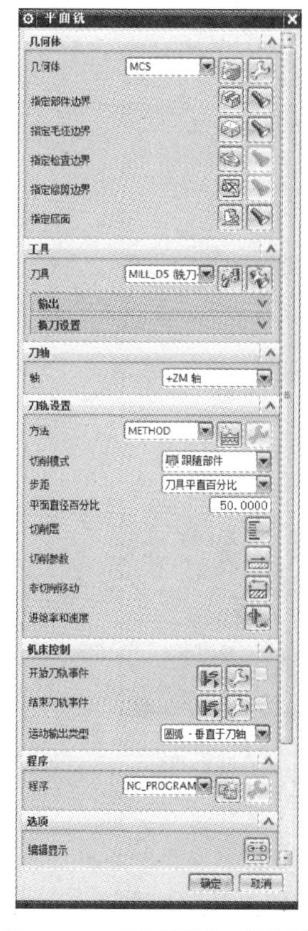

图 8-156　“平面铣”对话框

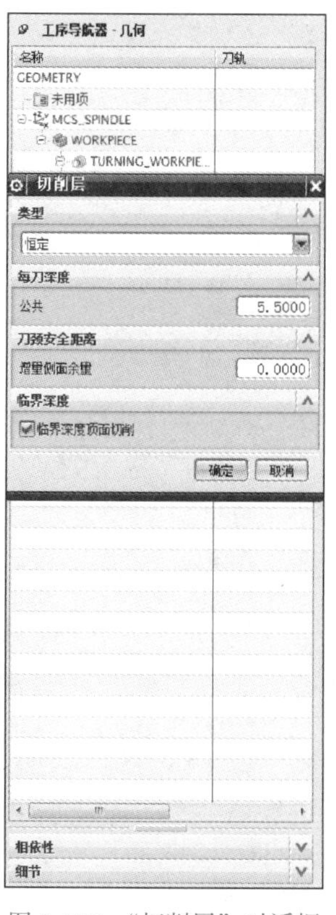

图 8-157　“切削层”对话框

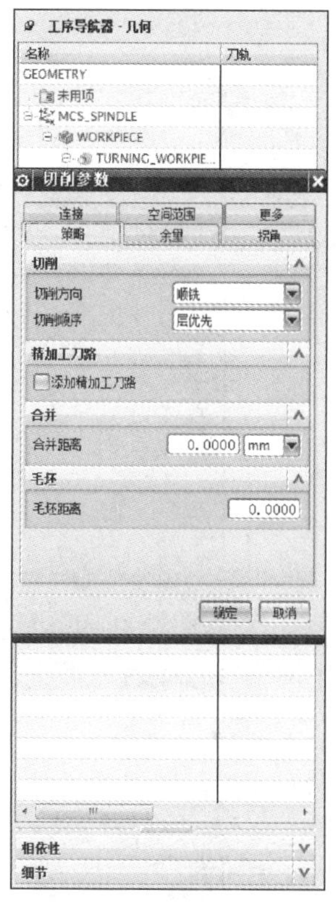

图 8-158　“策略”标签

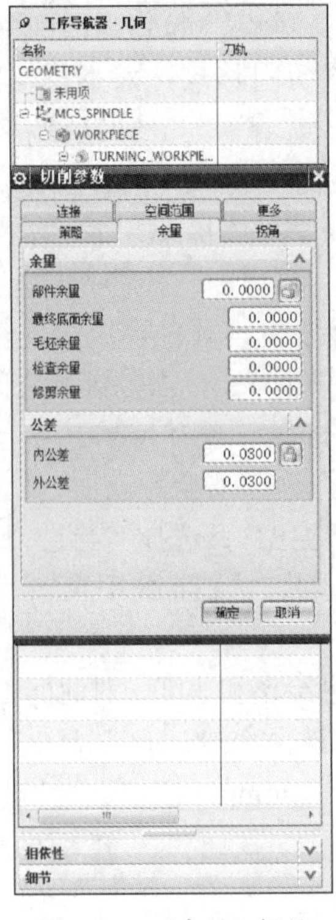

图 8-159 “余量”标签

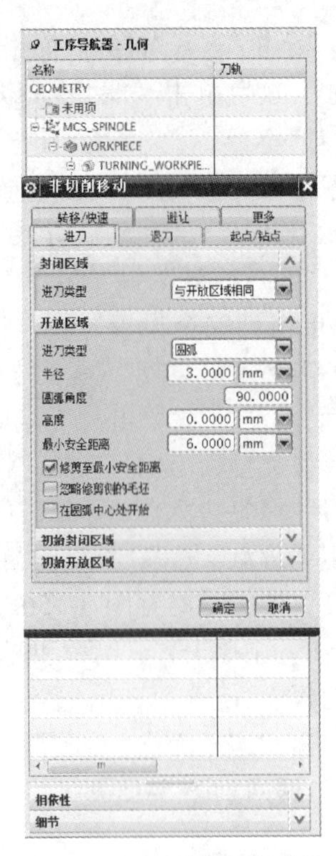

图 8-160 “进刀”标签

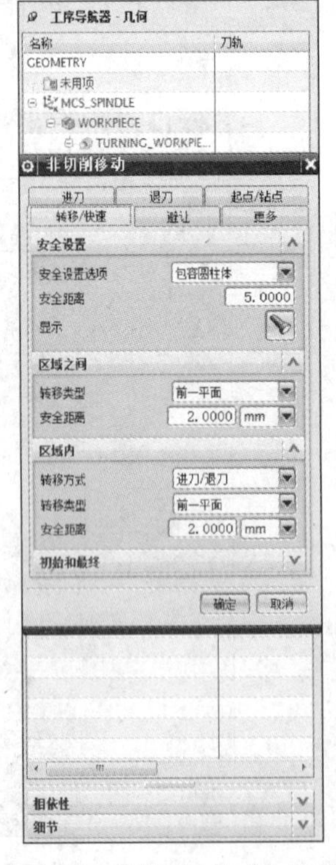

图 8-161 “转移 / 快速”标签

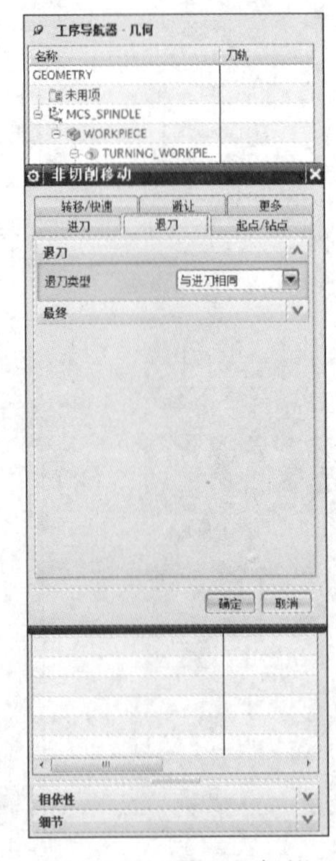

图 8-162 “退刀”标签

图 8-163　“起点 / 钻点”标签

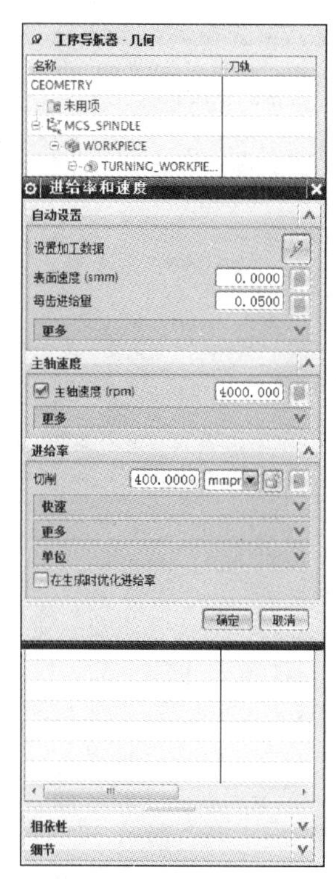

图 8-164　“进给率和速度”对话框

5）在图 8-155 中单击“生成”按钮，生成刀具轨迹，此时图 8-155 中“确认”按钮点亮。

在图 8-155 中单击“确认”按钮，进入“刀轨可视化”对话框（图 8-165）。单击“重播”；单击“显示选项”→“刀具”，选择“实体”；“动画速度”设为“1”，单击“模拟加工”按钮，如图 8-166 所示。单击“确定”按钮返回到图 8-155。再单击“确定”按钮返回到图 8-25。

（13）工步 13——四方形凸台倒角操作

1）在图 8-25 中右击“MCS”，单击“插入”→“工序”（图 8-135）进入“创建工序”对话框（图 8-167），“类型”选择“mill_planar”；“工序子类型”选择“平面铣”按钮；单击“位置”→“刀具”，选择“SPOTDRILLING_TOOL_D12”；单击“位置”→“几何体”，选择“MCS”；“名称”设为“SFXTTDJ”。单击“确定”按钮进入“平面铣”对话框（图 8-168）。

2）“指定部件边界”设置方法与工序 1——工步 11 的操作相同，不再赘述。选择“边线 1”（图 8-169）作为“指定部件边界”。

在图 8-168 中单击“几何体”→“指定底面”按钮进入“平面”对话框（图 8-170），选择“平面 1”（图 8-169），单击“偏置”→“距离”，设为“3”。单击“确定”按钮返回到图 8-168，此时按钮点亮。

在图 8-168 中单击“几何体”→“指定部件边界”“指定底面”按钮，显示指定部件边界、指定底面如图 8-171 所示。

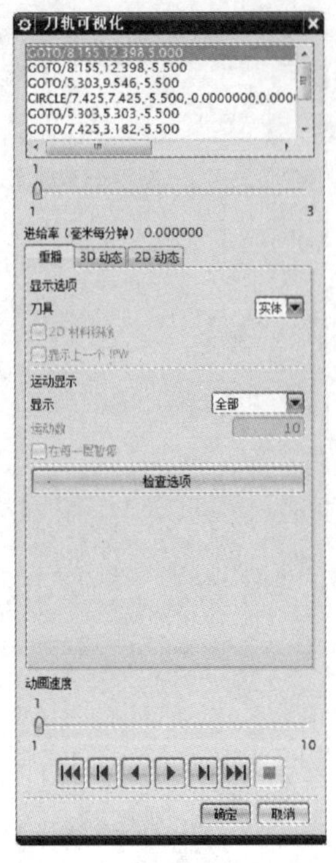

图 8-165 “刀轨可视化”对话框

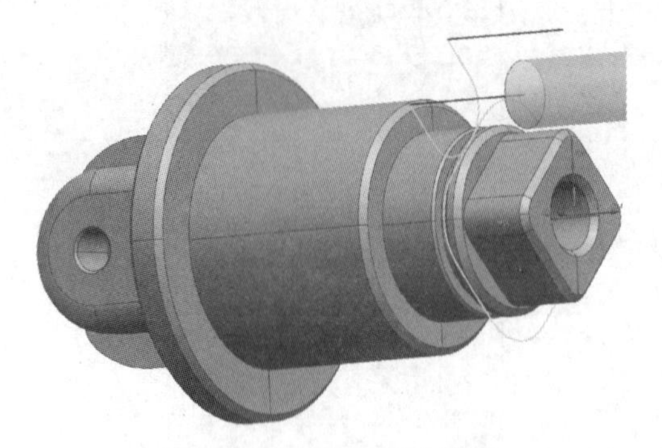

图 8-166 刀具可视化路径

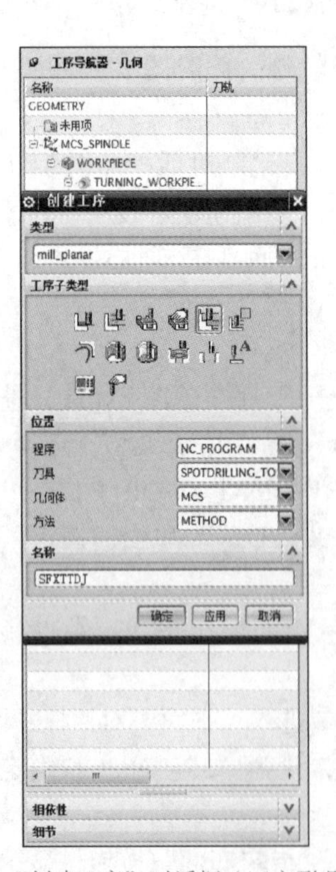

图 8-167 “创建工序”对话框（四方形凸台倒角）

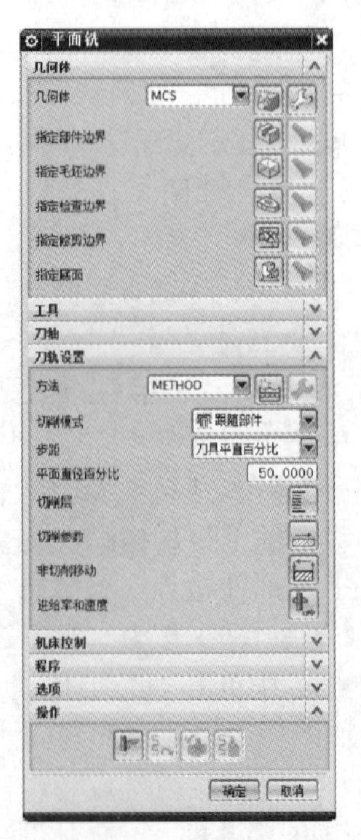

图 8-168 “平面铣”对话框

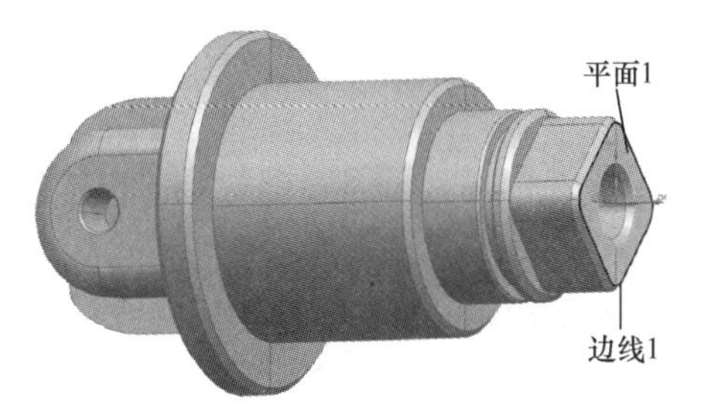

图 8-169　部件边界、底面设置（指定前）

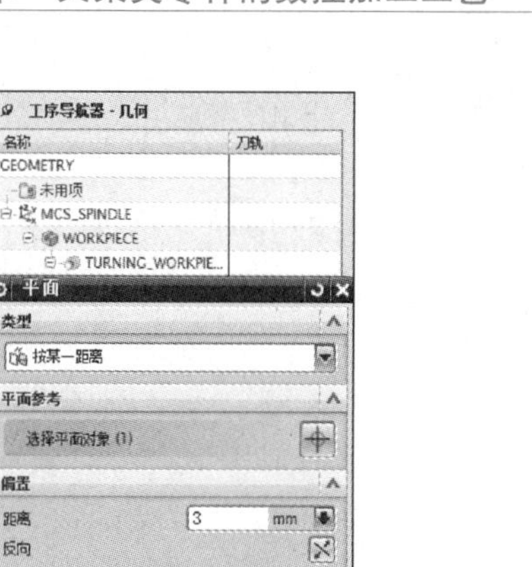
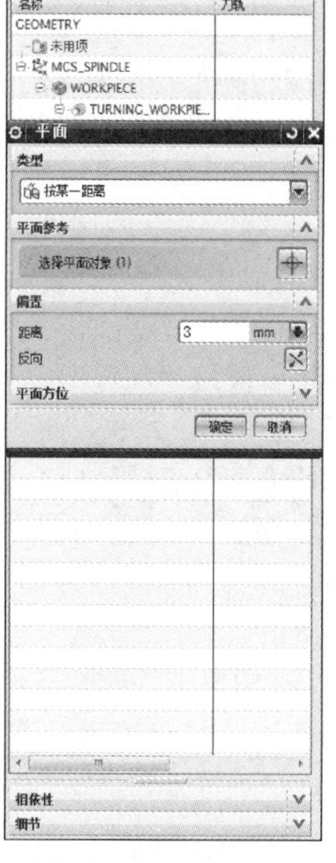

图 8-170　“平面”对话框

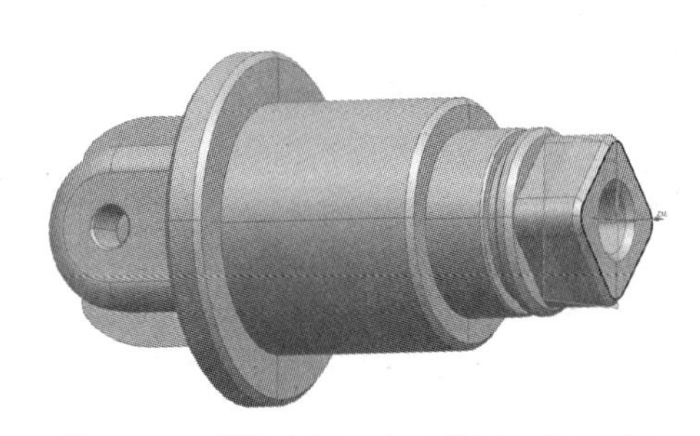

图 8-171　部件边界、底面设置（指定后）

3）在图 8-172 中，单击“工具”→“刀具”，选择“SPOTDRILLING_TOOL_D12”。单击“刀轴”→“轴”，选择“+ZM 轴”。单击“刀轨设置”→“方法”，选择“METHOD”（默认）；单击“刀轨设置”→“切削模式”，选择“轮廓加工”；单击“刀轨设置”→“步距”，选择“刀具平直百分比”；单击“刀轨设置”→“平面直径百分比”，设为“50”。

4）在图 8-172 中单击“切削层”按钮进入“切削层”对话框（图 8-173），“类型”选择“恒定”；单击“每刀深度”→“公共”，设为“0”。单击“确定”按钮返回到图 8-172。

在图 8-172 中单击“切削参数”按钮进入“切削参数”对话框（图 8-174）。单击“策略”标签，单击“切削”→“切削方向”，选择“顺铣”；单击“切削”→“切削顺序”，选择“层优先”。再单击“余量”标签进入图 8-175，单击“余量”→“部件余量”，设为“0”；单击“余量”→“最终底面余量”，设为“0”。单击“确定”按钮返回到图 8-172。

在图 8-172 中单击“非切削移动”按钮进入“非切削移动”对话框（图 8-176）。单击“进刀”标签，单击“封闭区域”→“进刀类型”，选择“与开放区域相同”；单击“开放区域”→“进刀类型”，选择“圆弧”；单击“开放区域”→“半径”，设为“3”；单击“开放区域”→“圆弧角度”，设为“90”；单击“开放区域”→“高度”，设为“0”；单击“开放区域”→“最小安全距离”，设为“6”。再单击“转移 / 快速”标签进入图 8-177，单击“安全设置”→“安全设置选项”，选择“包容圆柱体”，“安全距离”设为“5”；单击“区域之间”→“转移类型”，选择“前一平面”；单击“区域之间”→“安全距离”，设为“2”。单击“区域内”→“转移方式”，选择“进刀 / 退刀”；单击“区域内”→“转移类型”，选择“前一平面”；单击“区域内”→“安全距离”，设为“2”。再单击“退刀”标签进入图 8-178，单击“退刀”→“退刀类型”，选择“与进刀相同”。再单击“起点 / 钻点”标签进入图 8-179，单击“重叠距离”，设为“1”。单击“确定”按钮返回到图 8-172。

在图 8-172 中单击“进给率和速度”按钮进入“进给率和速度”对话框（图 8-180），勾选“主轴速度”复选按钮，设为“1000”；单击“进给率”→“切削”，设为“1000”，选择“mmpm”（每分钟进给）。单击“确定”按钮返回到图 8-172。

图 8-172 “平面铣”对话框

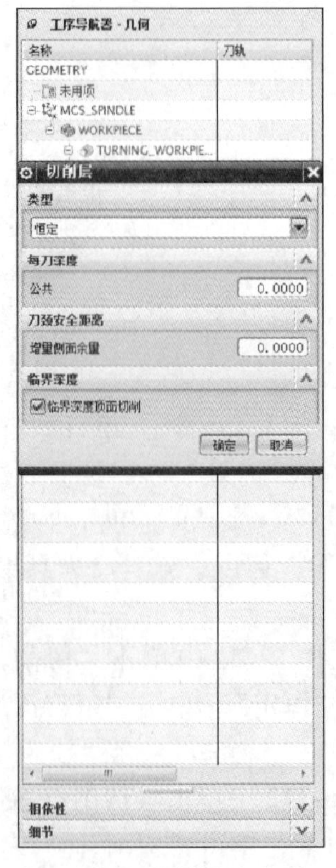

图 8-173 “切削层”对话框

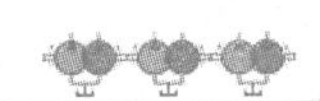

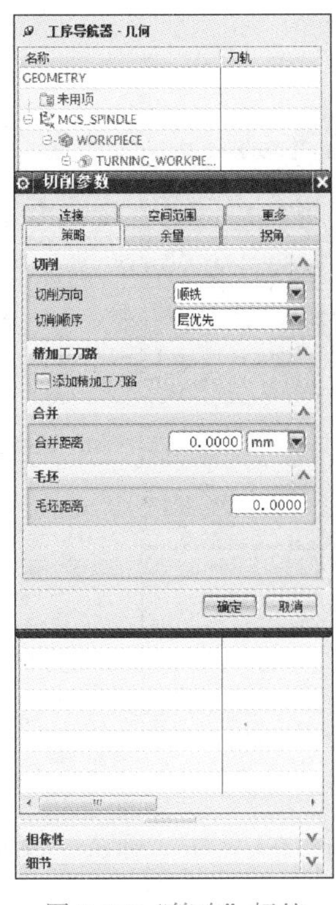

图 8-174“策略”标签

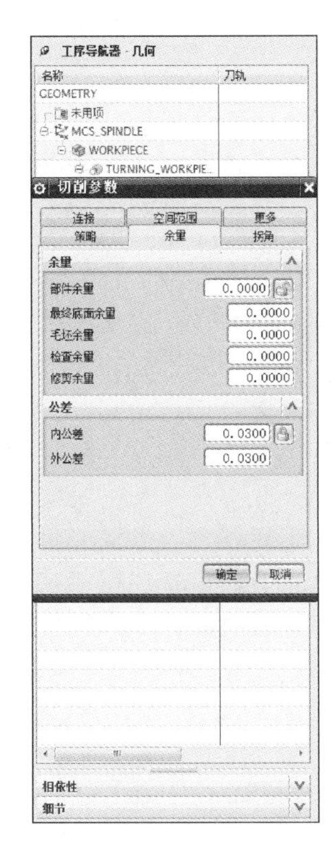

图 8-175“余量”标签

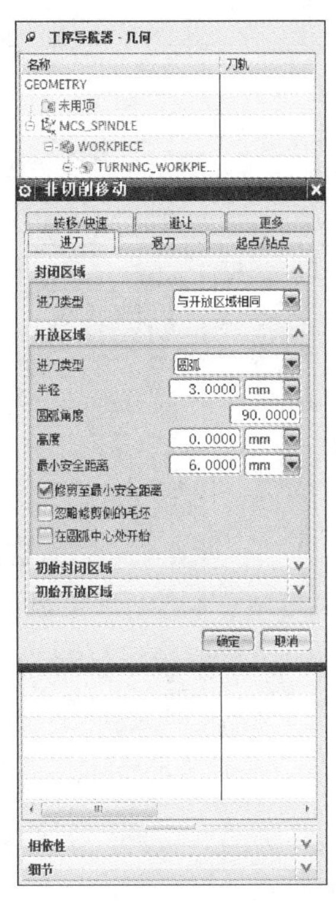

图 8-176“非切削移动”对话框

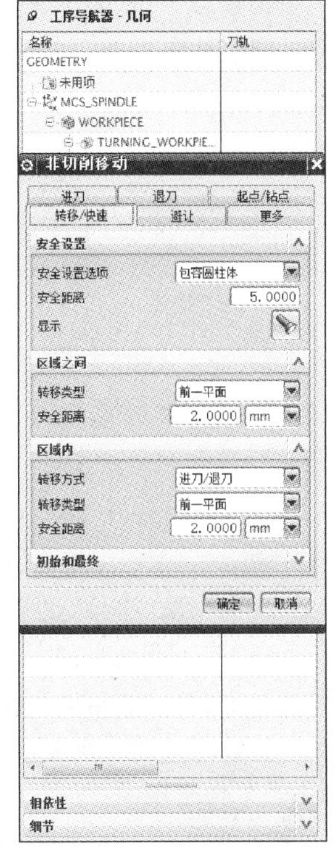

图 8-177　“转移 / 快速”标签

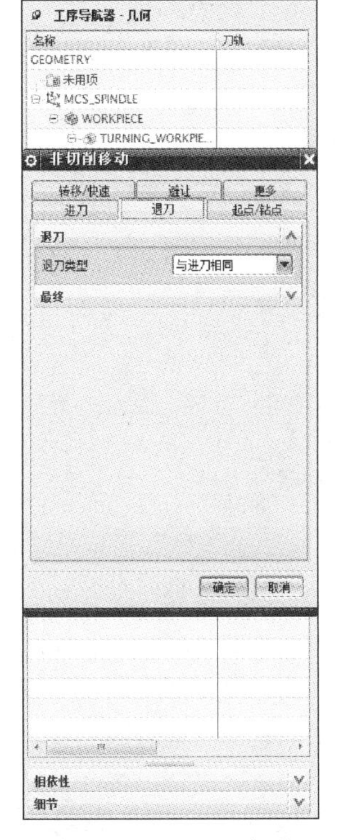

图 8-178　“退刀”标签

图 8-179 “起点 / 钻点”标签

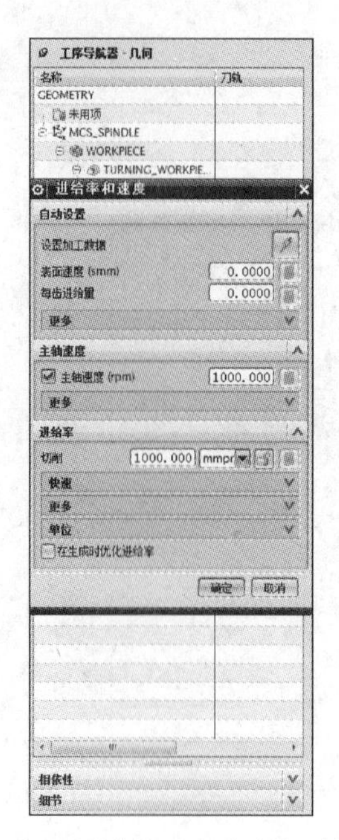

图 8-180 “进给率和速度”对话框

5）在图 8-168 中单击“生成”按钮，生成刀具轨迹，此时图 8-168 中“确认”按钮点亮。

在图 8-168 中单击“确认”按钮进入“刀轨可视化”对话框（图 8-181）。单击“重播”；单击“显示选项”→“刀具”，选择“实体”；“动画速度”设为“1”，单击按钮“模拟加工”，如图 8-182 所示。单击“确定”按钮返回到图 8-168。再单击“确定”按钮返回到图 8-25。

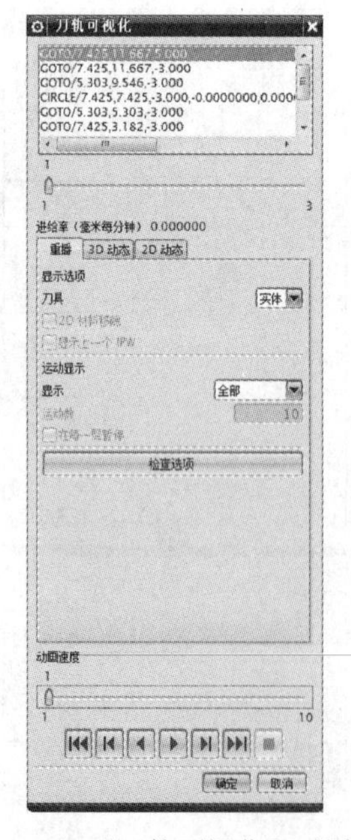

图 8-181 “刀轨可视化”对话框

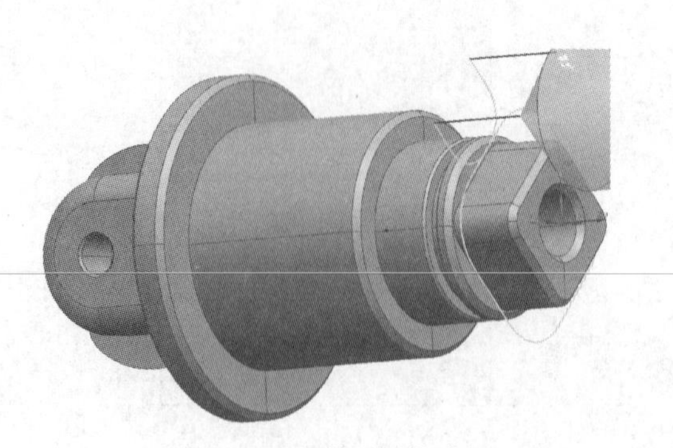

图 8-182 刀轨可视化路径

8.2.2　工序 2

1. 基本设置

工序 2. 基本设置

（1）加工坐标系　建立加工坐标系和工作组与加工四方形凸台一端的方法相同，不再赘述，设置完成后如图 8-183 所示。

图 8-184 所示为加工轴耳一端的所有工序，共需要 6 种刀具，11 个工步。其中“turning”进行车削端面、车削外圆的加工，共有 2 个工步，使用 1 种刀具；“mill_planar”和“mill_contour”进行铣削轴耳的加工，共有 3 个工步，使用 2 种刀具；“drill”进行轴耳孔、轴向孔的加工，共有 6 个工步，使用 3 种刀具。两个轴耳孔分别进行钻削，加工方式和参数完全一样，此处只讲述一侧轴耳孔的加工。

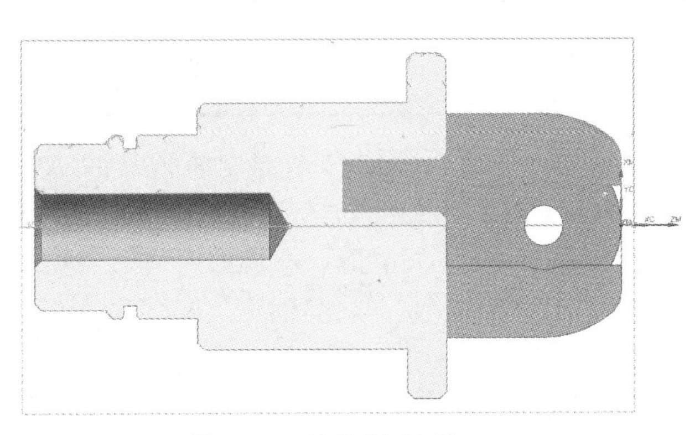
图 8-183　显示毛坯边界

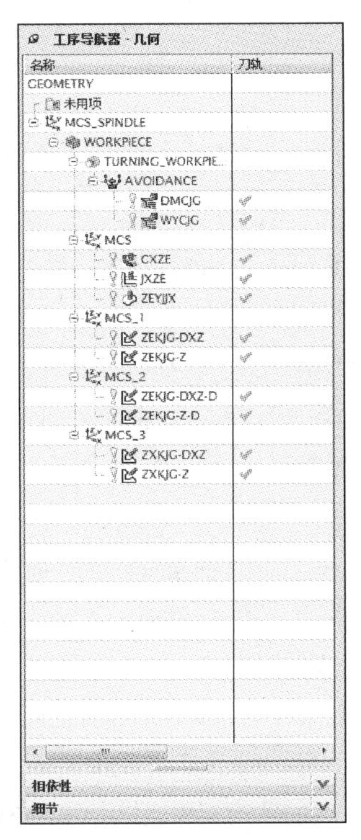

图 8-184　轴耳一端加工工序显示界面

（2）创建刀具　在图 8-184 中右击“TURNING_WORKPIECE”，单击“插入”→“刀具”（图 8-185）进入“创建刀具”对话框（图 8-186）。根据实际需求选择“类型”和“刀具子类型”并命名，单击“确定”按钮进入“车刀 – 标准”对话框（图 8-187）进行设置，单击“确定”按钮。刀具创建参数见表 8-7。

表 8-7 刀具创建参数

<table>
<tr><th rowspan="2">刀具类型</th><th rowspan="2">刀具子类型</th><th rowspan="2">名称</th><th colspan="8">工具</th></tr>
<tr></tr>
<tr><td rowspan="4">turning（车削）</td><td rowspan="4">OD_08_L（车刀）</td><td rowspan="4">OD_08_L_CNMG120408</td><td colspan="2">镶块</td><td colspan="2">尺寸</td><td colspan="2">刀片尺寸</td><td colspan="2">更多</td></tr>
<tr><td>刀片形状</td><td>刀片位置</td><td>刀尖半径 /mm</td><td>方向角度 /(°)</td><td>测量</td><td>长度 /mm</td><td>退刀槽角</td><td>厚度代码</td></tr>
<tr><td>C</td><td>顶侧</td><td>0.8</td><td>5</td><td>切削边缘</td><td>12</td><td>N</td><td>04</td></tr>
<tr></tr>
<tr><td rowspan="3">mill_planar（平面铣）</td><td rowspan="3">MILL（铣刀）</td><td rowspan="3">MILL_D5</td><td colspan="8">尺寸</td></tr>
<tr><td colspan="2">直径 /mm</td><td colspan="2">长度 /mm</td><td colspan="2">刀刃长度 /mm</td><td colspan="2">刀刃 / 个</td></tr>
<tr><td colspan="2">5</td><td colspan="2">75</td><td colspan="2">50</td><td colspan="2">2</td></tr>
<tr><td rowspan="3">mill_contour（型腔铣）</td><td rowspan="3">SPHERICAL_MILL（球刀）</td><td rowspan="3">SPHERICAL_MILL_Q5</td><td colspan="8">尺寸</td></tr>
<tr><td colspan="2">直径 /mm</td><td colspan="2">颈部直径 /mm</td><td>长度 /mm</td><td colspan="2">刀刃长度 /mm</td><td>刀刃 / 个</td></tr>
<tr><td colspan="2">5</td><td colspan="2">5</td><td>50</td><td colspan="2">2.5</td><td>2</td></tr>
<tr><td rowspan="3">drill（钻孔）</td><td rowspan="3">SPOTDRILLING_TOOL（定心钻）</td><td rowspan="3">SPOTDRILLING_TOOL_D5</td><td colspan="8">尺寸</td></tr>
<tr><td colspan="2">直径 /mm</td><td colspan="2">刀尖角度 / (°)</td><td colspan="2">长度 /mm</td><td>刀刃长度 /mm</td><td>刀刃 / 个</td></tr>
<tr><td colspan="2">5</td><td colspan="2">90</td><td colspan="2">50</td><td>35</td><td>2</td></tr>
<tr><td rowspan="3">drill（钻孔）</td><td rowspan="3">DRILLING_TOOL（钻头）</td><td rowspan="3">DRILLING_TOOL_D3</td><td colspan="8">尺寸</td></tr>
<tr><td colspan="2">直径 /mm</td><td colspan="2">刀尖角度 / (°)</td><td colspan="2">长度 /mm</td><td>刀刃长度 /mm</td><td>刀刃 / 个</td></tr>
<tr><td colspan="2">3</td><td colspan="2">118</td><td colspan="2">50</td><td>35</td><td>2</td></tr>
<tr><td rowspan="3">drill（钻孔）</td><td rowspan="3">DRILLING_TOOL（钻头）</td><td rowspan="3">DRILLING_TOOL_D4</td><td colspan="8">尺寸</td></tr>
<tr><td colspan="2">直径 /mm</td><td colspan="2">刀尖角度 / (°)</td><td colspan="2">长度 /mm</td><td>刀刃长度 /mm</td><td>刀刃 / 个</td></tr>
<tr><td colspan="2">4</td><td colspan="2">118</td><td colspan="2">50</td><td>35</td><td>2</td></tr>
</table>

（3）创建避让点　在图 8-184 中右击“TURNING_WORKPIECE”，单击“插入”→“几何体”（图 8-188），进入“创建几何体”对话框（图 8-189）。“类型”选择“turning”；“几何体子类型”选择“创建几何体”按钮；单击“位置”→“几何体”，选择“TURNING_WORKPIECE”；“名称”设为“AVOIDANCE”。单击“确定”按钮打开“避让”对话框（图 8-190）。

在图 8-190 中单击“运动到起点（ST）”→“运动类型”，选择“直接”，“点选项”选择“点”；单击“运动到进刀起点”→“运动类型”，选择“直接”；单击“运动到返回点 / 安全平面（RT）”→“运动类型”，选择“直接”，“点选项”选择“与起点相同”。

在图 8-190 中单击“运动到起点（ST）”→“指定点”按钮进入“点”对话框（图 8-191）。

在图 8-191 中单击“输出坐标”→“参考”，选择“WCS”，“XC”设为“5mm”，“YC”设为“30mm”，“ZC”设为“0mm”。单击“确定”按钮返回到图 8-190。再单击“确定”按钮，返回到图 8-184。

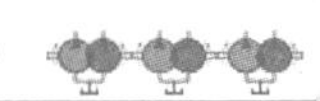

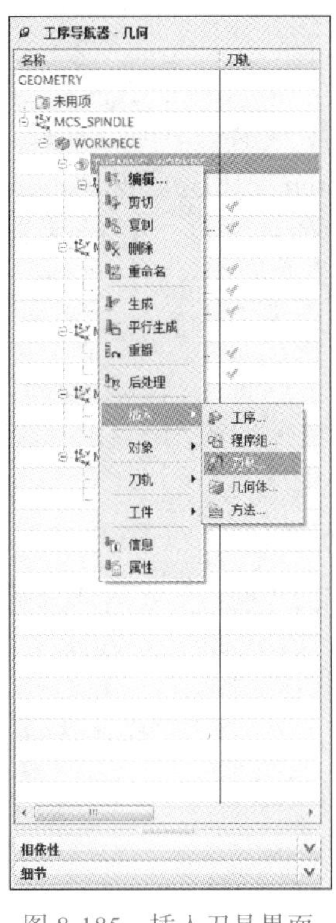

图 8-185　插入刀具界面

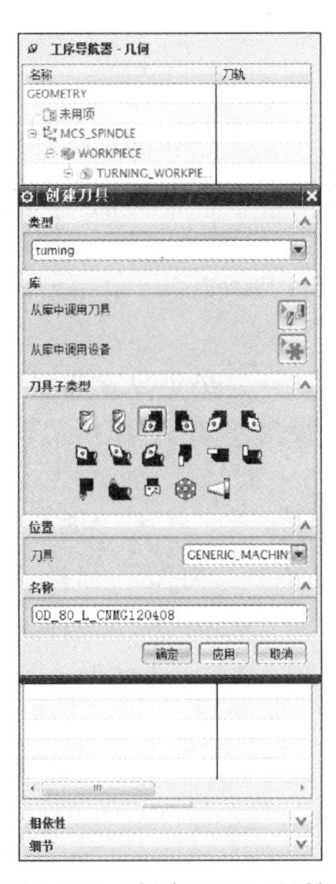

图 8-186　“创建刀具”对话框

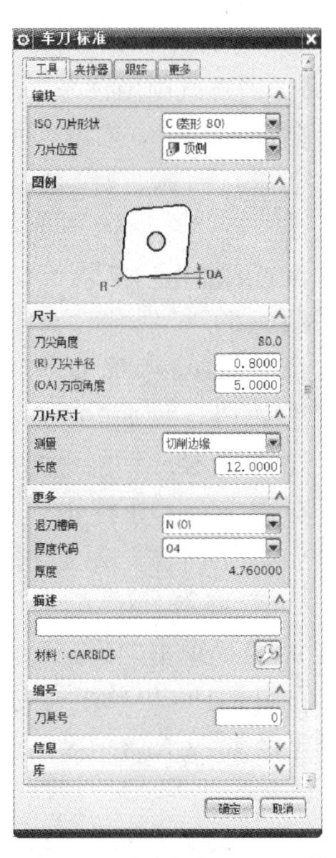

图 8-187　“车刀 – 标准”对话框

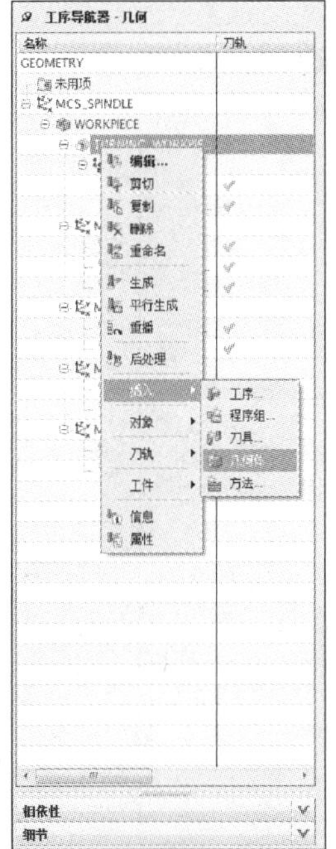

图 8-188　插入几何体界面

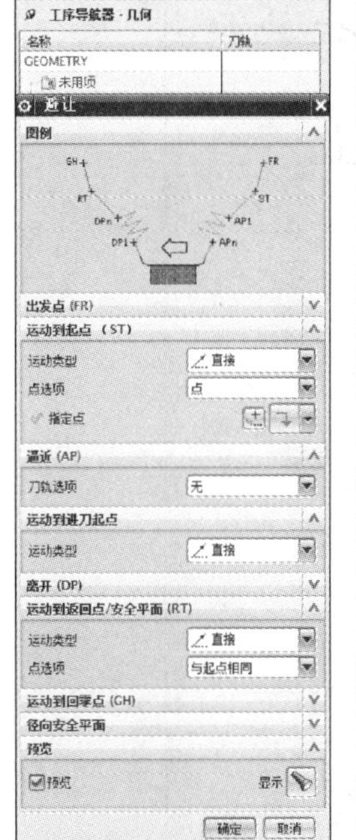

图 8-189　“创建几何体”对话框

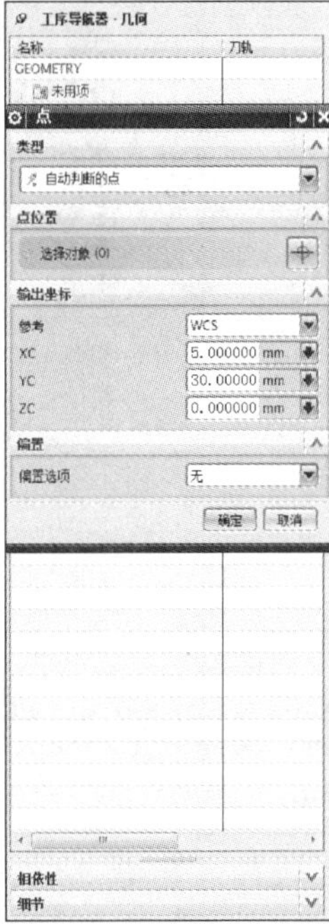

图 8-190　“避让”对话框

图 8-191　“点”对话框

（4）创建坐标系

1）创建铣削坐标系。

在图 8-184 中右击“WORKPIECE”，单击“插入”→“几何体”（图 8-192）进入“创建几何体”对话框（图 8-193），“类型”选择“mill_planar”（也可选择“mill_contour”）；“几何体子类型”选择“坐标系”按钮；单击“位置”→“几何体”，选择“WORKPIECE”；“名称”设为“MCS”。单击“确定”按钮进入“MCS”对话框（图 8-194）。

在图 8-194 中单击“安全设置”→“安全设置选项”，选择“平面”，“指定平面”选择“平面 1”（图 8-195），“距离”设为“50”。单击“确定”按钮返回到图 8-184。

2）创建径向钻削坐标系。

在图 8-184 中右击“WORKPIECE”，单击“插入”→“几何体”（图 8-192）进入“创建几何体”对话框（图 8-196），“类型”选择“drill”；“几何体子类型”选择“坐标系”按钮；单击“位置”→“几何体”，选择“WORKPIECE”；“名称”设为“MCS_1”。单击“确定”按钮进入“MCS”对话框（图 8-197）。

在图 8-197 中单击“安全设置”→“安全设置选项”，选择“平面”，“指定平面”选择“平面 1”（图 8-198），“距离”设为“50”。单击“确定”按钮返回到图 8-184。

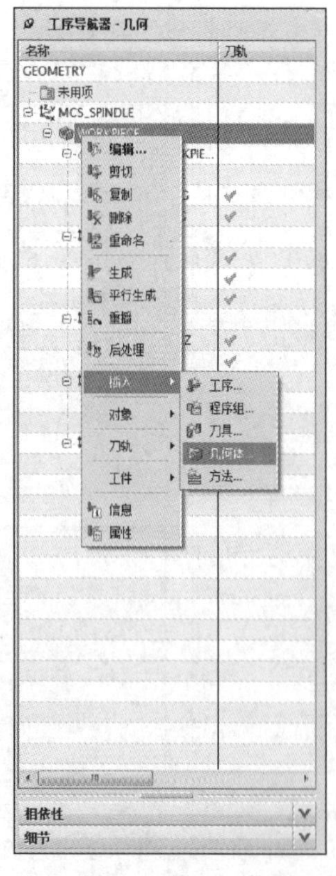

图 8-192　插入几何体界面

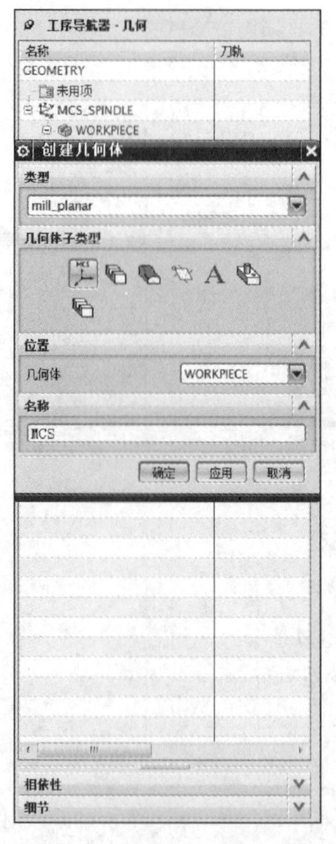

图 8-193　“创建几何体”对话框 – 铣削坐标系

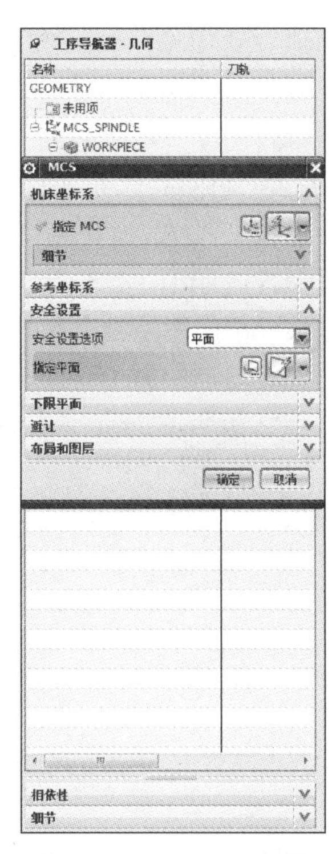

图 8-194　“MCS”对话框

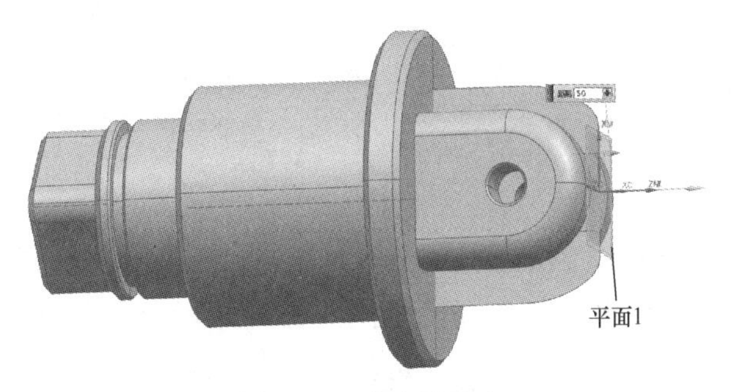

图 8-195　指定设置平面

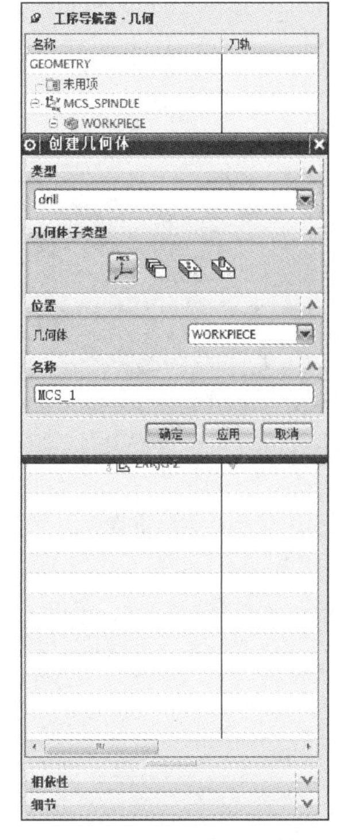

图 8-196　“创建几何体”对话框 – 钻削坐标系

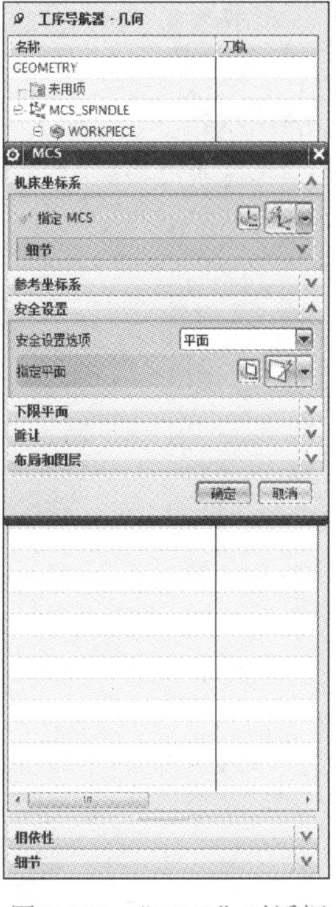

图 8-197　“MCS”对话框

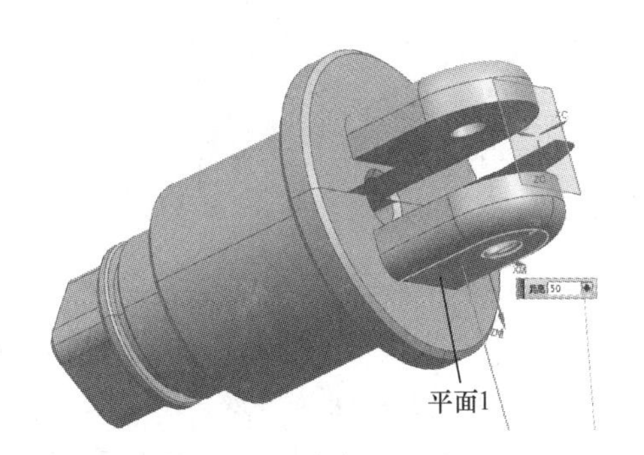

图 8-198　指定设置平面

钻削坐标系“MCS_2”与钻削坐标系“MCS_1”创建方法完全一样，仅创建结果在“MCS_1”对边，不再赘述。

3）创建轴向钻削坐标系。

在图 8-184 中右击“WORKPIECE”，单击“插入”→“几何体”（图 8-192）进入“创建几何体”对话框（图 8-199），“类型”选择“drill”；“几何体子类型”选择“坐标系”按钮；单击“位置”→“几何体”，选择“WORKPIECE”；“名称”设为“MCS_3”。单击“确定”按钮进入“MCS”对话框（图 8-200）。

在图 8-200 中单击“安全设置”→“安全设置选项”，选择“平面”，“指定平面”选择“平面 1”（图 8-201），“距离”设为“50”。单击“确定”按钮返回到图 8-184。

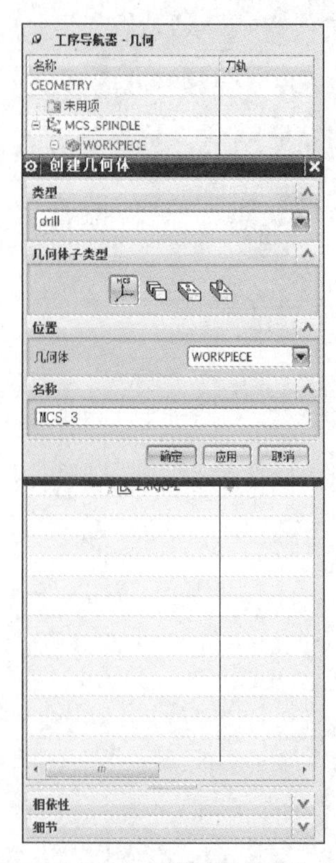

图 8-199 “创建几何体”对话框－钻削坐标系

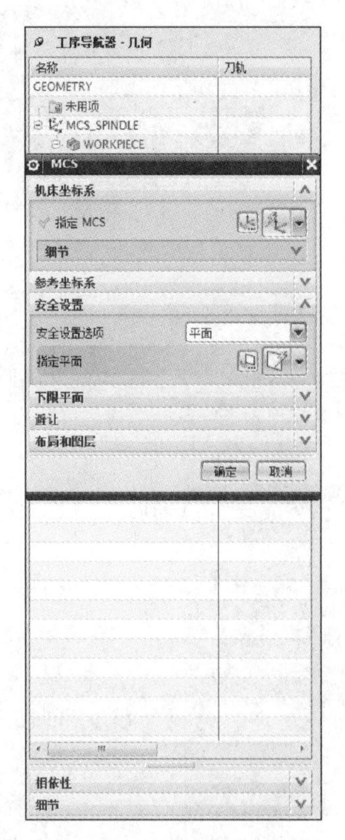

图 8-200 “MCS”对话框

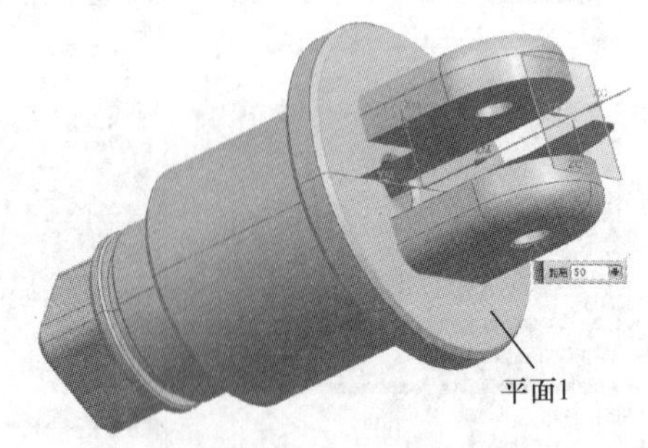

图 8-201 指定设置平面

2. 工步

工序 2. 工步 1～工步 9

（1）工步 1——端面粗加工操作

1）在图 8-184 中右击“AVOIDANCE”，单击“插入”→“工序”（图 8-202）进入“创建工序”对话框（图 8-203），“类型”选择“turning”；“工序子类型”选择“面加工”按钮；单击“位置”→“刀具”，选择

“OD_80_L_CNMG120408”；单击“位置”→“几何体”，选择“AVOIDANCE”；“名称”设为“DMCJG”。单击“确定”按钮进入“面加工”对话框（图 8-204）。

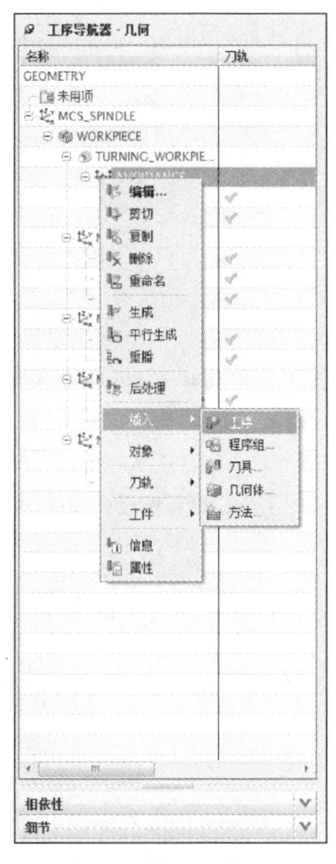

图 8-202　插入工序界面

图 8-203　“创建工序”对话框（端面粗加工）

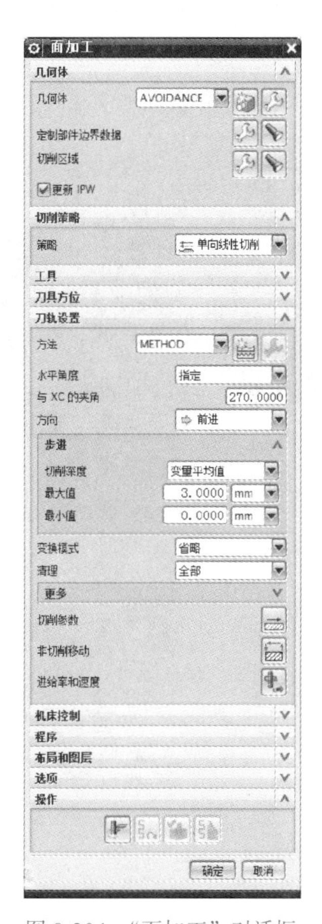

图 8-204　“面加工”对话框

2）在图 8-204 中单击“几何体”→“切削区域”按钮，显示出切削区域（图 8-205），然后修剪切削区域。

在图 8-204 中单击“几何体”→“切削区域”按钮，进入“切削区域”对话框（图 8-206）。在图 8-206 中单击“轴向修剪平面 1”→“限制选项”，选择“点”；单击“轴向修剪平面 1”→“指定点”，选择图 8-207 中工件端面任意一点，此时切削区域改变（图 8-207）。单击“确定”按钮返回到图 8-204。

3）在图 8-208 中单击“切削策略”→“策略”，选择“单向线性切削”。单击“工具”→“刀具”，选择“OD_80_L_CNMG120408”。单击“刀轨设置”→“方法”，选择“LATHE_ROUGH”（车削粗加工）。单击“步进”→“切削深度”，选择“恒定”；单击“步进”→“深度”，设为“1”。“变换模式”选择“省略”。“清理”选择“全部”。

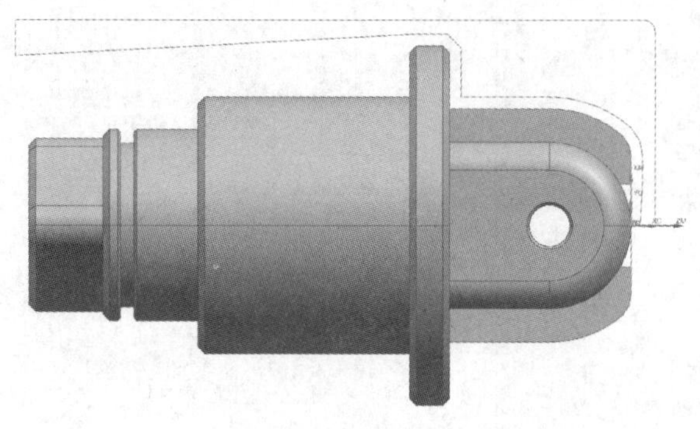

图 8-205　切削区域（设置前）

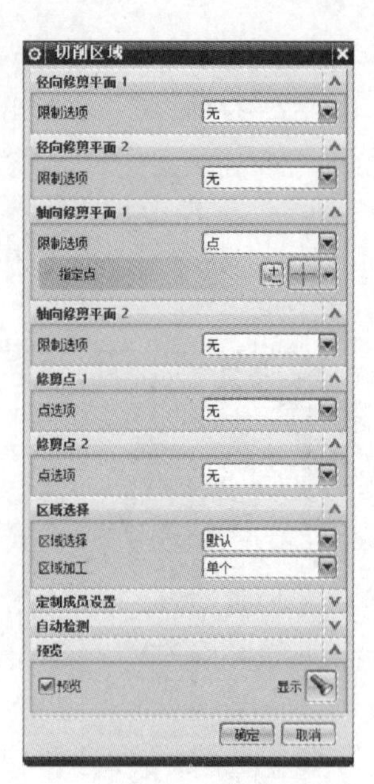

图 8-206　“切削区域”对话框

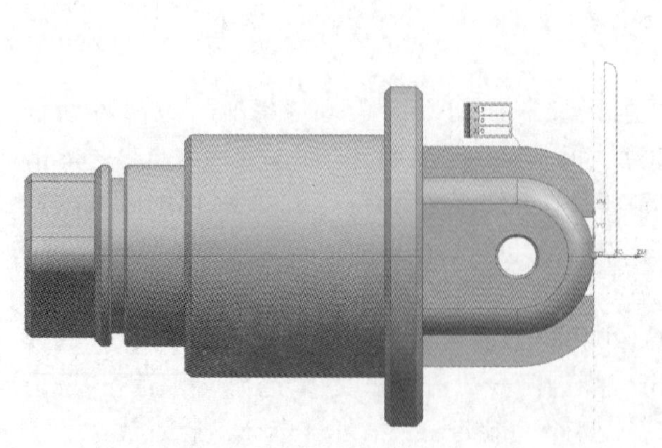

图 8-207　切削区域（设置后）

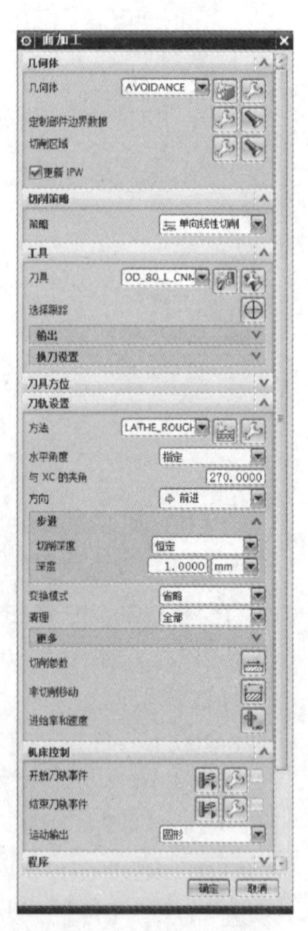

图 8-208　“面加工”对话框

4）在图 8-208 中单击“切削参数”按钮，进入“切削参数”对话框（图 8-209）。单击“余量”标签，单击“粗加工余量”→“恒定”，设为“0.05”。单击“确定”按钮返回到图 8-208。

在图 8-208 中单击“非切削移动”按钮进入“非切削移动”对话框（图 8-210）。单击“进刀”标签，单击“毛坯”→“安全距离”，设为“1”。单击“确定”按钮返回到图 8-208。

在图 8-208 中单击“进给率和速度”按钮进入“进给率和速度”对话框（图 8-211）。单击“主轴速度”→“输出模式”，选择“SMM”（米 / 分钟）；单击“主轴速度”→“表面速度（smm）”，设为“200”；勾选“最大 RPM”复选按钮，设为“2500”；单击“进给率”→“切削”，设为“0.2”，选择“mmpr”（每转进给）。单击“确定”按钮返回到图 8-208。

图 8-209　“切削参数”对话框

图 8-210　“非切削移动”对话框

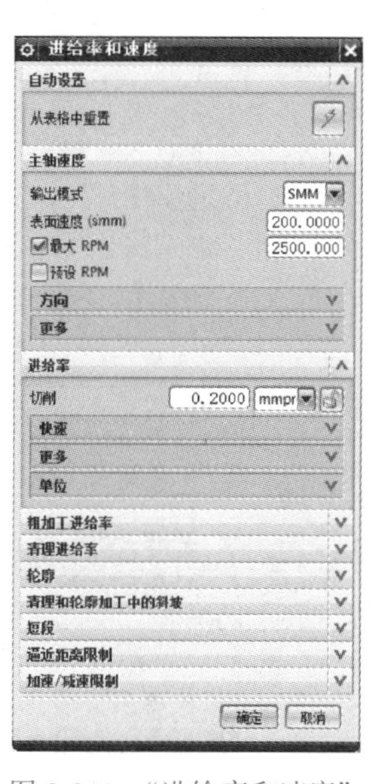

图 8-211　“进给率和速度”对话框

5）在图 8-204 中单击“生成”按钮，生成刀具轨迹，此时图 8-204 中“确认”按钮点亮。

在图 8-204 中单击“确认”按钮进入“刀轨可视化”对话框（图 8-212）。单击“重播”；单击“显示选项”→“刀具”，选择“实体”；勾选“2D 材料移除”复选按钮；“动画速度”设为“1”，单击“模拟加工”按钮，如图 8-213 所示。单击“确定”按钮返回到图 8-204。再单击“确定”按钮返回到图 8-184。

（2）工步 2——外圆粗加工操作

1）在图 8-184 中右击“AVOIDANCE”单击“插入”→“工序”（图 8-202）进入“创建工序”对话框（图 8-214），“类型”选择“turning”；“工序子类型”选择“外侧粗车”按钮；单击“位置”→“刀具”，选择“OD_80_L_CNMG120408”；单击“位置”→“几何体”，选择“AVOIDANCE”；“名称”设为“WYCJG”。单击“确定”按钮进入“外侧粗车”对话框（图 8-215）。

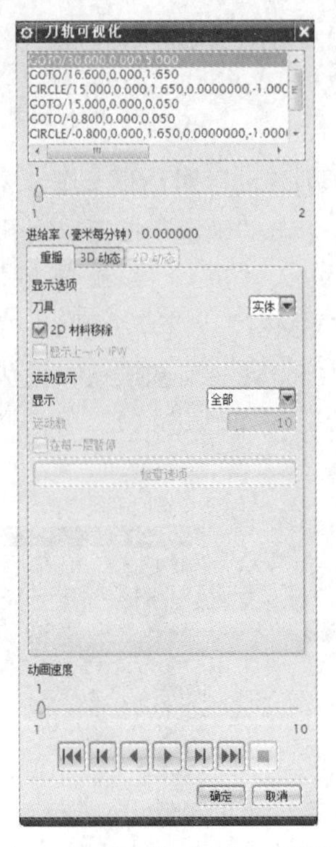

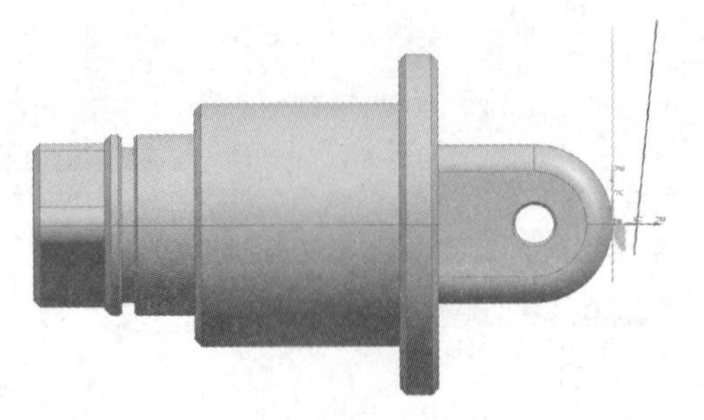

图 8-212 “刀轨可视化”对话框

图 8-213 刀具可视化路径

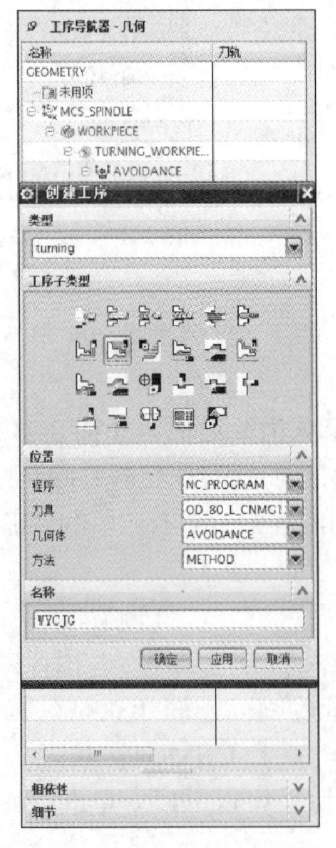

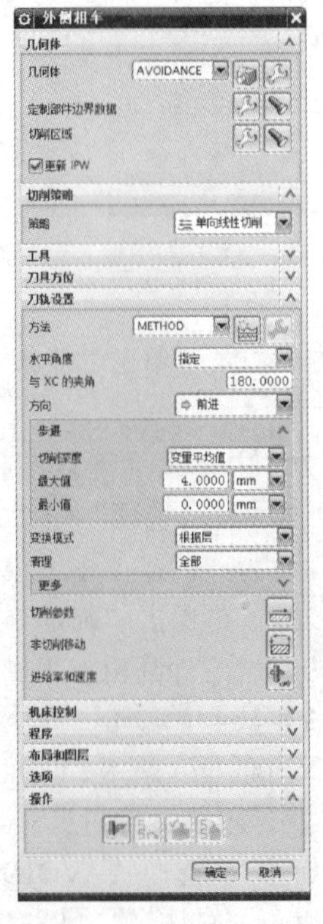

图 8-214 “创建工序”对话框（外圆粗加工）

图 8-215 “外侧粗车”对话框

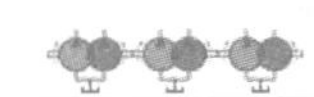

2）在图 8-215 中单击“几何体”→“切削区域”按钮，显示出切削区域（图 8-216），然后修剪切削区域。

在图 8-215 中单击“几何体”→“切削区域”按钮进入“切削区域”对话框（图 8-217）。在图 8-217 中单击“修剪点 1”→“点选项”，选择“指定”；单击“修剪点 1”→“指定点”，选择点“TP1”（图 8-218）；单击“修剪点 1”→“延伸距离”，设为“0.5”；单击“修剪点 1”→“角度选项”，选择“角度”；单击“修剪点 1”→“指定角度”，设为“135”。

在图 8-217 中单击“修剪点 2”→“点选项”，选择“指定”；单击“修剪点 2”→“指定点”，选择点“TP2”（图 8-218）；单击“修剪点 2”→“延伸距离”，设为“0.5”；单击“修剪点 2”→“角度选项”，选择“角度”；单击“修剪点 2”→“指定角度”，设为“-45”，此时切削区域改变（图 8-218）。单击“确定”按钮返回到图 8-215。

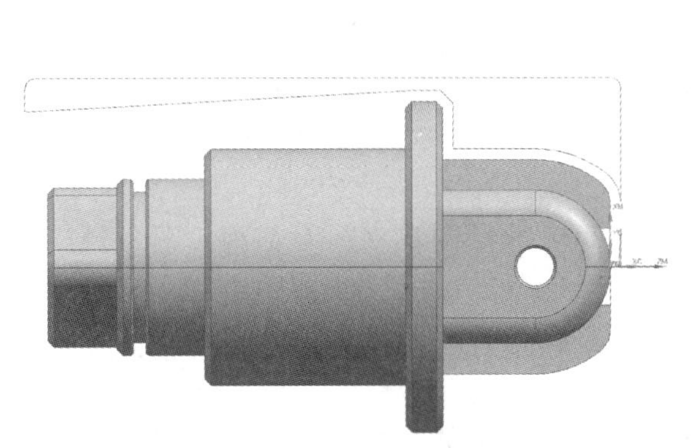

图 8-216　切削区域（设置前）

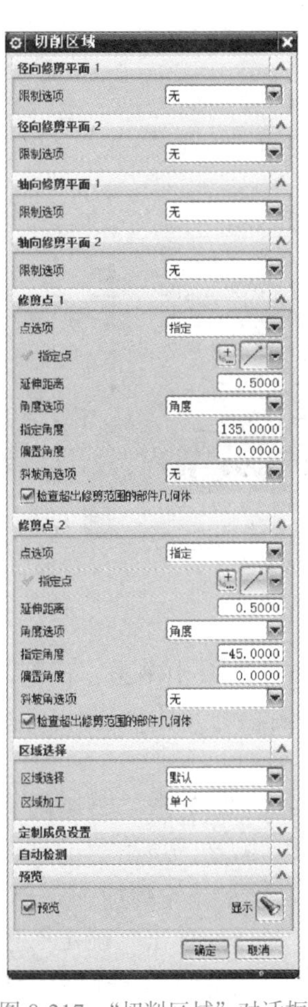

图 8-217　“切削区域”对话框

3）在图 8-219 中单击“切削策略”→“策略”，选择“单向线性切削”。单击“工具”→“刀具”，选择“OD_80_L_CNMG120408”。单击“刀轨设置”→“方法”，选择“LATHE_ROUGH”（车削粗加工）。单击“步进”→“切削深度”，选择“恒定”；单击“步进”→“深度”，设为“1”。“变换模式”选择“省略”。“清理”选择“全部”。

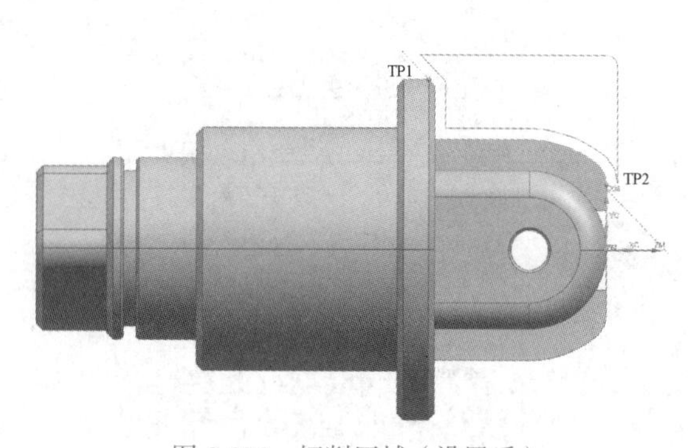

图 8-218 切削区域（设置后）

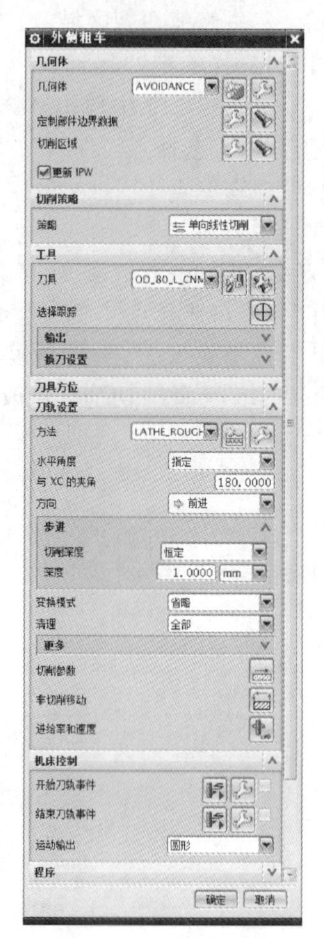

图 8-219 “外侧粗车”对话框

4）在图 8-219 中单击“切削参数”按钮进入“切削参数”对话框（图 8-220）。单击“余量”标签，单击“粗加工余量”→“恒定”，设为“0.05”。单击“确定”按钮返回到图 8-219。

在图 8-219 中单击“非切削移动”按钮进入“非切削移动”对话框（图 8-221）。单击“进刀”标签，单击“毛坯”→“安全距离”，设为“0.2”。单击“退刀”标签，进入图 8-222，单击“轮廓加工”→“退刀类型”，选择“线性”；单击“轮廓加工”→“角度”，设为“45”。单击“确定”按钮返回到图 8-219。

在图 8-219 中单击“进给率和速度”按钮进入“进给率和速度”对话框（图 8-223）。单击“主轴速度”→“输出模式”，选择“SMM”（米/分钟）；单击“主轴速度”→“表面速度（smm）”，设为“200”；勾选“最大 RPM”复选按钮，设为“2500”；单击“进给率”→“切削”，设为“0.2”，选择“mmpr”（每转进给）。单击“确定”按钮返回到图 8-219。

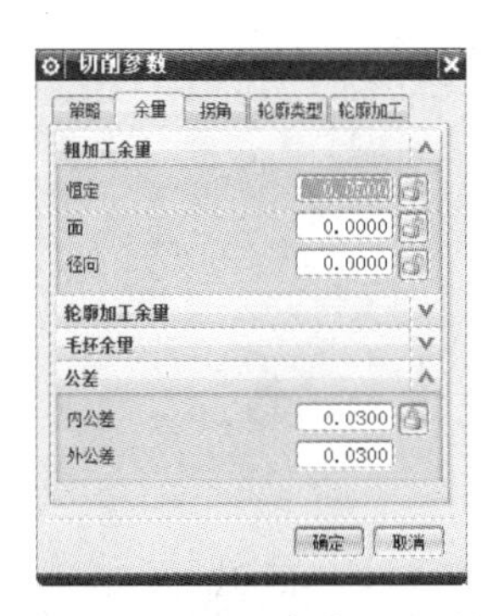

图 8-220　“切削参数”对话框

图 8-221　“进刀”标签

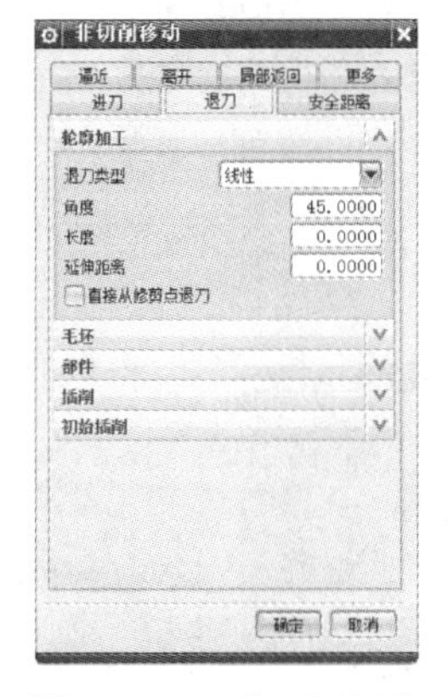

图 8-222　“退刀”标签

图 8-223　“进给率和速度”对话框

5）在图 8-215 中单击“生成”按钮，生成刀具轨迹，此时图 8-215 中“确认”按钮点亮。

在图 8-215 中单击“确认”按钮进入“刀轨可视化”对话框（图 8-224）。单击“重播”；单击“显示选项”→“刀具”，选择“实体”；勾选“2D 材料移除”复选按钮；“动画速度”设为“1”，单击“模拟加工”按钮，如图 8-225 所示。单击“确定”按钮返回到图 8-215。再单击“确定”按钮返回到图 8-184。

（3）工步 3——粗铣轴耳操作

1）在图 8-184 中右击“MCS”，单击“插入”→“工序”（图 8-226）进入“创建工序”对话框（图 8-227），“类型”选择“mill_contour”；“工序子类型”选择“型腔铣”按钮；单击“位置”→“刀具”，选择“MILL_D5”；单击“位置”→“几何体”，选择“MCS”；“名称”设为“CXZE”。单击“确定”按钮进入“型腔铣”对话框（图 8-228）。

2）在图 8-228 中单击“几何体”→“指定切削区域”按钮进入“切削区域”对话框（图 8-229）。

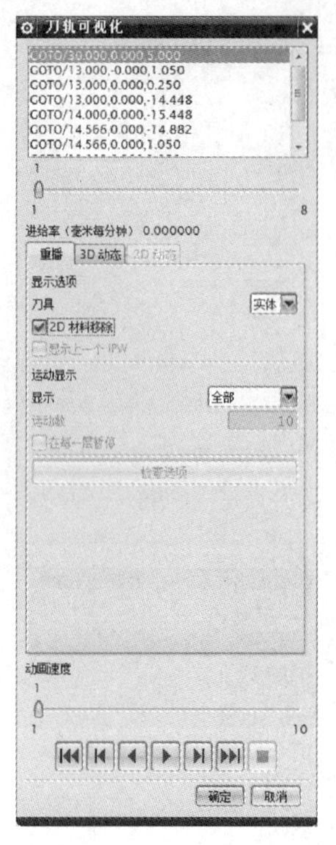

图 8-224 “刀轨可视化”对话框

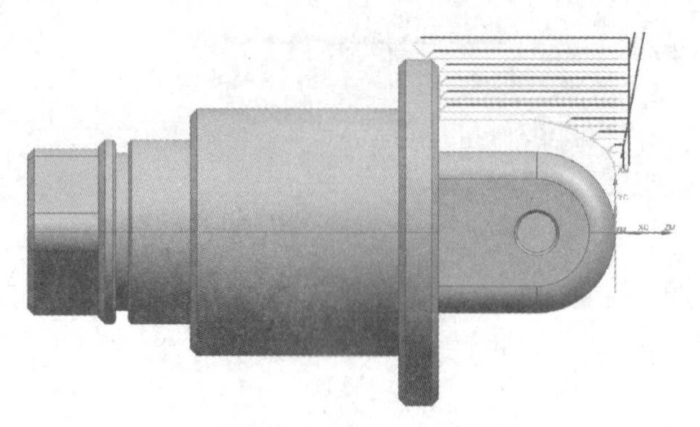

图 8-225 刀具可视化路径

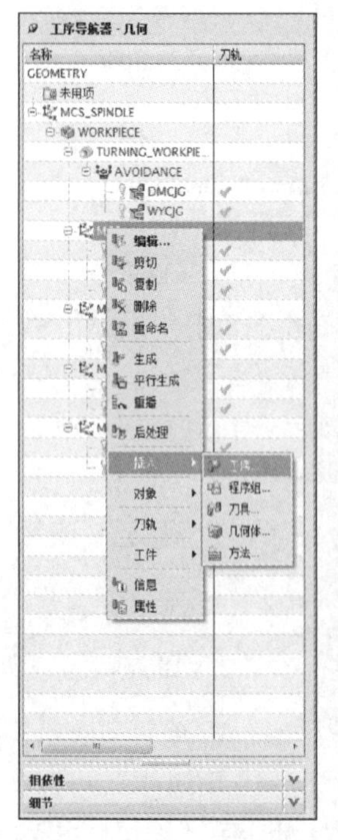

图 8-226 插入工序界面

图 8-227 “创建工序”对话框（粗铣轴耳）

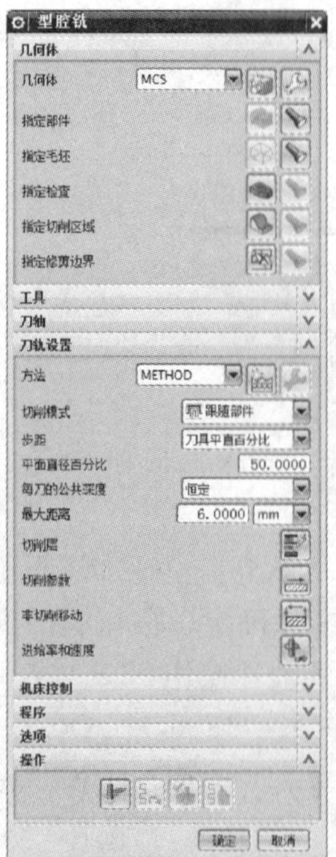

图 8-228 “型腔铣”对话框

图 8-229 “切削区域”对话框

在图 8-229 中单击“几何体”→“选择对象”，选择轴耳上各个面（图 8-230）。单击“确定”按钮返回到图 8-228，此时按钮点亮。在图 8-228 中单击“几何体”→“指定切削区域”按钮，显示部件边界，如图 8-231 所示。

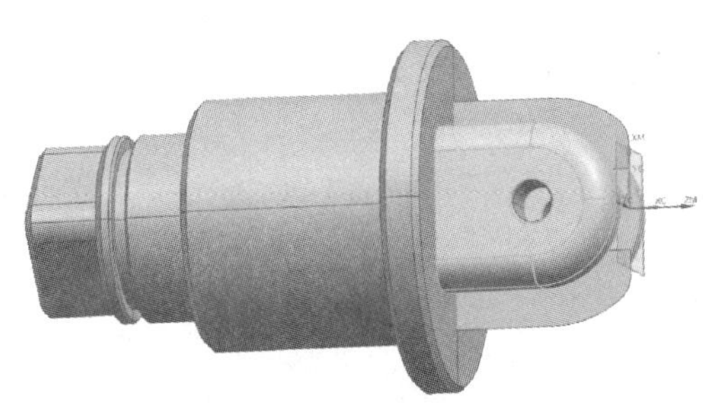

图 8-230　切削区域设置（指定前）

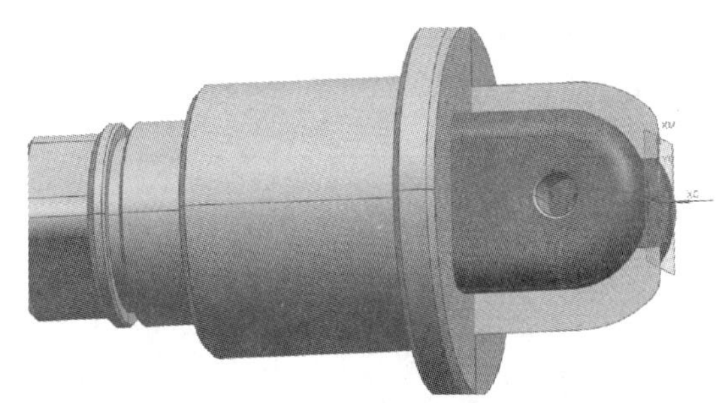

图 8-231　切削区域设置（指定后）

3）在图 8-232 中单击“工具”→“刀具”，选择“MILL_D5”。单击“刀轴”→“轴”，选择“+ZM 轴”。单击“刀轨设置”→“方法”，选择“METHOD”（默认）；单击“刀轨设置”→“切削模式”，选择“跟随周边”；单击“刀轨设置”→“步距”，选择“刀具平直百分比”；单击“刀轨设置”→“平面直径百分比”，设为“50”；“刀轨设置”→“每刀的公共深度”，选择“恒定”；单击“刀轨设置”→“最大距离”，设为“0.5”。

4）在图 8-232 中单击“切削层”按钮进入“切削层”对话框（图 8-233）。单击“范围”→“范围类型”，选择“自动”；单击“范围”→“切削层”，选择“恒定”；单击“范围”→“每刀的公共深度”，选择“恒定”；单击“范围”→“最大距离”，设为“0.5”。单击“确定”按钮返回到图 8-232。

在图 8-232 中单击“切削参数”按钮进入“切削参数”对话框（图 8-234）。单击“策略”标签，单击“切削”→“切削方向”，选择“顺铣”；单击“切削”→“切削顺序”，选择“层优先”；单击“切削”→“刀路方向”，选择“向外”。再单击“余量”标签进入图 8-235，勾选“使底面余量与侧面余量一致”复选按钮；单击“余量”→“部件侧面余量”，设为“0.05”。单击“确定”按钮返回到图 8-232。

在图 8-232 左键单击“非切削移动”按钮进入“非切削移动”对话框（图 8-236）。单击“进刀”标签，单击“封闭区域”→“进刀类型”，选择“与开放区域相同”；单击“开放区域”→“进刀类型”，选择“圆弧”；单击“开放区域”→“半径”，设为“3”；单击“开放区域”→“圆弧角度”，设为“90”；单击“开放区域”→“高度”，设为“0”；单击“开放区域”→“最小安全距离”，设为“6”。再单击“转移 / 快速”标签进入图 8-237，单击“安全设置”→“安全设置选项”，选择“包容圆柱体”，“安全距离”设为“5”；单击“区域之间”→“转移类型”，选择“前一平面”；单击“区域之间”→“安全距离”，设为“2”；单击“区域内”→“转移方式”，选择“进刀 / 退刀”；单击“区域内”→“转移类型”，选择“前一平面”；单击“区域内”→“安全距离”，设为“2”。再单击“退刀”标签进入图 8-238，单击“退刀”→“退刀类型”，选择“与进刀相同”。再单击“起点/钻点”标签进入图 8-239，单击“重叠距离”，设为“1”。单击“确定”按钮返回到图 8-232。

在图 8-232 中单击“进给率和速度”按钮，进入“进给率和速度”对话框（图 8-240），单击“主轴速度”，勾选“主轴速度”复选按钮，设为“3000”；单击“进给率”→“切削”，设为“1500”，选择“mmpm”（每分钟进给）。单击“确定”按钮返回到图 8-232。

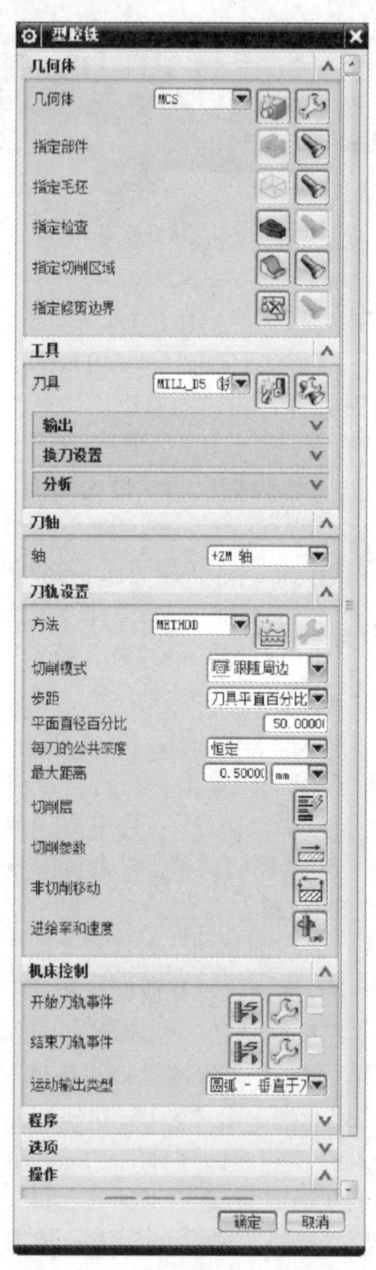

图 8-232 “型腔铣”对话框

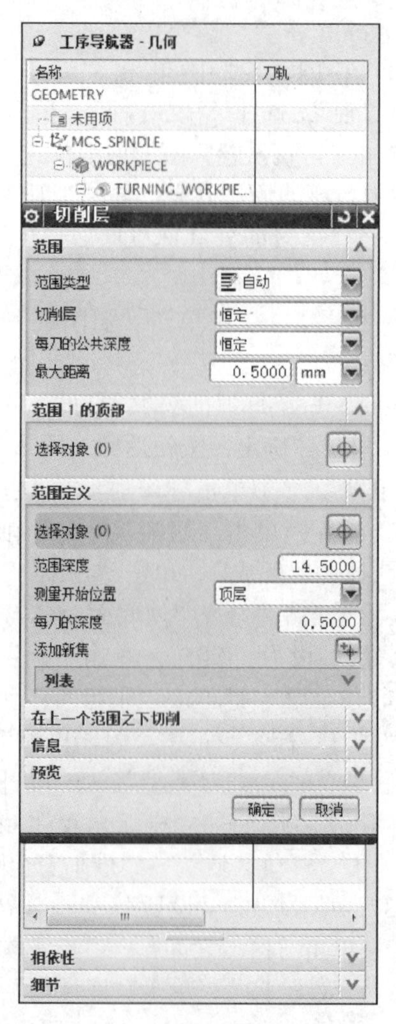

图 8-233 “切削层”对话框

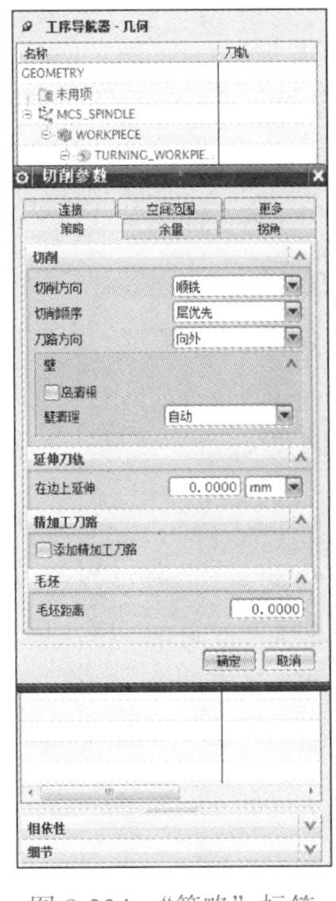

图 8-234　“策略”标签

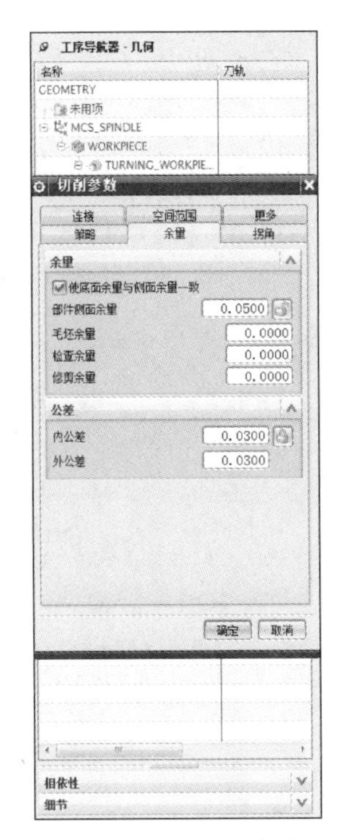

图 8-235　“余量”标签

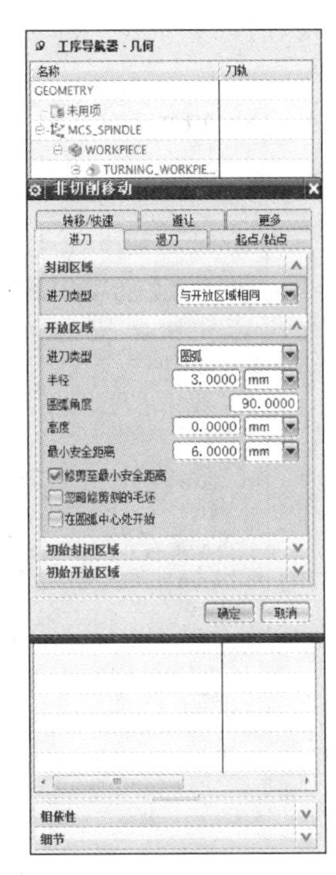

图 8-236　“进刀”标签

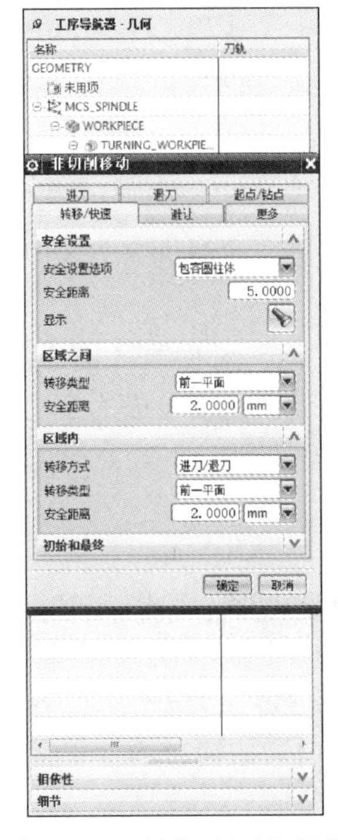

图 8-237　“转移 / 快速”标签

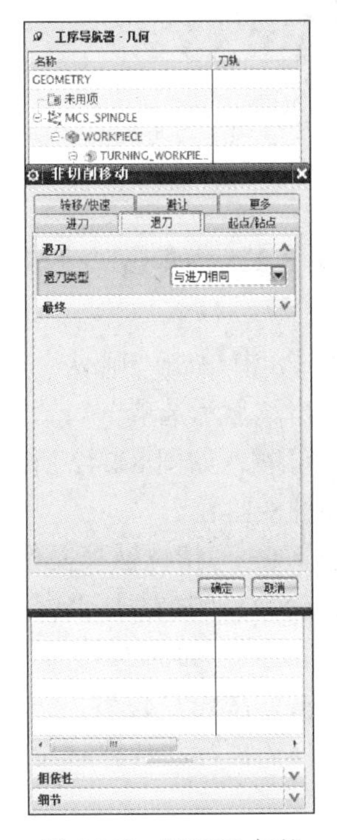

图 8-238　“退刀”标签

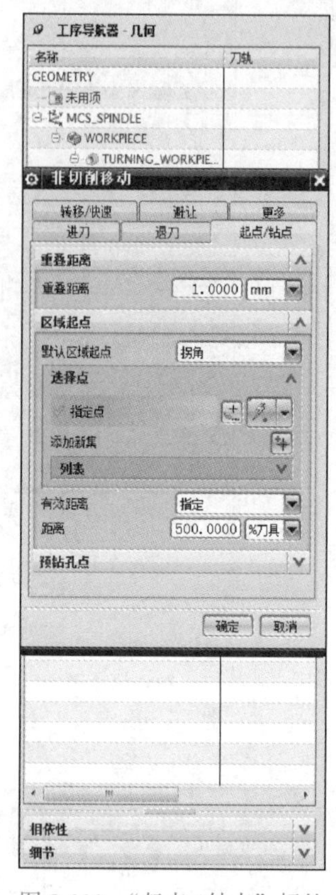

图 8-239 “起点 / 钻点”标签

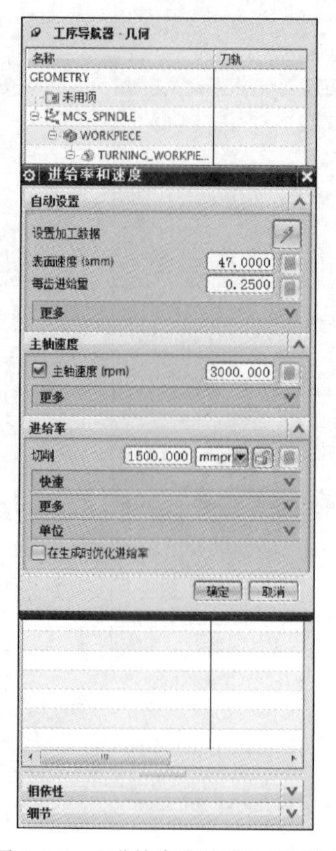

图 8-240 “进给率和速度”对话框

5）在图 8-228 中单击“生成”按钮，生成刀具轨迹，此时图 8-228 中“确认”按钮点亮。

在图 8-228 中单击“确认”按钮进入“刀轨可视化”对话框（图 8-241）。单击“重播”；单击“显示选项”→“刀具”，选择“实体”；“动画速度”设为“1”，单击“模拟加工”按钮，如图 8-242 所示。单击“确定”按钮返回到图 8-228。再单击“确定”按钮返回到图 8-184。

（4）工步 4——精铣轴耳操作

1）在图 8-184 中右击“MCS”单击“插入”→“工序”（图 8-226）进入“创建工序”对话框（图 8-243），“类型”选择“mill_planar”；“工序子类型”选择“平面铣”按钮；单击“位置”→“刀具”，选择“MILL_D5”；单击“位置”→“几何体”，选择“MCS”；“名称”设为“JXZE”。单击“确定”按钮进入“平面铣”对话框（图 8-244）。

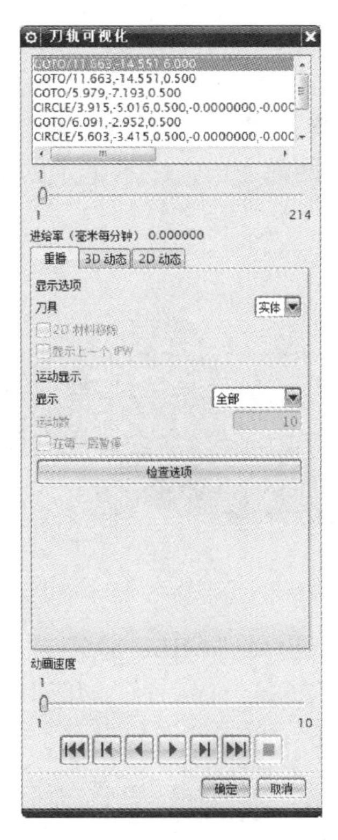

图 8-241　“刀轨可视化”对话框

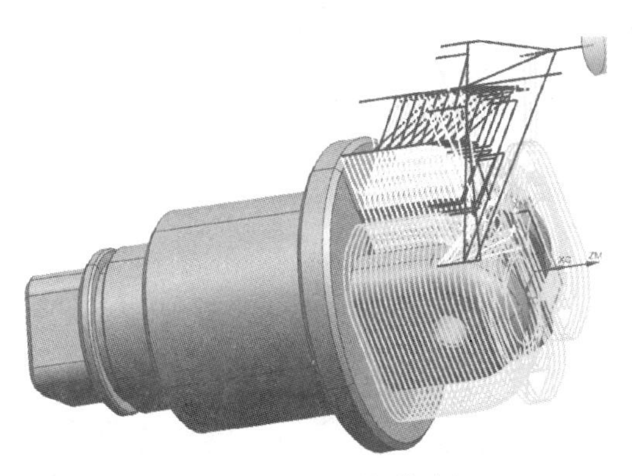

图 8-242　刀具可视化路径

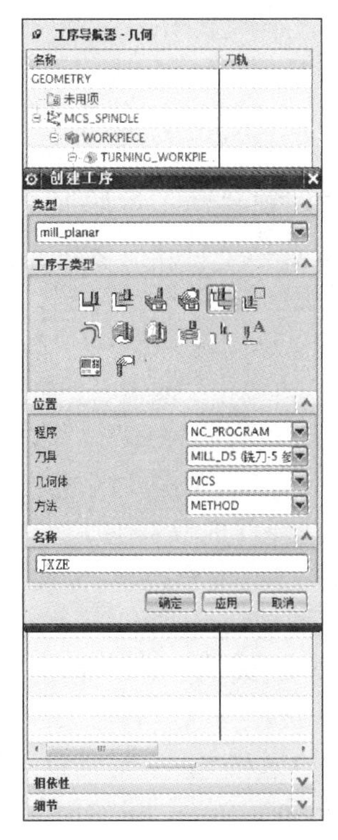

图 8-243　“创建工序”对话框（精铣轴耳）

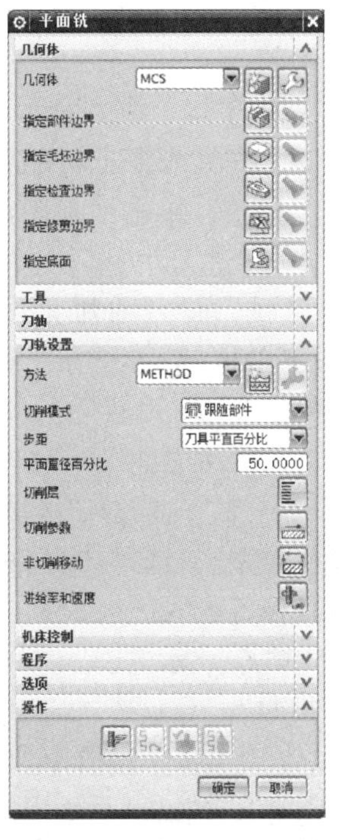

图 8-244　“平面铣”对话框

2）“指定部件边界”“指定毛坯边界”“指定底面”设置方法与工序 1 的工步 11——粗铣四方形凸台的操作完全相同，不再赘述。

选择“边线 1”（图 8-245）作为“部件边界”；选择“边线 2”（图 8-245）作为“毛坯边界”；选择“平面 1”（图 8-245）作为“底面”。设置完成，显示指定的部件边界、毛坯边界、底面如图 8-246 所示。

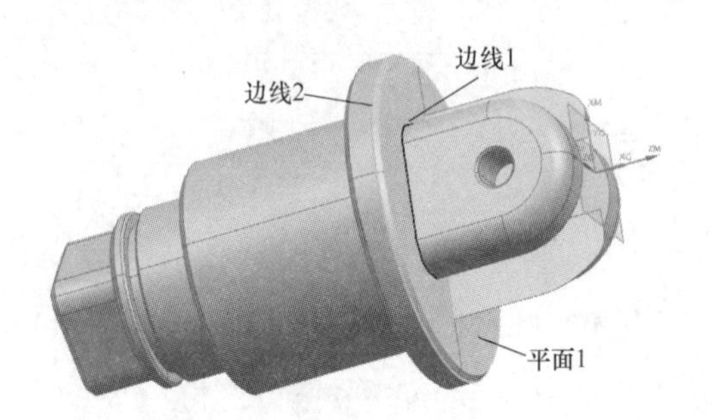

图 8-245　部件边界、毛坯边界、底面设置（指定前）

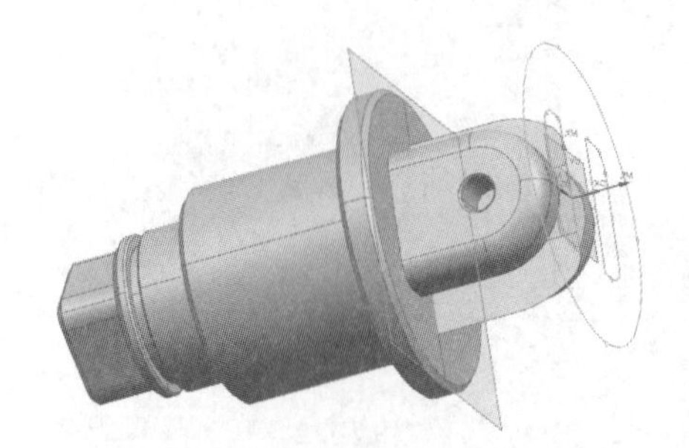
图 8-246　部件边界、毛坯边界、底面设置（指定后）

3）在图 8-247 中单击“工具”→“刀具”，选择“MILL_D5”。单击“刀轴”→“轴”，选择“+ZM 轴”。单击“刀轨设置”→“方法”，选择“METHOD”（默认)；单击“刀轨设置”→“切削模式”，选择“跟随部件”；单击“刀轨设置”→“步距”，选择“刀具平直百分比”；单击“刀轨设置”→“平面直径百分比”，设为“50”。

4）在图 8-247 中单击“切削层”按钮进入“切削层”对话框（图 8-248）。“类型”选择“恒定”；单击“每刀深度”→“公共”，设为“14.5”。单击“确定”按钮返回到图 8-247。

在图 8-247 中单击“切削参数”按钮进入“切削参数”对话框（图 8-249）。单击“策略”标签，单击“切削”→“切削方向”，选择“顺铣”；单击“切削”→“切削顺序”，选择“层优先”。再单击“余量”标签进入图 8-250，单击“余量”→“部件余量”，设为“0”；单击“余量”→“最终底面余量”，设为“0”。单击“确定”按钮返回到图 8-247。

在图 8-247 中单击“非切削移动”按钮进入“非切削移动”对话框（图 8-251）。单击“进刀”标签，单击“封闭区域”→“进刀类型”，选择“与开放区域相同”；单击“开放区域”→“进刀类型”，选择“圆弧”；单击“开放区域”→“半径”，设为“3”；单击“开放区域”→“圆弧角度”，设为“90”；单击“开放区域”→“高度”，设为“0”；单击“开放区域”→“最小安全距离”，设为“6”。再单击“转移 / 快速”标签进入图 8-252，单击“安全设置”→“安全设置选项”，选择“包容圆柱体”，“安全距离”设为“5”；单击“区域之间”→“转移类型”，选择“前一平面”；单击“区域之间”→“安全距离”，设为“2”；单击“区域内”→“转移方式”，选择“进刀 / 退刀”；单击“区域内”→“转移类型”，选择“前一平面”；单击“区域内”→“安全距离”，设为“2”。再单击“退刀”标签进入图 8-253，单击“退刀”→“退刀类型”，选择“与进刀相同”。再单击“起点 / 钻点”标签进入图 8-254，单击“重叠距离”，设为“1”。单击“确定”按钮返回到图 8-247。

在图 8-247 中单击“进给率和速度”按钮进入“进给率和速度”对话框（图 8-255），单击“主轴速度”，勾选“主轴速度”复选按钮，设为“3000”；单击“进给率”→“切削”，设为“1500”，选择“mmpm”（每分钟进给）。单击“确定”按钮返回到图 8-247。

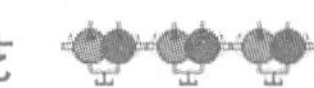

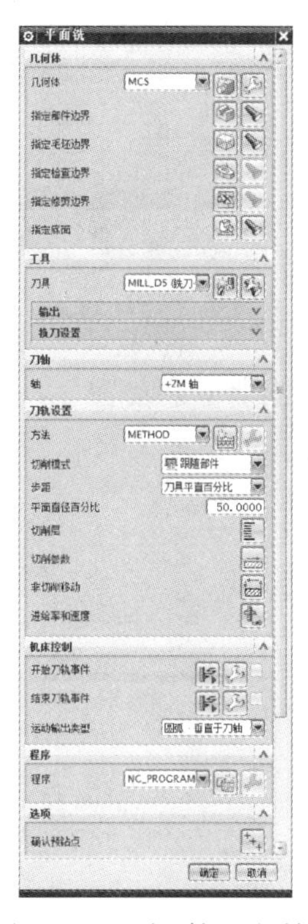

平面铣
几何体
几何体 MCS
指定部件边界
指定毛坯边界
指定检查边界
指定修剪边界
指定底面
工具
刀具 MILL_D5 (铣刀
输出
换刀设置
刀轴
轴 +ZM 轴
刀轨设置
方法 METHOD
切削模式 跟随部件
步距 刀具平直百分比
平面直径百分比 50.0000
切削层
切削参数
非切削移动
进给率和速度
机床控制
开始刀轨事件
结束刀轨事件
运动输出类型 圆弧 - 垂直于刀轴
程序
程序 NC_PROGRAM
选项
确认预钻点
确定 取消

图 8-247　“平面铣”对话框

工序导航器 - 几何
名称
刀轨
GEOMETRY
未用项
MCS_SPINDLE
WORKPIECE
TURNING_WORKPIE...
切削层
类型
恒定
每刀深度
公共 14.5000
刀颈安全距离
增量侧面余量 0.0000
临界深度
临界深度顶面切削
确定 取消
相依性
细节

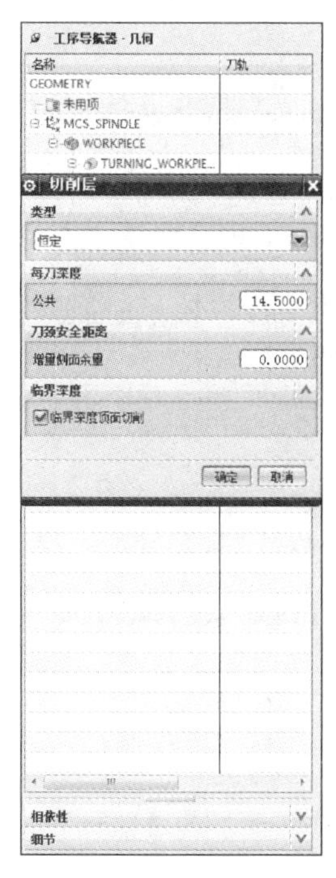

图 8-248　“切削层”对话框

工序导航器 - 几何
名称
刀轨
GEOMETRY
未用项
MCS_SPINDLE
WORKPIECE
TURNING_WORKPIE...
切削参数
连接
空间范围
更多
策略
余量
拐角
切削
切削方向 顺铣
切削顺序 层优先
精加工刀路
添加精加工刀路
合并
合并距离 0.0000 mm
毛坯
毛坯距离 0.0000
确定 取消
相依性
细节

图 8-249　“策略”标签

工序导航器 - 几何
名称
刀轨
GEOMETRY
未用项
MCS_SPINDLE
WORKPIECE
TURNING_WORKPIE...
切削参数
连接
空间范围
更多
策略
余量
拐角
余量
部件余量 0.0000
最终底面余量 0.0000
毛坯余量 0.0000
检查余量 0.0000
修剪余量 0.0000
公差
内公差 0.0300
外公差 0.0300
确定 取消
相依性
细节

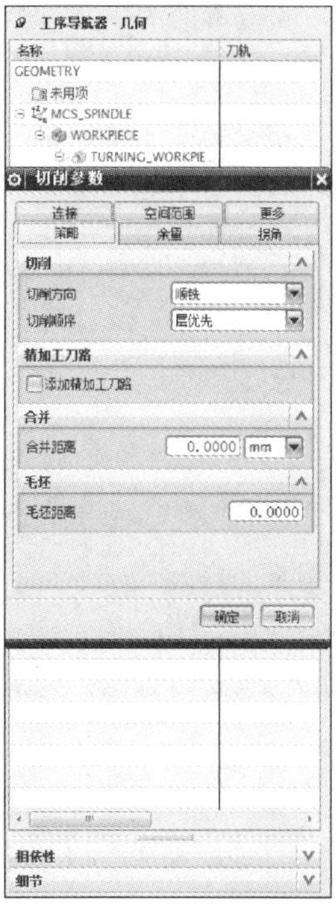

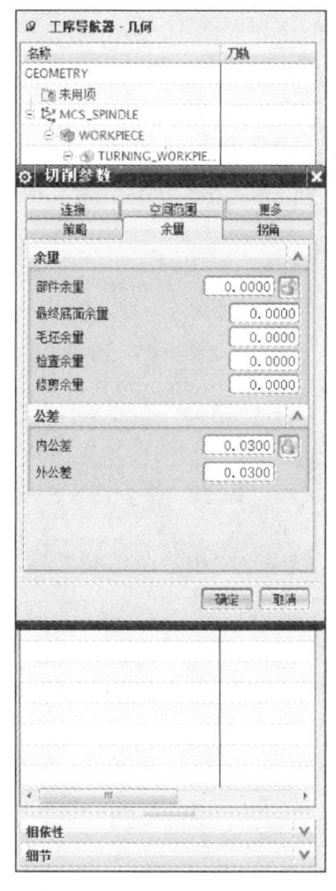

图 8-250　“余量”标签

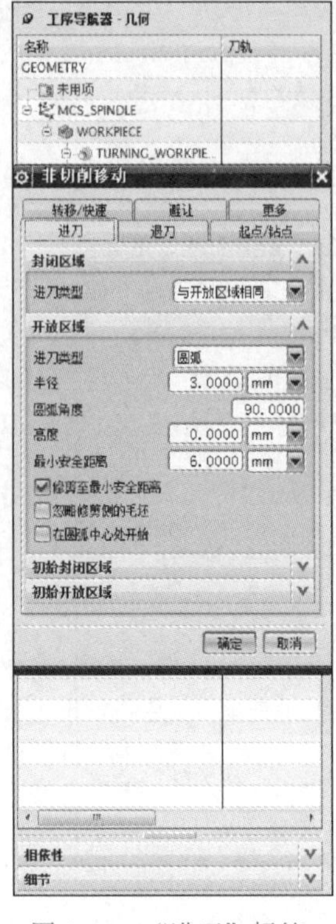

图 8-251 “进刀”标签

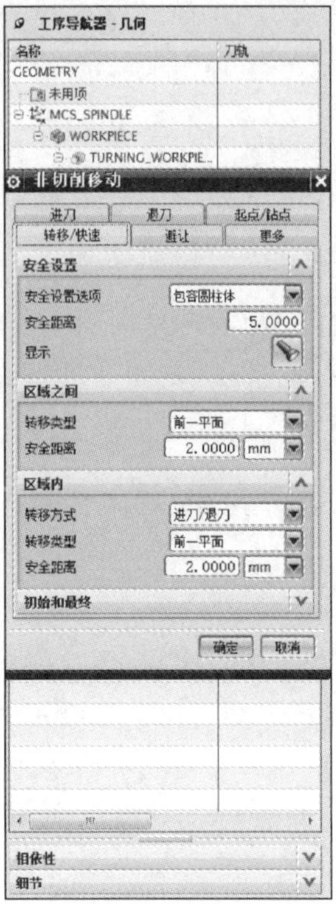

图 8-252 “转移 / 快速”标签

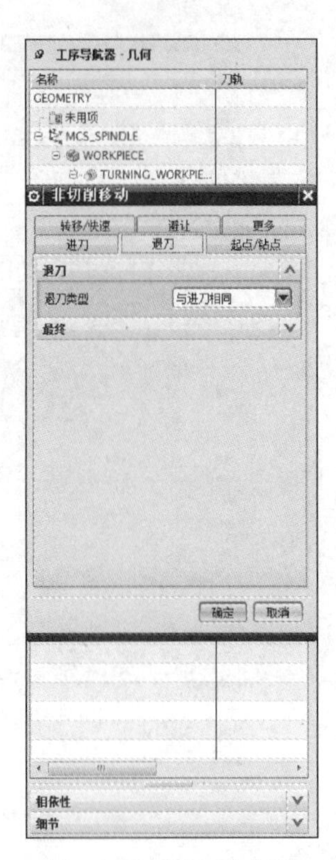

图 8-253 “退刀”标签

图 8-254 “起点 / 钻点”标签

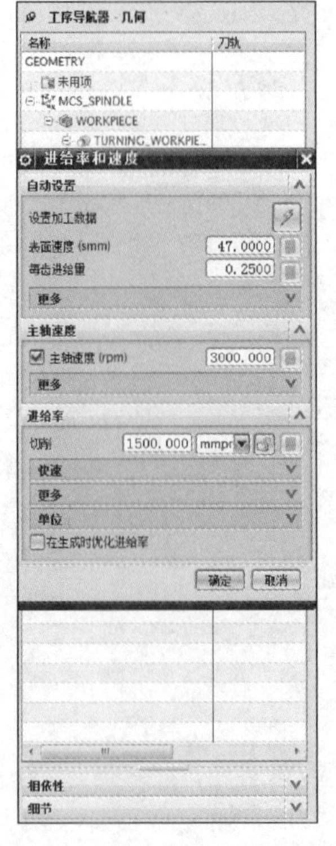

图 8-255 “进给率和速度”对话框

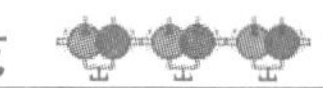

5）在图 8-244 中单击“生成”按钮，生成刀具轨迹，此时图 8-244 中“确认”按钮点亮。

在图 8-244 中单击“确认”按钮进入“刀轨可视化”对话框（图 8-256），单击“重播”；单击“显示选项”→“刀具”，选择“实体”；“动画速度”设为“1”，单击“模拟加工”按钮，如图 8-257 所示。单击“确定”按钮返回到图 8-244。再单击“确定”按钮返回到图 8-184。

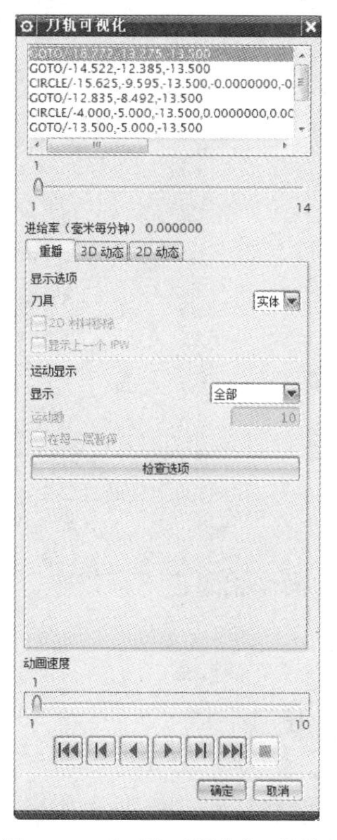

图 8-256 “刀轨可视化”对话框

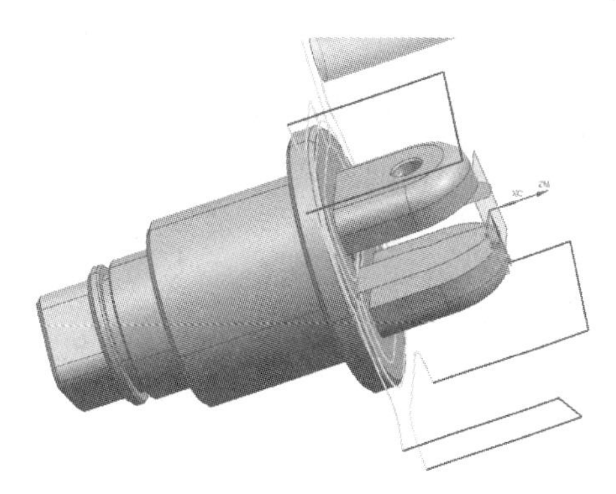

图 8-257 刀具可视化路径

（5）工步 5——轴耳圆角精铣操作

1）在图 8-184 中右击“MCS”上右键单击，单击“插入”→“工序”（图 8-226）进入“创建工序”对话框（图 8-258），“类型”选择“mill_contour”；“工序子类型”选择“固定轮廓铣”按钮；单击“位置”→“刀具”，选择“SPHERICAL_MILL_Q5”（ϕ5 球刀）；单击“位置”→“几何体”，选择“MCS”；“名称”设为“ZEYJJX”。单击“确定”按钮进入“固定轮廓铣”对话框（图 8-259）。

在图 8-259 中单击“驱动方法”→“方法”，选择“区域铣削”，弹出对话框，直接单击“确定”按钮，此时“固定轮廓铣”对话框变为图 8-260 所示。

图 8-258 “创建工序”对话框（轴耳圆角精铣）

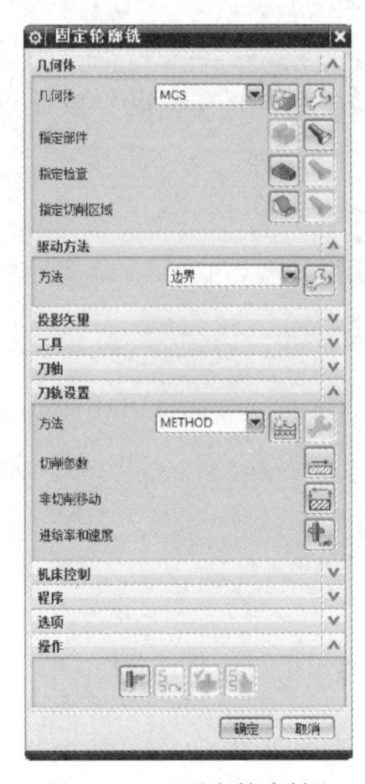

图 8-259 “固定轮廓铣”对话框

图 8-260 “固定轮廓铣”对话框 - 区域铣削

2）“指定切削区域”方法与工步 3——粗铣轴耳的操作相同，不再赘述，设置完成，显示切削区域如图 8-261 所示。

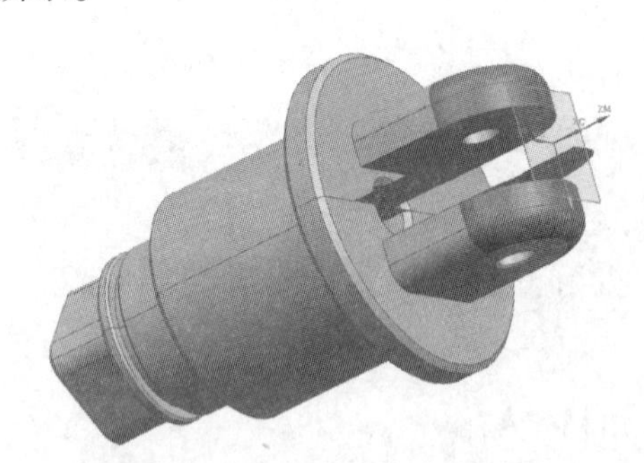

图 8-261 切削区域设置（指定后）

3）在图 8-262 中单击“驱动方法”→“方法”，选择“区域铣削”。单击“工具”→“刀具”，选择“SPHERICAL_MILL_Q5”。单击“刀轴”→“轴”，选择“+ZM 轴”。单击“刀轨设置”→“方法”，选择“METHOD”（默认）。

4）在图 8-262 中单击“驱动方法”→“方法”按钮进入“区域铣削驱动方法”对话框（图 8-263）。单击“驱动设置”→“切削模式”，选择“往复”；单击“驱动设置”→“切削方向”，选择“顺铣”；单击“驱动设置”→“步距”，选择“恒定”；单击“驱动设置”→“最大距离”，设为“0.1”；单击“驱动设置”→“步距已应用”，选择“在平面上”；单击“驱动设置”→“切削角”，选择“自动”。单击“确定”按钮返回到图 8-262。

在图 8-262 中单击“切削参数”按钮进入“切削参数”对话框（图 8-264）。单击“策略”标签，单击“切削方向”，选择“顺铣”；单击“切削角”，选择“自动”。再单击“余量”标签进入图 8-265，单击“余量”→“部件余量”，设为“0”。单击“确定”按钮返回到图 8-262。

在图 8-262 中单击“非切削移动”按钮进入“非切削移动”对话框（图 8-266）。单击“进刀”标签，单击“开放区域”→“进刀类型”，选择“圆弧 - 平行于刀轴”；单击“开放区域”→“半径”，设为“50”“% 刀具”；单击“开放区域”→“圆弧角度”，设为“90”；单击“开放区域”→“旋转角度”，设为“0”；单击“开放区域”→“线性延伸”，设为“0”。再单击“退刀”标签进入图 8-267，单击“退刀”→“退刀类型”，选择“与进刀相同”。再单击“转移 / 快速”标签进入图 8-268，单击“区域距离”，设为“200”“% 刀具”；单击“公共安全设置”→“安全设置选项”，选择“使用继承的”。单击“确定”按钮返回到图 8-262。

在图 8-262 中单击“进给率和速度”按钮进入“进给率和速度”对话框（图 8-269），单击“主轴速度”，勾选“主轴速度”复选按钮，设为“4000”；单击“进给率”→“切削”，设为“2000”，选择“mmpm”（每分钟进给）。单击“确定”按钮返回到图 8-262。

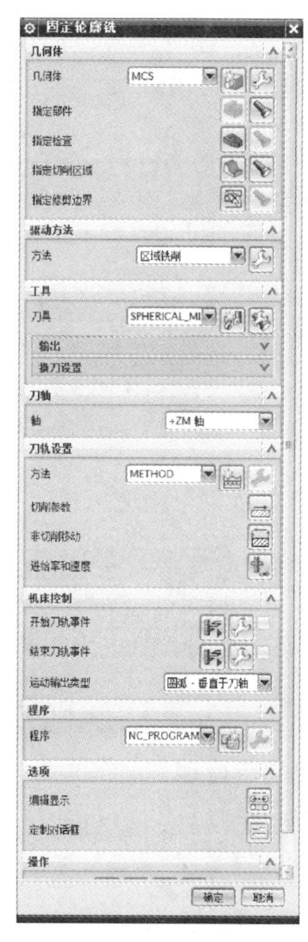

图 8-262 “固定轮廓铣”对话框

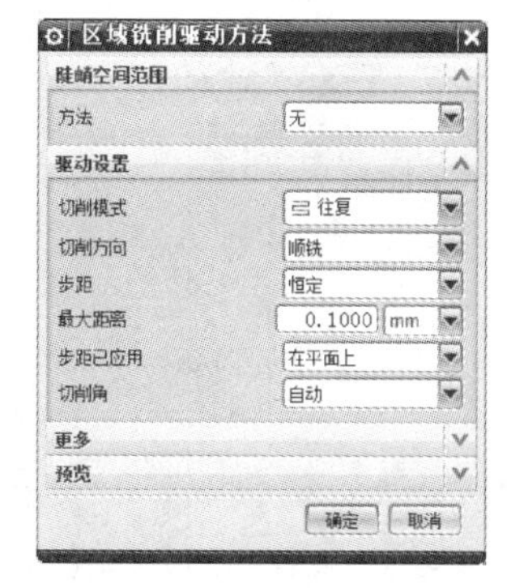

图 8-263 “区域铣削驱动方法”对话框

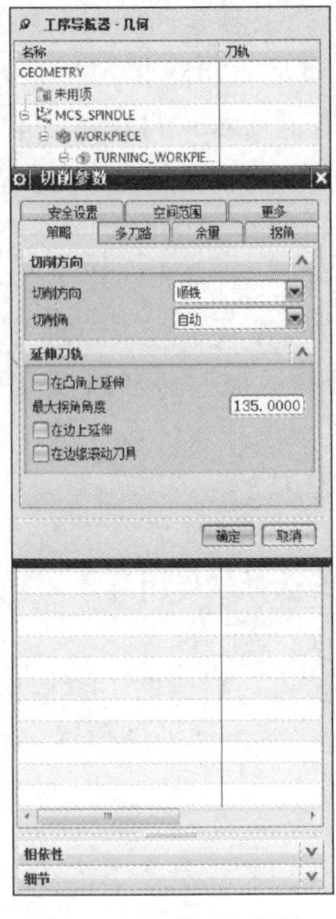

图 8-264 “策略”标签

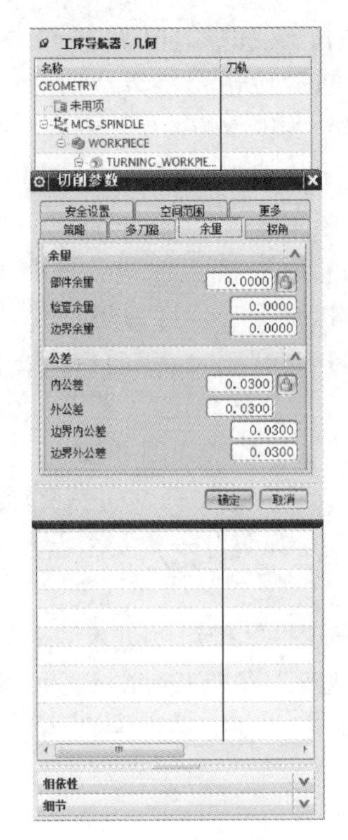

图 8-265 “余量”标签

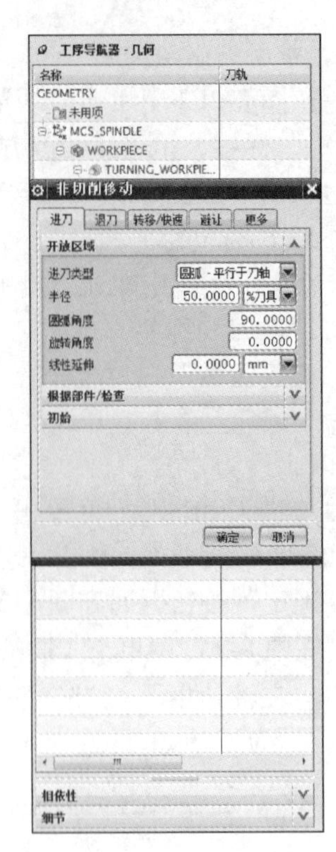

图 8-266 “进刀”标签

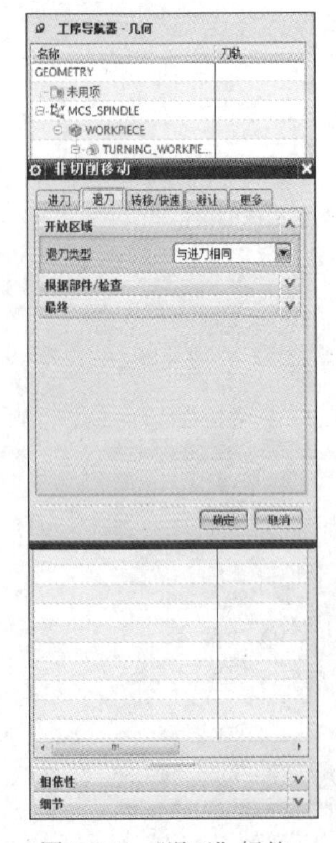

图 8-267 “退刀”标签

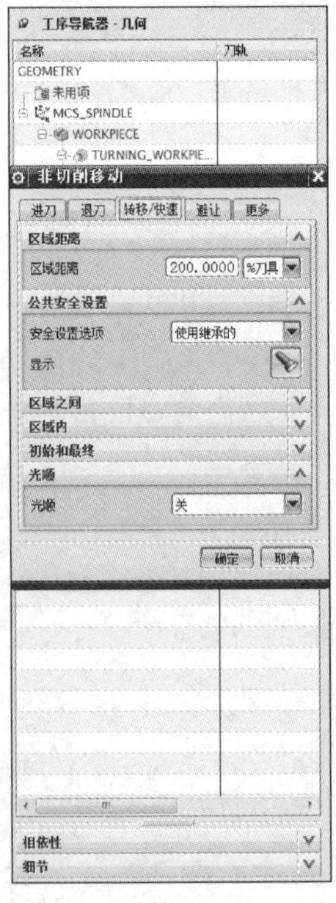

图 8-268 “转移 / 快速”标签

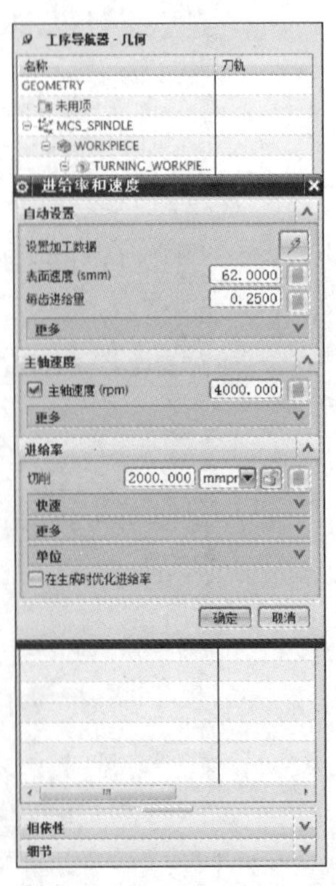

图 8-269 “进给率和速度”对话框

5）在图 8-260 中单击“生成”按钮，生成刀具轨迹，此时图 8-260 中“确认”按钮点亮。

在图 8-260 中单击“确认”按钮进入“刀轨可视化”对话框（图 8-270）。单击“重播”；单击“显示选项”→“刀具”，选择“实体”；“动画速度”设为“1”，单击“模拟加工”按钮，如图 8-271 所示。单击“确定”按钮返回到图 8-260。再单击“确定”按钮返回到图 8-184。

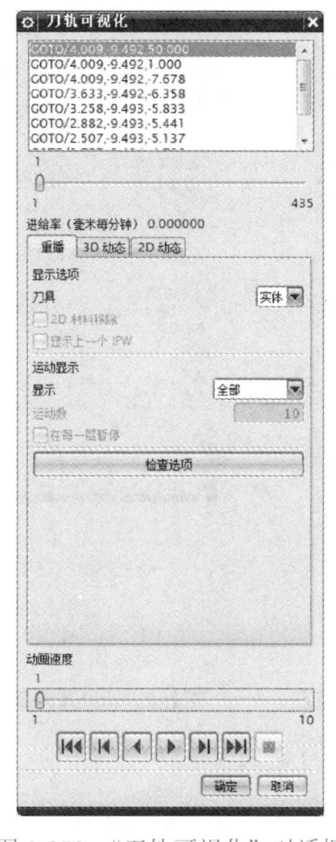

图 8-270　“刀轨可视化”对话框

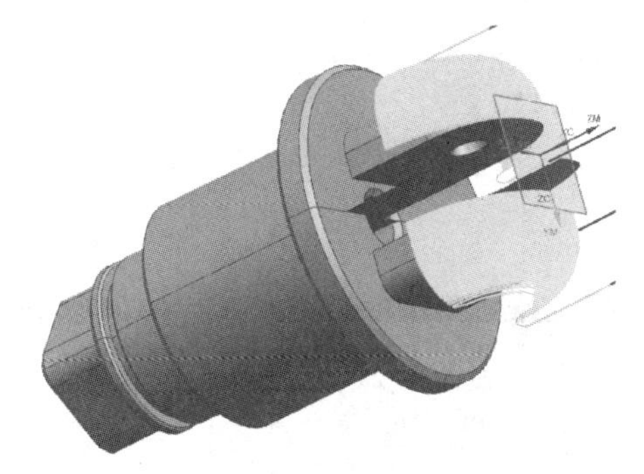

图 8-271　刀具可视化路径

（6）工步 6——轴耳孔加工 – 定心钻操作

1）在图 8-184 中右击“MCS_1”，单击“插入”→“工序”（图 8-272）进入“创建工序”对话框（图 8-273），“类型”选择“drill”；“工序子类型”选择“定心钻”按钮；单击“位置”→“刀具”，选择“SPOTDRILLING_TOOL_D5”；单击“位置”→“几何体”，选择“MCS_1”；“名称”设为“ZEKJG–DXZ”。单击“确定”按钮进入“定心钻”对话框（图 8-274）。

2）在图 8-274 中单击“几何体”→“指定孔”按钮进入“点到点几何体”对话框（图 8-275）。单击“选择”按钮进入“名称 ==”对话框（图 8-276）。单击“一般点”按钮进入“点”对话框（图 8-277），选择要加工的“点”的圆心（图 8-278）。一直单击“确定”按钮直到回到图 8-274，此时按钮点亮。

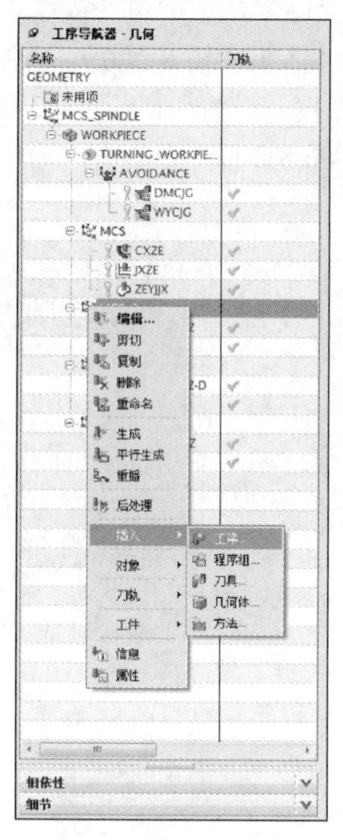

图 8-272　插入工序界面

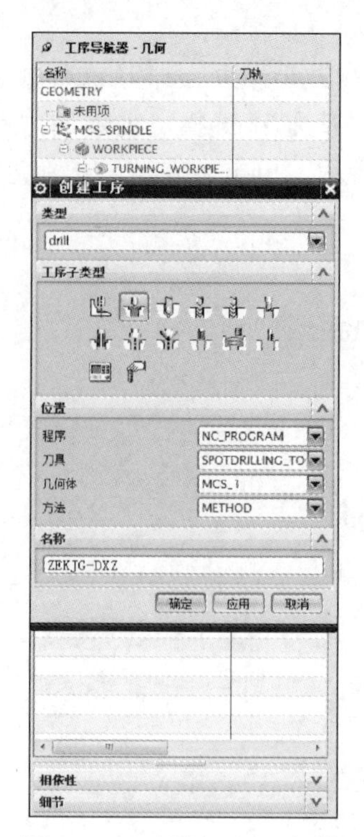

图 8-273　“创建工序”对话框
（轴耳定心钻）

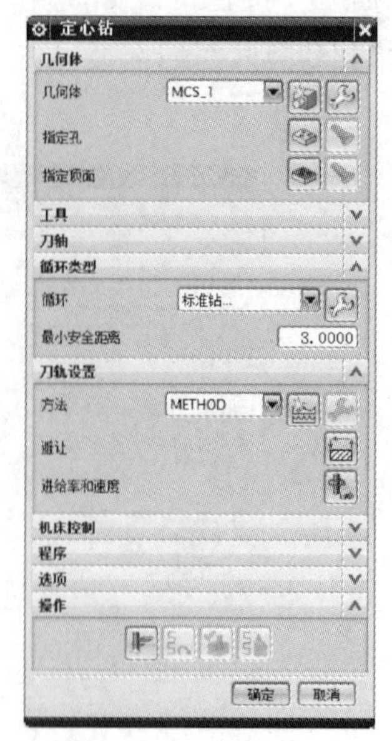

图 8-274　“定心钻”对话框

图 8-275　“点到点几何体”对话框

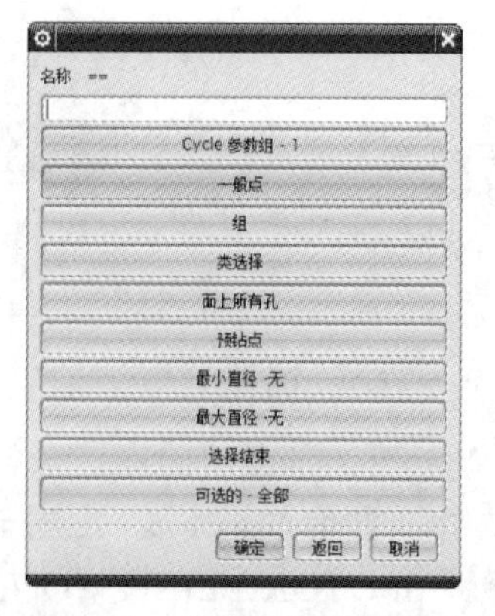

图 8-276　“名称 ==”对话框

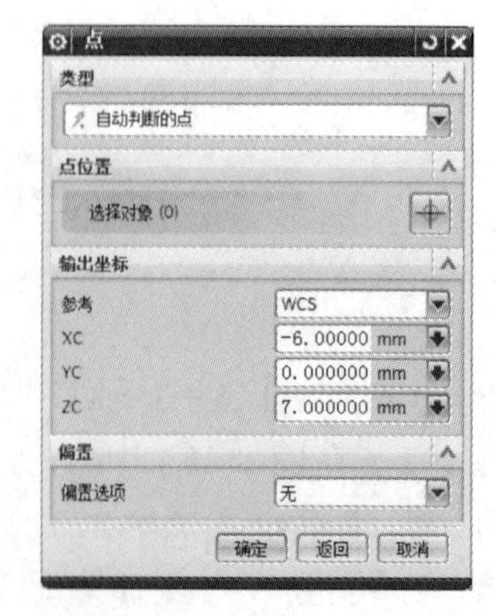

图 8-277　“点”对话框

在图 8-274 中单击“几何体”→“指定顶面”按钮“”，进入“顶面”对话框，选择要加工轴耳孔所在的“面”（图 8-279）。单击“确定”按钮，回到图 8-274，此时按钮“”点亮。

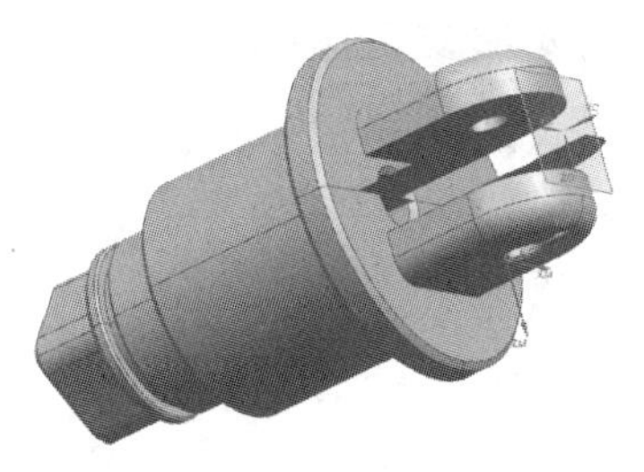

图 8-278　“点”选定设置

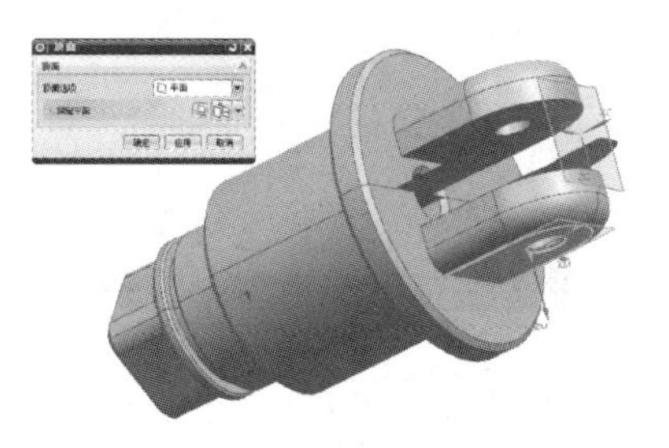

图 8-279　“面”选定设置

3）在图 8-280 中，单击“工具”→“刀具”，选择“ SPOTDRILLING_TOOL_D5”。单击“刀轴”→“轴”，选择“ +ZM 轴”。单击“循环类型”→“循环”，选择“标准钻”。单击“刀轨设置”→“方法”，选择“METHOD”（默认）。

4）在图 8-280 中单击“循环类型”→“循环”按钮，进入“ Cycle 参数”对话框（图 8-281）。单击“Depth（Tip）”按钮进入“Cycle 深度”对话框（图 8-282）。单击“刀尖深度”，设为“2”。一直单击“确定”按钮直到返回到图 8-280。

在图 8-280 中单击“进给率和速度”按钮进入“进给率和速度”对话框（图 8-283）。单击“主轴速度”，勾选“主轴速度”复选按钮，设为“3000”；单击“进给率”→“切削”，设为“200”，选择“mmpm”（每分钟进给）。单击“确定”按钮返回到图 8-280。

图 8-280　“定心钻”对话框

图 8-281　“Cycle 参数”对话框

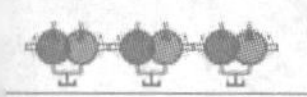

图 8-282 “Cycle 深度”对话框

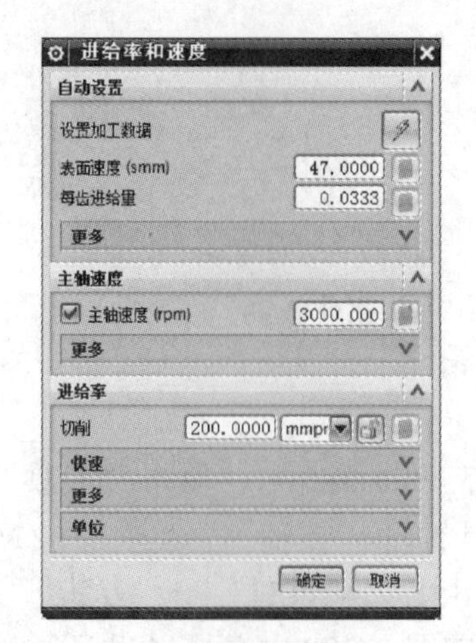

图 8-283 “进给率和速度”对话框

5）在图 8-274 中单击“生成”按钮，生成刀具轨迹，此时图 8-274 中“确认”按钮点亮。

在图 8-274 中单击“确认”按钮进入“刀轨可视化”对话框（图 8-284），单击“重播”；单击“显示选项”→“刀具”，选择“实体”；“动画速度”设为“1”，单击“模拟加工”按钮，如图 8-285 所示。单击“确定”按钮返回到图 8-274。再单击“确定”按钮返回到图 8-184。

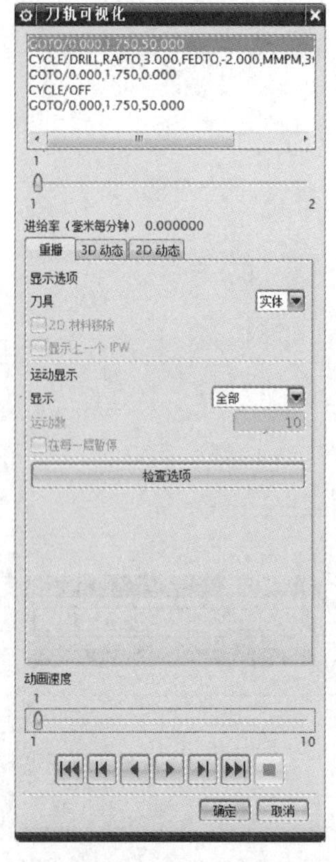

图 8-284 “刀轨可视化”对话框

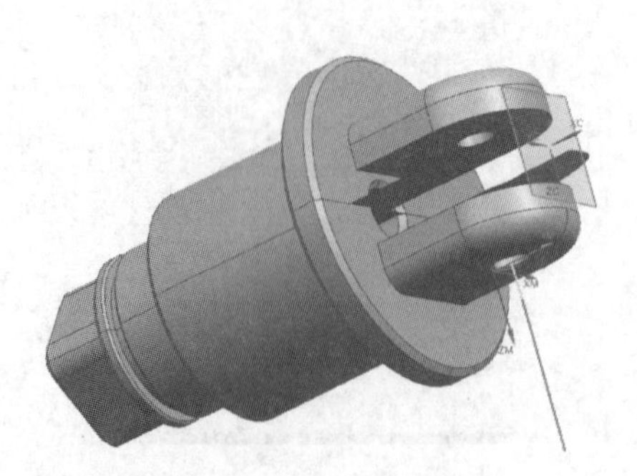

图 8-285 刀具可视化路径

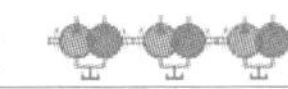

（7）工步 7——轴耳孔加工 – 钻操作

1）在图 8-184 中右击“MCS_1”，单击“插入”→“工序”（图 8-272）进入“创建工序”对话框（图 8-286），“类型”选择“drill”；“工序子类型”选择“钻”按钮；单击“位置”→“刀具”，选择“DRILLING_TOOL_D3”；单击“位置”→“几何体”，选择“MCS_1”；“名称”设为“ZEKJG–Z”。单击“确定”按钮进入“钻”对话框（图 8-287）。

图 8-286　“创建工序”对话框（轴耳钻）

图 8-287　“钻”对话框

2）“指定孔”“指定顶面”“指定底面”方法与工序 2 的工步 6——轴耳孔加工 – 定心钻的操作相同，不再赘述。设置完成，显示孔、顶面、底面如图 8-288 所示。

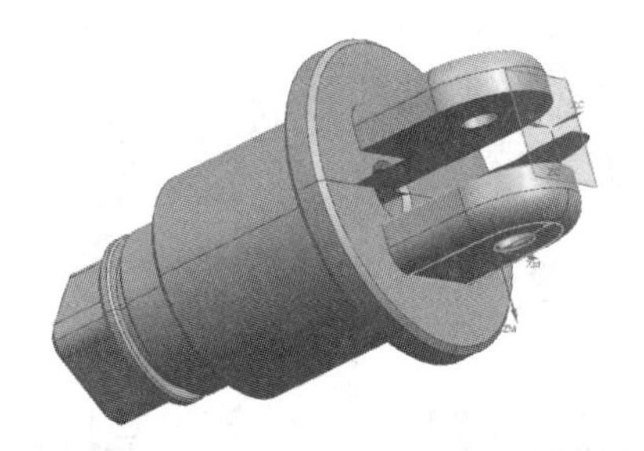

图 8-288　孔、顶面、底面设置（指定后）

3）在图 8-289 中单击“工具”→“刀具”，选择“DRILLING_TOOL_D3”。单击

“刀轴”→“轴”，选择“+ZM 轴”。单击“循环类型”→“循环”，选择“标准钻”；单击“循环类型”→“最小安全距离”，设为“3”。单击“深度偏置”→“通孔安全距离”，设为“1.5”；单击“深度偏置”→“盲孔余量”，设为“0”。单击“刀轨设置”→“方法”，选择“METHOD”（默认）。

4）在图 8-289 中单击“循环类型”→“循环”按钮，进入“Cycle 参数”对话框（图 8-290）。单击“Depth（Tip）”按钮进入“Cycle 深度”对话框（图 8-291）。单击“刀尖深度”按钮，设为“6”。一直单击“确定”按钮直到返回到图 8-289。

在图 8-289 中单击“进给率和速度”按钮进入“进给率和速度”对话框（图 8-292）。单击“主轴速度”，勾选“主轴速度”复选按钮，设为“3000”；单击“进给率”→“切削”，设为“150”，选择“mmpm”（每分钟进给）。单击“确定”按钮返回到图 8-289。

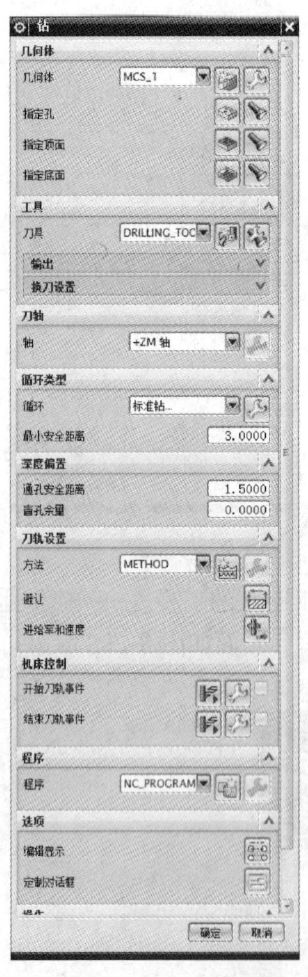

图 8-289 “钻”对话框

图 8-290 “Cycle 参数”对话框

图 8-291　“Cycle 深度”对话框

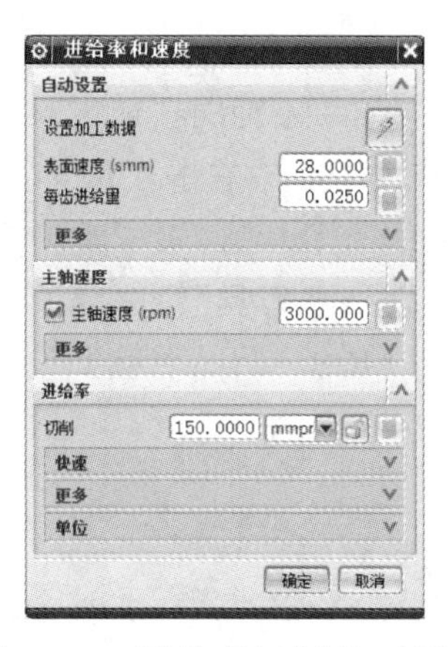

图 8-292　“进给率和速度”对话框

5）在图 8-287 中单击“生成”按钮，生成刀具轨迹，此时图 8-287 中“确认”按钮点亮。

在图 8-287 中单击“确认”按钮进入“刀轨可视化”对话框（图 8-293）。单击“重播”；单击“显示选项”→“刀具”，选择“实体”；“动画速度”设为“1”，单击“模拟加工”按钮，如图 8-294 所示。单击“确定”按钮返回到图 8-287。再单击“确定”按钮返回到图 8-184。

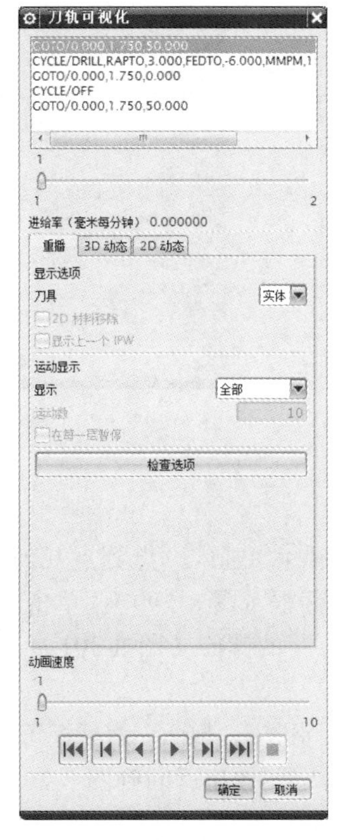

图 8-293　“刀轨可视化”对话框

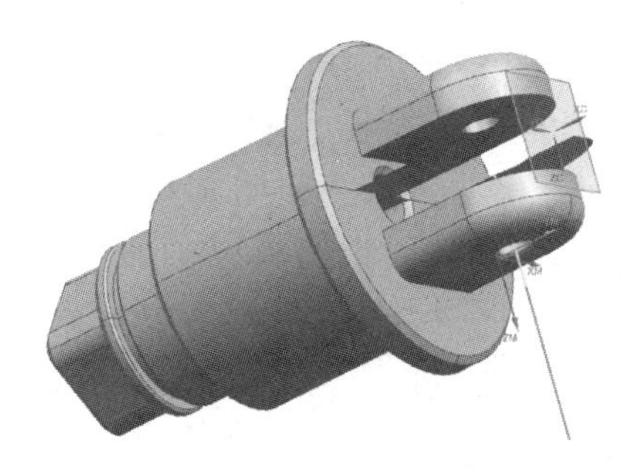

图 8-294　刀具可视化路径

对侧轴耳孔加工方法与工序 2 中工步 6、工步 7 方法一样，不再赘述。

（8）工步 8——轴向孔加工 - 定心钻操作

1）在图 8-184 中右击“MCS_3”，单击“插入”→“工序”（图 8-295）进入“创建工序”对话框（图 8-296），“类型”选择“drill”；“工序子类型”选择“定心钻”按钮；单击“位置”→“刀具”，选择“SPOTDRILLING_TOOL_D5”；单击“位置”→“几何体”，选择“MCS_3”；“名称”设为“ZXKJG-DXZ”。单击“确定”按钮进入“定心钻”对话框（图 8-297）。

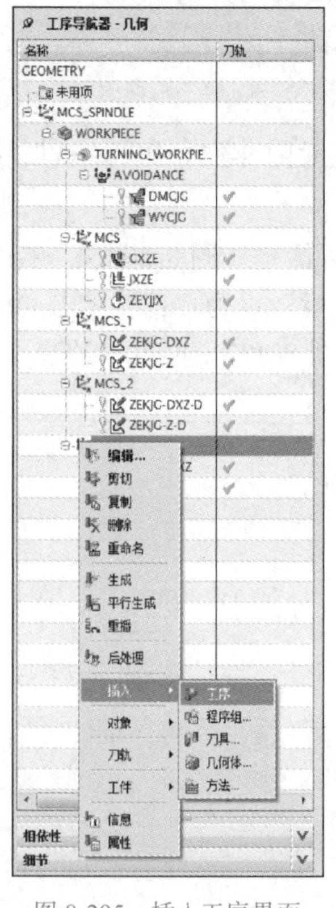

图 8-295　插入工序界面

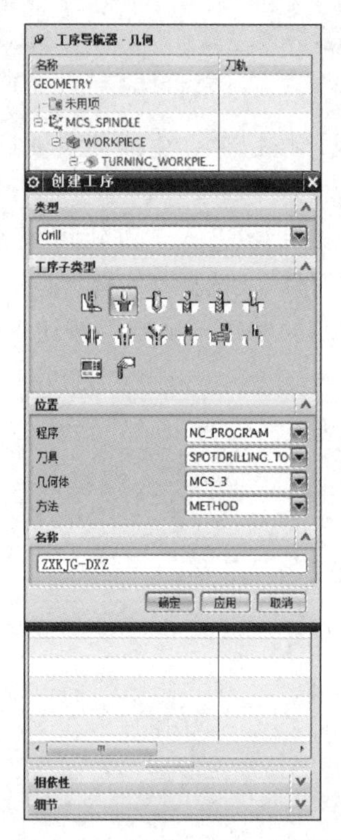

图 8-296　“创建工序”对话框（轴向定心钻）

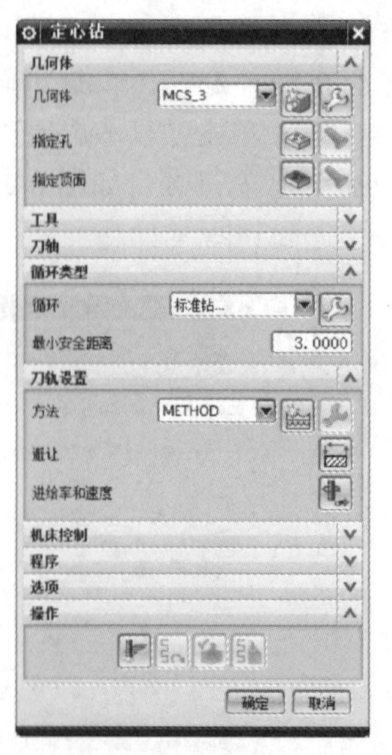

图 8-297　“定心钻”对话框

2）在图 8-297 中单击“几何体”→“指定孔”按钮，进入“点到点几何体”对话框（图 8-298）。单击“选择”按钮进入“名称 ==”对话框（图 8-299）。单击“一般点”按钮进入“点”对话框（图 8-300），选择要加工的“点”的圆心（图 8-301）。一直单击“确定”按钮直到回到图 8-297，此时按钮点亮。

在图 8-297 中单击“几何体”→“指定顶面”按钮，进入“顶面”对话框（图 8-302），选择要加工轴耳孔所在的“面”（图 8-302）。单击“确定”按钮返回到图 8-297，此时按钮点亮。

图 8-298　“点到点几何体”对话框

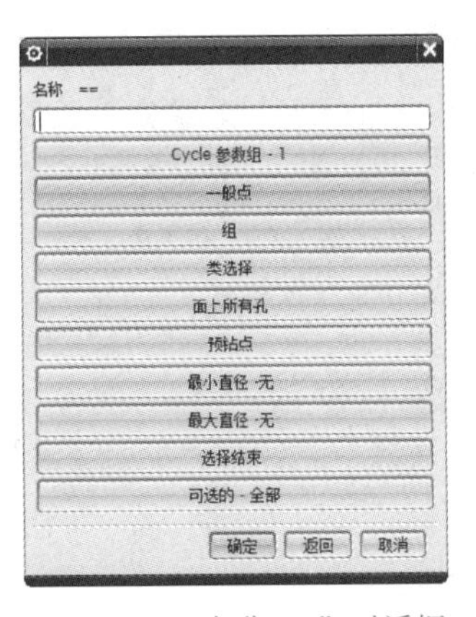

图 8-299　“名称 ==”对话框

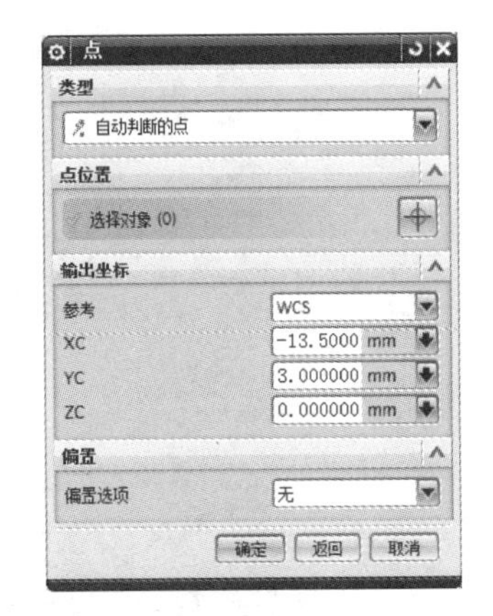

图 8-300　“点”对话框

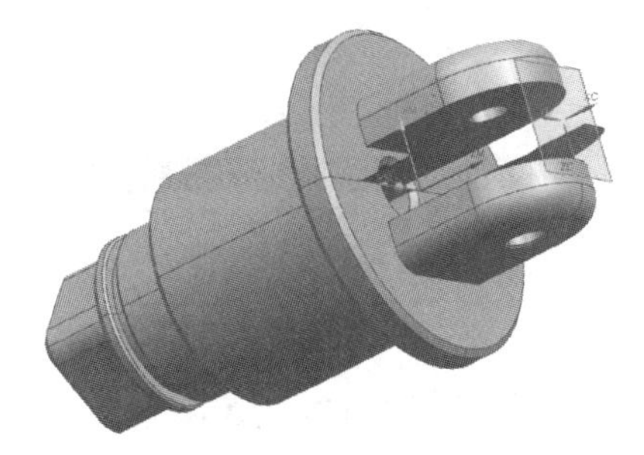

图 8-301　“点”选定设置

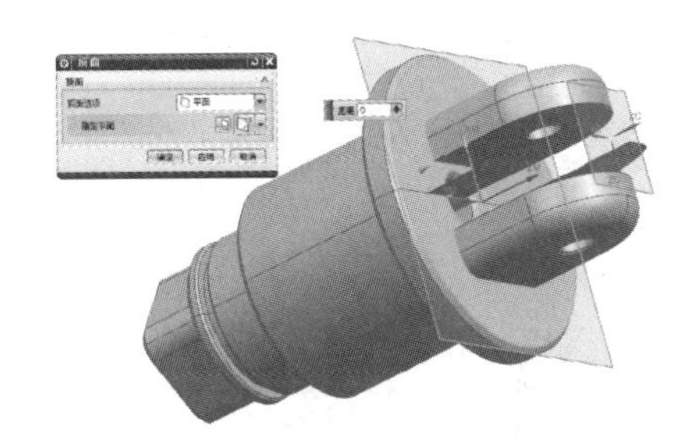

图 8-302　“面”选定设置

3）在图 8-303 中单击“工具”→“刀具”，选择“SPOTDRILLING_TOOL_D5”。单击“刀轴”→“轴”，选择“+ZM 轴”。单击“循环类型”→“循环”，选择“标准钻”；单击“循环类型”→“最小安全距离”，设为“3”。单击“刀轨设置”→“方法”，选择“METHOD”（默认）。

4）在图 8-303 中单击“循环类型”→“循环”按钮，进入“Cycle 参数”对话框（图 8-304）。单击“Depth（Tip）”按钮进入“Cycle 深度”对话框（图 8-305）。单击“刀尖深度”按钮，设为“2.5”。一直单击“确定”按钮直到返回到图 8-303。

在图 8-303 中单击“进给率和速度”按钮进入“进给率和速度”对话框（图 8-306），单击“主轴速度”，勾选“主轴速度”复选按钮，参数设为“3000”；单击“进给率”→“切削”，参数设为“200”，选择“mmpm”（每分钟进给）。单击“确定”按钮返回到图 8-303。

5）在图 8-297 中单击“生成”按钮，生成刀具轨迹，此时图 8-297 中“确认”按钮点亮。

在图 8-297 中单击“确认”按钮进入“刀轨可视化”对话框（图 8-307）。单击“重播”；单击“显示选项”→“刀具”，选择“实体”；“动画速度”设为“1”，单击“模拟加工”按钮，如图 8-308 所示。单击“确定”按钮返回到图 8-297。再单击“确定”按钮返回到图 8-184。

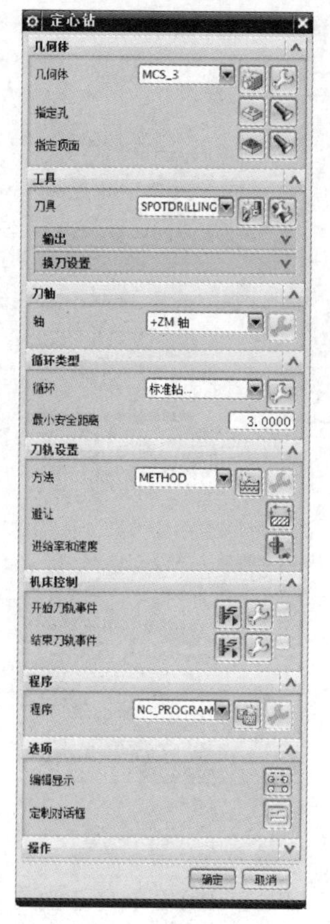

图 8-303 “定心钻”对话框

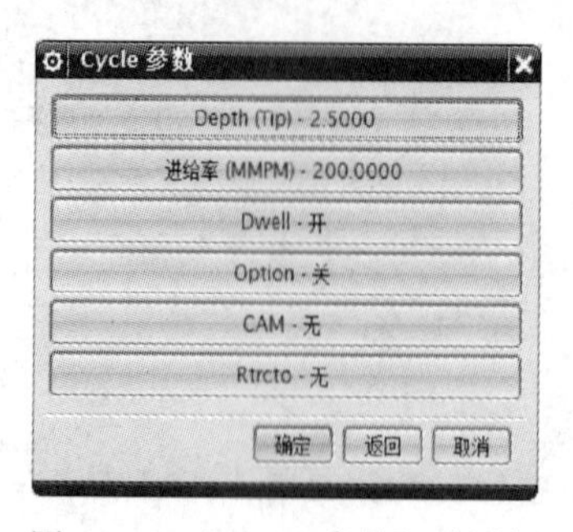

图 8-304 “Cycle 参数”对话框

图 8-305 “Cycle 深度”对话框

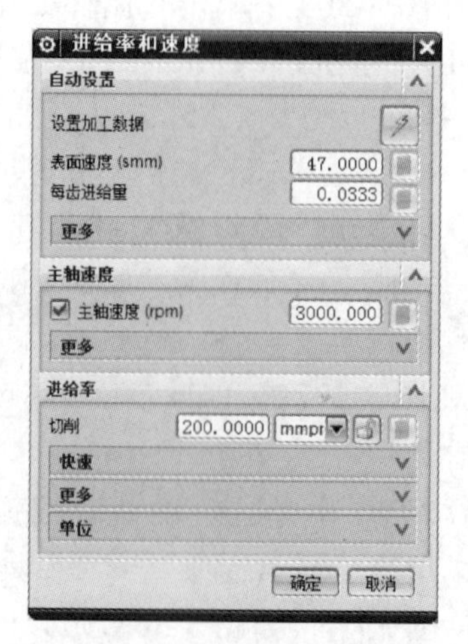

图 8-306 “进给率和速度”对话框

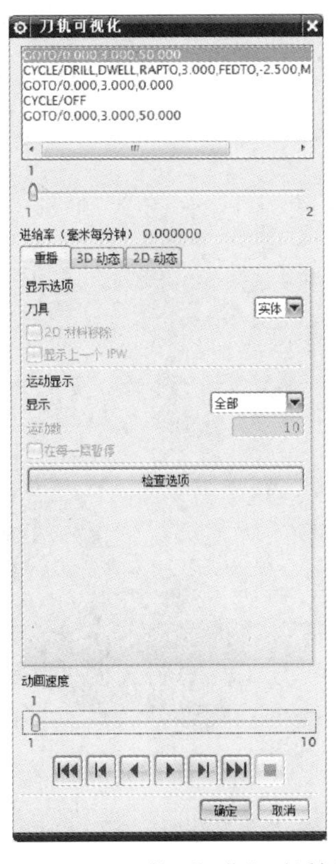

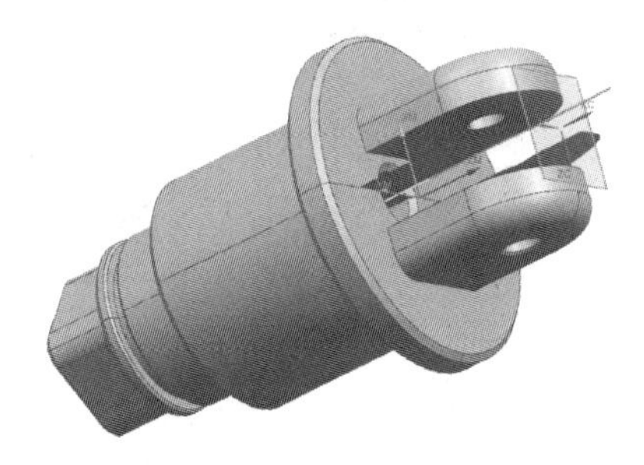

图 8-307　“刀轨可视化”对话框　　　　图 8-308　刀具可视化路径

（9）工步 9——轴向孔加工－钻操作

1）在图 8-184 中右击“MCS_3”，单击“插入”→“工序”（图 8-295）进入“创建工序”对话框（图 8-309），“类型”选择“drill”；“工序子类型”选择“钻”按钮；单击“位置”→“刀具”，选择“DRILLING_TOOL_D4”；单击“位置”→“几何体”，选择“MCS_3”；“名称”设为“ZXKJG–Z”。单击“确定”按钮进入“钻”对话框（图 8-310）。

2）“指定孔”“指定顶面”方法与工序 2 中工步 8——轴向孔加工－定心钻的操作相同，不再赘述。设置完成，显示孔、顶面如图 8-311 所示。

3）在图 8-312 中单击“工具”→“刀具”，选择“DRILLING_TOOL_D4”。单击“刀轴”→“轴”，选择“+ZM 轴”。单击“循环类型”→“循环”，选择“标准钻”；单击“循环类型”→“最小安全距离”，设为“3”。单击“深度偏置”→“通孔安全距离”，设为“1.5”；单击“深度偏置”→“盲孔余量”，设为“0”。单击“刀轨设置”→“方法”，选择“METHOD”（默认）。

4）在图 8-312 中单击“循环类型”→“循环”按钮，进入“Cycle 参数”对话框（图 8-313）。单击“Depth（Tip）”按钮进入“Cycle 深度”对话框（图 8-314）。单击“刀尖深度”按钮，设为“7.5”。一直单击“确定”按钮直到返回到图 8-312。

在图 8-312 中单击“进给率和速度”按钮进入“进给率和速度”对话框（图 8-315）。单击“主轴速度”，勾选“主轴速度”复选按钮，设为“3000”；单击“进给率”→“切削”，设为“150”，选择“mmpm”（每分钟进给）。单击“确定”按钮返回到图 8-312。

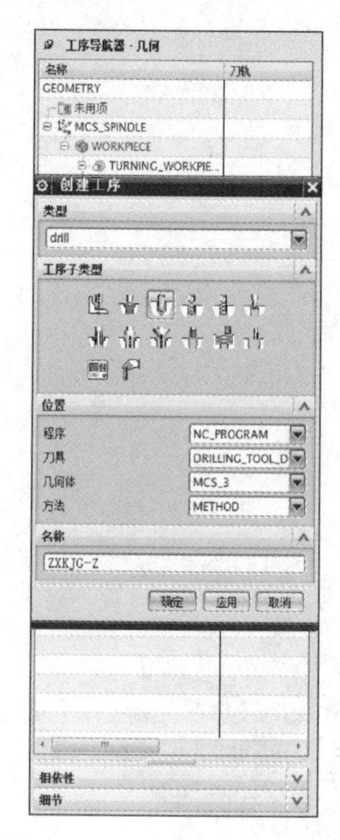

图 8-309 “创建工序”对话框（轴向钻）

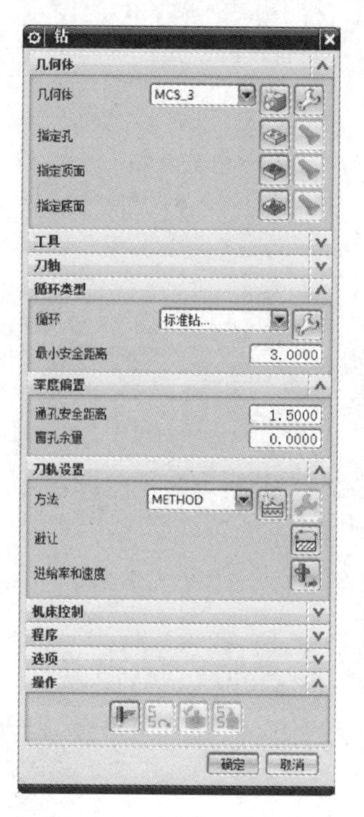

图 8-310 “钻”对话框

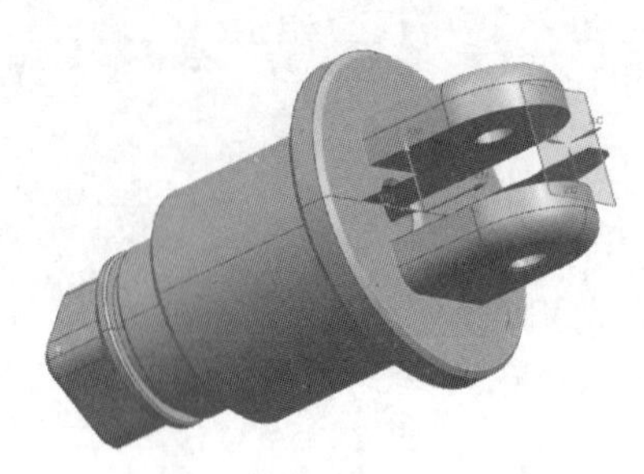

图 8-311 孔、顶面设置（指定后）

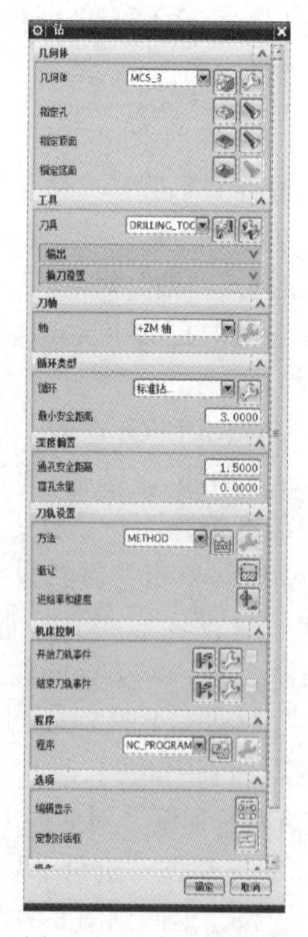

图 8-312 “钻”对话框

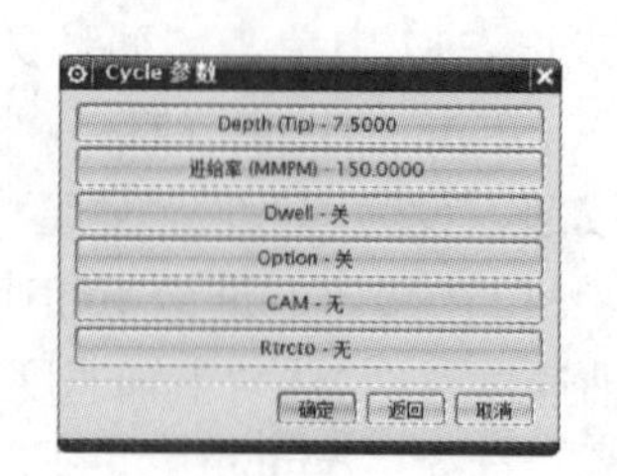

图 8-313 “Cycle 参数”对话框

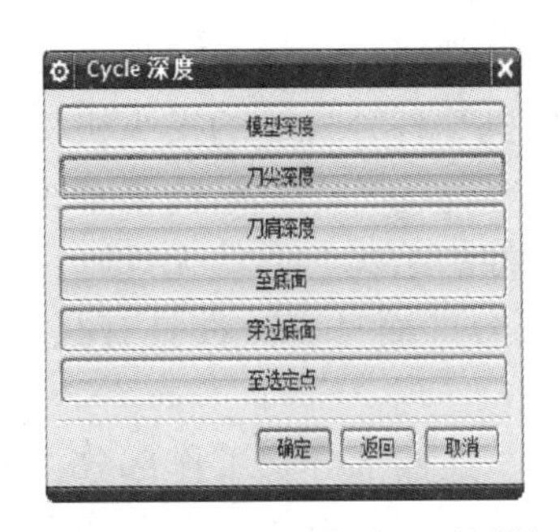

图 8-314　“Cycle 深度”对话框

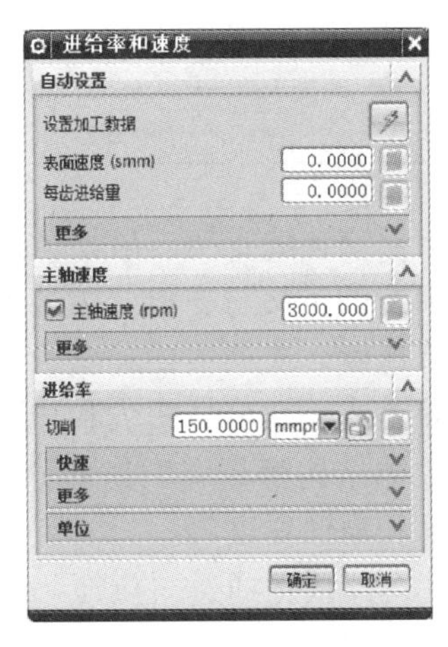

图 8-315　“进给率和速度”对话框

5）在图 8-310 中单击“生成”按钮，生成刀具轨迹，此时图 8-310 中“确认”按钮点亮。

在图 8-310 中单击“确认”按钮进入“刀轨可视化”对话框（图 8-316）。单击“重播”；单击“显示选项”→“刀具”，选择“实体”；“动画速度”设为“1”，单击“模拟加工”按钮，如图 8-317 所示。单击“确定”按钮返回到图 8-310。再单击“确定”按钮返回到图 8-184。

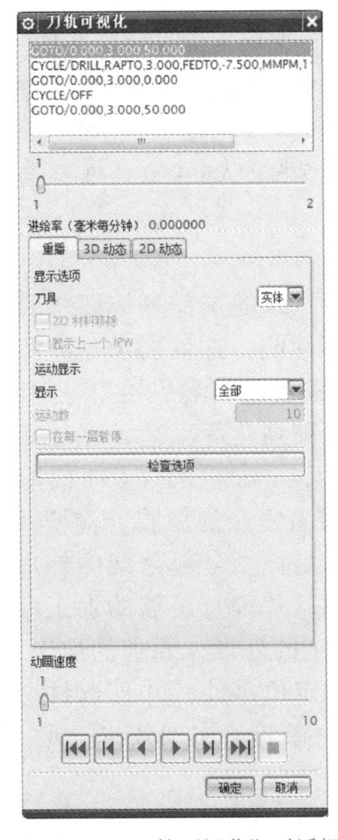

图 8-316　“刀轨可视化”对话框

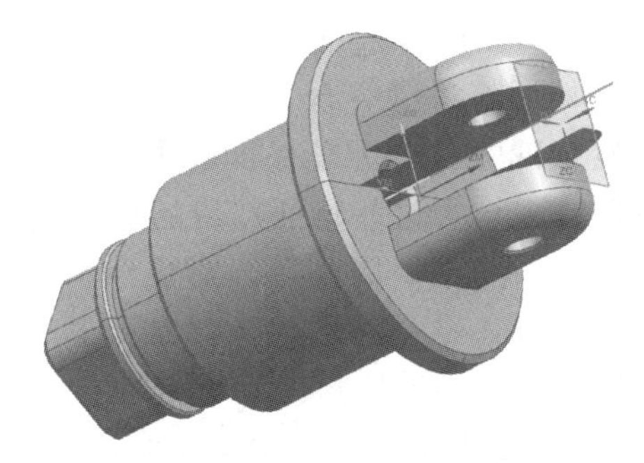
图 8-317　刀具可视化路径

拓展阅读

机器上常安装的支架、吊架、连杆、拨叉和摇臂等，都属于叉架类零件。叉架类零件包括各种用途的拨叉与支架。拨叉主要用于机床、内燃机等各种机器的操纵机构上，操纵机器、调节速度。支架主要起支承和连接作用。叉架类零件的特点：结构复杂，一般都有肋、板、筒、座、凸台、凹坑和导圆等结构。叉架类零件的结构、形状无规则，多数叉架类零件的主体结构都具有工作部分，固定部分和连接部分。而且多数都具有凸台、凹坑、铸锻造圆角和模锻斜度等。

绘图基本路线：通过“拉伸”生成支架的固定部分、连接部分和工作部分，通过“凸台”和“孔”生成支架的辅助部分。但绘制时要注意二维草图要封闭，草图线条不能有开口、交叉和多余线条，否则不能完成实体建模；注意坐标系的移动和新基准平面的创建，这样可以提高绘图速度。

资料来源：李智伟. 基于 UG NX8.5 的叉架类零件的三维造型设计 [J]. 金属加工（冷加工），2017（11）：57-58.

叉架零件结构复杂，加工要求高，加工工序的夹具设计复杂，定位误差计算繁琐，借助计算机辅助分析（CAE）可以提高设计质量和计算效率。应用 ADAMS 软件建立工序夹具的机构模型，通过杆件的相对运动位置反映夹具的定位误差。采用蒙特卡洛方法编写原动件随机运动的子程序，求解目标杆件运动位置，导出位置样本进行统计分析，确定目标杆件的位置变化量，即为工序夹具的定位误差。与极值法定位误差计算结果相比较，误差更小且更接近于实际情况。

资料来源：韩变枝，王栋. 叉架零件加工夹具定位误差 CAE 分析 [J]. 组合机床与自动化加工技术，2018（4）：50-53.

起落架类零件是飞机的主要承力构件之一，由于特殊的工作环境要求其具有较高的载荷承受能力、良好的抗腐蚀、抗冲击及抗疲劳等性能，这就要求这些零件在结构上尽量采用整体锻件，在材料上选用高强度、超高强度的材料，在工艺上采用先进的机械加工工艺、热处理及表面处理、无损检测、表面强化等工艺，保证零件的各种性能符合设计要求。零件为 ××-60（60 主起外筒）、××-131（131 前起外筒）及 ××-141（141 主起活塞杆）。这些零件内孔较深，带有复杂的型腔、沟槽及变截面转接头，外形有各种突台、耳片、轴颈及大小型腔等，是该型号起落架中外形最大、结构最复杂的零件。为了保证外形突台、防扭臂及其他耳片等有足够的加工余量，设计锻件时往往增大这些特征部位的加工余量。由于其复杂的外形，要求的加工工序较多，包括车削、铣削、磨削等，需要经常转换机床并拆装定位零件，并且选材上采用超高强度钢 300M 钢，这就大大增加了机械加工的难度，降低了加工效率，增加了成本，并且限制了产品的质量。

在车铣复合加工中心上加工时，采用“一夹、一架、一顶”，一次装夹一次定位，以

环切加工方式实现多工位加工。粗加工采用大直径面铣刀、大进给量，以提高加工效率；精加工采用较小直径面铣刀、小进给量，以提高表面质量，并达到加工精度。设计方案为：软件编程→仿真优化→试验件试验→典型件验证。

资料来源：王伟．基于车铣复合的起落架类零件加工工艺研究［D］．西安：西安工业大学，2015.

参考文献

［1］ 李培根，高亮 . 智能制造概论［M］. 北京：清华大学出版社，2021.

［2］ 周济，李培根 . 智能制造导论［M］. 北京：高等教育出版社，2021.

［3］ 中国机械工程学会 . 中国机械工程技术路线图：2021 版［M］. 北京：机械工业出版社，2021.

［4］ 中华人民共和国工业和信息化部 . 智能制造标杆企业案例集［A/OL］（2021-01-22）［2021-08-17］. https//wap.miit.gov.cn/jgsj/zbys/znz/art/2021/art_a3f2179d51a54d7687d0f507d26c4c67.html.

［5］ 西门子（中国）有限公司 . 机械加工数字化技术白皮书［Z］2022.

［6］ 卢万强，饶小创 . 数控加工工艺与编程［M］. 北京：机械工业出版社，2020.

［7］ 朱秀荣，田梅 . 数控加工工艺与编程［M］. 北京：机械工业出版社，2020.

［8］ 蒋兆宏 . 典型零件的数控加工工艺编制［M］. 北京：高等教育出版社，2015.

［9］ 陈洪涛 . 数控加工工艺与编程［M］. 4 版 . 北京：高等教育出版社，2021.

［10］ 刘永利，张香圃，王鹏程，等 . 数控加工工艺［M］. 北京：机械工业出版社，2011.

［11］ 王军 . 机械零件的数控加工工艺［M］. 北京：机械工业出版社，2011.

［12］ 张兆隆，孙志平，张勇 . 数控加工工艺与编程［M］. 2 版 . 北京：高等教育出版社，2019.

［13］ 王振宇 . 数控加工工艺与 CAM 技术［M］. 北京：高等教育出版社，2016.

［14］ 于文强，严翼飞 . 数控加工与 CAM 技术［M］. 北京：高等教育出版社，2015.

［15］ 王全景，刘贵杰，张秀红 . 数控加工技术：3D 版［M］. 北京：机械工业出版社，2020.

［16］ 葛新锋，张保生 . 数控加工技术［M］. 北京：机械工业出版社，2016.

［17］ 殷志锋，李瑞华 . 工程训练［M］. 北京：机械工业出版社，2022.

［18］ 张云静，张云杰 .UG NX 9 中文版模具设计和数控加工教程［M］. 北京：清华大学出版社，2014.

［19］ 赵耀庆，罗功波，于文强 . UG NX 数控加工实证精解［M］. 北京：清华大学出版社，2013.

［20］ Unigraphics Solution Inc. UG 多轴铣制造过程培训教程［M］. 黄毓荣，译 . 北京：清华大学出版社，2002.

［21］ 北京兆迪科技有限公司 . UG NX 9.0 数控加工教程［M］. 北京：中国水利水电出版社，2014.

［22］ 祖海英，闫月娟 . UG NX8.0 CAD/CAM 技术基础与实例教程［M］. 北京：中国石化出版社，2013.